普通高等教育新工科人才培养材料专业“十四五”规划教材

无机材料基础

Fundamentals of Inorganic Materials

李志成　张　鸿　主编

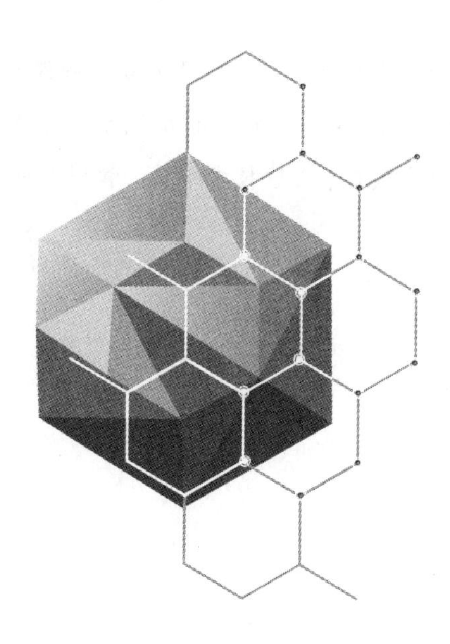

·长沙·

内容简介

Brief introduction

“无机材料基础”是材料科学与工程学科无机非金属材料方向的一门重要学科基础课程，是本专业方向的必修专业基础课程。本书结合了作者多年的教学实践经验，涉及无机材料科学与工程的重要基础理论知识，从核外电子态、原子结构、晶体结构及微观组织等不同层面阐述了无机材料的化学组成、工艺过程、晶体结构、晶体缺陷、组织形态及其物理化学变化与材料的基本物理化学性能之间的关系。本书内容包括原子结构与键合、晶体几何基础、无机材料晶体结构、固溶体、点缺陷与缺陷化学、晶体线缺陷——位错、固体的表面与界面、材料的形变和再结晶、固体中的扩散、材料的相变、熔体与玻璃体、固相反应、无机材料的烧结。

本书可作为高等院校无机非金属材料方向的专业基础课程教材，亦可用作材料科学与工程、材料学、无机功能材料及相关专业本科生和研究生的教学用书或参考书，并可供无机非金属材料相关领域的科学研究人员、工程技术人员、管理人员等阅读与参考。

前言

Foreword

无论是从石器时代、农耕时代进步到蒸汽机电气化的工业时代，还是当今以信息化、智能化为代表的信息时代，人类文明进程都是以材料发展为基础、以工具使用为标志的。从科学技术发展史中也可以看到，每一项重大的新技术发现与发展，往往都有赖于新材料的发展。当今世界经济处于信息经济时代，材料、能源和信息技术是现代文明的三大支柱。随着科学技术的发展，不同能效的新材料不断涌现，新材料的品种正以每年5%或更高的速度在增长，现有材料的性能也需不断地改善与提高，以满足实际需求。从物理和化学属性角度，材料常划分为金属材料、有机高分子材料和无机非金属材料三大类，复合材料也越来越呈现其突出地位，故常被划归为第四类材料。无机非金属材料是材料的重要组成部分，在信息时代已占据着越来越重要的地位。以陶瓷、玻璃、水泥和耐火材料为代表的传统无机非金属材料是工业和基础建设的基础材料；而以电、磁、声、光、热或弹性等直接或耦合的效应以实现特殊性能的功能材料，其研究和应用呈现开放性和发散性，涉及包括化学、物理、材料、计算机、交通运输、电子与信息、生物工程、海洋、航空航天等在内的学科领域。

“无机材料基础”是材料科学与工程学科无机非金属材料方向的一门重要学科基础课程，是本专业方向的必修专业基础课程。本书结合了作者多年教学实践经验，涉及无机材料科学与工程的重要基础理论知识。参照编者所在教学单位的专业特点，本书以无机非金属材料为主要对象，同时也结合了金属材料的基础理论知识，从核外电子态、原子结构、晶体结构及微观组织等不同层面阐述了无机材料的化学组成、工艺过程、晶体结构、晶体缺陷、组织形态及其物理化学变化与材料的基本物理化学性能之间的关系，从而为无机非金属材料的设计、制备、改性和使用提供了必要的科学基础。本书共13章，内容包括原子结构与键合、晶体几何基础、无机材料晶体结构、固溶体、点缺陷与缺陷化学、晶体线缺陷——位错、固体的表面与界面、材料的形变和再结晶、固体中的扩散、材料的相变、熔体与玻璃体、固相反应、无机材料的烧结。为了加深读者对知识的理解，提高解决问题的能力，编者在各章之后附有适当的复习思考与练习。

本书可作为高等院校无机非金属材料方向的专业基础课程教材，亦可用作材料科学与工程、材料学、无机功能材料及相关专业本科生和研究生的教学用书或参考书，并可供无机非金属材料相关领域的科学研究人员、工程技术人员、管理人员等阅读与参考。

编 者

2021年9月

目录

Contents

第 1 章　原子结构与键合

第1章　原子结构与键合
(课件资源)

材料是国民经济的物质基础。工农业生产的发展、科学技术的进步和人民生活水平的提高均离不开品种繁多且性能各异的金属材料、陶瓷材料和高分子材料。长期以来，人们在使用材料的同时也在不断地研究与了解影响材料性能的各种因素和掌握提高其性能的途径。实践和研究表明：决定材料性能的最根本的因素是组成材料的各元素的原子结构，原子间的相互作用、相互结合，原子或分子在空间的排列分布和运动规律，以及原子集合体的形貌特征等。为此，了解材料的微观构造，即其内部结构和组织状态，以便从其内部的矛盾性找出改善和发展材料的途径。

物质是由原子组成的，而原子是由位于原子中心的带正电的原子核和核外带负电的电子构成的。在材料科学中，一般关心的是原子结构中的电子结构。原子的电子结构决定了原子键合的本身。故掌握原子的电子结构既有助于对材料进行分类，也有助于从根本上了解材料的力学特性和物理化学特性等性质。

1.1　原子结构

决定材料性能的根本因素是组成材料的各元素的原子结构。原子结构影响着原子间的相互作用和相互结合方式、原子或分子在空间的排列分布和运动规律以及原子集合体的形貌特征等。根据原子结合方式的不同，可以将材料分为金属、无机非金属和聚合物三类，根据原子结合方式也可得出材料的宏观物理性能、化学性能及力学性能的一些普遍性结论。

1.1.1　原子核外电子的运动状态

近代科学实验证明：原子是由质子和中子组成的原子核，以及核外的电子所构成的。原子核内的中子呈电中性，质子带有正电荷。质子决定元素的种类，与中子共同决定原子的相对原子质量；中子决定原子的种类，与质子共同决定原子的相对原子质量；而最外层电子数决定元素的物理化学性质。一个质子的正电荷量正好与一个电子的负电荷量相等，每个电子和质子所带的电荷为 1.6022×10^{-19} C。通过静电吸引，带负电荷的电子被牢牢地束缚在原子核周围。因为在中性原子中，电子和质子数目相等，所以原子作为一个整体，呈电中性。

原子的体积很小，原子直径约为 10^{-10} m 数量级，而其原子核直径更小，仅为 10^{-15} m 数量级。然而，原子的质量主要集中在原子核内。因为每个质子和中子的质量大致为 1.67×10^{-24} g，而电子的质量约为 9.11×10^{-28} g，电子的质量约为质子质量的 1/1833。

电子在原子核外空间做高速旋转运动，就好像带负电荷的云雾笼罩在原子核周围，故形象地称它为电子云。电子运动没有固定的轨道，但可根据电子的能量高低，用统计方法判断其在核外空间某一区域内出现的概率：能量低的，通常在离核近的区域(壳层)运动；能量高的，通常在离核远的区域运动。

(1)核外电子的运动状态波尔理论。

波尔(Bohr)从经典力学角度首先提出了原子结构的行星模型(Bohr 行星模型)，其要点为：氢原子中，电子以圆形轨道绕核运动，其特定轨道上的电子在运动时不辐射能量，这种状态称为稳定态；稳定态的电子的运动服从牛顿运动定律；当发生电子辐射或吸收能量时，表示稳定态的电子在轨道间跃迁；在能量较低的稳定轨道上运动的电子，其角动量(以 L 表示)为 $L=h/2\pi$，其中 h 为普朗克常量，$h=6.62607015\times10^{-34}$ J·s$=4.1356676969\times10^{-15}$ eV·s；任何其他能量较高的稳定轨道上的电子的角动量是它的整数倍，即 $nh/2\pi$。

在物理学中，角动量是与物体到原点的位移及其动量相关的物理量。在经典力学中可被定义为物体到原点的位移(矢径)和其动量的叉积。如图 1-1 所示，质量为 m 的质点相对 O 点的矢量为 $\boldsymbol{r}$，质点的动量为 $m\boldsymbol{v}$，则角动量的矢量式和标量式分别为：

$$\left.\begin{aligned} \boldsymbol{L} &= \boldsymbol{r}\times\boldsymbol{P} = \boldsymbol{r}\times(m\boldsymbol{v}) \\ L &= rmv\sin\theta \end{aligned}\right\} \tag{1-1}$$

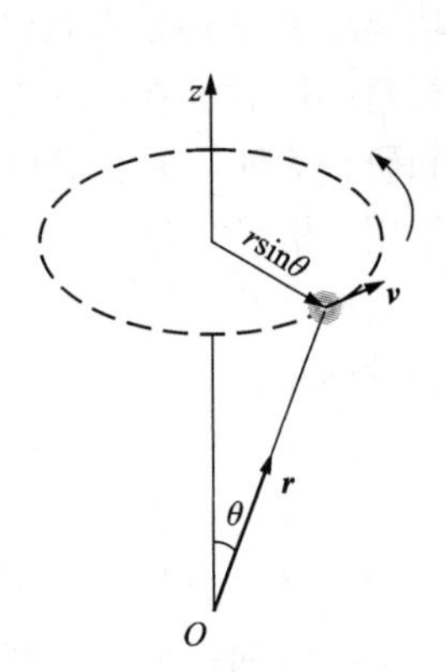

图 1-1　质点运动示意图

为了解释原子的稳定性和原子光谱(尖锐的线状光谱)，Bohr 对此经典模型做了两点重要的修正：①电子不能在任意半径的轨道上运动，而只能在一些半径为确定值 r_1，r_2，…，r_n 的轨道上运动，$r=n^2a_0$(a_0 为 Bohr 半径)；②角动量的量子化特征，即处于定态的电子，其角动量 L 也只能取一些分立的数值，且必须为 $h/2\pi$ 的整数倍。

把在确定半径的轨道上运动的电子状态称为定态。每一定态(即每一个分立的 r 值)对应着一定的能量 E(对应的轨道能量称为能级)。由于 r 只能取分立的数值(轨道半径的分立性)，对应的能量 E 也只能取分立的数值，所以，电子的能量也是不连续的值。这就叫能级的分立性。可见，核外电子在与原子核距离不等的轨道中运动，其轨道能量称为能级，且该轨道并非简单的线，而是一个厚度球形层；与原子核越远(n 值越大)的轨道，其能量越大。能量最低的轨道称为基态。电子从基态跃迁到较高能级上，称为激发态，跃迁所需的能量称为激发能。根据 Bohr 模型，电子的能量为：

$$E = h\upsilon = 2\pi\hbar\upsilon = \hbar\omega = -13.6/n^2 \tag{1-2}$$

式中：n 为只能取整数的量子数；υ 为频率；ω 为角频率；h 和 $\hbar$ 为普朗克常量。

(2)核外电子的波动力学理论。

玻尔理论能定性地解释原子的稳定性(定态的存在)和线状原子光谱，但在细节和定量方面仍与实验事实有差别。特别是，它不能解释电子衍射现象。因为它仍然是将电子看作服从牛顿力学的粒子，不过附加了两个限制条件，即能量的分立性和角动量的量子化条件。从理论上讲，这是不严密的。

由此，波动力学(或量子力学)理论提出波粒二象性观点。按照波动力学观点，电子和一切微观粒子都具有波粒二象性，即既具有粒子性，又具有波动性。也就是说，对于以一定速度 $\boldsymbol{u}$(动量为 $\boldsymbol{p}$)运动的粒子，可与一个波长为 λ 的物质波建立联系，联系二象性的基本方程为：

$$\left.\begin{aligned}&\text{能量：} E = h\upsilon = \frac{1}{2}mv^2 \\ &\text{动量：} p = \frac{h}{\lambda} = mu\end{aligned}\right\} \tag{1-3}$$

另外，Bohr 理论将原子中的电子描述成在简单的轨道上运动，即任一瞬间，电子均具有确定的坐标位置和确定的动量。但量子力学认为，电子运动状态遵循“测不准原理”，电子的运动状态必须用波函数 $\Psi(x, y, z, t)$ 来描述，即对于能量一定的恒稳体系，电子出现的概率不随时间变化，其运动状态可用波函数 $\Psi(x, y, z)$ 来表示(波函数不含时间 t 项)。电子在空间的分布概率与 $|\Psi(x, y, z)|^2$ 成正比。电子的空间分布概率可由式(1-4)薛定谔方程的解求得：

$$\nabla^2\Psi + \frac{8\pi m}{h^2}(E - U)\Psi = 0 \tag{1-4}$$

式中：$\nabla^2 = \frac{\partial^2}{\partial x^2} + \frac{\partial^2}{\partial y^2} + \frac{\partial^2}{\partial z^2}$，为拉普拉斯算符；$E$ 为体系的总能量；U 为电子的位能。

解薛定谔方程可求得一系列的 Ψ 和相应的能量 E。在此不对方程的解进行详细介绍。就一个电子而言，每种运动状态都有一个 Ψ_i 及相应的能量 E_i 与之对应。对薛定谔方程无须进行复杂的具体求解，但有必要用来确定该方程求解波函数的一套参数，即量子数。

1.1.2　核外电子组态

如前所述，电子在原子内部占据着不同的能级，每个电子具有一个特定的能量。描述原子中一个电子的空间位置和能量可用四个量子数表示，即主量子数 n、轨道角动量量子数 l、磁量子数 m_l 和自旋角动量量子数 m_s。

(1)主量子数。

主量子数 n 决定原子中电子能量以及与电子核的平均距离，即表示电子所处的量子壳层(图 1-2)，它只限于正整数 1，2，3，4，…，n。量子壳层往往用一个字母而不是用数表示。例如，$n=1$ 意味着最低能级量子壳层，相当于最靠近核的轨道，命名为 K 壳层；相继的高能级用 $n=2$、3、4 等表示，依次命名为 L、M、N 壳层等。

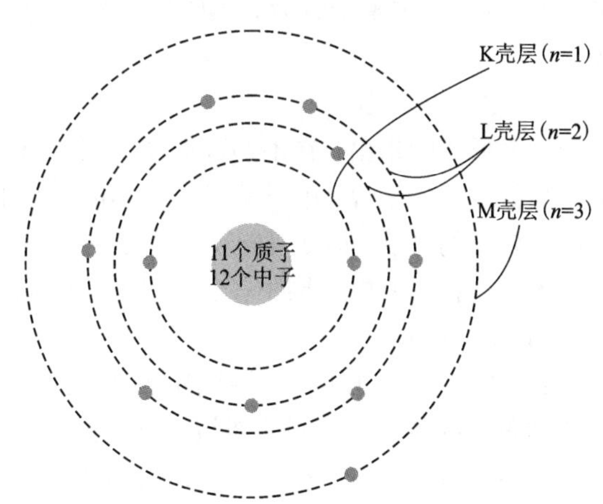

图 1-2　钠原子结构中 K、L 和 M 量子壳层的电子分布状况

(2)轨道角动量量子数。

轨道角动量量子数 l 给出电子在同一量子壳层内所处的能级(电子亚层)，即标志着轨道的分层(亚层轨道)数，与电子运动的角动量有关，取值为 0，1，2，…，$n-1(n>l+1)$。例如 $n=2$，就有两个轨道角动量量子数 $l=0$ 和 $l=1$，即 L 壳层中包含有两个电子能量不同的电子亚层。为方便起见，常用小写的英文字母来标注对应于轨道角动量量子数的电子能级(亚层)，如 l 为0、1、2、3、4分别用s、p、d、f、g表示其能级。

在同一量子壳层里，亚层电子的能量是按s、p、d、f、g的次序递增的。不同电子亚层的电子云形状不同，如s亚层的电子云是以原子核为中心的球状，p亚层的电子云是纺锤形等。

(3)磁量子数。

磁量子数 m_l 决定体系的轨道角动量在磁场方向的分量，给出每个轨道角动量量子数的能级数或轨道数。m_l 取值为0，±1，±2，±3，…，$l \geq |m|$。每个轨道角动量量子数 l_i 中的磁量子总数为 $2l_i+1$。比如，对于 $l_i=2$ 的情况，磁量子数数量为 $2l_i+1=5$，其值为-2、-1、0、+1、+2。

磁电子数决定了电子云的空间取向。如果把在一定的量子壳层上具有一定的形状和伸展方向的电子云所占据的空间称为一个轨道，那么s、p、d、f四个亚层就分别有1个、3个、5个、7个轨道。

(4)自旋角动量量子数。

自旋角动量量子数 m_s 反映电子不同的自旋方向。一般规定 m_s 为+1/2和-1/2，分别表示电子顺时针自旋和逆时针自旋，通常用“↑”和“↓”表示。

1.1.3 核外电子排布规则

多电子原子的结构涉及原子核外的电子如何分布的问题。光谱实验的结果总结出核外电子排布的一些规律：泡利(Pauli)不相容原则、能量最低原则和洪特(Hund)规则。

(1)Pauli不相容原则。

Pauli不相容原则指出，同一原子的同一轨道上最多只能容纳两个自旋方向相反的电子。也就是说，在一个原子中不可能有运动状态完全相同的两个电子，即不能有上述四个量子数都相同的两个原子。对于一个原子轨道来说，如果 n、l 和 m_l 都相同，则这个轨道中各个电子的 m_s 必须不相同，而 m_s 的取值只有两个，即+1/2和-1/2。由此，可知道每层轨道最多能容纳的电子数(即主量子数为 n 的壳层)为 $2n^2$ 个电子。如 $n=4$ 的N层中最多只能容纳32个电子。

(2)能量最低原则。

能量最低原则指出，在不违背泡利不相容原则的条件下，电子的排布总是尽可能使体系的能量最低。也就是说，电子总是先占据能量较低的壳层，只有当这些壳层占满后，才依次进入能量较高的壳层，即核外电子排满了K层才排L层，排满了L层才排M层……由里往外依次类推。而在同一电子层中，电子则依次按s、p、d、f、g的次序排列。

(3)Hund规则。

Hund规则指出，在同一亚层中的各个能级中，电子的排布尽可能分占不同的能级，而且自旋相互平行。如在p、d等能量相等的简并轨道中，电子将尽可能占据不同的轨道，这样排布可使整个原子的能量最低。碳、氮和氧三种元素原子的电子层排布示意图如图1-3所示。但是，当简并轨道中的等

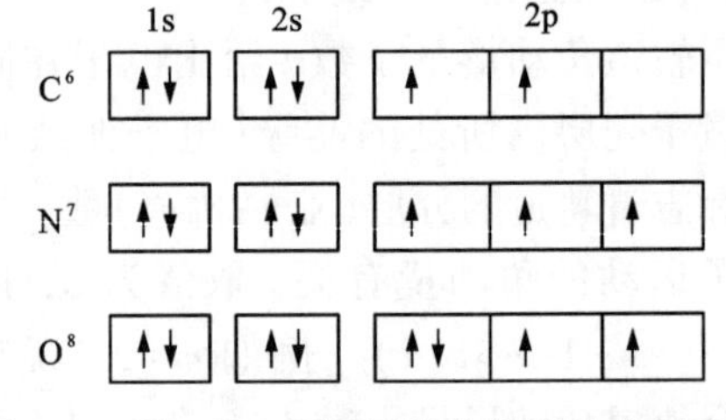

图1-3 碳、氢、氧原子的电子层排布示意图

价轨道为全充满、半充满或全空状态时，是比较稳定的。因此，电子排列并不总是按上述规则依次排列的，特别在原子序数比较大，d 和 f 能级开始被填充的情况下更是如此。以原子序数为 26 的铁原子为例，其理论电子结构应为 $1s^22s^22p^63s^23p^63d^8$，然而，实际上铁原子的电子结构却为 $1s^22s^22p^63s^23p^63d^64s^2$，它偏离理论电子结构，未填满的 3d 能级使铁产生磁性行为。

1.1.4　原子轨道近似能级分布

一般地，原子轨道的能级只与主量子数 n 有关，n 越大的轨道能级越高，n 相同的轨道能级相同。由此可以得到各轨道的能级顺序应为 $1s<2s=2p<3s=3p=3d<4s<\cdots$。

但在多电子原子中，由于存在着电子间的相互作用，各轨道的能级不仅与主量子数有关，还与角量子数 l 有关。如图 1-4 所示为原子轨道近似能级示意图，图中小正方形表示原子轨道，对应主量子数的每个虚线方框中的各轨道能量相近，为一个能级组。例如，1s 轨道为第一能级组；5s、4d 和 5p 轨道合称为第五能级组。

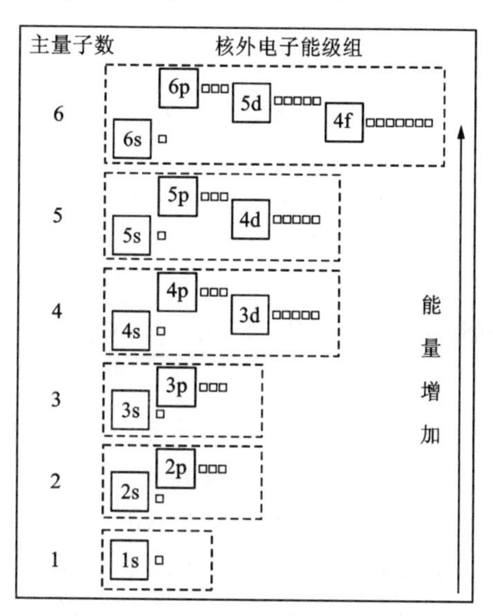

图 1-4　原子轨道近似能级图

由此可以看到，对于角量子数 l 相同而主量子数 n 不同的各轨道，总是 n 越大，能级越高，例如 $1s<2s<3s<4s<\cdots$；$3d<4d<5d<\cdots$。对于主量子数 n 相同而角量子数 l 不同的各轨道，总是 l 越大，能级越高，即 $ns<np<nd<nf<\cdots$，例如 $3s<3p<3d$。而对于主量子数 n 和角量子数 l 都不同的轨道，情况要复杂得多，有能级交错现象，如 $5s<4d$、$6s<4f<5d$ 等。

结合能量最低原则和图中涉及的原子轨道近似能级图，电子在原子轨道中的填充顺序就可以确定为：首先是填充 1s 轨道，然后依次填充 2s、2p、3s、3p、4s、3d、4p、5s、4d、5p、6s、4f、5d、6p、7s、5f、6d 等轨道。比如，对于原子序数为 26 的 Fe 原子，其电子的填充情况应为 $1s^22s^22p^63s^23p^64s^23d^6$，而其电子组态则往往把主量子数相同的原子轨道写在一起，即 $1s^22s^22p^63s^23p^63d^64s^2$。

元素的化合价跟原子的电子结构，特别其最外层电子的数目(价电子数)密切相关，而价电子数可根据它在周期表中的位置加以确定。例如，氩原子的最外层(3sp)是由 8 个电子完全填满的，价电子数为零，故它无电子参与化学反应，化学性质很稳定，属惰性类元素；而钾原子的最外层(4sp)仅有 1 个电子，价电子数为 1，极易失去，从而使 4sp 能级完全空缺，所以钾属于化学性质非常活泼的碱金属元素。原子核外电子分布特征，可以在今后的有关学习、实验和科学研究中得到有效的应用。比如，可以很容易地判断某原子在与其他原子成键或形成化合物中可能的电子得失以及可能的化合价态；能级特征与元素价态也是半导体材料实施掺杂元素的选择与能级分析的重要依据；在缺陷与电性能、电化学电池、腐蚀防护等涉及氧化还原过程的研究与应用中也十分重要；还有在离子导电体、发光材料、缺陷化学等新材料设计中均起到重要作用。

1.1.5 元素电负性

为了定量地比较原子在分子中吸引电子的能力，1932 年鲍林(Pauling)在化学中引入了电负性的概念：电负性是元素的原子在化合物中吸引电子能力的标度。元素电负性数值越大，表示其原子在化合物中吸引电子的能力越强；反之，电负性数值越小，相应原子在化合物中吸引电子的能力越弱。元素电负性是一个相对的数值，鲍林指定氟的电负性为 4.0，不同的处理方法所获得的元素电负性数值有所不同。一般金属元素的电负性小于 2.0(除铂系元素和金)，而非金属元素(除 Si)大于 2.0。表 1-1 为一些化合物的元素电负性差及其离子性与共价性比例。

表 1-1　一些化合物的元素电负性差及其离子性与共价性比例

化合物	CaO	MgO	ZrO_2	Al_2O_3	ZnO	SiO_2	TiN	Si_3N_4	BN	WC	SiC
元素电负性差	2.5	2.3	2.1	2.0	1.9	1.7	1.5	1.2	1.0	0.8	0.7
离子性占比/%	79	73	67	63	59	51	43	30	22	15	12
共价性占比/%	21	27	33	37	41	49	57	70	78	85	88

根据研究结果，关于元素电负性性质，可以归纳得到以下具有实际意义的结论。

(1)判断元素的金属性和非金属性：一般认为，电负性大于 2.0 的是非金属元素，小于 2.0 的是金属元素，在 2.0 左右的元素既有金属性又有非金属性。

(2)判断化合物中元素化合价的正负：电负性数值小的元素在化合物中吸引电子的能力弱，元素的化合价为正值；电负性大的元素在化合物中吸引电子的能力强，元素的化合价为负值。

(3)判断分子的极性和键型：电负性相同的非金属元素化合形成化合物时，形成非极性共价键，其分子都是非极性分子；通常认为，电负性差值小于 1.7 的两种元素的原子之间形成极性共价键，相应的化合物是共价化合物；电负性差值大于 1.7 的两种元素化合时，形成离子键，相应的化合物为离子化合物。

1.2 晶体中的原子结合力

在描述某个物相的晶体学参数时，通常涉及该晶体具体的晶格常数。这说明晶体具有相对稳定的结构；晶体材料拉伸变形需要一定的力，表明晶体原子间存在吸引作用；另外，晶体又是难以压缩的，说明晶体原子间除了存在吸引力之外，还存在着排斥力作用。

虽然不同晶体的结合类型不同，但在任何晶体中，两个原子(或离子)之间的相互作用力或相互作用势能随原子间距的变化趋势却相同，如图 1-5 所示。原子间距较大时，吸引起主要作用，吸引作用来源于异性电荷之间的库仑引力；原子间距较小时，排斥起主要作用，该作用则来自两个方面，一方面是与同性电荷之间的库仑斥力，另一方面是泡利不相容原理所引起的排斥力。在某一适当的距离 r_0，某原子所受的吸引力和排斥力作用相抵消，使晶体处于稳定状态。该距离 r_0 与晶体学参数中的晶格常数密切相关。

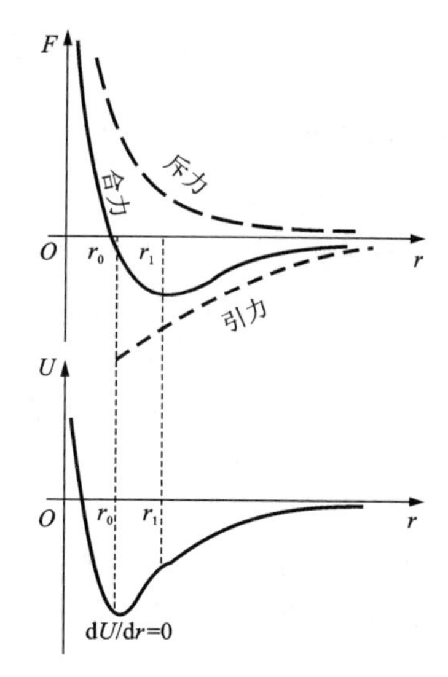

图 1-5　晶体中原子间相互作用力(F)和作用势(U)曲线示意图

图 1-5 中除了给出了相互作用力 F 的示意图，也给出了相互作用势（或称为作用能）U 的示意图。势能（作用势）$u(r)$ 与原子间作用力 $f(r)$ 可以按式(1-5)表示为：

$$f(r) = -\frac{\mathrm{d}u(r)}{\mathrm{d}r} \tag{1-5}$$

当两原子很靠近时，斥力大于引力，总的作用力 $f(r)>0$；当两原子相距比较远时，总的作用力为引力，$f(r)<0$。

若已知原子间的结合力、结合能的数学表达式，可以根据晶体中原子间相互作用式(1-5)计算晶体的晶格常数、体积弹性模量、抗张强度等物理量。比如，原子处于平衡状态时，结合能最小，即 $f(r)=-\mathrm{d}u(r)/\mathrm{d}r|_{r_0}=0$。此时即可根据结合能的数学表达式求得晶体的晶格常数。

1.3　原子间的键合

原子间存在相互作用导致原子与原子可以形成固体，原子间的这种相互作用称为键。原子通过结合键可构成分子，原子之间或分子之间也靠结合键聚结成固体状态。物质中存在的键有五种，即金属键、离子键、共价键、范德华(Van der Waals)力和氢键。其中前三者属于化学键，具有较强的原子(粒子)间相互作用，是强键；范德华力属于物理键，它与氢键是弱键。下面分别介绍这五种键及其相关的晶体类型特征。

1.3.1　金属键与金属晶体

典型金属原子结构的特点是其最外层电子数很少，且金属原子最外层电子的电离能较低，最外层电子极易挣脱原子核的束缚而在整个晶体内运动，成为自由电子。金属晶体被描述为浸泡在自由电子气(或称为自由电子云)中的正离子集合，而金属正离子和“自由电子”之间的静电相互作用所构成键合称为金属键。由金属键组成的晶体称为金属晶体。绝大多数金属均以金属键方式结合，它的基本特点是电子的共有化。

由于金属键既无饱和性又无方向性，电子云的分布可看作球形对称，故形成的金属晶体结构大多为具有高对称性的紧密排列。在金属中，将原子维持在一起的电子并不固定在一定的位置上(即金属键是无方向性的)。因此当金属弯曲和原子企图改变它们间的关系时，只是变动键的方向，并不使键破坏。这就使金属具有良好的延展性。当然，在本课程的后续学习中也会得知，金属的良好塑性与其位错产生与滑移、增殖及相互作用以及晶体的滑移系性质等密切相关。

由金属键构成的晶体，其中的自由电子在外电场下容易发生定向迁移而使金属往往呈现良好的电子导电性，即金属键也使金属成为良导体。利用金属键特性也可以很好地解释金属的导热性、金属光泽以及正的电阻温度系数等一系列特性。

1.3.2 离子键与离子晶体

(1)离子键概述。

离子键是正、负离子之间的静电相互作用(库仑引力)，键力很强。由离子键组成的晶体为离子晶体。大多数盐类、碱类和金属氧化物主要以离子键的方式结合。离子键结合的实质是金属原子将最外层的价电子提供给与该金属结合的非金属原子，使金属原子成为带正电的正离子(或称阳离子)，而非金属原子得到价电子后使自己成为带负电的负离子(或称阴离子)。这样，正负离子依靠它们之间的静电引力结合在一起。故这种结合的基本特点是以离子而不是以原子为结合单元。

晶体中的离子键具有以下特点：①电子被离子束缚着；②正负离子吸引，达到静电平衡；③电场引力无方向性；④离子键构成三维整体，使正负离子组成晶体结构；⑤在溶液中离解成离子。

离子键要求正负离子作相间排列(图 1-6)，并使异号离子之间吸引力达到最大，而同号离子间的斥力为最小。因此，决定离子晶体结构的因素就是正负离子的电荷及几何因素。离子晶体中的离子一般都有较高的配位数。

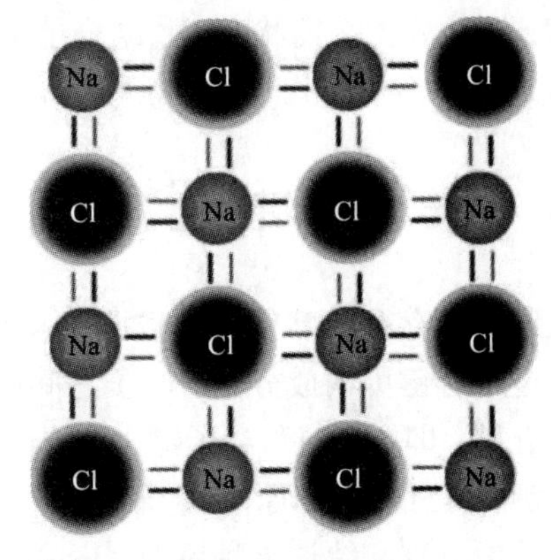

图 1-6 NaCl 离子键的示意图

(2)离子晶体的特性。

①离子的刚球模型：组成离子晶体的原子在得(或失)电子后，核外电子组态与惰性原子的电子组态一样，其电子壳层结构是稳定的，具有球形对称性。由此可以把正、负离子作为刚球来处理。

②结合力(离子键)：电荷异号的离子间由库仑吸引力作用。离子晶体的结合能很大程度来源于静电相互作用(范德华力只占 1%~2%)。一般离子晶体中正负离子静电引力较强。

③物理化学性质：离子晶体的结合能约在 800 kJ/mol 的数量级，结合牢固、结构稳定，其熔点和硬度均较高，且膨胀系数小；在离子晶体中很难产生自由运动的电子，离子晶体导电性能差，通常是良好电绝缘体。但当处在高温熔融状态时，正负离子在外电场作用下可以自由运动，即呈现离子导电性。

离子键属于一定的离子，质点间电子密度很小，对光的吸收较小。光学性质上表现为折射率及反射率均较低、透明或半透明、非金属光泽。因为离子键的强度与电价的乘积成正比、与半径之和成反比，所以，不同晶体的机械稳定性、硬度、熔点等性质有很大的变动范围。

(3)影响离子晶体结构的因素。

影响离子晶体结构的因素涉及外在因素(如温度、压力、气氛、电场、磁场、电磁波等)和内在因素。这里将简要介绍所涉及的主要内在因素。详细知识会在后续的学习过程中进一步加深。

①质点的相对大小(原子半径、离子半径)因素。

原子或离子半径是晶体化学中的一种重要参数。这里先明确两个表征质点尺寸的概念，即原子半径和离子半径。对于孤立态原子，原子半径是从原子核中心到核外电子的概率密度趋向于零处的距离，亦称为范德华半径；对于结合态原子，原子半径是相邻两原子间中心距离的一半。而离子半径是表示每个离子(原子得失核外电子后的质点)周围存在的球形力场的半径；在离子晶体中，是正、负离子半径之和等于相邻两原子中心距离(即在晶体结构中离子处于相接触时的半径之和)；在共价晶体中，两个相邻键合离子的中心距离是两个原子的共价半径之和；在金属晶体中，两个相邻原子中心距的一半就是金属的原子半径。一般而言，原子半径是表示质点没有得到电子或失去核外价电子的状况，而离子半径是质点与周围质点结合时失去或得到了价电子的状况。所以，原子半径往往并非与离子半径是同一数值，比如金属成为阳离子时会失去价电子，所以该金属的原子半径比其离子半径大；而阴离子是其原子得到价电子的状态，所以，阴离子的离子半径比其原子半径大。

一种原子在不同的晶体中或与不同的元素相结合时，其半径有可能发生变化。也就是说，在形成晶体的过程中，晶体极化、共价键的增强和配位数的降低都可使原子或离子之间距离缩短而使其半径减小，也影响最终离子晶体的结构。

②晶体中质点的堆积。

质点的对接方式不同，可能影响离子的尺寸。即晶体结构中质点排列方式对原子或离子半径的大小(特别是相对大小)有影响。

③配位数与配位多面体。

对应金属晶体和离子晶体，其配位数的含义有些不同。比如在金属晶体中，配位数表示一个原子周围同种原子的数目；而对于离子晶体，配位数表述为一个离子周围异号离子的数目。由配位离子组成的多面体为配位多面体。图1-7是ABX_3型钙钛矿晶体的典型晶体结构示意图，与B离子配位的6个X离子组成的多面体为配位多面体(这里是八面体)。

晶体结构中正、负离子的配位数的大小由结构中正、负离子半径的比值来决定。根据几何关系可以计算出正离子配位数与正、负离子半径比之间的关系(表1-2)。因此，如果知道了晶体结构是由何种离子构成的，则从r_c/r_a比值就可以确定正离子的配位数及其配位多面体的结构，其中r_c为正离子半径，r_a为负离子半径。

此外，配位数还受温度、压力、正离子类型以及极化性能等影响。对典型的离子晶体而言，在常温常压条件下，如果正离子的变形现象不发生或者变形很小时，其配位情况主要取决于正、负离子半径比，否则，应该考虑离子极化对晶体结构的影响。

表1-2　正负离子半径比值与配位数的关系

r_c/r_a值	正离子配位数	负离子多面体	实例
0.000~0.155	2	直线形	CO_2
0.155~0.255	3	平面三角形	B_2O_3
0.255~0.414	4	四面体	SiO_2
0.414~0.732	6	八面体	NaCl, TiO_2
0.732~1.000	8	立方体形	ZrO_2, CaF_2, CsCl
>1.000	12	立方八面体形	Cu

④离子极化。

在离子紧密堆积时，带电荷的离子所产生的电场，必然要对另一个离子的电子云产生吸引或排斥作用，使之发生变形，这种现象称为极化。当发生离子极化后就可能导致晶体结构的改变。比如，在图 1-7 的钙钛矿晶体中，如果不发生离子极化，它可能是立方系晶体结构，但发生离子极化就可能是四方晶系或其他晶系的晶体结构。

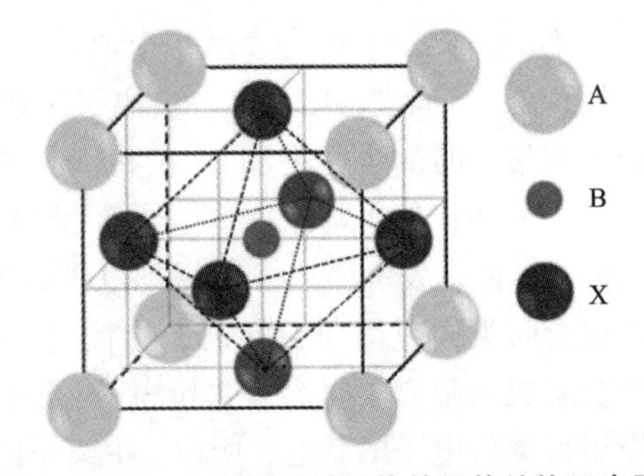

图 1-7　ABX_3 型钙钛矿晶体的晶体结构示意图

综上所述，离子晶体的结构主要取决于离子间的相对数量、离子的相对大小以及离子间的极化等因素。这些因素的相互作用又取决于晶体的化学组成，其中何种因素起主要作用，要视具体晶体而定，不能一概而论。

1.3.3　共价键

共价键是由两个或多个电负性相差不大的原子间通过共用电子对而形成的化学键，如图 1-8 所示。共价键的形成是由于原子在相互靠近时，原子轨道相互重叠，变成分子轨道，原子核之间的电子云密度增加，电子云同时受两核的吸引，使体系的能量降低。

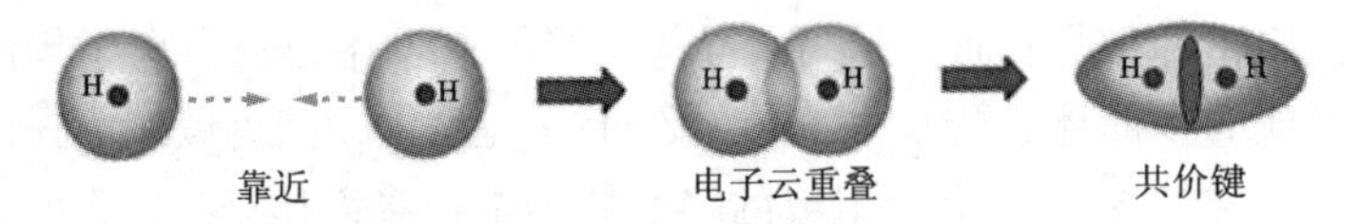

图 1-8　共价键形成示意图

根据共用电子对在两成键原子之间是否偏离或偏近某一个原子，共价键又分成非极性键和极性键两种。氢分子中两个氢原子的结合是最典型的共价键(非极性键)。共价键在亚金属(碳、硅、锡、锗等)、聚合物和无机非金属材料中均占有重要地位。图 1-9 为 SiO_2 中硅和氧原子间的共价键示意图。

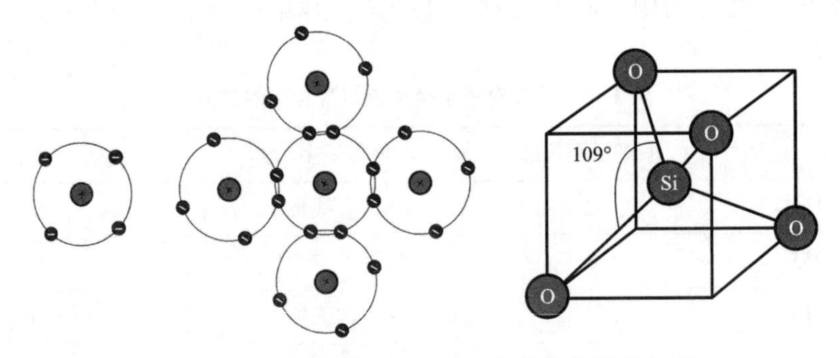

图 1-9　SiO_2 晶体中 Si-O 原子间的共价键示意图

原子结构理论表明，除 s 亚层的电子云呈球形对称外，其他亚层如 p、d 等的电子云都有一定的方向性。在形成共价键时，为使电子云达到最大限度的重叠，共价键就有方向性，键的分布严格服从键的方向性；当一个电子和另一个电子配对以后，就不再和第三个电子配对了，成键的共用电子对数目是一定的，这就是共价键的饱和性。

另外，共价键晶体中各个键之间都有确定的方位，配位数比较小。共价键的结合极为牢固，故共价晶体具有结构稳定、熔点高、质硬脆等特点。由于束缚在相邻原子间的“共用电子对”不能自由地运动，共价结合形成的材料一般是绝缘体，其导电能力差。

1.3.4 范德华力

范德华力，又称分子间作用力或范德瓦尔斯力。尽管原先每个原子或分子都是独立的单元，但由于近邻原子的相互作用引起电荷位移而形成偶极子。范德华力是借助这种微弱的、瞬时的电偶极矩的感应作用将原来具有稳定的原子结构的原子或分子结合为一体的键合。范德华力一般指分子间作用力，即存在于中性分子或原子之间的一种弱碱性的电性吸引力，它比化学键弱得多。

范德华力主要有三个来源：第一个来源是极性分子的永久偶极矩之间的相互作用；第二个来源是一个极性分子使另一个分子极化，产生诱导偶极矩并相互吸引；第三个来源是分子中电子的运动产生瞬时偶极矩，它使邻近分子瞬时极化，后者又反过来增强原来分子的瞬时偶极矩，这种相互耦合产生净的吸引作用。这三种力的贡献不同，通常第三种作用的贡献最大。

范德华力包括静电力、诱导力和色散力。静电力是由极性原子或分子的永久偶极之间的静电相互作用引起的，其大小与绝对温度和距离的 7 次方成反比；诱导力是当极性分(原)子和非极性分(原)子相互作用时，非极性分子中产生诱导偶极与极性分子的永久偶极间的相互作用力，其大小与温度无关，但与距离的 7 次方成反比；色散力是由于某些电子运动导致原子瞬时偶极间的相互作用力，其大小与温度无关，但与距离的 7 次方成反比。在一般非极性高分子材料中，色散力甚至可占分子间范德华力的 80%~100%。

范德华力属物理键，系一种次价键，没有方向性和饱和性。它比化学键低 1~2 个数量级，远不如化学键结合牢固。如将水加热到沸点可以破坏范德华力而变为水蒸气，然而要破坏氢和氧之间的共价键，则需要极高的温度。注意，高分子材料中总的范德华力超过化学键的作用，故在去除所有的范德华力作用前化学键早已断裂了，所以，高分子材料往往没有气态，只有液态和固态。

对于组成和结构相似的物质，范德华力一般随着相对分子质量的增大而增强。范德华力也能很大程度上改变材料的性质。如不同的高分子聚合物之所以具有不同的性能，分子间的范德华力不同是一个重要的因素。一般来说，某物质的范德华力越大，则它的熔点、沸点就越高。

1.3.5 氢键

氢键是一种特殊的分子间作用力。它是由氢原子同时与两个电负性很大而原子半径较小的原子(O、F、N 等)相结合而产生的具有比一般次价键大的键力。2011 年，国际理论(化学)与应用化学联合会(International Union of Pure and Applied Chemistry，IUPAC)给出的定义是：氢键就是键合于一个分子或分子碎片 X—H 上的氢原子与另外一个原子或原子团之间形成的吸引力，有分子间氢键和分子内氢键之分，其中 X 的电负性比氢原子强。可表示为 X—H…Y—Z，其中"…"是氢键，X—H 是氢键供体，Y 是氢键受体，Y 可以是分子、离子以及分子片段。受体 Y 必须是富电子的，既可以是含孤对电子的 Y 原子，也可以是含 π 键的 Y 分子。X 与 Y 可以是同一种类的分子，如水分子之间的氢键，也可以是不同种类的分子，如一水合氨分子($NH_3 \cdot H_2O$)之间的氢键，如图 1-10 所示。X、Y 为相同原子时形成对称氢键。

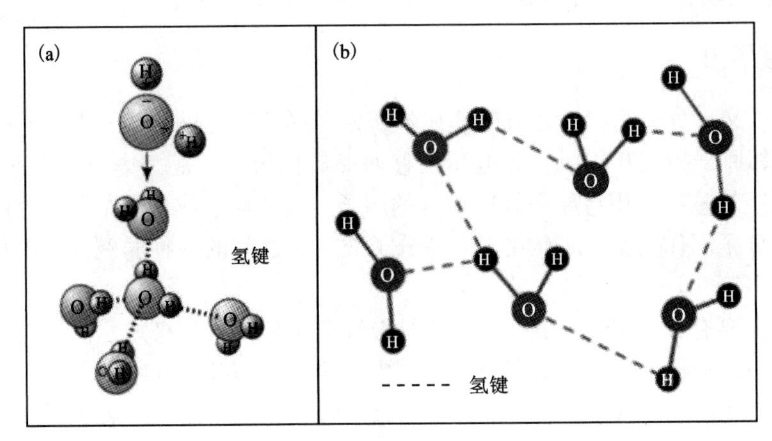

图 1-10　H_2O 中氢键示意图

氢键可以存在于分子内或分子间。氢键在高分子材料中特别重要，纤维素、尼龙和蛋白质等分子有很强的氢键，并显示出非常特殊的结晶结构和性能。IUPAC 给出的氢键六准则为：

①氢键的形成主要源于静电作用力。由于供体和受体之间电荷迁移产生静电相互作用，导致 H 原子和氧原子之间形成部分共价键，共价键的形成由离散作用引起。

②X 与氢原子间形成正常的共价键，X—H 是极性键。H…Y 的强度随 X 电负性增加而增加。

③X—H…Y 之间的二面角接近 180°，氢键越强，H…Y 距离越短。

④氢键形成使得 X—H 距离增长，结构变化反映在 X—H 红外伸缩频率变小。X—H…Y 中 X—H 键长增加得越多，H…Y 氢键就越牢固，一些新的振动模式也相继形成。

⑤NMR 谱中 X—H…Y—Z 氢键的形成导致 X 和 Y 原子之间氢键自旋-自旋耦合以及核 Overhauser 效应增强氢键还产生特征 NMR 信号，X—H 上 H 原子质子去屏蔽。

⑥氢键的吉布斯自由能大于体系热能。

准则①指出，氢键源于静电作用，色散相互作用不再认为是氢键，而规则⑥是为弱氢键提供能量判断的底线。IUPAC 准则指出，氢键形成可以看作质子迁移反应部分激活的先兆。氢键网状结构表现出来的协同现象，导致氢键性质不具备相加性。氢键在成键方向的最优选择影响晶体的结构堆积模式。氢键电荷迁移估算表明，氢键相互作用能与供体和受体间电荷迁移程度密切相关。通过对氢键体系电荷密度进行拓扑分析，发现 X、Y 原子间会显示一条连接 X、Y 以及键临界点的键径。

氢键是一种比分子间作用力(范德华力)稍强、比共价键和离子键弱很多的相互作用。其稳定性弱于共价键和离子键。氢键键能大多为 25~40 kJ/mol。一般认为，键能小于 25 kJ/mol

的氢键属于较弱氢键，键能为25~40 kJ/mol的氢键属于中等强度氢键，而键能大于40 kJ/mol的氢键则是较强氢键。曾经有一度认为最强的氢键是[HF2]中的FH…F键，键能大约为169 kJ/mol。

常见氢键的平均键能数据为：F—H…F(155 kJ/mol)；O—H…N(29 kJ/mol)；O—H…O(21 kJ/mol)；N—H…N(13 kJ/mol)；N—H…O(8 kJ/mol)；HO—H…OH_3(18 kJ/mol)。某些物质的键能和熔融温度列于表1-3中。

表1-3 某些物质的键能和熔融温度

键合类型	物质	键能/(kJ·mol^{-1})	熔融温度/℃
金属键	Hg	68	-39
	Al	324	660
	Fe	406	1538
	W	549	3410
离子键	NaCl	640	801
	MgO	1000	2800
共价键	Si	450	1410
	金刚石	713	>3550
范德华力	Ar	7.7	-189
	Cl_2	31	-101
氢键	NH_3	35	-78
	H_2O	51	0

复习思考与练习

(1)概念：角动量、电子激发能、量子数、轨道角动量量子数、磁量子数、自旋角动量量子数、原子轨道、元素电负性、金属键、离子键、共价键、范德华键、氢键。

(2)理解并描述原子核外电子的四个量子数特征及其表示原子轨道能级分布时的作用。

(3)在形成化合物中，理解元素的电负性对核外电子吸引与排斥的主要特征，以及形成化合物元素的电负性数值差对形成离子键与共价键的规律。

(4)理解晶体中原子间的作用力和作用势的变化特征。

(5)对比分析原子间的键合类型及其性能。

第2章 晶体几何基础
(课件资源)

第 2 章 晶体几何基础

结晶学是以晶体为研究对象的自然科学。根据材料中原子、分子的排列规律,可以将材料分成晶体、非晶体和准晶体三大类。不论是在自然界还是在人工合成的材料中,晶体材料的分布和应用都极为广泛。人类对晶体的研究已有 300 多年历史,经历了晶体形态学、几何结晶学、晶体化学、准晶体学的漫长研究过程。晶体学的发展是伴随着数学、物理学、化学、地质学、材料科学以及现代测试分析技术和方法的进步而发展的。从 19 世纪末到 20 世纪 70 年代,X 射线的发现与应用使得人们对晶体的研究从晶体几何形态发展到对晶体内部结构的认识,从此在宏观对称研究的基础上,微观对称理论也日臻成熟。

材料的宏观性能(力学性能、物理性能和化学性能)和工艺性能(如铸造性能、压力加工性能、机加工性能、焊接性能、热处理性能等)取决于其微观的化学成分、结构和组织。化学成分不同的材料往往具有不同的性能,而相同成分的材料经不同处理可能产生不同的晶体结构和微观组织,从而具有不同的性能。材料的物理性能根本上是由物质结构特性(即电子结构、化学键的性质和晶体结构)决定的。

了解晶体结构、晶体中原子和电子的状态,有助于分析和研究材料性能参数的物理现象和物理本质,有助于通过理论与计算来预测和设计材料的相组分、结构与性能。因此,要正确地选择符合性能要求的材料或研制具有更好性能的材料,首先要熟悉和控制其晶体结构。除了实用意义外,研究固体材料的结构也有很大的理论意义。本章主要介绍几何结晶学基础。

2.1 晶体的基本特征

2.1.1 晶体的基本概念

晶体都具有一定的几何外形,如食盐(NaCl)具有规则的立方外形,石英具有六方柱状的外形。但是晶体的这些宏观几何外形受生长条件的影响,可以发生变化,形成各种不规则的形状。所以,研究晶体的结构特征必须以晶体结构的本质为出发点。晶体最本质的特点是其内部的原子、离子或原子集团在三维空间以一定周期性重复排列,如氯化钠的结构中氯离子和钠离子相间排列(图 2-1)。晶体中周期性重复排列的这些原子、离子、分子或原子集团叫作晶体结构基元,简称结构基元。晶体的外形往往只反映晶体结构基元排列的几何特征,而结晶学的基本内容是研究晶体中结构基元排列的共同规律和各类晶体中结构基元排列的几何特点。晶体是内部质点(原子、离子或离子团)在三维空间做周期性重复排列的固体,即晶体是具有规则格子构造的固体。

在几何结晶学中，将实际晶体结构看成完整无缺的理想晶体并简化，把晶体内部的原子、离子或原子集团等结构基元抽象成几何的点，实际晶体就可以用三维点阵代替，晶体的结构就可以看成由几何点阵组成的具有空间格子构造的固体(图 2-2)。这些阵点在空间呈周期性规则排列并具有完全相同的周围环境。这种由它们在三维空间规则排列的阵列称为空间点阵或空间格子构造，简称点阵。任何一种晶体，不管它有多少种类的质点，也不管这些质点在三维空间排列的方式多么复杂，其晶体的内部结构都可以用点阵构成的空间格子构造表达。

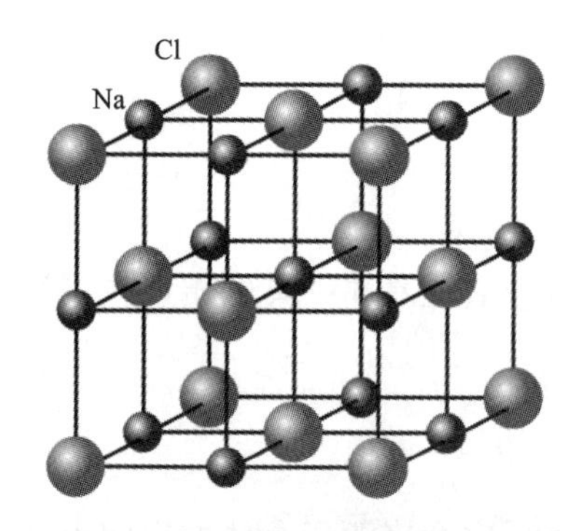

图 2-1　NaCl 结构的三维排列示意图

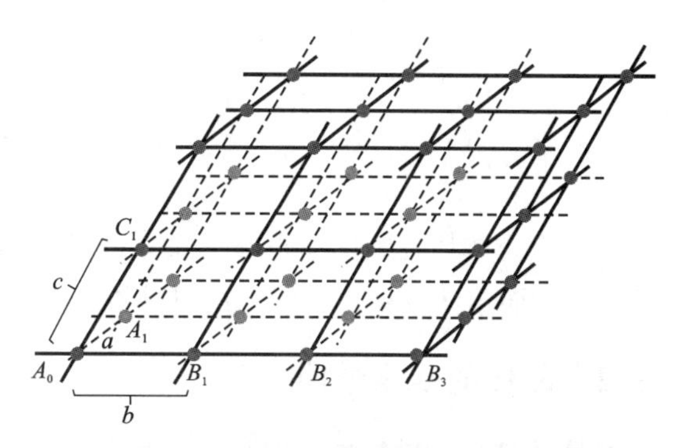

图 2-2　几何点阵组成的空间格子构造示意图

晶体的空间格子构造有如下特点：

(1)结点：空间格子中的点是抽象的几何点，在实际晶体中可以代表同种质点占有的位置，因此也称为晶体结构中的等同点位置。晶体中的一套等同点位置不仅代表相同的质点，还代表它们具有相同的空间环境。因此，就结点本身而言，不一定代表任何实际质点，可以是几何意义上具有相同环境的等同点位置。在同一晶体中可以找出无穷多类等同点，每一类等同点集合成相同图形。

(2)行列：它是结点在一维方向上的排列(图 2-2 中的 $A_0B_1B_2B_3\cdots$)。空间格子中任意两个结点连接的方向就是一个行列方向。行列中相邻结点间的距离称为该行列的结点间距，图 2-2 中 $A_0 \sim A_1$ 结点间距为 a、$A_0 \sim B_1$ 结点间距为 b、$A_0 \sim C_1$ 结点间距为 c。同一行列结点间距相等，平行行列的结点间距也相等。

(3)面网：它是结点在平面上的分布构成的网结构[图 2-3(a)]。空间格子中，不在同一行列上的任意三个结点就可连成一个面网。一个二维的面网上，单位面积内的结点数目称为面网密度。任意两个相邻面网的垂直距离称为面网间距。密度大的面网，其相邻面网的间距也大；密度小的面网，相邻面网的间距也小。

(4)平行六面体：它是空间点阵中的组成单元[图 2-3(b)]。它由六个两两平行且大小相等的面组成。晶体的空间点阵可以看成有无数个平行六面体在三维空间毫无间隙地重复堆积。在实际晶体结构中划分出的相应单位，称为晶胞(unit cell)。因此，实际晶体结构可视为无数个晶胞在三维空间的无间隙的重复排列。晶胞结构代表对应晶体结构特点。

空间格子或空间点阵是对晶体结构的几何抽象。结点、行列、面网、平行六面体都是几何图形，从微观角度考虑，它们在空间的排列可以是无限延伸的。但是就实际晶体而言，构成晶体质点的具体原子、离子的数量是有限的，晶体的宏观形态也是有限的。此外，几何结

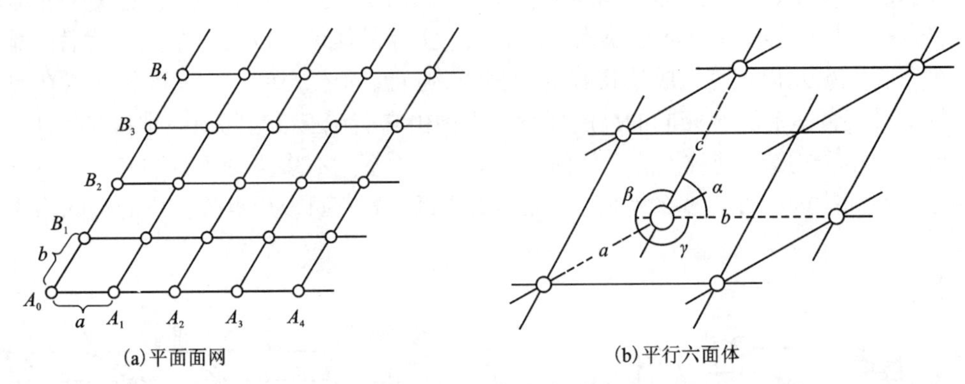

(a)平面面网　　(b)平行六面体

图 2-3　空间点阵的描述

晶学中空间点阵所反映的结点在三维空间的分布规律，仅仅表征晶体中具体质点在空间排列的规律性，而不涉及结点位置上的具体原子和离子。

2.1.2　晶体的基本性质

晶体的基本性质是指一切晶体所共有的性质，这些性质完全来源于晶体的空间点阵。晶体的基本性质主要包括以下五点：

(1)自限性(自范性)：指晶体在适当条件下自发形成封闭几何多面体的性质。晶体的多面体形态是其格子构造在外形上的反映。暴露在空间的晶体外表，如晶面、晶棱与角顶分别对应其晶体空间格子中的某一个面网、行列和结点。

(2)结晶均一性：指同一晶体的各个不同部分具有相同的性质。因为以晶体的格子构造特点衡量，晶体不同部分质点分布规律相同，决定了晶体的均一性。

(3)对称性：指晶体中的相同部分在不同方向上或不同位置上可以有规律地重复出现。这些相同部位可以是晶面、晶棱或角顶。晶体宏观上的对称性反映了其微观格子构造的几何特征。

(4)各向异性：指晶体的性质因方向不同而具有差异。如云母的层状结构显示了在不同方向上，其结合强度不同。从微观结构角度考虑，代表云母晶体的空间格子在不同方向上，其结点位置的排列不同。

(5)稳定性(最小内能)：指在相同的热力学条件下，具有相同化学组成的晶体与气相、液相、非晶态(其质点排列呈无规则状态)相比，晶体具有最小内能，因此它是最稳定的结构。

存在另外一种固态物质，它并不具有晶体的以上基本性质，那就是非晶体。非晶体的质点排列呈无规则状态，是一种长程无序的状态。晶体与非晶体在一定的条件下，可以相互转化，如玻璃可通过调整其内部结构基元的排列方式而向晶体转化，这称为退玻璃化或晶化。晶体内部结构基元的周期性排列遭到破坏，也可以向非晶体转化，称为玻璃化或非晶化。含有放射性元素的矿物晶体，由于受到放射性蜕变时所发出的 α 射线的作用，晶体结构遭到破坏而转化为非晶矿物。当晶体内部的结构基元为长程有序排列，且处于平衡位置时，其内能为最小。对于同一物质的不同凝聚态来说，晶体是最稳定的。因此，晶体玻璃化作用的发生，必然与能量的输入或物质成分的变化相关联。但晶化过程却完全可以自发产生，从而转向更加稳定的晶态。

另外，一块晶态物体中，若其内部的原子排列在整个物体中是连续、长程有序且规律的，则称该晶态物体为单晶体。若某一固体物质是由许许多多的晶体颗粒(晶粒)组成，则称之为多晶体。多晶体中晶粒间的分界面称为晶界。多晶体和单晶体一样具有 X 射线衍射效应，有固定的熔点，但显现不出晶体的各向异性(一般地，多晶体内晶粒排布是随机的)。多晶体的物理性质不仅取决于所包含晶粒的性质，晶粒的大小及其相互间的取向关系也起着重要的作用。工业上所用的大多数金属、合金、陶瓷都是多晶体。

2.2　晶体点阵与空间点阵

2.2.1　晶体点阵

之前说过，晶体结构是指组成晶体的结构基元(分子、原子、离子、原子集团)依靠一定的结合键结合后，在三维空间做有规律的周期性的重复排列。由于组成晶体的结构基元不同，排列的规则不同或者周期性不同，所以它们可以组成各种各样的晶体结构，即实际存在的晶体结构可以有无限多种。应用 X 射线衍射分析法可以测定各种晶体的结构，但由于晶体结构种类繁多，不便于对其规律进行全面的系统性研究，故人为地引入一个几何模型，建立一个三维空间的几何图形(即空间点阵)，以此来描述各种晶体结构的规律和特征。下面举例分析如何将晶体结构抽象为空间点阵，并说明它们之间的关系。

NaCl 是由 Na^+和 Cl^-组成。人们实际测定出在 NaCl 晶体中 Na^+和 Cl^-是相间排列的，NaCl 晶体结构的空间图形和平面图形如图 2-4 所示。所有 Na^+的最邻近周围(上下、前后、左右)均为 Cl^-；所有 Cl^- 的最邻近周围均为 Na^+。两个 Na^+ 之间的周期分别为 0.5628 nm 和 0.3978 nm[图 2-4(b)]，即不同方向上周期不同。两个 Cl^-之间的周期亦如此。可以得知，每一个 Na^+中心点在晶体结构中所处的几何环境和物质环境都是相同的，Cl^-也如此。将这些在晶体结构中占有相同几何位置，且具有相同物质环境的点都称为等同点。

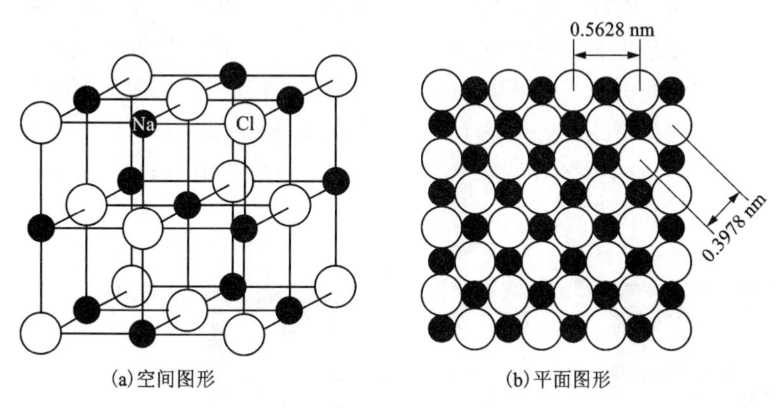

图 2-4　NaCl 晶体结构

如果将晶体结构中某一类等同点挑选出来，它们有规则的、周期性重复排列所形成的空间几何图形即称为空间点阵，简称点阵。构成空间点阵的每一个点称为结点或阵点。由此可知，每一个阵点都是具有等同环境的非物质性的单纯几何点，而空间点阵是从晶体结构中抽象出来的非物质性的空间几何图形，它很明确地显示出晶体结构中物质质点排列的周期性和规律性。

另外，也可以这样理解空间点阵和晶体结构的关系：如果在空间点阵的每一个阵点处都放上一个结构基元，这个结构基元可以是由各种原子、离子、分子或原子集团组成的，则此时空间点阵就变为晶体结构。由于结构基元可以是各种各样的，所以不同的晶体结构可以属于同一空间点阵，而相似的晶体结构又可以分属于不同的空间点阵。例如 Cu、NaCl、金刚石为三种不同的晶体结构，但它们均属于同一空间点阵类型(如面心立方点阵，面心立方体中的六个面的中心还各存在一个结点)。

图 2-5 中铬是体心立方点阵(体心立方体中的中心还各存在一个结点)，而氯化铯属于简单立方点阵。氯化铯结构，相当于是由 Cl^- 组成的简单立方和由 Cs^+ 组成的简单立方相互错位组成的，但 Cl^--Cs^+ 共同组成一个空间点阵的结点。由此看来，晶体结构和空间点阵是两个完全不同的概念，晶体结构是指具体的物质粒子排列分布，它的种类有无限多；而空间点阵只是一个描述晶体结构规律性的几何图形，它的种类却是有限的。二者关系可以表述为：空间点阵+结构基元→晶体结构。

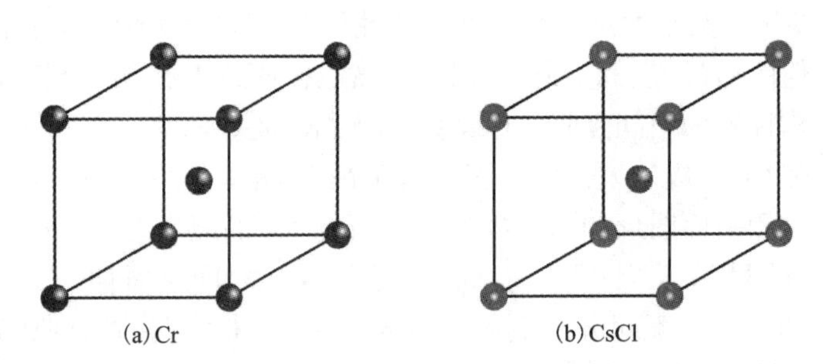

图 2-5　结构相似的不同点阵

在研究晶体材料时，还常常应用晶体点阵的概念。当不再把空间点阵的结点当作单纯的几何点，而作为物质质点的中心位置时，虽然它仍然是一个规则排列的点阵，但其意义发生了变化——从单纯的几何图形变成了具有物质性的点的阵列，在此称其为晶体点阵。晶体点阵是晶体结构的一种理想形式，它忽略了原子的热振动和晶体缺陷，突出了构成晶体的物质质点的对称性和周期性。如图 2-6 所示为几种晶体点阵的平面图[图 2-6(a)~图 2-6(c)]和它们的空间点阵[图 2-6(d)]。

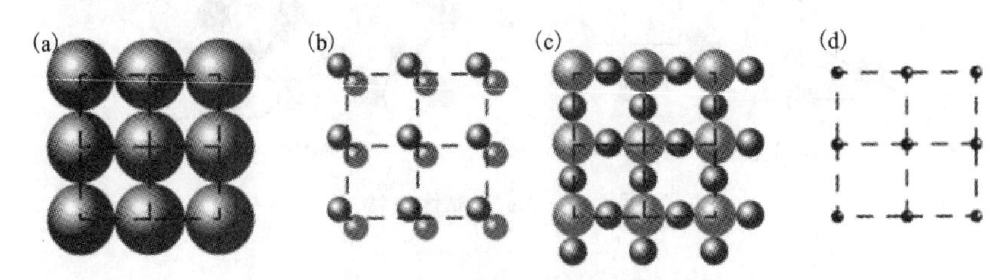

图 2-6　几种晶体点阵的平面图和它们的空间点阵

如图 2-7(a)~图 2-7(e)所示分别为 γ-Fe、金刚石、NaCl、CaF_2、ZnS 五种晶体的晶体结构、空间点阵。尽管它们的晶体结构完全不同，但是它们的点阵类型相同，都是面心立方。

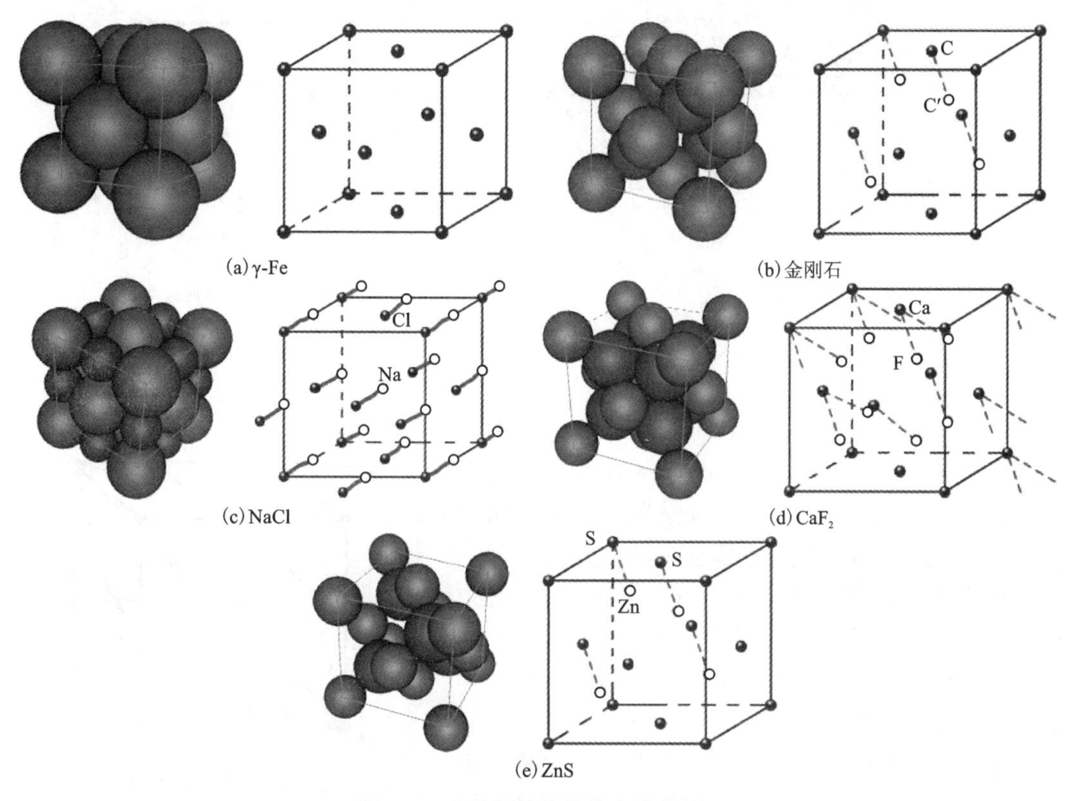

图 2-7　几种晶体结构的点阵分析

2.2.2　布拉菲点阵

空间点阵到底有多少种排列形式？按照“每个阵点的周围环境相同”的要求，在这样一个限定条件下，法国晶体学家布拉菲(A Bravais)曾在 1848 年首先用数学方法证明空间点阵只有 14 种类型。这 14 种空间点阵以后就被称为布拉菲点阵。

空间点阵是一个三维空间的无限图形，为了研究方便，可以在空间点阵中取一个具有代表性的基本小单元，这个基本小单元通常是一个平行六面体，整个点阵可以看作由这样一个平行六面体在空间堆砌而成，称此平行六面体为晶胞。当要研究某一类型的空间点阵时，只需选取其中一个单胞来研究即可。在同一空间点阵中，可以选取多种不同形状和大小的平行六面体作为单胞，如图 2-8 所示。

一般情况下，选取单胞的方式有以下两种：

(1)固体物理选法。在固体物理学中，一般选取空间点阵中体积最小的平行六面体作为单胞，如图 2-9 中由 $\boldsymbol{a}_1$、$\boldsymbol{a}_2$、$\boldsymbol{a}_3$ 三个基矢量所组成的平行六面体(通常称之为原胞)。这样的单胞只能反映其空间点阵的周期性，但不能反映其对称性。如图 2-9 所示，面心立方点阵的固体物理单胞并不反映面心立方的特征。

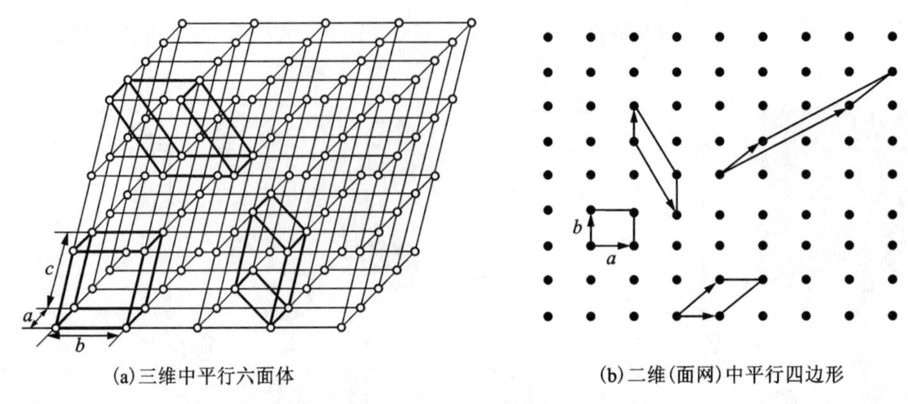

图 2-8　空间点阵及晶胞的不同取法

(2)晶体学选法。同一空间点阵可因选取方式不同而得到不相同的晶胞。如图 2-8 所示空间点阵中三维空间的平行六面体或二维情况中的平行四边形的选取方式不同，得到的晶胞不同。固体物理单胞只能反映晶体结构的周期性，不能反映其对称性。在晶体学中，规定了选取单胞要满足以下几点原则：

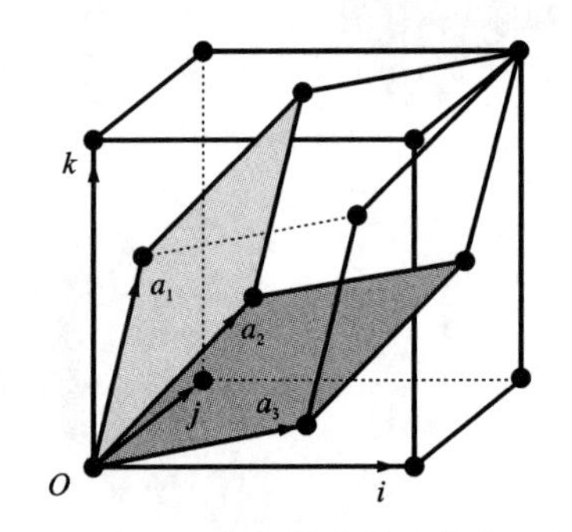

图 2-9　面心立方晶胞中的固体物理原胞

①选取的平行六面体应充分反映整个空间点阵的周期性和对称性。

②在满足①的基础上，平行六面体内的棱和角相等的数目应最多，即单胞要具有尽可能多的直角。

③在满足①、②的基础上，所选取单胞的体积要最小。

④在对称型中，棱与棱之间的交角不为直角时，在遵循前三条原则的前提下，应该选择结点间距小的棱作为平行六面体的棱。

根据以上原则，所选出的 14 种布拉菲点阵的单胞(表 2-1 中“布拉菲点阵示意图”一列)可以分为两大类。一类为简单单胞，即只在平行六面体的 8 个顶点上有结点，而每个顶点处的结点又分属于 8 个相邻单胞，故一个简单单胞只含有一个结点。另一类为复合单胞(或称复杂单胞)，除在平行六面体顶点位置含有结点之外，尚在体心、面心、底心等位置上存在结点，整个单胞含有一个以上的结点。14 种布拉菲点阵中包括 7 个简单单胞，7 个复合单胞。

晶体根据其对称程度的高低和对称特点可以分为七大晶系，所有晶体均可归纳在这七个晶系中，而晶体的七大晶系是和 14 种布拉菲点阵相对应的，如表 2-1 所示。所有空间点阵类型均包含在这 14 种之中，不存在这 14 种布拉菲点阵外的其他任何形式的空间点阵。例如在表 2-1 中未列出底心四方点阵，但从图 2-10 中可以看出，底心正方点阵可以用简单正方点阵来表示，面心正方可以用体心正方来表示。如果在单胞的结点位置上放置一个结构基元，则此平行六面体就成为晶体结构中的一个基本单元，称之为晶胞。在实际应用中常将单胞与晶胞的概念混淆起来用而没有加以细致区分。

表 2-1　七大晶系和十四种布拉菲点阵

晶系	布拉菲点阵	阵点坐标	点阵常数	布拉菲点阵示意图
立方晶系	简单立方	0 0 0	$a=b=c$ $\alpha=\beta=\gamma=90°$	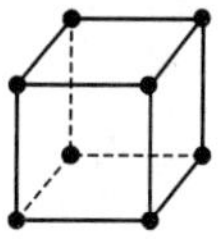
	体心立方	0 0 0 1/2 1/2 1/2		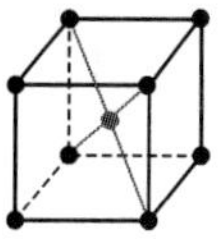
	面心立方	0 0 0 1/2 1/2 0 1/2 0 1/2 0 1/2 1/2		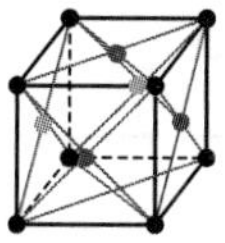
四方晶系（正方）	简单四方	0 0 0	$a=b\neq c$ $\alpha=\beta=\gamma=90°$	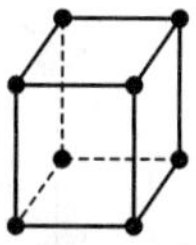
	体心四方	0 0 0 1/2 1/2 1/2		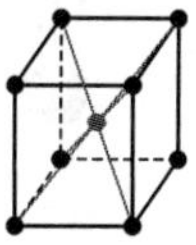
正交晶系（斜方）	简单正交	0 0 0	$a\neq b\neq c$ $\alpha=\beta=\gamma=90°$	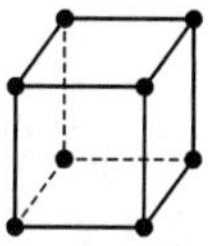
	体心正交	0 0 0 1/2 1/2 1/2		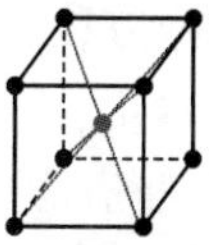
	底心正交	0 0 0 1/2 1/2 0		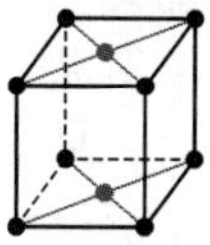
	面心正交	0 0 0 1/2 1/2 0 1/2 0 1/2 0 1/2 1/2		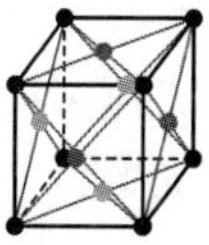
三角晶系（菱方）	简单三角	0 0 0	$a=b=c$ $\alpha=\beta=\gamma\neq 90°$	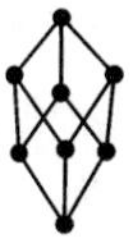

续表2-1

晶系	布拉菲点阵	阵点坐标	点阵常数	布拉菲点阵示意图
六角晶系（六方）	简单六角	0 0 0	$a=b\neq c$ $\alpha=\beta=90°$ $\gamma=120°$	
单斜晶系	简单单斜	0 0 0	$a\neq b\neq c$ $\alpha=\gamma=90°\neq\beta$	
	底心单斜	0 0 0 1/2 1/2 0		
三斜晶系	简单三斜	0 0 0	$a\neq b\neq c$ $\alpha\neq\beta\neq\gamma\neq 90°$	

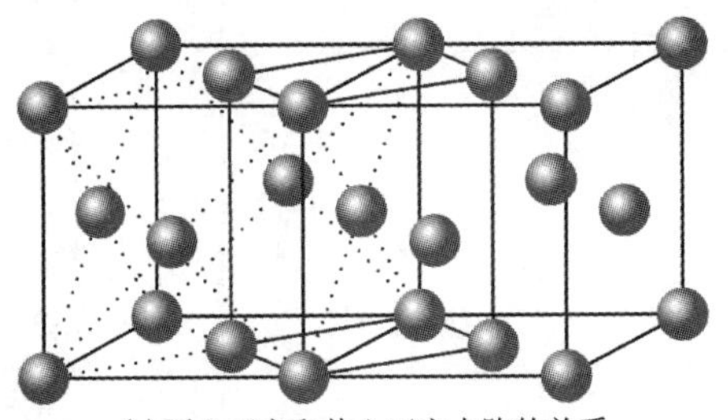
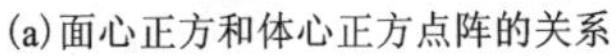
(a)面心正方和体心正方点阵的关系

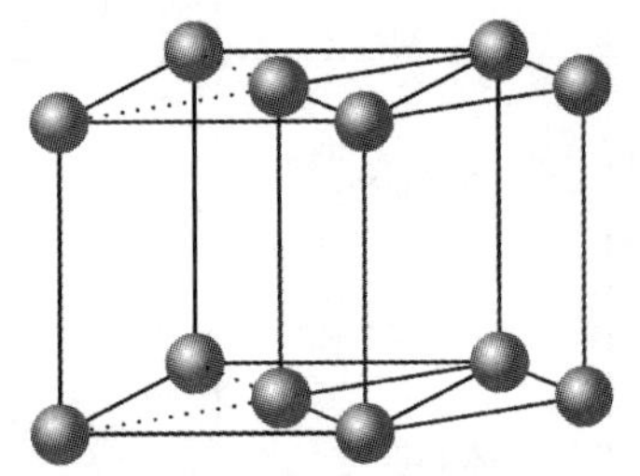
(b)底心正方和简单正方点阵的关系

图 2-10　面心正方和体心正方点阵的关系及底心正方和简单正方点阵的关系

七大晶系晶体的单位平行六面体形状和相应的晶体常数特点如下。

①立方晶系：$a=b=c$，$\alpha=\beta=\gamma=90°$。

②四方（正方）晶系：$a=b\neq c$，$\alpha=\beta=\gamma=90°$。

③六角（六方）晶系：$a=b\neq c$，$\alpha=\beta=90°$，$\gamma=120°$。

④三角（菱方）晶系：$a=b=c$，$\alpha=\beta=\gamma\neq 90°$。

⑤正交（斜方）晶系：$a\neq b\neq c$，$\alpha=\beta=\gamma=90°$。

⑥单斜晶系：$a\neq b\neq c$，$\alpha=\gamma=90°$，$\beta\neq 90°$。

⑦三斜晶系：$a\neq b\neq c$，$\alpha\neq\beta\neq\gamma\neq 90°$。

由此可以看出，各晶系的单位平行六面体晶体常数和晶体定向中所述各晶系晶体几何常数特点是一致的，因为它们在本质上都是反映晶体的对称特点。上述各晶系的单位平行六面体形状示于表 2-1 中“布拉菲点阵示意图”一列。

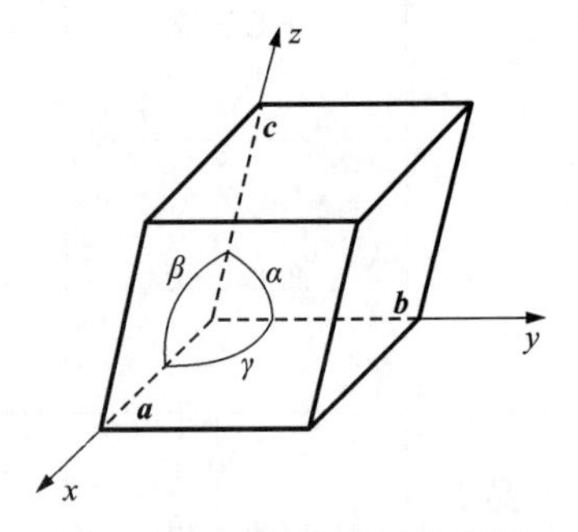

图 2-11　单晶胞及晶格常数

根据单胞所反映出的对称性，可以选定合适的坐标系，一般以单胞中某一顶点为坐标原点，相交于原点的三个棱边为 x、y、z 三个坐标轴，定义 x、y 轴之间的夹角为 γ，y、z 之间的夹角为 α，z、x 轴之间的夹角为 β，如图 2-11 所示。

单胞的三个棱边长度 a、b、c 和它们之间的夹角 α、β、γ 称为点阵常数或晶格参数。六个点阵常数，或者说三个点阵矢量 $\boldsymbol{a}$、$\boldsymbol{b}$、$\boldsymbol{c}$ 描述了单胞的形状和大小，且确定了这些矢量的平移而形成的整个点阵。也就是说，空间点阵中的任何一个阵点都可以借矢量 $\boldsymbol{a}$、$\boldsymbol{b}$、$\boldsymbol{c}$ 由位于坐标原点的阵点进行重复平移而产生。每种点阵所含的平移矢量为：

①简单点阵：$\boldsymbol{a}$、$\boldsymbol{b}$、$\boldsymbol{c}$。

②底心点阵：$\boldsymbol{a}$、$\boldsymbol{b}$、$\boldsymbol{c}$、$(\boldsymbol{a}+\boldsymbol{b})/2$。

③体心点阵：$\boldsymbol{a}$、$\boldsymbol{b}$、$\boldsymbol{c}$、$(\boldsymbol{a}+\boldsymbol{b}+\boldsymbol{c})/2$。

④面心点阵：$\boldsymbol{a}$、$\boldsymbol{b}$、$\boldsymbol{c}$、$(\boldsymbol{a}+\boldsymbol{b})/2$、$(\boldsymbol{b}+\boldsymbol{c})/2$、$(\boldsymbol{a}+\boldsymbol{c})/2$。

所以，布拉菲点阵也称为平移点阵。

2.2.3　晶向指数与晶面指数

在晶体物质中，原子在三维空间中做有规律的排列。因此在晶体中存在着一系列的原子列或原子平面，晶体中原子组成的平面叫晶面，原子列表示的方向称为晶向。晶体中不同的晶面和不同的方向上原子的排列方式和密度不同，构成了晶体的各向异性。这对分析有关晶体的生长、变形、相变以及性能等方面的问题都是非常重要的。因此，研究晶体中不同晶向晶面上原子的分布状态是十分必要的。为了便于表示各种晶向和晶面，需要确定一种统一的标号，称为晶向指数和晶面指数，国际上通用的是密勒(Miller)指数。

(1)晶向指数。

晶向指数的确定可结合图2-12的晶向 $\boldsymbol{AB}$，按以下几个步骤确定：

①以晶胞的某一阵点为原点，三个基矢为坐标轴，并以点阵基矢的长度作为三个坐标的单位长度；图2-12中 O 为原点，$\boldsymbol{a}$、$\boldsymbol{b}$、$\boldsymbol{c}$ 为三个基矢量，x、y、z 为坐标轴。

②过原点作一直线 $\boldsymbol{OP}$，使其平行于待标定的晶向 $\boldsymbol{AB}$，则直线 $\boldsymbol{OP}$ 必定会通过某些阵点。

③在直线 $\boldsymbol{OP}$ 上选取距原点 O 最近的一个阵点 P，确定 P 点的坐标值。

④将此值乘以最小公倍数后再化为最小整数 u、v、w，加上方括号，$[uvw]$ 即为 $\boldsymbol{AB}$ 晶向的晶向指数。如 u、v、w 中某一数为负值，则将负号标注在该数的上方。

⑤图2-13给出了正交点阵中几个晶向的晶向指数。显然，晶向指数表示的是一组互相平行、方向一致的晶向。若晶体中两直线相互平行但方向相反，则它们的晶向指数的数字相同，而符号相反。如$[2\bar{1}1]$和$[\bar{2}1\bar{1}]$就是两个相互平行、方向相反的晶向。

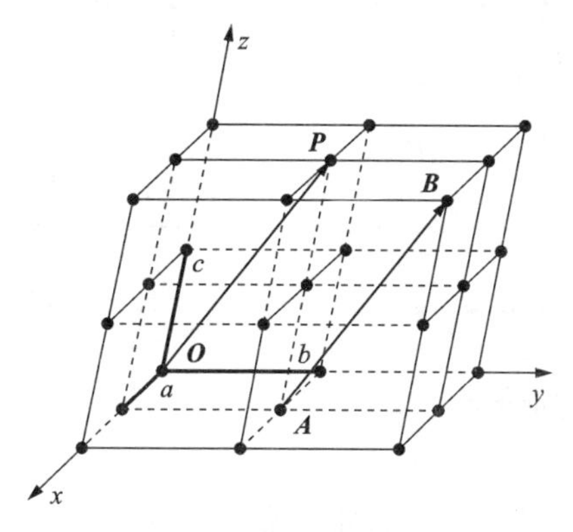

图2-12　晶向指数的确定图

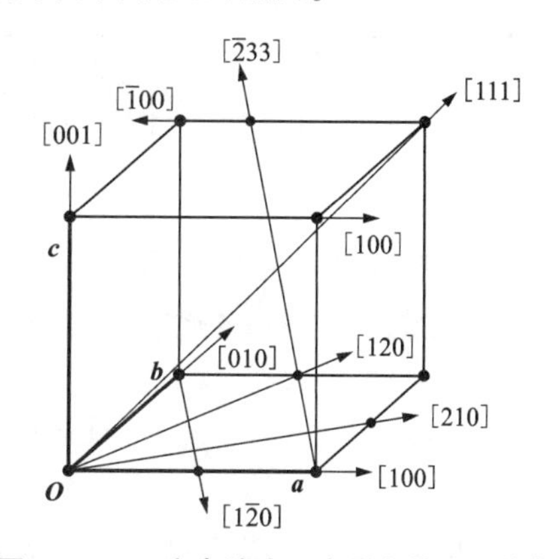

图2-13　正交点阵中几个晶向的晶向指数

⑥晶体中因对称关系而等同的各组晶向可归并为一个晶向族，用<*uvw*>表示。例如，对立方晶系来说，[100]、[010]、[001]和[$\bar{1}$00]、[0$\bar{1}$0]、[00$\bar{1}$]等晶向，它们的性质是完全相同的，用符号<100>表示。如果不是立方晶系，改变晶向指数的顺序，所表示的晶向可能不是等同的。例如，对于正交晶系[100]、[010]、[001]，这三个晶向并不是等同晶向，因为以上三个方向上的原子间距分别为 a、b、c，沿着这三个方向，晶体的性质并不相同。

确定晶向指数的上述方法，可适用于任意晶系。但对六方晶系，除上述方法之外，常用另一种表示方法，将在之后的章节介绍。

(2)晶面指数。

在晶体中，原子的排列构成了许多不同方位的晶面，故要用晶面指数来分别表示这些晶面。晶面指数的确定方法如下：

①对晶胞作晶轴 x、y、z，以晶胞的边长作为晶轴上的单位长度。

②求出待定晶面在三个晶轴上的截距(如该晶面与某轴平行，则截距为∞)。

③取②中各截距数的倒数。

④将上述倒数化为最小的简单整数，并加上圆括号，即表示该晶面的指数，一般记为(hkl)。

下面以图 2-14 中所标出的晶面 $a_1b_1c_1$ 为例来加以说明：$\boldsymbol{a}$、$\boldsymbol{b}$、$\boldsymbol{c}$ 为晶格基矢量，晶面 $a_1b_1c_1$ 在相应晶轴上的截距分别为 1/2、1/3、2/3，则其倒数分别为 2、3、3/2，化为简单整数为 4、6、3，所以晶面 $a_1b_1c_1$ 的晶面指数为(463)。图 2-15 表示了晶体中一些晶面的晶面指数，它们分别是(100)、(110)、(111)和(112)。

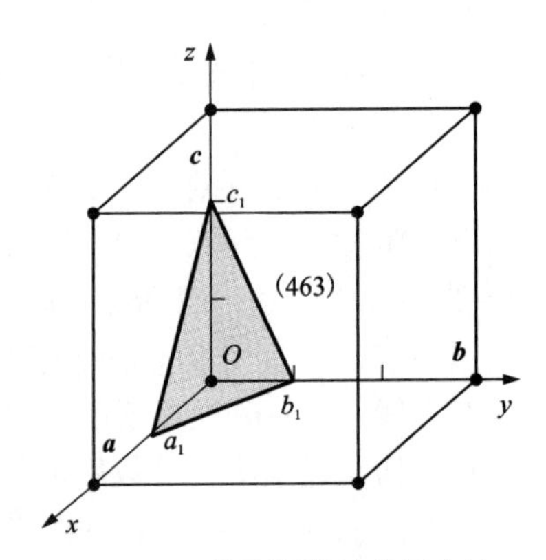

图 2-14 晶面指数的表示方法

对晶面指数需做如下说明：h、k、l 分别与 x、y、z 轴相对应，不能随意更换其次序。若某一数为 0，则表示晶面与该数所对应的坐标轴是平行的。例如($h0l$)表明该晶面与 y 轴平行。若某一轴为负方向截距，则在其相应指数上冠以“-”号，如($hk\bar{l}$)或($\bar{h}kl$)等。

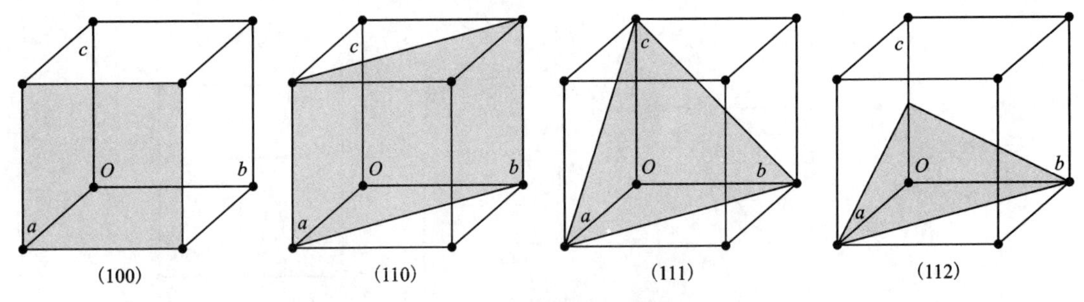

图 2-15 几个晶面的晶面指数

在晶体中任何一个晶面总是按一定周期重复出现的，某一晶面指数(hkl)所实际代表的晶面是一系列相互平行的晶面，晶面的数目可以无限多。所以(hkl)并非只表示一个晶面，而是代表相互平行的一组晶面。h、k、l 分别表示沿三个坐标轴单位长度范围内所包含的该晶面的个数，即晶面的线密度。例如，(123)表示在 x 轴的单位长度内有 1 个该晶面，在 y 轴单位长度内有 2 个该晶面，而在 z 轴单位长度内有 3 个该晶面，而其中距原点最近的晶面在三个坐标轴上的截距分别为 1、1/2、1/3。

在晶体中有些晶面具有共同的特点，其上原子排列和分布规律是完全相同的，晶面间距也相同，唯一不同的是晶面在空间的位向，这样的一组等同晶面称为一个晶面族，用符号$\{hkl\}$表示。图 2-16 给出了立方晶系中$\{100\}$、$\{111\}$、$\{110\}$的晶面族。在立方系中，晶面族中所包含的各晶面其晶面指数的数字相同，但数字的排列次序和正负号不同。

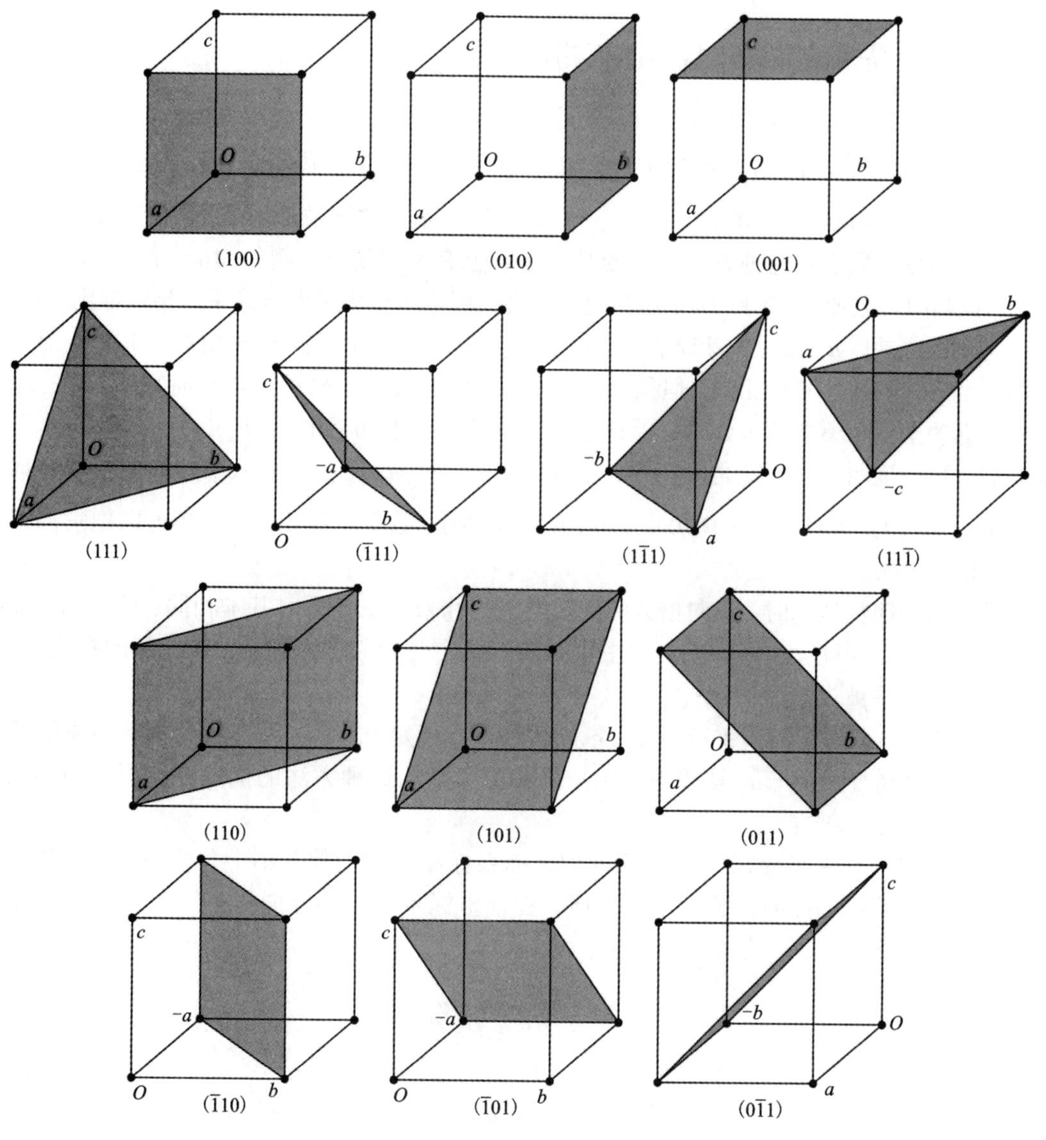

图 2-16　立方晶系中$\{100\}$、$\{111\}$、$\{110\}$晶面族

如图 2-16 所示的立方系中各晶面族包含的晶面如下：{100} 晶面族包括(100)、(010)、(001)；{110} 晶面族包括(110)、(101)、(011)、$(\bar{1}10)$、$(\bar{1}01)$、$(0\bar{1}1)$；{111} 晶面族包括(111)、$(\bar{1}11)$、$(1\bar{1}1)$、$(11\bar{1})$。而{123} 晶面族(未在图 2-16 中列出)则包括(123)、(132)、(231)、(213)、(312)、(321)、$(\bar{1}23)$、$(\bar{1}32)$、$(\bar{2}31)$、$(\bar{2}13)$、$(\bar{3}12)$、$(\bar{3}21)$、$(1\bar{2}3)$、$(1\bar{3}2)$、$(2\bar{3}1)$、$(2\bar{1}3)$、$(3\bar{1}2)$、$(3\bar{2}1)$、$(12\bar{3})$、$(13\bar{2})$、$(23\bar{1})$、$(21\bar{3})$、$(31\bar{2})$和$(32\bar{1})$，共 24 组晶面。

在立方晶系中，具有相同指数的晶向和晶面必定是相垂直的，即[*hkl*]垂直于(*hkl*)。例如：[100]垂直于(100)，[110]垂直于(110)，[111]垂直于(111)等。但是，此关系不适用于其他晶系。

2.2.4 六方晶系的晶向指数与晶面指数

六方晶系的晶面指数和晶向指数同样可以采用上述方法标定。如图 2-17 所示，$\boldsymbol{a}_1$、$\boldsymbol{a}_2$、$\boldsymbol{c}$ 为晶轴，而 $\boldsymbol{a}_1$ 与 $\boldsymbol{a}_2$ 间的夹角为 120°。按这种方法，六方晶系六个柱面的晶面指数应为(100)、(010)、$(\bar{1}10)$、$(\bar{1}00)$、$(0\bar{1}0)$、$(1\bar{1}0)$。这六个面是同类型的晶面，但其晶面指数中的数字却不尽相同。用这种方法标定的晶向指数也有类似情况，例如[100]和[110]是等同晶向，但晶向指数却不相同。为了解决这一问题，可采用专用于六方晶系的指数标定方法。

这一方法是以 $\boldsymbol{a}_1$、$\boldsymbol{a}_2$、$\boldsymbol{a}_3$ 和 $\boldsymbol{c}$ 四个轴为晶轴，$\boldsymbol{a}_1$、$\boldsymbol{a}_2$、$\boldsymbol{a}_3$ 彼此间的夹角均为 120°。晶面指数的标定方法与前述基本相同，但须用(*hkil*)四个数字表示。根据立体几何知识，在三维空间中独立的坐标轴不会超过 3 个。上述方法中位于同一平面上的 h、k、i 中必定有一个不是独立的。可以证明，h、k、i 之间存在着下列关系：$i=-(h+k)$。此时六个柱面的指数就成为$(10\bar{1}0)$、$(01\bar{1}0)$、$(\bar{1}100)$、$(\bar{1}010)$、$(0\bar{1}10)$、$(1\bar{1}00)$，数字全部相同，于是可以把它们归并为{1010} 晶面族。

采用这种四轴坐标时，晶向指数的确定方法也和采用三轴系时基本相同，但须用[*uvtw*]四个数来表示。同理，u、v、t 三个数中也只能有两个是独立的，仿照晶面指数的标注方法，它们之间的关系被规定为：$t=-(u+v)$。

根据上述规定，当沿着平行于 $\boldsymbol{a}_1$、$\boldsymbol{a}_2$、$\boldsymbol{a}_3$ 轴方向确定 $\boldsymbol{a}_1$、$\boldsymbol{a}_2$、$\boldsymbol{a}_3$ 坐标值时，必须使沿 $\boldsymbol{a}_3$ 轴移动的距离等于沿 $\boldsymbol{a}_1$、$\boldsymbol{a}_2$ 轴移动的距离之和的负数。这种方法的优点是相同类型晶向的指数相同，但比较麻烦。

尽管做出了 $t=-(u+v)$ 的规定，用四轴坐标系标注晶向指数并不十分容易。用三轴坐标系标注六方晶系中的晶向指数则比较方便。三轴坐标系标出的晶向指数[*UVW*]与四轴坐标系标出的晶向指数[*uvtw*]存在下列关系：

$$u = [2U - V] \tag{2-1}$$

$$v = [2V - U]/3 \tag{2-2}$$

$$t = [U + V]/3 \tag{2-3}$$

$$w = W \tag{2-4}$$

对于六方晶系，可先用三轴坐标系标出给定晶向的晶向指数，再利用上述关系按四轴坐标系标出该晶向的晶向指数。这是一种比较方便的办法。如图 2-18 所示为六方晶系中较常见的晶向指数与晶面指数。

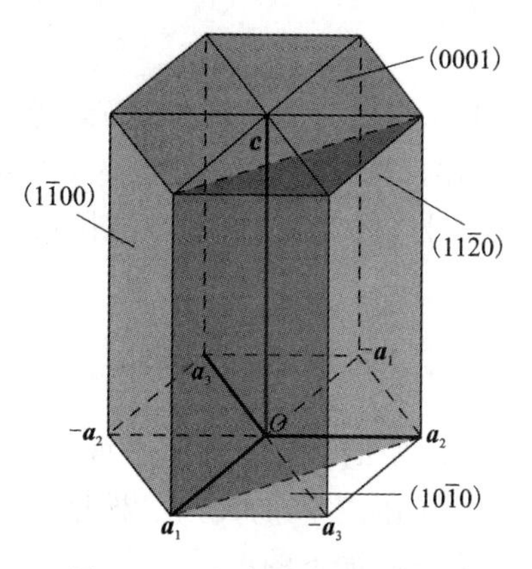

图 2-17　六方晶系晶面指数

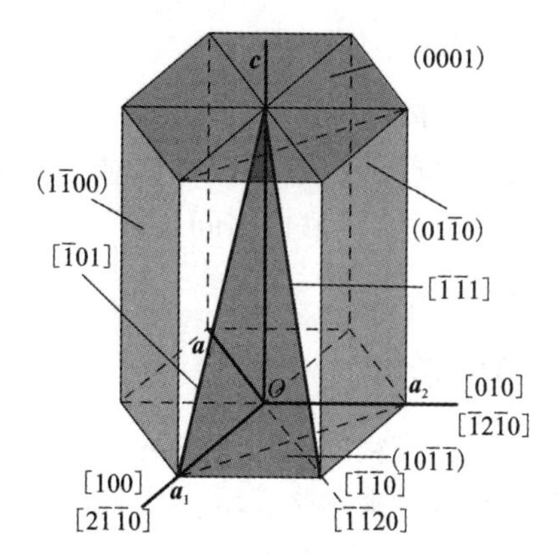

图 2-18　六方晶系中较常见的晶向指数与晶面指数

2.2.5　晶面间距

不同的{hkl}晶面，其面间距(即相邻的两个平行晶面之间的距离)各不相同。总的来说，低指数的晶面，其面间距较大，而高指数的晶面，其面间距小。以如图 2-19 所示的简单立方点阵为例，可看到其{100}面的晶面间距最大，{120}面的间距较小，而{320}面的间距就更小。但是，如果分析体心立方或面心立方点阵，则它们的最大晶面间距的面分别为{110}或{111}，而不是{100}，说明此面还与点阵类型有关。此外还可证明，晶面间距最大的面总是阵点(或原子)最密排的晶面(从图 2-19 也可看出)，晶面间距越小，则晶面上的阵点排列就越稀疏。正是由于不同晶面和晶向上的原子排列情况不同，晶体才表现为各向异性。

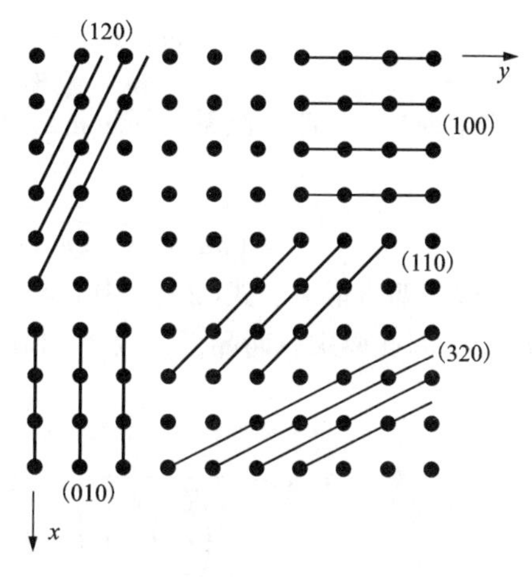

图 2-19　简单立方二维点阵中不同取向的晶面及晶面间距比较

晶面间距 d 与点阵常数之间具有如下确定的关系。

①对立方晶系：

$$d_{(hkl)} = \frac{a}{\sqrt{h^2 + k^2 + l^2}} \tag{2-5}$$

②对正交和四方晶系(四方晶系中 $a=b$)：

$$d_{(hkl)} = \frac{1}{\sqrt{\left(\frac{h}{a}\right)^2 + \left(\frac{k}{b}\right)^2 + \left(\frac{l}{c}\right)^2}} \tag{2-6}$$

③对六方晶系：

$$d_{(hkl)} = \frac{1}{\sqrt{\frac{4}{3}\left(\frac{h^2 + hk + k^2}{a^2}\right) + \left(\frac{l}{c}\right)^2}} \tag{2-7}$$

必须注意，按以上这些公式所算出的晶面间距是对简单晶胞而言的，如为复杂晶胞(例如体心立方、面心立方等)，在计算时应考虑到晶面层数增加的影响。例如，在体心立方或面心立方晶胞中，上、下底面之间还有一层同类型的晶面[可称为(002)晶面]，故实际的晶面间距应为$d_{001}/2$。

2.2.6 晶面夹角

晶面与晶面在空间的几何关系，在实际应用中往往是很重要的，两个空间平面的夹角，可用它们的法线的夹角来表示，因此晶面的夹角也可看成两个晶向之间的夹角。根据空间几何关系，可以证明：两个晶向$[u_1v_1w_1]$和$[u_2v_2w_2]$之间的夹角φ有如下的关系。

①对于立方晶系，晶面指数与其法线指数相同，故晶面夹角与其法向夹角可用同一公式表示：

$$\cos\varphi = \frac{u_1u_2 + v_1v_2 + w_1w_2}{\sqrt{u_1^2 + v_1^2 + w_1^2}\sqrt{u_2^2 + v_2^2 + w_2^2}} \tag{2-8}$$

②对于正交或四方晶系，$[u_1v_1w_1]$和$[u_2v_2w_2]$之间的夹角φ的关系为：

$$\cos\varphi = \frac{a^2u_1u_2 + b^2v_1v_2 + c^2w_1w_2}{\sqrt{(au_1)^2 + (bv_1)^2 + (cw_1)^2}\sqrt{(au_2)^2 + (bv_2)^2 + (cw_2)^2}} \tag{2-9}$$

③对于四方晶系，式(2-9)中$a=b$，在正交或四方晶系中，晶面$(h_1k_1l_1)$的法线并不是$[h_1k_1l_1]$，因此要求解两晶面$(h_1k_1l_1)$和$(h_2k_2l_2)$之间的夹角φ，则其公式为：

$$\cos\varphi = \frac{\frac{h_1h_2}{a^2} + \frac{k_1k_2}{b^2} + \frac{l_1l_2}{c^2}}{\sqrt{\left(\frac{h_1}{a}\right)^2 + \left(\frac{k_1}{b}\right)^2 + \left(\frac{l_1}{c}\right)^2}\sqrt{\left(\frac{h_2}{a}\right)^2 + \left(\frac{k_2}{b}\right)^2 + \left(\frac{l_2}{c}\right)^2}} \tag{2-10}$$

④对于六角晶系，$[u_1v_1w_1]$和$[u_2v_2w_2]$两晶向间的夹角φ和$(h_1k_1l_1)$和$(h_2k_2l_2)$：

$$\cos\varphi = \frac{u_1u_2 + v_1v_2 + \frac{1}{2}(u_1v_2 + v_1u_2) + \left(\frac{c}{a}\right)^2 w_1w_2}{\sqrt{u_1^2 + v_1^2 + u_1v_1 + \left(\frac{c}{a}\right)^2 w_1^2}\sqrt{u_2^2 + v_2^2 + u_2v_2 + \left(\frac{c}{a}\right)^2 w_2^2}} \tag{2-11}$$

六角晶系两晶面之间的夹角φ，其计算式分别为：

$$\cos\varphi = \frac{h_1h_2 + k_1k_2 + \frac{1}{2}(h_1k_2 + k_1h_2) + \frac{3}{4}\left(\frac{a}{c}\right)^2 l_1l_2}{\sqrt{h_1^2 + k_1^2 + h_1k_1 + \frac{3}{4}\left(\frac{a}{c}\right)^2 l_1^2}\sqrt{h_2^2 + k_2^2 + h_2k_2 + \frac{3}{4}\left(\frac{a}{c}\right)^2 l_2^2}} \tag{2-12}$$

2.2.7 晶带定理

相交于同一直线(或平行于同一直线)的所有晶面的组合称为晶带，该直线称为晶带轴，同一晶带轴中的所有晶面的共同特点是，所有晶面的法线都与晶带轴垂直(图 2-20)。

设有一晶带其晶带轴为[*uvw*]晶向，该晶带中任一晶面为(*hkl*)，则由矢量代数可以证明晶带轴[*uvw*]与该晶带的任一晶面(*hkl*)之间均具有下列关系：

$$hu + kv + lw = 0 \tag{2-13}$$

这就是晶带定理。凡满足此关系的晶面都属于以[*uvw*]为晶带轴的晶带。

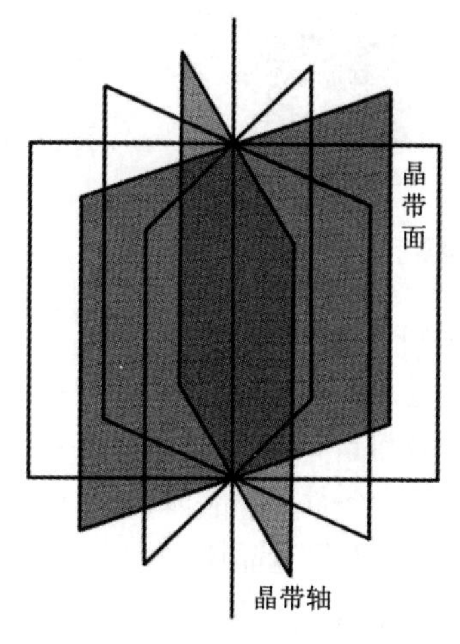

图 2-20　晶带、晶带面与晶带轴

晶带定理在分析许多晶体学问题时，常常是一个非常有用的工具，下面列举两个较常见的应用：

①已知某晶带中任意两个晶面$(h_1k_1l_1)$和$(h_2k_2l_2)$，则可求解该晶带的晶带轴方向[*uvw*]：

$$\left.\begin{aligned} u &= k_1l_2 - k_2l_1 \\ v &= l_1h_2 - l_2h_1 \\ w &= h_1k_2 - h_2k_1 \end{aligned}\right\} \tag{2-14}$$

②已知某晶面同属于两个晶带$[u_1v_1w_1]$和$[u_2v_2w_2]$，则可求解该晶面的晶面指数(*hkl*)：

$$\left.\begin{aligned} h &= v_1w_2 - v_2w_1 \\ k &= w_1u_2 - w_2u_1 \\ l &= u_1v_2 - u_2v_1 \end{aligned}\right\} \tag{2-15}$$

复习思考与练习

(1)概念：晶体、晶体点阵、空间点阵、布拉菲点阵、晶体晶胞、单胞、原胞、晶向、晶面、晶格常数、晶面间距、晶面族、点群、空间群。

(2)理解晶体的基本性质。

(3)归纳说明晶体的七大晶系和 14 种布拉菲点阵。

(4)请写出单型三方柱、四方柱、四方双锥、六方柱、菱面体、斜方双锥模型中各晶面的晶面符号。

(5)作图表示立方晶体的(123)、$(0\bar{1}2)$、(421)晶面。

(6)在六方晶体中标出晶面(0001)、$(2\bar{1}\bar{1}0)$、$(10\bar{1}0)$、$(11\bar{2}0)$、$(\bar{1}2\bar{1}0)$的位置。

(7)说明为什么有立方面心晶格存在，而没有四方面心晶格存在。

第3章　无机材料晶体结构
(课件资源)

第 3 章　无机材料晶体结构

近几十年来，结晶学研究揭示出大量实际晶体的结构，在此基础上发展建立起了研究晶体成分和晶体结构的学科——晶体化学。晶体的性质由晶体的组成和结构决定，而在一定的物理化学条件下，晶体的组成和结构之间具有对应的关系。第 2 章所叙述的晶体几何对称性，已经为研究晶体结构提供了有力的方法，晶体化学则从具体原子出发，研究不同原子组成的晶体结构类型及其内在的规律。

3.1　晶体化学基本原理

固体材料可以按照固体中原子之间结合力的本质，即化学键的类型来分类。按照键的类型可以将晶体分为离子晶体、共价晶体、金属晶体、分子晶体和氢键晶体。但是晶体的结构千变万化，在一个晶体中，经常是几种键型同时存在。如在石墨晶体中共价键和范德华力同时存在。晶体化学键中纯的离子键和纯的共价键很少，大量晶体的结合键处于离子键和共价键等不同化学键之间的过渡状态。本节以离子型晶体的结构形成为基础，主要讨论决定离子晶体结构的因素，并介绍当离子键向共价键过渡时，晶体结构发生的变化。

离子晶体的晶格能大小受多个因素的影响，其中一个重要因素是晶体结构类型。大量自然界和人工合成晶体中，根据构成离子晶体的元素组成不同，形成了不同的晶体结构。在第 1 章中已经介绍，影响离子晶体结构的因素有：①外在因素，如温度、压力、气氛、电场、磁场、电磁波等，它们对晶体结构的影响是导致同质多晶与类质同晶及晶型转变(即所谓的“相变”)；②内在因素，如质点的相对大小(原子半径、离子半径)、晶体中质点的堆积、配位数与配位多面体以及离子极化等。

3.1.1　离子晶体和晶格能

离子型晶体是由正、负离子以离子键结合形成，如 NaCl、MgO、$A1_2O_3$ 等晶体。构成这类晶体的基本质点是正、负离子，它们之间以静电作用力(库仑力)相结合。正、负离子通常相间排列，如第 2 章介绍的 NaCl 晶体，Na^+和 Cl^-交替排列，以使带异号电荷离子之间的引力达到最大，而带同号电荷离子之间的排斥力达到最小。

一个正离子和一个负离子之间的相互作用存在一个短程力和一个长程力，长程力是正负离子之间的静电作用力，而短程力则是核外电子云靠近的排斥力。离子的平衡位置则是两个力处于平衡状态。此时正、负离子作用力的大小体现了离子键的强度，而离子键的强度可以用晶体的晶格能来衡量。晶格能的定义是在 0 K 时 1 mol 离子化合物的各离子相互移动至无限远(即拆散成气态)所需要的能量。如果离子晶体中正、负离子的电子结构与惰性气体原子相同，正负离子相互靠近时，可以把离子当作具有一定作用范围的点电荷处理。按照玻恩(Born)方法，离子间作用力中的引力和斥力两部分具有式(3-1)的关系：

$$f(r)=\frac{a}{r^2}+\frac{a_s}{r^s} \tag{3-1}$$

式中：第一项$\frac{a}{r^2}$是静电库仑引力，它与离子的电荷乘积成正比，反比于离子间距离的平方，当两个离子的价数分别为 Z_1 和 Z_2 时，静电引力项的系数 $a=Z_1Z_2e^2$；第二项$\frac{a_s}{r^s}$是排斥力，与离子种类和晶体结构类型有关，其系数为 a_s，排斥力与离子间距离 r 成指数 s 的关系。

根据正负离子作用力随离子间距离的变化，可以得到离子相互作用的内能，如式(3-2)所示：

$$u(r)=\int f(r)\mathrm{d}r=\frac{a}{r}+\frac{a_s}{(s-1)r^{s-1}} \tag{3-2}$$

对所有离子间的相互作用力求和，可得到整个晶体的内能为：

$$u=\frac{1}{2}\sum_{i,j}\left[\frac{a}{r_{ij}}+\frac{a_s}{(s-1)r_{ij}^{s-1}}\right] \tag{3-3}$$

式(3-3)的求和过程中，对同一离子涉及了两次，因此求和号前增加了一个1/2因子。设 $n=s-1$，通过处理，得到晶格能的表达式(单位为kJ/mol)：

$$u=\frac{138.6AZ_1Z_2}{r_0}\left(1-\frac{1}{n}\right) \tag{3-4}$$

式中：A 是马德隆(Madelung)常数，它与晶体结构类型有关(表3-1)；r_0 为正、负离子间的平衡距离，nm；n 是玻恩指数，与离子的核外电子结构有关，其数值范围为5~12(表3-2)。玻恩指数的引入，考虑了不同电子构型对离子间斥力的影响。因此，一旦确定了离子的外层电子结构和晶体结构类型，应用式(3-4)就可计算晶体的晶格能。

表3-1　不同晶体结构类型的马德隆常数 A

结构类型	CsCl	NaCl	六方 ZnS	立方 ZnS	CaF_2	金红石 TiO_2
A	1.763	1.748	1.641	1.638	2.520	2.400

表3-2　不同离子的玻恩指数

离子类型	He	Ne	Ar、Cu^+	Ke、Ag^+	Xe、Au^+
玻恩指数 n	5	7	9	10	12

例如，NaCl晶体中正负离子的间距为0.2814 nm，Na^+和Cl^-的电子结构分别处于Ne型和Ar型，玻恩指数分别为7和9，平均值为8，NaCl的马德隆常数为1.748。代入式(3-4)计算得到NaCl的晶格能 $u=753.2$ kJ/mol。实际测量值为766 kJ/mol，与计算值基本相符，说明在以离子键为主的晶体中以库仑作用力为基础推导晶格能是合理的。

离子晶体的晶格能大小在化学上可以提供晶体稳定性的定量依据，晶格能越大，晶体越稳定。利用晶格能数据还可以判断固体化学反应的反应热和反应方向。在物理上，利用晶格能可以预测晶体的物理性质。离子晶体的晶格能越大，其硬度和熔点越高，热膨胀系数和压缩系数越小。

3.1.2 球体最紧密堆积原理

离子晶体晶格能计算中，每个离子被视为具有一定作用力范围的点电荷，这个作用力范围可以近似成球体状。因此，晶体中各离子的相互结合，可以看作球体的堆积。根据不同的原子结合状态中晶体具有最低内能的原则，可以推测球体的堆积密度越大，系统的内能就越小，这就是提出球体最紧密堆积原理的思想基础。在没有其他因素(如价键的方向性)影响的条件下，晶体中质点的排列都应遵循最紧密堆积原理。

球体的最紧密堆积可以分为等径球的堆积和不等径球的堆积。单质金属晶体，如 Cu、Ag 等的结构可以看成等径球的堆积。离子晶体(如 NaCl、MgO 等)是由不同大小的离子结合而成，属于不等径球的堆积。

(1)等径球体的堆积。

等径球有六方和面心立方两种最紧密堆积方式。等径球的密堆积方式如图 3-1 所示。图中所有的球都尽量彼此靠拢。这样平面层中每个球与 6 个球相邻，每 3 个球中间形成一个呈弧线的三角形间隙，而每个球周围有 6 个三角形间隙。这些间隙中半数的顶尖朝向上方，半数顶尖朝向下方，两种间隙相间分布。把这一层球的位置记为 A 层。

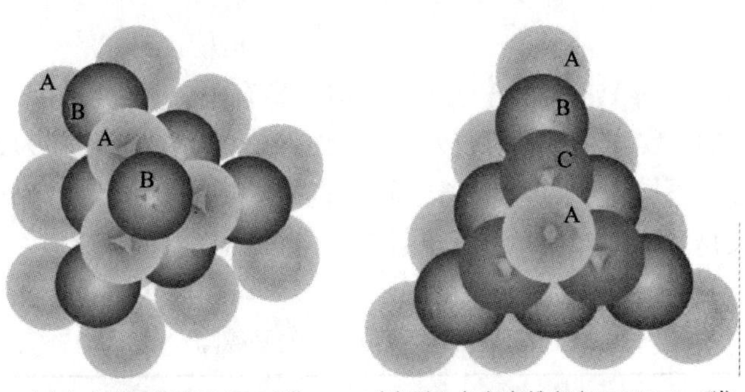

(a)六方密堆积(ABAB…型)　(b)面心立方密堆积(ABCABC…型)

图 3-1　等径球的密堆积示意图

在第一层球上加第二层球时，如果要形成最紧密堆积，球必须放在三角形间隙上，而且须放在尖顶朝向一致的半数三角形间隙上，另一半三角形间隙上方则是第二层不放球的间隙位置。把这一层球的位置记为 B 层。

第三层球有两种放法：①把第三层球放在与第一层球一样的位置上，即放在 A 层的位置，再在第四层重复第二层的 B 层球体的位置。如果球以如此 ABAB…层序堆积，则可以从中找到六方格子，所以这种堆积称为六方最紧密堆积(图 3-2)。六方最紧密堆积的球体密排面平行于(0001)面。②把第三层球放在 A 层中另一半不放球的三角形间隙对应的位置，即尖顶朝向不同的位置，这一层球的位置可以记为 C 层。这样第四层球才重复第一层 A 的位置，所以球以 ABCABC…层序堆积。由于这种堆积方式中可以找到面心立方格子，所以称为面心立方最紧密堆积。面心立方最紧密堆积的密排面平行于(111)面(图 3-3)。

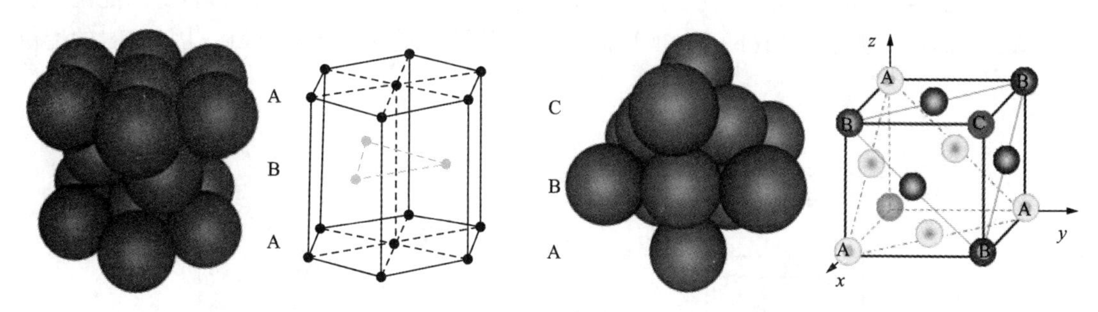

图 3-2　六方最紧密堆积图　　图 3-3　面心立方最紧密堆积及密排面(111)

等径球体最紧密堆积中，无论是六方密堆积还是面心立方密堆积，每个球直接接触的球体数都是 12 个。可以看出，即使是最紧密堆积方式，球体之间总还是有间隙存在。如果用堆积密度来表达堆积的紧密程度(即一定空间中球体所占体积的百分数)，那么面心立方密堆积和六方密堆积的堆积密度都是 74.05%，间隙所占的体积为 25.95%。

在球体最紧密堆积中，可以观察到间隙具有一定的形状。图 3-1(a)的 A 层中心深色球位于 B 层三个球构成三角形间隙的下方。连接这四个球的中心，构成一个顶朝下的四面体，所以四个密堆球中间的间隙称为四面体间隙。如果选定图 3-1(b)中 B 层三个紧靠的球体，以及和这三个球相接触的 C 层三个紧靠的球体，连接六个球的中心，将构成一个八面体，这六个密堆球中间的间隙称为八面体间隙。在球体最紧密堆积中，只存在四面体间隙和八面体间隙两种间隙。四面体间隙由四个球组成，每个球参与 8 个四面体间隙的组成，所以由 n 个球体组成的系统中，有 $(n\times8)/4=2n$ 个四面体间隙。八面体间隙由六个球组成，每个球同时又参与 6 个八面体间隙的组成，所以由 n 个球体组成的系统中，有 $(n\times6)/6=n$ 个八面体间隙。显然这一结论对六方密堆积和面心立方密堆积都是正确的。

(2)不等径球体的堆积。

不等径球体的堆积，可以视为以较大的球做紧密堆积，较小的球进入大球堆积形成的间隙中。然而八面体间隙和四面体间隙的空间体积不同，不同大小的球只有进入合适的空间内才能获得系统最大的堆积密度。因此一个近似于由不等径球体堆积构成的离子晶体系统中，球体堆积的原则是使整个系统具有较大的堆积密度和最低的能量状态。

在离子晶体中，多数情况下负离子要比正离子大，所以负离子通常做近似的紧密堆积，使较小的正离子进入四面体间隙、八面体间隙等适当大小的间隙内。这样导致了负离子的堆积方式除了以六方和面心立方密堆积形成的四面体间隙和八面体间隙以外，还可以有不同堆积方式构成的不同间隙形状，以适合于不同半径大小的正负离子堆积，从而产生了离子晶体的各种结构。

3.1.3　配位数与配位多面体

在晶体结构中，与一个原子或离子直接相邻的原子或异号离子的数目，称为这个原子或离子的配位数。在单质晶体中，如果原子做最紧密堆积，则不论是六方或面心立方密堆积，每个原子的配位数都是 12。若不是最紧密堆积，则配位数将小于 12。在 NaCl 晶体中[图 3-4(a)]，Cl^-做面心立方密堆积，Na^+填入 Cl^-八面体间隙。这样，每个 Na^+周围有 6 个

Cl^-，Na^+的配位数是6。与此同时，与Cl^-直接相邻的异号离子是6个Na^+，则Cl^-的配位数也是6。在CsCl晶体中[图3-4(b)]，Cl^-做简单立方堆积，Cs^+周围有8个Cl^-，因此Cs^+的配位数是8。

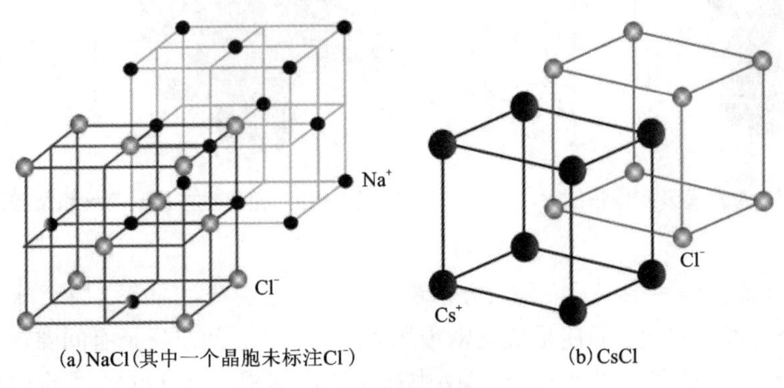

(a) NaCl（其中一个晶胞未标注Cl^-）　　(b) CsCl

图3-4　离子晶体的晶胞结构

在晶体结构中，通常把与一个正离子（或原子）构成配位关系的各相邻负离子称为负离子配位多面体，在NaCl晶体中，Na^+的负离子配位多面体是由6个Cl^-构成的八面体。而在CsCl晶体中，Cs^+的负离子配位多面体是由8个Cl^-构成的立方体。图3-5是阳离子的几种典型的配位形式及其相应的配位多面体。

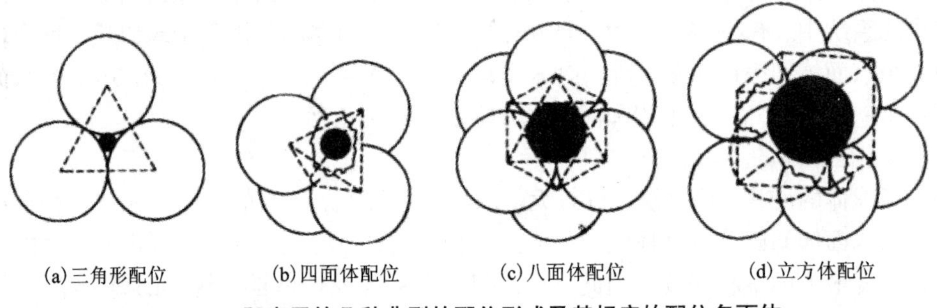

(a) 三角形配位　　(b) 四面体配位　　(c) 八面体配位　　(d) 立方体配位

图3-5　阳离子的几种典型的配位形式及其相应的配位多面体

决定晶体中正离子配位数的因素很多，但是在许多场合下，离子半径比r^+/r^-起着重要的作用。以NaCl晶体结构为例，Na^+位于Cl^-构成的八面体中心。从NaCl晶体$\boldsymbol{a}$、$\boldsymbol{b}$、$\boldsymbol{c}$晶轴中的任何一个方向投影得到的负离子八面体，都可以有如图3-6所示的排列。从图中可以看出，正负离子彼此都能相互接触的条件是$r^+/r^-=(\sqrt{2}-1)/1\approx0.414$。如果$r^+/r^-$小于0.414，则因为负离子之间的距离不变，斥力不会减小，正离子就处于较大的负离子

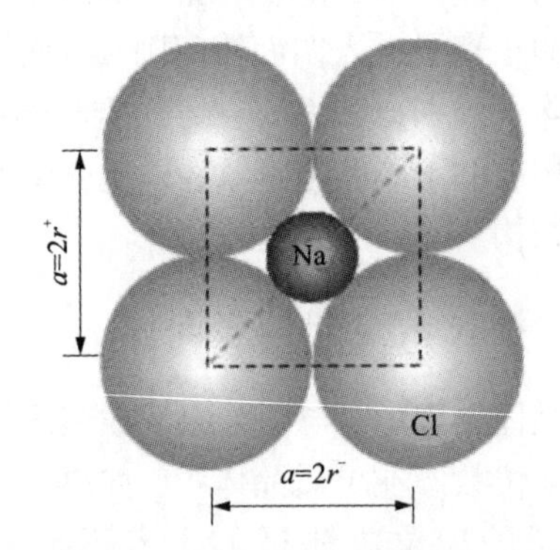

图3-6　NaCl晶体中的正八面体在平面上的排列

间隙中而与负离子脱离接触，晶体的能量将升高，结构变得不稳定；如果 r^+/r^- 大于 0.414，正、负离子仍会相互接触，但负离子之间的距离被撑开了。随着 r^+/r^- 的增大，负离子之间的距离将进一步加大。从晶体结构的稳定性考虑，正离子周围需要有尽可能多的负离子与之配位。按照这样的原则，从几何学上可以推导出：当 $r^+/r^->0.732$ 时，正离子周围将有 8 个负离子包围，形成立方配位多面体。

用简单的几何关系可以计算出形成不同配位多面体时的 r^+/r^- 极限值，如表 3-3 所示。但是在许多复杂晶体结构中，其中的配位多面体几何形状常常不像理想的那样规则，因为在多种离子存在的结构中，每个离子所处的环境不同，所受的作用力也不均衡，因此会出现相对于理想配位多面体结构的畸变，或出现一些特殊的配位结构。

表 3-3 正、负离子半径比与正离子的配位数

r^+/r^- 区间	0~0.155	0.155~0.255	0.255~0.414	0.414~0.732	0.732~1	1
配位数	2	3	4	6	8	12
多面体形状						
形状说明	哑铃形	等边三角形	四面体	八面体	立方体	反十四面体 十四面体

结合有效离子半径可以看到：离子半径大小受正、负离子的配位状态影响。同一 Na^+ 处在 6 配位多面体或 8 配位多面体中时，所处的负离子作用力场不同，正、负离子的作用力达到平衡时的距离也不同，因此得到不同的离子半径。用 X 射线衍射可以测得正、负离子间的距离，即正、负离子的半径和，再通过同一离子在不同化合物晶体中正、负离子半径和的比较，可以推算出不同配位情况下的离子半径。

3.1.4 离子的极化

前面讨论中，根据需要离子被处理成点电荷，这时离子的正负电荷重心被认为是重合的，并位于离子的中心。但是实际上，由于晶体中各离子的最近邻离子都为异号离子，异号离子排列的对称性使离子的电子云发生一定的变形，可以引起离子正、负电荷的重心发生偏离，产生偶极矩，这一现象称为极化。极化过程包括两个方面。

①一个离子在周围离子电场力作用下，产生诱导偶极矩 μ，即这个离子被极化。

$$\alpha = \mu/E \tag{3-5}$$

式中：α 为离子的诱导极化率，简称极化率。α 的大小是离子极化程度的量度，α 越大，表示离子的可极化性越大。

②一个离子以其自身的电场作用于周围离子，使其他离子极化，为主极化(离子场强)。离子主极化能力的大小可用极化力 β 表达

$$\beta = Z/r^2 \tag{3-6}$$

式中：Z 为离子的电价；r 为离子半径。表 3-4 列出了一些离子的半径及其极化率。

表 3-4 一些离子的半径 r 及其极化率 α 值

离子	Li^+	Na^+	K^+	Rb^+	Cs^+	Be^{2+}	Mg^{2+}	Ca^{2+}	Sr^{2+}
$r/(10^{-12}\ m)$	60	95	133	149	169	31	65	99	133
α 值	0.031	0.179	0.83	1.40	2.42	0.008	0.094	0.47	0.86
离子	Ba^{2+}	B^{3+}	Al^{3+}	Sc^{3+}	Y^{3+}	La^{3+}	C^{4+}	Si^{4+}	Ti^{4+}
$r/(10^{-12}\ m)$	135	20	50	81	93	104	15	41	68
α 值	1.55	0.003	0.052	0.286	0.55	1.04	0.0013	0.0165	0.185
离子	Ce^{4+}	F^-	Cl^-	Br^-	I^-	O^{2-}	S^{2-}	Se^{2-}	Te^{2-}
$r/(10^{-12}\ m)$	101	136	181	195	216	140	184	198	221
α 值	0.73	1.04	3.66	4.77	7.10	3.88	10.2	10.5	14.0

从表 3-4 中数据可以发现，离子的极化率 α 和主极化力有以下规律：

①离子所带的电荷越多，体积越小，产生的电场强度越大，其主极化力也越大；同价离子的半径越大，极化率越高；

②价数越低且半径较大的正离子，当受价数较高负离子作用时，正离子的极化率就较高；

③含有 d 电子的正离子（如含有 d^{10} 的 Ag^+、Au^{2+}、Cd^{2+}）与半径相近的其他正离子相比，具有较大的极化率。

极化率大的离子，变形也大，在含有 d 电子的正离子与极化率大的负离子（如 S^{2-}、I^-、Br^-）之间，容易产生强的相互极化，使离子键向共价键过渡，同时出现配位数下降的情况。如 ZnO、AgI 的配位数，按半径比理论（r^+/r^-）计算得到的配位数为 6，但实际配位数为 4。表 3-5 是这类离子极化对卤化银晶体结构的影响。由于键型和配位数变化引起的晶体结构类型变化，导致质点间的键长比离子键的理论值小，键能和晶格能也相应增大。

表 3-5 离子极化对卤化银晶体结构的影响

	AgCl	AgBr	AgI
Ag^+ 和 X^- 的半径之和/nm	0.115+0.181=0.296	0.115+0.196=0.311	0.115+0.220=0.335
Ag^+ 和 X^- 的实测距离/nm	0.277	0.288	0.299
极化靠近距离/nm	0.019	0.023	0.036
r^+/r^- 值	0.635	0.587	0.523
理论结构类型	NaCl	NaCl	NaCl
实际结构类型	NaCl	NaCl	立方 ZnS
实际配位数	6	6	4

3.1.5　电负性

根据以上的讨论，离子极化对晶体结构有重要影响，极化也同时改变了晶体中质点连接的结合键的性质。离子极化的增加，使晶体中共价键成分增加。一般认为，碱金属离子与氧离子的结合是典型的离子键，因为碱金属元素的极化率 α 高。而在 Si—O 结合键中，随着 Si 的极化率 α 降低和极化力 β 的增加，离子键和共价键的成分各占 50%。为了定量地比较原子在分子中吸引电子的能力，1932 年鲍林(Pauling)在化学中引入了电负性的概念：电负性是元素的原子在化合物中吸引电子能力的标度。元素电负性数值越大，表示其原子在化合物中吸引电子的能力越强；反之，电负性数值越小，相应原子在化合物中吸引电子的能力越弱。

元素电负性是一个相对的数值，鲍林指定氟的电负性为 4.0，不同的处理方法所获得的元素电负性数值有所不同。一般金属元素(除铂系元素和金外)的电负性小于 2.0，而非金属元素(除 Si 外)的电负性大于 2.0。

根据元素电负性的不同，可以大致估计不同元素原子之间化学键的性质。表 3-6 列出了不同元素的电负性值。表 3-7 给出了部分无机非金属材料中元素的电负性相差 $\Delta X = X_A - X_B$。电负性相差较大元素的原子结合时，离子键的成分较高，而电负性差较小的则以共价键为主。根据元素电负性的差值，可以查出不同原子化学键中离子键所占的成分。

表 3-6　不同元素的电负性值

Li 1.0	Be 1.5							H 2.1				B 2.0	C 2.5	N 3.0	O 3.5	F 4.0
Na 0.9	Mg 1.2											Al 1.5	Si 1.8	P 2.1	S 2.5	Cl 3.0
K 0.8	Ca 1.0	Sc 1.2	Ti 1.5	V 1.6	Cr 1.6	Mn 1.5	Fe 1.8	Co 1.8	Ni 1.8	Cu 1.9	Zn 1.6	Ga 1.6	Ge 1.8	As 2.0	Se 2.4	Br 2.8
Rb 0.8	Sr 1.0	Y 1.2	Zr 1.4	Nb 1.6	Mo 1.8	Tc 1.9	Ru 2.2	Rh 2.2	Pd 2.2	Ag 1.9	Cd 1.7	In 1.7	Sn 1.8	Sb 1.9	Te 2.1	I 2.5
Cs 0.7	Ba 0.9	La-Lu 1.1~1.2	Hf 1.3	Ta 1.5	W 1.7	Re 1.9	Os 2.2	Ir 2.2	Pt 2.2	Au 2.4	Hg 1.9	Tl 1.8	Pb 1.8	Bi 1.9	Po 2.0	At 2.2

表 3-7　部分无机非金属材料中元素的电负性差值 ΔX

材料	CaO	MgO	ZrO_2	Al_2O_3	ZnO	SiO_2	TiN	Si_3N_4	BN	WC	SiC
ΔX	2.5	2.3	2.1	2.0	1.9	1.7	1.5	1.2	1.0	0.8	0.7
离子键比例/%	79	73	67	63	59	51	43	30	22	15	12
共价键比例/%	21	27	33	37	41	49	57	70	78	85	88

需要说明的是，由于对电负性这一概念尚有争议，以电负性差值判断化学键中的离子键

分数仅具有定性的参考价值。根据电负性数据可以得到以下初步结果：

①判断元素的金属性和非金属性：一般认为，电负性大于2.0的是非金属元素，小于2.0的是金属元素，在2.0左右的元素既有金属性又有非金属性。

②判断化合物中元素化合价的正负：电负性数值小的元素在化合物中吸引电子的能力弱，元素的化合价为正值；电负性大的元素在化合物中吸引电子的能力强，元素的化合价为负值。

③判断分子的极性和键型：电负性相同的非金属元素化合形成化合物时，形成非极性共价键，其分子都是非极性分子；通常认为，电负性差值小于1.7的两种元素的原子之间形成极性共价键，相应的化合物是共价化合物；电负性差值大于1.7的两种元素化合时，形成离子键，相应的化合物为离子化合物。

3.1.6 鲍林规则

在晶体化学中，描述晶体结构可以直接用球体的堆积表述，也可以用配位多面体的连接来表达。由于原子或离子实际上只有在单独存在时才呈现球形，在晶体内部不对称的作用力环境中，原子和离子不会始终保持各向同性的球形形状。而配位多面体体现了原子或离子最邻近环境中的不对称情况，因此用配位多面体表示晶体结构更能直接反映晶体的结构特征。鲍林从配位多面体的形成和连接出发，总结了适用于描述离子晶体结构系统的规则。

(1)鲍林第一规则，负离子配位多面体规则。

每个正离子被包围在负离子所形成的多面体中，而每个负离子占据着多面体的一个角顶，其中正离子与负离子之间的距离由它们的半径之和决定；该正离子的配位数则取决于正、负离子的半径比，而与离子的价数无关。

在描述和理解离子晶体的结构时，运用第一规则将其结构视为由负离子配位多面体按一定方式连接而成，正离子则处于负离子多面体的中央。由此看来，配位多面体才是离子晶体的真正的结构基元。对复杂的离子晶体就难以采用这种方法。

例如，NaCl的结构可以看作 Cl^- 的立方最密堆积，即视为由 Cl^- 的配位多面体(氯八面体)连接成的，Na^+ 占据全部氯八面体中央。可把钠氯八面体记作[$NaCl_6$]，这样，NaCl的晶格就是由钠氯八面体[$NaCl_6$]按一定方式连接成的。

(2)鲍林第二规则，电价规则。

在一个稳定的离子晶体结构中，每一个负离子的电价等于或近似等于从邻近的正离子处得到的静电键强度 S 的总和。

$$Z_- = \sum_i S_i = \sum_i \left(\frac{Z_+}{n}\right) \tag{3-7}$$

式中：Z_-、Z_+ 分别是负离子和正离子的电荷数(电价)；i 是某一负离子与它周围的正离子形成的静电键数目；n 为正离子的配位数；S 为正离子到每一个配位负离子的静电键强度。

由电价规则可知，在一个离子晶体中，一个负离子必定被一定数量的负离子配位多面体所共有。电价规则适用于一切离子晶体，在许多情况下也适用于兼具离子性和共价性的晶体结构。电价规则可以帮助人们推测负离子多面体之间的连接方式，有助于对复杂离子晶体的结构进行分析。

静电价规则对于分析和了解复杂晶体结构非常重要。这一规则可用以衡量晶体结构是否稳定，还可以利用这个规则来确定共用同一负离子的配位多面体的数目。以 NaCl 晶体为例，Na^+的配位数是 6，一价 Na^+分配给每个 Cl^-的静电键强度是 1/6，而与 Cl^-相邻的 Na^+的数目是 6，所以 Cl^-从 Na^+处得到的总静电键强度是 1，与 Cl^-的电荷数是平衡的。

(3)鲍林第三规则，多面体连接规则。

在配位多面体表达的结构中，两个负离子配位多面体可以共顶、共棱或共面的方式连接。其中以共棱特别是共面的方式连接时，结构的稳定性将有所降低。对于高电价和低配位数的正离子而言，这一效应特别明显。因为多面体中心的正离子间的距离随着它们之间公共顶点数的增多而减小，并导致静电斥力的增加、结构稳定性降低。

图 3-7 和表 3-8 分别给出了不同多面体以共顶、共棱、共面方式的连接图示和两个中心正离子之间的距离。可以看出对于四面体，共棱时两个中心正离子的距离仅为共顶时的 58%，而共面时两个中心正离子的距离仅为共顶时的 33%；在八面体的情况下，共顶、共棱、共面时两个中心正离子之间的距离分别为 100%、71%和 58%。因此，中心正离子之间的斥力很大，这种连接方式的晶体结构很不稳定。所以，在 Si-O 四面体中，一般只以共顶方式连接。

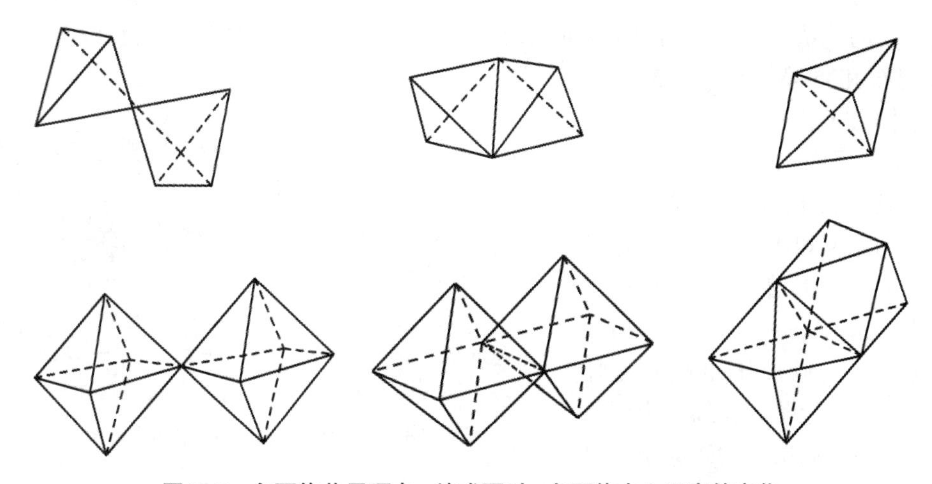

图 3-7　多面体共用顶点、棱或面时，多面体中心距离的变化

表 3-8　两个多面体以不同方式相连时中心阳离子之间的距离

项目	配位三角体	配位四面体	配位八面体	配位立方体
共棱连接	0.58	0.58	0.71	0.82
共面连接	—	0.33	0.58	0.58

注：表中数值均以共角顶连接时的最大间距为 1 进行对比。

(4)鲍林第四规则，具有不同正离子多面体的连接规则。

如果晶体中有一种以上的正离子存在，那么高电价正离子的低配位多面体之间有尽可能彼此互不连接的趋势。这条规则是第三规则的延伸。根据第三规则，高电价正离子的低配位多面体的直接连接将引起结构的不稳定，那么这些多面体是由其他配位多面体隔开的，将形成较为稳定的结构。

在含有一种以上正离子的晶体中，电价高、配位数小的那些正离子特别倾向于共角连接。因为一对正离子之间的互斥力按电价数的平方成正比增加。配位多面体中的正离子之间的距离随配位数的降低而减小。

(5)鲍林第五规则，节约规则。

在同一晶体中，本质上不同组成的结构组元数目总是趋向于最少，这一条也称为节约规则。本质不同的结构组元是指在性质上有明显差别的不同配位方式，不同尺寸的离子和多面体很难有效地堆积成均一的结构。

上述鲍林规则虽是基于离子晶体而言的，但对于有一定共价键成分的离子晶体也很适用。而在违反鲍林规则的例子中，要么化合物的结构将出现不稳定，要么晶体中的化学键已经不属于典型的离子键。

3.1.7 同质多晶体

同质多晶现象(或称为同素异构)是指某些物质在不同温度、压力等热力学条件下呈现不同的晶体结构。上述讨论的影响晶体结构的因素中，主要涉及晶体组成元素自身的性质与晶体结构之间的关系。同质多晶现象则是外界条件变化对晶体结构的作用。例如单质碳，可以形成金刚石和石墨结构(图 3-8)。金刚石结构属于立方晶系 $Fd3m$ 空间群，每个碳原子的配位数是 4，碳原子之间以共价键相连。金刚石结构需在很高的温度和压力下形成，是目前已知材料中硬度最高的。而石墨属于六方晶系 $P6_3mc$，碳原子以层状排列，每一层中碳原子组成六方环状，其中每个碳原子与相邻 3 个碳原子的距离相同，而层间的碳原子距离较大。石墨结构中层内的碳原子以共价键相连，而层间的碳原子以分子间引力连接，所以石墨硬度很低。

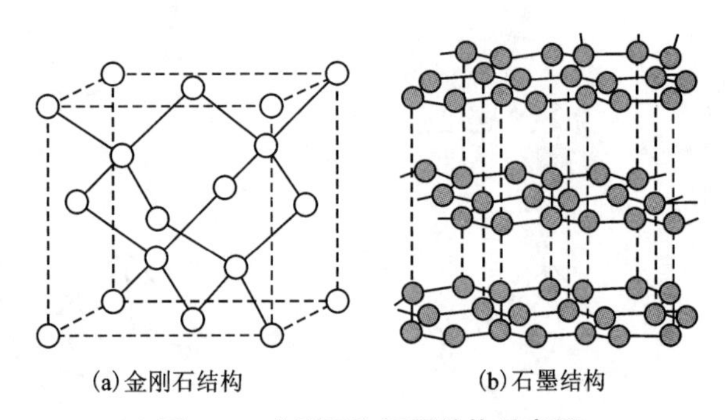

图 3-8　金刚石和石墨结构示意图

3.2 晶体结构中的间隙

在介绍晶体结构中球体的堆积中提到，虽然球体是密排堆积的，也只是在堆积中沿着某个方向的原子是相互接触的，但沿其他方向就可能存在间隙空间。比如面心立方密堆积和六方密堆积的堆积密度都是 74.05%、间隙所占的体积为 25.95%。在实际应用中经常会遇到原子或离子占据间隙位置而不是占据格点位置的情况。比如：钢中碳原子的有效半径为 0.7 Å，而铁原子的有效半径为 1.24 Å。碳溶解于铁中时，或会替代点阵阵点上的铁原子(作为置换型溶质)，或会挤进铁原子的间隙位置(作为间隙型溶质)。由于碳的原子半径很小，于是像氮、氢和氧一样，碳在铁中也呈间隙型溶解。所以，了解晶体结构中的间隙及其特征，对材料的设计、结构调整及性能改进均具有重要的意义。

3.2.1　面心立方结构中的间隙

面心立方结构有两种间隙，如图3-9所示。第一种是比较大的间隙[图3-9(a)]，位于六个面心位置的原子所组成的八面体中间，称为八面体间隙；第二种间隙[图3-9(b)]，位于四个原子所组成的四面体中间，称为四面体间隙。四面体由3个面心原子和1个顶点原子组成。

图3-10(a)中给出了面心立方晶胞中两个四面体及其间隙的位置。经分析可以看出，相对于A原子来说，上面那个间隙的中心的坐标为(3/4，3/4，3/4)，是在立方体的体对角线上；下面那个间隙的中心的坐标为(3/4，1/4，1/4)，也是在立方体的体对角线上。通过绕垂直轴的四重转动，上述两个间隙都会产生另外三个间隙，因此，这个晶胞共包含8个四面体间隙。

面心立方晶体有一个恰好位于晶胞中心处的八面体间隙。图3-10(b)还表明，另一个八面体间隙位于晶胞一条棱边的中点处。运用面心立方晶体的四次转动对称轴，很容易推知在晶胞的十二条棱边的中点处必然各有一个八面体间隙，而各棱边中点位置上的八面体间隙分属于相邻的四个晶胞。也就是说，在这个面心立方晶胞中包含4个八面体间隙(一个来自体心位置，3个等价的八面体间隙来自十二条棱边的中点处)。

从图3-10(b)还可以看出，在两个八面体间隙之间紧连着一个四面体间隙。如果在图上把其他八面体间隙的八面体都画出来，那么可看出各四面体间隙恰好处于各八面体之间，以致不再存在自由空间。这就表明整个空间可以通过堆积与棱边长度相同的规则四面体和八面体而被完全填满。

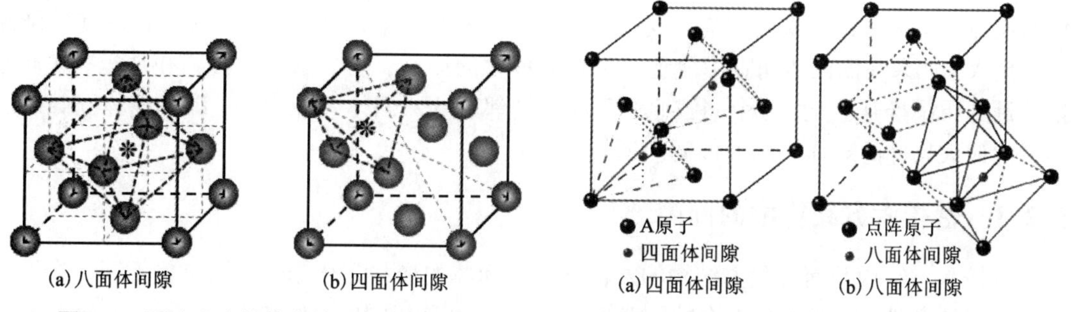

图3-9　面心立方结构中的一个间隙位置

图3-10　面心立方结构中的一个间隙位置分析

3.2.2　体心立方结构中的间隙

图3-11给出了体心立方结构的八面体和四面体间隙位置。体心立方结构的八面体选取方式为：由晶胞某{001}面的4个顶点的原子与该面相邻的两个晶胞的体心原子组成八面体，则八面体间隙位置正好处于该晶胞{001}面的面中心，如图3-11(a)所示。四面体选取方式为：由晶胞某棱边的2个顶点的原子与该棱边相邻的两个晶胞的体心原子组成四面体，如图3-11(b)所示。体心立方结构的八面体和四面体间隙都是不对称的，其棱边长度不全相等，故八面体的顶角间距沿某个方向(如图3-11中竖直方向)较另外两个方向为短；而四面体是

不规则的四面体。

连接最邻近原子所形成的多面体是不规则的多面体，其中有的边长为 a，而另一些边长却为 $\sqrt{3}a/2$。八面体间隙位于晶胞中各个面的中心处和每条棱边的中心处。四个四面体间隙位于晶胞的各个面上。

根据几何学关系可以求出两种间隙能够容纳的最大圆球半径。设原子半径为 r_A，间隙中能容纳的最大圆球半径为 r_B，对于不同晶体结构的四面体间隙和八面体间隙的 r_B/r_A 数值见表 3-9。

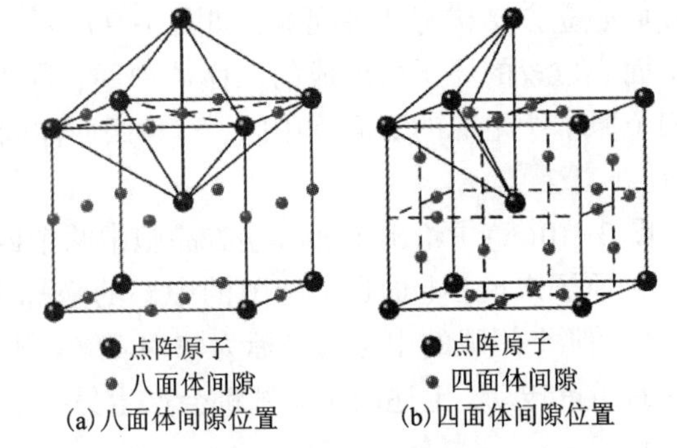

(a) 八面体间隙位置　(b) 四面体间隙位置

图 3-11　体心立方结构的八面体和四面体间隙位置

表 3-9　三种典型晶体中的间隙信息表

晶体结构	八面体间隙		四面体间隙	
	间隙数/原子数	r_B/r_A	间隙数/原子数	r_B/r_A
BCC	6/2=3	0.155	12/2=6	0.291
FCC	4/4=1	0.414	8/4=2	0.225
HCP	6/6=1	0.414	12/6=2	0.225

体心立方晶体中的四面体实际上被包含于八面体之中。为什么不把四面体间隙简单地当作八面体间隙的一部分来考虑呢？这是因为，由表 3-9 可知，四面体间隙尺寸比八面体间隙尺寸更大，如果在四面体间隙中放置一个较大尺寸的原子，这个原子就会陷在那里；除非它把邻近的原子推开，否则这个间隙原子不能移到邻近的八面体间隙中去，即四面体间隙所能容纳的最大尺寸的球体比八面体间隙所能容纳者大。

3.2.3　密排六方结构中的间隙

密排六方结构与面心立方结构的八面体和四面体的形状完全相似，但位置不同。在原子半径相同的条件下，两种结构中的同类间隙的大小也是相同的，如图 3-12 所示。研究密排六方晶体中八面体间隙的位置，可以发现：四面体与八面体是紧密地连接在一起并充满整个空间的。但是，对于密排六方结构而言，在 c 轴方向，八面体之间以面与面相接触；而在其他方向是棱边与棱边相接触。显然，由上述讨论可知，将规则的四面体和八面体堆积起来可使晶体空间完全被填满。

在密排六方结构中，一个晶胞内有 2 个八面体间隙(以平行六面体记晶胞)，它们的中心位置的晶体坐标是(2/3，1/3，3/4)。一个晶胞内有 4 个四面体间隙，它们的中心位置的晶体坐标是(2/3，1/3，7/8)。

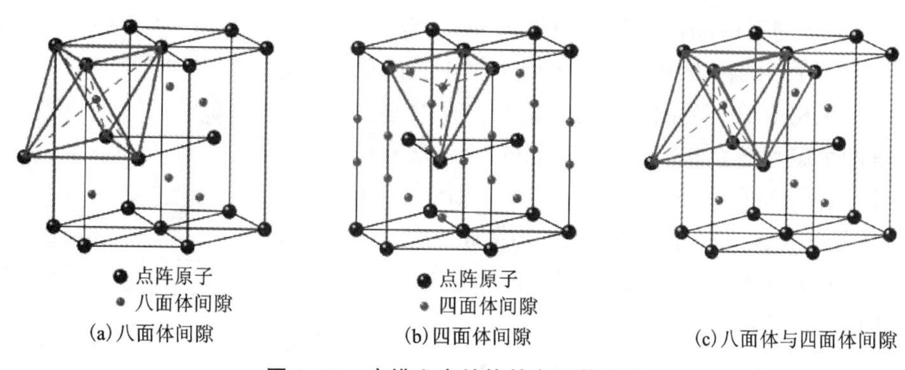

图3-12　密排六方结构的多面体间隙

3.3　典型无机二元化合物晶体结构

对于离子晶体，在密堆积结构的基础上，进行不同的填隙、置换以及晶胞变形，可以得到新的化合物晶体结构。这种情况在常见的、组成简单的无机化合物晶体中更为普遍。本节介绍典型的无机化合物晶体结构，将先从二元化合物中基本的紧密堆积方式出发，通过堆积方式的演变、原子(或离子)的不同填隙和置换等，得到晶体组成和结构变化，推导出一系列典型晶体结构形式。在此基础上，进一步介绍多元化合物的结构。所有这些晶体由于结构的演变、对称性的变化，都将显示各自特有的性质。

球体最紧密堆积原理的结论指出，以负离子作面心立方和六方最紧密堆积的离子晶体中会出现两种间隙：四面体间隙和八面体间隙。二元化合物的正离子填入这两种不同的多面体孔隙可以形成多种结构类型。除此以外，负离子以其他不同的方式堆积时，如简单立方堆积等，正离子进入其中的间隙也可形成各自的结构类型。以下介绍几种典型的二元化合物结构，分别以不同的负离子堆积方式加以分类。

(1)氯化钠型结构。

氯化钠(NaCl)晶体结构属立方晶系，$Fm/3m$ 空间群，$a=0.563$ nm。从化学式可以判断晶体中正、负离子的数量比为1∶1。从氯化钠的晶体结构也可以得到同一结论。氯化钠结构[图2-1、图3-4(a)]中氯离子作面心立方密堆积，钠离子填入所有八面体间隙。每个钠离子周围有6个氯离子，而每个氯离子周围也有6个钠离子。按照 n 个球密堆积形成 n 个八面体间隙的结构特点，氯离子密堆积的全部八面体间隙均被钠离子填满，而所有的四面体间隙均未有正离子填入。在NaCl结构中，氯离子八面体每条棱都为两个八面体共用，因此八面体以共棱连接。

很多二价碱土金属和二价过渡金属化合物(包括氧化物和硫化物)都具有NaCl结构，如MgO、CaO、SrO、NiO、MnO、CaS、BaSe、TiC、VC、TiN、VN、LiF等。碱金属、Ag^+和NH_4^+卤化物和氢化物也具有氯化钠晶体结构。

(2)金刚石晶体结构。

金刚石不属于二元化合物，它只是一种含有碳元素的物质。但为了更好地了解其他晶体的结构，这里也会作简要介绍。

图3-13为金刚石的晶体结构示意图。图中空心和实心均代表碳原子，此种表示仅为了区分不同位置的原子。碳原子除了构成的一个面心立方单胞外，在面心立方体内还有四个碳原子(图3-13中标记的实心原子)，它们分别位于四个空间对角线的1/4处。一个碳原子(图3-13中实心原子)和其他相邻的四个碳原子构成一个正四面体。具有这种结构的晶体还有Ge、Si等。

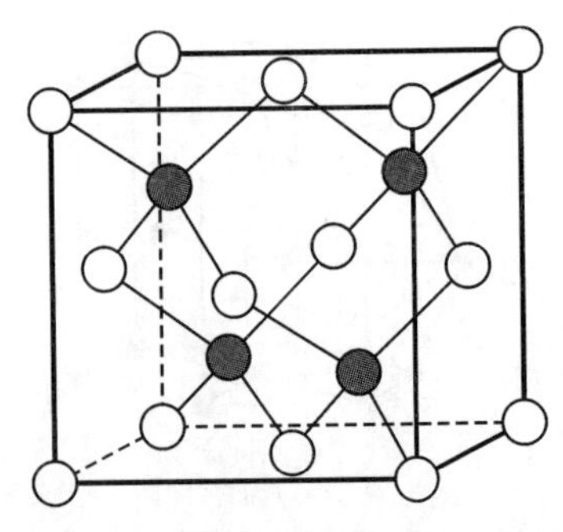

图3-13　金刚石晶体结构示意图

(3)闪锌矿型结构。

闪锌矿(β-ZnS)晶体属立方晶系，$F\bar{4}3m$空间群，a=0.543 nm。如果不考虑原子(离子)种类，该晶体结构的质点占位情况与金刚石类似。从图3-14(a)中可以看到，硫离子作面心立方密堆积，锌离子填入其中的四面体间隙。n个硫离子密堆积中应该有$2n$个四面体间隙，从化学式可以判断Zn与S原子数量之比为1∶1，因此，锌离子填入一半数量的氧四面体间隙，空缺的一半四面体间隙位于面对角线的位置，并且上、下层空缺的位置错开。闪锌矿结构中负离子立方密堆积形成的所有八面体间隙均没有正离子填入。

图3-14(b)是(001)晶面方向的投影图。图中数值为晶胞的标高，即只标出c轴方向的高度，与质点在平面上(a轴、b轴方向)的位置无关。若0为晶胞底面的标高，100为晶胞顶的标高，以此类推，50是晶胞一半的高度，25和75则分别是晶胞1/4和3/4的高度。图3-14(c)则是按配位多面体表达的β-ZnS结构。图中的四面体顶点是硫离子的位置，锌离子位于四面体的中心位置。

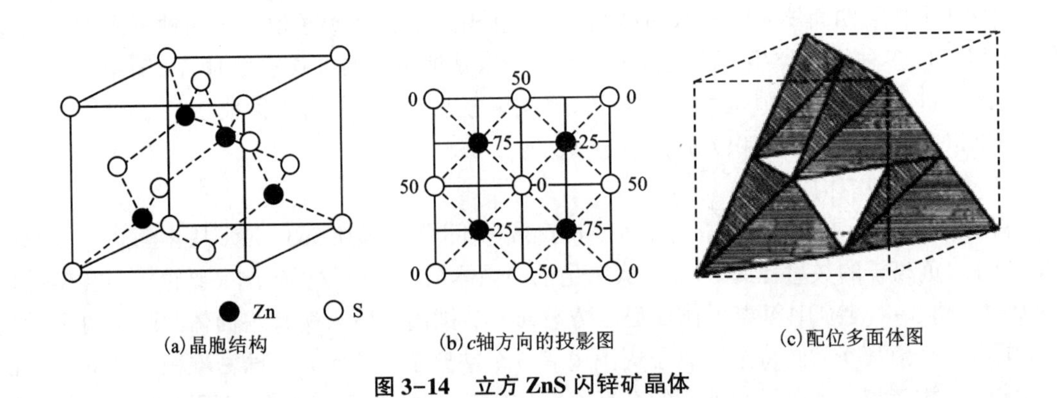

(a)晶胞结构　(b)c轴方向的投影图　(c)配位多面体图

图3-14　立方ZnS闪锌矿晶体

按锌离子和硫离子的半径比，锌离子应该进入硫离子密堆积形成的八面体间隙，但是实际上锌离子进入了四面体间隙。这是因为Zn^{2+}是铜型离子的电子结构，最外层为18电子。锌和硫离子之间有明显的极化作用，使锌离子的配位数下降，键型从离子键向共价键过渡，因此β-ZnS属于共价晶体，很多ⅢA～ⅤA族化合物半导体如GaAs、InP、InSb等，以及β-SiC、CuCl、AgI、ZnSe，都具有β-ZnS结构。

一般碱土金属的硫族化合物(S、Se、Te)具有NaCl结构，而相对共价性更强的二价Be、

Zn、Cd 和 Hg 的硫化物则具有闪锌矿结构。

(4)萤石结构。

萤石(CaF_2)属立方晶系，面心立方点阵，相当于由一套 Ca^{2+}面心立方格子和两套 F^-面心立方格子组成。其结构如图 3-15 所示：钙正离子位于立方晶胞的顶角和面心，形成面心立方结构；而氟负离子填充在全部的(8 个)四面体间隙中。在萤石(CaF_2)结构中，由于钙离子和氟离子的化学计量关系是 1∶2，钙离子填充了 1/2 氟离子立方体间隙，另外 1/2 的立方体间隙是空的。

F^-的离子半径很大，因而任意两个 Ca^{2+}之间不可能相互接触。从图 3-15 立方晶胞结构垂直于(111)面的体对角线观察，存在两层相邻氟离子和一层钙离子的重复排列，这一堆积方式增加了结构的不稳定性。负离子相邻排列的现象使萤石晶型成为很多具有负离子迁移性质材料的晶体结构，如萤石结构氧化物成为氧传感器、燃料电池和氧存储等功能的材料。

属于萤石型结构的化合物有 ThO_2、UO_2、CeO_2、ZrO_2、BaF_2、PbF_2、SnF_2 等。这些化合物的正离子半径都较大。

(5)反萤石型结构。

在晶体结构分析中，萤石结构经常和反萤石结构放在一起比较。这是因为两种结构的正、负离子位置相反，萤石晶体中面心立方点阵由钙离子占据；反萤石结构(如 Na_2O)中，面心立方点阵由氧离子占据，钠离子占据氧四面体间隙。

反萤石型结构如 Na_2O 晶体，属立方晶系 $Fm3m$ 空间群，a=0. 555 nm。其中氧离子为面心立方密堆积，钠离子填充立方密堆积中所有的四面体间隙，形成简单立方点阵，如图 3-16 所示，图中钠离子位于四面体的中心。

反萤石结构中钠离子的配位数是 4，而每个氧离子周围有 8 个钠离子，一个反萤石结构晶胞由 8 个钠氧四面体构成。很多碱金属氧化物都有反萤石结构，如 Li_2O、K_2O 等。

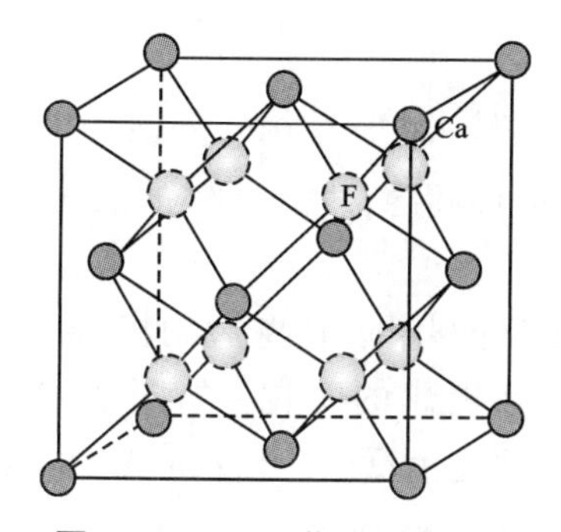

图 3-15　CaF_2 萤石晶胞结构

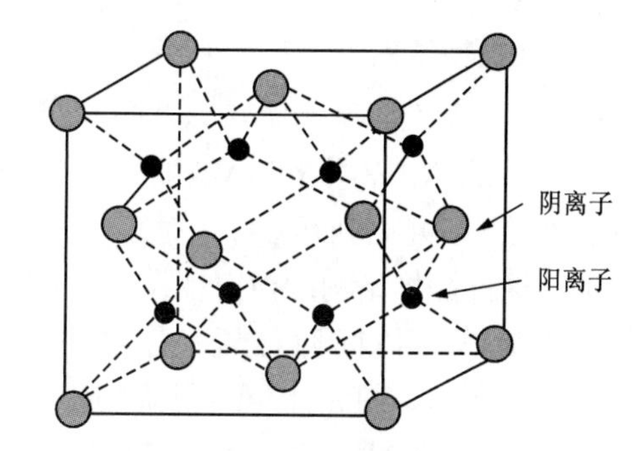

图 3-16　Na_2O 的反萤石结构

(6)纤锌矿型结构。

纤锌矿(α-ZnS)晶体属于六方晶系，$P6_3mc$ 空间群，a=0. 382 nm，c=0. 625 nm。纤锌矿和闪锌矿的化学组成相同，结构上的不同之处为：硫离子在纤锌矿中为六方密堆积，锌离子并非占据所有硫四面体间隙，而是填入一半数量的硫四面体间隙中。如图 3-17 所示为纤锌矿六方晶格。与闪锌矿相同，纤锌矿中的结合键也具有共价键的性质。

具有纤锌矿结构的物质有很多，常见的有红锌矿(ZnO)、碳化硅(SiC)和氮化铝(AlN)

等，它们均为半导体。

(7)金红石型结构。

金红石是 TiO_2 的稳定型结构(异构体之一，TiO_2 还有板钛矿和锐钛矿结构)。金红石(TiO_2)型晶体属四方晶系，$P4_2/mnm$，$a=0.4594$ nm，$c=0.2958$ nm。如图 3-18 所示，单位晶胞中 8 个顶角和中心为阳离子，这些阳离子的位置正好处在由阴离子构成的稍有变形的八面体中心，构成八面体的 4 个阴离子与中心距离较近，其余 2 个距离较远。阳离子的价数是阴离子的 2 倍，所以阳、阴离子的配位数之比为 6∶3。

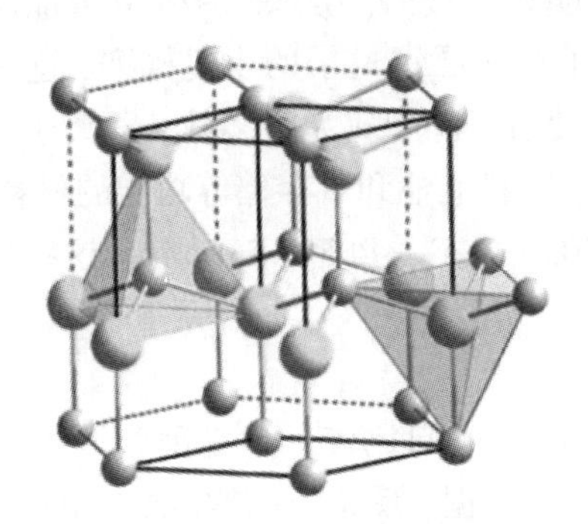

图 3-17　纤锌矿(α-ZnS)晶体结构

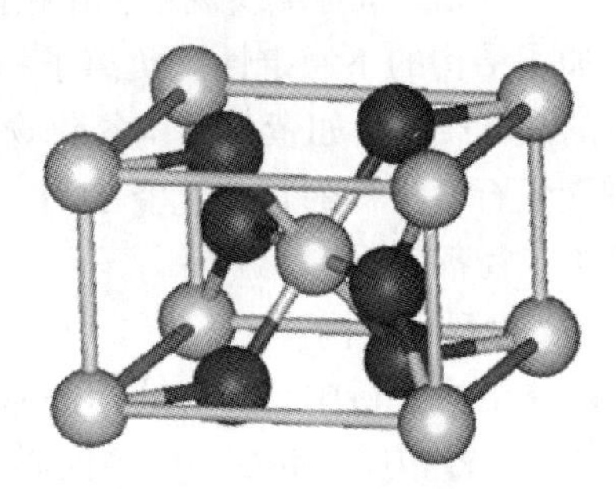

图 3-18　金红石(TiO_2)晶体结构

具有金红石结构的化合物主要有两类：一类是某些四价金属离子的氧化物，如 SnO_2、CrO_2、VO_2、MnO_2、GeO_2、PbO_2 等；另一类是半径较小的二价金属离子的氟化物，如 MgF_2、FeF_2、ZnF_2 等。金红石结构还可以有很多不同的衍生结构，这些衍生结构通过不同连接方式形成的八面体链，以及八面体链之间相互连接而成。对金红石的多种衍生结构进行研究，可以获得很多具有特殊光、电性能的新材料。

(8)刚玉型结构。

刚玉(α-Al_2O_3)型晶体属三方晶系空间群，单位晶胞较大，且结构较复杂。在 α-Al_2O_3 结构中，O^{2-} 为六方密堆积，Al^{3+} 填充于 2/3 的氧离子八面体间隙，另外 1/3 的八面体间隙是空的，如图 3-19(a)所示。

为了保证晶体结构的稳定性，三价铝离子之间的距离应尽量远一些。因此铝离子每填充一层 2/3 氧八面体间隙位置，各层的填充位置均做有规律的变化，如图 3-19(b)和图 3-19(c)所示。图 3-19(b)是垂直于 c 轴方向的 Al^{3+} 填充示意图，图中的 A、B 是氧离子密堆层的位置，黑球是位于 A、B 层间的 Al^{3+} 位置，它们在各层中分别填入 a_1、a_2、a_3 位置。根据图 3-19 可以得到一个 α-Al_2O_3 晶胞在 c 轴方向应该包括铝离子和氧离子共 13 层，即 $O_A Al_D O_B Al_E O_A Al_F O_B Al_D O_A Al_E O_B Al_F O_A$。

图 3-19(a)是 α-Al_2O_3 以 O^{2-} 作六方密堆积的晶体结构，但它并非刚玉的最小晶胞单元。α-Al_2O_3 的三方晶系晶胞结构如图 3-20 所示。$a=0.512$ nm，$\alpha=55°17'$，$Z=2$(每个晶胞含有 2 个 Al_2O_3)。α-Al_2O_3 的三方晶系晶胞结构相当于具有 2 个 Al_2O_3，即 10 个离子。

具有 α-Al_2O_3 结构的晶体包括 α-Fe_2O_3、Cr_2O_3、Ti_2O_3、V_2O_3 等，此外 $FeTiO_3$ 和 $MgTiO_3$ 也具有 α-Al_2O_3 结构。

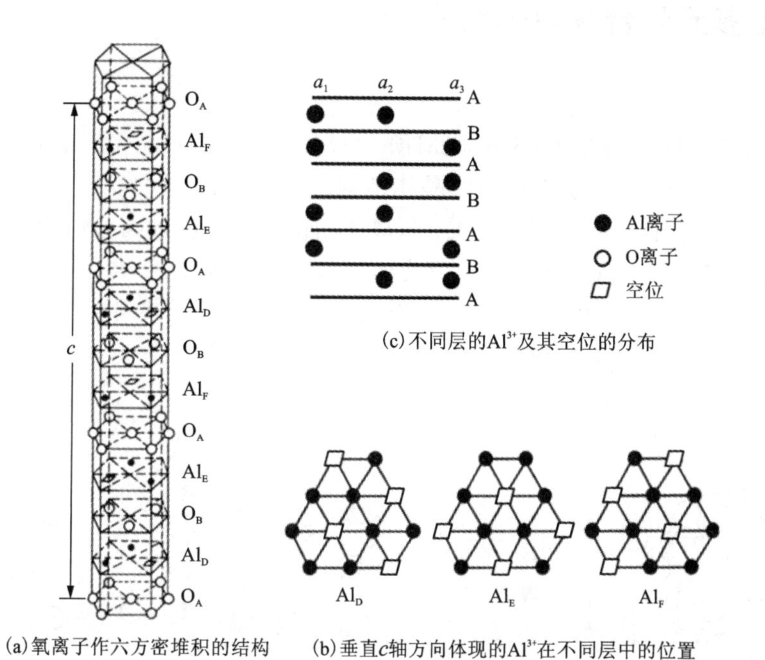

(c)不同层的Al^{3+}及其空位的分布

(a)氧离子作六方密堆积的结构　(b)垂直c轴方向体现的Al^{3+}在不同层中的位置

图 3-19　刚玉(α-Al_2O_3)的晶体结构

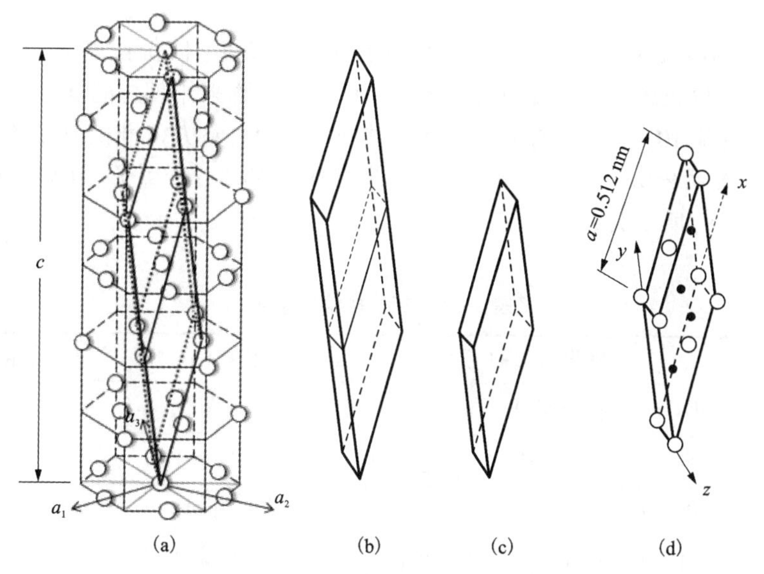

(a)　(b)　(c)　(d)

图 3-20　刚玉(α-Al_2O_3)的晶体结构及晶体晶胞的选取方式

3.4 典型多元化合物晶体结构

(1)钙钛矿结构。

钙钛矿的典型化合物是 $CaTiO_3$。$CaTiO_3$ 在高温时为立方晶系，空间群为 $Pm3m$，$a=0.385$ nm，$Z=1$。图 3-21 为 $CaTiO_3$ 的晶体结构，图中较小的钛离子位于立方晶胞的中心，大的钙离子位于立方体的 8 个顶角位置，氧离子则位于立方体的面心位置。可以看出，钛离子与 6 个氧离子配位，呈正八面体形。立方体顶角的 8 个钙离子，每个钙离子周围与 12 个氧离子配位[图 3-21(b)]。钙钛矿结构可以看成钙离子和氧离子共同形成面心立方点阵，钛离子填充在钙离子和氧离子共同密堆积形成的 1/4 八面体间隙。

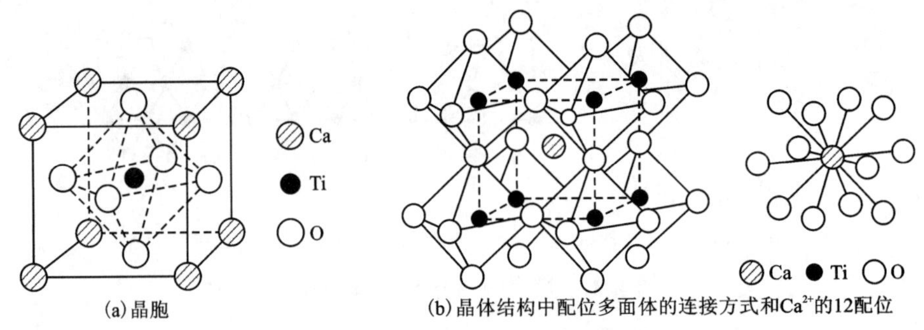

图 3-21　$CaTiO_3$ 的晶体结构示意图

钙钛矿结构的通式为 ABO_3，其中 A、B 离子分别为二价、四价正离子，或一价、五价正离子，或者均为三价正离子。已知有许多成分不同的化合物采用理想的立方晶型和变形的非立方晶型结构(表 3-10)。从 B 离子和 O 离子共同形成面心立方密堆积和 A 离子进入八面体间隙结构的几何关系分析，一般 B 离子的离子半径比 A 的小；A 离子、B 离子和氧离子的半径之间应有式(3-8)所示关系。

表 3-10　钙钛矿结构晶体

氧化物(1+5 系)	氧化物(2+4 系)			氧化物(3+3 系)	氟化物(1+2 系)
$NaNbO_3$	$CaTiO_3$	$SrZrO_3$	$CaCeO_3$	$YAlO_3$	$KMgF_3$
$KNbO_3$	$SrTiO_3$	$BaZrO_3$	$BaCeO_3$	$LaAlO_3$	$KNiF_3$
$NaWO_3$	$BaTiO_3$	$PbZrO_3$	$PbCeO_3$	$LaCrO_3$	$KZnF_3$
—	$PbTiO_3$	$CaSnO_3$	$BaPrO_3$	$LaMnO_3$	—
—	$CaZrO_3$	$BaSnO_3$	$BaHfO_3$	$LaFeO_3$	—

$$r_A + r_O = \sqrt{2}(r_B + r_O) \tag{3-8}$$

式中：r_A 为 A 离子半径；r_B 为 B 离子半径；r_O 为氧离子半径。但是对晶体的测定结果表明，实际上 A、B 离子的半径可以容许有一定的波动，其变化范围可以式(3-9)表达。

$$r_A + r_O = t\sqrt{2}(r_B + r_O)$$

$$或\ t = \frac{r_A + r_O}{\sqrt{2}(r_B + r_O)} \tag{3-9}$$

式中：t 称为容忍因子(tolerance factor)，其取值为 0.75～1.10 时，立方钙钛矿结构稳定。

如果 t 值超出这个范围，立方钙钛矿结构就会发生变形，晶体将属于对称程度较低的其他晶系。如果考虑 A 离子的 12 个氧配位和 B 离子的 6 个氧配位，A 离子和 B 离子的极限值范围分别是 r_A>0.09 nm 和 r_B>0.051 nm。

钙钛矿型结构在高温时属于立方晶系，降温过程中，在某个特定温度范围将产生结构变化，晶体的对称性下降。如 $BaTiO_3$ 在温度高于 393 K 时，晶体属立方钙钛矿结构；而在 278～393 K，四方晶系结构更为稳定，可以视为立方晶胞沿 c 轴拉长，轴率 c/a = 1.01。温度的下降还能导致晶胞的两个晶轴方向同时发生变化，变为正交晶系；或者不在晶轴方向而在体对角线方向发生变化，形成三方晶系的菱面体格子。

这几种立方钙钛矿的晶格畸变，在不同组成的钙钛矿结构中都可能存在。一些畸变晶格的钙钛矿型晶体可以产生自发偶极矩，具有铁电和反铁电性质。许多氧化物超导体的晶体结构，也可以从钙钛矿结构出发，将晶胞以不同方式堆叠，从而形成此种晶体结构。因此研究钙钛矿结构及其变化，对研究和开发无机功能材料有重要作用。

La_2CuO_4 型结构是钙钛矿的一个衍生结构。La_2CuO_4 晶体属四方晶系 I4/*mmm* 空间群。以 La_2CuO_4 型结构为基础，部分 La^{3+} 位置被 M^{2+}(Sr^{2+}、Ba^{2+}等)置换而形成$(La, M)_2CuO_4$。$(La, M)_2CuO_4$ 是第一个被发现的氧化物超导体。$(La, M)_2CuO_4$ 的结构如图 3-22 所示，这个结构可看成以图 3-21(b)中的钙钛矿晶胞为 $LaCuO_3$ 单位的中心部分，再在其上、下各叠加如图 3-21(a)所示的中心立方体。这一结构中 Cu 为八面体配位，铜氧八面体共顶连接成无限的层状结构。在这一结构中，低价离子占据高价的 La^{3+}位置，提供了导电的载流子，而载流子在铜氧层内迁移产生电流。

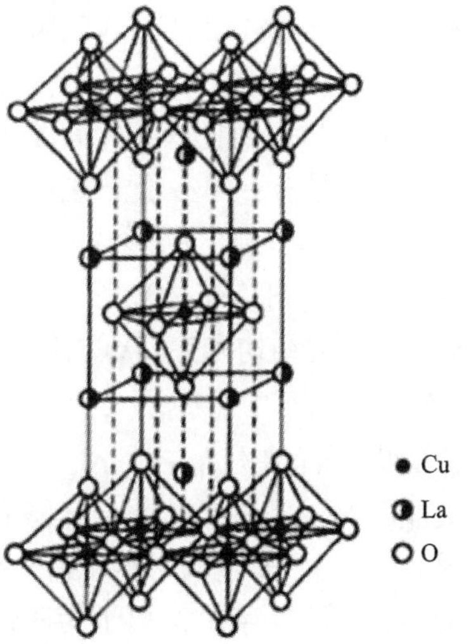

图 3-22　$(La, M)_2CuO_4$ 晶体结构

(2)尖晶石结构。

$MgAl_2O_4$ 尖晶石结构为立方晶系，空间群为 $Fd\bar{3}m$，晶格常数 a = 0.808 nm，Z = 8。图 3-23 是 $MgAl_2O_4$ 尖晶石的晶胞结构图。图 3-23(a)是 $MgAl_2O_4$ 尖晶石晶格中各原子的分布情况。尖晶石结构的化学通式是 AB_2O_4，正离子 A 和 B 的总电价为 8，氧离子作面心立方紧密排列，A 进入四面体间隙，B 则占据八面体间隙。图 3-23(b)表示把这个晶胞划分成 8 个小的立方单位，分别标注以 A 和 B，它们交替放置。在 A 块中，Mg^{2+} 占据四面体间隙，在 B 块中，Al^{3+} 占据八面体间隙。图 3-23(c)表示 B 小立方块中原子的可能占位情况。图 3-23(d)给出了含 A、B 小立方块(1/4 晶胞中)四面体和八面体特征。

事实上，并非所有的四面体间隙和八面体间隙均被离子占据。在 $MgAl_2O_4$ 尖晶石结构

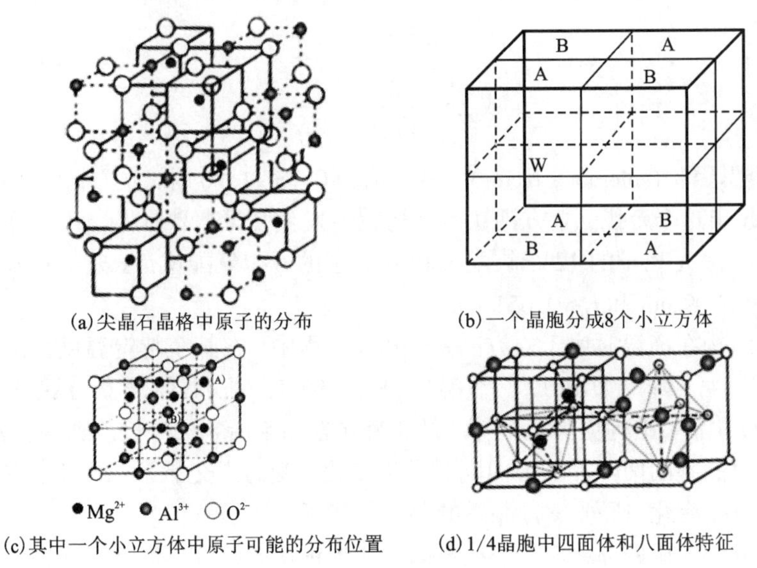

(a)尖晶石晶格中原子的分布

(b)一个晶胞分成8个小立方体

(c)其中一个小立方体中原子可能的分布位置

(d)1/4晶胞中四面体和八面体特征

图 3-23 $MgAl_2O_4$ 尖晶石的晶胞结构

中，氧离子作面心立方密堆积，一个尖晶石晶胞共有 32 个氧离子。二价 A 离子(镁离子)填充立方密堆积中的 1/8 四面体间隙，三价 B 离子(铝离子)填充 1/2 的八面体间隙，剩余的四面体和八面体间隙没有离子占据。二、三价正离子的这一填充方式构成正尖晶石结构。

由于四面体间隙比八面体间隙小，通常 A 离子应比 B 离子小。但是许多尖晶石并不满足这个条件，而是有一半三价 B 正离子分布在八面体间隙中，另一半进入四面体间隙，二价 A 离子进入八面体间隙，则形成反尖晶石结构，其通式可写成 $B(AB)O_4$。反尖晶石结构有 $MgFe_2O_4$、Fe_3O_4 和 $TiMg_2O_4$ 等。反尖晶石结构是构成氧化物磁性材料的重要结构。

γ-Al_2O_3 的结构和尖晶石相似，在 γ-Al_2O_3 结构中，氧离子按面心立方密堆积方式排列，Al^{3+}分布在尖晶石中的 8 个 A 和 16 个 B 位置，相当于用两个 Al^{3+} 取代三个 Mg^{2+}。γ-$A1_2O_3$ 是缺位的尖晶石结构。在 γ-Al_2O_3 晶胞中，只有 64/3 个 $A1^{3+}$和 32 个 O^{2-}。

尖晶石是一类重要的混合金属氧化物，包含的晶体有 100 多种(表 3-11 给出部分相关成分物质)，在无机非金属材料中占有极重要的地位。在尖晶石结构中，一般 A 离子为二价、B 离子为三价，但也存在 A 离子为四价、B 离子为二价的尖晶石结构(如 $TiMg_2O_4$)。决定正尖晶石和反尖晶石结构的因素本应与正负离子半径比有关。当占四面体间隙位置的离子半径 $r_{Al^{3+}}/r_{O^{2-}}<0.414$、八面体间隙离子半径 $r_{Al^{3+}}/r_{O^{2-}}>0.414$ 时，常为正尖晶石结构；当 $r_{Mg^{2+}}<r_{Al^{3+}}$，二、三价正离子构成的尖晶石应倾向于取反尖晶石结构；而四、二价正离子构成的尖晶石取正尖晶石结构。但是实际的尖晶石结构并非完全如此，因此不同尖晶石结构的形成还需用晶体场理论加以解释。

表 3-11 尖晶石型结构体

氟化物、氰化物	氧化物				硫化物
$BeLi_2F_4$	$TiMg_2O_4$	$CdCr_2O_4$	$CoCo_2O_4$	$MgAl_2O_4$	$MnCr_2S_4$
$MoNa_2F_4$	VMg_2O_4	$ZnMn_2O_4$	$CuCo_2O_4$	$MnAl_2O_4$	$CoCr_2S_4$
$ZnK_2(CN)_4$	MgV_2O_4	$MnMn_2O_4$	$FeNi_2O_4$	$FeAl_2O_4$	$FeCr_2S_4$
$CdK_2(CN)_4$	ZnV_2O_4	$MgFe_2O_4$	$GeNi_2O_4$	$MgGa_2O_4$	$CoNi_2S_4$
$MgK_2(CN)_4$	$MgCr_2O_4$	$FeFe_2O_4$	$TiZn_2O_4$	$CaGa_2O_4$	$FeNi_2S_4$
	$FeCr_2O_4$	$CoFe_2O_4$	$SnZn_2O_4$	$MgIn_2O_4$	
	$NiCr_2O_4$	$ZnFe_2O_4$		$FeIn_2O_4$	

3.5 硅酸盐晶体结构

硅酸盐晶体是形成地壳的主要矿物，也是陶瓷、玻璃、水泥、耐火材料等硅酸盐工业的主要原料。硅酸盐最重要的结构特征是以$[SiO_4]^{4-}$作为基本结构单位，四个氧原子以正四面体方式与配位中心的 Si^{4+} 形成硅氧四面体，如图 3-24(a)所示。其中 Si—O 间的距离为 0.162 nm，而 O—O 间的距离为 0.264 nm。根据硅和氧的电负性差，Si—O 键的性质为一半离子键和一半共价键。

以硅氧四面体共用氧的数量可以把硅酸盐结构划分成五种不同的类型：岛状、组群状、链状、层状和架状。表 3-12 列出了不同硅酸盐晶体的结构类型，除架状以外的各种硅酸盐结构的硅氧四面体连接方式如图 3-24 所示。

表 3-12 硅酸盐晶体结构类型与 Si、O 原子数之比的关系

结构类型	$[SiO_4]$四面体共用 O^{2-} 数目	构成形状	络阴离子	Si、O 原子数之比	实例
岛状	0	单四面体	$[SiO_4]^{4-}$	1 : 4	镁橄榄石 $Mg_2[SiO_4]$ 镁铝石榴石 $Al_2Mg_3[SiO_4]_3$
组群状	1	双四面体	$[Si_2O_7]^{6-}$	2 : 7	硅钙石 $Ca_3[Si_2O_7]$
	2	三节环	$[Si_3O_9]^{6-}$	1 : 3	蓝锥矿 $BaTi[Si_3O_9]$
		四节环	$[Si_4O_{12}]^{8-}$	1 : 3	斧石 $Ca_2Al_2(Fe, Mn)BO_3[Si_4O_{12}](OH)$
		六节环	$[Si_6O_{18}]^{12-}$	1 : 3	绿宝石 $Be_3Al_2[Si_6O_{18}]$
链状	2	单链	$[Si_2O_6]^{4-}$	1 : 3	透辉石 $CaMg[Si_2O_6]$
	2, 3	双链	$[Si_4O_{11}]^{6-}$	4 : 11	透闪石 $Ca_2Mg_5[Si_4O_{11}]_2(OH)_2$
层状	3	平面层	$[Si_4O_{10}]^{4-}$	4 : 10	滑石 $Mg_3[Si_4O_{10}](OH)_2$

续表3-12

结构类型	$[SiO_4]$四面体共用 O^{2-} 数目	构成形状	络阴离子	Si、O 原子数之比	实例
架状	4	骨架	$[SiO_2]^0$	1 : 2	石英 SiO_2
			$[AlSi_3O_8]^{1-}$	1 : 2	钾长石 $K[AlSi_3O_8]$
			$[AlSiO_4]^{1-}$	1 : 2	方钠石 $Na[AlSiO_4]\cdot 4/3H_2O$

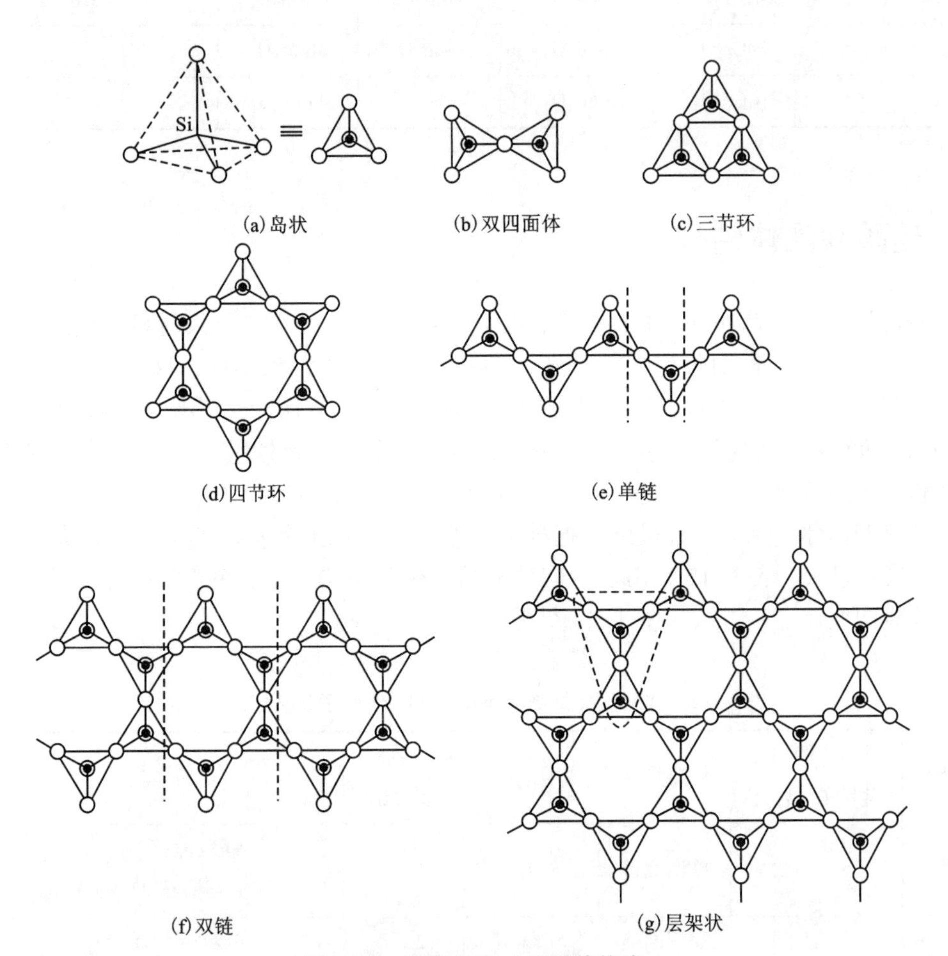

图 3-24　不同$[SiO_4]$四面体构成

硅酸盐矿物中相邻的硅氧四面体共用氧原子，形成 Si—O—Si 的连接。硅酸盐晶体结构的共同特点：构成硅酸盐晶体的基本结构单元是$[SiO_4]$四面体；结构单元中的 Si^{4+} 不存在直接 Si—Si 的键，而是通过 O^{2-} 来实现键的连接，Si—O—Si 键是一条夹角不等的折线；$[SiO_4]$四面体的每个顶点(即 O^{2-})最多只能为两个$[SiO_4]$四面体所共用；两个相邻的$[SiO_4]$四面体之间只能共顶而不能共棱或共面连接；$[SiO_4]$四面体中心的 Si^{4+} 可部分地被 Al^{3+} 所取代。

3.5.1　岛状结构

岛状硅酸盐结构中$[SiO_4]^{4-}$是单独存在的，即硅氧四面体之间无共用氧连接，每个O^{2-}一侧与 1 个Si^{4+}连接，另一侧与其他金属离子相配位使电价平衡。结构中 Si 与 O 原子数之比(简称为 Si/O)为 1∶4。如锆石英$Zr[SiO_4]$、镁橄榄石$Mg_2[SiO_4]$、蓝晶石$Al_2O_3 \cdot SiO_2$、莫来石$3Al_2O_3 \cdot 2SiO_2$以及水泥熟料中γ-C_2S、β-$C_2S(Ca_2SiO_4)$和$C_3S(Ca_3SiO_5)$等，这类硅酸盐晶体中的硅氧四面体用其他正离子连接在一起，因此一般结构较紧密。

图 3-25 中的镁橄榄石(Mg_2SiO_4)具有岛状硅酸盐结构。镁橄榄石属于正交晶系 P*bnm* 空间群，$a=0.921$ nm，$b=1.021$ nm，$c=0.598$ nm，$Z=4$。在镁橄榄石结构中，O^{2-}作假六方堆积(即 ABAB…层序堆积)，Si^{4+}位于 1/8 的四面体间隙中，而Mg^{2+}位于八面体间隙。每个$[SiO_4]$四面体被$[MgO_6]$八面体所隔开，呈孤岛状分布。每个O^{2-}与 1 个Si^{4+}和 3 个Mg^{2+}相连，而Si^{4+}—O^{2-}和Mg^{2+}—O^{2-}的静电强度分别为 4/4=1 和 2/6=1/3，所以对于每个氧的静电强度总和为$1+3\times\frac{1}{3}=2$，氧的电价饱和，晶体结构稳定。Mg—O 键和 Si—O 键均较强，则表现出较高硬度，熔点达到 1890℃，是镁质耐火材料的主要矿物；结构中各个方向上键力分布较均匀，无明显解理，破碎后呈现粒状。镁橄榄石结构中的Mg^{2+}换成Ca^{2+}，就是水泥熟料中γ-Ca_2SiO_4的结构。

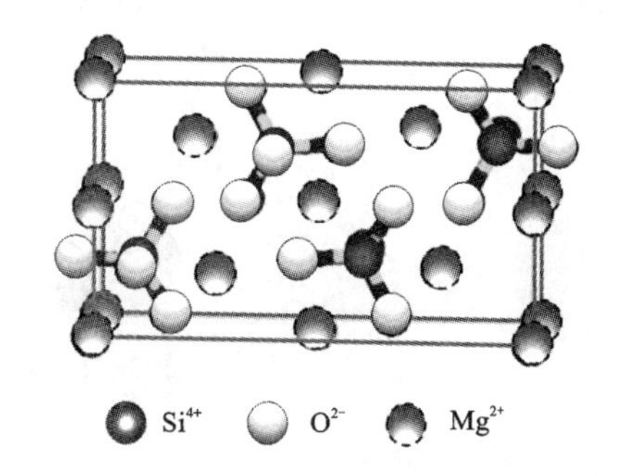

图 3-25　镁橄榄石(Mg_2SiO_4)岛状硅酸盐结构示意图

3.5.2　组群状结构

如表 3-12 和图 3-24 所示，组群状结构是 2 个、3 个、4 个或 6 个$[SiO_4]$四面体通过共用顶点氧相连接形成单独的硅氧络阴离子团，硅氧络阴离子团之间再通过其他金属离子连接起来，所以，组群状结构也称为孤立的有限硅氧四面体群。组群状结构中$[SiO_4]$硅氧四面体可以共用一个氧，形成图 3-24(b)中的双四面体结构；或每个硅氧四面体都共用两个氧，形成图 3-24(c)和图 3-24(d)中的三节环和六节环形结构。

有限四面体群中连接两个Si^{4+}的氧称为桥氧，由于这种氧的电价已经饱和，一般不再与其他正离子再配位，故桥氧亦称为非活性氧。相对地只有一侧与Si^{4+}相连接的氧称为非桥氧或活性氧。

组群状结构的一个例子是绿宝石。绿宝石$Be_3Al_2[Si_6O_{18}]$，属六方晶系 C6/*mcc* 空间群，$a=0.921$ nm，$c=0.917$ nm，晶胞分子数$Z=2$。图 3-26 是绿宝石晶胞在(0001)面的投影图，图中给出的是 *c* 轴方向上半个晶胞的原子排列，在 50 标高处有一对称面，使晶胞的上、下部分成镜面反映。硅氧四面体为图中六节环的基本单元，图 3-26 共标出 2 层 8 个六节环，标高为 50 和 100 的二层六节环相互错开 30°。六节环之间的连接依靠Al^{3+}和Be^{2+}，Al^{3+}配位数为 6，形成铝氧八面体；Be^{2+}的配位数是 4，形成铍氧四面体。图中 2 个Al^{3+}和 3 个Be^{2+}都位于 75 的标高，分别连接标高为 75 和 85 的O^{2-}。绿宝石的六节环是巨大的空腔，可以吸附水分子以及 He 这样的气体。

绿宝石的结构与性质的关系：绿宝石结构的六节环内没有其他离子存在，使晶体结构中

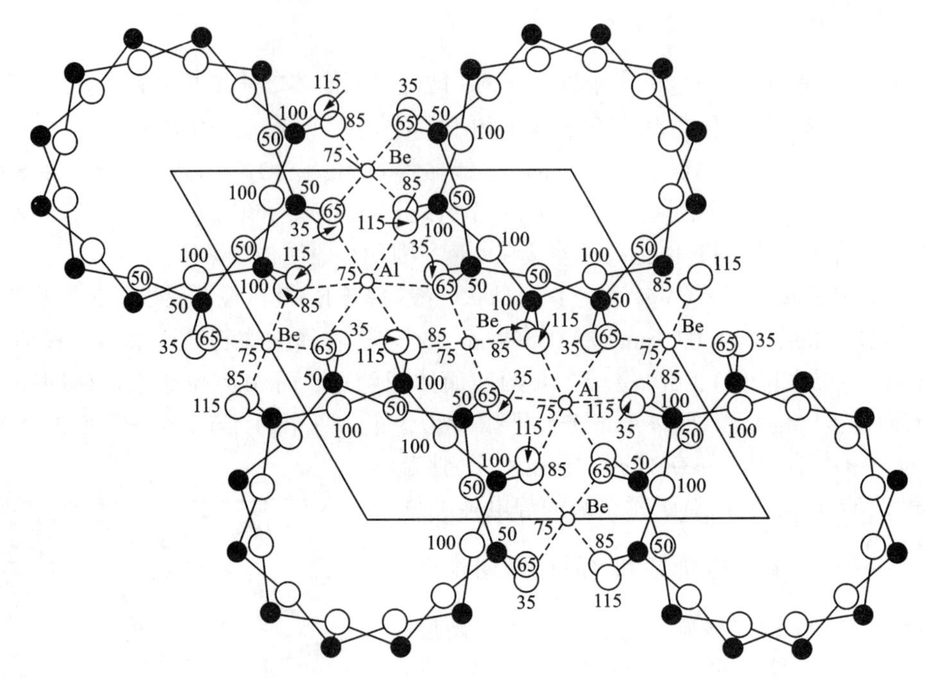

图 3-26　绿宝石晶胞在(0001)面的投影图

存在大的环形空腔。当有电价低、半径小的离子(如 Na^{+})存在时，在直流电场中，晶体会表现出显著的离子电导，在交流电场中会有较大的介电损耗；当晶体受热时，质点热振动的振幅增大，大的空腔使晶体不会有明显的膨胀，因而表现出较小的膨胀系数。

堇青石 $Mg_2Al_3[AlSi_5O_{18}]$ 的结构和绿宝石相似。但六节环中一个硅氧四面体的 Si^{4+} 被 Al^{3+} 替代。而绿宝石结构六节环外的 Al^{3+} 和 Be^{2+} 的位置，在堇青石结构中则分别被 Mg^{2+} 和 Al^{3+} 所替代。

3.5.3　链状结构

链状硅酸盐结构中的硅氧四面体通过共用氧，在一维方向形成无限长的链。链状硅酸盐中有多种链结构，其中有两类主要的链状结构为单链和双链结构。无论是单链还是双链结构，链与链之间的连接都由其他金属阳离子键合(最常见的是 Mg^{2+} 和 Ca^{2+})。阳离子与 O^{2-} 之间的键比 Si—O 键弱，容易断，链状结构矿物总是形成柱状、针状或纤维状解理。

(1)单链结构。

每个 $[SiO_4]$ 通过共用 2 个顶点向一维方向无限延伸，单链结构基本单元为 $[SiO_3]^{2n-}$。按重复出现与第一个 $[SiO_4]$ 空间取向完全一致的周期不等，单链结构可分为 1 节链，2 节链，3 节链，…，7 节链这 7 种类型，如图 3-27 所示。比如 2 节链以 $[Si_2O_6]^{4-}$ 为结构单元无限重复，化学式为 $[Si_2O_6]_n^{4n-}$。具有单链结构的矿物有辉石类硅酸盐矿物，如透辉石 $CaMg[Si_2O_6]$、顽火辉石 $Mg_2[Si_2O_6]$。

(2)双链结构。

两条相同单链通过尚未共用的氧组成带状，2 节双链以 $[Si_4O_{11}]^{6-}$ 为结构单元向一维方向

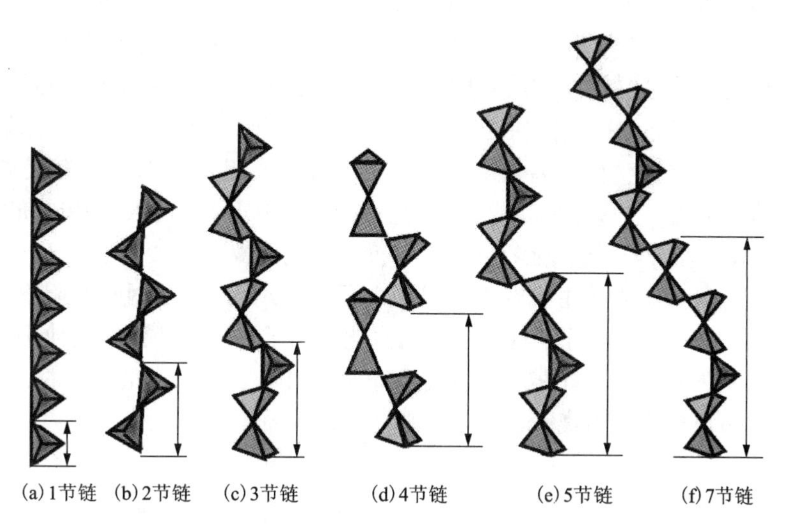

图 3-27　单链及其结构类型

无限伸展[图 3-24(f)]，化学式为$[Si_4O_{11}]_n^{6n-}$。具有双链结构的主要矿物有闪石类，如斜方角闪石(Mg, Fe)$_7[Si_4O_{11}]_2(OH)_2$、透闪石$Ca_2Mg_5[Si_4O_{11}]_2(OH)_2$。

3.5.4　层状结构

层状硅酸盐结构是每个硅氧四面体通过 3 个共用氧(桥氧)连接，构成一个二维无限延伸的六节环状的无限硅氧四面体层。图 3-24(g) 和图 3-28 给出了层状结构，其中，在六节环状的层中，可取出一个矩形单元$[Si_4O_{10}]^{4-}$，于是硅氧层的化学式可写为$[Si_4O_{10}]_n$。硅氧四面体层的硅离子可以被铝离子部分置换，使硅氧四面体层中出现铝氧四面体。

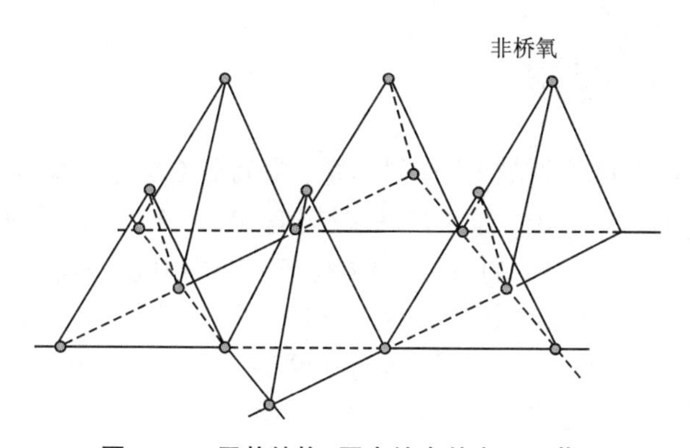

图 3-28　层状结构(图中给出其中六环节)

层状结构的硅氧四面体有一个未被共用的自由氧(非桥氧)，图 3-28 中显示出它们都朝向同一个方向。这些自由氧一般与Al^{3+}、Mg^{2+}、Fe^{3+}、Fe^{2+}等正离子连接。这些正离子的配位数大多为 6，可形成 Al-O、Mg-O 等八面体结构层。八面体中有些O^{2-}有多余的一个电价，通过与H^+结合来平衡。因此层状硅酸晶体的化学组成中，都有OH^-出现。在层状硅酸盐晶体结构中，硅氧四面体层与铝氧、镁氧八面体层的连接方式(图 3-29)有两种：一种是由一层四面体层和一层八面体层相连，称为二层型层状结构或单网；另一种是由两层四面体中间夹一层八面体层，称为三层型层状结构或复网。无论是二层结构或三层结构，其网层内的电价已达到平衡，因此单网层之间或复网层之间是以微弱的分子间力或 OH^- 的氢键来联系。

如果硅氧四面体层中，有铝离子取代少量硅离子，或铝氧八面体中有镁离子取代铝离子，则层内电荷不平衡，有多余的负电价出现。这时层网间可以进入一些电价低、离子半径大的阳离子(如 K^+、Na^+等)以平衡多余的负电价。这些正离子常以水化正离子的形式进入。如果结构中的不等价离子取代主要发生在铝氧八面体中，则进入层网间的阳离子与层网的结合通常不很牢固。在一定条件下，这些层网间水化阳离子可以与外界的其他阳离子发生离子交换。如果结构中的不等价离子取代发生在硅氧四面体中，当取代量较多时，进入层网间的阳离子与层中的负离子之间有离子键作用，则结合较牢固。

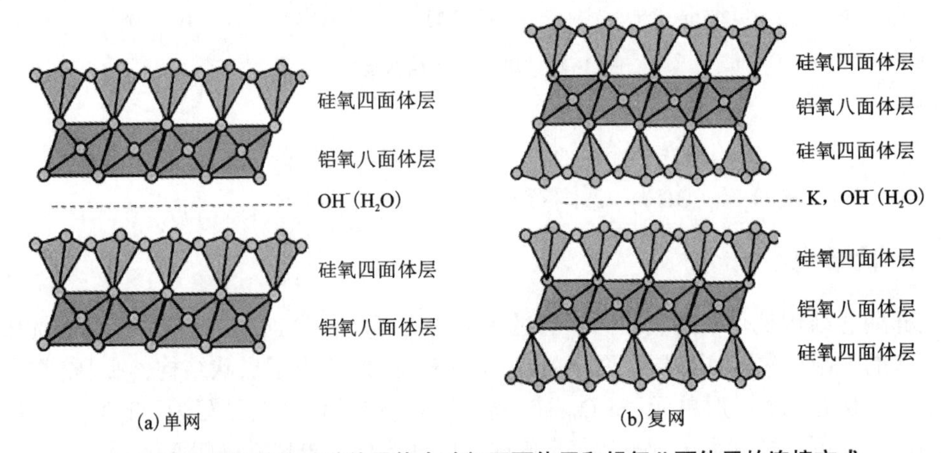

图 3-29　层状结构硅酸盐晶体中硅氧四面体层和铝氧八面体层的连接方式

以下介绍几种重要的层状硅酸盐结构。

(1)滑石结构。

滑石 $Mg_3[Si_4O_{10}](OH)_2$ 的结构为单斜晶系，空间群 $C2/c$，晶胞参数 $a=0.525$ nm，$b=0.910$ nm，$c=1.881$ nm，$\beta=100°$，属于复网层结构。图 3-30 是滑石 $Mg_3[Si_4O_{10}](OH)_2$ 的结构图。图 3-30(a)为(001)面上的投影，OH^-位于六节环中心，Mg^{2+}位于 Si^{4+}与 OH^-形成的三角形中心，但高度不同。图 3-30(b)为垂直(001)纵剖面图，两个硅氧层的活性氧指向相反，中间通过镁氢氧层连接，形成平行排列复网层；水镁石层中 Mg^{2+} 配位数为 6，形成 $[MgO_4(OH)_2]$八面体，其中全部八面体间隙被 Mg^{2+}所填充。

滑石 $Mg_3[Si_4O_{10}](OH)_2$ 的结构复网层中每个活性氧同时与 3 个 Mg^{2+}相连接，从 Mg^{2+}处获得的静电键强度为$(3\times2)/6=1$，从 Si^{4+}处也获得 1 价，故活性氧的电价饱和。同理，OH^-中的氧的电价也是饱和的，所以，复网层内是电中性的。这样，层与层之间只能依靠较弱的分子间力来结合，致使层间易相对滑动，所有滑石晶体具有良好的片状解理特性，并具有滑腻感。

用 2 个 Al^{3+}取代滑石中的 3 个 Mg^{2+}，则形成叶蜡石 $Al_2[Si_4O_{10}](OH)_2$ 结构。同样，叶蜡

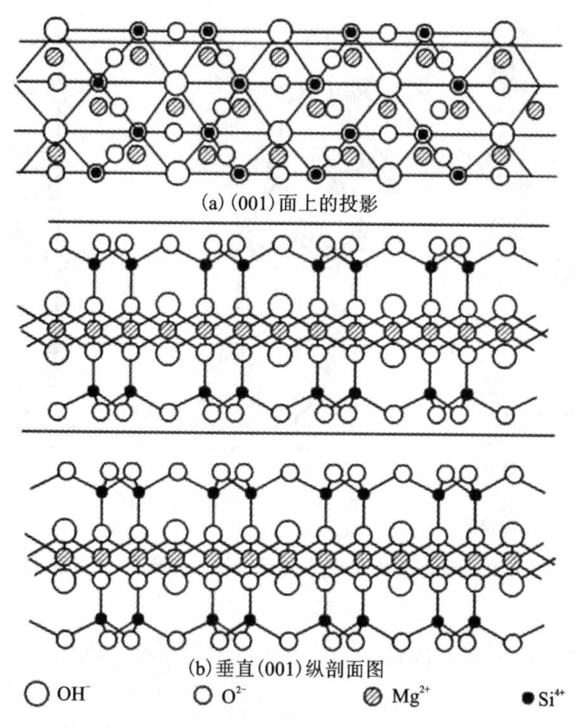

图 3-30　滑石 $Mg_3[Si_4O_{10}](OH)_2$ 的结构

石也具有良好的片状解理和滑腻感。晶体加热时结构的变化：滑石和叶蜡石中都含有 OH^-，加热时会产生脱水效应。滑石脱水后变成斜顽火辉石 $\alpha-Mg_2[Si_2O_6]$，叶蜡石脱水后变成莫来石 $3Al_2O_3 \cdot 2SiO_2$。它们都是玻璃和陶瓷工业的重要原料，滑石可以用于生成绝缘、介电性能良好的滑石瓷和堇青石瓷，叶蜡石常用作硼硅质玻璃中引入 Al_2O_3 的原料。

(2)高岭石结构。

高岭石的化学式为 $Al_4[Si_4O_{10}](OH)_8$，可写成 $Al_2O_3 \cdot 2SiO_2 \cdot 2H_2O$ 形式。高岭石属三斜晶系 C1 空间群。$a=0.5139$ nm，$b=0.8932$ nm，$c=0.8932$ nm，$\alpha=91°36'$，$\beta=89°54'$，$Z=1$。高岭石是二层结构即单网结构，由一层硅氧四面体和一层铝氧八面体相连(图 3-31)。在铝氧八面体层中，每个 Al^{3+} 离子和四个 OH^- 离子以及二个 O^{2-} 离子相连。因此单网间的连接主要是氢键，而氢键的键强较强，水分子不易进入层网间。

(3)蒙脱石结构。

蒙脱石的化学式为$(Al_{2-x}Mg_x)(Si_4O_{10})(OH)_2(M_x \cdot nH_2O)$。蒙脱石的结构属于单斜晶系 $C2/m$ 空间群。$a\approx0.523$ nm，$b\approx0.906$ nm，c 值可变，$Z=2$。蒙脱石为三层结构即复网结构(图 3-32)。当层网间无水存在时，$c\approx0.960$ nm。如果层网间进入水分子，则 c 值会随水分子的多少以及层网间阳离子 M 的不同而变化。

蒙脱石中硅氧四面体层的 Si^{4+} 很少被置换。在蒙脱石中的铝氧八面体层，大约有 1/3 的 Al^{3+} 被 Mg^{2+} 所取代，为了平衡层网内多余的负电价，层网间进入其他阳离子以平衡电价。蒙脱石中 M 离子一般是 Na^+ 和 Ca^{2+}，并且是以水化阳离子的形式进入层网间。因此晶格的 c 轴方向可以膨胀。

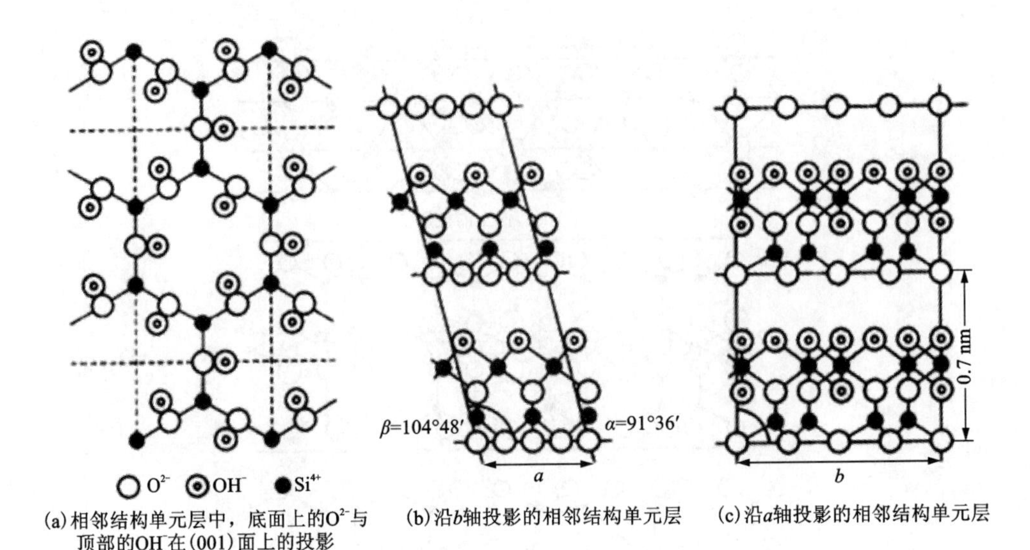

(a) 相邻结构单元层中，底面上的O^{2-}与顶部的OH^-在(001)面上的投影　(b) 沿b轴投影的相邻结构单元层　(c) 沿a轴投影的相邻结构单元层

图 3-31　高岭石结构的叠置示意图(未标注 Al 的位置)

层状硅酸盐矿物广泛应用于各种日用陶瓷原料，其结构中的层间吸附水和层网间低价离子的可交换性使黏土类陶瓷原料具备良好的可塑性。另外，由于层状硅酸盐结构中的层网厚度仅有几个纳米，层网间的作用力弱，容易分散，用高岭石、蒙脱石等作为无机插层原料可以制备二维纳米材料，层状硅酸盐矿物与有机高分子的插层复合可以显著提高高分子材料的力学等性能。

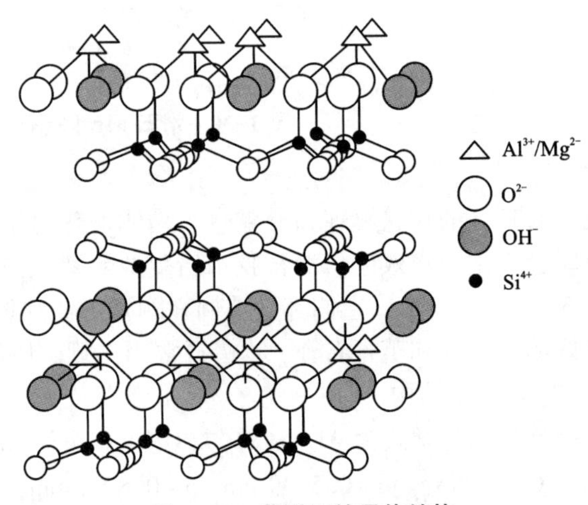

图 3-32　蒙脱石的晶体结构

3.5.5　架状结构

架状硅酸盐结构中硅氧四面体$[SiO_4]^{4-}$的四个氧离子都与相邻的硅氧四面体共顶相连(即硅氧四面体的每个顶点均为桥氧)，形成三维“骨架”结构。结构的重复单元为$[SiO_2]$，Si 与 O 原子数之比为 1∶2。硅氧四面体在三维空间可以形成各种结构，典型的架状结构有石英族晶体，化学式为SiO_2，如图 3-33 所示。

(1) 石英族晶体的结构。

石英的三个主要变体：α-石英、α-鳞石英、α-方石英，其结构差别在于硅氧四面体之间的连接方式不同。如图 3-34 所示，α-方石英是两个共顶的硅氧四面体以共用O^{2-}(桥氧)为中心且处于中心对称状态，Si—O—Si 键角为 180°；α-鳞石英的两个共顶硅氧四面体之间相当于有一对称面，Si—O—Si 键角为 180°；α-石英相当于在 α-方石英结构基础上，使 Si—O—Si 键角由 180°转变为 150°。

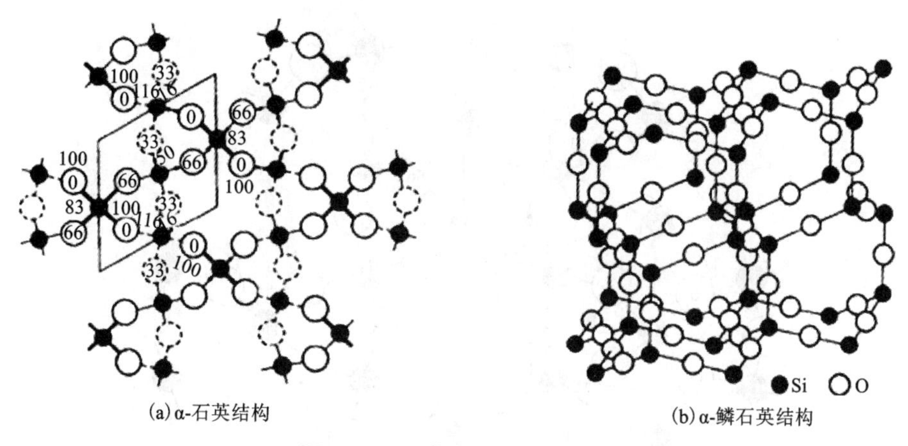

图 3-33　石英族晶体架状结构

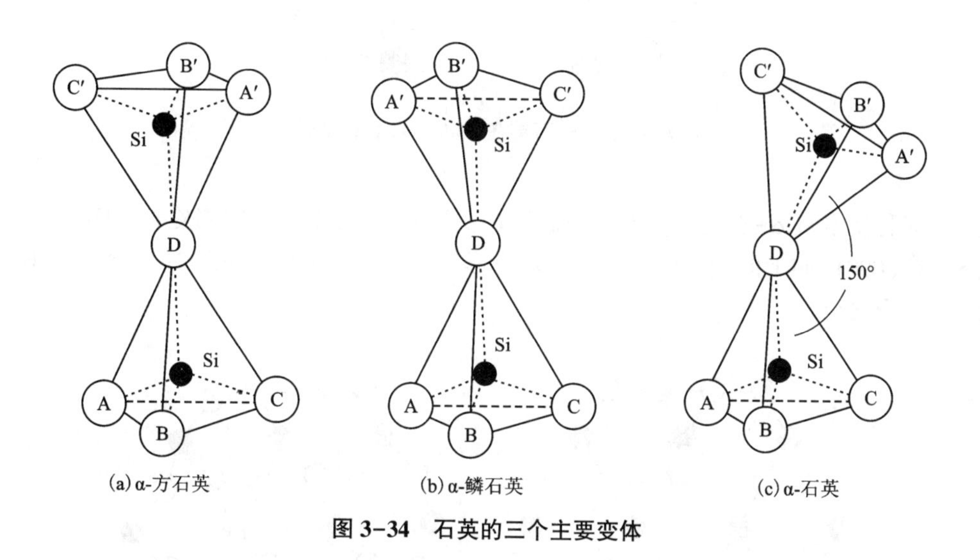

图 3-34　石英的三个主要变体

①α-石英的结构。

α-石英的结构属六方晶系，空间群 $P6_42$ 或 $P6_22$；晶胞参数 a=0.496 nm，c=0.545 nm，晶胞分子数 Z=3。α-石英在(0001)面上的投影如图 3-35 所示。结构中每个 Si^{4+}周围有 4 个 O^{2-}，空间取向是 2 个在 Si^{4+}上方、2 个在其下方。各四面体中的离子排列于高度不同的三个层面上。

α-石英结构中存在 6 次螺旋轴，围绕螺旋轴的 Si^{4+}，在(0001)面上的投影可连接成正六边形。根据螺旋轴的旋转方向不同，α-石英有左形和右形之分，其空间群分别为 $P6_42$ 和 $P6_22$。α-石英中 Si—O—Si 键角为 150°。

β-石英是 α-石英的低温变体，两者之间通过位移性转变实现结构的相互转换，如图 3-36 所示。β-石英属三方晶系，空间群 P3221 或 P3121；晶胞参数 a=0.491 nm，c=0.540 nm，晶胞分子数 Z=3。在 β-石英结构中，Si—O—Si 键角由 α-石英中的 150°变为 137°，这一键角

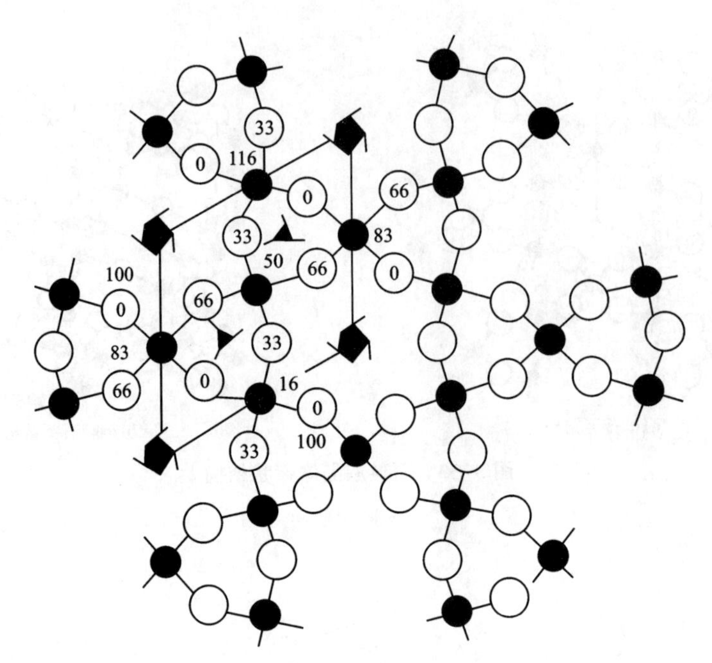

图 3-35　α-石英在(0001)面上的投影

变化，使对称要素从 α-石英中的 6 次螺旋轴转变为 β-石英中的 3 次螺旋轴。围绕 3 次螺旋轴的 Si^{4+} 在(0001)面上的投影已不再是正六边形，而是复三角形，如图 3-36 所示。β-石英也有左、右形之分。

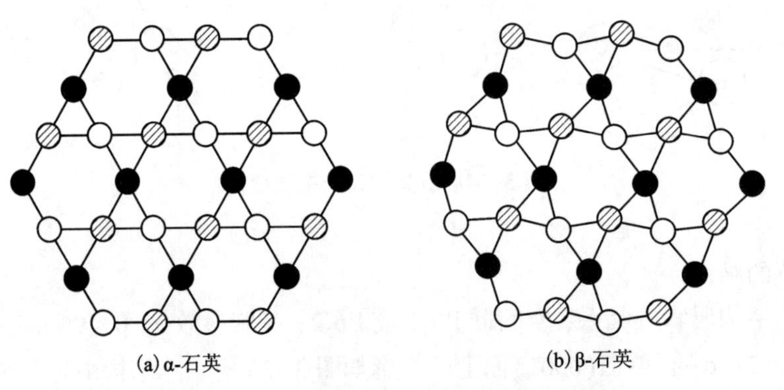

图 3-36　石英晶体中 Si^{4+} 在(0001)面上的投影

②α-鳞石英的结构。

α-鳞石英属六方晶系，空间群 $P6_3/mmc$；晶胞参数 a = 0. 504 nm，c = 0. 825 nm，晶胞分子数 Z = 4。结构由交替指向相反方向的硅氧四面体组成的六节环状的硅氧层，平行于(0001)面叠放而形成架状结构，如图 3-37 所示。平行叠放时，硅氧层中的四面体共顶连接，并且共顶的两个四面体处于镜面对称状态，Si—O—Si 键角是 180°。

③α-方石英结构。

α-方石英结构(图3-38)属立方晶系，空间群 $Fd3m$；晶胞参数 $a=0.713$ nm，晶胞分子数 $Z=8$。其中 Si^{4+} 位于晶胞顶点及面心，晶胞内部还有4个 Si^{4+}，其位置相当于金刚石中C原子的位置。它是由交替的指向相反方向的硅氧四面体组成六节环状的硅氧层(不同于层状结构中的硅氧层，该硅氧层内四面体取向是一致的)，以3层为一个重复周期在平行于(111)面的方向上平行叠放而形成的架状结构。

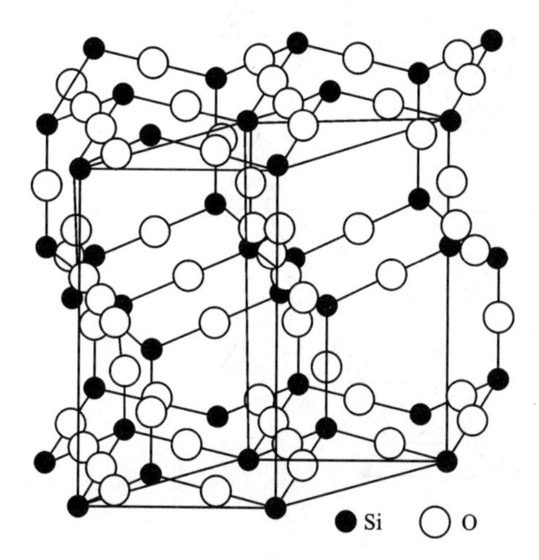

图3-37 α-鳞石英的结构图

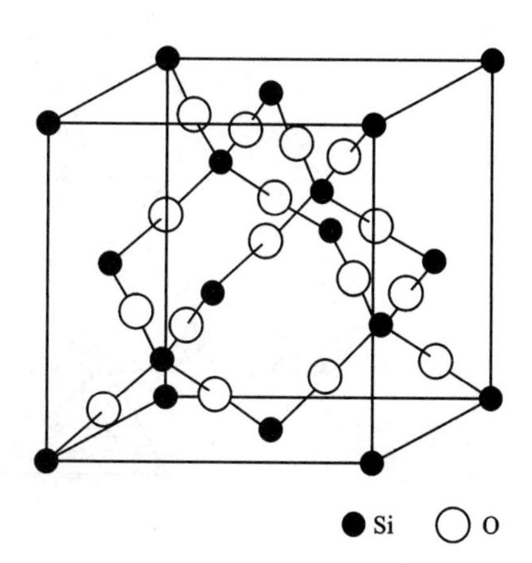

图3-38 α-方石英的结构

叠放时，两个平行的硅氧层中的四面体相互错开60°，并以共顶方式对接，共顶的 O^{2-} 形成对称中心，如图3-39所示。

α-方石英冷却到268℃会转变为四方晶系的β-方石英，其晶胞参数 $a=0.497$ nm，$c=0.692$ nm。

当硅氧骨架中的 Si^{4+} 被 Al^{3+} 取代时，结构单元的化学式可以写成 $[AlSiO_4]$ 或 $[AlSi_3O_8]$，其中(Al+Si)与O原子数之比仍为1∶2。但由于结构中有剩余负电荷，一些电价低、半径大的正离子(如 K^+、Na^+、Ca^{2+}、Ba^{2+} 等)会进入结构中，形成数量众多的架状硅酸盐晶体，如霞石 $Na[AlSiO_4]$、长石 $(Na, K)[AlSi_3O_8]$、方沸石 $Na[AlSi_2O_6]\cdot H_2O$ 等。

(2)沸石的结构。

沸石是具有三维骨架结构的铝硅酸盐，其化学式为 $M^{n+}_{p/n}[Al_pSi_qO_{2(p+q)}]\cdot mH_2O$，式中 M^{n+} 表示金属离子。晶体中的水被去除时产生类似沸腾的现象而称为沸石。沸石具有空旷的硅氧骨架结构，结构中有很多孔径均匀的孔道，允许体积小于孔道的分子通过，从而具有筛选分子的功能，故也称分子筛。沸石结构可以看成由 $[SiO_4]^{4-}$ 四面体和 $[AlO_4]^{5-}$ 四面体一起排列组成四元、六元、八元环等，然后由这些环连成三维结构(图3-40)。四元、六元、八元环等构成的空腔称为笼。笼可以有许多类型。

①由8个六元环和6个四元环构成的称为β笼，从外形看似正八面体削去6个角顶，正八面体原来的8个面变成8个正六面体，原来的6个角顶变为6个正方形。β笼的平均孔径为0.66 nm，孔穴内有效体积16 nm^3(图3-41)。

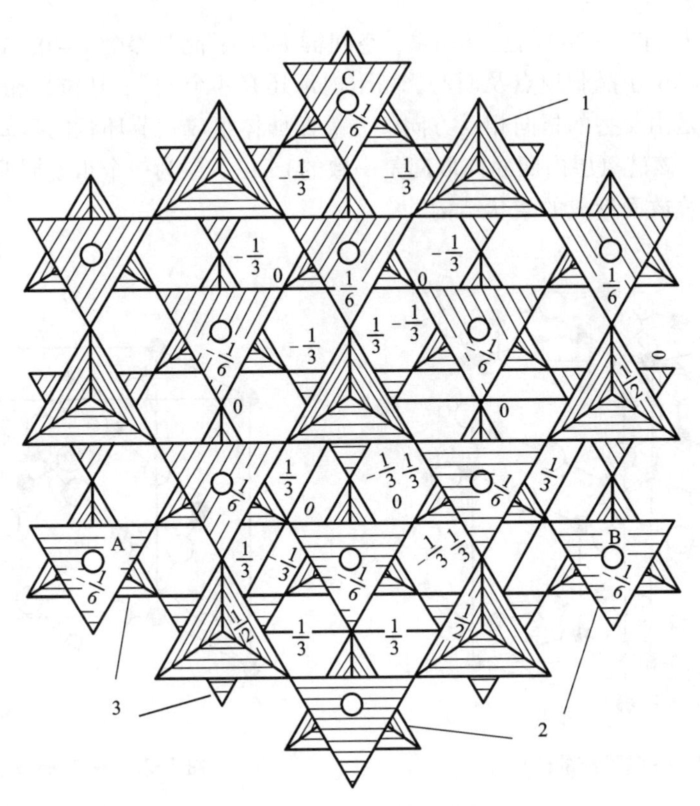

图 3-39 α-方石英的结构

②由 6 个八元环、8 个六元环、12 个四元环构成的笼称为 α 笼，笼的平均孔径为 1.14 nm，有效体积为 76 nm^3[图 3-42(a)]。

③由 18 个四元环、4 个六元环和 4 个十二元环构成的二十六面体笼称为八面沸石笼，笼的平均孔径为 1.18 nm，有效体积为 85 nm^3[图 3-42(b)]。

④由 6 个四元环构成的笼为立方体笼，它的空穴体积太小，一般分子都不能进入[图 3-42(c)]。

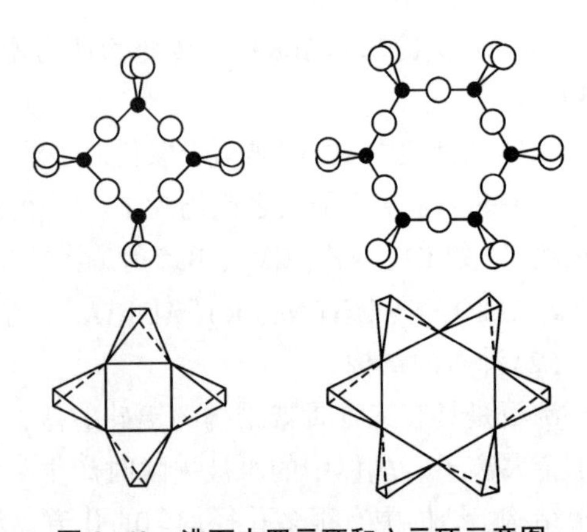

图 3-40 沸石中四元环和六元环示意图

不同类型的沸石结构由数量不同的各种笼组成。如 A 型沸石由 α 笼、β 笼和立方体笼构成。α 笼之间以公用八元环连接，α 笼和 β 笼之间以公用六元环连接。两个 β 笼通过与立方体笼共用四元环相连。因此一个 α 笼周围有 6 个 α 笼、8 个 β 笼和 12 个立方笼。A 型沸石[图 3-43(a)]属于立方晶系 $F\frac{2}{m}\bar{3}$，晶胞参数为 $a=2.464$ nm，A 型沸石的晶胞组成为 $48Na_2O \cdot 48Al_2O_3 \cdot 96SiO_2 \cdot 216H_2O$。

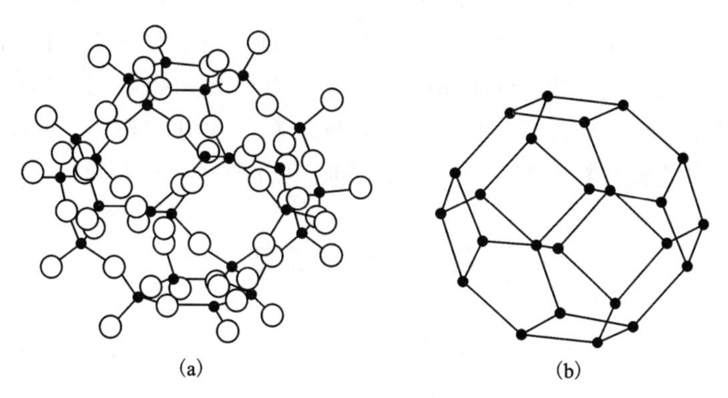

(a)　　　　(b)

图 3-41　分子筛中的 β 笼型结构

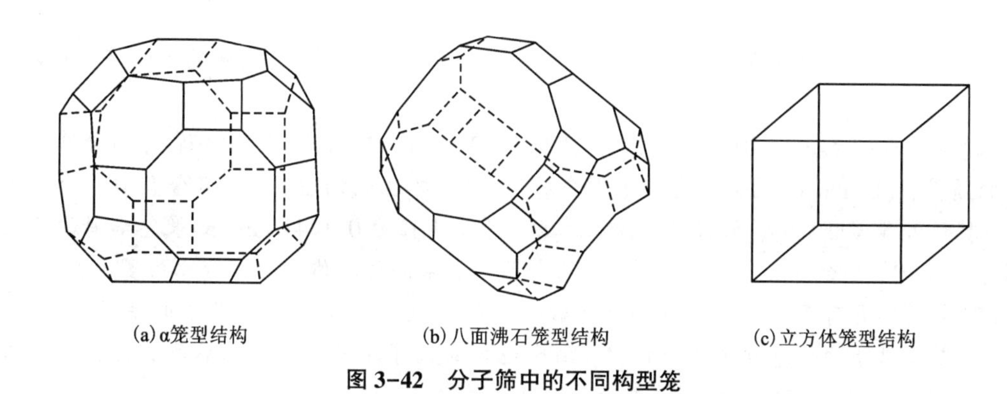

(a) α笼型结构　　(b) 八面沸石笼型结构　　(c) 立方体笼型结构

图 3-42　分子筛中的不同构型笼

A 型沸石硅铝骨架上的负电荷可用 Na^+、K^+、Ca^{2+} 中和。A 型沸石又称 A 型分子筛，它是一种人工合成的沸石，至今尚未发现自然形成的该类物质。

除 A 型沸石外，还有八面沸石(或称 XY 型沸石)[图 3-43(b)]和丝光沸石型等，各类沸石分子筛以孔径大小、硅铝比、单位体积中硅铝数为其特征。

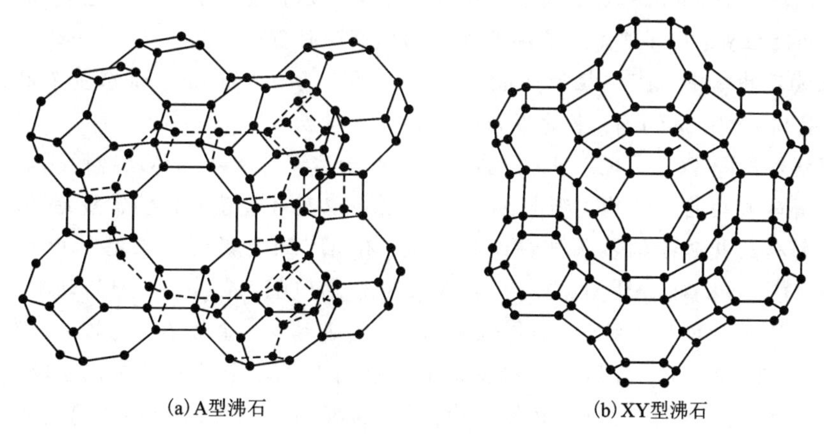

(a) A型沸石　　(b) XY型沸石

图 3-43　沸石分子筛的结构

沸石结构中含尺度大小不同的空穴、通道和环形结构，作为分子筛用于选择性地除去水或其他分子，并可以分离不同结构的碳氢化合物，成为一种很有应用价值的吸附、筛分和催化材料，广泛应用于化工、冶金、石油和医药工业。以沸石为载体制备单分散的金属、半导体、绝缘体纳米粒子，通过沸石笼和孔道尺寸实现对粒子尺寸的控制，可以实现单一尺寸和形状的周期阵列，以此获得特殊的光学、电学性质，已成为当前纳米材料研究的重要领域。

复习思考与练习

(1)晶格能与哪些因素有关？已知 MgO 晶体具有氯化钠的结构型，其晶体常数 a 为 0.42 nm，试计算 MgO 的晶格能。

(2)为什么球体紧密堆积原理广泛适用于金属原子晶体和离子晶体，但是不适用于分子晶体？

(3)计算具有简单立方(SC)和体心立方(BCC)结构金属(单质)晶胞的堆积密度(空间利用率)。

(4)金为面心立方结构(FCC)，其密度为 19.3 g/cm^3。请回答下列问题：(a)计算一个金原子的质量；(b)1 mm^3 的金中含有多少个原子？(c)根据金的密度，每颗含有 10^{21} 个原子的金粒，其体积是多少？(d)假设金原子为球形，原子半径为 0.1441 nm，如果忽略金原子之间的间隙，则 10^{21} 个金原子有多少体积？(e)金原子占金晶体总体积的百分比为多少？

(5)金属钼具有 BCC 结构，其晶格常数 a 为 0.3146 nm，试计算钼原子的半径。

(6)在氧离子面心立方紧密堆积中，画出适合正离子填充的间隙形状和位置，并分析八面体间隙和四面体间隙数分别与氧离子数有什么关系。

(7)ThO_2 具有萤石结构：Th^{4+}的离子半径为 0.1 nm，O^{2-}的离子半径为 0.140 nm。试问：(a)实际结构中的 Th^{4+}配位数与预计配位数是否一致？(b)该结构是否满足鲍林规则？

(8)从负离子的立方密堆积出发，说出以下情况各产生哪种结构类型：(a)正离子填满所有四面体间隙位置；(b)正离子填满一半四面体间隙位置；(c)正离子填满所有八面体间隙位置。

(9)从负离子的六方密堆积出发，说明以下情况可以产生什么结构类型：(a)正离子填满一半四面体间隙位置；(b)正离子填满一半八面体间隙位置。

(10)在萤石晶体中 Ca^{2+}半径为 0.112 nm，F^-半径为 0.131 nm，试求萤石晶体的堆积密度。若萤石晶体 a=0.547 nm，求萤石的密度。

(11)理解和熟悉 FCC、BCC、HCP 晶体中的四面体间隙和八面体间隙的选取方式。

(12)了解硅酸盐晶体结构类型与 Si/O 的关系，以及硅酸盐晶体的常规结构特征。

(13)下列硅酸盐矿结构各属何种结构类型(有 Al^{3+}的要说明其在结构中所处的位置)？(a)$CaMg[Si_2O_6]$；(b)$Ca_2Al[AlSiO_7]$；(c)$Mg[Si_4O_{10}](OH)_2$；(d)$K[AlSi_3O_8]$。

(14)选择某种特征晶体结构(如钙钛矿结构、萤石结构、金红石、尖晶石、莫来石，或其他)为对象，查阅资料：(a)了解该结构特征中可能的无机非金属材料或化合物；(b)选择一种典型的具体材料，阐述该材料的具体结构(原子排布与占位方式等)；(c)着重叙述该结构材料的几种可能的性能及应用；(d)选择其中一种应用的性能，若要在现有基础上进一步提高其性能，尝试叙述你的思想与方案。

第 4 章　固溶体

第4章　固溶体
(课件资源)

在第 3 章学习材料的晶体结构时，涉及的研究对象往往是单质(单元素)晶体或按所涉及物质的分子式组成的晶体。但在实际应用中，许多材料并非单质或严格按化合物分子式组成，而是或多或少地含有其他元素；同时，其他元素的引入，也往往对材料的性能影响具有积极作用，其中就包含固溶体。

4.1　固溶体的定义和分类

4.1.1　固溶体的定义

固溶体(solid solution)是指在固态条件下一种组元(组分)因“溶解”了其他组元而形成的单相晶态固体。或者，将外来组元引入晶体结构中，占据主晶相质点位置或间隙位置，但不改变主晶相的晶体结构，这种晶体称为固溶体。一般把固溶体中含量较高的组元称作主晶体、基质或溶剂，其他组元称为溶质。固溶度(solid solubility)是溶质固溶于溶剂内所形成的饱和固溶体内溶质的浓度。

固溶体和主晶体的相同之处在于，两者皆是单相，而且基本结构相同。尽管大部分晶体或多或少地带有一些杂质或组成和结构缺陷，人们在讨论无机化合物的晶体结构时，总是先假定它是不含杂质的，即所谓纯化合物，并且它的组成符合化合价的定比例规则，它的结构是完整的。

固溶体和其主晶体的不同之处主要为：主晶体一般被认为是单组元的，而固溶体是多组元的。以主晶体为基础的固溶体的晶体结构，由于其他组元(杂质)的加入而发生局部畸变，并且固溶体的晶胞参数随组成做连续的改变；其性质亦随组成发生持续的变化，与形成固溶体的主晶体的性质可能有很大的差别。例如，纯 $\alpha-Al_2O_3$ 单晶(白宝石)是没有激光性能的，加入少量 Cr_2O_3 形成固溶体(红宝石)后，能产生受激辐射，成为一种性能稳定的固体激光材料。

固溶体和机械混合物有着本质的区别。组元 A 和 B 形成固溶体时，A 和 B 是以原子尺度相混合的，A 和 B 之间存在可混溶性(miscibility)。因此，固溶体是单相均匀的，并且它的结构和溶质的晶体结构往往没有直接的联系，它的性质和主晶体有着明显的区别。而 A 和 B 的机械混合物可能以原子尺度相混，这种混合物不是均匀的单相而是多相，混合物内各相分别保持着自身的结构与性能。

固溶体和(化学计量)化合物也不同。A 和 B 两组元形成固溶体时，A 和 B 之间并不存在确定的物质的量之比，其组成可在一定的范围内波动。所以 West 说“固溶体基本上是一种容许有可变组成的结晶相”。然而，当A和B形成化学计量化合物A_mB_n时，A和B按确定的物质的量比$m:n$化合。例如，MgO(岩盐结构)和$\alpha-Al_2O_3$(刚玉型结构)生成尖晶石化合物$MgAl_2O_4$(尖晶石型结构)时，MgO和Al_2O_3的摩尔分数之比$x(MgO):x(Al_2O_3)=1:1$。即使是生成非化学计量化合物(并非按常规化合价电中性的计量配比获得的化合物，后续章节将专门讨论)，其组成的可变范围一般很小。而固溶体的固溶度(可容纳溶质质点的最大限度)通常可在一个较大的区间内变动。如上述$MgAl_2O_4$在高温下也可与$\alpha-Al_2O_3$形成一定范围的固溶体。理想的化合物应不含杂质、不带结构缺陷，但固溶体往往会导致组成缺陷、结构缺陷或局域能级(将在第5章“点缺陷与缺陷化学”中进一步讨论)。当A和B形成固溶体时，是以不破坏主晶体(A或B)的基本晶体结构为前提的，固溶体在结晶学意义上的晶体结构对称性与主晶体保持一致，如红宝石和白宝石都具有相同的刚玉型结构。如果A和B之间生成化合物A_mB_n，此化合物在晶体结构上既不同于A，也不同于B，而有其特定的结构。还有，固溶体结构中可以存在局部的微观不均匀性(原子非均匀分布)，但理想的化合物是严格意义上相均匀的。最后，由于固溶体的组成可改变，因而它的物理性质也会随之而发生变化，但严格意义上的化学计量化合物的组成和性质是一定的。

综合而言，固溶体具有其典型特征：①溶质与溶剂原子(或离子)占据共同的布拉菲点阵[①]，且此点阵类型与溶剂的点阵类型相同。例如，少量的锌溶解于铜中形成的以铜为基的α固溶体(亦称α黄铜)，具有溶剂(铜)的面心立方点阵；少量铜溶解于锌中形成的以锌为基的η固溶体则具有锌的密排六方点阵。②固溶体有一定的成分范围，即组元的含量可在一定范围内改变而不会导致固溶体点阵类型的改变。由于固溶体的成分范围是可变的，而且有一个溶解度极限，故通常固溶体不能用一个化学分子式来表示。③金属固溶体具有比较明显的金属性质，例如，具有一定的导电、导热性和一定的塑性等，其固溶体中的结合键主要是金属键。氧化物固溶体呈现氧化物的性质，应该是离子键或共价键导致的；离子键或共价键化合物基固溶体可能表现出与基体差异很大的物理化学性质。

4.1.2 固溶体的分类

固溶体的分类方法一般有以下几个方面：按溶质原子(或离子)在晶格中所占位置分类、按溶质原子(或离子)在固溶体中的溶解度分类或按溶质原子与溶剂原子的相对分布分类，如图4-1所示。实际应用中，不是严格按照这三种分类方式来叙述的，可以根据实际叙述的需要，把不同分类组之间的固溶体进行交叉混合使用。

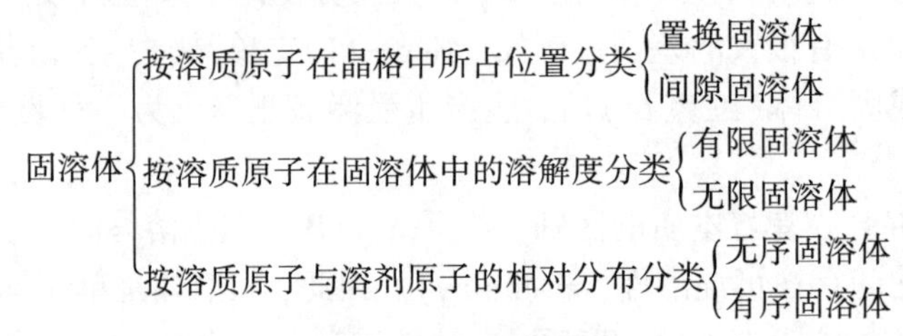

图4-1 固溶体的分类

① 注：在金属晶体中的质点常以“原子”进行描述；但在离子晶体或共价晶体中的质点常以“离子”形式存在，规范称为“离子”；后续叙述中可能只简称为“原子”或“离子”。请读者留意鉴别。

(1)置换型固溶体。

溶质原子(或离子)进入主晶体后，占据主晶体晶格的正常结点位置(即溶质原子或离子“替代”溶剂原子而占据溶剂格点位置)，生成置换型固溶体，也可称为置换固溶体，如图 4-2(a)所示。在金属氧化物中，主要发生在金属离子位置上的置换，如对 MgO-CaO、MgO-CoO、$PbZrO_3$-$PbTiO_3$、Al_2O_3-Cr_2O_3 等之间形成的固溶体，常考察其中的金属离子(阳离子)的置换特征。比如，MgO 和 CoO 都是 NaCl 型岩盐结构，Mg^{2+}的离子半径是 0.072 nm、Co^{2+}的离子半径是 0.074 nm，两个数值接近，MgO 中的 Mg^{2+}位置可以任意量地被 Co^{2+}取代，生成无限互溶的置换型固溶体(即后续介绍的连续固溶体)。有些化合物基固溶体也可能发生在阴离子位置。

(2)间隙型固溶体。

溶质原子进入主晶体后占据主晶体晶格中的间隙位置，生成填隙型固溶体(或称填隙式固溶体、间隙型固溶体)，也可称为间隙固溶体，如图 4-2(b)所示。相比于置换固溶体，间隙固溶体能溶解的间隙原子的最大量(即溶解度或固溶度)一般都很小，只能形成有限固溶体。

影响因素：溶质的离子半径和溶剂结构(间隙的大小等)。溶质的离子半径越大，越难形成间隙固溶体；溶剂的间隙空间越小，能溶解的溶质也越少。

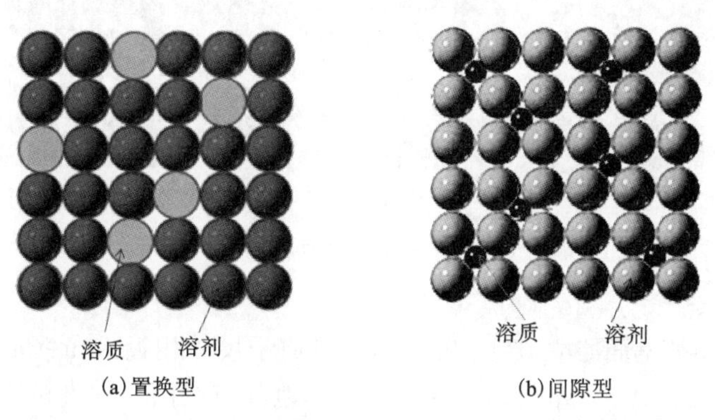

图 4-2　按溶质原子在晶格中所占位置分类的固溶体示意图

对于阳离子填隙，离子半径较小离子(如 B^{3+}、H^+等)元素易进入晶格间隙中形成间隙型固溶体；大离子半径的离子不易形成间隙固溶体；大部分无机离子晶体不容易出现阴离子填隙，仅少数情况下能够发生。一般地，由于阴离子往往具有大的离子半径，所以阴离子填隙很难生成。

(3)有限固溶体。

在一定条件下，溶质原子(或离子)在溶剂中的溶解量有一个上限，超过这个限度就形成新相。从溶解度角度看，这类具有溶解度上限的固溶体(其固溶度小于 100%)，称为有限固溶体。

两种晶体结构不同或相互取代的离子半径差别较大时，只能生成有限固溶体。如 MgO-CaO 系统，虽然都是 NaCl 型结构，但阳离子半径相差较大(Mg^{2+}为 0.072 nm，Ca^{2+}为 0.1 nm)，两种阳离子之间只能发生部分取代而形成有限固溶体。

(4)连续固溶体。

连续固溶体也称为无限固溶体或完全互溶固溶体，是由两个(或多个)晶体结构相同的组元形成的，任一组元的成分范围均为0~100%。如在MgO-CoO系统中，MgO、CoO同属NaCl型结构，Co^{2+}、Mg^{2+}的离子半径非常接近，能形成无限固溶体，可写为$Mg_xCo_{1-x}O$，$x=0\sim1$。在连续固溶体中，主晶体和溶质是相对的，一般以含量多者为溶剂。

(5)有序固溶体和无序固溶体。

长期以来，人们一直认为溶质质点(原子、离子)在溶剂晶体结构中的分布是任意的、无规则的，如图4-3(a)所示，这便是无序固溶体的含义。固溶体的性能变化，实际上是微观结构变化在宏观统计上的体现，例如测定的晶胞参数，实际上是一个平均值。若同类原子结合力较强，会产生溶质原子的偏聚。在偏聚区，溶质原子的浓度超过了它在固溶体中的原子分数[图4-3(b)]。若异类原子结合力较强，则溶质原子趋于以异类原子为邻的短程有序分布。此时，溶质质点的分布是有序的，即溶质质点在结构中按一定规律排列，形成所谓的“有序固溶体”，如图4-3(c)所示。

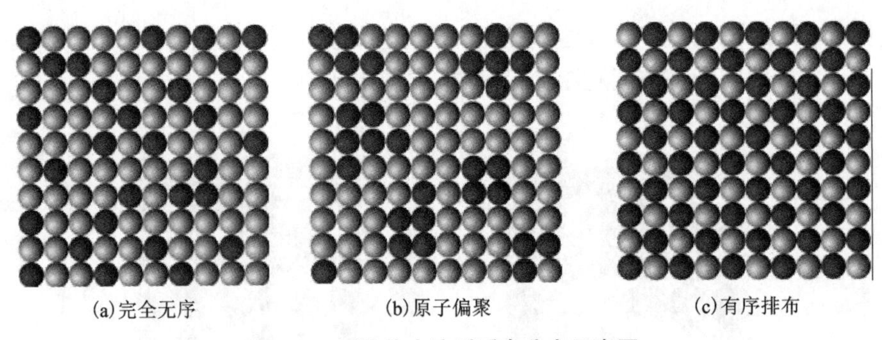

图4-3　固溶体中溶质质点分布示意图

例如，Au和Cu都是面心立方结构的晶体，且原子尺寸相近，Au-Cu之间可以形成连续置换固溶体。在一般情况下，Au和Cu原子无规则地分布在面心立方格点上，这便是一般认为的固溶体。但是，如果这个固溶体的组成为$AuCu_3$和AuCu时，在适当温度下进行较长时间退火后，则固溶体的结构可转变为“有序结构”。在$AuCu_3$有序固溶体中，所有Au原子占据面心立方的顶角位置，而Cu原子则处于面心立方的面心位置。同理，如果Au原子和Cu原子分层相间分布，则形成组成应为AuCu的有序固溶体，这种有序结构也称为超结构。

金属与金属或金属与非金属(如H、B、N、S、P、C、Si等)可以形成化合物。两种金属原子按一定比例化合，形成与原来两者的晶格均不同的合金组成物。金属间化合物与普通化合物不同，其组成可在一定范围内变化，组成元素的化合价很难确定，但具有显著的金属结合键。金属间化合物的化学组成可用A_mB_n来表述。在金属功能材料中，有RCo_5(R为稀土金属)为基的永磁材料，储氢材料$LaNi_5$、FeTi，磁致伸缩材料$TbFe_2$，形状记忆材料NiTi，半导体材料GaAs、GaP、InSb等，超导材料Nb_3Sn、V_3Ga等，吸气剂Zr_3Al_2等。金属间化合物是受到普遍重视的新型材料。

这类化合物虽然也可以用一个“分子式”表示，但它和普通的化合物相比，具有若干不同的特点：①大部分金属间化合物不符合原子价规则。例如，Cu-Zn合金系中有三种金属间化合物 CuZn、Cu_5Zn_8 和 $CuZn_3$。显然，这三种化合物都不符合化合价的规则。②大部分金属间化合物的成分并不确定，也就是说，化合物中各组元原子的比并非确定值，而是或多或少可以在一定范围内变化。例如，CuZn 化合物中 Cu 和 Zn 原子之比(Cu/Zn)可以在 36%~55%变化。③原子间的结合键往往不是单一类型的键，而是混合键，即共价键、金属键乃至分子键(范德华力)并存。但对于不同的化合物，其占主导地位的键也不同。④由于存在离子键或共价键，故金属间化合物往往硬而脆(强度高，塑性差)。但又因存在金属键的成分，也或多或少具有金属特性(如有一定的塑性、导电性和金属光泽等)。⑤金属间化合物的结构是由原子价、电子浓度、原子(或离子)半径等多个因素决定的。

在金属氧化物中，主要是发生在金属离子位置上的置换。Al_2O_3 和 Cr_2O_3 在高温下相互作用形成连续固溶体，是这种情况的一个典型的例子。这两种物质均具有刚玉型的晶体结构(近似氧离子六方密堆积结构，三分之二的八面体间隙被 Al^{3+} 或 Cr^{3+} 所占据)，所形成的固溶体可用固溶分子式(有的文献仍称为化学式)表示为$(Al_{2-y}Cr_y)O_3$，其中 $0<y<2$。在 y 取中间值时，Al^{3+}、Cr^{3+} 无规则地分布于原刚玉结构中 Al^{3+} 占据的八面体间隙位置。

为了描述溶质原子在固溶体中的微观不均匀性，这里引入短程有序度的概念。假设 A、B 二组元形成固溶体，A 原子的百分数为 X_A，A 原子在 B 原子周围出现的概率为 P_A，则短程有序度定义为：

$$\alpha_i = 1 - P_A/X_A \tag{4-1}$$

若 $P_A=X_A$，$\alpha_i=0$，说明在 B 原子周围出现 A 原子的概率与其在固溶体中的原子分数相同，溶质原子的分布为完全无序状态。

若 $P_A>X_A$，$\alpha_i<0$，在 B 原子周围出现 A 原子的概率超过其在固溶体中的原子分数，说明异类原子结合力较强，则将出现短程有序状态。

若 $P_A<X_A$，$\alpha_i>0$，在 B 原子周围出现 A 原子的概率小于 A 组元的原子分数，说明同类原子结合力较强，则出现溶质原子的偏聚。

4.2　金属与合金中的固溶体

4.2.1　置换固溶体

溶质原子取代了溶剂中原子或离子而形成的固溶体就称为置换固溶体。除了少数原子半径很小的非金属元素之外，绝大多数金属元素之间都能形成置换固溶体，例如 Fe-Cr、Fe-Mn、Fe-V、Cu-Ni 等。但对于大多数元素而言，常常形成有限固溶体，只有少部分金属元素之间(例如 Cu-Ni、Fe-Cr 等)可以形成无限固溶体。比如，在室温下，Si 在 α-Fe 中的溶解度不超过 15%(原子分数)，Al 在 α-Fe 中溶解度不超过 35%(原子分数)。即不同溶质元素在不同溶剂中的固溶度大小是不相同的。接下来介绍影响置换固溶体金属晶体的固溶度的因素。

(1)组元的晶体结构。

组元间晶体结构类型相同是形成无限固溶体的必要条件(但不是充要条件)，因为只有相同的晶体结构才可能连续不断地置换而不改变溶剂的晶格类型。例如，Cu、Ni 两种晶体皆为面心立方结构，二者有可能形成无限固溶体，或者固溶度较大的固溶体。也就是说，如果溶质与溶剂的晶体结构类型相同，两者即使形成有限固溶体，其溶解度通常也较不同结构的溶质与溶剂更大；否则，反之。例如 Ti、Mo、W、V、Cr 等体心立方结构的溶质元素，在体心立方溶剂(例如 α-Fe)中具有较大的固溶度，而在面心立方的溶剂(例如 γ-Fe)中固溶度相对较小。

(2)原子尺寸因素。

原子尺寸因素通常依据形成固溶体的溶质原子半径 R_B 与溶剂原子半径 R_A 的相对差值大小 ΔR 来衡量。其计算式可表示为：

$$\Delta R = \frac{R_A - R_B}{R_A} \times 100\% \tag{4-2}$$

一般地，ΔR 越大，固溶度越小。这是因为溶质原子的溶入将引起溶剂晶格产生畸变(图 4-4)。如果溶质原子大于溶剂原子，则溶质原子溶入后将排挤它周围的溶剂原子，产生如图 4-4(a)所示的晶格畸变；如果溶质原子小于溶剂原子，则其周围的溶剂原子将产生松弛，向溶质原子靠拢[图 4-4(b)]。随着溶质原子溶入量的增加，引起的晶格畸变亦越严重，畸变能越高，结构稳定性越低；或者，ΔR 越大，引起的晶格畸变越大，畸变能越高，固溶度就越小。

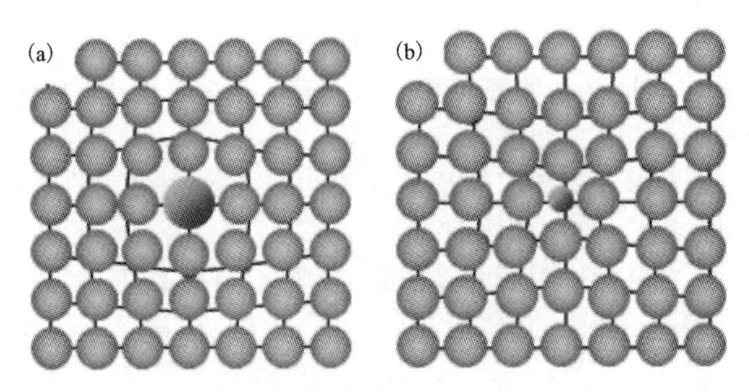

图 4-4　形成置换固溶体时的点阵畸变

人们对合金系所做的研究统计结果表明，只有当溶质与溶剂原子半径的相对大小差 $\Delta R<14\%$时，才可能形成溶解度较大甚至无限溶解的固溶体。反之，则溶解度非常有限。在其他条件相近的情况下，原子半径的相对差越大，其溶解度越受限制。

(3)组元间化学亲和力。

元素间化学亲和力显著影响它们之间的固溶度。如果它们之间的化学亲和力很强，则倾向于形成化合物，而不利于形成固溶体；即使形成固溶体，固溶度亦很小。即形成化合物稳定性越高，则固溶体的固溶度越小。

鲍林提出可以用元素相对电负性来度量其化学亲和力的大小。元素的电负性具有周期性，同一周期的元素，其电负性随原子序数的增大而增大；而在同一族元素中，电负性随原子序数增大而减小。例如，Pb、Sn、Si 分别与 Mg 形成固溶体时：Pb 与 Mg 的电负性差最小，形成的化合物 Mg_2Pb 稳定性低，Pb 在 Mg 中的最大固溶度可达 7.75%(原子分数)；Si 和 Mg 的电负性差较大，形成的 Mg_2Si 稳定性较高，Si 只能微量溶解在 Mg 中；Sn 与 Mg 电负性差大小居中，Sn 在 Mg 中最大固溶度为 3.35%(原子分数)。

(4)电子浓度因素。

电子浓度是指固溶体中价电子数目与原子数目之比。人们研究以 Cu、Ag、Au 为基的固溶体时，发现随着溶质原子价电子数的增大，其溶解度极限减少。例如：Zn、Ga、Ge、As 分别为 2～5 价，它们在 Cu 中的固溶度极限(原子分数)为 Zn 38%、Ga 20%、Ge12%、As 7.0%。如果以电子浓度表示浓度坐标，则它们的溶解度极限是近似重合的，都在电子浓度为 1.4%附近，如图 4-5 所示。

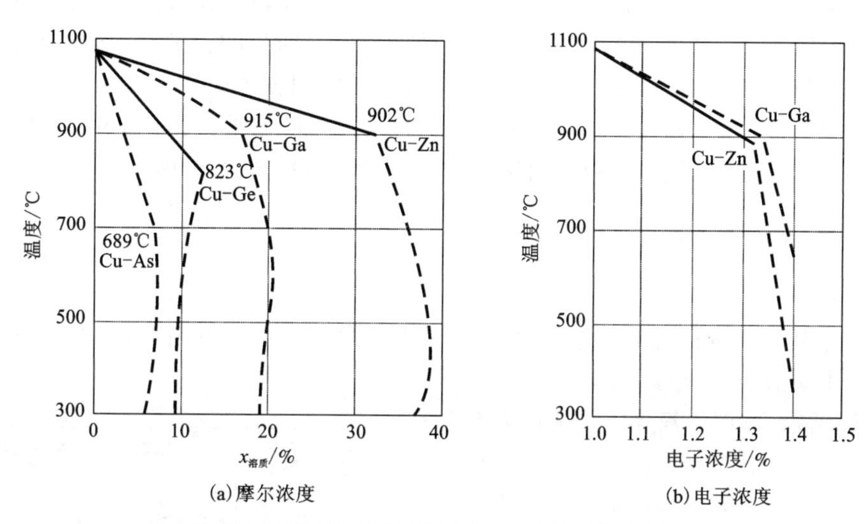

图 4-5　不同价电子数原子在 Cu 中的溶解度特征

进一步研究发现，当溶剂金属为 1 价面心立方时，溶入 2 价或 2 价以上溶质元素时最大溶解度极限对应的电子浓度为 1.36%。1 价体心立方结构金属为溶剂时，此极限值为 1.48%，而以密排六方金属为溶剂时，此极限值为 1.75%。所以，溶质原子价电子数越高，溶解度极限越小。

(5)外界因素。

固溶度还与温度有密切关系。在大多数情况下，温度越高，固溶度越大。而对少数含有中间相的复杂合金系(如 Cu-Zn)，随温度升高，固溶度减小。

由此可知，各种因素对固溶度的影响是极其复杂的，在分析问题时不能孤立地考虑某一个因素，而必须考虑各因素的综合影响。而且，在不同的体系中，应考虑影响固溶度的各因素所处的地位和作用。

另外，其他因素如压力、电场、磁场等也对固溶度有影响。

4.2.2　间隙固溶体

当一些原子半径比较小的非金属元素作为溶质溶入金属或化合物的溶剂中时，这些小的溶质原子不占有溶剂晶格的结点位置，而存在于间隙位置(四面体间隙或八面体间隙等)，形成间隙固溶体。形成间隙固溶体的溶剂元素大多是过渡族元素，溶质元素一般是原子半径小于 1 Å 的一些非金属元素，即氢、硼、碳、氮、氧等。

一般地，溶质原子存在于间隙位置上会引起较大的点阵畸变，所以它们不可能填满全部间隙，而且一般固溶度都很小。间隙固溶体的固溶度大小除与溶质原子半径大小有关以外，还与溶剂元素的晶格类型有关，因为不同晶格类型的间隙大小可能相差较大。

碳和氮与铁形成的间隙固溶体是钢中的重要合金相，在面心立方结构的 γ-Fe 中的八面体间隙比较大，C、N 原子常常存在于八面体间隙位置。如果 C、N 原子能够占据所有八面体间隙，则 γ-Fe 中最大溶碳量将为 50%(原子分数)或 18%(质量分数)；最大溶氮量为 50%(原子分数)或 20%(质量分数)。而实际上在 γ-Fe 中最大溶碳量和溶氮量仅分别为 2.11%(质量分数)和 2.8%(质量分数)。在 α-Fe 中，尽管四面体间隙比较大，但 C、N 原子仍存在于八面体间隙中。因为体心立方结构中的八面体间隙是非对称的，在<100>方向间隙半径比较小，只有 $0.154r_{Fe}$(r_{Fe} 为铁原子半径)，而在<110>方向间隙半径为 $0.633r_{Fe}$，当 C、N 原子填入八面体间隙时，受到<100>方向上的原子压力较大，而受到<110>方向上的原子压力较小，所以 C、N 原子溶入八面体间隙比溶入四面体间隙受到的阻力要小。

4.2.3 金属固溶体的特点

(1)点阵畸变。

虽然仍然保持溶剂的晶体结构，但由于溶质原子尺寸往往与溶剂不同，形成固溶体时将导致点阵产生局部畸变和晶格常数的改变。

形成置换固溶体时，若溶质原子比溶剂原子大，则溶质原子周围点阵发生膨胀，平均点阵常数增大，如图 4-6 所示。若溶质原子较小，在溶质原子附近的点阵发生收缩，使固溶体的平均点阵常数减小。

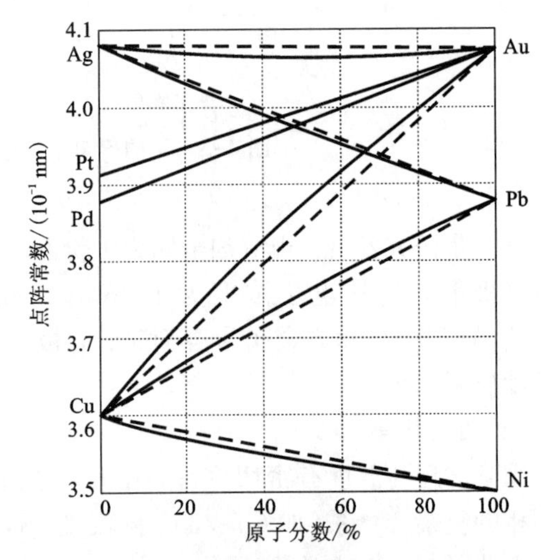

图 4-6 固溶体合金的点阵常数(实线)与溶质浓度的偏离直线关系(虚线)

形成间隙固溶体时，点阵常数总是随溶质原子的溶入而增大。L Vigard 在研究盐类晶体形成固溶体时得出：固溶体的点阵常数与溶质的浓度之间呈线性关系。这一关系一般称为维加定律。但固溶体合金的点阵常数常常偏离直线关系：有些合金呈现正偏差，有些合金则呈现负偏差，如图 4-6 所示。这表明固溶体的点阵常数还受其他一些因素(如溶质与溶剂之间的原子价差别、电负性差别等)的影响。

(2)力学性质强化。

众多研究与实践结果表明，固溶体的强度和硬度往往高于各组元，而塑性则较低，这种现象就称为固溶强化。强化的程度(或效果)不仅取决于它的成分，还取决于固溶体的类型、结构特点、固溶度、组元原子半径差等一系列因素。归纳起来，可以得出以下固溶强化的特点和规律：

①间隙型溶质原子的强化效果一般要比置换型溶质原子更显著。这是因为间隙原子往往择优分布在位错线上，形成间隙原子“气团”，对位错起到钉扎作用。相反，置换式溶质原子往往均匀分布在晶体格点上，虽然溶质和溶剂原子尺寸不同造成点阵畸变而增加位错运动的

阻力，但这种阻力比间隙原子气团的钉扎力小得多，因而强化作用也相对较小。但是也有些置换式固溶体的强化效果非常显著，并能持续至高温。这是由于某些置换溶质原子在这种固溶体中有特定的分布。例如在面心立方的 18Cr-8Ni 不锈钢中，合金元素镍往往择优分布在{111}面上的扩展位错层错区，使位错的运动十分困难。②溶质和溶剂原子尺寸相差越大，则单位浓度溶质原子所引起的强化效果越大。③某些具有无序-有序转变的中间固溶体，有序状态的强度高于无序状态。这是因为在有序固溶体中最近邻原子是异类原子，其结合键是 A—B 键；而无序固溶体中结合键是平均原子间的键(平均原子是指 CA 个 A 原子和 CB 个 B 原子组成的原子)。在具有无序-有序转变的合金中，A-B 原子间的引力必然大于 A-A 和 B-B 原子间的引力，故有序固溶体要破坏大量的 A—B 键而发生塑性变形和断裂就比无序固溶体困难得多。这种固溶强化现象也叫有序强化。实际上，有序强化就是利用反相畴界的强化作用而使固溶体强度、硬度提高，而且最好的强化效果是与一定的有序度、一定的有序畴尺寸相对应的。这一点，可以从图 4-7 中 Cu_3Au 的应力-应变曲线上看出。

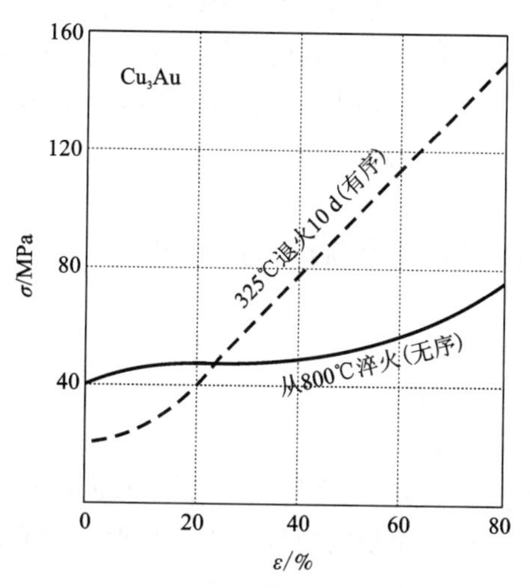

图 4-7　Cu_3Au 单晶在有序和无序状态下的应力-应变曲线

(3)物理性能变化。

固溶体的电学、热学、磁学等物理性质也随成分而连续变化，但一般都不是线性关系。图 4-8(a)中给出了 Cu-Ni 合金(连续固溶体)在 0℃的电阻率 ρ 随镍含量(质量分数)的变化曲线。由此可以看出，固溶体的电阻率随溶质浓度的增加而增加，而且在某一中间浓度时电阻率最大。这是由于溶质原子加入后破坏了纯溶剂中的周期势场，在溶质原子附近电子波受到更强烈的散射，因而电阻率增加。

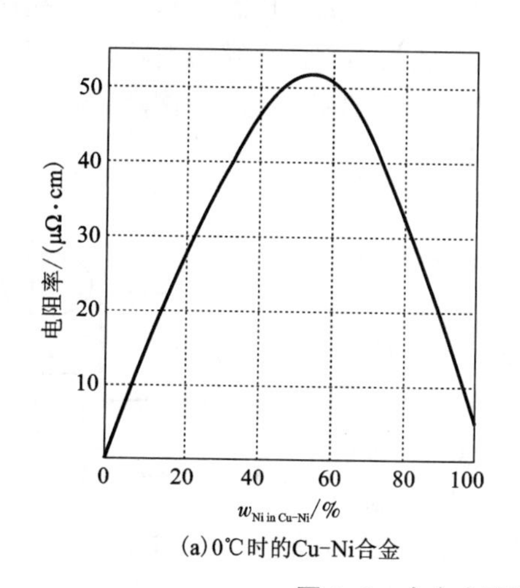

(a)0℃时的Cu-Ni合金

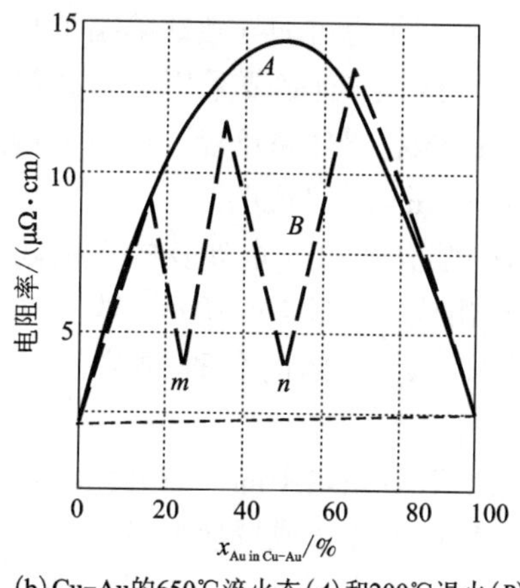

(b)Cu-Au的650℃淬火态(A)和200℃退火(B)

图 4-8　合金电阻率随溶质含量的变化

但是，如果在某一成分下合金呈有序状态，则电阻率急剧下降。因为有序合金中势场也是严格周期性的，因而电子波受到的散射较小。图4-8(b)分别给出了从650℃淬火(曲线*A*)和200℃退火(折线*B*)的Cu-Au连续固溶体的电阻率随成分的变化。淬火状态的合金是无序固溶体，其电阻率(曲线*A*)随溶质浓度而连续增大，在Ni溶质浓度为50%时电阻率达到极大值。退火状态的合金是部分有序合金，且成分越接近完全有序的Cu_3Au和CuAu合金时，有序度越高，因而电阻率(折线*B*)越低(与同样成分的无序固溶体相比较)，而Cu_3Au和CuAu合金的电阻率则达到极小值，分别对应图中*m*点和*n*点。

另外，溶质原子的溶入还可改变溶剂的导磁率、电极电位等，故一般要求高导磁率(例如硅钢片)、高塑性和耐蚀性合金(例如不锈钢)大多为固溶体合金。

4.3 固溶缺陷表示方式

整体而言，无机非金属材料中的固溶体与金属固溶体具有相似性。由于无机非金属材料的结合键为离子键或共价键，形成化合物或固溶体的元素质点发生了核外电荷的得失或极化，元素质点往往以离子形式存在(而金属和合金中的元素质点可以认为是以原子形式存在)，所以相应化合物和固溶体更加复杂，且材料具有其独特的性质。

无机非金属材料经过固溶处理后可能呈现优异的物理化学性质，其应用领域也将得到极大拓展。比如，Al_2O_3晶体中溶入0.5%~2%(质量分数)的Cr^{3+}后，可由刚玉转变为有激光性能的红宝石；$PbTiO_3$和$PbZrO_3$固溶可生成压电性能优异的锆钛酸铅压电陶瓷，广泛应用于电子、无损检测、医疗等技术领域；Si_3N_4和Al_2O_3之间形成SIALON固溶体(赛隆陶瓷)应用于高温结构材料等。

这里先介绍无机非金属材料固溶体及其反应的典型表示方法(相关方法也在第5章得到进一步应用)，然后介绍相关固溶体的特征与影响因素；无机非金属材料的掺杂、固溶及相应的性能与应用也将在后续章节中介绍。

固溶反应的实质是在主晶体中掺入杂质，造成原溶剂晶体的晶格畸变、晶体结构的周期性特征破坏以及形成杂质缺陷和其他缺陷。不同离子、不同离子价态及其掺入主晶体中占据的晶体位置的不同等也可能导致缺陷结果相差很大，这与第5章介绍的点缺陷相同。为了表述的规范性和一致性，有必要采用统一的符号以表示这些缺陷。目前用得最多的是Kröger-Vink符号体系，该符号体系已经在国际上得到通用。

(1) Kröger-Vink符号说明。

一个固溶缺陷(或第5章涉及的点缺陷)的Kröger-Vink符号由三部分组成，如图4-9所示，即主符号、上标和下标。表4-1为以$M^{2+}X^{2-}$为例的各种缺陷的Kröger-Vink符号统计。

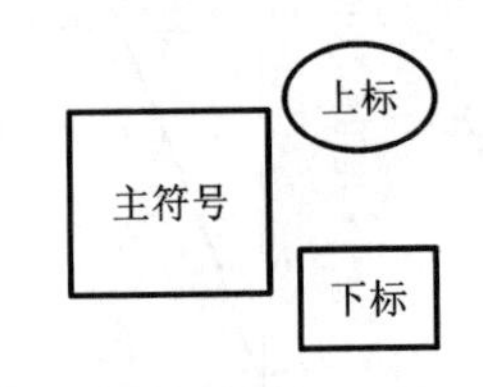

图4-9　Kröger-Vink符号组成

①主符号：表示缺陷中的质点元素或缺陷种类。具体采用符号说明：间隙型原子或置换型溶质离子就直接用占据相应缺陷的质点的元素符号表示；空位缺陷用“V”(可认为是vacancy一词字首)表示；电子缺陷用“e”(可认为是electron一词字首)表示；空穴缺陷则用“h”(可认为是hole一词字首)表示。

②下标：表示固溶杂质或缺陷所处的溶剂晶体的位置。如，在AB化合物中的几种缺陷位置可相应表示如下："A_A"表示A原子(离子)在正常溶剂晶体中A元素本该所在的格点A的位置；"B_A"表示B原子(离子)在溶剂晶体中A元素本该所在的格点A的位置；"A_B"表示A原子(离子)在溶剂晶体中B元素本该所在的格点B的位置；"V_A"表示空位V在晶格A的位置，即表示格点A空位缺陷；"A_i"表示A原子处于晶格间隙位置[其中字母i是interstitial(间隙)一词的字首]，即表示原子A为间隙型缺陷；"A_S"表示A原子(或离子)处于晶体表面位置(其中字母S是surface一词的字首)，即表示原子A迁移至晶体表面的新的晶格位置，如Schottky缺陷中迁移至晶体表面的原子。

表4-1 以 $M^{2+}X^{2-}$ 为例的各种缺陷的Kröger-Vink符号统计

缺陷的类型	缺陷符号	缺陷的类型	缺陷符号
填隙阳离子	$M_i^{\cdot\cdot}$	电子	e'
填隙阴离子	X_i''	电子空穴	$h^{\cdot}$
阳离子空位	V_M''	置换型溶质原子N	N_M
阴离子空位	$V_X^{\cdot\cdot}$	填隙型溶质原子N	N_i
金属填隙原子	M_i	N^{3+}在M^{2+}的格点上	$N_M^{\cdot}$
非金属填隙原子	X_i	N^{2+}在M^{2+}的格点上	N_M
金属原子空位	V_M	N^+在M^{2+}的格点上	N_M'
非金属原子空位	V_X	错位缺陷	M_X，X_M
M^{2+}在正常格点上	M_M	缔合中心	$(V_M''V_X^{\cdot\cdot})$
X^{2-}在正常格点上	X_X	无缺陷状态	0（或null）

③上标：是用于表示缺陷的有效电荷。用黑点"·"表示所处缺陷位置的有效正电荷，一个有效正电荷用一个黑点表示，n个有效正电荷则用n个黑点表示；用撇"′"表示所处缺陷位置的有效负电荷，一个有效负电荷用一个撇表示，n个有效负电荷则用n个撇表示；用叉"×"表示所处缺陷位置呈现电中性状态，对于电中性(即有效零电荷状态)，可以省略"×"，不予标注。

(2)缺陷有效电荷。

缺陷有效电荷相当于当前主晶体晶格位置上的缺陷的电荷(如溶质离子的化合价态n)与理想晶体中原晶格位置的电荷(如溶剂离子的化合价态m)之差($n-m$)。"$n-m$"差值为正即为正有效电荷、差值为负即为负有效电荷，差值的绝对值即为有效电荷数。这里需要注意的是，点缺陷的有效电荷正负及其有效电荷数与溶剂或溶质离子的实际电价并非一回事。大部分情况下，实际离子的价电荷并不等于有效电荷。以下通过几个不同特征的缺陷加以说明：

①空位缺陷：其有效电荷等于原来处于空位位置离子电价的负值。例如：NaCl晶体中出现Na^+空位时，其有效电荷为$[0-(+1)=-1]$，则该缺陷符号表示为"V_{Na}'"；ZnS中的Zn^{2+}和S^{2-}空位的有效电荷分别为-2和$+2$，缺陷符号分别表示为"V_{Zn}''"和"$V_S^{\cdot\cdot}$"。

②置换缺陷：其有效电荷=溶质(置换)离子的电价-溶剂(被置换)离子的电价，差值为

正表示有效电荷为正，差值为负表示有效电荷为负。如，Ca^{2+}取代 Na^+晶格位置，有效电荷为 +2−1=+1，缺陷表示为“$Ca_{Na}^{\cdot}$”；Y^{3+}取代 ZrO_2 中的 Zr^{4+}离子，有效电荷为+3−(+4)= −1，则该置换缺陷表示为“Y_{Zr}'”。

③间隙缺陷：其有效电荷等于处于间隙位置离子的自身电荷。如 NaCl 中，处于间隙位置的 Na^+、Cl^-缺陷分别表示为“$Na_i^{\cdot}$”“Cl_i'”。

④缔合中心：缔合中心是指一个带电的点缺陷与另一个带相反电荷的点缺陷相互缔合形成的一组新缺陷，它不是两种缺陷的中和消失。这时将缔合的两种缺陷放在括号内表示这种新缺陷，如“$(Na_i^{\cdot}Cl_i')$”。

⑤自由电子及电子空穴：有些情况下，价电子并不一定属于某个特定位置的原子(离子)，在光、电、热的作用下可以在晶体中运动。这样的电子与空穴称为自由电子和电子空穴，分别用“e'”和“$h^{\cdot}$”表示。

固溶过程中产生的各类点缺陷，可以看作和原子、离子一样的类化学组元，它们作为物质的组分而存在，或者参加化学反应。因此，缺陷化学研究中，通常将材料中的固溶过程及缺陷产生用缺陷反应方程式表示。在书写缺陷反应方程式时，需要遵循以下基本原则：

①格点数比例不变原则。设溶剂晶体化合物为 M_aX_b，其中 M、X 为化合物的元素，a 和 b 分别为化合物分子中 M 和 X 的原子数，则固溶前、后各种格点数的固有比例关系必须保持不变(即 M 与 X 所应该对应的格点数应保持为 $a:b$ 不变)。这里，将固溶后的溶质离子等效于其置换的溶剂离子以计算格点数。如果固溶反应后 M 和 X 的格点数关系不符合原有的比例关系，则说明固溶材料中存在空位或间隙等缺陷。如将 $CaCl_2$ 固溶引入到 KCl 晶体中，阳离子 Ca^{2+}将置换并占据 K^+阳离子晶格位置、阴离子 Cl^-占据晶格中 Cl^-所在晶格位置。固溶之后，应确保阳离子格点与阴离子格点数之比在反应前、后都是 1∶1。由于 1 mol $CaCl_2$ 中含有 1 mol Ca^{2+}和 2 mol Cl^-，阳离子数与阴离子数之比为 1∶2，固溶进入 KCl 中后必然导致固溶体中阳离子数与阴离子数之比不为 1∶1，而是阳离子数较少了，即应该产生了溶剂中阳离子的空位缺陷。其缺陷化学反应式可写为：

$$CaCl_2 \xrightarrow{KCl} Ca_K^{\cdot} + 2Cl_{Cl} + V_K' \tag{4-3}$$

式中：箭头上方的“KCl”表示主晶格物质(溶剂)，可以不标注它。式中 K^+空位也是一个格点数，这样就实现了固溶体中阳离子格点数与阴离子格点数之比为 1∶1。

②质量平衡原则。缺陷方程的两边必须保持质量平衡，即反应式左边出现的原子、离子，也必须以同样数量出现在反应式右边。需要注意的是，缺陷符号的下标只是表示缺陷位置，对质量平衡没有作用；空位的质量为零，如 V_M 为 M 位置上的空位，不存在质量。

③电中性原则。缺陷反应两边总的有效电荷必须相等，反应式两边的电子缺陷也要保持守衡。

④表面位置原则。当一个 M 原子从晶体内部迁移到表面时，用符号 M_S 表示(S 表示表面位置)。在缺陷化学反应中表面位置一般不特别标示。如 MgO 晶体产生 Schottky 缺陷时的缺陷反应表示为：

$$Mg_{Mg} + O_O \rightleftharpoons V_{Mg}'' + V_O^{\cdot\cdot} + Mg_S + O_S \tag{4-4}$$

或

$$null \rightleftharpoons V_{Mg}'' + V_O^{\cdot\cdot} \tag{4-5}$$

式中：null 表示完整晶体、无缺陷状态。

另外，缺陷反应方程式除了应满足以上原则外，还需要根据实际情况确定合适的缺陷反应式。因为根据以上基本原则可能有几个满足要求的反应式，但并非各种可能的反应式都是合理和实际可行的。

4.4 无机非金属固溶体

4.4.1 置换固溶体的影响因素

无机非金属材料的固溶体与金属固溶体具有相似性，两者置换固溶体溶解度的影响因素也相似。由于无机非金属材料形成化合物或固溶体时发生了原子核外电荷的得失或极化，质点往往以离子形式存在，所以在考虑其影响因素时，更需要以离子而不是原子为考察对象。因为离子与原子在核外电子状态、质点尺寸(离子与原子尺寸)等方面的差异可能较大，需要以离子而不是原子为考察对象，这样才能更合理地理解和分析无机非金属材料的固溶体。以下为无机非金属材料影响置换固溶体固溶度的内在因素。

(1)离子大小。

相互取代的离子尺寸越接近，就越容易形成固溶体，反之亦然。若以 r_1、r_2 分别代表溶剂、溶质离子半径，则有：

$$\delta = \left|\frac{r_1 - r_2}{r_1}\right| \begin{cases} < 15\% & (\text{可形成连续固溶体}) \\ 15\% \sim 30\% & (\text{可形成有限固溶体}) \\ > 30\% & (\text{不能或很难形成固溶体}) \end{cases} \tag{4-6}$$

式(4-6)是形成连续固溶体的必要条件，而不是充分必要条件。

例如，MgO-NiO 之间，$r_{Mg^{2+}}=0.072$ nm，$r_{Ni^{2+}}=0.070$ nm，$\delta=2.8\%$，因而它们可以形成连续固溶体。CaO-MgO 之间，计算离子半径差别约为 30%，说明它们不易生成大溶解度的固溶体(仅在高温下有少量固溶)。

此外，对于 15%规律，还应考虑具体(二元)相图两个终端物的晶体结构。例如，$PbTiO_3$ 和 $PbZrO_3$ 可以形成连续固溶体，其分子式可写成 $PbZr_xTi_{1-x}O_3(0<x<1)$。溶剂、溶质、固溶体三者都具有 ABO_3 钙钛矿型结构，较大的 Pb^{2+} 占 A 位，6 个面心由 O^{2-} 占据，较小的 Ti^{4+}(0.061 nm)及 Zr^{4+}(0.072 nm)占据氧八面体间隙。整个晶体可以看成由氧八面体共顶连接而成，各氧八面体之间的间隙由 Pb^{2+} 占据[图 3-21(b)中的 $CaTiO_3$]。阳离子之间的半径差值为 15.3%，已不符合 15%原则，但仍可生成连续固溶体，这可能与三者同属钙钛矿型结构有关。图 3-21(a)表示理想的钙钛矿结构，8 个顶角的 Ca^{2+} 代表 ABO_3 型晶体的 A 位，Ti^{4+} 占据 B 位。如果球形离子按照图 3-21(a)的结构作密堆积，则有：

$$r_A + r_O = \sqrt{2}(r_B + r_O) \tag{4-7}$$

式中：r_A 代表处于 A 位离子的半径；r_B 为 B 位离子半径；r_O 表示氧离子半径。但实际上，在钙钛矿型晶体中，有如下关系：

$$r_A + r_O = t\sqrt{2}(r_B + r_O) \tag{4-8}$$

式中：t 称为钙钛矿型结构的宽容系数或容差因子。Keith 和 Roy 提出，在 ABO_3 型钙钛矿结构中，t 的最小值为 0.77；Goldschmidt 认为，$0.8<t<1.0$；而 ZachRiasen 提出，考虑到离子之

间配位数的变化，$0.6<t<1.1$ 可保证钙钛矿结构稳定。当 t 值超过上述范围的最上限值时，晶体结构变成方解石型，小于上述范围的最下限值时则成为刚玉型。无论何种情况下都可以得出，r_B 值可以在一定范围内变化，而不至于使结构发生变化。

(2)结构类型。

一般地，若溶剂与溶质具有相同的晶体结构，则容易形成固溶体。形成连续固溶体的条件是两个组分应具有相同的晶体结构或类似的化学式，如 MgO 和 NiO、Al_2O_3 和 Cr_2O_3、Mg_2SiO_4 和 Fe_2SiO_4 等具有相同的晶体结构或类似的化学式，容易形成连续固溶体。另外，虽然 $PbZrO_3$ 和 $PbTiO_3$ 的 Zr^{4+}(0.072 nm)与 Ti^{4+}(0.061 nm)离子半径之差大于15%，但由于相变温度以上，任意锆钛比情况下，立方晶系的结构是稳定的，它们之间仍能形成连续置换型固溶体 $Pb(Zr_xTi_{1-x})O_3$。

一般地，在钙钛矿或尖晶石结构中，易形成固溶体且其存在较大的固溶度。它们的结构基本上是：较小的阳离子占据大离子(氧离子)的骨架间隙，只要保持电中性，这些阳离子的半径在允许的界限内，阳离子种类的影响程度就很小。

即使化学式相同，如果晶体结构类型不一样，肯定不能形成连续固溶体，但可形成有限固溶体。结构类型一样时，会存在三种情况：①半径大小合适，能形成连续固溶体；②半径差别大时，不能形成连续固溶体；③结构宽容度好时，也可能形成连续固溶体。

(3)离子价态。

离子价态对形成固溶体有明显的影响。置换与被置换离子价态不同时，一般形成的固溶体的固溶度比较小，因为离子价态不同，在形成固溶体时，必然导致偏离电中性而产生结构缺陷(如空位或间隙)。两种晶体只有在离子价态相同或相同晶格位置的离子价态之和相同时，才可能满足电中性条件，有可能形成连续固溶体。这是必要条件。如 $Pb(Fe^{3+}_{0.5}Nb^{5+}_{0.5})O_3$ 与 $PbZrO_3$、$(Na^{+}_{0.5}Bi^{3+}_{0.5})TiO_3$ 与 $PbTiO_3$、$PbZrO_3$ 和 $PbTiO_3$ 均具有 ABO_3 型钙钛矿晶体结构，且各对应的 A 位置或 B 位置的离子价态之和相同，易形成连续固溶体。

(4)电负性。

溶质与溶剂置换的元素的电负性相近时，有利于形成固溶体；但电负性差别较大时，则趋向于生成化合物。Darken 认为电负性差小于0.4时，一般具有很大的固溶度，是连续固溶体形成的边界值。但离子半径因素更重要，因为在离子半径相对差大于15%的系统中，90%以上是不能生成固溶体的。

(5)电场强度。

离子晶体内的电场强度一般用 Z/d^2 表示，其中，Z 是正离子的价数，d 代表离子间的距离(一般为正、负离子半径之和)。Dietzel 指出，在二元系统中，生成中间化合物的数目与正离子间场强差成正比，即著名的 Dietzel 关系。当 $\Delta(Z/d^2)$ 趋近于0时，能生成连续固溶体；$\Delta(Z/d^2)$ 小于0.1时，会生成连续固溶体或形成有较大固溶度的区域；随着 $\Delta(Z/d^2)$ 的增大，先后生成低共熔点的简单二元系统、不一致熔融化合物，进而产生1个一致熔融的中间化合物和2个简单的具有一个低共熔点的分二元系统，最后出现许多中间化合物。总的趋势是，正离子场强差越大，生成的化合物数目愈多。从上述讨论可以看出，生成连续固溶体和生成化合物是两个不同的极端。因此，影响固溶度的其他因素也会造成生成化合物数目的不同。对于氧化物而言，影响固溶度的场强因素与离子尺寸和离子价因素密切相关。

总之，对于氧化物系统，固溶体的生成主要决定于离子尺寸与离子价态因素。

这几个影响因素并不是同时起作用的。在某些条件下，有的因素会起主要作用，有的不起主要作用。例如，Si^{4+}与Al^{3+}的离子尺寸相差达45%以上[$r_{Si^{4+}}=0.026$ nm，$r_{Al^{3+}}=0.039$ nm（4配位）]，电价又不同，但Si—O、Al—O键性接近，键长亦接近，仍能形成固溶体。在铝硅酸盐中，常见Al^{3+}置换Si^{4+}形成置换固溶体的现象。

另外，与金属中的固溶体一样，外界因素（如温度、压力等）也对固溶体有重要影响。在此不详细阐述。

4.4.2 置换固溶体的组分缺陷

在形成置换固溶体时，当发生不等价的置换时，必然产生组分缺陷，即产生空位或引入间隙。接下来将以实例介绍产生阳离子空位和阴离子空位的情况。

（1）产生阳离子空位：一般地，对于氧化物材料，当高价阳离子置换低价阳离子时就可能形成阳离子空位的组分缺陷。比如，用焰熔法制备镁铝尖晶石（$MgAl_2O_4$）时，得不到纯尖晶石，而会生成"富Al尖晶石"。因尖晶石与Al_2O_3能够形成固溶体，此时存在于Al_2O_3中的Al^{3+}置换已经生成的$MgAl_2O_4$中的Mg^{2+}，发生不等价置换而产生Mg格点空位。缺陷反应式为：

$$Al_2O_3 \xrightarrow{MgAl_2O_4} 2Al_{Mg}^{\cdot} + V_{Mg}'' + 3O_O \tag{4-9}$$

（2）产生阴离子空位：一般地，对于非过渡金属氧化物材料，当低价阳离子置换高价阳离子时就可能形成阳离子空位的组分缺陷。如CaO加入ZrO_2中形成固溶体时，由于Ca^{2+}比Zr^{4+}的价态低，故会产生氧格点空位。缺陷反应式为：

$$CaO \xrightarrow{ZrO_2} Ca_{Zr}'' + O_O + V_O^{\cdot\cdot} \tag{4-10}$$

CaO加入ZrO_2中形成固溶体及组分缺陷也具有重要意义。一方面，由于纯ZrO_2室温时为单斜晶系，在升温过程中将发生由单斜晶系向四方晶系以及立方晶系的晶型转变，并伴有很大的体积膨胀，而不适用于耐高温材料。依CaO添加量的不同，CaO与ZrO_2形成固溶体后可以把高温四方相甚至立方相稳定到室温以下，避免由于升温发生晶型转变，从而成为一种极有价值的高温材料。另一方面，由于氧空位的形成，ZrO_2基固溶体（与CaO、Y_2O_3或Sc_2O_3等溶质所形成）也是一种综合性能优良的氧离子导电材料，在氧传感器和燃料电池电解质中得到广泛应用。

4.4.3 间隙固溶体的组分缺陷

形成固溶体时，若杂质原子（或离子）较小，溶质原子（或离子）进入溶剂晶体而占据晶格间隙，就生成填隙型固溶体。这种类型的固溶体，在金属系统中比较普遍，例如碳钢便是碳在铁中的填隙型固溶体；储氢合金的储氢就是以氢原子占据合金的四面体间隙或八面体间隙得以实现的；金属钯以"贮藏"大容积氢气而著名，其中氢原子占据面心立方结构中金属钯内部较大的间隙位置。

一般来说，当外加原子尺寸很小时，容易进入晶体内间隙位置而形成填隙型固溶体。在无机非金属固体材料中，填隙型固溶体并不普遍。一般来说，形成填隙型固溶体的能力与形成置换型固溶体的能力取决于同样的因素，即尺寸、化合价、化学亲和力和晶体结构；对于填隙型固溶体，尺寸效应与主晶体的晶体结构尤为关键。例如，在面心立方岩盐结构的MgO

中，氧八面体间隙都已被 Mg^{2+} 占满，只有氧四面体间隙(其尺寸显然比八面体间隙小)空着。相反，在金红石结构的 TiO_2 中，有二分之一的八面体间隙是空着的，最大间隙的尺寸达 0.053 nm。在具有架状结构的沸石类[如方沸石 $Na(AlSi_2O_6)\cdot H_2O$]硅酸盐中，由 6 个硅氧四面体[SiO_4]或铝氧四面体[AlO_4]组成的六元环的间隙也很大。因此，对于同样的杂质原子，可推测形成 Frenkel 缺陷的可能性、形成填隙式固溶体的可能性和固溶度大小的顺序应该是：沸石>金红石 TiO_2>MgO，实际情况也是如此。研究结果表明，如果在结构上只有四面体间隙是空的，可以基本上不考虑甚至可以排除生成填隙型固溶体的可能性，例如 NiO、NaCl、CaO、SrO、CoO、FeO 和 KCl 等都不会生成填隙式固溶体，一般只带有肖特基缺陷。

杂质离子进入间隙位置时，必然引起晶体结构中局部电价的不平衡，可以通过生成空位、产生部分置换取代、离子价态的变化或准自由电荷等来满足电中性条件。如，YF_3 固溶到 CaF_2 中时，F^-就可能占据间隙位置：

$$YF_3 \xrightarrow{CaF_2} Y_{Ca}^{\cdot} + F_i' + 2F_F \tag{4-11}$$

此固溶过程中，F^-进入间隙而引入了负电荷，则由 Y^{3+} 占据原先 Ca^{2+} 的晶格位置来保持质量和电荷的平衡。对于这类固溶体，因填隙离子 F^-和主晶体 CaF_2 本身所具有的组成相同，故又称为自填隙型，但一般仍统称为填隙型固溶体。

填隙型固溶体的生成，一般都能使主晶体的晶胞参数增大，但增加到一定的程度时，固溶体会变得不稳定而造成分相。所以，填隙型固溶体不可能同时又是连续固溶体。

无论形成置换型固溶体还是填隙型固溶体，均须使整个固溶体晶体保持电中性。在此限度内，并且在符合尺寸因素的前提下，引入不同电荷离子的余地往往很大，电中性因素常可通过多种途径得到满足。Li_2TiO_3 是一个较为典型的例子。在高温下它具有岩盐结构，其中 Li^+和 Ti^{4+}虽无序但均匀地分布在氧离子立方密堆积点阵的八面体间隙位置上。它能形成含过量 Li_2O 或 TiO_2 的两个系列的固溶体：$Li_{2+4x}Ti_{1-x}O_3(0<x\leqslant 0.08)$ 或 $Li_{2-4x}Ti_{1+x}O_3(0<x\leqslant 0.19)$。两者皆涉及 1 价和 4 价离子之间的置换。前一种情况产生填隙的 Li^+，后一种情况造成 Li^+空位以保持固溶体电中性。Li^+和 Ti^{4+}在电荷上如此巨大的差别并没妨碍固溶体的形成，原因之一可能是 Li^+和 Ti^{4+}两者的离子尺寸不大，能够占据晶体八面体间隙位置。

4.5　无机非金属固溶体的特性

根据以上分析可以知道，形成固溶体后，就可能发生晶格畸变、晶格空位、带电缺陷甚至电子或空穴。这些变化必然会引起无机非金属材料的物理化学性质的变化，使得无机非金属固溶体呈现以下特性：

(1)稳定晶型。阻止某些晶型转变、调节相转变温度或将高温相结构稳定到低温区等。

$PbTiO_3$ 是一种铁电体，居里点为 490℃，常温时是四方钙钛矿结构，且具有较大四方度(晶格常数 c/a 值为 1.065)。纯 $PbTiO_3$ 烧结性能极差，在烧结过程中晶粒长得很大、晶粒间结合力差；相变时晶格常数剧烈变化、陶瓷易发生开裂。所以难以制得纯的 $PbTiO_3$ 陶瓷。$PbZrO_3$ 是一种反铁电体，居里点为 230℃。两者结构相同，Zr^{4+}、Ti^{4+}的离子尺寸相差不大，能生成连续固溶体 $Pb(Zr_xTi_{1-x})O_3$。在斜方铁电体和四方铁电体的边界组成 $Pb(Zr_{0.54}Ti_{0.46})O_3$(称为 PZT 陶瓷)，压电性能、介电常数都达到最大值，烧结性能也很好。

ZrO_2 在升降温过程中发生“液相—立方相—四方相—单斜相”相变。发生相变时伴随很大的体积变化，这对高温结构材料的稳定性极为不利。如式(4-10)的分析讨论中涉及的那样，即加入适量的 CaO 或 Y_2O_3 与 ZrO_2 形成固溶体，使之在低温时保持四方晶体结构，可避免升降温时发生相转变、减少相变体积效应，从而使 ZrO_2 成为一种很好的高温结构材料。

另外，在水泥生产中，常加入少量 P_2O_5、Cr_2O_3 等氧化物作为稳定剂，使其与 $\beta-C_2S$ 形成固溶体，阻止熟料中的 $\beta-C_2S$ 向 $\gamma-C_2S$ 转化。

(2)活化晶格。形成固溶体后，晶格结构存有一定畸变，处于高能量的活化状态，有利于进行化学反应。如，Al_2O_3 熔点高(2050℃)，不利于烧结，若加入 TiO_2，可使烧结温度下降到 1600℃。这是因为 Al_2O_3 与 TiO_2 形成固溶体，Ti^{4+} 置换 Al^{3+} 后，发生如式(4-12)所示的缺陷反应，形成带正电的 $Ti_{Al}^{\cdot}$ 固溶缺陷；为保持电价平衡，还产生了正离子空位 V_{Al}''' 来加快扩散，从而有利于烧结进行。

$$3TiO_2 \xrightarrow{Al_2O_3} 3Ti_{Al}^{\cdot} + 6O_O + V_{Al}''' \tag{4-12}$$

(3)产生固溶强化。固溶强化的程度(或效果)不仅取决于它的成分，还取决于固溶体的类型、结构特点、固溶度、组元原子半径差等一系列因素。固溶强化的规律：间隙式溶质原子的强化效果一般要比置换式溶质原子更显著；溶质和溶剂原子尺寸相差越大或固溶度越小，固溶强化越显著。

(4)影响物理性质。在许多无机非金属功能材料中，通过固溶(掺杂)可以显著提高材料的物理性质，如半导体材料、氧离子导电体、敏感材料等的物理性能均需要通过固溶或掺杂来实现。

4.6 无机非金属固溶体的应用举例

(1)等价置换介电性能。

固溶体的电性能随杂质(溶质)浓度而变化，一般出现连续性的甚至是线性的变化。如 4.5 节讨论的，$PbTiO_3$ 是铁电体，$PbZrO_3$ 是反铁电体，这两个化合物均具有钙钛矿结构，Zr^{4+} 和 Ti^{4+} 的尺寸差不多，可生成连续固溶体。形成固溶体的结构完整、电场基本均衡，电导没有显著变化，一般情况下，介电性能也改变不大。但在三方结构和四方结构的准同型相界(MPB)处(图 4-10)，获得的 $PbTiO_3$-$PbZrO_3$ 固溶体($PbZr_{1-x}Ti_xO_3$ 简写为 PZT)的介电常数和压电性能皆优于纯的 $PbTiO_3$ 和 $PbZrO_3$，其烧结性能也很好，是当前应用最为广泛的压电陶瓷材料之一。

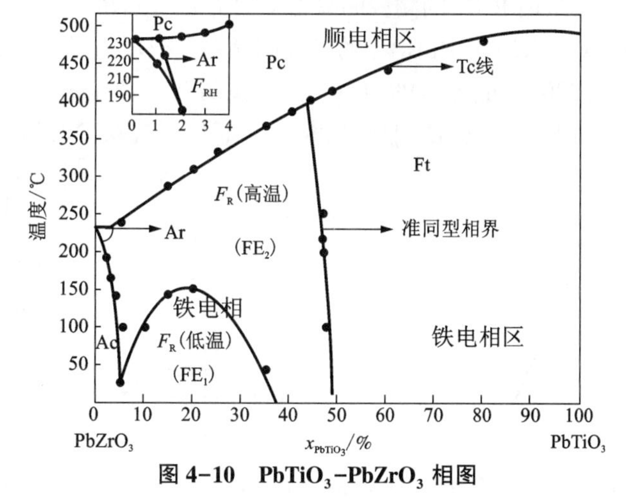

图 4-10　$PbTiO_3$-$PbZrO_3$ 相图

(2)异价置换电导性能。

异价置换的结果是产生离子性缺陷、引起材料导电性能的重大变化，是半导体、离子导电体及敏感性陶瓷材料中常采用的改性方法。例如，纯 NiO 的导电性极差，当加入 Y_2O_3 生成固溶体时，Y^{3+} 进入 Ni^{2+} 晶格位置，并引入电子，使 NiO 呈现良好的电子导电性，如图 4-11 所示。缺陷反应为：

$$Y_2O_3 \xrightarrow{NiO} 2Y_{Ni}^{\cdot} + 2O_O + 2e' + \frac{1}{2}O_2 \tag{4-13}$$

另外，纯的 ZrO_2 是一种绝缘体，当加入 Y_2O_3 生成固溶体时，Y^{3+} 进入 Zr^{4+} 的位置产生固溶缺陷，在晶格中产生氧空位。缺陷反应为：

$$Y_2O_3 \xrightarrow{ZrO_2} 2Y'_{Zr} + 3O_O + V_O^{\cdot\cdot} \tag{4-14}$$

每进入 2 个 Y^{3+}，晶体中就产生 1 个 O^{2+} 空位，空位浓度（在一定范围内）随溶质浓度的增加而呈线性上升。Y_2O_3 掺杂的 ZrO_2 是一种综合性能优良的氧离子导电材料，在氧传感器和燃料电池电解质中得到广泛应用。

（3）间隙固溶与电子导电性能。

当溶质原子半径很小时，溶质原子就可能进入溶剂晶格间隙中而形成间隙固溶体。溶质原子引起溶剂点阵畸变，畸变能升高，容易发生固溶强化。一些半导体材料在适当的条件下可能形成间隙固溶体，从而改变材料的电子导电性能。比如 ZnO 材料在锌蒸气环境或氧分压不足时，可能产生 Zn 处于间隙位置的现象（虽然氧分压不足时也可能产生氧空位而形成 n 型半导体），从而提高材料的电子电导率。这是由于形成间隙 Zn 时能够给体系提供弱束缚电子，其缺陷反应式可以表示为：

$$\left.\begin{aligned} Zn &\xrightarrow{ZnO} 2Zn_i^{\cdot\cdot} + 2e'' \\ ZnO - \frac{1}{2}O_2 &\xrightarrow{ZnO} 2Zn_i^{\cdot\cdot} + 2e' \end{aligned}\right\} \tag{4-15}$$

另外，如图 4-11 所示的 Y 掺杂 NiO（$Ni_{1-x}Y_xO$）陶瓷中，有研究得出：在此基础上进一步添加 B_2O_3 进行固态反应，B 离子就可能进入晶格的间隙位置，从而改变陶瓷的电子导电性能。未添加 B_2O_3 的陶瓷的晶格常数为 $a_1 = 0.4672$ nm、$b_1 = 0.3417$ nm、$c_1 = 0.5118$ nm、$\beta_1 = 99.45°$；添加 0.5%B_2O_3 的陶瓷的晶格常数增大了，分别为 $a_2 = 0.4721$ nm、$b_2 = 0.3480$ nm、$c_2 = 0.5209$ nm、$\beta_2 = 99.46°$。由此说明有 B 离子进入了晶体的间隙位置。随着 B 含量增加，陶瓷体的室温电阻率增加，其电阻温度系数（材料常数）也明显增加，如图 4-12 所示。

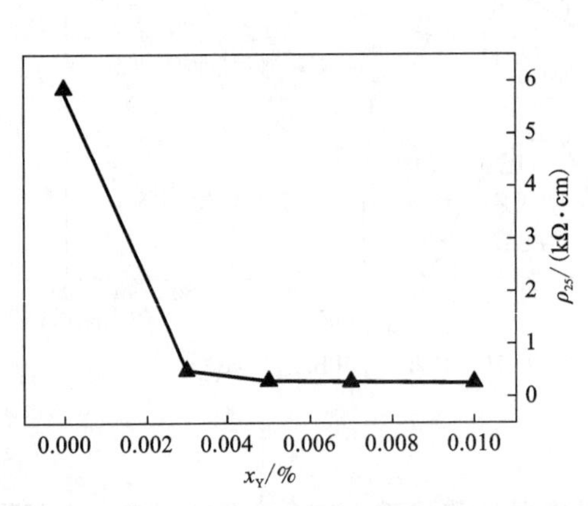

图 4-11　$Ni_{1-x}Y_xO$ 陶瓷的室温电阻率随 x 的变化

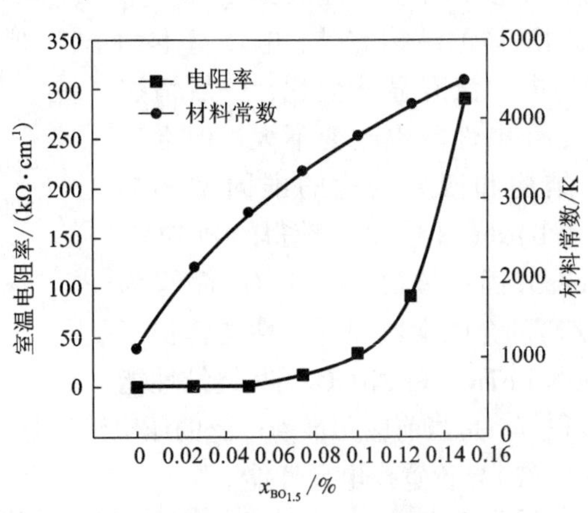

图 4-12　B_2O_3 含量对 $Ni_{1-x}Y_xO$ 电学性能的影响

(4)透明电光陶瓷。

要使某种特定陶瓷材料达到透明的关键技术之一在于消除多晶体中超过可见光波长的气孔。如果能彻底消除此类气孔，就可使陶瓷呈透明或半透明。在陶瓷烧结过程中，气孔主要通过气体分子(原子或离子)的扩散来消除，离子空位是气体扩散的有利因素。

例如，PZT 是 $Zr^{4+}-Ti^{4+}$ 等价等置换的固溶体，其固溶过程本身并不会造成新的离子空位，即不利于气体扩散。在 PZT 中加入少量的 La_2O_3，以此置换 Pb 离子，生成 PLZT 陶瓷(一种透明的压电陶瓷材料)。由于是异价置换(La^{3+}置换 Pb^{2+})，为了保持电中性，则必然会产生离子型空位 V_{Pb}''，反应过程为：$0.01La_2O_3+Pb(Ti, Zr)O_3 \longrightarrow [Pb_{0.97}La_{0.02}(V_{Pb})_{0.01}](Ti, Zr)O_3+0.03PbO(g)$。PZT 烧结过程挥发损失的 PbO 被掺入的 La_2O_3 代替，由于 La^{3+} 占据了 PZT 晶格中 Pb^{2+}的位置，造成置换缺陷 $La_{Pb}^{\cdot}$ 的带电电荷，其过剩的正电荷被负电荷的 V_{Pb}''所平衡。该固溶过程采用缺陷反应式可表示为：

$$La_2O_3 \xrightarrow{Pb(Ti,\ Zr)O_3} 2La_{Pb}^{\cdot} + V_{Pb}'' + 3O_O \tag{4-16}$$

这样，PLZT 中的扩散将由于掺杂引入额外的空位而大大增强，加速了扩散和气孔的消除。所以，在同样有液相存在的条件下，PZT 不能烧结至透明，而 PLZT 能烧结至透明。

利用固溶体特性制造出的透明陶瓷的典型应用还有：MgO 加入 Al_2O_3 中的透明 Al_2O_3 陶瓷(可作高压汞灯外罩)，以及 $Al_2O_3-Y_2O_3$ 系统的透明氧化铝和氧化钇陶瓷等。

(5)人造宝石。

人造宝石几乎全都是固溶体。如纯 Al_2O_3 单晶是无色透明的，称白宝石；添加不同的着色剂可以制造出不同颜色的宝石。如，在 Al_2O_3 中，用少量的 Ti^{4+}置换 Al^{3+}，可得到紫罗兰宝石。Cr_2O_3 与 Al_2O_3 能生成连续固溶体，它强烈地吸收蓝紫色光线及部分黄色光线，随着 Cr^{3+} 浓度的不同，它表现出由浅红向深红的颜色变化，形成所谓的淡红宝石及红宝石。

复习思考与练习

(1)概念：固溶体、固溶度、原子半径、离子半径、组分缺陷。

(2)了解固溶体的不同分类及其含义。

(3)理解影响金属及合金中固溶体的固溶度的因素；举例说明形成固溶体对金属特性的影响规律。

(4)理解影响无机非金属固溶体的固溶度的因素；举例说明形成固溶体对材料特性的影响规律。

(5)熟悉无机材料固溶体的缺陷表示方式及不同固溶体(置换固溶体、间隙固溶体)的缺陷化学反应式的书写。

第5章　点缺陷与缺陷化学
(课件资源)

第 5 章　点缺陷与缺陷化学

理想晶体中的原子或离子严格按照晶体学理论占据着完整点阵结构的固定格点位置。实际上，将真实晶体冷却到接近绝对零度的温度时，也很少有达到完整点阵结构状态的。至少可以说，在高于绝对零度时，原子发生热振动即可能产生原子或离子偏离正常晶格格点位置，或者由于溶质原子(离子)引入而产生偏离正常晶格点阵，而产生晶体的不完整性(即晶体缺陷)。正是由于晶体的不完整性才使材料呈现出不同的物理化学性质。

本章及第 6 章将介绍无机材料(金属材料及无机非金属材料，侧重后者)的缺陷类型及其相关的基础知识。点缺陷及其浓度可用有关的生成能和其他热力学性质来描述，因而可以在理论上定性和定量地把点缺陷当作实物并用化学原理进行研究，此即所谓“缺陷化学”的方法。缺陷化学研究的内容包括点缺陷的种类、生成与浓度控制、缺陷之间的反应、引起的载流子的情况及其对固体性质的影响等。

5.1　晶体缺陷的含义与类型

5.1.1　晶体缺陷的含义

在理想晶体中，原子排列长程有序，质点严格按空间点阵排列，在三维空间遵循严格的周期性排列规律。由于热振动、杂质、应力、外场等因素，实际晶体存在不同尺度上的结构不完整性，如晶体点阵中周期性破坏(如存在空位、杂质质点占据晶格格点位置或间隙位置等)、周期性势场的畸变。与理想晶体相比，实际晶体有一定程度的偏离或不完美性，把这种结构发生偏离的区域叫作晶体缺陷(或缺陷)。

正是由于缺陷的存在，才使晶体表现出各种性质(电、磁、声、光、热和力学性能)，或使材料加工与使用过程中的各种性能得以有效控制和改变，使材料性能的改善和复合材料的制备得以实现。

5.1.2　晶体缺陷的类型

按晶体缺陷的几何形状特征，可以将缺陷分为点缺陷、线缺陷、面缺陷、体缺陷、电子缺陷等；按晶体缺陷的形成原因，也可把缺陷分为热缺陷、杂质缺陷、非化学计量缺陷及其他原因缺陷。以下按晶体缺陷的几何形状特征分类方法对各种缺陷进行简要介绍，在本教材的后续章节中将深入介绍点缺陷(第 5 章)和线缺陷(第 6 章)。

(1)点缺陷。

点缺陷，也称零维缺陷，是指尺寸在三维方向上都很小、处于原子大小的数量级上的缺陷。按点缺陷的特征，可以分为以下三类(图 5-1)：①空位缺陷(vacancy defect)，是指正常格点位置出现的原子或离子空缺。②间隙型缺陷(interstitial defect)，是原子或离子进入晶体正常结点之间的间隙位置形成的缺陷。该原子称为填隙原子或间隙原子，既可以是溶剂本身的原子，也可以是杂质原子。③置换型缺陷(substitutional defect)，外来原子或离子进入晶格且取代(置换)原有格点原子所形成的缺陷。除了置换与被置换离子(或原子)具有相同的尺寸外，以上所形成的点缺陷均产生晶格畸变。

按点缺陷产生的原因，可分为以下 4 种：

①热缺陷：处于晶格结点上的原子，由于热振动的能量起伏离开正常位置而造成的缺陷。这是材料固有的缺陷，是本征缺陷(native defects 或 intrinsic defects)的主要形式。根据形成缺陷的形式不同，热缺陷又可分为弗仑克尔缺陷(Frenkel defect)和肖特基缺陷(Schottky defect)两种。

②杂质缺陷(impurity defect)：晶体组分以外的原子或离子进入晶体中，取代正常晶格位子的原子(或离子)或进入晶格间隙位置而形成的缺陷。这里所述的杂质缺陷是外来杂质原子进入晶体后形成固溶体所体现的缺陷。

③非化学计量缺陷(nonstoichiometric defect)：有一些化合物(如含可变价态的过渡金属的化合物)，其化学组成随环境和气氛分压变化而偏离化学计量组成所形成的缺陷。产生非化学计量组成时，晶体常常产生晶格空位(vacancy)、变价离子或占据间隙位置的原(离)子等点缺陷。

④电子缺陷和带电缺陷：在实际晶体中，由于存在着点缺陷，导致导带中有电子、价带中有空穴，这类缺陷称为电子缺陷。过剩电子或正电荷被束缚在格点缺陷位置而产生附加电场和引起晶体周期势场畸变，形成带电的缺陷，这类缺陷被称为带电缺陷。如 Ti^{4+} 束缚一个电子后即形成 Ti^{3+} 带电缺陷。带电缺陷形成附加电场，引起晶格势场的变化。通常地，人们不把电子缺陷列入点缺陷的讨论范畴。

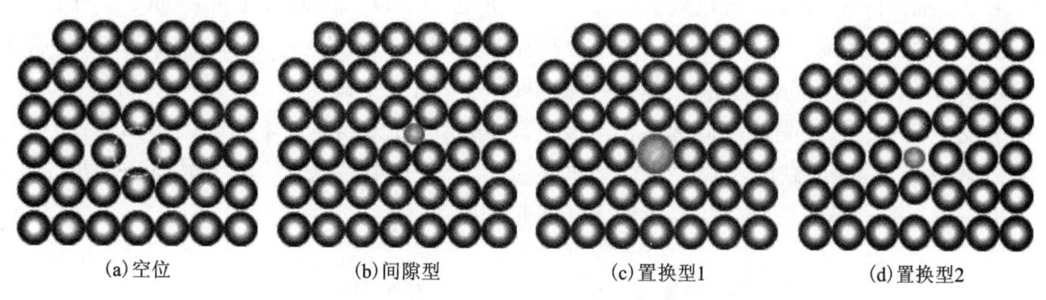

图 5-1　晶体中的点缺陷

(2)线缺陷。

线缺陷，又称为一维缺陷，是指在一维方向上偏离理想晶体中的周期性、规则性排列所产生的缺陷，即缺陷尺寸在一维方向较长，另外其他方向上很短。从几何角度看，位错(dislocation)属于一种线缺陷，可视为晶体中已滑移部分与未滑移部分的分界线。位错的存在对材料的物理性能(尤其是力学性能)具有极大的影响。线缺陷的产生及运动与材料的力学性质(塑性变形、韧性、脆性等)密切相关。

(3)面缺陷。

面缺陷又称为二维缺陷，是指在二维方向上偏离理想晶体中的周期性、规则性排列而产生的缺陷，即缺陷尺寸在二维方向上延伸，在第三维方向上很小，如晶界、表面、堆积层错、镶嵌结构等。绝大多数晶态材料都是以多晶体的形式存在的，每一个晶粒都是一个单晶体。多晶体中不同取向的晶粒之间的界面称为晶界。晶界附近的原子排列比较紊乱，构成了面缺陷。当紧密堆积排列的原子平面一层层堆放时，堆垛的顺序会出现错误，例如在立方最紧密堆积时出现 ABCABC/BCABC 这样的缺少一个 A 原子层的情况，便形成了堆垛层错。这也是一类面缺陷。

晶界及表面界面对材料的物理化学性能有很大的贡献，甚至起到关键作用，如结构陶瓷的界面强化、电子陶瓷的晶界效应调控是改善材料性能的重要手段之一。

(4)体缺陷。

体缺陷，也称三维缺陷，指局部在三维空间偏离理想晶体的周期性而产生的缺陷。第二相粒子团、空位团等可以认为是体缺陷。体缺陷与物系的分相、偏聚等过程有关。

5.2 点缺陷的种类

本节将介绍热缺陷、杂质缺陷、带电缺陷、非化学计量缺陷、缺陷缔合和缺陷簇的基本特征。

5.2.1 热缺陷

当晶体的温度高于 0 K 时，由于晶体内原子热振动，使部分能量较大的原子离开平衡位置而造成的缺陷称为热缺陷，也称本征缺陷。热缺陷的两种基本类型为弗仑克尔缺陷(Frenkel defect)和肖特基缺陷(Schottky defect)，其产生原因是晶格振动和热起伏。

由于热振动，一部分能量较大的原子离开正常位置，进入间隙变成间隙原子，并在原来的位置留下一个空位[图 5-2(a)]，这类缺陷即为 Frenkel 缺陷。Frenkel 缺陷的特点是：① Frenkel 缺陷中空位与间隙原子成对出现，两者数量相等；② 产生 Frenkel 缺陷时，晶体的体积不发生改变，只是晶体内局部晶格畸变；③ 间隙位置为晶体密堆积中的四面体或八面体间隙；④ 形成 Frenkel 缺陷不需要自由表面的参与；⑤ 一般情况下，离子晶体中阳离子比阴离子小得多，离子晶体中阳离子易形成 Frenkel 缺陷。

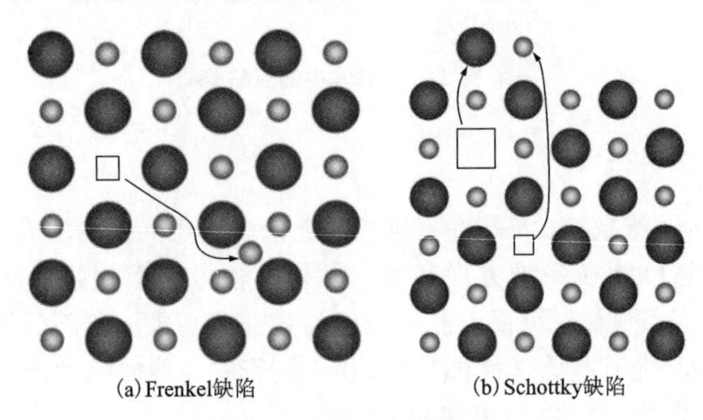

图 5-2 热缺陷示意图

正常格点上的质点在热起伏过程中获得能量离开平衡位置迁移到晶体的表面，而在晶体内部正常格点上留下空位[图 5-2(b)]，这种缺陷为 Schottky 缺陷。Schottky 缺陷的特点是：① Schottky 缺陷的晶体中只有空位，没有填隙原子；② 对于离子晶体而言，阳离子空位和阴离子空位成对出现，两者数量相等，保持电中性；③ 形成 Schottky 缺陷需要有自由表面；④ Schottky 缺陷的形成伴随新表面的产生，晶体体积增加；⑤ 正负离子半径相差不大时，热缺陷以 Schottky 缺陷为主。

5.2.2　杂质缺陷

杂质缺陷就是由外来杂质的引入所产生的缺陷，亦称为组成缺陷或非本征缺陷。杂质原子(或离子)进入晶体时，可以置换晶格中正常格点的原子(或离子)，生成置换型杂质缺陷，如图 5-1(c)和图 5-1(d)所示；也可能进入到晶体的间隙位置，生成间隙型杂质缺陷，如图 5-1(b)所示。杂质进入晶体可看作溶解过程，则杂质是溶质、原晶体是溶剂(主晶体)；此时，可把溶有杂质原子的晶体称为固溶体。与热缺陷相比，杂质缺陷特征为：如果杂质的含量在固溶体的固溶度范围内，则杂质缺陷的浓度与温度无关，而热缺陷浓度随温度变化呈指数关系变化。

外来杂质的引入可能使材料原有性质(如周期性势场、晶格畸变、离子价态等)发生改变，因此，杂质缺陷的存在常常导致材料的性质发生变化。故为了获得材料的特定性能，往往会有意引入杂质形成固溶体，使材料产生杂质缺陷。这些外来杂质原子(或离子)可以以替代的方式存在于点阵中，也可以存在于点阵的间隙位置。在陶瓷材料及半导体材料中常通过掺杂的方式来改善材料性能，如激光晶体 $Y_3Al_5O_{12}$ 中添加 Nd^{3+} 作为激活离子、发光材料 Y_2O_3 中添加 Eu^{3+} 才能发红光、ZrO_2 中添加适量的 Y_2O_3 后可以获得常温下的四方或立方晶体结构(而非原来的单斜，这种方法也称为稳定晶型)或者产生氧空位成为优良的氧离子导电体；绝大多数氧化物半导体需要经过掺杂后才能呈现电子导电性，如纯 $BaTiO_3$ 是高绝缘的电介质材料，掺入 Y^{3+} 或 Nb^{5+} 后可呈现优良的电子导电性；Nb^{5+} 掺杂 $Li_7La_3Zr_2O_{12}$(如 $Li_{6.85}La_3Zr_{1.85}Nb_{0.15}O_{12}$)容易获得立方晶系(掺杂前为四方晶系)晶体，并明显提高锂离子导电性。

引入杂质缺陷(形成固溶体)时需要注意以下事项：

①能量效应：杂质能否进入晶体中并取代晶格中的某个原子或离子，主要取决于取代时是否对晶体的能量(包括静电作用能、键合能、形变能等)有利。能量变化太大，不易引入杂质原子(或离子)。

②电负性因素：当化合物晶体中各元素的电负性相差不大，且杂质元素的电负性介于化合物的两元素之间时，较易引入杂质原子(或离子)产生杂质缺陷。

③晶体结构：杂质原子取代点阵格点上的原子或进入间隙位置，一般并不应该改变基质晶体的结构类型。

④离子尺寸：原子(离子)大小的几何因素往往是形成某种杂质缺陷的决定因素。只有那些半径小的原子或离子(如 B^{3+}、H^+等)才更容易成为间隙杂质缺陷，而与溶剂原子(或离子)尺寸相近的杂质一般形成置换杂质缺陷，尺寸相差较大时形成的缺陷浓度有限。

⑤化合价：如果杂质离子的化合价与所取代离子的化合价不同，为了保持电中性，必然在晶体中同时引入带相反电荷的其他缺陷(离子或空位等)作电荷补偿。

5.2.3 带电缺陷

由能带理论可知，无机非金属固体具有价带、禁带和导带。对于不含杂质、具有理想晶体结构的本征半导体[图5-3(a)]，在0 K时，该晶体中的电子均位于最低能级，填满于价带中，而导带中没有电子，材料表现出绝缘体的性质。在$T>0$ K时，一些电子被激发到导带的能级中，同时，价带中原来被电子占据的轨道失去电子而表现为可移动的正电荷，即空穴(electron hole)，产生了所谓电子-空穴对(electron-hole pair)；反之，导带的电子也可能返回价带空穴处，发生电子-空穴复合的过程(electron-hole recombination)。正常状态下的晶体，其电子-空穴对的产生和复合达到了平衡，导带中有处于平衡状态的一定浓度电子，价带中的空穴浓度也保持一定。材料可以表现出一定的电子导电性，产生本征导电。

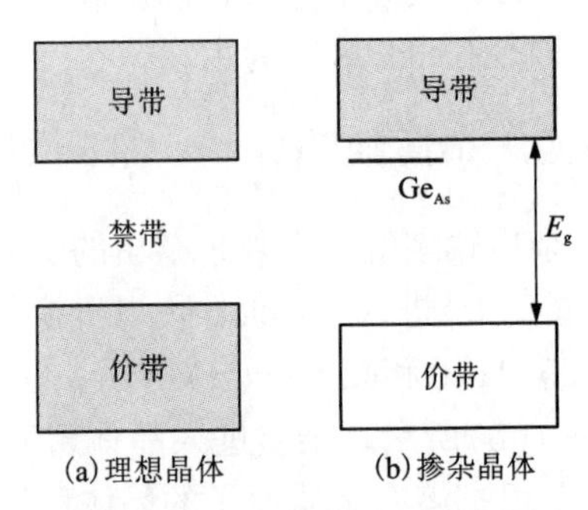

图5-3 半导体的能级示意图

实际晶体中总含有一些杂质或其他点缺陷，并且在研究和使用半导体材料时，人们总是有意地在半导体中掺入一定量的杂质。含量极微的杂质或其他点缺陷的存在，将明显地导致电子和空穴的产生，从而改变半导体的能带结构[图5-3(b)]，并决定着晶体中电子或空穴的浓度，从而对半导体的特性产生重大影响。下面以As掺杂Ge半导体为例做具体说明。

中性的V_A族元素(如砷As)掺入锗Ge中，形成置换型杂质缺陷Ge_{As}，As的价电子(5个)比Ge(4个)多一个电子，其中4个价电子与周围的4个Ge原子的价电子形成共价键；杂质缺陷Ge_{As}成为一个正电中心As离子和一个多余的价电子。这个电子虽然依然受到As原子实正电中心的束缚，但是砷原子缺陷对该电子的势场(作用力或作用能)要比正常格点锗原子处(对Ge的价电子)的势场弱一些，杂质缺陷Ge_{As}对这个多余的电子的束缚并不太强(也称该多余电子为弱束缚电子)，即这个Ge_{As}电子的能量高于一般价带中的其他电子，其能级不在价带中。这个电子很容易受激发(如热激发)而电离并跃迁到导带中，形成准自由电子。因而，该准自由电子处在导带底以下的禁带中的某个能级位置，如图5-3(b)所示。Ge_{As}是一个能为体系给出电子的缺陷，叫施主缺陷(donor defect)，它所在的能级为施主能级。由此，As掺杂进Ge时能产生电子载流子，从而引起Ge的半导化，使材料呈现电子导电特性。这种由电子为载流子的半导体称为n型半导体。

相应地，硼(B)掺杂入Ge半导体则产生空穴，从而引起Ge半导化，使材料呈现空穴导电特性，形成p型半导体。读者可参照As掺杂Ge的半导体进行分析。

5.2.4 非化学计量缺陷

组成化合物的原子或离子一般具有固定的计量比。具有确定组成、符合化合价规则而且各种元素的原子互成简单整数比的化合物称为化学计量化合物(stoichiometric compound)。但一些化合物的化学组成会明显地随着环境和压力的变化而发生组成偏离化学计量的现象。其各元素的原子(或离子)组成可以在一定的比例范围内波动，它们的组成不符合化合价规则、不服从组成定律、不能用简单整数来表示，这类化合物称为非化学计量化合物

(nonstoichiometric compound)。这种偏离化学计量而产生的晶体缺陷称为非化学计量缺陷。

在氧化物半导体中，非化学计量结构缺陷使晶体的导带中出现电子或价带中出现空穴，生成 n 型半导体或 p 型半导体，如还原气氛中产生的 TiO_{2-x}，其晶体结构中出现氧离子空位，为保持电中性，部分钛离子由+4 价变成+3 价。氧离子的缺失使部分被电离的钛外层电子得以保留(Ti^{3+})，可以看作氧化钛晶体的导带存在电子，形成 n 型半导体。

5.2.5　缺陷缔合和缺陷簇

前面介绍了各种孤立的缺陷(isolated defects)，即置换式原子和填隙原子、杂质缺陷和本征缺陷、中性的和带电的缺陷等。如果这些缺陷在晶体中无序地分布，那么就存在着一定的机会，使得两个或更多的缺陷占据相邻的位置，这样它们就可以互相缔合(associate)，形成缺陷的缔合体，如可以生成二重缔合体(double associate)、三重缔合体(triple associate)等。缺陷浓度低时，这种相邻缺陷的缔合体就少。单一原子的缺陷往往会缔合或聚集成较大的缺陷簇。

缺陷间最重要的相互作用力是库仑引力。例如，KCl 中置换式的杂质缺陷 $Ca_K^{\cdot}$ 和起平衡电荷作用的空位缺陷 V_K'之间，就以库仑力互相吸引。另外，由于热运动，缔合起来的缺陷也可以再分解为单一的缺陷。因此，在温度不太高以及在动力学势垒较低的情况下，容易产生缔合缺陷；温度愈高，缔合缺陷的浓度愈小。缔合缺陷的生成和分解可用质量作用定律进行讨论。例如，在掺杂氯化钙的氯化钾中[第 4 章，式(4-3)]，缔合反应和平衡常数式如下：

$$Ca_K^{\cdot} + V_K' \rightleftharpoons (Ca_K^{\cdot}V_K') \tag{5-1}$$

$$K_{ass.} = \frac{[(Ca_K^{\cdot}V_K')]}{[Ca_K^{\cdot}][V_K']} = Zf\exp\left(\frac{q^2}{\varepsilon rkT}\right) \tag{5-2}$$

式中：Z 是晶体中距 $Ca_K^{\cdot}$ 最近的、可以被 V_K'占据的 K^+亚晶格结点数(此例中 $Z=12$)；f 反映出缺陷缔合引起的振动熵改变(有理由假定 $f\approx1$)；q 是电子电荷(1 个电子所带的电荷×原子价)；r 是两个缺陷之间的距离(以 10^{-10} m 为单位)；k 是波耳兹曼常数；ε 是该固体的静态介电常数；T 为热力学温度。从式(5-1)和式(5-2)可导出温度对缔合缺陷浓度的影响，这对于掺杂和温度不太高的情况，一般都是适用的。

缔合缺陷的物理性质不等同于组成它的各种单一缺陷性质的和。因此，应该把缺陷缔合体看作一种新的缺陷。缔合缺陷和单一缺陷一样，也可以在禁带中造成局域的电子能级。缺陷缔合除了发生在置换式的杂质缺陷和空位缺陷之间，还可能发生在空位缺陷与空位缺陷之间。

除了通过单一缺陷之间的库仑引力来实现缺陷的缔合外，也可以依靠缺陷缔合体内偶极矩的作用力、共价键的作用力以及晶体内可能存在着的压应力(苏勉曾在此处使用“弹性作用力”一词)等的作用来使缺陷发生缔合或使缺陷缔合体之间进一步缔合。缺陷形成的带电缔合中心，往往是偶极性的，可以吸引别的缺陷对，从而形成较大的缺陷簇。

5.3 热缺陷

5.3.1 热缺陷的平衡浓度

对于特定材料，在一定温度下，热缺陷的产生和湮灭达到动态平衡，此时热缺陷浓度是恒定的，称为热缺陷的平衡浓度。在热平衡条件下，热缺陷的多少仅与晶体所处的温度有关。一般地，Schottky 缺陷形成的能量小于 Frenkel 缺陷形成的能量，因此对于大多数晶体来说，Schottky 缺陷是主要的。下面以 Schottky 缺陷为例介绍热缺陷浓度的表达方程式。

假设构成完整单质晶体的原子数为 N，在 T K 时形成了 n 个孤立的空位，每个空位的形成焓为 Δh。相应地，这个过程的晶体自由能变化为 ΔG，热焓的变化为 ΔH，熵的变化为 ΔS，则根据热力学知识可以得到：

$$\Delta G = \Delta H - T\Delta S = n\Delta h - T\Delta S \tag{5-3}$$

ΔS 由组态熵(或混合熵)ΔS_c、振动熵 ΔS_v 两部分组成，于是式(5-3)可以写成

$$\Delta G = n\Delta h - T(\Delta S_c + \Delta S_v) \tag{5-4}$$

根据统计物理知识可知，组态熵能与缺陷可能出现的热力学概率 W 关联起来，见式(5-5)：

$$S = k\ln W \tag{5-5}$$

式中：k 为玻耳兹曼常数。其中，热力学概率 W 是指 n 个空位在 $n+N$ 个晶格位置做不同分布时的排列方式总数，即

$$W = C_{N+n}^{n} = \frac{(N+n)!}{N!\ n!} \tag{5-6}$$

根据斯特令(String)近似公式，当 $x \gg 1$ 时，$\ln x! = x\ln x - x$，即 $\mathrm{d}(\ln x!)/\mathrm{d}x = \ln x$。将式(5-6)代入式(5-5)，再代入式(5-4)，并考虑到平衡时有 $\partial\Delta G/\partial n = 0$，就缺陷相关变化量对 n 微分可得：

$$\begin{aligned}\frac{\partial \Delta G}{\partial n} &= \Delta h - T\Delta S_v - \frac{\mathrm{d}\left[\ln\dfrac{(N+n)!}{N!\ n!}\right]}{\mathrm{d}n}kT \\ &= \Delta h - T\Delta S_v - \left[\frac{\mathrm{d}\ln(N+n)!}{\mathrm{d}n} - \frac{\mathrm{d}\ln N!}{\mathrm{d}n} - \frac{\mathrm{d}\ln n!}{\mathrm{d}n}\right]kT \\ &= \Delta h - T\Delta S_v + kT\ln\frac{n}{N+n} \\ &= 0\end{aligned} \tag{5-7}$$

由式(5-7)中某一等式可得(注意 $n \ll N$，$\dfrac{n}{N+n} \approx \dfrac{n}{N}$)：

$$\frac{n}{N+n} = \exp\left(-\frac{\Delta h - T\Delta S_v}{kT}\right)$$

$$\frac{n}{N} = \exp\left(-\frac{\Delta G_s}{kT}\right) \tag{5-8}$$

式中：$\Delta G_s = \Delta h - T\Delta S_v$ 是缺陷形成自由能，在此可以将 ΔG_s 近似地视作不随温度变化的常数；n/N 为热缺陷浓度，它随温度升高而呈指数增加。

对于离子晶体中的热缺陷如 Frenkel 缺陷或 Schottky 缺陷，正、负离子点缺陷(空位或间隙)是成对出现的，因此认为正离子数 n_M 和负离子数 n_X 等量形成。这种情况下，微观状态数由于正、负离子同时出现，应该写成 $W = W_M \times W_X$，最终得到离子晶体中热缺陷平衡浓度为：

$$\frac{n}{N} = \exp\left(-\frac{\Delta G_s}{2kT}\right) \tag{5-9}$$

以上是以 Schottky 缺陷为例获得的热缺陷平衡浓度，对于 Frenkel 缺陷也具有类似的关系式，只是缺陷形成能应改为 ΔG_f。由式(5-9)可以知道，影响热缺陷浓度的因素：①温度因素。热缺陷浓度随温度的升高呈指数增加。②缺陷形成能因素。温度不变，缺陷浓度随缺陷形成能的升高而下降。表 5-1 给出了不同温度下的热缺陷(Frenkel 缺陷)浓度随缺陷形成能的变化，同样可以印证温度和缺陷形成能对缺陷浓度的影响规律。

表 5-1　不同温度下的热缺陷浓度随缺陷形成能 ΔG 的变化

温度	1 eV	2 eV	4 eV	6 eV	8 eV
100℃	2×10^{-7}	3×10^{-14}	1×10^{-27}	3×10^{-41}	1×10^{-54}
500℃	6×10^{-4}	3×10^{-7}	1×10^{-13}	3×10^{-20}	8×10^{-37}
800℃	4×10^{-3}	2×10^{-5}	4×10^{-10}	8×10^{-15}	2×10^{-19}
1000℃	1×10^{-2}	1×10^{-4}	1×10^{-8}	1×10^{-12}	1×10^{-16}
1200℃	2×10^{-2}	4×10^{-4}	1×10^{-7}	5×10^{-11}	2×10^{-13}
1500℃	4×10^{-2}	1×10^{-3}	2×10^{-6}	3×10^{-9}	4×10^{-12}

热缺陷是一种热力学平衡缺陷。结合式(5-3)和图 5-4 可知，晶体的自由能在理想状态下并非最低的，而是存在 n_v 热缺陷时才处于最低状态。即一定温度下，晶体中总会有一定浓度的热缺陷存在，这时体系的能量才处于最低状态。也就是说，具有平衡缺陷浓度的晶体比理想晶体在热力学上更稳定。

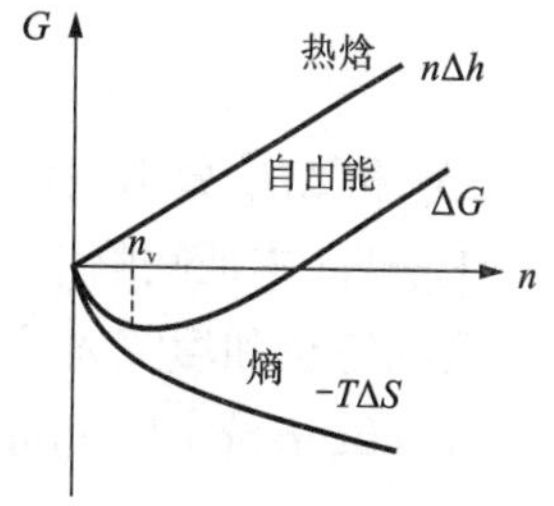

图 5-4　缺陷浓度 n 与晶体能量变化关系示意图

5.3.2　热缺陷浓度的计算

热缺陷浓度可通过统计力学的方法来计算，也可用化学反应平衡的质量作用定律来处理。以下通过例子说明热缺陷浓度的计算。

(1) Frenkel 缺陷。

Frenkel 缺陷的生成可以看作正常结点离子和间隙位置反应生成间隙离子和空位的过程。这里以溴化银(AgBr)晶体为例进行分析。在适当温度下，AgBr 晶体中的 Ag^+ 亚晶格上会形成 Frenkel 缺陷空位，缺陷反应为：

$$Ag_{Ag} + V_i \rightleftharpoons Ag_i^{\cdot} + V'_{Ag} \tag{5-10}$$

平衡时，根据质量作用定律可知：

$$K_F = \frac{[Ag_i^{\cdot}][V'_{Ag}]}{[Ag_{Ag}][V_i]} \tag{5-11}$$

式中：K_F 表示 Frenkel 缺陷的平衡常数；V'_{Ag} 为带电的银离子空位浓度，$[V'_{Ag}]=n_V/N$，n_V 表示空位数，N 是 Ag^+ 亚晶格上正常的 Ag^+ 位置数或相等数目的间隙位置数；间隙银离子浓度 $[Ag_i^{\cdot}]=n_i/N$，其中 n_i 为间隙银离子数；当缺陷浓度很小时，$[V_i]\approx 1$ 和 $[Ag_{Ag}]\approx 1$。对于 Frenkel 缺陷，间隙原子与空位成对出现，即 $[Ag_i^{\cdot}]=[V'_{Ag}]$。所以，被占据的间隙位置浓度与 Ag^+ 的空位浓度有如下的关系：

$$K_F = [Ag_i^{\cdot}][V'_{Ag}] = [Ag_i^{\cdot}]^2 \tag{5-12}$$

所以

$$[Ag_i^{\cdot}] = \sqrt{K_F} \tag{5-13}$$

设 ΔG_F 为生成 Frenkel 缺陷中 1 个间隙离子和 1 个空位所必需的两项吉布斯自由能之和，前一项与晶体结构中的间隙大小有关，后一项与离子配位数有关，即与离子离开正常位置造成空位所需要断开的化学键的数目和键的强度相关。表 5-2 列出了若干化合物的缺陷反应和缺陷生成自由能。设在反应过程中晶体的体积不变，则有

$$K_F = \exp\left(-\frac{\Delta G_F}{kT}\right) \tag{5-14}$$

式中：k 为波耳兹曼常数；T 为热力学温度（单位为开尔文，K）。由此可得间隙 Ag 离子浓度为：

$$[Ag_i^{\cdot}] = \sqrt{K_F} = \exp\left(-\frac{\Delta G_F}{2kT}\right) \tag{5-15}$$

结合式(5-8)可得：

$$[Ag_i^{\cdot}] = \exp\left(\frac{\Delta S_F}{2k}\right)\exp\left(-\frac{\Delta H_F}{2kT}\right) \tag{5-16}$$

式中：ΔS_F 和 ΔH_F 分别表示 Frenkel 缺陷的生成熵、生成焓。

在 Frenkel 本征缺陷中，间隙离子数与空位数相同，即式(5-15)和式(5-16)表示 Frenkel 缺陷浓度与空位和填隙离子生成自由能及温度的关系。对凝聚态固体材料而言，有时认为除构型熵（configurational entropy）以外，其他熵变是可以忽略的，此时，式(5-16)可改写为：

$$[Ag_i^{\cdot}] = \exp\left(-\frac{\Delta H_F}{2kT}\right) \tag{5-17}$$

表 5-2 部分化合物的缺陷反应和缺陷生成自由能

化合物	反应	生成能/(10^{-19} J)
AgBr	$Ag_{Ag} \rightleftharpoons Ag_i^{\cdot} + V'_{Ag}$	1.76
BeO	$null \rightleftharpoons V''_{Be} + V_O^{\cdot\cdot}$	9.61
MgO	$null \rightleftharpoons V''_{Mg} + V_O^{\cdot\cdot}$	9.61
NaCl	$null \rightleftharpoons V'_{Na} + V_{Cl}^{\cdot}$	3.52~3.84

续表5-2

化合物	反应	生成能/(10^{-19} J)
LiF	$\text{null} \rightleftharpoons V'_{Li} + V^{\bullet}_{F}$	3.84~4.33
CaO	$\text{null} \rightleftharpoons V''_{Ca} + V^{\bullet\bullet}_{O}$	9.61
CaF_2	$F_F \rightleftharpoons V'_F + F'_I$	3.68~4.49
	$Ca_{Ca} \rightleftharpoons V''_{Ca} + Ca^{\bullet\bullet}_{i}$	11.2
	$\text{null} \rightleftharpoons V''_{Ca} + 2V^{\bullet}_{F}$	8.81
UO_2	$O_O \rightleftharpoons V^{\bullet\bullet}_{O} + O''_i$	4.81
	$U_U \rightleftharpoons V''''_U + U^{\bullet\bullet\bullet\bullet}_{i}$	15.2
	$\text{null} \rightleftharpoons V''''_U + 2V^{\bullet\bullet}_{O}$	10.3

(2)Schottky 缺陷。

对于 Schottky 缺陷可用同样的方法来处理。设正离子和负离子在表面上“假定”的位置反应，生成空位对和表面的离子对。如 MgO 晶体形成 Schottky 缺陷的缺陷反应式为：

$$Mg_{Mg} + O_O \Longleftrightarrow V''_{Mg} + V^{\bullet\bullet}_{O} + Mg_S + O_S$$

或

$$\text{null} \Longleftrightarrow V''_{Mg} + V^{\bullet\bullet}_{O} \tag{5-18}$$

式中：null 表示完整晶体。平衡时运用质量作用定律并把结果简化，可得：

$$K_S = [V''_{Mg}][V^{\bullet\bullet}_{O}] \tag{5-19}$$

式中：K_S 表示 Schottky 缺陷平衡浓度。设 ΔG_S 是 Schottky 缺陷生成自由能，表示 1 个正离子和 1 个负离子移动到表面并留下 1 对空位所需的能量之和，n_V 为空位对数(如一个阴离子空位和一个阳离子空位组成一对)，N 是晶体中离子对数。缺陷浓度不大时，空位浓度为：

$$\frac{n_V}{N} = \exp\left(-\frac{\Delta G_S}{2kT}\right) \tag{5-20}$$

值得注意的是，对于原子晶体或金属固体，当形成 1 个 Schottky 缺陷时，缺陷生成能仅与 1 个原子及其空位有关，它在形式上应为式(5-20)中的 ΔG_S 的一半。所以对于原子晶体或金属固体，Schottky 缺陷的浓度公式可以写成：

$$\frac{n_V}{N} = \exp\left(-\frac{\Delta G'_S}{kT}\right) \tag{5-21}$$

式中：$\Delta G'_S$为 1 个原子移动到晶体表面并留下 1 个空位所需的能量之和。

请注意式(5-20)和式(5-21)的形式相同，所以一般而言，这两个公式可统一写成如下通式：

$$\frac{n}{N} = \exp\left(-\frac{\Delta G}{2kT}\right) \tag{5-22}$$

式中：n 为间隙原子或空位的数目(Frenkel 缺陷)，或空位对的数目(Schottky 缺陷)；n/N 与晶格点阵中的位置有关，称为格位浓度；ΔG 为生成 1 个填隙子和 1 个空位所需的能量之和(Frenkel 缺陷)，或 1 对正负离子移到晶体表面并留下 1 对空位总共所需要的能量(Schottky 缺陷)。

5.4 点缺陷的基本缺陷反应类型

各类点缺陷，可以看作与原子、离子一样的类化学组元，它们作为物质的组分而存在，或者参加化学反应。因此材料中缺陷之间的相互作用可以用缺陷反应方程式表示。缺陷反应方程式除了应满足反应基本原则外，还需要根据实际情况确定合适的缺陷反应式。因为根据基本原则可能有几个满足要求的反应式，但并非都实际可行。比如，$CaCl_2$ 溶解到 KCl 中会有以下三种可能的缺陷反应式：

$$CaCl_2 \xrightarrow{KCl} Ca_K^{\cdot} + V_K' + 2Cl_{Cl} \tag{5-23}$$

$$CaCl_2 \xrightarrow{KCl} Ca_K^{\cdot} + Cl_{Cl} + Cl_i' \tag{5-24}$$

$$CaCl_2 \xrightarrow{KCl} Ca_i^{\cdot\cdot} + 2V_K' + 2Cl_{Cl} \tag{5-25}$$

其中，反应式(5-24)中，由于阴离子的半径很大(Cl^-的离子半径为 0.181 nm)，阴离子密堆结构中一般很难再挤入间隙阴离子；反应式(5-25)中，当存在 K^+阳离子空位时，Ca^{2+}应该优先填充晶格空位位置，因 Ca^{2+}挤到间隙位置会使得晶体的不稳定因素增加。所以，只有反应式(5-23)是最为合理的。

由以上讨论的缺陷反应可知，缺陷反应可能会导致晶格位置增殖(包括负增殖)、空位的产生、不等价置换杂质、表面位置产生或表面质点迁移到晶体内部与空位复合等，如形成 Schottky 缺陷时增加了位置数目、当表面原子迁移到内部与空位复合时则减少了位置数目；但也有一些缺陷反应可以不发生晶格位置增殖，比如生成电子 e'、空穴 $h^{\cdot}$或间隙等。以下按不同点缺陷的类型分别介绍缺陷反应的基本类型(非化学计量化合物的缺陷将在 5.6 节专门介绍)。

(1) Frenkel 缺陷。

当化合物产生 Frenkel 缺陷时，将形成等浓度的晶格空位和间隙原子的缺陷。以 $M^{2+}X^{2-}$ (M 为阳离子，X 为阴离子)型的化合物为例，以阳离子为对象产生 Frenkel 缺陷时的缺陷反应通式为：

$$M_M \xrightarrow{MX} M_i^{\cdot\cdot} + V_M'' \tag{5-26}$$

以 MgO 为例，其以阳离子和阴离子为对象产生 Frenkel 缺陷时的缺陷反应式分别为：

$$Mg_{Mg} + O_O \xrightarrow{MgO} Mg_i^{\cdot\cdot} + V_{Mg}'' + O_O$$

即

$$Mg_{Mg} \xrightarrow{MgO} Mg_i^{\cdot\cdot} + V_{Mg}'' \tag{5-27}$$

$$X_X \xrightarrow{MX} X_i'' + V_X^{\cdot\cdot} \tag{5-28}$$

式(5-28)也称为反 Frenkel 缺陷，但一般在不特指的情况下，这种缺陷也常简称为 Frenkel 缺陷。它表明：Frenkel 缺陷虽然一般是由半径较小的金属离子造成的，但仍然存在由非金属离子(阴离子)来形成的情况。典型的例子如 CaF_2 晶体中的 F_i'，这应该与 CaF_2 萤石结构中存在较大的体心位置的间隙有关。一般而言，阴离子半径明显比阳离子半径大，所以产生阴离子间隙的可能性较小。

(2)Schottky 缺陷。

当化合物产生 Schottky 缺陷时，将形成等浓度的阳离子空位和阴离子空位，原晶格中的阳离子和阴离子迁移到晶体表面。迁移到晶体表面的阳离子和阴离子构成与原晶体同样的晶体结构离子占位情况，相当于晶体的晶胞数增加了。所以，迁移到晶体表面的阴阳离子对可以认为与原晶体中的离子具有等同的效应，即缺陷反应式中可以不将其写入。以 $M^{2+}X^{2-}$ 型的化合物为例，其产生 Schottky 缺陷时的缺陷反应通式为：

$$M_M + X_X \xrightarrow{MX} M_{S(M)} + V''_M + X_{S(X)} + V^{\cdot\cdot}_X$$

即

$$null \xrightarrow{MX} V''_M + V^{\cdot\cdot}_X \tag{5-29}$$

(3)缺陷的缔合。

在有 Schottky 缺陷和 Frenkel 缺陷的晶体中，有效电荷符号相反的点缺陷间可产生缔合作用。空位和空位之间，置换杂质和空位或填隙原子之间以及一对以上的缺陷之间也可形成缔合中心。如离子晶体 $M^{2+}X^{2-}$，可能产生空位缔合：

$$V''_M + V^{\cdot\cdot}_V \longrightarrow (V''_M V^{\cdot\cdot}_X) \tag{5-30}$$

缺陷浓度愈大，各缺陷处于相应格点概率增大，带异号电荷缺陷之间的缔合概率增大；两缺陷之间距离愈近，愈易缔合；温度愈高，缔合缺陷浓度愈小。相同的缺陷也可聚集在一起形成簇。

(4)反结构缺陷。

反结构缺陷是指晶体中原子(或者离子)发生晶格的错位占位而导致的缺陷。反结构缺陷一般只存在于电负性差别较小的金属间化合物材料中；在无机非金属材料中，当两不同晶格位置的离子半径相差不大时也可能发生反结构现象。如 AB_2O_4 型正尖晶石结构中，A 是占据在氧八面体中心位置，而 B 是在氧四面体中心位置；但在反型尖晶石中，A 是占据四面体中心，而有一半数量的 B 离子是占据在八面体中心，另外的 B 离子占据在四面体位置，产生反结构特征。A 与部分 B 可以互调位置，形成 $B^{3+}(A^{2-}B^{3+})O_4$ 反尖晶石结构。其缺陷反应式可以表示为：

$$null \xrightarrow{AB_2O_4} B^{\cdot}_A + A'_B + B_B + 4O_O \tag{5-31}$$

(5)杂质缺陷。

由于外来杂质的引入而形成固溶体，由此产生的缺陷称为杂质缺陷。相关内容将在 5.5 节中进行详细介绍。

5.5　形成固溶体的缺陷反应

由于外来杂质的引入而形成固溶体，由此产生的缺陷。由于杂质的离子价态、离子尺寸等不同，可能产生不同的缺陷反应特征，以下将分别介绍。

(1)间隙型固溶体。

由于杂质离子的引入形成固溶体或溶剂本身质点进入间隙位置时，会引起晶体结构中局部电价的不平衡，可以通过生成空位、产生部分置换或电子缺陷来满足电中性条件。间隙型固溶体的形成，一般都能使主晶体的晶胞参数增大，但增大到一定程度时，固溶体会变得不稳定，从而形成分相。所以，形成间隙型固溶体的固溶度有限。

如之前介绍的那样，阴离子由于其本身的离子半径比较大，一般难以形成间隙型固溶体。但在一些特殊晶体结构材料中，当间隙空腔足够大时，也可能形成间隙型固溶体，如在萤石结构中可能发生。当 YF_3 固溶到萤石结构的 CaF_2 中时，可能发生阴离子的间隙固溶现象，如式(5-32)所示：

$$YF_3 \xrightarrow{CaF_2} Y_{Ca}^{\cdot} + 2F_F + F_i' \tag{5-32}$$

另外，对一些半径很小的离子，当形成固溶体时，也很可能产生间隙型固溶体。如 B^{3+}(离子半径为 0.012 nm)固溶到 CuO 晶体时，晶体的晶胞参数增大，说明形成了间隙型固溶体，其缺陷化学反应可表述为：

$$B_2O_3 \xrightarrow{CuO} 2B_i^{\cdot\cdot\cdot} + \frac{3}{2}O_2 + 6e' \tag{5-33}$$

在还原气氛或氧分压明显不足的情况下，ZnO 晶体中氧逸出，此时就可能形成 Zn 原子间隙，同时产生弱束缚电子而使晶体呈现良好的电子导电性(在此，暂不讨论产生氧空位的情形)。其缺陷化学反应可表述为：

$$\text{null} \xrightarrow{ZnO} Zn_i^{\cdot\cdot} + \frac{1}{2}O_2 + 2e' \tag{5-34}$$

(2)等价置换固溶体。

当形成等价置换的固溶体时，不改变晶格电荷状态，但可能会由于溶质和溶剂的离子尺寸不同而产生晶格畸变，由此可能导致固溶体的物理化学性质发生显著变化。如红宝石，主要成分是氧化铝(Al_2O_3)，红色来自铬(Cr，主要为 Cr_2O_3)，其摩尔分数一般为 0.1%~3%，最高者达 4%。其缺陷化学反应可表述为：

$$Cr_2O_3 \xrightarrow{Al_2O_3} 2Cr_{Al}^{\times} + 3O_O \tag{5-35}$$

在钙钛矿晶体材料的研究与实际应用中，经常采用等价置换的方式来调节材料的性质。$BaTiO_3$ 基 PTCR 陶瓷材料是一种集温度传感、控制、发热及过流保护等功能为一体的热敏材料。$BaTiO_3$ 本身的居里点为 120℃，为了调节陶瓷的居里温度，常引入 Sr^{2+} 和 Pb^{2+} 置换 Ba^{2+}，形成不同固溶量的(Ba, Sr, Pb)TiO_3 体系，可实现上下 100℃或更宽范围的温度调节，从而满足不同的应用要求。以形成(Ba, Pb)TiO_3 的 Pb^{2+} 置换 Ba^{2+} 为例，其缺陷化学反应可用式(5-36)表述：

$$PbO \xrightarrow{BaTiO_3} Pb_{Ba}^{\times} + O_O \tag{5-36}$$

PZT 陶瓷也是一种典型的等价置换固溶体的应用实例。$PbTiO_3$ 是一种铁电体，居里点为 490℃，常温时是四方钙钛矿结构，且具有较大四方度(晶格常数 c/a 为 1.065)。纯 $PbTiO_3$ 烧结性能极差，在烧结过程中晶粒很大，晶粒间结合力差；相变时晶格常数剧烈变化，陶瓷易发生开裂现象，所以难以制得纯的 $PbTiO_3$ 陶瓷。$PbZrO_3$ 是一种反铁电体，居里点为 230℃。两者均为钙钛矿型，晶体结构相同，Zr^{4+}、Ti^{4+} 的离子尺寸相差不大，能生成连续固溶体 $Pb(Zr_xTi_{1-x})O_3$。在斜方铁电体和四方铁电体的相边界组成的 $Pb(Zr_{0.54}Ti_{0.46})O_3$ 即 PZT 陶瓷，其压电性能、介电常数都达到最大值，烧结性能也很好。其固溶体相当于是化学反应过程中由 PbO、TiO_2、ZrO_2 等氧化物反应生成，即相当于由 Zr^{4+} 置换 $PbTiO_3$ 中的 Ti^{4+}(或由 Ti^{4+} 置换 $PbZrO_3$ 中的 Zr^{4+})而形成。缺陷化学反应可用式(5-37)表述：

$$ZrO_2 \xrightarrow{PbTiO_3} Zr_{Ti}^{\times} + 2O_O \tag{5-37}$$

(3)异价置换固溶体。

当形成异价置换的固溶体时，由于不同价态离子的置换引入，将改变溶剂晶格电荷状态(一般地，也可能由于溶质和溶剂的离子尺寸不同而产生晶格畸变)，由此可能导致固溶体的物理化学性质发生显著变化。为了保持溶剂晶体的电中性特性，可通过以下方式来实现：形成空位、产生填隙原子、改变离子价态或价态补偿等。现通过以下缺陷反应模式分别进行介绍。

①空位模式。

当低价阳离子置换溶剂中的高价阳离子时，溶质离子占据了主晶体中高价离子的格点，且带入的有效配位氧离子比主晶格氧离子数更少，导致氧离子不足、产生氧空位并补偿至电中性。如 Y_2O_3 加入 ZrO_2 中形成固溶体时，由于 Y^{3+} 比 Zr^{4+} 价态低，而产生氧格点空位。缺陷反应式为：

$$Y_2O_3 \xrightarrow{ZrO_2} 2Y'_{Zr} + 3O_O + V_O^{\cdot\cdot} \tag{5-38}$$

Y_2O_3 加入 ZrO_2 中形成固溶体及组分缺陷具有重要的实际意义。一方面，由于纯 ZrO_2 室温时为单斜晶系，在升温过程中将由单斜晶系向四方晶系以及立方晶系的晶型转变，并伴有很大的体积膨胀，不适于耐高温材料应用。依 Y_2O_3 添加量的不同，Y_2O_3 与 ZrO_2 形成固溶体后可以把高温四方相甚至立方相稳定到室温下，避免升温发生晶型转变，从而成为一种极有价值的高温材料，文献中经常提到的 YSZ(yttria-stabilized zirconia，氧化钇稳定氧化锆)即为该类固溶体。另一方面，由于氧空位的形成，ZrO_2 与 CaO、Y_2O_3 或 Sc_2O_3 等形成的异价置换固溶体也是一种综合性能优良的氧离子导电材料，在氧传感器和燃料电池电解质中得到广泛应用。

当高价阳离子置换溶剂中的低价阳离子，这一过程会导致氧过剩或阳离子不足。一般地，对于溶剂和溶质为氧化物体系，当固溶反应环境中的氧含量较充足(或氧偏压较高)时，可能使晶体中氧过剩，相当于由氧组成的晶格格点数(或晶胞数)比固溶反应前增多了，由此产生阳离子空位。如 Al_2O_3 固溶到 MgO 晶体中的缺陷反应式为：

$$Al_2O_3 \xrightarrow{MgO} 2Al_{Mg}^{\cdot} + V''_{Mg} + 3O_O \tag{5-39}$$

而当固溶反应的环境中的氧含量不足(或氧偏压较低)时，高价氧化物引入的多余的氧就可能以氧气形式逸出晶体。此时，固溶体的晶格格点数(或晶胞数)不会变化。但在形成化合物或固溶体过程中，高价阳离子给体系提供了更多的价电子，或者可以认为氧逸出过程中，由氧离子变成了氧原子(分子)而使其离子状态时获得的价电子留在固溶体体系，使得体系中产生弱束缚电子。这种缺陷反应在氧化物(或其他化合物，如硫化物等)半导体的施主掺杂处理中经常见到。Al_2O_3 施主掺杂 ZnO 就是一个典型的例子，其缺陷反应式为：

$$Al_2O_3 \xrightarrow{ZnO} 2Al_{Zn}^{\cdot} + 2e' + 2O_O + \frac{1}{2}O_2 \tag{5-40}$$

②间隙模式。

正如5.5节“(1)间隙型固溶体”中提到，杂质离子或溶剂本身质点进入间隙位置会引起晶体结构中局部电价的不平衡，这可以通过形成空位、产生部分置换或电子缺陷来满足电中性条件。间隙型固溶体的形成，一般都能使主晶体的晶胞参数增大，但增大到一定程度时，固溶体会变得不稳定，从而形成分相。所以，形成间隙型固溶体的固溶度有限。对于一些半径很小的离子，当形成固溶体时，很可能产生间隙型固溶体。对于离子尺寸较大的质点，就难于以间隙形式形成固溶体，但在某些特殊条件(如高温、高压等)下，也可能形成间隙固溶体。低价阳离子置换高价阳离子时[如在高温(2073 K)时把 CaO 加入 ZrO_2 中]，当 CaO 掺入量很低时，可能会形成阳离子间隙：

$$2CaO \xrightarrow{ZrO_2} Ca_{Zr}'' + Ca_i^{\cdot\cdot} + 2O_O \tag{5-41}$$

③变价模式

如果形成的固溶体中存在至少 1 种可变价的元素(如具有未填满的次外层 d 电子的过渡金属等)，则可以通过变价的形式满足电中性条件，且不出现间隙或空位缺陷。如在 TiO_2 中引入 Nb_2O_5 时，可能出现 Ti 离子的变价方式：

$$Nb_2O_5 + 2TiO_2 \xrightarrow{TiO_2} 2Nb_{Ti}^{\cdot} + 2Ti_{Ti}' + 8O_O + \frac{1}{2}O_2 \tag{5-42}$$

式(5-42)可以理解为，高价 Nb^{5+} 置换低价 Ti^{4+} 时，形成的 $Nb_{Ti}^{\cdot}$ 缺陷可通过 Ti 的 3d 电子构成的导带来补偿(Ti_{Ti}')；或者说，高价 Nb^{5+} 置换低价 Ti^{4+} 给体系提供额外的弱束缚电子，而该电子可以被 Ti^{4+} 束缚，使 Ti^{4+} 接收一个电子形成 Ti^{3+}(即形成 Ti_{Ti}' 缺陷)。式(5-43)与式(5-41)具有完全类似的缺陷特性，但式(5-43)能更直观地看出高价 Nb^{5+} 置换低价 Ti^{4+} 是一种施主掺杂的半导化过程。

$$Nb_2O_5 \xrightarrow{TiO_2} 2Nb_{Ti}^{\cdot} + 2e' + 4O_O + \frac{1}{2}O_2 \tag{5-43}$$

④补偿模式。

如式(5-38)和式(5-42)所示，当形成固溶体时，会形成空位或变价缺陷。对于某种氧化物，即使主晶体本身离子价态是可变化的，如果同时溶入半径相当、数目相同的高价和低价的两种氧化物，即可形成补偿型置换固溶体，而不会出现变价、间隙或空位等。如等量 Al_2O_3 和 Nb_2O_5 同时固溶到 TiO_2 中就是一种典型的例子。

$$Al_2O_3 + Nb_2O_5 \xrightarrow{TiO_2} 2Al_{Ti}' + 2Nb_{Ti}^{\cdot} + 8O_O \tag{5-44}$$

5.6 非化学计量化合物的缺陷分析

5.6.1 非化学计量化合物概述

众所周知，二氧化碳分子是由一个碳原子和两个氧原子构成的，碳和氧的相对原子质量都是定值，所以在二氧化碳中，碳和氧的质量比总是确定的值，它的组成(即碳原子数和氧原子数之比)也总是确定的。这是由法国 J L Proust 于 1799 年提出的定比定律。每一种化合物，不论它是天然存在的还是人工合成的，也不论它是用什么方法制备的，它的组成元素的质量都有一定的比例关系，这一规律称为定比定律。后来经研究发现，这种严格按化学计量形成的化合物其实是一种很特殊的情况，大多数原子或离子晶体化合物并不符合定比定律，其正、负离子的比并不是一个简单、固定的值。它们呈现很宽的组成范围，并且组成和具体结构之间没有简单的对应关系，这些化合物被称为非化学计量化合物(nonstoichiometric compound)或偏离整比的化合物(compounds deviated from stoichiometry)。即把原子或离子(正、负离子)的比例不成简单整数比或不成固定比例关系的化合物称为非化学计量化合物。非化学计量化合物的实质是同一种元素的高价态与低价态离子之间的置换型固溶体。比如，方铁矿只有一个近似的组成，即 $Fe_{0.95}O$ 或 FeO_{1+y}(y 为 0.05~0.15)，它的结构中总是有阳离子空位存在，为保持结构电中性，每形成一个 V_{Fe}''，必须有 2 个 Fe^{2+}转变为 Fe^{3+}。

根据非化学计量化合物的概念，可知其具有以下几个特点：①非化学计量化合物内部缺陷的产生及浓度往往与环境(气氛性质、温度、压力)有关；②它们呈现很宽的组成范围，并且组成与具体结构之间没有简单的对应关系；③因组成偏离值可能很小，其点阵结构不能用常规的化学分析方法或 XRD 等技术鉴别出来，但化合物的光学、电学或磁学性质能明显呈现；④非化学计量化合物易发生在具有可变价态的阳离子组成的化合物中，可以看作高价化合物与低价化合物的固溶体；⑤非化学计量化合物通常是半导体，具有良好的导电性。

这类偏离化学计量的化合物具有重要的技术性能。材料中各种缺陷的存在，往往让材料具备了许多特殊的光、电、声、磁、力和热性质，从而使它们成为很好的功能材料。非化学计量化合物是固体化学以及无机材料化学中重点讨论的对象。

非化学计量化合物类似于异价置换固溶体中产生组成和结构缺陷的情况。实际上，正是这种组成和结构缺陷，才使化合物变成非化学计量的，只是这种异价置换是发生在同一种元素不同价态的离子间，例如 3 价钛对 4 价钛、3 价铁对 2 价铁以及 6 价铀对 4 价铀的异价置换。此外，把锌固溶到氧化锌中，可以生成阳离子填隙型的非化学计量化合物。有关缺陷反应式如下：

$$Ti_2O_3 \xrightarrow{TiO_2} 2Ti_{Ti}' + V_O^{\cdot\cdot} + 3O_O \tag{5-45}$$

$$Fe_2O_3 \xrightarrow{FeO} 2Fe_{Fe}^{\cdot} + V_{Fe}'' + 3O_O \tag{5-46}$$

$$UO_3 \xrightarrow{UO_2} 2U_U^{\cdot\cdot} + O_i'' + 2O_O \tag{5-47}$$

$$ZnO + Zn(g) \xrightarrow{ZnO} Zn_{Zn} + Zn_i^{\cdot\cdot} + 2e' + O_O$$

即

$$Zn(g) \xrightarrow{ZnO} Zn_i^{\cdot\cdot} + 2e' \tag{5-48}$$

式(5-45)反应生成阴离子空位型的非化学计量化合物 TiO_{2-y}，式(5-46)反应生成阳离子空位型的非化学计量化合物 $Fe_{1-y}O$，式(5-47)反应生成阴离子填隙型的非化学计量化合物 UO_{2+y}，式(5-48)反应生成阳离子填隙型的非化学计量化合物 $Zn_{1+y}O$。非化学计量化合物的 4 种基本类型的生成机制，可用异价置换固溶体的空位机构和填隙机构来描述，只要把不同元素间的异价不等数置换改为同种元素即可。而这种同种元素异价置换现象，可看成该元素的部分离子变价(升价或降价)的结果。同时，为满足位置关系、电中性和质量平衡等关系，必然要伴随着组成和结构缺陷的生成。因此可以认为，非化学计量化合物是异价置换固溶体中的特例。

由此可知，可以把非化学计量化合物看作一种含有少量异价“杂质”的晶体，而不管这种“杂质”(其组成的元素与主晶体相同)是外来的还是由金属离子本身变价而成的。因而研究非化学计量化合物的问题可以归类为“缺陷化学”研究范畴。另外，非化学计量化合物也可看作以纯的完整晶体结构为基础、由与主晶体组成相同的异价“杂质”掺杂所得的固溶体。因此，非化学计量化合物也属于“固溶体”研究范畴。用上述两种途径来处理非化学计量化合物，实际上是等效的。

下面分别对非化学计量化合物的阴离子空位型、阴离子填隙型、阳离子空位型和阳离子填隙型4种类型进行阐述。在学习过程中，请读者仔细领会：虽然非化学计量缺陷反应可以借鉴异价杂质掺杂的固溶体的缺陷反应，但它们所产生的载流子(电子或空穴)类型却不能简单地套用5.5节的缺陷反应式，而应该从物质被氧化或被还原的角度进行思考和分析。

5.6.2 阴离子空位型的缺陷分析

由于环境中缺氧，晶格中的氧逸出使晶体中出现了氧空位而导致阳离子过剩。TiO_2、ZrO_2、CdO、CeO_2 和 Nb_2O_5 等是这类化合物中常见的例子，它们的分子式可分别写为 TiO_{2-y}、ZrO_{2-y} 等。从化学计量的角度来看，在这类化合物中，阳离子数与阴离子数的比例本应是一个固定值，例如在 TiO_2 情况下的 1∶2；但实际上由于氧离子不足，在晶体中存在氧空位。缺氧的 TiO_2 可以看作 Ti^{4+} 和 Ti^{3+} 氧化物的固溶体。TiO_2 的非化学计量范围比较大，可以从 TiO 到 TiO_2 连续变化，其缺陷反应如下：

$$2Ti_{Ti} + 4O_O \xrightarrow{TiO_2} 2Ti'_{Ti} + V_O^{\cdot\cdot} + 3O_O + \frac{1}{2}O_2$$

或

$$null \xrightarrow{TiO_2} 2Ti'_{Ti} + V_O^{\cdot\cdot} + 3O_O + \frac{1}{2}O_2 \tag{5-49}$$

简写为：

$$O_O \xrightarrow{TiO_2} V_O^{\cdot\cdot} + 2e' + \frac{1}{2}O_2 \tag{5-50}$$

式(5-49)、式(5-50)的缺陷过程可描述为：氧原子以气态逸出，为保持格点位置平衡，则同时产生氧空位；在形成氧离子空位的同时，原晶格中的氧离子释放电子而形成原子(分子)，在晶体体系中产生准自由电子，由此整个晶体的电中性得以保持。当 Ti^{4+} 俘获一个电子而形成式(5-49)所述的 Ti'_{Ti} 时，则是三价钛位于四价钛的位置上，这种离子变价现象总是和电子缺陷相联系。而电子 e 并不是固定在某一个特定的 Ti^{4+} 上，由于氧空位带有效正电荷，容易捕获电子，形成一种负离子空位和电子的缔合，故可把 e 看作在负离子空位周围。在电场激发下，缔合电子可以迁移，形成电子导电，因此 TiO_{2-y} 非化学计量化合物可以看作 n 型半导体。

由于激发电子脱离氧空位的能量在可见光范围，因此，负离子空位和电子缔合体又称为F-色心。F-色心上的电子能吸收一定波长的光，使二氧化钛从白色或黄色变成蓝色直至灰黑色。

关于“色心”的补充说明：“色心”是由电子补偿而引起的一种缺陷。某些晶体，如果有X射线、γ射线、中子或电子辐照，往往会产生颜色。为在缺陷区域保持电中性，过剩的电子或过剩正电荷(电子空穴)处在缺陷的位置上。在点缺陷上的电荷具有一系列分离的允许能级。这些允许能级相当于在可见光谱区域的光子能级，能吸收一定波长的光，使材料呈现某种颜色。把这种经过辐照而变色的晶体加热，能使缺陷扩散，辐照破坏得到修复，晶体失去颜色。

非化学计量化合物内缺陷的产生及浓度往往与环境有关。现分析式(5-50)中氧空位浓度与氧分压(partial pressure)的关系。根据质量作用定律，平衡时由式(5-50)可得平衡常数为：

$$K=\frac{[V_O^{\cdot\cdot}][P_{O_2}]^{\frac{1}{2}}[e']^2}{[O_O]} \tag{5-51}$$

在一定温度下的平衡常数 K 为定值。晶体中氧离子的浓度基本不变，即完整晶体中 $[O_O]=1$；产生电子的浓度是氧空位浓度的 2 倍，即 $[e']=2[V_O^{\cdot\cdot}]$，于是式(5-51)可简化为：

$$[V_O^{\cdot\cdot}]\propto[P_{O_2}]^{-1/6} \tag{5-52}$$

这说明：在一定温度下，氧空位的浓度与氧分压的 1/6 次方成反比。TiO_2 的非化学计量对氧分压很敏感，在还原(或氧不足)气氛中容易形成非化学计量化合物 TiO_{2-x}。在烧结含有 TiO_2 的材料(如金红石质电容器)时，如果在强氧化气氛中烧结，可获得金黄色电介质材料；如果氧分压较低，氧空位浓度 $[V_O^{\cdot\cdot}]$ 增大，烧结得到的是灰黑色非化学计量化合物，呈现 n 型半导体特性。颜色的变化是因为生成氧空位缺陷，产生了色心。

5.6.3　阴离子填隙型的缺陷分析

这类化合物的晶格中由于阴离子过剩形成填隙阴离子，因而在其近邻引入正电荷(准自由电子空穴)以保持电中性。准自由电子空穴在电场的作用下会因运动而导电，所以这种材料是 p 型半导体。由于阴离子一般较大，不易挤入间隙位置，故这种类型并不常见。UO_{2+y} 有这样的缺陷，其缺陷反应过程可表示为：

$$\left.\begin{aligned}&\frac{1}{2}O_2(g)\rightleftharpoons O_i\\&O_i\rightleftharpoons O_i'+h^{\cdot}\\&O_i'\rightleftharpoons O_i''+h^{\cdot}\end{aligned}\right\} \tag{5-53}$$

$$\text{即}\quad \frac{1}{2}O_2(g)\rightleftharpoons O_i''+2h^{\cdot}$$

这个过程可描述为：气氛中与阴离子成分相同的 O_2 溶入化合物，占据间隙位置；填隙氧原子在电离的同时，产生准自由电子空穴，使整个晶体的电中性得以保持。据式(5-53)可知，随着氧分压的增大，填隙氧离子浓度增大，准自由电子空穴浓度增大，p 型半导体的导电能力增强。

参照式(5-51)，对氧空位浓度与氧分压(partial pressure)的关系进行分析，可以得到氧间隙浓度与氧分压的关系式为：

$$[O_i'']\propto[P_{O_2}]^{1/6} \tag{5-54}$$

所以在氧化气氛中烧结 UO_2，可得 UO_{2+x} 非化学计量材料。UO_{2+x} 非化学计量材料可以看作 UO_3 在 UO_2 中的固溶体(UO_3-UO_2)。其缺陷生成反应式如式(5-47)所示。

5.6.4　阳离子空位型的缺陷分析

在氧气比较充足或氧化环境中，氧进入晶格或阳离子被氧化，就可能产生阳离子空位。产生阳离子空位，为保持电中性，带负电的阳离子空位在其周围捕获带正电的电子空穴，形成 p 型半导体材料。许多过渡金属化合物(一般为低价态阳离子组成的化合物)能形成这类非化学计量化合物，如 NiO、CoO、MnO、Cu_2O、FeS 和 FeO 等。以方铁矿(Wüstite，$Fe_{0.95}O$)为例，在气氛中氧气的作用下，它可以形成非化学计量化合物，其分子式又可写为 $Fe_{1-x}O$。

$Fe_{1-x}O$ 可以看作 Fe_2O_3(即 $Fe_{2/3}O$)在 FeO 中形成的固溶体，即 Fe^{3+} 取代部分 Fe^{2+}。为了保持电中性，在正离子空位周围捕获电子空穴 $h^{\cdot}$，是 p 型半导体。缺陷生成的反应式如下：

$$2Fe_{Fe} + \frac{1}{2}O_2 \xrightarrow{FeO} 2Fe_{Fe}^{\cdot} + V_{Fe}'' + O_O \tag{5-55}$$

$$\frac{1}{2}O_2 \xrightarrow{FeO} V_{Fe}'' + 2h^{\cdot} + O_O \tag{5-56}$$

这个过程可以理解为：气氛中与 FeO 中的氧成分相同的 O_2 溶入 FeO，占据了正常晶格结点位置，相当于由 O 质点组成的晶体结构框架的晶胞数增多了；这样 Fe 和 O 的离子数比就不是 1 了，而是小于 1，即 Fe 元素并未增加，产生了阳离子 Fe^{2+} 晶格空位。外来氧原子变成氧离子需要电子，只好由原有的 Fe^{2+} 提供电子，使得 Fe^{2+} 变成 Fe^{3+}，同时产生 Fe 空位。或者说，为了保持电中性，在形成 V_{Fe} 空位的同时，导致电子空穴形成。从式(5-55)、式(5-56)可见，铁离子空位本身带负电，为了保持电中性，2 个准自由电子空穴被吸引到 1 个铁离子空位周围，形成一种 V 色心。

根据质量作用定律，平衡时，由式(5-56)可得：

$$K = \frac{[O_O][V_{Fe}''][h^{\cdot}]^2}{[P_{O_2}]^{1/2}} \tag{5-57}$$

在一定温度下的平衡常数 K 为定值。假设晶体中氧离子的浓度基本不变，即 $[O_O] = 1$；产生空穴的浓度是 Fe 空位浓度的 2 倍，即 $[h^{\cdot}] = 2[V_{Fe}'']$，于是式(5-57)可简化为：

$$[V_{Fe}''] \propto [P_{O_2}]^{1/6} \tag{5-58}$$

所以，氧分压增大，带负电铁离子空位的浓度也增大；V-色心浓度增大，$Fe_{1-y}O$ 颜色随之变化；电子空穴的浓度增大，p 型半导体的电导率也相应增大。

5.6.5 阳离子填隙型的缺陷分析

过剩的金属离子进入间隙位置，为了保持整体电中性，相应数目的准自由电子被束缚于间隙位置的金属离子周围。这种缺陷也是一种色心。$Zn_{1+y}O$ 和 $Cd_{1+y}O$ 属于这种类型。例如，ZnO 在锌蒸气(或还原气氛)中加热，颜色会逐渐加深，就是形成这种色心的缘故。设锌蒸气进入晶体后，Zn 原子充分离解成 Zn^{2+}，缺陷反应可写成：

$$Zn(g) \xrightarrow{ZnO} Zn_i^{\cdot\cdot} + 2e' \tag{5-59}$$

按质量作用定律：

$$K = \frac{[Zn_i^{\cdot\cdot}][e']^2}{[P_{Zn}]} \tag{5-60}$$

因为电子浓度是间隙 Zn 浓度的 2 倍，即 $[e'] = 2[Zn_i^{\cdot\cdot}]$，则 $K = [Zn_i^{\cdot\cdot}]^3/[P_{Zn}]$，而 K 为平衡常数，因此，填隙锌离子的浓度与锌蒸气压的关系为：

$$[Zn_i^{\cdot\cdot}] \propto [P_{Zn}]^{1/3} \tag{5-61}$$

如果锌蒸气进入晶体后，Zn 原子的离子化程度不足，缺陷反应可写成：

$$Zn(g) \xrightarrow{ZnO} Zn_i^{\cdot} + e' \tag{5-62}$$

按质量作用定律：

$$K=\frac{[Zn_i^{\cdot\cdot}][e']}{[P_{Zn}]} \tag{5-63}$$

因为$[e']=[Zn_i^{\cdot\cdot}]$，则$K=[Zn_i^{\cdot}]^2/[P_{Zn}]$，而 K 为平衡常数，所以，填隙锌离子的浓度与锌蒸气压的关系为：

$$[Zn_i^{\cdot}]\propto[P_{Zn}]^{1/2} \tag{5-64}$$

这种形成模型叫作单电荷填隙锌模型。相应地，前一种为双电荷填隙锌模型。

当环境中氧分压较低(氧不足)时，晶格中的氧将逸出。因为离子晶体常认为是以阴离子质点组成的框架、阳离子占据阴离子多面体中心而构成的，所以，ZnO 晶体中氧逸出后，相当于晶体的晶胞数减少了，多余的 Zn 则占据晶格间隙。或者也可以认为，晶格中的氧逸出相当于晶体被还原，则部分 Zn^{2+}被还原为锌原子。其缺陷反应式为：

$$Zn_{Zn}+O_O-\frac{1}{2}O_2\xrightarrow{ZnO}Zn_i^{\cdot\cdot}+2e' \tag{5-65}$$

参照以上分析，可以得出间隙锌离子的浓度与氧分压的关系为：

$$[Zn_i^{\cdot\cdot}]\propto[P_{O_2}]^{-1/6} \tag{5-66}$$

这说明在一定温度下，间隙锌离子的浓度与氧分压的 1/6 次方成反比。ZnO 的非化学计量对氧分压很敏感，在还原(或氧不足)气氛中容易形成 $Zn_{1+x}O$ 非化学计量化合物，呈现 n 型半导体特性。

5.7　点缺陷与材料物理性质

5.7.1　概述

一般地，固体材料所有的物理性质都与它们精确的原子结构密切相关，并且与材料是否存在缺陷及缺陷的特点有关。表 5-3 列出了材料的物理性质与对应相关的缺陷。

这里以材料的电导率为例进行说明。材料的电导率 σ 可以用以下公式计算：

$$\sigma=nq\mu \tag{5-67}$$

式中：n 为载流子浓度；q 为载流子电荷；μ 为载流子的迁移率。其中，载流子是由点缺陷类型及特征决定的，比如电子(或空穴)是由半导体材料中由高价态施主(或低价态受主)在溶剂中形成固溶体而产生的缺陷所形成的；离子载流子是由固态物质中产生的离子缺陷(如晶格空位等)所形成的。由于材料能级因素和多种点缺陷可能共存，故在一种材料中可以同时存在多种载流子贡献于材料的电导的情况，材料总的电导率则由各种因素的电导率(电子电导、空穴电导、阴离子电导、阳离子电导等)共同作用，即为各电导率之和。

$$\sigma_t=\sigma_c+\sigma_a+\sigma_e+\sigma_h \tag{5-68}$$

式中：σ_t、σ_c、σ_a、σ_e 和 σ_h 分别为材料的总电导率、阳离子电导率、阴离子电导率、电子电导率和空穴电导率。为了表示某种载流子对电导率贡献的大小，通常采用迁移数(transport number、transference number 或 transfer number)概念表述，即该载流子对总电导率的贡献的分数：

$$t_i=\sigma_i/\sigma_t \tag{5-69}$$

显然，各种载流子迁移数之和为 1。

表 5-3 材料的物理性质及其对应的缺陷

物理性质	相关的缺陷
扩散	空位、间隙
电子电导	自由电子、弱束缚电子、电子空穴
离子电导	空位、离子化的原子缺陷
热电势	离子化极化、电荷浓度极化
介电损耗	缺陷中离子、电子或空穴的迁移；电子极化；缔合缺陷重取向
Hall 效应随温度变化	电子或空穴浓度、杂质能级
电磁波(光)吸收	能带结构(电子、空穴)；晶格缺陷(种类、价态、能级等)
光传导	电子、空穴，与极化相关的介电常数、折射率
荧光、磷光	原子缺陷(类型与能级)
静态磁化率	非成对自旋的电子或空穴，原子缺陷等
顺磁共振	电子、空穴，单一原子缺陷及缔合物
离子束共振	自由电子、空穴
核共振	原子缺陷
电子热导	电子、空穴
声子散射	原子缺陷(晶格缺陷)
热膨胀系数	原子缺陷(晶格缺陷)

如果贡献总电导率的载流子为离子，则称之为离子电导。离子电导的固态材料称为离子导电体，也称为固态电解质。在一定条件下，卤化碱、某些重金属卤化物及少数金属氧化物的固溶体具有良好的离子电导率。如果贡献电导率的载流子为电子或空穴，则称之为电子导体，无机非金属电子导体即为通常所说的半导体。

由于电导率的特征与材料中的缺陷相关，因此测定材料的电导率是分析材料缺陷特点的重要方法之一。对于离子晶体，其离子的扩散系数可以由相应的离子电导率数据计算得到。对于敏感材料，其敏感特性随材料的缺陷种类与数量而变化，也与材料的组成、制备工艺(如烧结温度、气氛等)、测试环境气氛与温度、应力等密切相关。

5.7.2 非化学计量的半导体电导性

材料的电导率，特别是半导体材料的电导率在不同环境下(如气氛、温度、湿度、压力等)也可能不同。图 5-5 为某 α-Nb_2O_5 经 1000℃处理后的电导率与温度的关系。

这可以利用缺陷化学的相关知识进行解释。α-Nb_2O_5 在氧分压较低的情况下，由于热激发作用，可能发生晶格氧逸出而产生氧空位，同时释放原格点氧束缚的 2 个电子。该过程会形成非化学计量化合物 α-Nb_2O_{5-x}，相当于 α-Nb_2O_4 固溶于 α-Nb_2O_5 晶体中，同时产生弱束缚电子。其缺陷反应过程如式(5-70)所示：

$$\left.\begin{aligned} &O_O^\times \xrightleftharpoons{Nb_2O_5} V_O^\cdot + e' + O \\ &V_O^\cdot \xrightleftharpoons{Nb_2O_5} V_O^{\cdot\cdot} + e' \end{aligned}\right\} \tag{5-70}$$

即　$O_O^\times \xrightleftharpoons{Nb_2O_5} V_O^{\cdot\cdot} + 2e' + \frac{1}{2}O_2(g)$

由于实际反应过程中的空位浓度有 $V_O^{\cdot\cdot} \gg V_O^\cdot$，所以可以不考虑 $V_O^\cdot$。按质量作用定律，有：

$$K = [V_O^{\cdot\cdot}][e']^2[P_{O_2}]^{1/2} \tag{5-71}$$

所以产生电子的浓度与氧偏压的关系如式(5-72)所示。由于材料的电导率与载流子浓度成正比，所以可得到电导率 σ 与氧偏压的关系为式(5-73)：

$$[e'] = K[P_{O_2}]^{-1/6} \tag{5-72}$$

$$\sigma \propto [P_{O_2}]^{-1/6} \tag{5-73}$$

由此可知，高温处理的 α-Nb_2O_5 呈现一定的导电性是因为产生氧空位，并由此给系统提供了弱束缚电子。如图 5-5 所示的 α-Nb_2O_5 的电导率-温度特性中存在两个阶段：低温段(图中 $1000/T$ 大于 2)的电导率呈正温度特性(电导率随温度升高而增大)和高温段(图中 $1000/T$ 小于 2)的电导率随温度增加变化不明显，甚至电导率呈负温度系数特性。高温阶段，由于热激活电子已经电离完全，继续升高温度也不能使电子浓度增加，此时影响电导率变化的因素主要是电子的迁移率。一般地，温度越高，散射(包括电子之间的散射、电子与晶格和电子与缺陷的散射)越明显，导致迁移率不能增加，甚至降低。

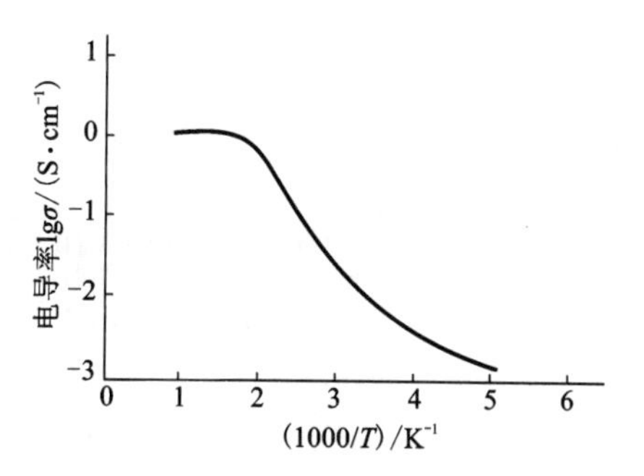

图 5-5　α-Nb_2O_5 的电导率与温度的关系

5.7.3　$BaTiO_3$ 材料的缺陷化学

$BaTiO_3$ 是一种典型的钙钛矿材料，在介质材料、电容器、压电元件以及电阻正温度系数(PTC)热敏材料中得到广泛的应用，是一种非常重要的无机非金属材料。这些应用的基本原理均与缺陷化学密切相关。

早在 20 世纪 70 年代，Daniels 等就从缺陷化学的角度研究了 $BaTiO_3$ 陶瓷的电导率与氧分压的关系。图 5-6(a)、图 5-6(b)分别为未掺杂和 La^{3+} 掺杂 $BaTiO_3$ 的电导率 σ 随氧分压 P_{O_2} 变化的关系图。未掺杂 $BaTiO_3$ 的电导率在不同温度下随氧分压的增加呈现先降低、后增加的变化规律；而 La^{3+} 掺杂 $BaTiO_3$ 的电导率虽然也随着氧分压的增加而降低，其变化规律与前者却又不同。这些变化特征均可以从缺陷反应的理论得到合理解释。

Daniels 等根据实验结果提出了未掺杂 $BaTiO_3$ 在较高温度时的缺陷演变模型。该材料的缺陷反应及平衡条件表述如下(K_i 为平衡常数)：

$$\left.\begin{aligned} &O_O^\times \rightleftharpoons V_O^\times + \frac{1}{2}O_2(g) \\ &K_1 = [V_O^\times]P_{O_2}^{1/2} = 10^{17}\exp\left(-\frac{4.7\ eV}{kT}\right) \end{aligned}\right\} \tag{5-74}$$

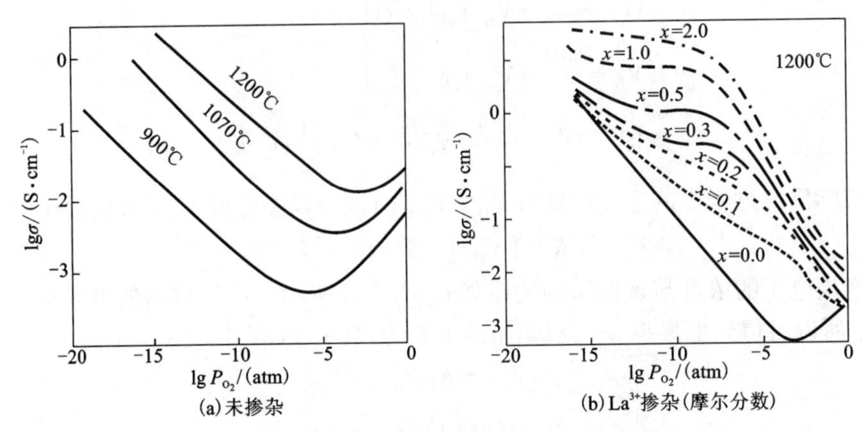

图 5-6 $BaTiO_3$ 的电导率与氧分压的关系

[注：1 标准大气压(atm)= 0. 101325 MPa。]

$$\left.\begin{aligned}&V_O^{\times} \rightleftharpoons V_O^{\cdot} + e' \\ &K_2 = [V_O^{\cdot}][e]/[V_O^{\times}] = 1.6\times10^{22}\exp\left(-\frac{0.1\ \text{eV}}{kT}\right)\end{aligned}\right\} \tag{5-75}$$

$$\left.\begin{aligned}&V_O^{\cdot} \rightleftharpoons V_O^{\cdot\cdot} + e' \\ &K_2 = [V_O^{\cdot\cdot}][e]/[V_O^{\cdot}] = 1.6\times10^{22}\exp\left(-\frac{1.3\ \text{eV}}{kT}\right)\end{aligned}\right\} \tag{5-76}$$

$$\left.\begin{aligned}&V_{Ba}^{\times} \rightleftharpoons V_{Ba}' + h^{\cdot} \\ &K_4 = [V_{Ba}'][h]/[V_{Ba}^{\times}] = 10^{88}\exp\left(-\frac{1.3\ \text{eV}}{kT}\right)/K_s\end{aligned}\right\} \tag{5-77}$$

$$\left.\begin{aligned}&V_{Ba}' \rightleftharpoons V_{Ba}'' + h^{\cdot} \\ &K_5 = [V_{Ba}''][h]/[V_{Ba}'] = 10^{91}\exp\left(-\frac{7.7\ \text{eV}}{kT}\right)/K_4K_s\end{aligned}\right\} \tag{5-78}$$

$$\left.\begin{aligned}&\text{null} \rightleftharpoons e' + h^{\cdot} \\ &K_6 = [e][h] = 10^{45}\exp\left(-\frac{2.9\ \text{eV}}{kT}\right)\end{aligned}\right\} \tag{5-79}$$

$$\left.\begin{aligned}&\text{null} \rightleftharpoons V_O^{\times} + V_{Ba}^{\times} \\ &K_7 = [V_O^{\times}][V_{Ba}^{\times}] = \exp\left(-\frac{\Delta g/2}{kT}\right)\end{aligned}\right\} \tag{5-80}$$

电中性条件：

$$[e'] + [V_{Ba}'] + 2[V_{Ba}''] = [h^{\cdot}] + [V_O^{\cdot}] + 2[V_O^{\cdot\cdot}] \tag{5-81}$$

由此可知，对于未掺杂的 $BaTiO_3$ 陶瓷，在高温(如 1200℃)处于低氧偏压条件时，主要的离子缺陷为氧空位($V_O^{\cdot}$)，此阶段下晶格氧会逸出且产生氧空位，如式(5-74)～式(5-76)所示。由于晶格氧脱离晶格，原束缚于晶格氧中的电子就在氧脱离晶格过程中留在晶体里，产生弱束缚的电子，材料呈现 n 型导电特性。随着氧偏压升高，形成的氧空位及弱束缚电子减少，材料的电导率降低。

另外，当 $BaTiO_3$ 陶瓷处于高氧分压条件下，发生如式(5-77)和式(5-78)所示的缺陷反应，主要的离子缺陷为钡空位(V'_{Ba})。此过程中产生空穴，使材料呈现 p 型导电特性。随着氧偏压升高，形成的钡空位及弱束缚空穴浓度增大，载流子浓度增加，材料的电导率升高。

对于掺入微量 La^{3+}离子的 $BaTiO_3$，如$(Ba_{1-x}La_x)TiO_3$，高温阶段除了发生式(5-74)~式(5-81)所示的缺陷反应外，还应有以下的缺陷反应过程：

$$La_2O_3 \xrightarrow{BaTiO_3} 2La^{\cdot}_{Ba} + 2e' + 2O^{\times}_O + \frac{1}{2}O_2 \tag{5-82}$$

此时的电中性条件为：

$$[e'] + [V'_{Ba}] + 2[V''_{Ba}] = [h^{\cdot}] + [V^{\cdot}_O] + 2[V^{\cdot\cdot}_O] + [La^{\cdot}_{Ba}] \tag{5-83}$$

由于 La^{3+}引入而产生了弱束缚电子，使得$(Ba_{1-x}La_x)TiO_3$ 在很宽的氧分压(10^{-15}~1 atm)氛围内均呈现 n 型导电特性。图 5-7 为未掺杂及 La^{3+} 掺杂的 $BaTiO_3$ 陶瓷在 1200℃ 时的 Brouwer 图，可以看出：La^{3+}的离子浓度在所有氧分压范围内保持不变，即 $La^{\cdot}_{Ba}$ 点缺陷浓度不变；在低氧分压条件下，氧空位($V^{\cdot\cdot}_O$)为主要的离子缺陷；在高氧分压条件下，钡空位(V''_{Ba})为主要的离子缺陷。

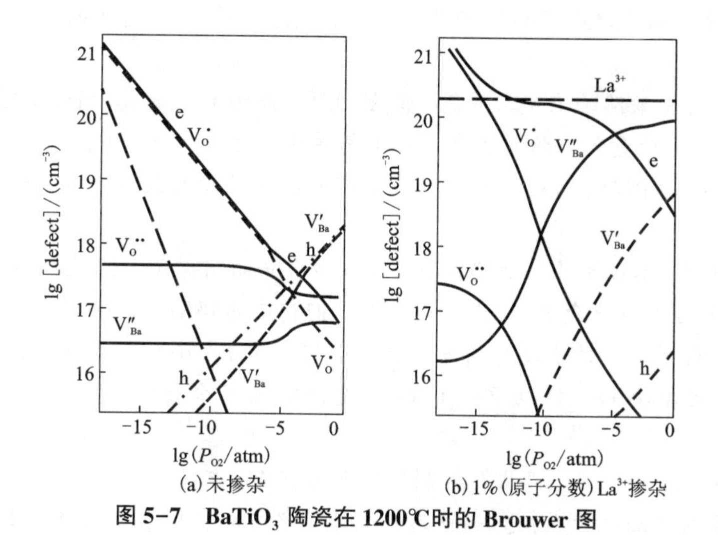

(a) 未掺杂　(b) 1%(原子分数)La^{3+}掺杂

图 5-7　$BaTiO_3$ 陶瓷在 1200℃时的 Brouwer 图

关于 $BaTiO_3$ 基材料的缺陷化学的研究报道很多，读者可以查阅相关研究论文以进一步理解不同条件下的缺陷反应特征，并由此对 $BaTiO_3$ 基陶瓷的导电性质进行全面的了解。同时，随着研究的深入和发展，人们对缺陷化学及其对材料性能的认识越来越深。从文献报道中可以领会到缺陷化学研究的某些方法，比如，通过测定材料在不同气氛、不同温度下的电子导电特征可以确定材料中的缺陷特征；或通过扩散、蠕变或烧结等手段或工艺以直接或间接地鉴定材料缺陷化学的特点。同时，一旦掌握了材料的缺陷化学特征，就能更好地采取相应的工艺去调控材料的制备工艺，进而调控材料的性能。

复习思考与练习

(1)概念：晶体缺陷、点缺陷、线缺陷、面缺陷、热缺陷、Frenkel 缺陷、Schottky 缺陷、杂质缺陷、组分缺陷、非化学计量缺陷。

(2)理解各种点缺陷特征及其形成原因。

(3)理解引入杂质缺陷的条件或注意因素。

(4)理解各种缺陷产生的载流子种类、所引起的半导体的类型。

(5)试阐明固溶体、晶格缺陷和非化学计量化合物三者之间的异同点，列出简明表格比较。

(6)举例说明并给出热缺陷(Frenkel 缺陷、Schottky 缺陷)形成的缺陷化学反应、热缺陷浓度的表达式及影响因素。

(7)分别举例说明并给出间隙固溶体、置换固溶体(分别为等价离子、高价离子、低价离子置换)形成的缺陷化学反应，并指出由此产生的载流子(电子或空穴)；对于半导体材料，分别说明形成何种类型的半导体(n 型或 p 型)。

(8)在 MgO 晶体中，肖特基缺陷的生成能为 6 eV，计算在 25℃和 1600℃时热缺陷的浓度。如果 MgO 晶体中，含有百万分之一的 Al_2O_3 杂质，则在 1600℃时，MgO 晶体中是热缺陷占优势还是杂质缺陷占优势？请说明原因。

(9)许多晶体在高能射线照射下产生不同的颜色，经退火后晶体的颜色又消失，试解释原因。

(10)非化学计量缺陷的浓度与周围气氛的性质、压力大小有关，如果增大周围氧气的压力，举例说明非化学计量化合物的密度将发生怎样的变化？为什么？

(11)非化学计量化合物 Fe_xO 中，Fe^{3+}、Fe^{2+} 的物质的量之比为 0.1∶1，求 Fe_xO 中空位浓度及 x 值。

(12)举例说明：本征半导体缺陷特征、非化学计量的阴离子缺陷及阳离子缺陷形成的可能条件(如何有效控制或避免其产生)，并给出它们相应的缺陷反应式。

(13)非化学计量缺陷的浓度与周围气氛的性质、压力大小相关，如果增大周围氧气的分压，非化学计量化合物 $Fe_{1-x}O$ 及 $Zn_{1+x}O$ 的密度将发生怎么样的变化？增大还是减小？为什么？

(14)阐述杂质缺陷特征、产生与控制的原理与方式，并举例给出它们的缺陷反应式。

(15)写出下列缺陷反应式：①NaCl 溶入 $CaCl_2$ 中形成空位型固溶体；②$CaCl_2$ 溶入 NaCl 中形成空位型固溶体；③NaCl 形成肖特基缺陷；④AgI 形成 Frenkel 缺陷(Ag 进入间隙)。

(16)结合本课程知识，就电子导电性质(或其他性能和应用)一些可能的应用进行分析阐述。

(17)试分别写出以下掺杂时的缺陷反应方程，并指出产生的载流子种类及形成的半导体特性：①微量 Li_2S 固溶到 ZnS 中；②微量 Al_2S_3 固溶到 ZnS 中；③微量 $ZnCl_2$ 固溶到 ZnS 中；④微量 ZnO 固溶到 ZnS 中；⑤微量 Zn_3N_2 固溶到 ZnS 中。

(18)对于 $BaTiO_3$ 半导体材料，试分别写出以下高温处理后的缺陷反应方程、产生的载流子种类及形成的半导体特性：①含微量 Al_2O_3；②含微量 Ta_2O_5；③含微量 CaF_2；④含微量 Y_2O_3；⑤含微量 Bi_2O_3；⑥含微量 SnO_2；⑦含微量 $SrCO_3$；⑧含微量 Ti_3N_4；⑨在 Ar 气环境中；⑩在 CO 气体环境中；⑪在氮气/氨气混合气体环境中；⑫含微量 Na_2CO_3；⑬含微量 $SnCl_4$。

第 6 章　晶体线缺陷——位错

第6章　晶体线缺陷——位错
（课件资源）

晶体的线缺陷表现为各种类型的位错(dislocation)。目前，位错理论不仅成为研究晶体力学性能的基础理论，而且还广泛用于研究固态相变，晶体的光、电、声、磁和热学性，以及催化和表面性质等。本章将就位错的基本概念，位错的弹性性质，位错的运动、相互作用、增殖和实际晶体的位错进行分析和讨论。

6.1　位错概念

早在认识位错前，人们对晶体塑性变形的宏观规律已做了广泛的研究，并发现塑性变形的主要方式是滑移(slip)。所谓滑移，即在切应力作用下，晶体沿一定的滑移面和滑移面上的一个方向(即滑移方向)所产生的晶体相邻部分的彼此相对滑动。该滑移面往往是晶体的密排面，滑移方向一般是该滑移面上的密排方向。位错的概念最早是在研究晶体滑移时提出来的。当金属晶体受力发生塑性变形时，一般是通过滑移进行的，滑移的结果在晶体表面上出现明显的滑移痕迹——滑移线和滑移带，如图 6-1 所示。

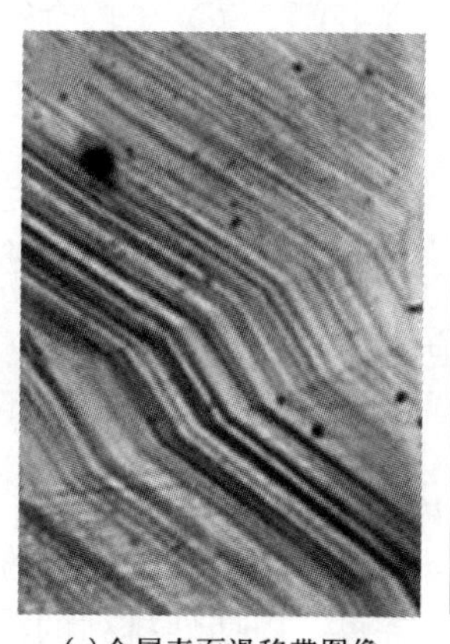

(a)金属表面滑移带图像

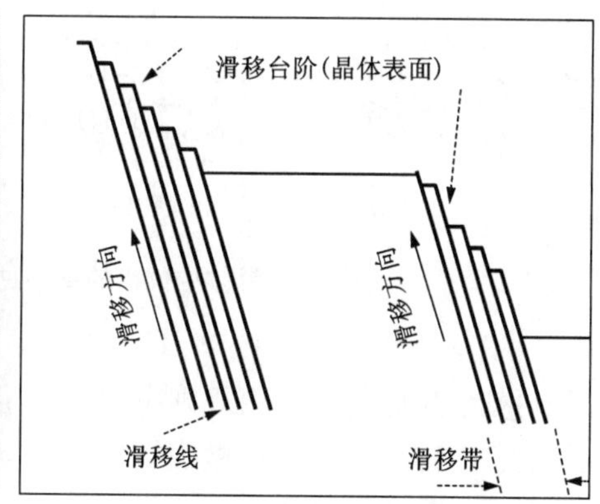

(b)滑移线和滑移带截面示意图

图 6-1　晶体表面的滑移痕迹

1926 年，苏联物理学家雅科夫・弗仑克尔(Yakov Frenkel 或称为 Jacov Frenkel)从刚体滑移模型(即晶体滑移时，其滑移面上所有原子同步平移)出发，对晶体的理论剪切强度进行了理论计算。其估算出的使完整晶体产生塑性变形所需的临界切应力约为切变模量(G)的 1/30，即理论剪切强度 τ_m 为 $10^3 \sim 10^4$ MPa。由实验测得的实际晶体的剪切强度一般为 0.5～

10 MPa，即实验测得的剪切强度比理论强度低了至少 3 个数量级。也就是说，实际晶体在比理想完整晶体的理论切变强度小一千到一万倍的应力作用下就会发生滑移变形。这说明晶体滑移并非遵循刚体滑移模型。

埃贡·欧罗万(Egon Orowan)、迈克尔·波拉尼(Michael Polanyi)和 G. I. 泰勒(G. I. Taylor)三位科学家于 1934 年几乎同时提出了塑性变形中位错(dislocation)的概念(虽然直到 1950 年后，电子显微镜技术的发展，才证实了位错的存在)。Taylor 把位错和晶体塑性变形联系起来，开始建立并逐步发展了位错理论。可以知道，实际晶体是不完整的，而是有缺陷的；滑移不是刚性的，而是从晶体中局部薄弱区域(即缺陷处)开始，且逐步进行的。位错理论解决了上述刚体滑移模型理论预测与实际测试结果相矛盾的问题。位错理论认为，上述矛盾的存在，是因为晶体的切变在微观上并非晶体两侧整体刚性滑移，而是通过称之为位错的线缺陷的运动来实现的(图 6-2)。与刚性滑移不同，位错的移动只需邻近原子做很小距离的弹性偏移就能实现，而晶体其他区域的原子仍处在正常位置，因此滑移所需的临界切应力大为减小。一个位错在较低应力的作用下就能开始移动，使滑移区逐渐扩大，直至整个滑移面上的原子都先后发生相对位移。一个位错从材料内部运动到了材料表面，就相当于其位错线扫过的区域整体沿着该位错的特定方向滑移了一个单位距离。这样，随着位错不断地从材料内部发生并运动到表面，就可以提供连续塑性变形所需的晶面间滑移了。众多位错的滑移则在晶体表面呈现滑移线和滑移带。与整体滑移所需的打断一个晶面上所有原子与相邻晶面原子的键合相比，位错滑移仅需打断位错线附近少数原子的键合，因此所需的外加剪应力将大大降低。

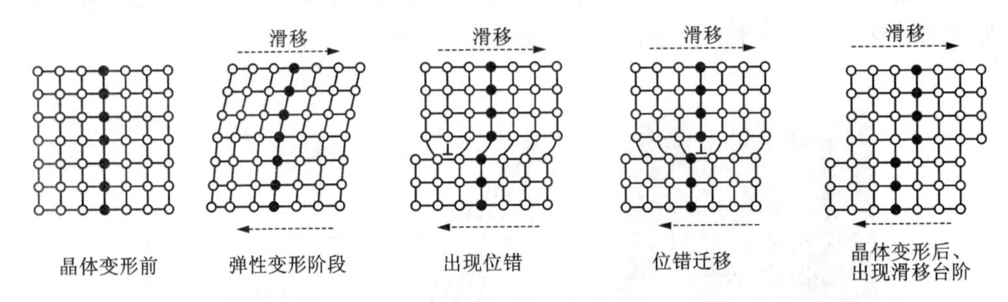

图 6-2　晶体中位错的滑移过程示意图

由晶体学知识可知，晶体材料是由规则排列的原子构成，一般把这些原子抽象成一个个体积可忽略的点，把它们排列成的有序微观结构称为空间点阵。由逐层堆垛的原子构成的一系列点阵平面称为晶面。完整晶体的空间点阵是有序、完整、周期性排列的，但实际晶体往往存在非完整性、非周期性。关于位错的概念，可从以下两方面进行理解：在材料科学中，位错是指晶体材料的一种内部微观缺陷，即原子的局部不规则排列(晶体学缺陷)；从几何角度看，位错属于一种线缺陷，可视为晶体中已滑移部分与未滑移部分的分界线。

晶体中的线缺陷是各种类型的位错。其几何形态的特点是：原子发生错排的区域在某一方向上尺寸较大，而在另外两个方向上尺寸较小，是一个直径为 3~5 个原子间距、长度可达几百到几万个原子间距的一维管状的原子畸变区。位错是一种极为重要的晶体缺陷，对材料(特别是金属材料)的强度、塑性、扩散、相变以及物理性质等有显著的影响。长期以来，人们对位错进行了大量的研究工作。1939 年柏格斯(J. M. Burgers)提出用柏格斯矢量(简称柏氏矢量)来表征位错的特性(如位错类型、位错滑移方向和大小等)；1947 年柯垂耳(A. H. Cottrell)利用溶质原子与位错的交互作用解释低碳钢的屈服现象；1950 年弗兰克(Frank)与瑞德(Read)同时提出了位错增殖机制，即 Frank-Read 源(F-R 位错源)；20 世纪 50 年代，透射电子显微镜的应用，对观测位错的存在，位错的运动、增殖，位错间相互作用以及位错在材料形变与力学性质中的作用等研究有重要贡献。这系列的研究促进了位错理论的形成与发展。

本章后续将介绍位错相关的基础知识和理论。通过学习，以期学生能对位错有基本的了解和认识，并能利用位错理论初步分析材料性能。

6.2　位错的基本类型

位错是晶体原子排列的一种特殊组态，是晶体的线缺陷。从几何结构来看，可将位错分为刃型位错和螺型位错两种基本类型。

6.2.1　刃型位错

刃型位错的结构如图 6-3 所示。晶体在外切应力 τ 作用下，以 *ABCD* 面为滑移面发生滑移。在某状态下，在 *ABCD* 面之上、*EFGH* 面以左的晶体发生了滑移，而 *EFGH* 面右侧尚未滑移，致使 *ABCD* 面上、下两部分晶体间产生了原子错排。在其晶面 *ABCD* 上半部存在有多余的半排原子面 *EFGH*，这个半原子面中断于 *ABCD* 面上的 *EF* 处，它好像一把刀刃插入晶体中，使 *ABCD* 面上、下两部分晶体之间产生了原子错排，故称刃型位错。多余半原子面与滑移面的交线 *EF* 线将滑移面分成已滑移区(图 6-3 中 *EF* 线左侧)和未滑移区(图 6-3 中 *EF* 线右侧)，*EF* 线即称作刃型位错线。

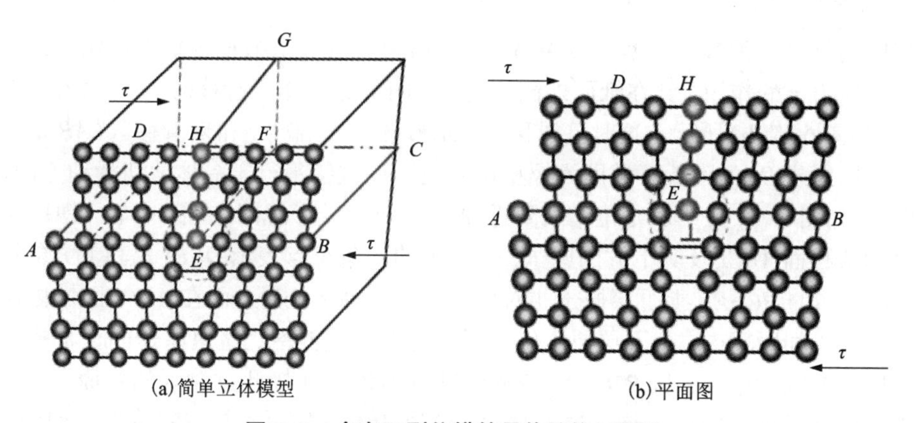

(a)简单立体模型　(b)平面图

图 6-3　含有刃型位错的晶体结构示意图

刃型位错的结构特点：

①刃型位错有一个额外的半原子面。一般把多出的半原子面处于滑移面上边的位错称为正刃型位错，记为“⊥”(图 6-3)；而把多出的半原子面处于滑移面下边的位错称为负刃型位

错，记为“⊤”。此正、负之分只是相对意义的区分而无本质区别，如将晶体旋转 180°，同一位错的正负号发生改变。

②刃型位错线可理解为晶体中已滑移区与未滑移区的边界线。它不一定是直线，也可以是折线、曲线、环形线，但位错线必须与滑移方向相垂直，也垂直于滑移矢量 $\boldsymbol{b}$，如图 6-4 所示。

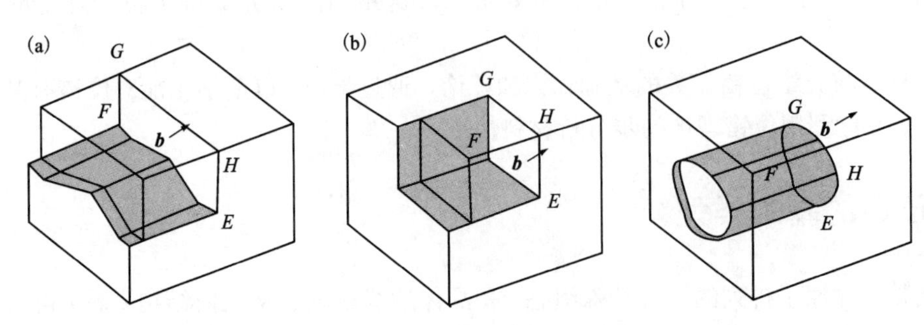

图 6-4　几种形状的刃型位错线

③滑移面必定是同时包含有位错线和滑移矢量 $\boldsymbol{b}$ 的平面，在其他面上不能滑移。在刃型位错中，位错线与滑移矢量互相垂直，因此，由它们所构成的平面只有一个。

④晶体中存在刃型位错时，位错周围的点阵发生弹性畸变，既有切应变，又有正应变。就正刃型位错而言，滑移面上方点阵受到压应力，下方点阵受到拉应力；负刃型位错与此相反。

⑤在位错线周围的过渡区(畸变区)，每个原子具有较大的平均能量。畸变区是狭长的管道，只有几个原子间距宽，所以刃型位错是线缺陷。

6.2.2　螺型位错

螺型位错是另一种基本类型的线缺陷，它的结构特点可用图 6-5 加以说明。设立方晶体右侧受到切应力 τ 的作用，其在纸面外侧的上、下两部分晶体沿滑移面 *ABCI* 发生了错动，如图 6-5(a)和图 6-5(b)所示。这时已滑移区(*DEFI* 及其上部分)和未滑移区(*ABCI* 及其下部分)的边界线 *AI* 或 *DI* 的附近区域即为螺型位错线。该位错平行于晶体剪切滑动方向(或切应力 τ 方向)，如图 6-5(c)所示是位错线附近原子排列的投影视图。图 6-5(c)中以稍大的黑色圆点表示滑移面 *ABCI* 及其下方的原子，用更小的浅色小点表示 *DEFI* 及其上方的原子。可以看出，在晶体的 *BC*-*EF* 上下层原子相对位移了一个原子间距，而在 *AHGI* 区域内出现了一个约有几个原子间距宽的、上下层原子位置不相吻合的过渡区，这里原子的正常排列遭到破坏。如果以位错线为轴线，从 *B* 开始，按顺时针方向依次连接此过渡区的各原子，则其走向与一个右螺旋线的前进方向一样。这就是说，位错线附近的原子是按螺旋形排列的，所以把这种位错称为螺型位错。

螺型位错具有以下特征：

①螺型位错无额外半原子面，原子错排是呈轴对称的。

②螺型位错线与滑移矢量平行，因此一定是直线，而且位错线的移动方向与晶体滑移方向互相垂直。

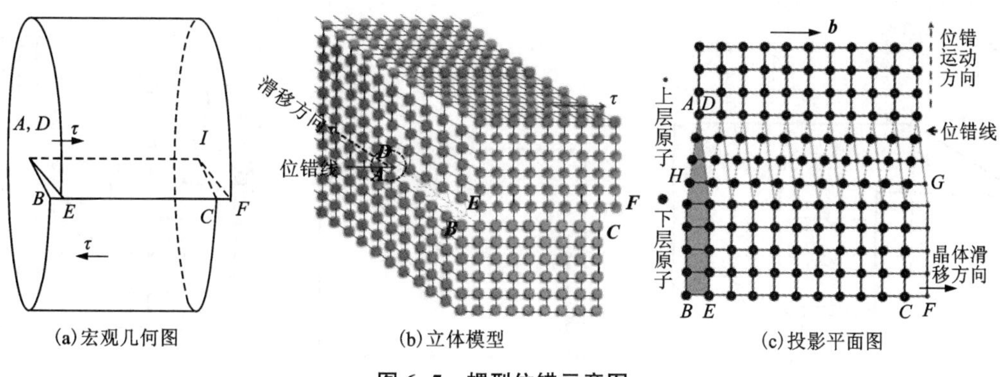

(a)宏观几何图　(b)立体模型　(c)投影平面图

图6-5　螺型位错示意图

③根据位错线附近呈螺旋形排列的原子的旋转方向不同，螺型位错可分为右旋和左旋螺型位错。

④纯螺型位错的滑移面不是唯一的。因为位错线与滑移矢量平行，所以凡是包含螺型位错线的平面都可以作为它的滑移面。但实际上，滑移通常在原子密排面上进行。

⑤螺型位错线周围的点阵也发生了弹性畸变，但是，只有平行于位错线的切应变而无正应变，即不会引起体积膨胀和收缩，且在垂直于位错线的平面投影上看不到原子的位移，看不出有缺陷。另外，螺型位错周围的点阵畸变随离位错线距离的增加而急剧减少，故它也是包含几个原子宽度的线缺陷。

⑥螺型位错线的移动方向与位错线方向、晶体滑移方向、应力矢量互相垂直。

⑦螺位错形成后，所有原来与位错线相垂直的晶面，都将由平面变成以位错线为中心轴的螺旋面。

6.2.3　混合位错

除了上面介绍的两种基本型位错外，还有一种形式更为普遍的位错，其滑移矢量既不平行，也不垂直于位错线，而是与位错线相交成任意角度，这种位错称为混合位错。如图6-6所示为形成混合位错时晶体局部滑移的情况。这里，混合位错线是一条曲线。在A处，位错线与滑移矢量平行，是螺型位错；而在C处，位错线与滑移矢量垂直，是刃型位错。A与C之间，位错线既不垂直，也不平行于滑移矢量，每一小段位错线都可分解为刃型和螺型两个分量。混合位错附近的原子组态如图6-6(c)所示。

混合位错可分解为螺型分量$\boldsymbol{b}_s$与刃型分量$\boldsymbol{b}_e$，如图6-6(b)所示，则$\boldsymbol{b}_s=\boldsymbol{b}\cos\varphi$，$\boldsymbol{b}_e=\boldsymbol{b}\sin\varphi$。

值得注意的是，位错线是已滑移区与未滑移区的边界线，因此位错具有一个重要的性质，即一根位错线不能终止于晶体内部，而只能露头于晶体表面(包括晶界)。若它终止于晶体内部，则必与其他位错线相连接，或在晶体内部形成封闭线(该封闭线称为位错环，如图6-7所示)。图6-7中的阴影区是滑移面上一个封闭的已滑移区。显然，位错环各处的位错结构类型也可按各处的位错线方向与滑移矢量的关系加以分析，如A、B两处是刃型位错，C、D两处是螺型位错，其他各处均为混合位错。

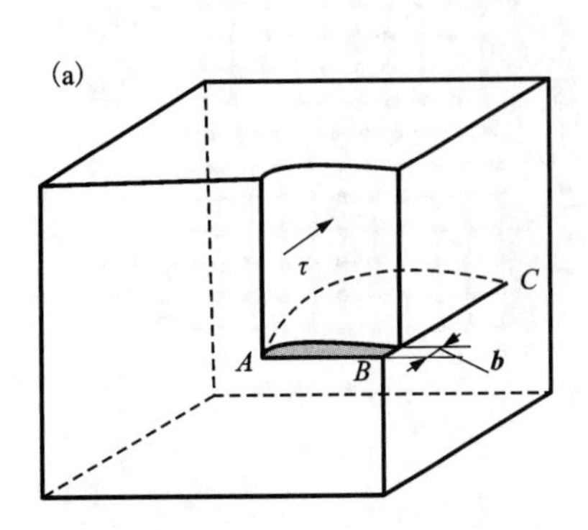

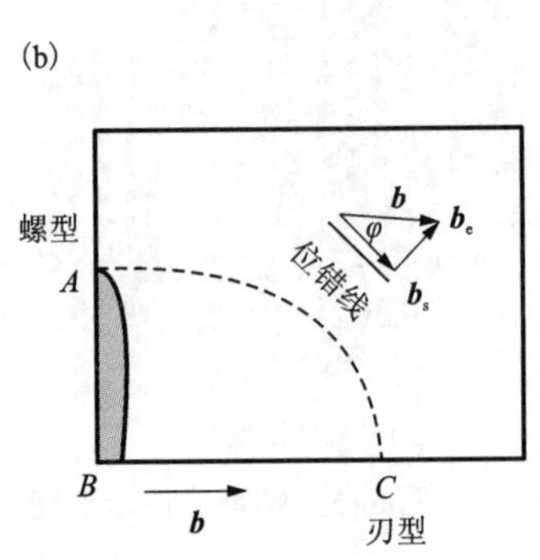

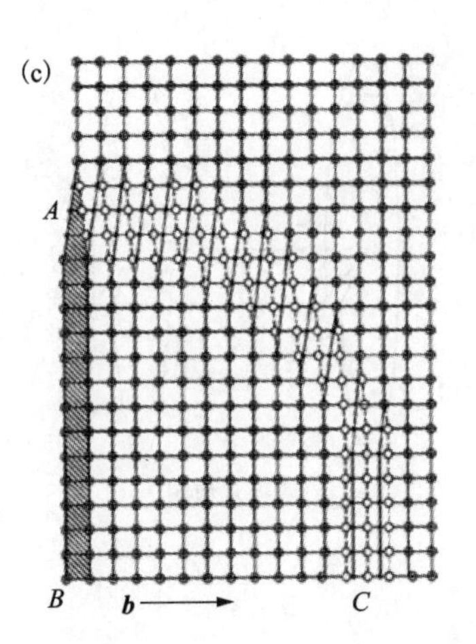

图 6-6　混合型位错示意图

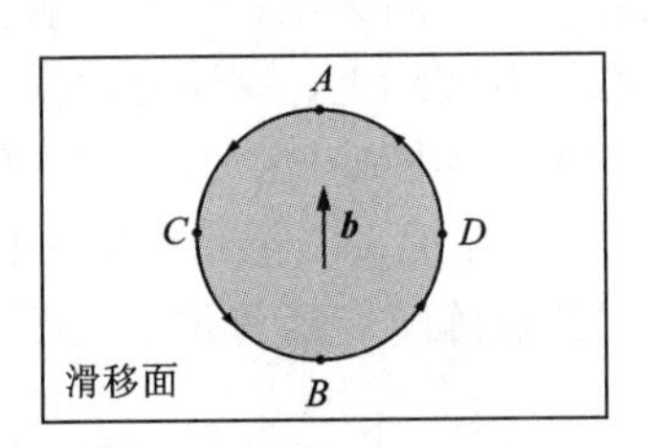

图 6-7　晶体中的位错环

6.2.4　柏氏矢量

为了便于描述晶体中的位错，以及更为确切地表征不同类型位错的特征，1939 年柏格斯(J. M. Burgers)提出了采用柏氏回路来定义位错。故称该矢量为“柏格斯矢量”或“柏氏矢量”，用 $\boldsymbol{b}$ 表示。

柏氏矢量是描述位错性质的一个重要物理量，表示位错区原子的畸变特征，包括畸变的位置和畸变的程度。用柏氏矢量可更确切地揭示位错的本质，并能方便地描述位错的各种行为。

(1)柏氏矢量的确定方法。

柏氏矢量可以通过柏氏回路来确定。图 6-8(a)和图 6-8(b)分别为含有一个刃型位错的实际晶体和用作参考的不含位错的完整晶体。确定该位错柏氏矢量的具体步骤如下：

①首先选定位错线的正向。一般是从纸面向外或由上向下为位错线正向。

②在实际晶体中，从任一原子出发，围绕位错(避开位错线附近的严重畸变区)以一定的步数做一右旋闭合回路 *ABCDE*(称为柏氏回路)，如图 6-8(a)所示(此时，*E* 与 *A* 为重合点)，回路每一步连接相邻一个原子。

③在完整晶体中，按步骤②同样的方向和步数做对应的回路，该回路并不封闭，即此时终点 *E* 与起始点 *A* 并不重合；则由终点 *E* 向起点 *A* 引一矢量 $\boldsymbol{b}$，使回路闭合[图 6-8(b)]，这

个矢量 $\boldsymbol{b}$ 就是实际晶体中位错的柏氏矢量 $\boldsymbol{b}$。

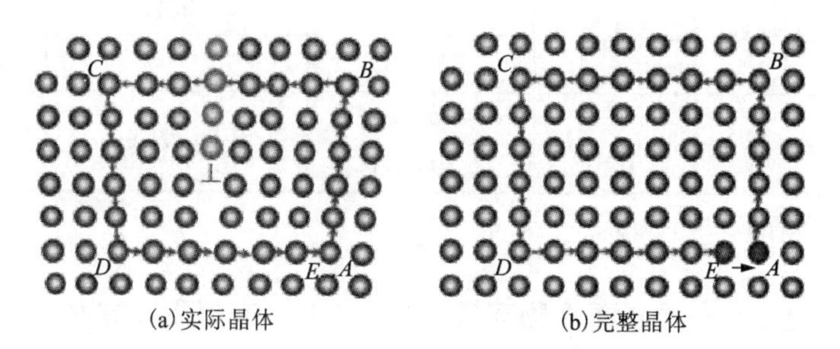

图 6-8　刃型位错柏氏矢量的确定

由图 6-8 可见，刃型位错的柏氏矢量与位错线垂直，这是刃型位错的一个重要特征。刃型位错的正、负，可借右手法则来确定，即用右手的拇指、食指和中指构成直角坐标，以食指指向位错线的方向，中指指向柏氏矢量的方向，则拇指的指向代表多余半原子面的位向，且规定拇指向上者为正刃型位错，反之为负刃型位错。

螺型位错的柏氏矢量也可按同样的方法加以确定，如图 6-9 所示。在实际晶体中，从任一原子出发，围绕位错（避开位错线附近的严重畸变区）以一定的步数做一右旋闭合回路 *ABCDEFG*，如图 6-9(a) 所示（此时，*G* 与 *A* 为重合点），回路每一步连接相邻一个原子；在完整晶体中，按同样的方向和步数做对应的回路，该回路并不封闭，即此时终点 *G* 与起始点 *A* 并不重合，则由终点 *G* 向起点 *A* 引一矢量 $\boldsymbol{b}$，使回路闭合[图 6-9(b)]，这个矢量 $\boldsymbol{b}$ 就是实际晶体中位错的柏氏矢量 $\boldsymbol{b}$。由此可见，螺型位错的柏氏矢量与位错线平行，且规定 $\boldsymbol{b}$ 与位错线方向 $\boldsymbol{\xi}$ 正向平行者为右螺旋位错，$\boldsymbol{b}$ 与 $\boldsymbol{\xi}$ 反向平行者为左螺旋位错。

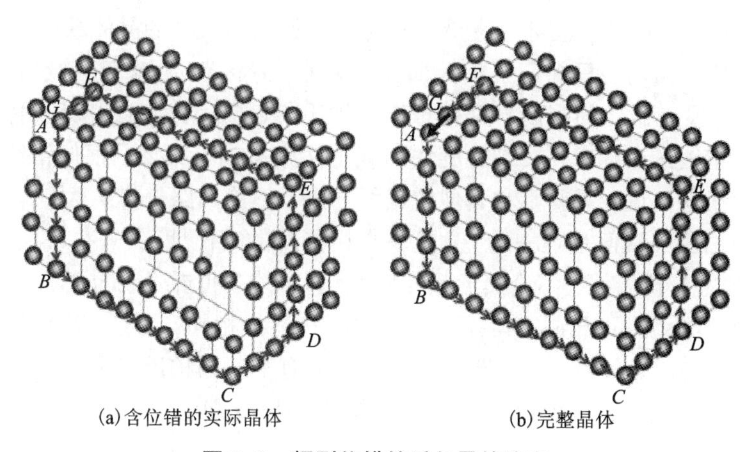

图 6-9　螺型位错柏氏矢量的确定

混合位错的柏氏矢量既不垂直，也不平行于位错线，而与它相交成 φ 角 $(0<\varphi<\pi/2)$，可将其分解成平行于位错线的刃型分量 $(\boldsymbol{b}_e=\boldsymbol{b}\sin\varphi)$ 和螺型分量 $(\boldsymbol{b}_s=\boldsymbol{b}\cos\varphi)$。用矢量图解法可形象地概括三种位错的主要特征。不同位错类型的柏氏矢量 $\boldsymbol{b}$ 与位错方向 $\boldsymbol{\xi}$ 的关系见表 6-1。

表 6-1　不同位错类型的柏氏矢量 $\boldsymbol{b}$ 与位错方向 $\boldsymbol{\xi}$ 的关系

位错类型	刃型	右螺型	左螺型	混合型	
				螺型分量	刃型分量
方向关系	$\boldsymbol{b}\cdot\boldsymbol{\xi}=0$	$\boldsymbol{b}\cdot\boldsymbol{\xi}=b$	$\boldsymbol{b}\cdot\boldsymbol{\xi}=-b$	$\boldsymbol{b}_s=(\boldsymbol{b}\cdot\boldsymbol{\xi})\boldsymbol{\xi}$; $\boldsymbol{b}_s=\boldsymbol{b}\cos\varphi$	$\boldsymbol{b}_e=[(\boldsymbol{b}\times\boldsymbol{\xi})\cdot\boldsymbol{e}](\boldsymbol{\xi}\times\boldsymbol{e})$; $\boldsymbol{b}_e=\boldsymbol{b}\sin\varphi$

注：其中 $\boldsymbol{e}$ 为垂直于滑移面的单位矢量，且 $\boldsymbol{e}=\boldsymbol{b}\times\boldsymbol{\xi}/|\boldsymbol{b}\times\boldsymbol{\xi}|$。

柏氏矢量是描述位错性质的重要物理量。柏氏矢量具有以下几方面的物理意义：

①柏氏矢量 $\boldsymbol{b}$ 表征了位错周围点阵畸变总积累。位错周围原子都不同程度地偏离其平衡位置，离位错中心越远的原子，其偏离量越小。柏氏矢量 $\boldsymbol{b}$ 表示其畸变总量的大小和方向。柏氏矢量 $\boldsymbol{b}$ 越大，位错周围的点阵畸变也越严重。

②柏氏矢量 $\boldsymbol{b}$ 表征了位错强度。柏氏矢量的模 $|\boldsymbol{b}|$ 称为位错强度。同一晶体中 $|\boldsymbol{b}|$ 大的位错具有严重的点阵畸变，能量高且不稳定。

③柏氏矢量 $\boldsymbol{b}$ 表示出晶体滑移的大小和方向。位错的许多性质，如位错的能量、应力、位错受力等，都与 $\boldsymbol{b}$ 有关。

④利用柏氏矢量 $\boldsymbol{b}$ 与位错线的位向关系，可判定位错类型：如刃型位错的柏氏矢量 $\boldsymbol{b}$ 与位错线垂直；螺型位错的柏氏矢量与位错线平行，其中同向为右螺，反向为左螺；混合型位错的柏氏矢量 $\boldsymbol{b}$ 与位错线成任意角度。

(2) 柏氏矢量的特性。

①位错周围的所有原子，都不同程度地偏离其平衡位置。通过柏氏回路确定柏氏矢量的方法表明，柏氏矢量是一个反映位错周围点阵畸变总累积的物理量。该矢量的方向表示位错的性质与位错的取向，即位错运动导致晶体滑移的方向；而该矢量的模 $|\boldsymbol{b}|$ 表明了畸变的程度，称为位错的强度。由此，也可把位错定义为柏氏矢量不为零的晶体缺陷。

②在确定柏氏矢量时，只规定了柏氏回路必须在“好区”(无畸变区域)内选取，对其形状、大小和位置并没有做任何限制。这就意味着柏氏矢量与回路起点及其具体途径无关。如果事先规定了位错线的正向，并按右螺旋法则确定回路方向，那么一根位错线的柏氏矢量就是恒定不变的。换句话说，只要不和其他位错线相遇，不论回路怎样扩大、缩小或任意移动，由此回路确定的柏氏矢量便是唯一的，这就是柏氏矢量的守恒性。

③ 一根不分岔的位错线，不论其形状如何变化(直线、曲折线或闭合的环状)，也不管位错线上各处的位错类型是否相同，其各部位的柏氏矢量都相同；而且，当位错在晶体中运动或者改变方向时，其柏氏矢量不变，即一根位错线具有唯一的柏氏矢量。

④若一个柏氏矢量为 $\boldsymbol{b}$ 的位错可以分解为柏氏矢量分别为 $\boldsymbol{b}_1$，$\boldsymbol{b}_2$，…，$\boldsymbol{b}_n$ 的 n 个位错，则分解后各位错柏氏矢量之和等于原位错的柏氏矢量，即 $\boldsymbol{b}=\sum_{i=1}^{n}\boldsymbol{b}_i$。如图 6-10 所示，$\boldsymbol{b}_1$ 位错分解为 $\boldsymbol{b}_2$、$\boldsymbol{b}_3$ 和 $\boldsymbol{b}_4$ 三个位错，则 $\boldsymbol{b}_1=-(\boldsymbol{b}_2+\boldsymbol{b}_3+\boldsymbol{b}_4)$(矢量和)。显然，若有数根位错线相交于一点(称为位错结点)，则指向结点的各位错线的柏氏矢量之和应等于离开结点的各位错线的柏氏矢量之和，即 $\sum\boldsymbol{b}_i=\sum\boldsymbol{b}'_i$。作为特例，如果各位错线的方向都是朝向结点或都是离开结点的，则柏氏矢量之和恒为零。

⑤位错在晶体中存在的形态可形成一个闭合的位错环，或连接于其他位错（交于位错结点），或终止在晶界，或露头于晶体表面，但不能中断于晶体内部。这种性质称为位错的连续性。

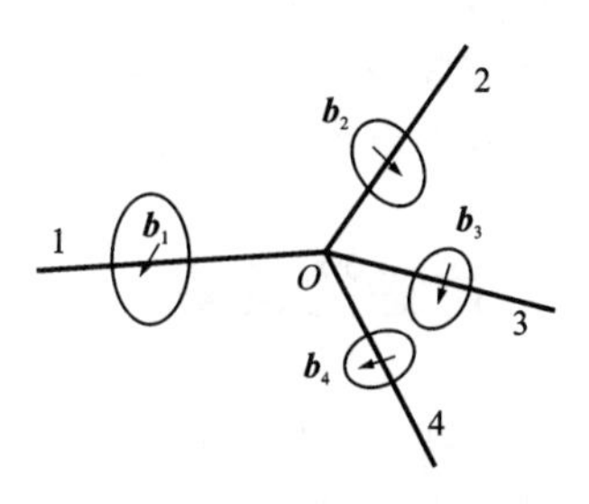

图 6-10　位错线相交于一点的柏氏矢量的关系

（3）柏氏矢量的表示法。

柏氏矢量的大小和方向可以用它在晶轴上的分量，即用点阵矢量 $\boldsymbol{a}$、$\boldsymbol{b}$ 和 $\boldsymbol{c}$ 来表示。对于立方晶系晶体，由于 $a=b=c$，故可用与柏氏矢量同向的晶向指数来表示。一般立方晶系中柏氏矢量可表示为 $\boldsymbol{b}=(a/n)[uvw]$，其中 n 为正整数。例如，某柏氏矢量等于从体心立方晶体的原点到体心的矢量，则 $\boldsymbol{b}=\boldsymbol{a}/2+\boldsymbol{b}/2+\boldsymbol{c}/2$，可写成 $\boldsymbol{b}=[a/2\ a/2\ a/2]=(a/2)[111]$。一定晶体中的柏氏矢量 $\boldsymbol{b}$ 是可变化的，但变化是不连续的，其取向与取值也不是任意的。因为晶体的滑移方向是一定的，且由于晶体的周期性，滑移的量只能是晶体周期的整数倍。

如果一个柏氏矢量 $\boldsymbol{b}$ 是另外两个柏氏矢量 $\boldsymbol{b}_1=(a/n)[u_1v_1w_1]$ 和 $\boldsymbol{b}_2=(a/n)[u_2v_2w_2]$ 之和，则按矢量加法法则有

$$\boldsymbol{b}=\boldsymbol{b}_1+\boldsymbol{b}_2=\frac{a}{n}[u_1v_1w_1]+\frac{a}{n}[u_2v_2w_2]=\frac{a}{n}[u_1+u_2\ v_1+v_2\ w_1+w_2] \tag{6-1}$$

柏氏矢量 $\boldsymbol{b}$ 不仅可表示矢量的方向（用晶向指数表示），也表示出柏氏矢量的模的大小。通常还用 $|\boldsymbol{b}|=(a/n)\sqrt{u^2+v^2+w^2}$ 来表示位错的强度，称为柏氏矢量的大小或模，即位错强度。

同一晶体中，柏氏矢量愈大，表明该位错导致点阵畸变愈严重，它所处的能量也愈高。能量较高的位错通常倾向于分解为两个或多个能量较低的位错：$|\boldsymbol{b}_1|^2\rightarrow|\boldsymbol{b}_2|^2+|\boldsymbol{b}_3|^2$，并满足 $|\boldsymbol{b}_1|^2>|\boldsymbol{b}_2|^2+|\boldsymbol{b}_3|^2$，以使系统的自由能下降。

（4）位错线方向的确定。

位错线方向可用右手法则来确定，具体方法如下：以右手的拇指、食指及中指分别指向垂直的三个方向［图 6-11（a）］。食指代表位错线方向、中指代表柏氏矢量方向，则拇指的指向即为刃型位错多余半原子面所在的位向，若拇指向上，即为正刃型位错，否则为负刃型位错。

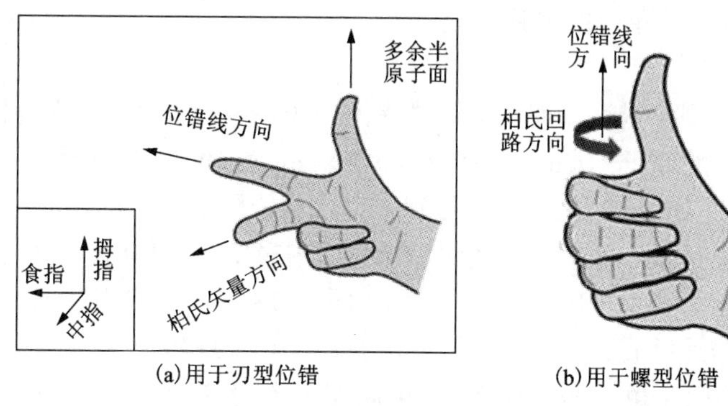

(a) 用于刃型位错　　(b) 用于螺型位错

图 6-11　位错线方向的右手法则确定图

用右手法则确定螺型位错类型：如图 6-11(b)所示，四指弯曲握拳，拇指立起，四指弯曲方向为螺型位错的柏氏回路方向，拇指指向位错线方向。若柏氏矢量与位错线方向一致，则为右螺型位错；柏氏矢量与位错线方向相反，则为左螺型位错。

6.3 位错的运动

位错线在晶体中的移动即为位错运动。位错的重要性质之一是它可以在晶体中运动。当晶体中存在位错时，只需用一个很小的推动力便能使位错发生滑动。而晶体宏观的塑性变形实质上是通过位错运动来实现的。晶体的力学性能如强度、塑性和断裂等均与位错的运动有关。因此，了解位错运动的有关规律，对于改善和控制晶体力学性能是有益的。

位错运动有两种基本形式，即滑移和攀移。滑移是位错线沿滑移面的移动，攀移是位错线垂直于滑移面的移动。其中，刃位错的运动有滑移和攀移两种方式；螺型位错的运动只作滑移，不存在攀移，但可发生交滑移。另外，位错运动过程中，当受到阻碍时就可能发生塞积现象；两个位错在运动过程中相遇时，也可以发生相互作用(如交割)。以下就位错运动相关现象进行介绍和讨论。

6.3.1 位错的滑移

位错的滑移是在外加切应力的作用下，通过位错中心附近的原子沿柏氏矢量方向在滑移面上不断地做少量的位移(一般是小于一个原子间距，故只需加很小切应力就可实现)而逐步实现的。

(1)刃型位错的滑移。

如图 6-12(a)所示为刃型位错的滑移过程示意图。在外切应力 τ 的作用下，位错中心逐渐移动，使位错在滑移面上由左向右移动。如果切应力继续作用，位错将继续向右逐步移动。当位错线沿滑移面滑移，通过整个晶体时，就会在晶体表面沿柏氏矢量方向产生宽度为一个柏氏矢量大小的台阶，即造成了晶体的塑性变形，如图 6-12(b)所示。由此可知，随着位错的移动，位错线所扫过的区域 $ABCD$(已滑移区)逐渐扩大，未滑移区则逐渐缩小，两个区域始终以位错线为分界线。另外，值得注意的是，在滑移时，刃型位错的运动方向始终垂直于位错线而平行于柏氏矢量。刃型位错的滑移面就是由位错线与柏氏矢量所构成的平面。因此，刃型位错的滑移限于单一的滑移面上。

(2)螺型位错的滑移。

图 6-13(a)表示螺型位错运动时，位错线周围原子的移动情况(图面为滑移面，图中小的“○”表示滑移面以上的原子，大的实心黑点“●”表示滑移面以下的原子)。由此可见，与刃型位错类似，滑移时(如位错线由 AB 滑移到 EF)位错线附近原子的移动量很小，所以使螺型位错运动所需的力也是很小的。当位错线沿滑移面滑过整个晶体时，同样会在晶体表面沿柏氏矢量方向产生宽度为一个柏氏矢量 $\boldsymbol{b}$ 的台阶[图 6-13(b)]。应当注意，在滑移时，螺型位错的移动方向与位错线垂直，也与柏氏矢量 $\boldsymbol{b}$ 垂直。对于螺型位错，由于位错线与柏氏矢量平行，故它的滑移不限于单一的滑移面上(可以在多个滑移面上进行，如以后将涉及的交滑移现象)。

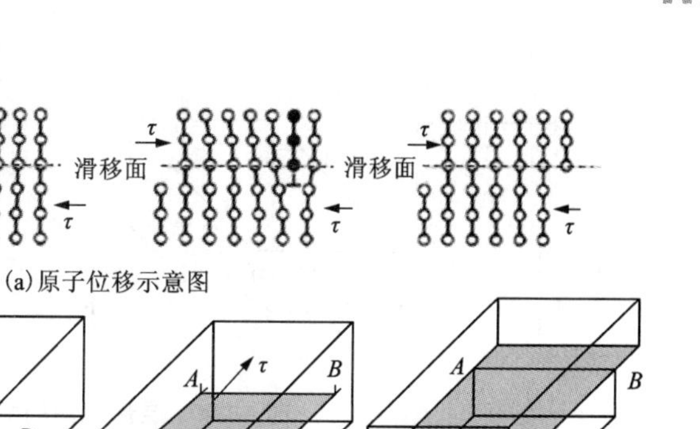

(a)原子位移示意图

(b)位错AB滑移过程几何图

图 6-12　刃型位错滑移过程示意图

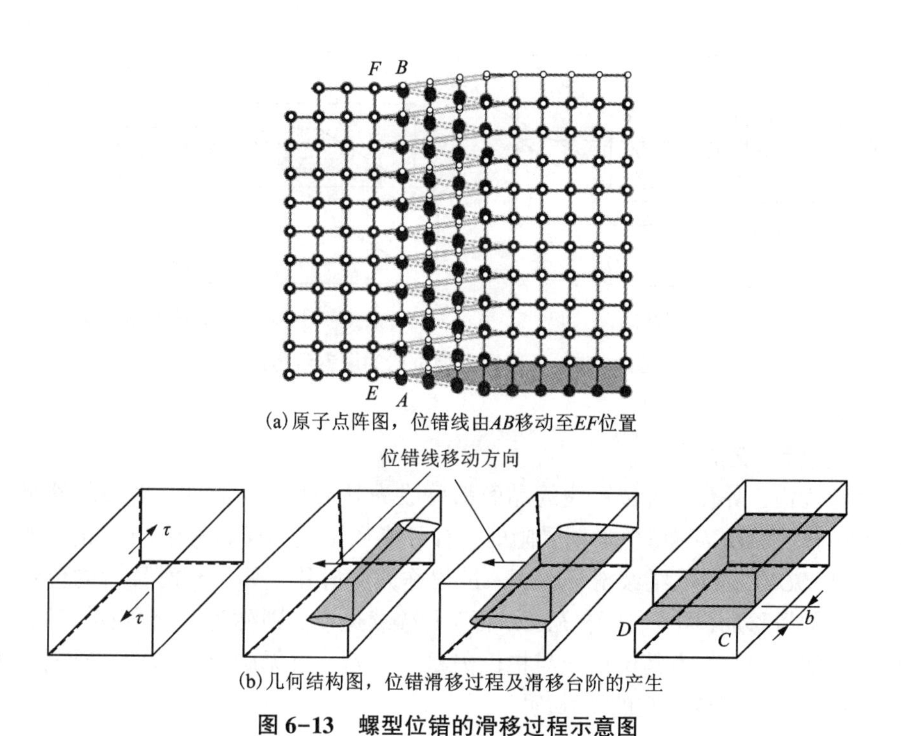

(a)原子点阵图，位错线由AB移动至EF位置

(b)几何结构图，位错滑移过程及滑移台阶的产生

图 6-13　螺型位错的滑移过程示意图

(3)混合型位错的滑移。

前已指出，任一混合位错均可分解为刃型分量和螺型分量两部分。故根据以上对两种基本类型位错的分析，不难确定其混合情况下的滑移运动。根据确定位错线运动方向的右手法则，即以拇指代表沿着柏氏矢量 $\boldsymbol{b}$ 移动的那部分晶体，食指代表位错线方向，则中指就表示位错线移动方向，该混合位错在外切应力 $\boldsymbol{\tau}$ 作用下将沿其各点的法线方向在滑移面上向外扩展，最终使上、下两块晶体沿柏氏矢量方向移动一个大小为$|\boldsymbol{b}|$的距离。如图 6-14 所示为混合位错沿滑移面的移动情况。

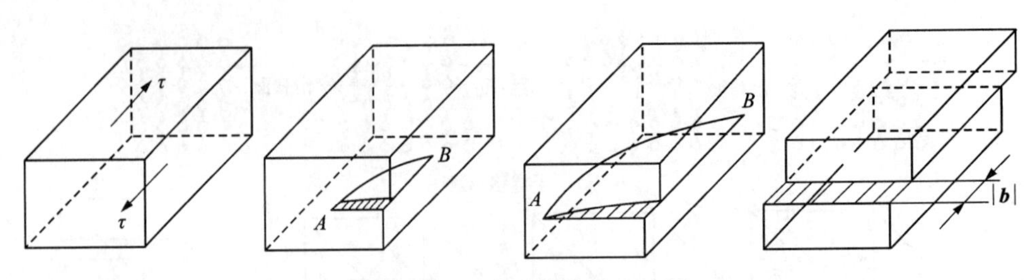

图 6-14　混合位错的滑移过程

图 6-15 为环形混合型位错的滑移示意图。圆环形位错位于滑移面上，在切应力作用下，正刃位错运动方向与负刃位错相反；左、右旋螺型位错方向也相反。各位错线分别向外扩展，一直到达晶体边缘。各位错移动方向虽不同，但所造成的晶体滑移却是由其柏氏矢量 ***b*** 所决定的。故位错环扩展结果使晶体沿滑移面产生了一个 |***b***| 的滑移。

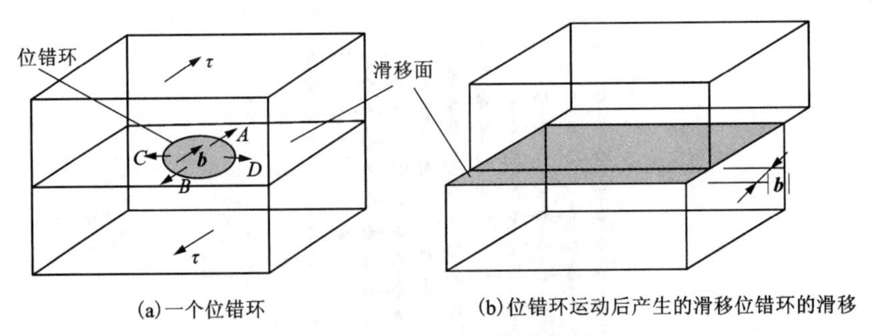

图 6-15　环形混合型位错的滑移示意图

(4) 螺型位错的交滑移。

对于螺型位错，所有包含位错线的晶面都可成为其滑移面，因此，当某一螺型位错在原滑移面（图 6-16 中 *ABCD* 面）上运动受阻时，有可能从原滑移面转移到与之相交的另一滑移面（图 6-16 中 *DCEF* 面）上继续滑移，这一过程称为交滑移。如果交滑移后的位错再转回与原滑移面平行的滑移面（图 6-16 中 *EFGH* 面）上继续运动，则称为双交滑移。应该指出，只有螺型位错才能交滑移，因其位错线与柏氏矢量 ***b*** 平行，故无确定滑移面，通过位错线并包含 ***b*** 的所有晶面都可能成为它的滑移面。

根据以上介绍，可以归纳出不同位错滑移的特征：

①刃型位错：滑移方向与外应力 τ 及柏氏矢量 ***b*** 平行，与正、负刃位错滑移方向相反。

②螺型位错：移动方向与外应力 τ 及柏氏矢量 ***b*** 垂直，与晶体滑移方向相垂直，与左、右螺位错滑移方向相反。

③混合位错：滑移方向与外应力 τ

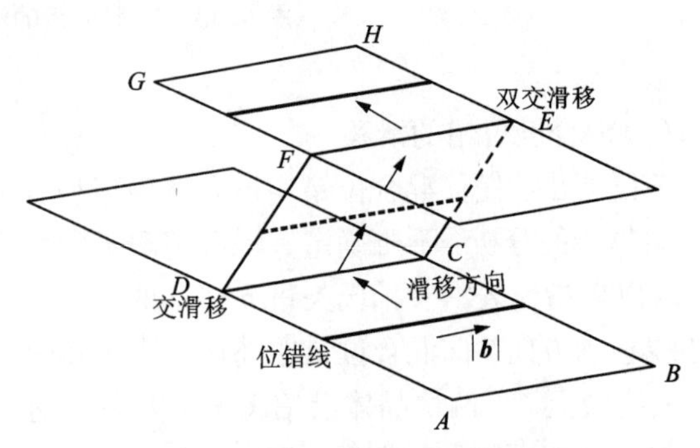

图 6-16　螺型位错的交滑移示意图

及柏氏矢量 $\boldsymbol{b}$ 呈一定角度。

④交滑移：只有螺型位错才能交滑移。

⑤晶体的滑移方向与外应力 τ 及位错的柏氏矢量 $\boldsymbol{b}$ 相一致，但并不一定与位错的滑移方向相同。

⑥不论位错如何移动，晶体滑移总是沿柏氏矢量相对滑移，故晶体滑移方向就是位错的柏氏矢量 $\boldsymbol{b}$ 的方向。

6.3.2　位错的攀移

刃型位错除了可以在滑移面上滑移外，还可以在垂直于滑移面的方向上运动，即发生攀移。通常把多余半原子面的向上运动称为正攀移，向下运动称为负攀移，如图 6-17 所示。刃型位错的攀移实质上就是构成刃型位错的多余半原子面的向上或向下运动，其结果是位错线的向上或向下移动，即是多余半原子面的伸长或缩短。它可通过物质迁移即原子或空位的扩散来实现。

如果有空位迁移到半原子面下端或者半原子面下端的原子扩散到别处时，半原子面将缩小，即位错向上运动，表示发生了正攀移。如图 6-17(b)所示为空位迁移至原位错线位置，同时原位错上的质点(及其附近质点)发生移动，即发生正攀移；反之，若有原子扩散到半原子面下端[图 6-17(c)]，半原子面将伸长、位错向下运动，此即表示发生了负攀移，图中虚线圆圈处表示原来存在间隙原子的位置。

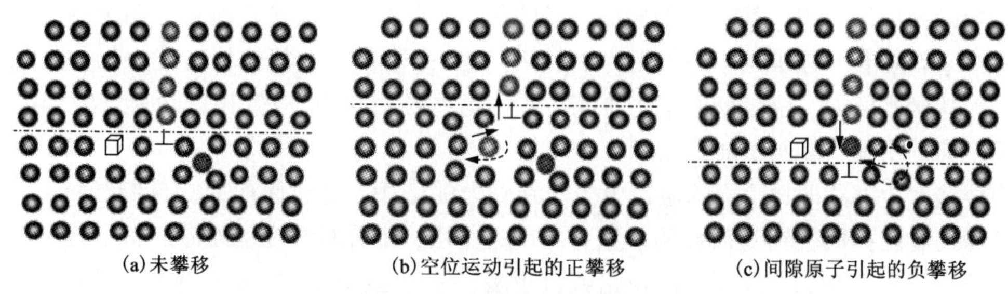

(a)未攀移　(b)空位运动引起的正攀移　(c)间隙原子引起的负攀移

图 6-17　刃型位错的攀移运动模型

(注：水平虚线表示位错线所在晶面投影。)

螺型位错没有多余的半原子面，因此，不会发生攀移运动。

由于攀移伴随着位错线附近原子增加或减少，即有物质迁移，需要通过扩散才能进行，故把攀移运动称为“非守恒运动”，而相对应的位错滑移为“守恒运动”。攀移通常会引起体积的变化，故属于非保守运动。位错攀移需要热激活，较之滑移，所需的能量更大。作用于攀移面的正应力有助于位错的攀移。压应力将促进正攀移，拉应力可促进负攀移。

对大多数材料，在室温下很难进行位错的攀移，而在较高温度下，攀移较易实现。低温时攀移较困难，高温时攀移较容易。在许多高温过程，如蠕变、回复、单晶拉制中，攀移却起着重要作用。

经高温淬火、冷变形加工和高能粒子辐照后，晶体中将产生大量的空位和间隙原子，晶体中过饱和点缺陷的存在有利于攀移运动的进行。

6.3.3 位错的塞积

晶体塑性变形过程中，位错运动遇到障碍(如晶界、第二相粒子或不动位错等)，如果其向前运动的力不能克服障碍物的阻力，位错就会停在障碍物面前，由同一个位错源放出的其他位错也会被阻在该障碍物前，导致一个滑移面上有许多位错被迫堆积，形成位错群，这种现象称为位错塞积，如图 6-18 所示。

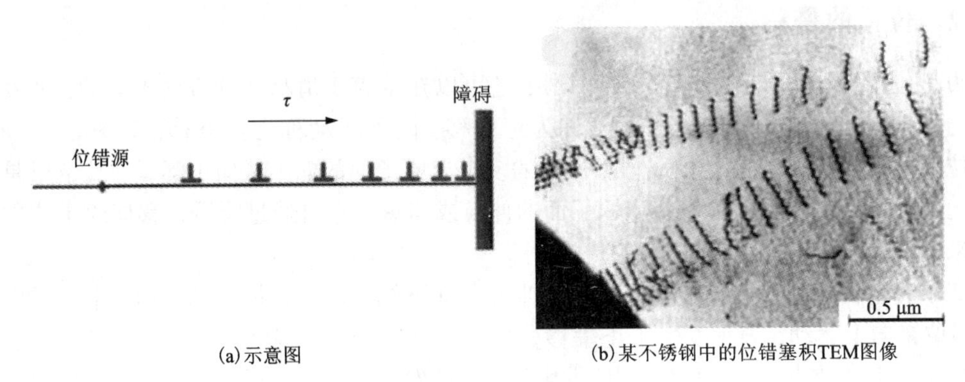

(a)示意图　　(b)某不锈钢中的位错塞积TEM图像

图 6-18　位错塞积

塞积群中位错的分布：在 n 个位错形成的塞积群中，它们按一定的规律分布，其中每个位错受到两种力的作用。其一为外加应力场的作用，当外加应力场在滑移方向上的分切应力为 τ 时，每个位错所受到的外力作用为 $F=\tau b$；其二为塞积群中其他位错应力场的作用。当这两种力达到平衡时，位错处于某个平衡位置。这些位错在障碍物前沿排列比较密集，随距障碍物距离的增加，排列逐渐稀疏。

当位错产生塞积时，后面的位错由于受到外力的作用，要迫使前面的位错继续前进，而前面被障碍物阻挡的位错对后面的位错有一斥力作用，使后面的位错停滞。整个位错塞积群对位错源有一反作用力，塞积群的位错数目越多，对位错源的反作用力越大。当塞积群中塞积的位错数目达到一定值 n 时，它对位错源的反作用力足以抗衡外力的作用，而使位错源停止动作，中止发放位错。由此可知，塞积群中位错数目 n 一定与外加切应力 τ 大小有关，与位错柏氏矢量 b 有关，也与位错塞积群的长度 L 有关。根据计算可得到 n 与 L 的关系为：

$$\left.\begin{aligned} L_e &= k\frac{nGb}{\pi\tau(1-\nu)} \\ L_s &= k\frac{nGb}{\pi\tau} \end{aligned}\right\} \tag{6-2}$$

式中：k 是系数，对螺位错 $k=1$；τ 为外加切应力(实际应为减去晶格阻力之后的有效切应力)；G 为切变模量；ν 为泊松比。此表达式用不同方法推导时，可以略有出入(常数可能有不同)，但与 L 正比于 n、反比于 τ 的结论是一致的。

当位错被切应力 τ 推向障碍物时，在塞积群的前端将产生 n 倍于外力的应力集中。引起应力集中效应能使相邻晶粒屈服，也可在晶界处引起裂缝。刃位错塞积时，当 n 足够大，在位错塞积前段(障碍物)会出现微裂纹。

6.3.4　运动位错的交割

在位错的滑移运动过程中，其位错线往往很难同时实现全长的运动。因而一个运动的位错线，特别是在受到阻碍的情况下，有可能通过其中一部分线段（n 个原子间距）先进行滑移。若由此形成的曲折线段就在位错的滑移面上时，称为扭折；若该曲折线段垂直于位错的滑移面时，称为割阶。

从前面的介绍可知，刃型位错的攀移是通过空位或原子的扩散来实现的，而原子（或空位）并不是在一瞬间就能一起扩散到整条位错线上，而是逐步迁移到位错线上的。这样，在位错的已攀移段与未攀移段之间就会产生一个台阶，于是也在位错线上形成了割阶。有时位错的攀移可理解为割阶沿位错线逐步推移，而使位错线上升或下降，因而攀移过程与割阶的形成能和移动速度有关。

当一位错在某一滑移面上运动时，会与穿过该滑移面的其他位错（通常将穿过此滑移面的其他位错称为林位错）交割。位错相互切割后，将使位错产生弯折，生成位错折线，这种折线有两种：割阶和扭折。以下介绍几种典型的位错交割现象。

（1）两柏氏矢量相互平行的刃位错的交割。

如图 6-19 所示，柏氏矢量为 $\boldsymbol{b}_1$ 的刃位错 AB 与柏氏矢量为 $\boldsymbol{b}_2$ 的刃位错 CD 分别在各自的滑移面上滑移，且两者的柏氏矢量相互平行，即 $\boldsymbol{b}_1 /\!/ \boldsymbol{b}_2$。交割后，在 AB 和 CD 位错线上分别出现平行于 $\boldsymbol{b}_2$ 和 $\boldsymbol{b}_1$ 的 QQ' 台阶、PP' 台阶。此时两个台阶的滑移面依然处于原位错的滑移面上，故 QQ' 和 PP' 台阶均为扭折；而台阶的位错线段与其相应的柏氏矢量平行，故这两个台阶属于螺型位错。

位错交割后，若进一步变形滑移，则台阶 PP' 螺型位错将在滑移面（Ⅱ）上沿 PD 方向滑移，并最终移出到晶体表面或界面，使得 $CP'PD$ 位错线重新变成简单直线 CD。同理，QQ' 螺位错也发生滑移并最终移出到晶体表面或界面，使得 $AQ'QB$ 位错线重新变成简单直线 AB。

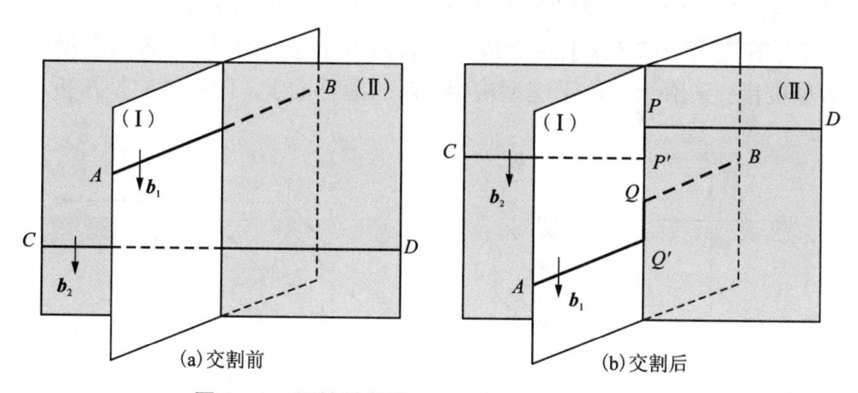

图 6-19　两柏氏矢量相互平行的刃位错的交割

（2）两柏氏矢量相互垂直的刃位错的交割。

如图 6-20（a）所示，柏氏矢量为 $\boldsymbol{b}_1$ 的刃型位错 AB 和柏氏矢量为 $\boldsymbol{b}_2$ 的刃型位错 CD 分别位于两垂直的平面（Ⅰ）、（Ⅱ）上。若 CD 向右运动与 AB 交割，位错 CD 扫过的区域在滑移面（Ⅱ）平面两侧的晶体将发生 $|\boldsymbol{b}_2|$ 距离的相对位移；交割后，在位错线 AB 上产生 PP' 小台阶。

显然，PP'的大小和方向取决于$\boldsymbol{b}_2$。由于位错柏氏矢量的守恒性，PP'的柏氏矢量仍为$\boldsymbol{b}_1$，$\boldsymbol{b}_1$垂直于PP'，所以PP'是刃型位错，且它不在原位错线的滑移面上，故是割阶。至于位错CD，由于它平行于$\boldsymbol{b}_1$，故交割后不会形成割阶。产生割阶需供给能量，故交割过程对位错运动是一种阻碍。

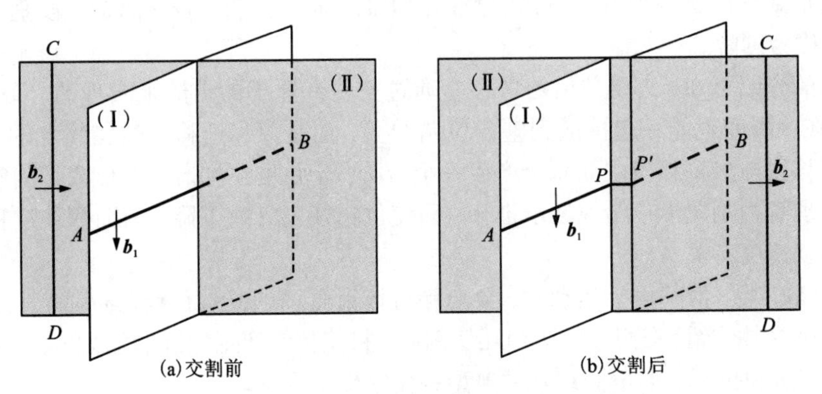

(a)交割前　　(b)交割后

图 6-20　两柏氏矢量相互垂直的刃型位错的交割

(3)两柏氏矢量相互垂直的刃型位错和螺型位错的交割。

如图6-21(a)所示，有一AB刃型位错(柏氏矢量为$\boldsymbol{b}_1$)和CD螺型位错(柏氏矢量为$\boldsymbol{b}_2$，螺型位错贯穿的一组晶面连成一个螺旋面)，刃型位错AB的滑移面恰好是螺型位错$\boldsymbol{b}_2$的螺旋面。两者的柏氏矢量相互垂直。当刃位错AB切过螺型位错CD后，变成分别位于两层晶面(π_1和π_2面)上的两段位错，连线MM'是一个位错割阶。割阶MM'的大小等于$|\boldsymbol{b}_2|$且方向平行于$\boldsymbol{b}_2$，其柏氏矢量为$\boldsymbol{b}_1$，因此割阶MM'依然是刃型位错。割阶MM'随位错$\boldsymbol{b}_1$一起前进的运动也是滑移。由于该割阶的滑移面[图6-21(b)中的阴影区]与原刃型位错AB的滑移面不同，因而当带有这种割阶的位错继续运动时，将受到一定的阻力。

同样，交割后在螺型位错CD上也形成一段长度等于$|\boldsymbol{b}_1|$的折线NN'，它垂直于$\boldsymbol{b}_2$，故折线NN'属于刃型位错；又由于它位于螺型位错CD的滑移面上，因此NN'是扭折。

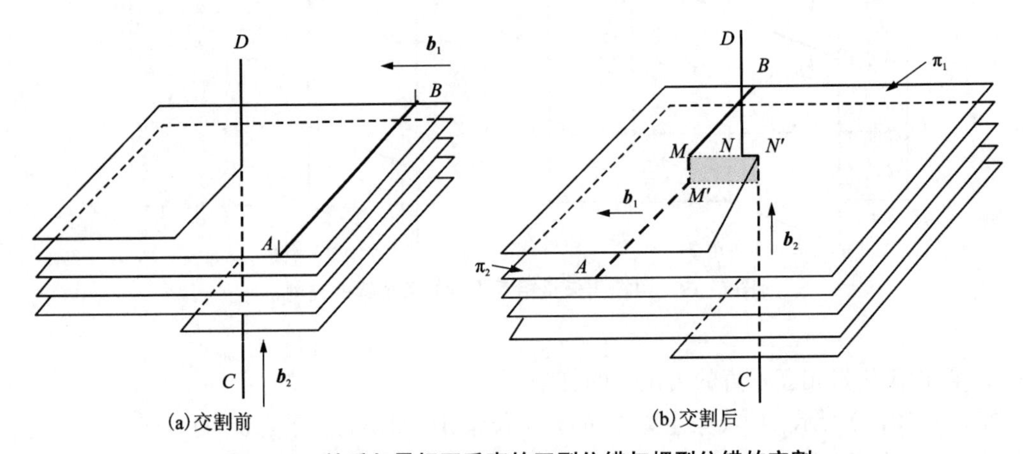

(a)交割前　　(b)交割后

图 6-21　柏氏矢量相互垂直的刃型位错与螺型位错的交割

(4)两柏氏矢量相互垂直的螺型位错的交割。

如图 6-22 所示为右螺位错 AB(柏氏矢量为 $\boldsymbol{b}_1$)滑移中切割另一右螺位错 CD(柏氏矢量为 $\boldsymbol{b}_2$)的情形。交割后，在 AB 上形成大小等于 $|\boldsymbol{b}_2|$、方向平行于 $\boldsymbol{b}_2$ 的割阶 MM'。割阶 MM' 的柏氏矢量为 $\boldsymbol{b}_1$，其滑移面不在 AB 的滑移面上，是刃型割阶。这种刃型割阶都阻碍螺型位错的移动。

同样，在位错线 CD 上也形成一刃型台阶 NN'。因位错 CD 滑移面未定，可包含 CD 线的任意平面，所以台阶 NN'可以在 CD 的滑移面上，刃型台阶 NN'是扭折。这样，NN'可在线张力下消失，使 CD 在交割后恢复直线状，但 MM'不会消失。

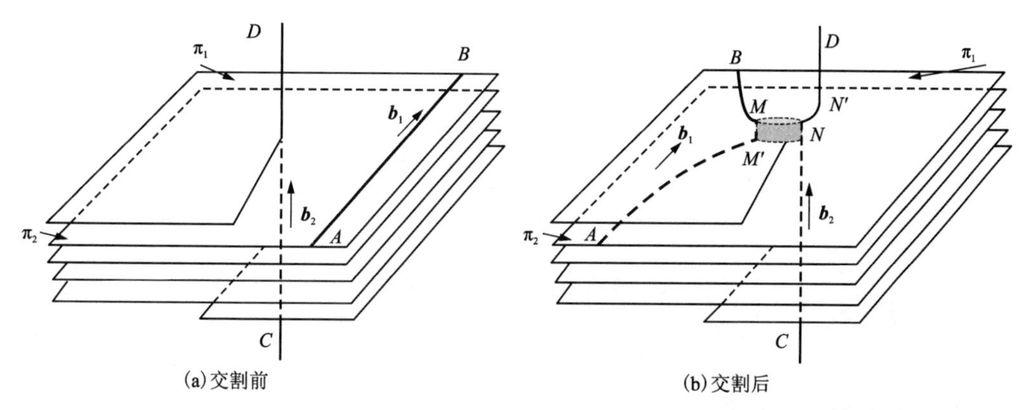

图 6-22　两柏氏矢量相互垂直的螺型位错的交割

综上所述，运动位错交割后，各位错线上都可能产生一扭折或割阶，其大小和方向取决于另一位错的柏氏矢量，但具有原位错线的柏氏矢量。所有的割阶都是刃型位错，而扭折既可以是刃型位错，也可是螺型位错。另外，扭折与原位错线在同一滑移面上，可随主位错线一起运动，几乎不产生阻力，而且扭折在线张力作用下易消失。但割阶与原位错线不在同一滑移面上，除非割阶产生攀移，否则割阶就不能跟随主位错线一起运动，所以割阶成为位错运动的障碍，通常称此为割阶硬化。

带割阶位错的运动，按割阶高度的不同，又可分为三种情况：

第一种割阶的高度只有 1~2 个原子间距，在外力足够大的条件下，螺型位错可以把割阶拖着走，在割阶后面留下一排点缺陷[图 6-23(a)]。第二种割阶的高度很大，在 20 nm 以上，此时割阶两端的位错相隔太远，它们之间的相互作用较小，它们(如 MB、$M'A$)可以独立地在各自的滑移面上滑移，并以割阶为轴，在滑移面上旋转[图 6-23(b)]。这实际也是在晶体中产生位错的一种方式。第三种割阶的高度介于上述两种情况之间，位错不能拖着割阶运动。在外应力作用下，割阶之间的位错线弯曲，位错前进时就会在其身后留下一对拉长了的异号刃位错线段(常称位错偶)[图 6-23(c)]。为降低应变能，这种位错偶常会断开而留下一个长的位错环[图 6-23(c)中 $OPQR$]，而位错线仍回复为原来带割阶的状态，而长的位错环又会进一步分裂成小的位错环，这是形成位错环的机理之一。

对于刃型位错而言，其割阶与柏氏矢量所组成的面，一般都与原位错线的滑移方向一致，能与原位错一起滑移。但此时割阶的滑移面并不一定是晶体的最密排面，故运动时割阶段所受到的晶格阻力较大。相比而言，螺型位错的割阶的阻力则小得多。

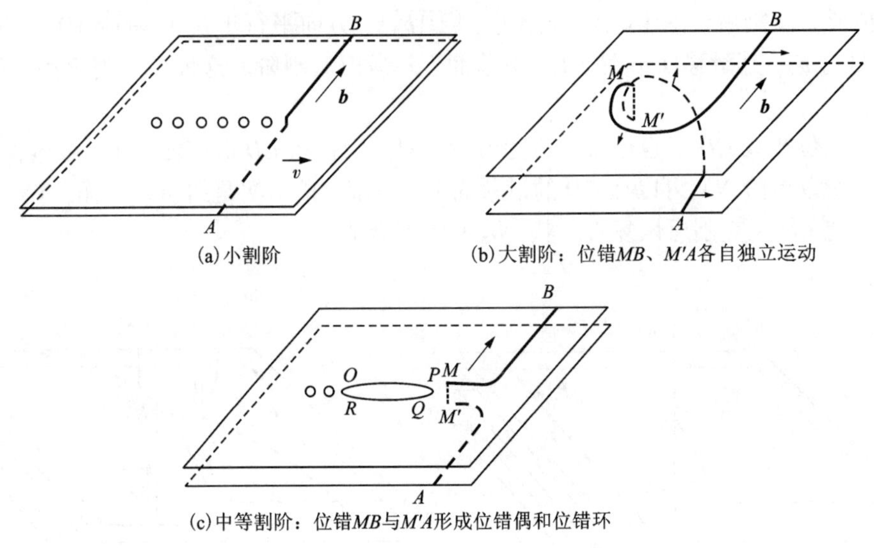

(a) 小割阶

(b) 大割阶：位错MB、M'A各自独立运动

(c) 中等割阶：位错MB与M'A形成位错偶和位错环

图 6-23　螺型位错中不同高度割阶的行为

6.4　位错的弹性性质

位错在晶体中的存在使其周围原子偏离平衡位置而导致点阵畸变和弹性应力场的产生。要进一步了解位错的性质，就需讨论位错的弹性应力场，由此可推算出位错所具有的能量、位错的作用力、位错与晶体其他缺陷间的交互作用等问题。

6.4.1　位错应力场

要准确地对晶体中位错周围的弹性应力场进行定量计算，是复杂且困难的。研究位错应力场的问题，一般把含位错的晶体分为位错中心区和远离位错中心区两个区域。为简化起见，通常采用弹性连续介质模型来进行计算。首先，该模型假设晶体是完全弹性体，服从虎克定律；其次，把晶体看成是各向同性的；最后，近似地认为晶体内部由连续介质组成，晶体中没有间隙。因此，晶体中的应力、应变、位移等可认为是连续的，可用连续函数表示。应注意，该模型未考虑位错中心区的严重点阵畸变情况，因此导出结果不适用于位错中心区，但对位错中心区以外的区域还是适用的，并已被很多实验证实。

从材料力学知识得知，固体中任一点的应力状态可用9个应力分量来表示，图6-24(a)和图6-24(b)分别用直角坐标和圆柱坐标给出单元体上这些应力分量，其中σ_{xx}、σ_{yy}和σ_{zz}(σ_{rr}、$\sigma_{\theta\theta}$和σ_{zz})为3个正应力分量，而τ_{xy}、τ_{yx}、τ_{xz}、τ_{zx}、τ_{yz}和τ_{zy}($\tau_{r\theta}$、$\tau_{\theta r}$、τ_{rz}、τ_{zr}、$\tau_{\theta z}$和$\tau_{z\theta}$)则为6个切应力分量。这里，应力分量中的第一个下标表示应力作用面的外法线方向，第二个下标表示应力的指向。

物体处于平衡状态时，$\tau_{ij}=\tau_{ji}$，即$\tau_{xy}=\tau_{yx}$、$\tau_{yz}=\tau_{zy}$、$\tau_{zx}=\tau_{xz}$($\tau_{r\theta}=\tau_{\theta r}$、$\tau_{\theta z}=\tau_{z\theta}$、$\tau_{zr}=\tau_{rz}$)，因此实际上只要6个应力分量就可确定任一点的应力状态。相对应的也有6个应变分量，其

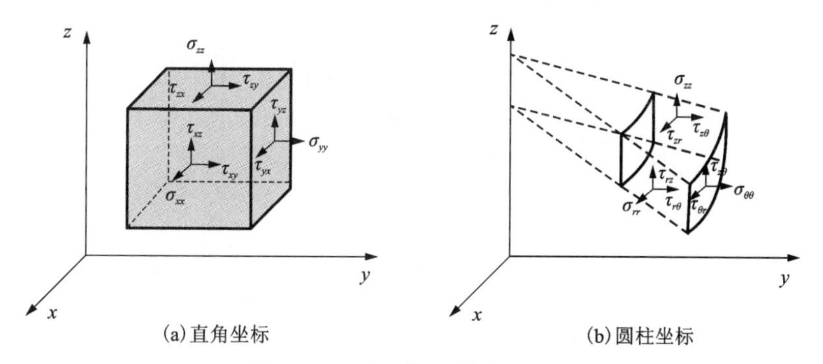

图 6-24　单元体上的应力分量

中 ε_{xx}、ε_{yy} 和 ε_{zz} 为 3 个正应变分量，γ_{xy}、γ_{xy} 和 γ_{zx} 为 3 个切应变分量。

(1)螺型位错的应力场。

设想有一各向同性材料的空心圆柱体，先把圆柱体沿 xz 面切开，然后使两个切开面沿 z 方向做相对位移 $\boldsymbol{b}$，再把这两个面胶合起来。这样就相当于形成了一个柏氏矢量为 $\boldsymbol{b}$ 的螺型位错，如图 6-25 所示。图中 OO' 为位错线，$MNPQ$ 即为滑移面。

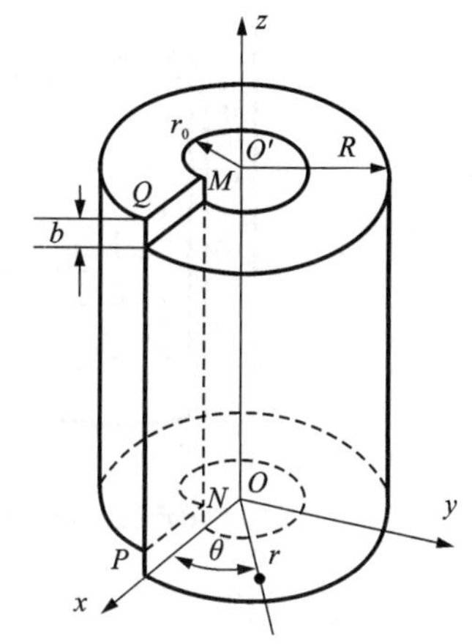

图 6-25　螺型位错的连续介质模型

由于圆柱体只有沿 z 方向的位移，因此只有一个切应变：$\gamma_{\theta z}=b/2\pi r$。而相应的切应力便为($G$ 为切变模量)：

$$\tau_{z\theta}=\tau_{\theta z}=G\gamma_{\theta z}=\frac{Gb}{2\pi r} \tag{6-3}$$

其余应力分量均为 0，即 $\sigma_{rr}=\sigma_{\theta\theta}=\sigma_{zz}=\tau_{r\theta}=\tau_{\theta r}=\tau_{rz}=\tau_{zr}=0$。

若用直角坐标表示，则螺型位错应力场表达式为：

$$\left.\begin{aligned}\tau_{xz}&=\tau_{zx}=-\frac{Gb}{2\pi}\left(\frac{y}{x^2+y^2}\right)\\ \tau_{yz}&=\tau_{zy}=\frac{Gb}{2\pi}\left(\frac{x}{x^2+y^2}\right)\\ \sigma_{xx}&=\sigma_{yy}=\sigma_{zz}=\tau_{xy}=\tau_{yx}=0\end{aligned}\right\} \tag{6-4}$$

因此，螺型位错的应力场具有以下特点：

①只有切应力分量，正应力分量全为零，这表明螺型位错不引起晶体的膨胀和收缩。

②螺型位错所产生的切应力分量只与 r 有关(成反比)，而与 θ 和 z 无关。只要 r 一定，$\tau_{z\theta}$ 就为常数。因此，螺型位错的应力场是轴对称的，即与位错等距离的各处，其切应力值相等，并随着与位错距离的增大，应力值减小。

注意，这里当 $r\to0$ 时，$\tau_{\theta z}\to\infty$，显然与实际情况不符，这说明上述结果不适用于位错中心的严重畸变区。

(2)刃型位错的应力场。

刃型位错的应力场要比螺型位错复杂得多。同样，若将一空心的弹性圆柱体切开，使切面两侧沿径向(x 轴方向)相对移动一个$|\boldsymbol{b}|$的距离，再胶合起来，于是，就形成了一个正刃型

位错应力场，如图 6-26(a)所示。根据此模型，按弹性理论可求得刃型位错的应力分量为：

$$\left.\begin{aligned}
\sigma_{xx} &= -\frac{Gb}{2\pi(1-\nu)}\frac{y(3x^2+y^2)}{(x^2+y^2)^2}\\
\sigma_{yy} &= \frac{Gb}{2\pi(1-\nu)}\frac{y(x^2-y^2)}{(x^2+y^2)^2}\\
\sigma_{zz} &= \nu(\sigma_{xx}+\sigma_{yy})\\
\tau_{xy} &= \tau_{yx} = \frac{Gb}{2\pi(1-\nu)}\frac{x(x^2-y^2)}{(x^2+y^2)^2}\\
\tau_{xz} &= \tau_{zx} = \tau_{yz} = \tau_{zy} = 0
\end{aligned}\right\} \tag{6-5}$$

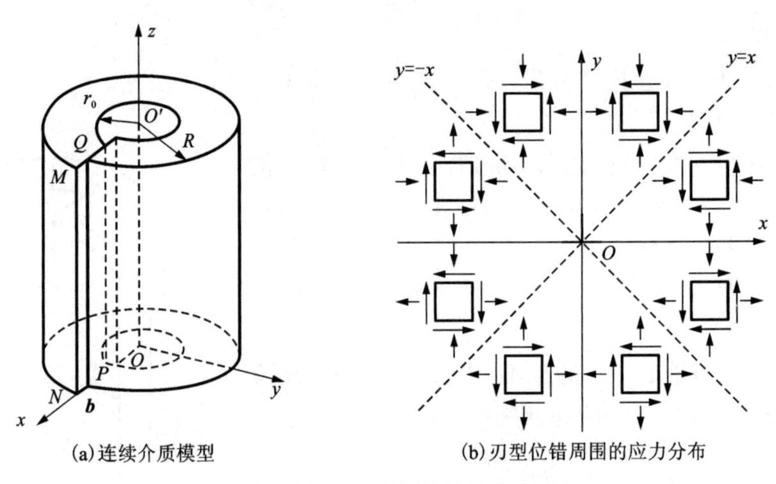

(a)连续介质模型　　(b)刃型位错周围的应力分布

图 6-26　刃型位错的应力场

若用圆柱坐标，则其应力分量为：

$$\left.\begin{aligned}
\sigma_{rr} &= \sigma_{\theta\theta} = -\frac{Gb}{2\pi(1-\nu)}\frac{\sin\theta}{r}\\
\sigma_{zz} &= \nu(\sigma_{rr}+\sigma_{\theta\theta})\\
\tau_{r\theta} &= \tau_{\theta r} = \frac{Gb}{2\pi(1-\nu)}\frac{\cos\theta}{r}\\
\tau_{rz} &= \tau_{zr} = \tau_{\theta z} = \tau_{z\theta} = 0
\end{aligned}\right\} \tag{6-6}$$

式中：G 为切变模量；ν 为泊松比；b 为柏氏矢量。

由此可见，刃型位错应力场具有以下特点：

①同时存在正应力分量与切应力分量，而且各应力分量的大小与 G 和 b 成正比，与 r 成反比，即随着与位错距离的增大，应力的绝对值减小。各应力分量都是 x、y 的函数，而与 z 无关。这表明在平行于位错线的直线上，任一点的应力均相同。

②刃型位错的应力场对称于多余半原子面(y-z 面)，即对称于 y 轴。

③$y=0$ 时，$\sigma_{xx}=\sigma_{yy}=\sigma_{zz}=0$，说明在滑移面上，没有正应力，只有切应力，而且切应力 τ_{xy} 达到极大值$\left[\frac{Gb}{2\pi(1-\nu)}\cdot\frac{1}{x}\right]$。

④$y>0$ 时，$\sigma_{xx}<0$；而 $y<0$ 时，$\sigma_{xx}>0$。这说明正刃型位错的位错滑移面上侧为压应力，滑移面下侧为张应力。

⑤在应力场的任意位置处，$|\sigma_{xx}|>|\sigma_{yy}|$。

⑥$x=\pm y$ 时，σ_{yyy}、τ_{xy} 均为零，说明在直角坐标的两条对角线处，只有 σ_{xx}，而且在每条对角线的两侧，$\tau_{xy}(\tau_{yx})$ 及 σ_{yy} 的符号相反。

图 6-26(b)显示了刃型位错周围的应力分布情况。注意，如同螺型位错一样，上述公式不能用于刃型位错的中心区。

6.4.2　位错的应变能

位错周围点阵畸变引起弹性应力场导致晶体能量增加，这部分能量称为位错的应变能，或称为位错的能量。位错的能量可分为两部分：位错中心畸变能 E_c 和由位错应力场引起的弹性应变能 E_e。由于位错中心区域点阵畸变很大，不能用虎克定律，而需借助点阵模型直接考虑晶体结构和原子间的相互作用。据估算，这部分能量为总应变能的 1/15~1/10，故常予以忽略。而以中心区域以外的弹性应变能代表位错的应变能，此项能量可采用连续介质弹性模型并根据单位长度位错所做的功求得。

假定如图 6-26(a)所示的刃型位错系一单位长度的位错。在形成这个位错的过程中，沿滑移方向的位移是从 0 逐渐增加到 $|\boldsymbol{b}|$ 的，因而位移是个变量，同时滑移面 PQ 上所受的力也随 r 而变化。位错的应变能可以用切应力所做的功表示。故在位错移动过程中，当位移为 x 时，切应力为：

$$\tau_{\theta r}=\frac{Gx}{2\pi(1-\nu)}\frac{\cos\theta}{r} \tag{6-7}$$

因 x 为极小值，故 $\theta\approx0$。因此，为克服切应力 $\tau_{\theta r}$ 所做的功为：

$$E_e=W=\int_{r_0}^{R}\int_0^b\tau_{\theta r}\mathrm{d}x\mathrm{d}r=\int_{r_0}^{R}\int_0^b\frac{Gx}{2\pi(1-\nu)}\frac{1}{r}\mathrm{d}x\mathrm{d}r=\frac{Gb^2}{2\pi(1-\nu)}\ln\frac{R}{r_0} \tag{6-8}$$

这就是单位长度刃型位错的应变能。

同理，可求得单位长度螺型位错的应变能为：

$$E_s=\frac{Gb^2}{4\pi}\ln\frac{R}{r_0} \tag{6-9}$$

而对于一个位错线与其柏氏矢量 b 成 φ 角的混合位错，可以分解为一个柏氏矢量为 $b\sin\varphi$ 的刃型位错分量和一个柏氏矢量为 $b\cos\varphi$ 的螺型位错分量。由于互相垂直的刃位错和螺位错之间没有相同的应力分量，故它们之间没有相互作用能。因此，可分别算出这两个位错分量的应变能，它们的和就是混合位错的应变能：

$$E_e^m=E_e^e+E_e^s=\frac{Gb^2\sin^2\varphi}{4\pi(1-\upsilon)}\ln\frac{R}{r_0}+\frac{Gb^2\cos^2\varphi}{4\pi}\ln\frac{R}{r_0}=\frac{Gb^2}{4\pi K}\ln\frac{R}{r_0} \tag{6-10}$$

式中：$K=(1-\nu)/(1-\nu\cos^2\varphi)$ 称为混合位错的角度因素，一般 K 为 0.75~1。

实际上，所有的直线形状位错的能量均可用式(6-10)表达。显然，对于螺型位错，$K=0$；对于刃型位错，$K=(1-\nu)$；而对于混合型位错，$K=(1-\nu)/(1-\nu\cos^2\varphi)$。由此可见，位错应变能的大小与 r_0 和 R 有关。一般认为 r_0 与 b 值相近，约为 10^{-10} m，而 R 是位错应力场最大作用范围的半径，实际晶体中由于存在亚结构或位错网络，一般取 $R\approx10^{-6}$ m。因此，单位长度位错的总应变能可简化为：

$$E = AGb^2 \tag{6-11}$$

式中：A 为与几何因素有关的系数，其值为0.5~1。

综上所述，可得出如下结论：

①位错的能量包括两部分：位错中心区的能量 E_c 和位错的弹性应变能 E_e。E_c 一般小于总能量的1/10，常可忽略；而位错的弹性应变能 $E_e = \ln(R/r_0)$，它随 r 缓慢地增加，所以位错具有长程应力场。

②位错的应变能与 b^2 成正比。因此，从能量的观点来看，晶体中具有最小 b 的位错应该是最稳定的，而 b 大的位错有可能分解为 b 小的位错，以降低系统的能量。由此也可理解为滑移方向总是沿着原子的密排方向的。

③螺型位错与刃型位错的应变能之比 $E_e^s/E_e^e = 1-\nu$，常用金属材料的 ν 约为1/3，故螺型位错的弹性应变能约是刃型位错的2/3。

④位错的能量是以单位长度的能量来定义的，故位错的能量还与位错线的形状有关。由于两点间以直线为最短，所以直线位错的应变能小于弯曲位错的应变能，即直线位错更稳定。因此，位错线有尽量变直和缩短其长度的趋势。

位错的存在均会使体系的内能升高，虽然位错的存在也会引起晶体中熵值的增加，但相对来说，熵值增加有限，可以忽略不计。因此，位错的存在使晶体处于高能的不稳定状态，可见位错是热力学上不稳定的晶体缺陷。

6.4.3 位错的线张力

位错总应变能与位错线的长度成正比。为了降低能量，位错线有缩短的倾向，故在位错线上存在一种使其变直的线张力。线张力是一种组态力，类似于液体的表面张力，可定义为使位错增加单位长度所需的能量。所以位错的线张力 T 可近似地表达为：

$$T \approx kGb^2 \tag{6-12}$$

式中：k 为比例系数，其范围为0.5~1.0。需要指出的是，位错的线张力不仅驱使位错变直，而且也是晶体中位错呈三维网络分布的原因。因为位错网络中相交于同一结点的位错，其线张力处于平衡状态，从而保证了位错在晶体中的相对稳定性。

当位错受切应力作用而沿曲率半径 R 弯曲时，线张力将产生一指向曲率中心的力 F' 以平衡此切应力，$F' = 2T\sin(d\theta/2)$（图6-27）。若位错长度为 ds，单位长度位错线所受的力为 τb，则平衡条件为：

$$\tau b \cdot ds = 2T\sin\frac{d\theta}{2} \tag{6-13}$$

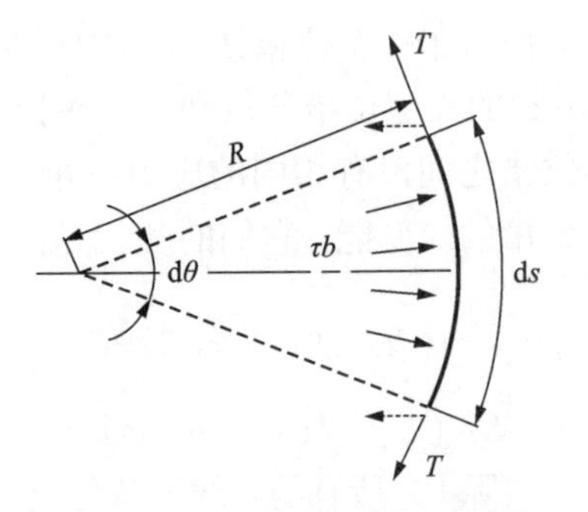

图6-27　位错的线张力示意图

由于 $ds = rd\theta$，当 $d\theta$ 很小时，$\sin(d\theta/2) \approx d\theta/2$，故：

$$\tau b = \frac{T}{R} \approx \frac{Gb^2}{2R}$$

即

$$\tau = \frac{Gb}{2R} \tag{6-14}$$

由此可知，一条两端固定的位错在切应力 τ 作用下将沿曲率半径 R 弯曲。

6.5　作用于位错的力

在外切应力的作用下，位错将在滑移面上产生滑移运动。位错运动中，除了受到外力作用之外，还受到晶体内部的晶格缺陷的阻力作用，如点阵阻力、其他缺陷阻力、位错的线张力等也会引起附加的阻力。

6.5.1　位错运动的动力

驱使位错运动的力实际上是作用在晶体中(位错附近的畸变区域)的原子上，而非只作用在位错中心线的原子上。位错的移动方向总是与位错线垂直，可理解为有一个垂直于位错线的"力"作用在位错线上。所以，为研究问题方便，把位错线假设为物质实体线，把位错的滑移运动看作受一个垂直于位错线的法向力作用的结果，并把这个法向力称为作用在位错上的力。

虚功原理认为：切应力使晶体滑移所做的功等于"法向力"F 推动位错滑移所做的功。利用虚功原理可以导出这个作用在位错上的力。如图 6-28 所示，设有切应力 τ 使一小段位错线 $\mathrm{d}l$ 移动了 $\mathrm{d}s$ 距离，结果使晶体沿滑移面产生了 b 的滑移，故切应力所做的功为：

$$\mathrm{d}W=(\tau \mathrm{d}A)\cdot b=\tau \mathrm{d}l\cdot \mathrm{d}s\cdot b \tag{6-15}$$

此功也相当于作用在位错上的力 F 使位错线移动 $\mathrm{d}s$ 距离所做的功，即 $\mathrm{d}W'=F\cdot \mathrm{d}s$。利用虚功原理，则有 $\mathrm{d}W=\mathrm{d}W'$，由此可以得到作用在位错上的力为：

$$F=\tau b\cdot \mathrm{d}l \tag{6-16}$$

则单位长度位错所受的力为：

$$F_{\mathrm{d}}=F/\mathrm{d}l=\tau b \tag{6-17}$$

F_{d} 与外切应力 τ 和位错的柏氏矢量 b 成正比，其方向总是与位错线相垂直并指向滑移面的未滑移部分。

需要特别指出的是，"作用于位错的力"只是一种组态力，它不代表位错附近原子实际所受到的力，也区别于作用在晶体上的力。F_{d} 的方向与外切应力 τ 的方向可以不同，如对纯螺型位错，F_{d} 的方向与 τ 的方向相互垂直[图 6-28(b)]；另外，由于一根位错具有唯一的柏氏矢量，故只要作用在晶体上的切应力是均匀的，那么各段位错线所受的力的大小是完全相同的。

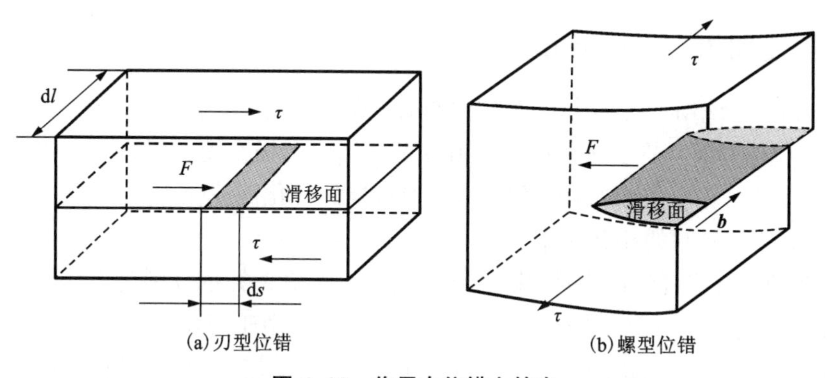

图 6-28　作用在位错上的力

以上是切应力作用在滑移面上使位错发生滑移的情况，这种位错线的受力也称滑移力。但如果对晶体加上一正应力分量，显然，位错不会沿滑移面滑移，对刃型位错而言，则可在垂直于滑移面的方向运动，即发生攀移，此时刃位错所受的力称为攀移力。

6.5.2 位错运动的阻力

实际晶体中，位错运动要遇到多种阻力，各种晶体缺陷对位错运动均能构成阻碍。即使在无任何缺陷情况下，位错运动也需克服滑移面两侧原子间相互作用力(这是最基本阻力)，称为点阵阻力。如图 6-29 所示，当位错在 1、2 等平衡位置时，能量最小。在位错从位置 1 运动至位置 2 的过程中，因两侧原子排列不对称，故位错需要越过一个能垒(位错运动遇到了阻力，即点阵阻力)。派尔斯(R. Peierls)和纳巴罗(F. R. N. Nabarro)估算了这一阻力，又将其称为派-纳力。近似计算式为：

$$\tau_{P-N}=\frac{2G}{1-\nu}\exp\left[-\frac{2\pi a}{(1-\nu)b}\right] \tag{6-18}$$

式中：a 为滑移面面间距；b 为滑移方向上的原子间距；G 为切变模量；ν 为泊松比。式(6-18)虽在简化、假定条件下导出，但与实验结果符合较好。比如在简单立方结构晶体中，设 $a=b$，如取 $\nu=0.3$，则求得 $\tau_{P-N}=3.6\times10^{-4}G$；如取 $\nu=0.35$，则 $\tau_{P-N}=2\times10^{-4}G$。这一数值比理论屈服强度($G/30$)小得多，但和临界分切应力实测值在同一数量级。

由式(6-18)可知，τ_{P-N} 与($-a/b$)呈指数关系。这表明，当滑移面间距越大，位错强度越小时，派-纳力越小，位错越容易滑移。晶体中，原子最密排面间距 a 最大，最密排方向原子间距 b 最小，故位于密排面上且柏氏矢量与密排方向一致的位错最易滑移。因此，晶体滑移面和滑移方向一般都是晶体原子密排面与密排方向。

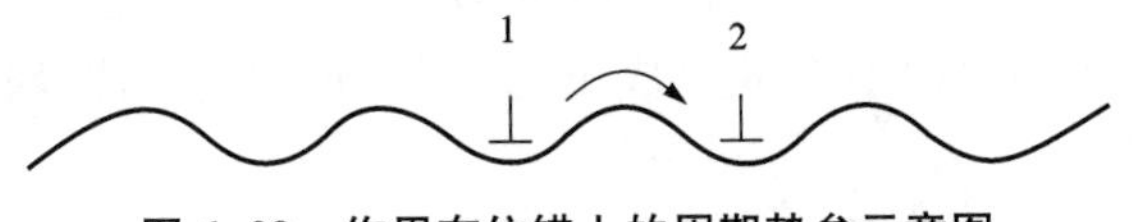

图 6-29 作用在位错上的周期势垒示意图

晶体中其他缺陷(如点缺陷、其他位错、晶界、第二相粒子等)都会与位错发生交互作用，从而引起位错滑移的阻力，并导致晶体强化。同时，位错的线张力等也会引起附加的阻力。

6.5.3 位错之间的交互作用力

正如 6.4.1 节介绍那样，晶体中存在位错时，在它的周围便产生一个应力场。实际晶体中往往有许多位错同时存在。任一位错在其相邻位错应力场作用下都会受到作用力，此交互作用力随位错类型、柏氏矢量大小、位错线相对位向的变化而变化。

(1)平行螺型位错间的相互作用。

如图 6-30 所示，设有两个平行螺型位错 s_1、s_2，其柏氏矢量分别为 $\boldsymbol{b}_1$、$\boldsymbol{b}_2$，位错线平行于 z 轴，且位错 s_1 位于坐标原点 O 处、s_2 位于(r, θ)处。由于螺位错的应力场中只有切应力 $\tau_{\theta z}$ 分量，且具有径向对称的特点，位错 s_2 在位错 s_1 的应力场作用下受到的径向作用力为：

$$F_{\mathrm{r}}=\tau_{\theta z}\cdot b_2=\frac{Gb_1b_2}{2\pi r} \tag{6-19}$$

F_{r} 方向与矢径 r 方向一致。同理，位错 s_1 在位错 s_2 应力场作用下也将受到一个大小相等、方向相反的作用力。

因此，两平行螺型位错的作用力，其大小与两位错强度(柏氏矢量)的乘积成正比，而与两位错间距成反比，其方向则沿径向 r 垂直于所作用的位错线。当 $\boldsymbol{b}_1$ 与 $\boldsymbol{b}_2$ 同向时，$F_{\mathrm{r}}>0$，即两同号平行螺型位错相互排斥[图 6-30(b)]；而当 $\boldsymbol{b}_1$ 与 $\boldsymbol{b}_2$ 反向时，$F_{\mathrm{r}}<0$，即两异号平行螺型位错相互吸引[图 6-30(c)]。

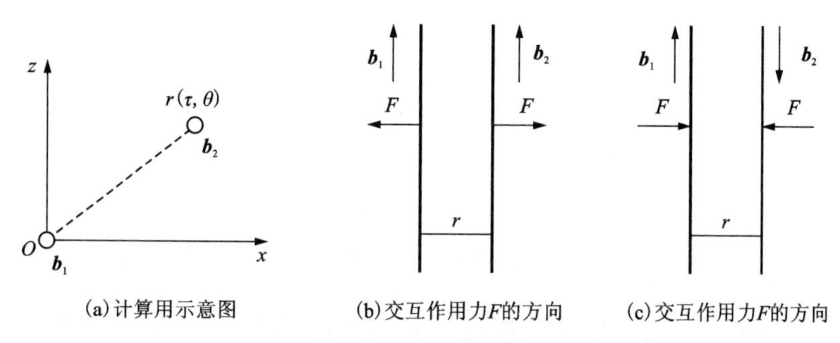

(a)计算用示意图　(b)交互作用力F的方向　(c)交互作用力F的方向

图 6-30　平行螺型位错的交互作用

(2)两平行刃型位错间的交互作用。

如图 6-31 所示，设有两个平行于 Z 轴、相距为 $r(x,y)$ 的刃型位错 e_1、e_2，其相应的柏氏矢量 $\boldsymbol{b}_1$ 和 $\boldsymbol{b}_2$ 均与 X 轴同向。令 e_1 位于坐标原点上，e_2 的滑移面与 e_1 平行，且均平行于 X-Z 面。因此，在 e_1 的应力场中只有切应力分量 τ_{yx} 和正应力分量 σ_{xx} 对位错 e_2 起作用，分别导致 e_2 沿 X 轴方向滑移和沿 Y 轴方向攀移。结合式(6-5)，可得到这两个交互作用力分别为：

$$\left.\begin{aligned}F_X&=\tau_{yx}\cdot b_2=\frac{Gb_1b_2}{2\pi(1-\nu)}\cdot\frac{x(x^2-y^2)}{(x^2+y^2)^2}\\F_Y&=-\sigma_{xx}\cdot b_2=\frac{Gb_1b_2}{2\pi(1-\nu)}\cdot\frac{y(3x^2+y^2)}{(x^2+y^2)^2}\end{aligned}\right\} \tag{6-20}$$

根据公式(6-20)，可进行以下分析讨论。

对于两个同号平行的刃型位错，滑移力 F_x 随位错 e_2 所处的位置而变化，它们之间的交互作用如图 6-31(a)所示，现归纳如下：

①当 $|x|>|y|$ 时，若 $x>0$，则 $F_x>0$；若 $x<0$，则 $F_x<0$。这两种作用力均使 e_1、e_2 位错趋于分开。这说明当位错 e_2 位于图 6-31(b)中的①、④、⑤、⑧区域时，两位错相互排斥。

②当 $|x|<|y|$ 时，若 $x>0$，则 $F_x<0$；若 $x<0$，则 $F_x>0$。这两种作用力均使 e_1、e_2 位错趋于靠近。这说明当位错 e_2 位于图 6-31(c)中的②、③、⑥、⑦区域时，两位错相互吸引。

③当 $|x|=|y|$ 时，$F_x=0$，位错 e_2 处于介稳定平衡位置。一旦偏离此位置，位错 e_2 就会受到位错 e_1 的吸引或排斥，使它偏离得更远。

④当 $x=0$ 时，即位错 e_2 处于 Y 轴上时，$F_x=0$，位错 e_2 处于稳定平衡位置。一旦偏离此位置，位错 e_2 就会受到位错 e_1 的吸引而退回原处，使位错垂直地排列起来。通常把这种呈垂

直排列的位错组态称为位错墙，它可构成小角度晶界。

⑤当 $y=0$ 时，若 $x>0$，则 $F_x>0$；若 $x<0$，则 $F_x<0$。此时 F_x 的绝对值与 x 成反比，即处于同一滑移面上的同号刃型位错总是相互排斥的，位错间距离越小，排斥力越大。

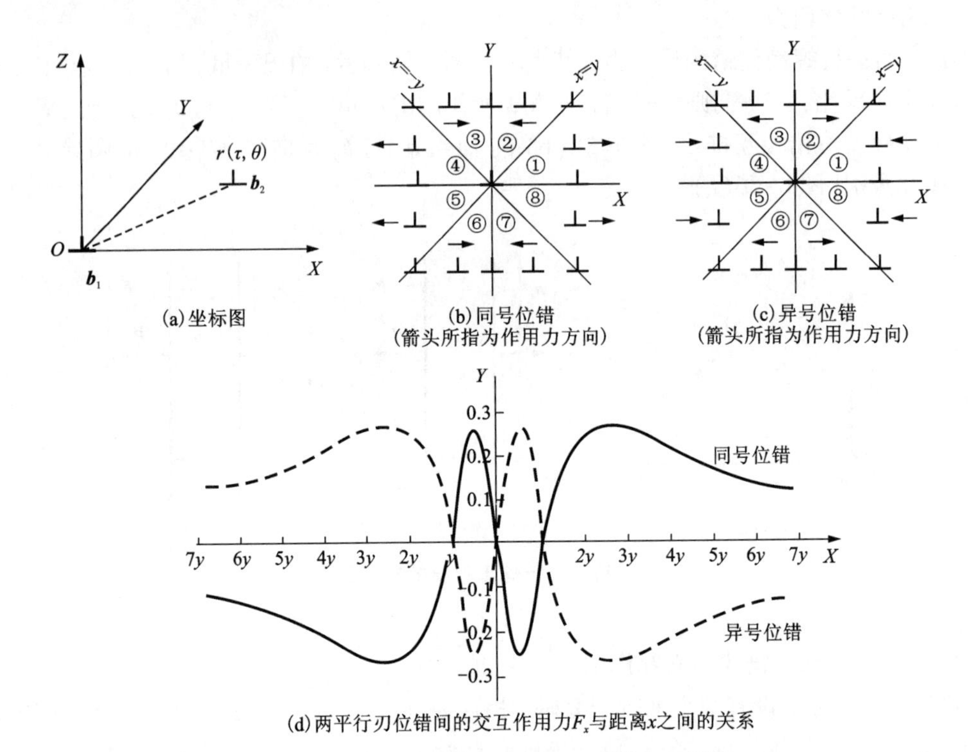

(d)两平行刃位错间的交互作用力F_x与距离x之间的关系

图 6-31　两刃型位错在 X 轴方向上的交互作用

至于攀移力 F_y，由于它与 y 同号，当位错 e_2 在位错 e_1 的滑移面上边时，受到的攀移力 F_y 是正值，即指向上；当 e_2 在 e_1 滑移面下边时，F_y 为负值，即指向下。因此，两位错沿 Y 轴方向是互相排斥的。

对于两个异号的刃型位错，它们之间的交互作用力 F_x、F_y 的方向与上述同号位错时相反，而且位错 e_2 的稳定位置和介稳定平衡位置正好互相对换，$|x|=|y|$时，e_2 处于稳定平衡位置。

图 6-31(d)综合地展示了两平行刃位错间的交互作用力 F_x 与距离 x 之间的关系。图中 y 为两位错的垂直距离(即滑移面间距)，x 表示两位错的水平距离(以 y 的倍数度量)。可以看出，两同号位错间的作用力[图 6-31(d)中实线]与两异号位错间的作用力[图 6-31(d)中虚线]大小相等、方向相反。至于异号位错的 F_y，由于它与 y 异号，所以沿 Y 轴方向的两异号位错总是相互吸引，并尽可能靠近甚至消失。

除上述情况外，在互相平行的螺型位错与刃型位错之间，由于两者的柏氏矢量垂直，各自的应力场均没有使对方受力的应力分量，故彼此不发生作用。

若是两平行位错中有一根或两根都是混合位错，可将混合位错分解为刃型和螺型分量，再分别考虑它们之间作用力的关系，叠加起来就得到总的作用力。

(3)其他情况。

当两互相平行的位错，一个是纯螺型，另一个是纯刃型，因螺型位错应力场既无可使刃型位错受力的应力分量，刃型位错的应力场也无可使螺型位错受力的应力分量，故这两种位错间无相互作用。

6.6　位错的萌生与增殖

6.6.1　位错的生成与位错密度

除了精心制作的细小晶须外，在通常的晶体中都存在大量的位错。即使精心制备的纯金属单晶中，也会存在着许多位错。这些原始位错究竟是通过哪些途径产生的呢？在晶体生长过程中，位错来源主要有以下几种。

(1)由于熔体中杂质原子在凝固过程中不均匀分布，使晶体先后凝固部分的成分不同，从而导致其点阵常数也有差异，可能形成位错作为过渡。

(2)由于温度梯度、浓度梯度、机械振动等的影响，致使生长着的晶体偏转或弯曲，从而引起相邻晶块之间的位相差，它们之间就会形成位错。

(3)晶体生长过程中，由于相邻晶粒发生碰撞或因液流冲击，以及冷却时体积变化的热应力等原因，会使晶体表面产生台阶或受力变形而形成位错。

(4)由于高温下较快凝固及冷却时晶体内存在大量过饱和空位，空位的聚集能形成位错。

(5)凝固时在晶体长大相遇处，因位向略有差别而形成位错。

(6)晶体内部的某些界面(如第二相质点、孪晶、晶界等)和微裂纹的附近，由于热应力和组织应力的作用，往往出现应力集中现象，当此应力高至足以使该局部区域发生滑移时，就在该区域产生位错。

晶体中位错的数量常用位错密度表示。位错密度定义为：单位体积晶体中所含的位错线的总长度。其数学表达式为：$\rho=L/V$，其中 L 为位错线的总长度，V 为晶体的体积。

但是，实际上，要测定晶体中位错线的总长度是不可能的。为简便起见，常把位错线当作直线，并且假定晶体的位错是平行地从晶体的一端延伸到另一端，这样，位错密度就等于穿过单位面积的位错线数目，可表示为 $\rho=nl/lA=n/A$，式中 l 为每根位错线的长度，n 为在面积 A 中所见到的位错数目。显然，并不是所有位错线都与观察面相交，故按此求得的位错密度将小于实际值。

实验结果表明，一般经充分退火的多晶体金属中，位错密度为 $10^6\sim10^8\ \mathrm{cm}^{-2}$。但经精心制备和处理的超纯金属单晶体，位错密度可低于 $10^3\ \mathrm{cm}^{-2}$；而经过剧烈冷变形的金属，位错密度可高达 $10^{10}\sim10^{12}\ \mathrm{cm}^{-2}$。

6.6.2　位错的增殖

虽然晶体中一开始已存在一定数量的位错，但是当晶体受力时，这些位错会发生运动，最终移至晶体表面而产生宏观变形。但按照这种观点，变形后晶体中的位错数目应越来越少。然而，事实恰恰相反，经剧烈塑性变形后的金属晶体，其位错密度可增加 4~5 个数量级。这个现象充分说明，晶体在变形过程中，位错在不断地增殖，这种能增殖位错的地方称为位错源。

位错增殖机制有多种，其中较重要的是弗兰克-瑞德源(Frank-Read source)，简称 F-R 源。这是由弗兰克和瑞德于 1950 年提出并已为实验所证实的位错增殖机制。另外两种机制是双交滑移增殖机制和攀移增殖机制。

如图 6-32 所示为 Frank-Read 源的位错增殖机制。若某滑移面上有一段刃型位错 AB，它的两端被位错网结点钉住，不能运动。现沿位错 $\boldsymbol{b}$ 方向加切应力，使位错沿滑移面向前滑移运动。在应力场均匀的情况下，沿位错线各处的滑移力 $F_t=\tau b$ 大小都相等，无外界因素的条件下，整段位错线应该是平行向前滑移的；但由于 AB 两端固定(被钉扎)，所以只能使位错线发生弯曲[图 6-32(b)]。单位长度位错线所受的滑移力 $F_d=\tau b$，它总是与位错线本身垂直，所以弯曲后的位错的每一小段将继续受到 F_d 的作用，且沿它的法线方向向外扩展，其两端则分别绕节点 A、B 发生回转[图 6-32(c)]。当两端弯出来的线段相互靠近时[图 6-32(d)]，由于该两线段平行于 $\boldsymbol{b}$，但位错线方向相反，分别属于左螺旋和右螺旋位错，则它们最终互相抵消，并形成一闭合的位错环和位错环内的一小段弯曲位错线[图 6-32(e)]。只要外加应力继续作用，位错环便继续向外扩张，同时环内的弯曲位错在线张力作用下又被拉直，恢复到原始状态的单纯刃型位错 AB。由此重复以前的运动，将不断地产生新的位错环，从而造成位错的增殖，并使晶体产生一定的滑移量。

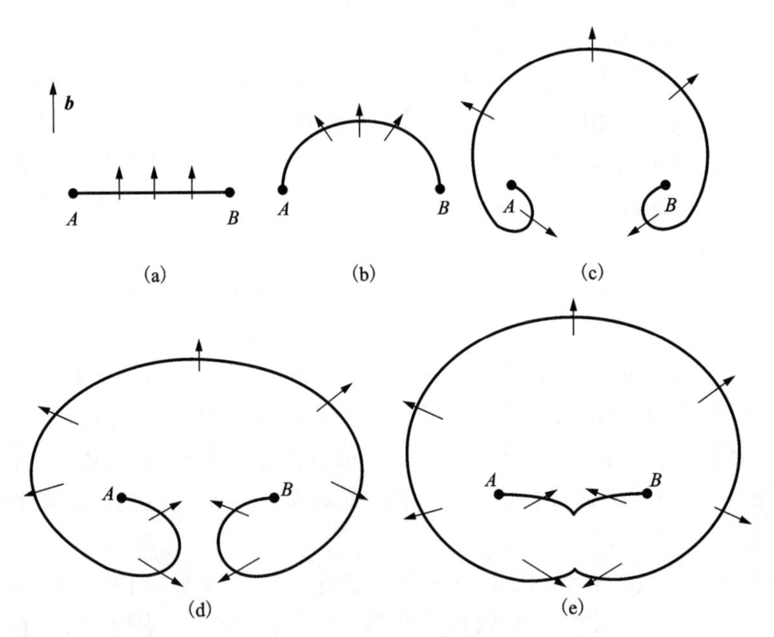

图 6-32　Frank-Read 位错增殖过程示意

Frank-Read 源位错增殖机制已为实验所证实，人们已在硅、镉、Al-Cu、Al-Mg 合金、不锈钢和氯化钾等晶体中直接观察到类似的 F-R 源的迹象。

为使 F-R 源的位错线滑动，外应力需克服位错线弯曲时线张力所引起的阻力。由位错的线张力一节的介绍可知，外加切应力 τ 与位错弯曲时的曲率半径 r 之间的关系为 $\tau=Gb/2r$，即曲率半径越小，要求与之相平衡的切应力越大。从图 6-32 可以看出，当 AB 弯成半圆形时，曲率半径最小，所需的切应力最大，此时 $r=L/2$，L 为 A 与 B 之间的距离。故使 F-R 源发生作用的临界切应力 $\tau_c=Gb/L$。

还有一种 Frank-Read 源位错增殖机制就是单边(或单轴)F-R 源方式，即所谓的 L 形平面源。如图 6-33(a)所示，有位错 CD-DE，其中 CD 在滑移面上，而 DE 不在滑移面上；对于 CD 段位错，相当于 D 点被钉扎而未能滑动。DC 是一个正刃型位错，在切应力 τ 作用下，CD 段开始滑移，并逐渐成为绕 D 点旋转的曲线，不断向外扩展。转了 90°以后，柏氏矢量与位错线 DC_2 方向一致，形成一段右螺位错[图 6-33(b)]；位错线 DC 绕 DE 转 270°后，形成左螺位错；每转一周就扫过滑移面一次，晶体便产生一个 b 的滑移量，位错回到初始位置 CD。若切应力 τ 保持不变，则晶体可沿滑移面不断地滑移。

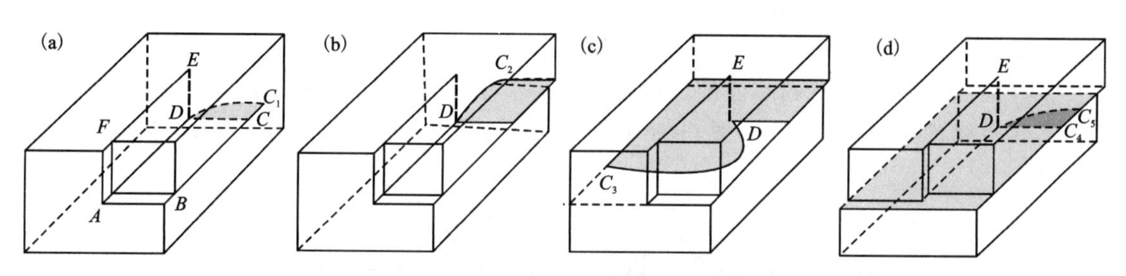

图 6-33　L 形平面源位错增殖过程示意图

位错的增殖机制还很多，例如双交滑移增殖、攀移增殖等。前面已指出，螺型位错经双交滑移后可形成刃型割阶。由于此割阶不在原位错的滑移面上，所以它不能随原位错线一起向前运动，对原位错产生"钉扎"作用，并使原位错在滑移面上滑移时成为一个 F-R 源。如图 6-34 所示为双交滑移的位错增殖模型。螺型位错线发生交滑移后形成了两个刃型割阶 AC 和 BD，因而使位错在新滑移面(111)上滑移时成为一个 F-R 源。有时在第二个(111)面扩展出来的位错圈又可以通过交滑移转移到第三个(111)面上进行增殖，从而使位错迅速增加，因此，它是比上述的 Frank-Read 源更有效的增殖机制。

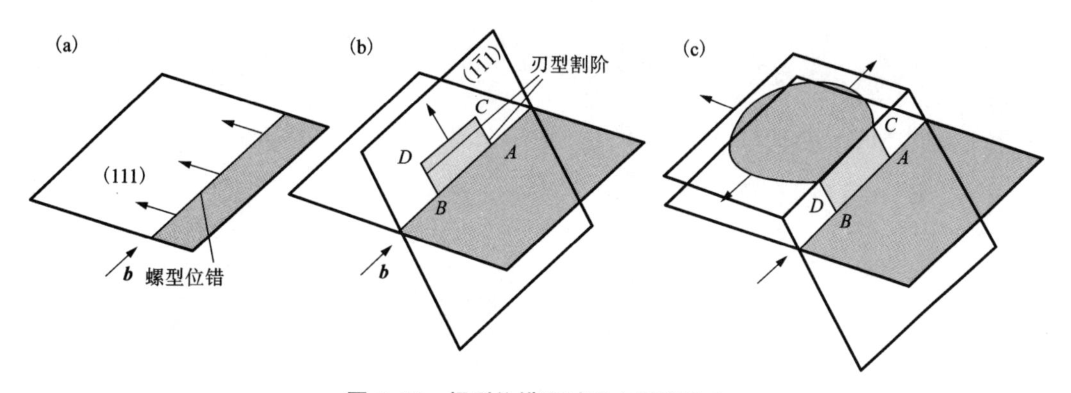

图 6-34　螺型位错通过双交滑移增殖

复习思考与练习

(1)概念：位错、刃型位错、螺型位错、混合位错、柏氏矢量、位错密度、位错的滑移、位错的攀移、位错塞积、弗兰克-瑞德源、派-纳力、对称倾转晶界、共格界面、非共格晶界、失配度。

(2)分别分析刃型位错和螺型位错的位错线、柏氏矢量、滑移方向、滑移面之间的位向关系。

(3)当刃型位错周围的晶体中含有超过平衡态的空位、超过平衡态的间隙原子、低于平衡浓度的空位、低于平衡浓度的间隙原子、具有较多的小于溶剂原子尺寸的原子、具有较多的大于溶剂原子尺寸的原子时，位错将怎样攀移?

(4)指出图 6-35 中位错环各段位错线的位错性质。在如图 6-35 所示的外切应力 τ 作用下，各段位错将如何运动？在如图 6-35 所示的外切应力 σ 作用下，各段位错又将如何运动?

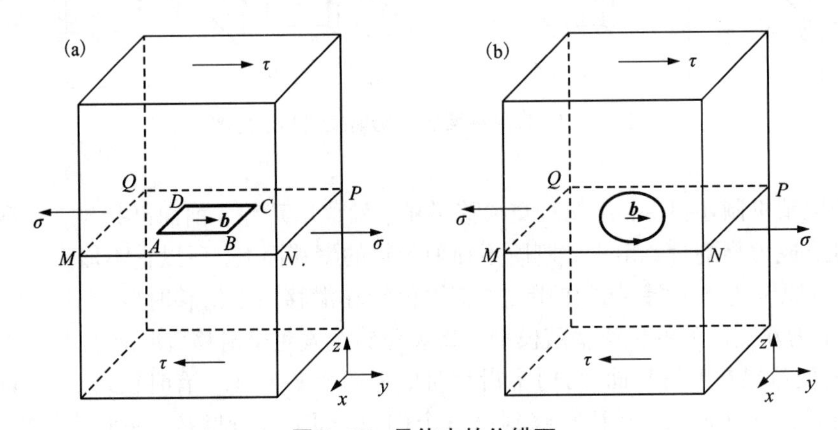

图 6-35　晶体中的位错环

第 7 章　固体的表面与界面

第7章　固体的表面与界面
(课件资源)

材料制备及使用过程中发生的种种物理化学变化，都是由材料表面向材料内部逐渐进行的，这些过程的进行都依赖于材料的表面与界面的结构与性质。产生表面现象的根源在于：材料表面质点(原子、离子、分子等)排列不同于材料内部，材料表面处于高能量状态。这就使得物体表面呈现出一系列特殊的性质。本章主要介绍与表面与界面等有关的结构特征、界面基本理论，以期了解表面与界面对材料性能的影响，为利用表面与界面效应对材料进行改性打下基础。

7.1　表面与界面概述

界面是指两相接触的、几个分子厚度的过渡区。若其中一相为气体，这种界面通常称为表面。严格来讲，表面应是液体(或固体)与其饱和蒸汽之间的界面，但习惯上把液体(或固体)与空气的界面称为液体或固体的表面。

根据两相的状态进行分类，常见的界面有：气-液界面、气-固界面、液-液界面、液-固界面、固-固界面。本章内容更侧重于气-固界面、液-固界面和固-固界面的相关界面特性和界面效应。

根据作用类型，界面可分为以下几种：①机械作用界面。比如通过喷砂、变形、磨损等机械作用而形成的界面。②化学作用界面。它是由于表面反应、氧化、腐蚀等化学作用而形成的界面。③固体结合界面。它是由两个固相直接接触，通过真空、加热、加压、界面扩散等途径所形成的界面。④沉积界面。物质以原子尺寸形态从液相或气相析出而在固态表面形成的界面。⑤凝固共生界面。两个固相同时从液相中凝固析出，并且共同生长所形成的界面。⑥粉末冶金界面。通过热压、热锻、热等静压、烧结、热喷涂等粉末工艺，将粉末材料转变为块体所形成的界面。⑦黏结界面。由无机或有机黏结剂使两个固体相结合而形成的界面。⑧熔焊界面。在固体表面造成熔体相，然后两者在凝固过程中形成冶金结合的界面等。

材料的界面也可以根据材料的类型进行划分，例如，金属-金属界面、金属-陶瓷界面、树脂-陶瓷界面等。显然，不同界面上的化学键性质是不同的。

表面与界面的组成和结构对材料性能有着重要的影响。①对物理性质的影响：比如熔点、蒸气压、溶解度、吸附、润湿和烧结等性质。一般地，越微小的固态物体，其比表面积和表面能量越大，原子或分子越活跃，所以其蒸气压增大、熔点降低、溶解度增加，表面吸附现象也会更明显。②对化学性质的影响：因为化学性质的发生与进行常常是从表面开始的，微小的固态物体也会呈现出很高的化学活性(或很大的催化能力)，固相反应的能力也会增加。

正是由于表面和界面的组成和结构对材料性能有着重要的影响，人们也一直在设法了解和解释材料的表面与界面特性，并试图在众多的新材料研究与应用中充分利用表面与界面，比如薄膜与多层膜、超晶格、超细微粒与纳米材料等。

7.2 固体表面特征

7.2.1 理想表面

以往很长一段时间里，人们将固体表面和体内看成是完全一样的。但是实验证明并非如此，因为固体表面的结构和性质在很多方面都与体内完全不同。从组成固态晶体的质点(原子、离子或分子等)排布状态考虑，晶体内部的质点周期性及三维平移对称性在晶体表面消失了。所以，从质点排布状态看，可以将固体表面定义为晶体三维周期结构和真空之间的过渡区域。显然，这种表面实际上是理想表面，即表面上原子的位置及其结构的周期性与原来无限的晶体完全一样，只认为表面是结构完整的二维点阵平面[图 7-1(a)]。

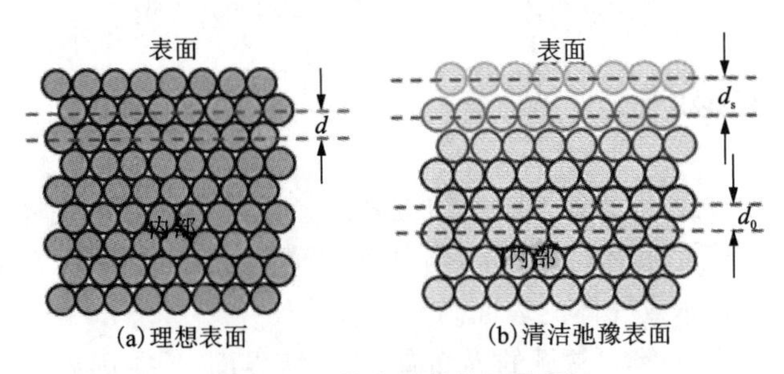

图 7-1　固体表面结构示意图

这种理想表面没有考虑晶体内部周期性势场在晶体表面中断的影响，其建立的前提既不考虑表面原子的热运动、热扩散、热缺陷等，也不考虑外界对表面的物理-化学作用，而是基于体内原子的位置与结构的无限周期性的基础，认为表面原子的位置与结构是半无限的。所以，理想表面实际上是不存在的。

7.2.2 清洁表面

清洁表面是指不存在任何吸附、催化反应、杂质扩散等物理-化学效应的表面。这种清洁表面的化学组成与体内相同，但周期结构可以不同于内部[图 7-1(b)]。如果所讨论的固体是没有杂质的单晶，则作为零级近似可将清洁表面定义为一个理想表面。根据表面原子的排列，清洁表面又可分为台阶表面、弛豫表面、重构表面等。

(1)台阶表面。

台阶表面不是一个平面，它由有规则的或不规则的台阶的表面所组成。如图 7-2 所示的某台阶表面，台阶的平面是(111)晶面，台阶的立面是(001)晶面。实际的台阶表面相当复杂，在台阶表面最上层可以发生膨胀或压缩，有时还是非均匀的等弛豫现象[图 7-1(b)]。

台阶表面存在不同的表面状态，如平台、邻位面、扭折和粗糙面等。其中，平台是密排低指数晶面，其取向和完整的密排低指数面的取向一致；晶体表面对密排低指数面的偏离通过平行于密排方向的台阶以及沿台阶的扭折来实现；邻位面是表面略微偏离低指数面的晶面，是准光滑的；粗糙面是远离低指数面的晶面。

(2)弛豫表面。

弛豫就是表面质点通过电子云极化变形来降低表面能的过程。表面原子的堆积密度越低，弛豫效应越大。由于晶体内部的三维周期性在固体表面处突然中断，表面上原子的配位情况发生变化，相应地，表面原子附近的电荷分布将有所改变，表面原子所处的力场与体内原子也不相同。为使体系能量尽可能降低，表面上的原子常常会产生相对于正常位置的上、下位移，导致表面相中原子层的间距不同于体内原子层的间距[如图 7-1(b)中 $d_s \neq d_0$]，产生压缩或膨胀。

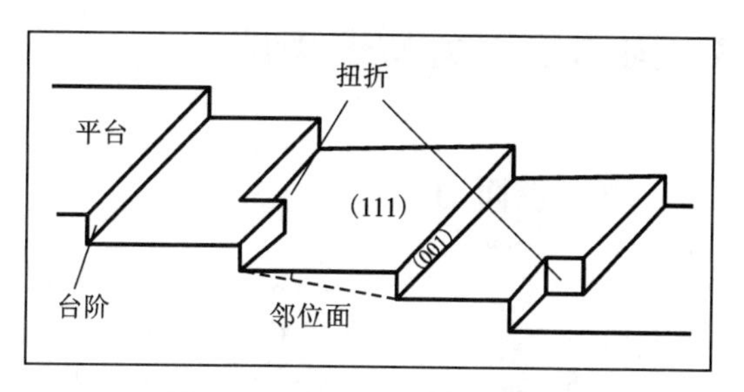

图 7-2　清洁台阶表面模型图

(3)重构表面。

这是指表面原子层在水平方向上的周期性不同于体内，但垂直方向的层间距离与内部层间距 b 相同。同一种材料的不同晶面以及相同晶面经不同加热处理后也可能出现不同的重构结构。例如 Si(111)面劈裂后表面原子的面间距扩大了 2 倍，出现(2×1)结构。

7.2.3　吸附表面

纯净的清洁表面难以通过制备获得。在实际存在的表面上，由于表面层存在的原子断键以及各种表面缺陷等，使表面易于富集各种杂质物质，普遍存在杂质和吸附物等影响表面结构的情况。

吸附表面具有重要意义的是吸附物质的存在。吸附物质既可以是表面环境中的气相分子、原子及其化合物，也可以是体内扩散出来的元素物质等。它们可以简单地被吸附在晶体表面，也可以外延生长在晶体表面且形成新的表面层，或进入表面层一定深度同表面原子形成有序的表面合金或化合物。

固体表面结构可以从微观质点排列状态(如松弛、重构)和表面几何状态(如台阶)两方面来描述。前者属于原子尺寸范围的超细结构，后者属于一般的显微结构。不同的探究深度或不同的场合，需要揭示的结构层次也可不一样，这就要根据实际需要和可能性进行相应的选择。总体而言，固相表面具有不均一性，可能会由于晶体的各向异性而导致同一个晶体不同表面的晶面不同和性能差异，或由于制备和加工条件不同导致同一种固体物质的表现性质不同。另外，实际晶体的表面存在晶格缺陷、空位或位错，也会造成表面的不均一性，或者表面吸附外来原子而引起固体表面的不均一性，从而增加了固体表面结构和性质研究的难度。

7.3 固体表面力与表面能

7.3.1 固体表面力

固体中的每个质点都不是孤立存在的，它们之间存在着一定的作用力，或者说在每个质点的周围都存在着一个力场。在晶体的内部，如果不考虑缺陷问题，那么质点的排列是有序和周期重复的，所以每个质点的力场是对称的。但是在固体表面，质点排列的周期重复性被中断，使处于表面边界上的质点力场对称性破坏，表现出剩余的键力，存在有指向的剩余力场，这就是固体的表面力。严格地说，固体表面是指固体与气体之间的分界面，但是由于固体表面力的作用，使表面几个原子层范围的结构、性质都可以与内部的不相同，因而通常将这层物质统称为表面。

根据固体表面力性质的不同，可将它分为化学力和分子力两部分。

(1)化学力。

化学力在本质上是静电力。当固体表面质点通过不饱和键与被吸附物间发生电子转移时会产生化学力，化学力可以用表面能的数值来估算。对于离子晶体，表面主要取决于晶格能和极化作用。

(2)分子力。

分子力也称范德华力，一般是指固体表面与被吸附质点(如气体分子)之间的相互作用力。它是固体表面产生物理吸附和气体凝聚的原因，并与液体的内压、表面张力、蒸气压、蒸发热等密切相关。分子间的引力主要来自三种不同的效应。

①定向作用力：主要发生在极性分子(或离子)之间。每个极性分子(离子)都有一个恒定偶极矩(μ)，相邻两个分子因极性不同而相互作用的力称为定向作用力。这种力的本质是静电力，可以用经典静电学知识求得两极性分子间定向作用的平均位能 E_0：

$$E_0 = -\frac{2\mu^4}{3r^6kT} \tag{7-1}$$

式中：r 为分子间距；k 为玻耳兹曼常数。式(7-1)表明，在一定的温度下，定向作用力与分子偶极矩 μ 的 4 次方成正比，与分子间距 r 的 7 次方成反比($\mathrm{d}F=\mathrm{d}E_0/\mathrm{d}r$)，而温度升高将使定向力作用减小。

②诱导作用力：主要发生在极性分子与非极性分子之间。诱导是指非极性分子在极性分子作用下被极化诱导出一个暂时的极化偶极矩，随后与原来的极性分子产生定向作用。显然，诱导作用将随极性分子的偶极矩(μ)和非极性分子的极化率(α)的增大而增强，随分子间距离(r)的增大而减弱。用经典静电学知识可求得诱导作用引起的位能 E_i：

$$E_i = -\frac{2\mu^2\alpha}{r^6} \tag{7-2}$$

③分散作用力(色散力)：主要发生在非极性分子之间。非极性分子是指其核外电子云呈球状形对称而不具有偶极矩。也就是指，电子在核外周围出现概率相等，而在某一时间内极化偶极矩平均值为零。但是电子在绕核运动的某一瞬间，在空间各个位置上，电子分布并非严格相同，这将呈现出瞬间极化偶极矩。许多瞬间极化偶极矩之间以及它对相邻分子的诱导

作用都会引起相互作用效应，称为分散作用或色散力。应用量子力学的微扰理论可以近似地求出分散作用引起的位能 E_D：

$$E_D = -\frac{3\alpha^2}{4r^6}h\nu_0 \tag{7-3}$$

式中：ν_0 是分子内的振动频率；h 为普朗克常数。

应该指出，对不同物质，上述三种作用并非相等。例如对于非极性分子，定向作用和诱导作用很小，可以忽略，主要是分散作用。此外，由式(7-1)~式(7-3)可见，三种作用力(位能对位移的微分)均与分子间距的 7 次方成反比，说明分子间引力的作用范围极小，一般为 0.3~0.5 nm。

在固体表面上，化学力和范德华力可以同时存在，但两者在表面力中所占比重将随具体情况而定。

在文献或参考资料中，对固体表面力的叙述可能还有其他的表述方式。①长程力：它是两相之间的分子引力通过某种方式加合和传递而产生的，本质上仍是范德华力。②静电力：在两相表面间产生的库仑作用力，一个不带电的颗粒，只要它的介电常数比周围的介质大，就会被另一个带电颗粒吸引。③毛细管表面力：在两个表面间存在液相时产生的一种引力，如粉体表面吸水并产生毛细管力。④接触力：短程表面力也称接触力，是表面间距离非常近时，表面上的原子之间形成的化学键或氢键。

7.3.2　固体表面能

固体表面上的原子或分子所受的力是不平衡的，这就使固体表面具有了较高的表面自由能(简称表面能)。固体的表面能是指产生单位新表面所消耗的等温可逆功。固体表面上的质点与晶体内部相比，处于一个较高的能量状态，所以表面积增加，体系的自由能就增加。也就是说，要形成一个新表面，外界必须对体系做功，表面粒子的能量高于体系内部粒子的能量，高出的部分能量通常称为表面过剩能，简称表面能。

表面张力是产生单位长度新表面所需的力。讨论液体表面张力和表面能的意义时，因为作用力下的液体分子易于移动，但液体分子间的距离并不改变，只是将本体相的分子迁移到了液面上，所以，液体的表面张力和表面能在数值上是相等的。液体表面能常用测定方法如图 7-3 所示，将一毛细管插入液体中，测定液体在毛细管中上升的高度为 h，由此可求出表面张力 γ：

$$\gamma = \frac{\rho g r h}{2\cos\theta} \tag{7-4}$$

式中：ρ 为液体密度；g 为重力加速度；r 为毛细管半径；θ 为接触角。

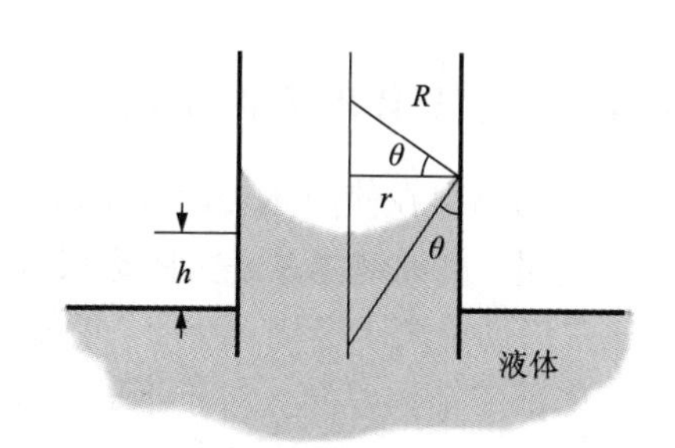

图 7-3　毛细管效应示意图

由于固体表面质点没有流动性，能够承受剪应力的作用，而且固体的弹性变形行为改变了增加面积的做功过程，不再使表面能与表面张力在数值上相等。固体的表面能在很大程度上取决于材料的形成过程，表面能与表面张力在数值上的差值与弹性应变有关。如果固体在较高的温度下能表现出足够的质点可移动性，则仍可近似认为表面能与表面张力在数值上相等。

维尔威(Verwey)晶体表面结构学说认为：新形成的理想表面由于周期性重复排列中断而具有很高的表面能，体系不稳定，通过自发的变化来降低能量而使其趋于稳定。新形成表面的自发变化可以通过以下方式进行：借助于离子极化、变形、重排并引起晶格畸变，或者依靠表面的成分偏析和表面对外来原子或分子的吸附等。

(1)共价键晶体表面能的近似计算。

共价键晶体不必考虑长程力的作用，表面能(u_S)是破坏单位面积上的全部键所需能量(u_B)之一半，即 $u_S=u_B/2$。

以金刚石表面能计算为例，若解理面平行于(111)面，可计算出每平方米上有 1.83×10^{19} 个键，若取键能为376.6 kJ/mol，则可算出表面能为5.72 J/m^2。

(2)离子晶体表面能的近似计算。

为了计算固体的表面自由能，取真空中绝对零度下一个晶体的表面模型，并计算晶体中一个原子(或离子)移到晶体表面时自由能的变化。一个原子(或离子)在内部和表面的内能分别为 u_{iB} 和 u_{iS}，如果用 L_S 表示1 m^2 表面上的原子数，则内部和表面的内能之差(假设 $u_{iB}=u_{iS}$)为：

$$\Delta U_{S-B}=\left[\frac{n_{iB}u_{iB}}{2}-\frac{n_{iS}u_{iS}}{2}\right]=\frac{n_{iB}u_{iB}}{2}\left[1-\frac{n_{iS}}{n_{iB}}\right]=\frac{U_0}{N}\left[1-\frac{n_{iS}}{n_{iB}}\right] \tag{7-5}$$

式中：U_0 为晶体摩尔自由能；N 为阿伏伽德罗常数(6.022×10^{23} mol^{-1})。从式(7-5)得到：

$$\gamma_0=\Delta U_{S-B}\cdot L_S=\frac{L_S U_0}{N}\left(1-\frac{n_{iS}}{n_{iB}}\right) \tag{7-6}$$

计算MgO的(100)面的 γ_0：MgO晶体 $U_0=3.93\times10^3$ J/mol，根据MgO的晶体结构(岩盐结构)可得到(100)面的 $L_S=2.26\times10^{19}/\text{m}^2$，并设 $n_{iS}/n_{iB}=5/6$。由式(7-6)计算得到 $\gamma_0=24.5$ J/m^2。在77 K下，真空中测得MgO的 γ 为1.28 J/m^2。表面能的实测值比理想值低的原因为：表面层形成双电层结构，实际上等于减少了表面上的原子数 L_S；实际上晶体内部和外部的离子键作用能不等，$u_{iB}\neq u_{iS}$；表面不是理想的平面(存在台阶、扭折、晶格缺陷、空位、位错等)。

7.4 离子晶体表面

7.4.1 离子晶体的表面结构

表面力的存在使固体表面处于较高的能量状态，但系统总会通过各种途径来降低这部分过剩的能量，例如液体总是力图形成球形来降低系统的表面能，而晶体由于质点不能自由流动，通常借助于离子极化、变形、重排的方法来引起晶体畸变以降低表面能。这就造成了表面层与内部的结构差异。对于不同结构的物质，其表面力的大小和影响程度有较大的不同，因而表面结构状态也会有所不同。

离子晶体(MX型)在表面力作用下的离子的极化与重排过程如图7-4所示。处于表面层的阴离子(X^-)只受到上、下侧和内侧阳离子(M^+)的作用，而外侧是不饱和的，电子云将被拉向内侧的正离子一方而发生电子云极化变形，使该负离子诱导成偶极子，如图 7-4(b)所示。表面质点通过电子云极化变形来降低表面能的这一过程称为松弛。松弛在瞬间即可完成，其结果是改变了表面层的键性。接着是发生离子的重排过程。从晶格点阵排列的稳定性考虑，作用力较大、极化率小的正离子应处于稳定的晶格位置。为降低表面能，各离子周围作用能应尽量趋于对称，导致 M^+ 在内部质点作用下向晶体内部靠拢，而易极化的 X^- 受诱导极化偶极子排斥被推向外侧。重排的结果是在表面形成双电层，如图 7-4(c)所示。与此同时，表面层中的离子键性将逐渐过渡到共价键性，其结果是固体表面好像被一层负离子所屏蔽并导致表面层在组成上成为非化学计量，重排的结果还可以使晶体表面的能量趋于稳定。

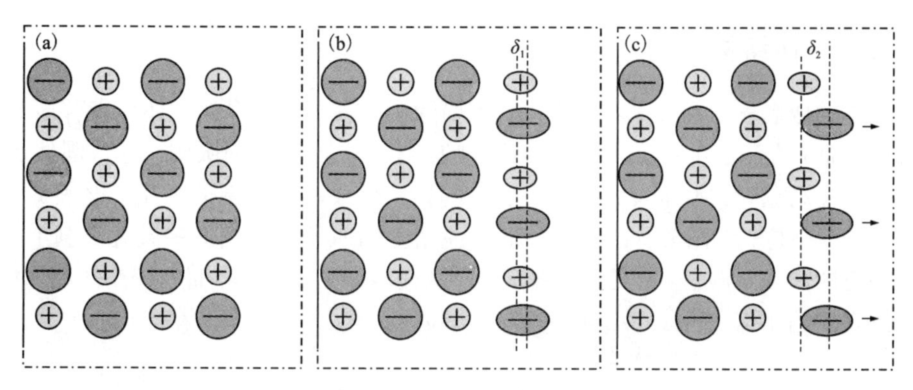

图 7-4　离子晶体表面的极化与重排示意图

如图 7-5 所示为维尔威(Verwey)以氯化钠晶体为例计算所得的双电层结构示意图。由图可知在氯化钠晶体表面最外层和次层质点面网之间的距离，如钠离子间的距离为 0.266 nm，而氯离子间的距离为 0.286 nm，因而形成一个厚度为 0.02 nm 的表面双电层。这样的表面结构已被间接地由表面对 Kr(氪)的吸附和同位素交换反应所证实。此外，在真空中分解 $MgCO_3$ 所制得的 MgO 粒子呈现相互排斥的现象也是一个例子。可以预测，对于其他由半径大的负离子与半径小的正离子组成的化合物，特别是金属氧化物，如 Al_2O_3、SiO_2、ZrO_2 等，都有相应的效应。也就是说，在这些氧化物的表面，大部分由氧离子组成，正离子则被氧离子所屏蔽，而产生这种变化的程度主要取决于离子的极化性能。

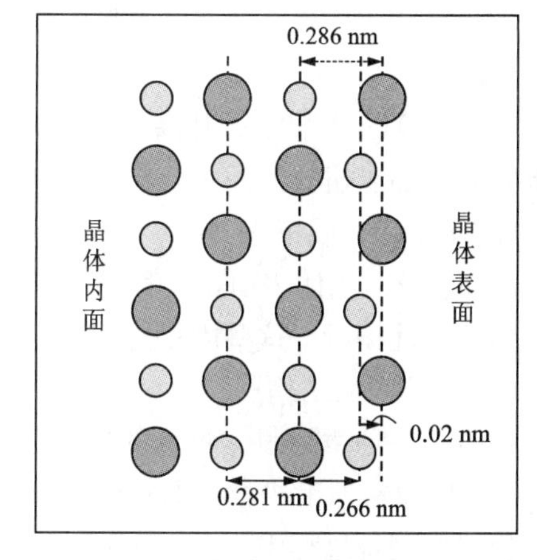

图 7-5　NaCl 晶体表面的双电层结构示意图

由表 7-1 所示的表面能数据可知，所列化合物中 PbI_2 表面能最小，而 CaF_2 表面能最大。这是因为 Pb^{2+} 和 I^- 都具有最大的极化性能，双电层的厚度都能导致表面能和硬度的降低。但是如果用极化性能小的 Ca^{2+} 和 F^- 依次置换 Pb^{2+} 和 I^-，表面能和硬度将增加，可以预料相应的双电层厚度将减少。另外，双电层效应也可能使阳离子配位数下降，如配位数由 6 降为 5。

表 7-1　部分离子化合物的表面能

化合物	PbI_2	Ag_2CrO_4	PbF_2	$BaSO_4$	$SrSO_4$	CaF_2
表面能/(10^{-7} J · cm^{-2})	130	575	900	1250	1400	2500

当晶体表面、最外层形成双电层以后，它将对次内层发生作用，并引起内层离子的极化与重排，这种作用随着向晶体的纵深推移而逐步减小。表面效应所能达到的深度，与正、负离子的半径差有关。如 NaCl 这种半径差较大的晶体，大约可延伸到第 5 层，而半径差较小的晶体，则在 2~3 层。

7.4.2　实际表面结构

实际晶体的微观表面是极其不平整的，表面除出现明显的起伏外，还可能伴有裂纹和空洞。同时，因加工方法、环境及其他因素的影响，往往会产生表面吸附，导致固体表面的成分极其复杂。在高温时，固体表面原子由于热起伏，使振幅大的原子离开平整表面，形成台阶，并留下许多空位、空洞等，这时如果周围晶格上的原子跃迁到这些微观空洞上，则形成了充满非晶态的微观空洞，交界处产生张应力，从而增大了表面、界面的畸变活动。如图 7-6 所示为固体表面的 TLK(Terrace-Ledge-Kink)模型。该模型认为，晶体表面是由低指数晶面的平台和一定密度的单原子台阶所构成，这些台阶包含一定密度的扭折，还有吸附原子、空位、位错露头、晶界痕迹、杂质、吸附、偏析等缺陷。根据 TLK 模型，台阶一般是比较平直光滑的，但随着温度的升高，其中的扭折数会增加。扭折的间距与温度倒数 $1/T$ 的指数($e^{1/T}$)成正比关系。

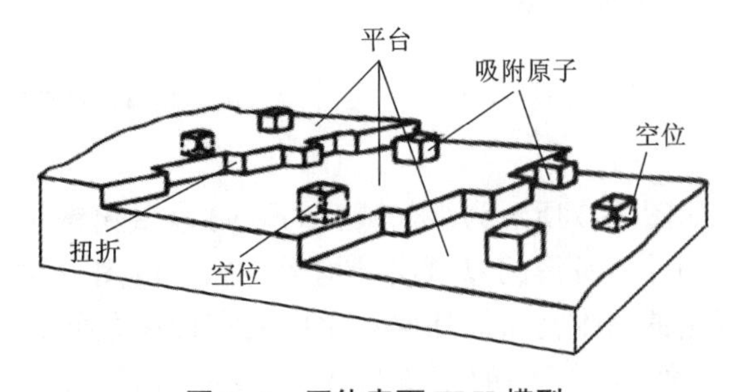

图 7-6　固体表面 TLK 模型

总而言之，固体表面是一种与原子结构、晶体结构、几何形貌、电荷密度等因素有密切关系的综合性场所。这些因素之间相互影响，使得固体表面具有极其复杂的性质。

(1)粉体表面结构。

粉体是一种微细固体粒子的集合体，通常具有较大的比表面积。在无机材料生产过程中，通常把原料加工成微细颗粒以便于加工成型和高温反应的进行。

粉体在制备过程中(如球磨粉碎与原料混合过程)，由于反复的破碎，不断地形成新表面，而表面层离子的极化变形和重排使表面结构的有序度降低。因此，随着粒子的微细化，比表面增大，表面结构的有序程度受到愈来愈强烈的扰乱并不断向颗粒深部扩展，最后使粉体表面结构趋于无定形化。基于 X 射线、热分析和其他物理化学等方法对粉体表面结构所做的研究，研究者们曾提出过两种不同的模型，一种认为粉体表面层是无定形结构，另一种认为粉体表面层是粒度极小的微晶结构。

例如，用差热分析方法测定时，观察粉碎的 SiO_2(石英)于 573℃下 $\beta-SiO_2$ 与 $\alpha-SiO_2$ 之间的相变，发现其吸热峰面积随 SiO_2 粒度变化而发生明显的变化。当粒度减少到 13 μm 时，仅有 50%的石英发生相转变。但是如果将上述石英粉末用 HF 处理，以溶去表面层，然后重新进行差热分析，则发现参与石英粉相变的量增加到 100%，这说明石英粉体表面是无定形结构。因为，随着粉体颗粒变细，表面无定形层所占比例增加，可参与相变的石英量就减少了。据此可估算出其表面层厚度为 0.11~0.15 μm。然而对粉体进行精确的 X 射线和电子衍射的研究却发现，尽管它们的 X 射线谱的强度减弱而且变宽，但是仍然呈现出一定规律的谱线，据此可认为粉末表面并非无定形态，而是覆盖了一层尺寸极小的晶格严重畸变的微晶粒。此外，对鳞石英粉体表面的易溶层进行 X 衍射的测定，结果也表明其不是无定形态。

上述相互矛盾的实验表明，即使把粉体表面看成畸变的微小晶粒，其有序度也十分有限；反之，将粉体表面看作无定形体，也远不像液体那样具有流动性。

(2)玻璃表面结构。

玻璃体同样存在着表面力场，其作用与晶体相似，而且玻璃体比同组成的晶体具有更大的内能，表面力场的作用效应也更为明显。

熔体变为玻璃体虽是一个连续过程，但该过程却伴随着表面成分的不断变化，使之与内部显著不同。这是因为玻璃体中各成分对表面自由能的贡献不同，为了保持最小表面能，各成分将按其对表面自由能的贡献自发地转移和扩散。另外，在玻璃成型和退火过程中，碱、氟等挥发组分容易从表面挥发损失，因此，即使是新鲜的玻璃表面，其化学成分与结构也不同于内部。这种差异可以从表面折射率、化学稳定性、结晶倾向以及强度等性质的观察上得到证实。

对于含有较大极化性能离子(如 Pb^{2+}、Sb^{5+}、Cd^{2+}等)的玻璃，其表面结构会明显地受到这些离子在表面的排列取向状况(如离子极化)的影响。例如铅玻璃，由于铅原子的最外层有 4 个价电子($6s^2p^2$)，当形成 Pb^{2+}时，其最外层尚有两个电子，对接近它们的 O^{2-}产生斥力，致使 Pb^{2+}的作用电场不对称，即与 O^{2-}相斥一方的电子云密度减少，在结构上近似于 Pb^{4+}，而相反一方则因电子云密度的增加而近似于 Pb^0 的状态，即 Pb^{2+}离子被极化变形。在不同条件下，这些极化离子在表面的取向不同，表面结构和性质也不相同。在常温下，表面极化离子的偶极矩通常是朝内部取向以降低其表面能。因此常温下铅玻璃具有特别低的吸湿性。但随着温度升高，热运动破坏了表面极化离子的定向排列，故铅玻璃呈现正的表面张力温度系数。

如图 7-7 所示，分别用 0.1~1 mol/L 的 Cu^{2+}、Ca^{2+}、Zn^{2+}、Pb^{2+}盐溶液处理过的钠钙硅酸盐玻璃粉末，测定在室温、相对湿度为 98%的空气中的吸水速率曲线。从中可以看到不同极化性能的离子进入表面层后对玻璃表面结构和性质的影响。

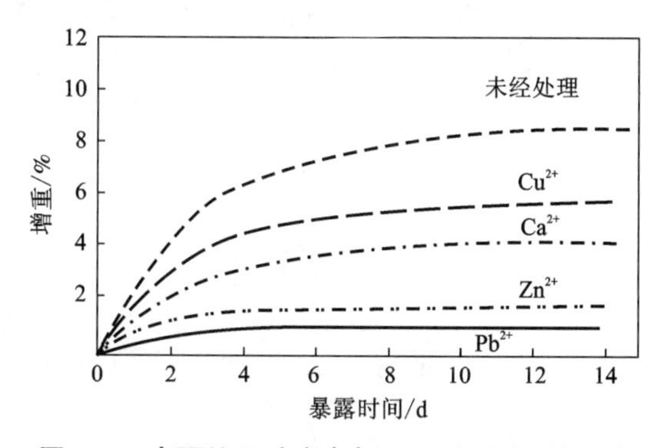

图 7-7　表面处理对玻璃表面(吸水速率)的影响

应该指出，以上讨论的各种表面结构状态都是指清洁、平坦的表面。而实际的固体表面通常都是被污染的，此时，其表面结构和性质与被污染的吸附层有密切的关系。因为只有清洁、平坦的表面才能真实地反映表面的超细结构。为了研究真实晶体表面结构或一些高技术材料制备的需要，一般可以用真空镀膜、真空劈裂、离子冲击、电解脱离及蒸发或其他物理化学方法来清洁被污染的表面。

7.5 固液界面

前述固体表面，相当于固体与气体(或真空)两相之间的界面。而固体与液体之间的界面问题实际上涉及固-液-气三相间的相互作用，也就是润湿的问题。因为固体表面具有不均匀性及固体表面能难以直接测量，且与固态相比，液体分子结构的整齐规则性要差些；与气态相比，液体分子具有更小的分子间距，这就使得固-液-气三相界面十分复杂。液体对固体的润湿或不润湿均是日常生活和工业生产中常见的界面现象，它是固体吸附液体的现象之一。如水银在玻璃上形成小珠，而水在玻璃表面则会铺展开来，前者为不润湿现象而后者为润湿现象。同时，在工业过程中常涉及固体与液体的界面和润湿问题，如机械润滑、金属或陶瓷的钎焊、陶瓷的坯釉结合以及复合材料制备等。本节就润湿相关基础性知识进行介绍。

7.5.1 润湿的分类

润湿是一种流体从固体表面置换另一种流体的过程。常见的润湿现象是一种液体从固体表面置换空气，如水在玻璃表面置换空气而铺展在玻璃表面。由此可知，固液界面的润湿程度由固-气、固-液和液-气三个界面作用决定。

将一液滴置于固体表面上，设在固-液-气三相界面上，固-气的界面张力为 γ_{SG}，固-液的界面张力为 γ_{SL}，气-液的界面张力为 γ_{GL}。在三相交界处自固-液界面经过液体内部到气-液界面的夹角叫接触角，以 θ 表示，如图 7-8 所示。当忽略液体的重力和黏度影响时，液滴在固体表面上的状态就由这三个界面张力决定。通过分析三相界面处的张力平衡可得，γ_{SG}、γ_{SL}、γ_{GL} 一般服从下面的关系：

$$\gamma_{SG} = \gamma_{SL} + \gamma_{LG}\cos\theta \tag{7-7}$$

这就是 Young 方程(杨氏方程)，它是研究液固润湿作用的基础。润湿张力 F 越大，越容易润湿。润湿张力 F 为：

$$F = \gamma_{LG}\cos\theta = \gamma_{SG} - \gamma_{SL} \tag{7-8}$$

接触角 θ 的大小可作为判断润湿性好坏的依据。当 $\theta = 0°$ 时，润湿张力 F 最大，液体完全浸润固体，液体在固体表面展开，形成完全隔绝固气两相的液体层；当 $\theta < 90°$ 时，润湿良好，且 θ 越小，润湿性越好；当 $\theta > 90°$ 时，润湿不佳；当 $\theta = 180°$ 时，完全不润湿，液体在固体表面呈球状。

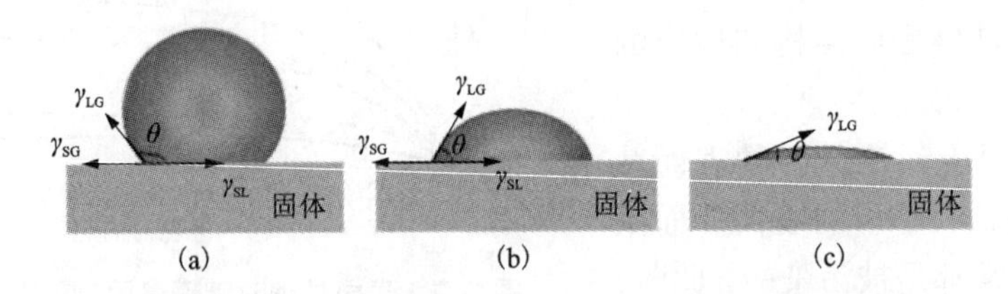

图 7-8 液滴在固体表面的润湿状态示意图

从式(7-7)和式(7-8)还可以看出，润湿的先决条件是 $\gamma_{SG}>\gamma_{SL}$，或者 γ_{SL} 十分微小。当固-液两相的化学性能或化学结合方式很接近时，是可以满足这一要求的。因此，硅酸盐熔体在氧化物固体上一般会形成小的润湿角，甚至完全将固体润湿。而在金属溶质与氧化物之间，由于结构不同，界面能 γ_{SL} 很大，$\gamma_{SG}<\gamma_{SL}$，即 $\theta>90°$，不能润湿。

按热力学理论，当固体与液体接触后，体系(固体+液体)的 Gibbs 自由能下降时就会发生润湿现象。按其作用方式不同，可将润湿分为附着润湿、铺展润湿及浸渍润湿三种。

(1)附着润湿。

附着润湿是指液体和固体接触后，液-气界面和固-气界面被固-液界面所取代的润湿过程，在此过程中消失的固-气界面的大小与其后形成的固-液界面的大小是相等的，如图 7-9 所示。设这三种界面和面积均为单位值(如 1 cm^2)，比表面 Gibbs 自由能分别为 γ_{LG}、γ_{SG}、γ_{SL}，则上述界面转换过程的 Gibbs 自由能变化为：

$$\Delta G_1 = \gamma_{SL} - (\gamma_{LG} + \gamma_{SG}) \tag{7-9}$$

设想在恒温、恒压、恒组成条件下，将其可逆地再分开，外界对体系所做的功为 W，则 $\Delta G_1=-W$。W 称为附着功或黏附功，它表示将单位截面积的液-固界面拉开所做的功。显然，此值愈大表示固液界面结合愈牢固，即附着润湿愈强。

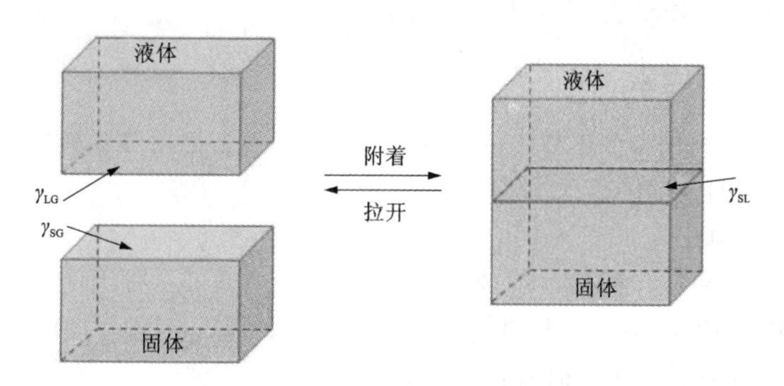

图 7-9　附着润湿及其正逆过程示意图

在陶瓷和搪瓷生产中，釉和珐琅在坯体上牢固附着是很重要的，一般 γ_{LG} 和 γ_{SG} 均是固定的。在实际生产中为了使液相扩散和达到较高的附着功，一般采用化学性能相近的两相系统，这样可以降低 γ_{SL}，有效提高黏附功 W。另外，在高温煅烧时，两相之间若发生化学反应，会使坯体表面变粗糙，熔质填充在高低不平的表面，互相啮合，能增加两相之间的机械附着力。

(2)铺展润湿。

铺展润湿是指液体取代固体表面上的气体，固-气界面被固-液界面取代的同时，液体能够在固体表面完全铺开成薄膜状的现象，如图 7-10 所示。这时，以固-液界面和液-气大界面代替原来的固-气界面和小液滴的液-气界面。

(3)浸渍润湿。

浸渍润湿是指固体浸入液体中的过程。在此过程中，原来的固-气界面被固-液界面所代替，而液体表面没有变化，如图 7-11 所示。

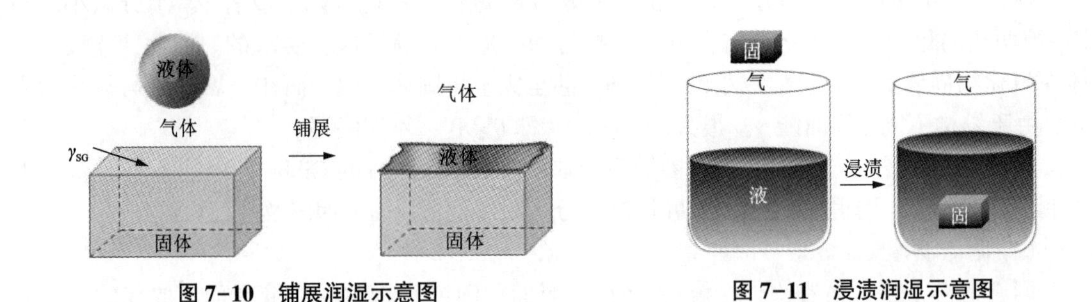

图 7-10　铺展润湿示意图　　图 7-11　浸渍润湿示意图

一种固体浸渍到液体中的自由能变化可表示为：

$$\Delta G = \gamma_{SL} - \gamma_{SG} = -\gamma_{LG}\cos\theta \tag{7-10}$$

所以，若 $\gamma_{SG}>\gamma_{SL}$，则 $\theta<90°$，于是浸渍润湿过程将自发进行，而当 $\gamma_{SG}<\gamma_{SL}$ 时，则 $\theta>90°$，润湿过程的体系能量升高，不可能自发进行。要将固体浸于液体之中，则必须对系统做功。综上所述，可以看到三种润湿的共同点是：液体将气体从固体表面排挤开，使原有的固-气或液-气界面消失，而代之以固-液界面。就润湿发生的三种方式而言，铺展是润湿的最高标准，能铺展则必能附着和浸渍，反之则不一定。

7.5.2　影响润湿的因素

上面的讨论都是对理想的平整表面而言，但是实际表面是粗糙和被污染的，这些因素对润湿过程会发生重要的影响。

(1)粗糙度的影响。

对于平整表面[图 7-12(a)]，假设原来液体的边缘在 A 点，外因使其扩展到 B 点，那么增加的液-固界面面积为 dS，减少的气-固界面面积也为 dS，则增加的液-气界面面积为 $dS\cdot\cos\theta$。参考式(7-7)，平衡时有：

$$\gamma_{SL}\cdot dS + \gamma_{LG}\cdot dS\cos\theta - \gamma_{SG}\cdot dS = 0 \tag{7-11}$$

$$\cos\theta = \frac{\gamma_{SG} - \gamma_{SL}}{\gamma_{LG}} \tag{7-12}$$

但实际的固体表面具有一定的粗糙度，如图 7-12(b)所示，因此真正表面积比表观表面积大。粗糙度系数 n 等于真正表面积除以表观表面积，且 n 为大于 1 的数。若液相界面位置从 A' 点推移到 B' 点(假设 $A'B'$ 与 AB 具有相等的直线距离)，则增加的固-液界面的表观面积是 dS，而粗糙表面的真实表面积增加量为 ndS，即固-气界面的实际面积也减少了 ndS 且液-气界面面积净增了 $dS\cos\theta$，于是有：

$$\gamma_{SL}\cdot ndS + \gamma_{LG}\cdot dS\cos\theta_n - \gamma_{SG}\cdot ndS = 0 \tag{7-13}$$

$$\cos\theta_n = \frac{n(\gamma_{SG} - \gamma_{SL})}{\gamma_{LG}} = n\cos\theta \tag{7-14}$$

$$n = \frac{\cos\theta_n}{\cos\theta} \tag{7-15}$$

式中：θ_n 是粗糙表面的表观接触角。θ 和 θ_n 的相对关系将按如图 7-12(c)所示的余弦曲线变化。① 当 $\theta<90°$时，$\cos\theta$ 为正值，因此要保证 $n>1$，则 $\cos\theta_n$ 必须大于 $\cos\theta$，即 $\theta_n<\theta$；② 当

$\theta=90°$时，$\theta=\theta_n$；③当 $\theta>90°$时，$\cos\theta$ 为负值，因要保持 $n>1$，则 $\cos\theta_n$ 要为负值，且 $\cos\theta_n<\cos\theta$，故会有 $\theta_n>\theta$。因此，当真实接触角 θ 小于 90°时，粗糙度愈大，表观接触角愈小，就越容易润湿；当 θ 大于 90°时，则粗糙度愈大，愈不利于润湿。

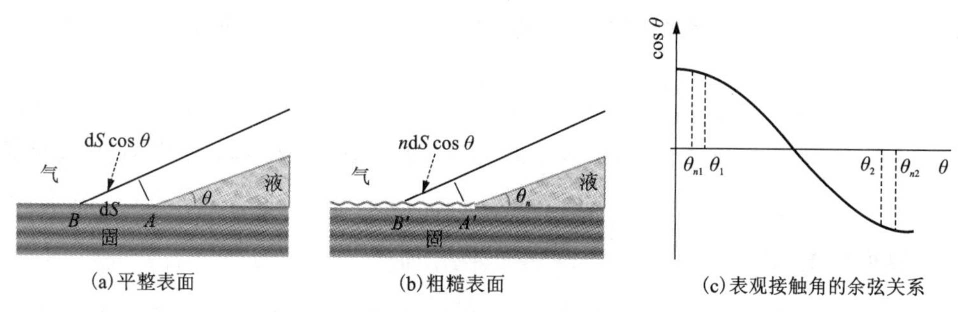

(a)平整表面　(b)粗糙表面　(c)表观接触角的余弦关系

图 7-12　表面粗糙度 *n* 对润湿的影响原理图

(2)吸附膜的影响。

上述各式中的 γ_{SG} 是固体露置于气体(或蒸气)中的表面张力，因吸附作用，表面带有吸附膜。蒸气环境中的 γ_{SG} 与固体在真空中的表面张力 γ_{SO} 不同，通常要低得多。就是说，吸附膜将会降低固体表面能，其相差数值等于吸附膜的表面压 γ_a，即 $\gamma_a=\gamma_{SO}-\gamma_{SG}$，代入式(7-12)得：

$$\cos\theta=\frac{\gamma_{SG}-\gamma_{SL}}{\gamma_{LG}}=\frac{(\gamma_{SO}-\gamma_a)-\gamma_{SL}}{\gamma_{LG}} \tag{7-16}$$

由此表明，吸附膜的存在使接触角增大，起着阻碍液体铺展的作用，使润湿性能下降。

(3)固液成分和结构的影响。

由式(7-8)及相关讨论可知，润湿的先决条件是 $\gamma_{SG}>\gamma_{SL}$，且 γ_{SG}、γ_{SL} 和 γ_{LG} 的大小都影响润湿。当固体一定时，γ_{SG} 不易改变，当固、液成分相似、性能接近时，γ_{SL} 就较小，有利于润湿。

7.5.3　润湿效应的应用

润湿(或不润湿)现象是在实际实验和生产中经常遇到的，利用润湿(或不润湿)现象及其原理或以此进行工艺设计是十分有意义的。以下介绍几种润湿应用的例子。

(1)金属焊接。

焊接时为什么要对焊接部位进行适当的打磨？因为打磨去除了基材固体表面的吸附膜，不仅能提高 γ_{SG}，同时还使基材表面粗糙化，这都增加了熔焊金属与基体的润湿能力，提高了焊层与基材的结合力。

(2)铸造领域。

①改善铸件表观质量：浇铸工艺中熔融金属和模具间的润湿程度直接关系到浇铸件的质量。润湿不好，熔融金属不能与模具吻合，铸件在尖角处呈圆形。反之，润湿性太强，熔融金属易渗入模型缝隙中而形成不光滑的表面。为了调节润湿程度，可在钢水中加入硅来改变接触角 θ。

②熔炼冶炼金属：熔炼钢时，要求钢水与炉渣不润湿，不然彼此不容易分散，扒渣时容

易造成钢水损失。钢水中的难熔物颗粒，也会由于润湿而难以排出成为杂质混在钢中。另外，还要求炉衬与钢水不润湿，以防止炉体受侵蚀。

③锡焊工艺：锡焊就是将铅锡焊料熔入焊件的缝隙使其连接的一种焊接方法，其连接的形式是熔化的焊料润湿焊件的焊接面产生冶金或化学反应，形成结合层。观察润湿角是锡焊检测的方法之一，比如焊点良好的焊接点的润湿角为30°~45°，而润湿角大于90°就说明形成虚焊。

④金属陶瓷制备：金属陶瓷中，纯铜与碳化锆(ZrC)之间的接触角 $\theta=135°$(1100℃)，当在铜中加入少量Ni(0.25%)时，则 θ 降为54°，Ni的加入降低了 γ_{SL}，使得铜-碳化锆结合性能得到改善。

7.5.4 界面的黏附

固-固界面，一般是指存在结构与组分不同的两个固相之间的界面，固-固界面的存在将产生界面能。黏附是指两黏附固体界面上的黏接现象，是通过跨越两固相界面的相互作用而产生的。黏附现象通常发生在两种不同性质的固体材料间的复合工艺过程之中。对于发生在固-固界面上的黏附现象，界面上的分子或原子在相互靠近到一定距离时就会产生跨越两相界面的相互作用。这种界面上的相互作用既可以是分子间的范德华力，如定向力、诱导力和色散力等，也可以是化学键合作用，如离子键、共价键、金属键等，还可以是界面上微观的机械连接作用。因此，黏附过程是一个复杂的物理化学过程。

常温、常压下的固-固接触，其真实接触面积只有表观接触面积的万分之一左右，因而通常固-固两相界面之间的黏附现象不明显。只有在高温(接近熔点)、高压(接触面发生显著塑性变形)时，由于两相界面的实际接触面积大大增加，两固体材料之间的结合才会表现出很强的黏附作用，如金属-金属之间的扩散焊接、金属-陶瓷之间的黏接等。

固-固界面的黏附作用在很多情况下是人们所需要的，而良好的黏附又要求黏附的位置完全致密并有高的黏附强度。为此一般采用液体或易于变形的热塑性固体作为黏附剂，与两固体材料接合后，固化了的黏附剂将表现出较强的黏附作用。所以，黏附现象又是发生在固-液界面上的行为，黏附作用的大小取决于如下条件：

①润湿性：黏附面充分润湿是保证黏附处致密和牢固的前提，润湿愈好，黏附也愈好。以上讨论的润湿角、润湿张力 F 可作为润湿性的量度。

②黏附功：指把单位黏附界面拉开所需的功。设想由α和β相构成的两相材料，其相界面张力为 $\gamma_{\alpha\beta}$。若在外力的作用下分离为独立的α和β相，分离所需的能量即为黏附功(W)，它与两相的表面张力 γ_{α} 和 γ_{β} 以及界面张力 $\gamma_{\alpha\beta}$ 有如下的关系：

$$W=\gamma_{\alpha}+\gamma_{\beta}-\gamma_{\alpha\beta} \tag{7-17}$$

当两相物质相同且晶体取向一致时，界面消失，$\gamma_{\alpha\beta}=0$，$\gamma_{\alpha}=\gamma_{\beta}$。此时黏附功 W 即等于内聚能 W_c，物体的内聚能越大，将其分离产生新表面所需的功就越大。

③黏附面的张力 $\gamma_{\alpha\beta}$：界面张力的大小反映界面的热力学稳定性。$\gamma_{\alpha\beta}$ 越小，黏附界面越稳定，黏附力也越大。

④相容性和亲和性：所谓相容或亲和是指两者润湿时的自由能变化 $\Delta G\leqslant0$。润湿不仅与界面张力有关，也与黏附界面上两相的亲和性相关。例如水和水银两者的表面张力分别为 7.2×10^{-4} N·cm、5×10^{-3} N·cm，但是水却不能在水银表面上铺展，说明水和水银是不亲和的。

7.6　晶体中界面类型与结构

晶界是结构相同而取向不同晶体之间的界面。在晶界面上，原子排列从一个取向过渡到另一个取向，故晶界处原子排列处于过渡状态，而不同组成相间的界面常称为相界。

7.6.1　晶界的结构特征

陶瓷体是由微细颗粒的原料经高温烧结而成的多晶集合体。在烧结过程中，众多的微细原料颗粒形成了大量的结晶中心，在它们发育或长大成为晶粒的过程中，这些晶粒本身的大小、形状是毫不规则的，而且它们相互之间的取向也不规则，因此当这些晶粒生长且相遇时就可能出现不同的边界，通常称之为晶界。由于各种晶粒均为固相，所以晶界也可视为位向不同的晶粒之间的内界面。

在晶界两边的晶粒都希望晶界上的质点能够按自己固有的位向来排列，故在晶界上质点的排列在某种程度上必然要与它相邻的两个晶粒相适应，但又不可能完全适应，所以当达到平衡时，晶界上质点的排点就会形成某种过渡形式，如图 7-13 所示。由此可见，晶界实际上就是一种晶格缺陷区，而且这种晶格缺陷的程度(晶界厚度和紊乱程度)取决于两相邻晶粒间的位向差及材料的纯度等。位向差愈大或纯度愈低，晶界往往就愈厚、愈复杂。一般晶界层厚度为几个原子层到几百个原子层。

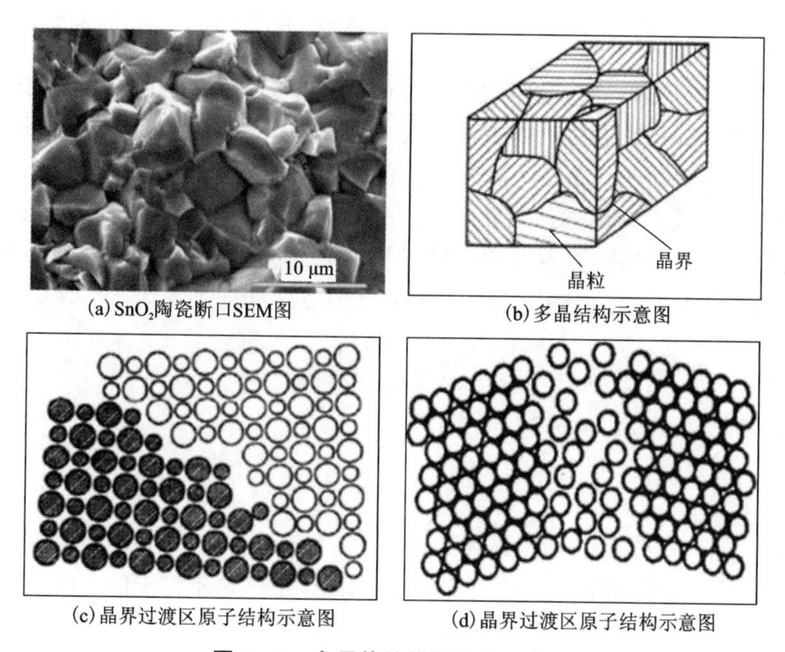

(a) SnO_2陶瓷断口SEM图　(b) 多晶结构示意图
(c) 晶界过渡区原子结构示意图　(d) 晶界过渡区原子结构示意图

图 7-13　多晶体结构图及其示意图

晶界上原子的排列较晶粒内疏松，因而晶界易受腐蚀(热浸蚀、化学腐蚀等)，且受蚀后，容易显露出来，可为晶体表面形貌的观察提供便利；此外，多晶体材料中，晶界容易成为原子(离子)快速扩散的通道，引起杂质原子(离子)偏聚。晶界上原子排列混乱，存在许多的晶体缺陷(空位、位错、应力畸变等)和较高的能级，导致晶界处的熔点低于晶粒内，晶界也成为固态相变时优先成核区域。晶界上原子排列混乱，对材料塑性变形起到一定的阻碍作用，在宏观上表现为晶界较晶粒内部具有更高的强度和硬度。

晶粒内部一般也不是理想的单晶体，除了含有点缺陷及位错之外，每个晶粒又可分为若干个更小的亚晶粒，相互之间存在微小的取向差别。通常情况下，晶粒平均直径一般为 0.01~0.25 mm，而亚晶粒的平均直径则通常为 1 μm 或更小。

利用晶界的这些特性，通过控制晶界组成、结构和相态等来制造新型无机材料已经成为材料科学工作者很感兴趣的研究领域之一。

7.6.2 晶界结构

根据相邻两个晶粒之间的位向差(相邻晶粒的晶面夹角 θ)的不同，通常将晶界分成小角度晶界和大角度晶界两种。其中，小角度晶界是指相邻两个晶粒之间的位向差较小(小于 10°)的一种晶界，通常是 2°~3°。小角度晶界可分为对称倾侧晶界、非对称倾转晶界和扭转晶界。大角晶界是指相邻两个晶粒之间的位向差倾斜角较大(相邻两个晶粒的原子位向差大于 10°)的晶界。

(1)小角度晶界。

根据晶界两侧晶体的位向特征，小角度晶界可以分为倾斜小角度晶界和扭转小角度晶界。前者由刃型位错构成，后者由螺型位错构成。而倾斜小角度晶界包含对称倾转晶界和非对称倾转晶界。

①对称倾转晶界。

对称倾转晶界可以看作同一晶体的两部分相互倾转 $\theta/2$ 角形成的界面，如图 7-14 所示。许多研究者应用电子显微镜薄膜透射方法已经观察到了倾转晶界的存在。仔细观察图 7-14 中右图的晶界模型可以看出，晶界两侧的晶体位向差为 θ，晶界是由一系列相隔一定距离的刃型位错垂直排列而成。即相当于晶界两边的晶体绕平行于位错线的轴各自旋转了方向相反的 $\theta/2$ 角，由此而形成的晶界称为对称倾转晶界。界面接近(100)面，这种晶界只有一个变量 θ，是一个自由度晶界。位错间距 D 与柏格斯矢量 b 之间的关系为：

$$D=\frac{b}{2\sin(\theta/2)} \tag{7-18}$$

当 θ 值很小时，$\sin(\theta/2)\approx\theta/2$，有

$$D=\frac{b}{\theta} \tag{7-19}$$

假如，$\theta=1°$，$b=0.25$ nm，则位错间距为 14 nm。而当 $\theta=10°$时，位错间距仅 1.4 nm，即只有 5 个原子间距，此时位错密度太大，这种界面结构显然是不稳定的。因此，θ 大时，这个模型不适用。

②非对称倾转晶界。

如果倾侧晶界的界面绕 X 轴转了一个角度 φ，此时界面所在的晶面不接近(100)面，而是某个($hk0$)面，如图 7-15 所示。两晶粒之间的倾侧角度为 θ，θ 仍然很小，但界面相对于两晶粒是不对称的，所以称为非对称倾侧晶界，它有 φ 和 θ 两个自由度。在这种情况下，界面 AC 与左侧晶粒[100]轴向(即图 7-15 中 DC)的夹角为 $\varphi-\theta/2$，与右侧晶粒的[100]轴向(即

图 7-15 中 AB）夹角为 $\varphi+\theta/2$。此时的晶界结构由两组相互垂直的刃型位错（柏氏矢量分别为 [100] 及 [010]）组成。

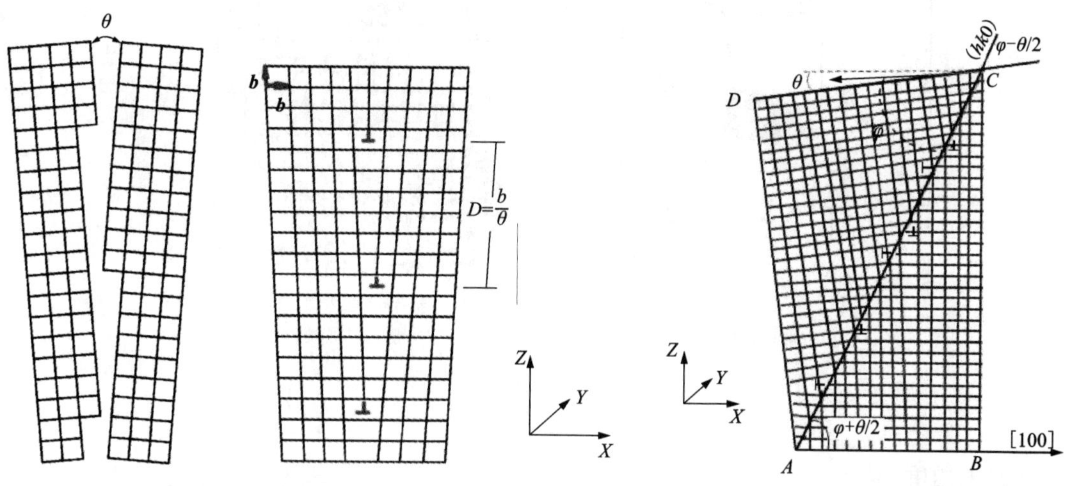

图 7-14　对称倾转晶界的位错模型

图 7-15　非对称倾转晶界的位错模型

沿 AC 单位距离中两种位错的数目分别为：

$$\rho_{\perp}=\frac{DC-AB}{AC}\cdot\frac{1}{b}=\frac{1}{b}\cdot\frac{AC\cdot\cos(\varphi-\theta/2)-AC\cdot\cos(\varphi+\theta/2)}{AC}$$

$$=\frac{1}{b}\cdot[\cos(\varphi-\theta/2)-\cos(\varphi+\theta/2)]=\frac{2}{b}\sin\frac{\theta}{2}\sin\varphi\approx\frac{\theta}{b}\sin\varphi \quad (7\text{-}20)$$

$$\rho_{\vdash}=\frac{CB-AD}{AC}\cdot\frac{1}{b}=\frac{1}{b}\cdot\frac{AC\cdot\sin(\varphi+\theta/2)-AC\cdot\sin(\varphi-\theta/2)}{AC}=\frac{\theta}{b}\cos\varphi \quad (7\text{-}21)$$

因此，两组位错的间距分别为：

$$D_{\perp}=\frac{1}{\rho_{\perp}}=\frac{b}{\theta\sin\varphi} \quad (7\text{-}22)$$

$$D_{\vdash}=\frac{1}{\rho_{\vdash}}=\frac{b}{\theta\cos\varphi} \quad (7\text{-}23)$$

③扭转晶界。

小角度晶界的另一种类型为扭转晶界。它们的形成过程如图 7-16(a) 所示：将一个晶体沿中间平面切开，然后使上半晶体绕切面的法线方向（如 [001] 方向）扭转 θ 角，再与下半晶体合在一起，形成如图 7-16(b) 所示的晶界。界面与旋转轴垂直，所以是一个自由度晶界。可见这种晶界是由两组螺旋位错交叉网络所形成的。整个扭转晶界是由两组交叉的螺位错构成的网格，一组平行于 [100]，另一组平行于 [010]。

单纯的倾侧晶界或扭转晶界是小角度晶界的两种简单的形式，对于一般的小角度晶界，其旋转轴和界面可有任意的取向关系，但主要还是由刃型位错和螺型位错组合构成。

晶界上的原子排列是畸变的，因而自由能增高。小角度晶界的能量主要来自位错能量，而位错密度又决定于晶粒的位向差，所以小角度晶界能 γ（单位面积的能量）也和位向差 θ 有关。可以证明当 $\theta<15°$ 时，小角度晶界的晶界能是随位向差增大而增大的。

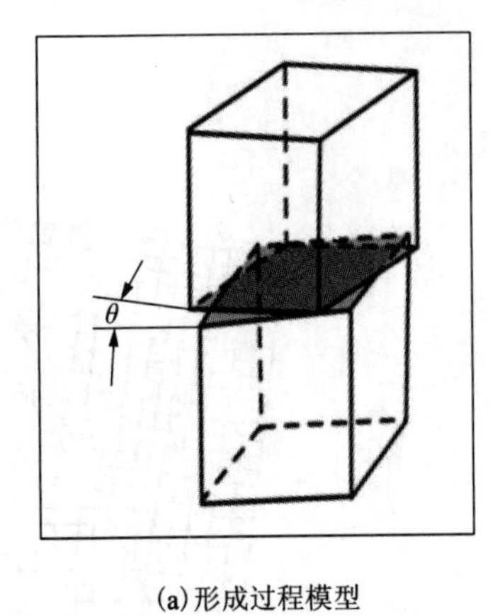

(a) 形成过程模型

○界面上层的原子 ●界面下层的原子 ◎ 上下层原子投影

(b) 扭转晶界投影

图 7-16　扭转晶界示意图

(2) 大角度晶界。

大角度晶界是指晶界的两晶粒之间的位向差都比较大(相邻两个晶粒的原子位向差大于10°)。如图 7-17 所示为大角度晶界的示意图。在多晶体中，大角度晶界占多数，此时晶界上质点的排列已接近无序状态，具有比较松散的结构，原子间的键被割断或被严重歪扭，因而晶界具有较高的能量。在大角度晶界中，由于晶粒的位向差较大，所以不适合应用位错模型来描述晶界结构，需要另作考虑。在此不做详细介绍。

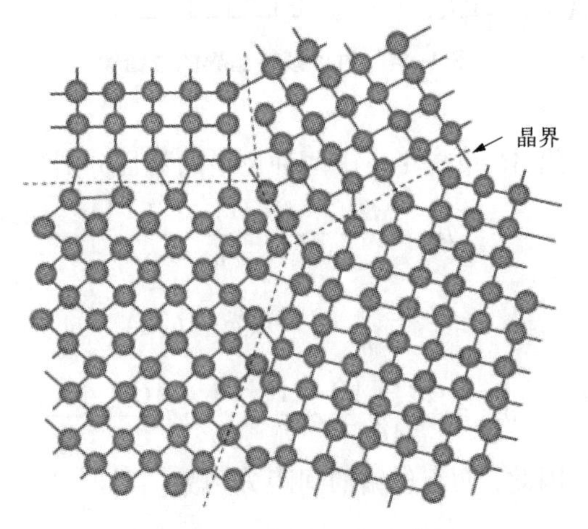

图 7-17　大角度晶界示意图

7.6.3　相界结构

若相邻晶粒不仅取向不同，而且分别属于不同的物相(即不同晶格类型或不同化学组成等)，则它们之间的界面称为相界。根据界面上的原子排列结构的不同，可把固体中的相界分为共格界面、半共格界面、非共格界面三种。

(1) 共格界面。

共格界面的界面质点同时处于两相点阵的结点上，即在相界面上两相原子完全相互匹配。当两相的某些位向上的原子间距完全相同，则形成的共格界面上两相原子完全匹配，不会发生应变和晶格畸变[图 7-18(a)、图 7-18(b)]；当两相的某些位向上的原子间距差别很小时，界面点阵通过一定的畸变保持共格，相应引起的点阵扭曲，称为共格畸变或共格应变[图 7-18(c)]。

例如，在 Cu-Si 合金中，密排六方点阵的富硅相和面心立方点阵的富铜相的$(111)_{FCC}$和$(0001)_{HCP}$面上点阵参数相同、原子间距也相同，它们可以形成共格界面。如果这两个晶体

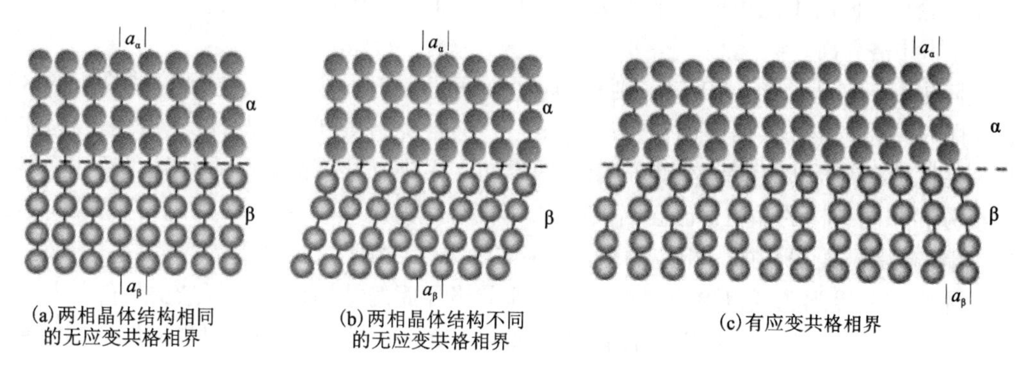

图 7-18　共格界面示意图

相沿它们的密排面相邻接并且密排方向又是平行的，则形成的界面就是完全共格的。

共格界面中，质点同时与两侧晶体质点键合，其中点阵位置、键性质的不一致性增加了界面原子的能量。与同组分共格界面相比，不同组分共格界面的附加能量来自化学能量分量($\gamma_{化学}$)。

(2)半共格界面。

若 a_α 和 a_β 分别为无应力时的 α 相和 β 相的点阵常数，这两个点阵的错配度 δ 定义为：

$$\delta = \frac{a_\beta - a_\alpha}{a_\alpha} \tag{7-24}$$

当 δ 较小($\delta<0.05$)时，形成共格界面。但对较大的 $\delta(0.05\leqslant\delta\leqslant0.25)$，共格畸变的增大使系统总能量增加。如图 7-19 所示，在半共格晶界结构中，为了保持晶面的连续性，一种最简单且最实用的方法是，让晶面间距比较小的一个相发生应变。可以用 δ 来量度弹性应变的程度：弹性应变的存在，使系统的能量增大，且系统能量与 $C\delta^2$ 成正比(C 为常数)。当形成共格晶界所产生的 δ 增加到一定程度后，则所产生的弹性应变能将大于引入界面位错所引起的能量增加，此时以半共格晶界相连比以共格晶界相连在能量上更趋于稳定。可以理解为引入半个原子晶面进入应变相而使其弹性应变下降，但其结果是生成界面位错(刃型位错)。在半共格界面上，它们的不匹配可由刃型位错周期地调整补偿。处于位错线附近的晶格发生畸变，而其他位置保持共格状态。

在图 7-19 中，在晶体的上部，每单位长度附加半晶面数为：

$$\rho = \frac{1}{a_\alpha} - \frac{1}{a_\beta} \tag{7-25}$$

即位错间距为：

$$D = \frac{a_\alpha a_\beta}{a_\beta - a_\alpha} = \frac{a_\beta}{\delta} \tag{7-26}$$

可见，当 δ 值很小时，D 很大，两相的界面趋向于完全共格；当 δ 值很大时，D 很小，位错密度很大，畸变能很大，界面位错数就将大大超过实际材料

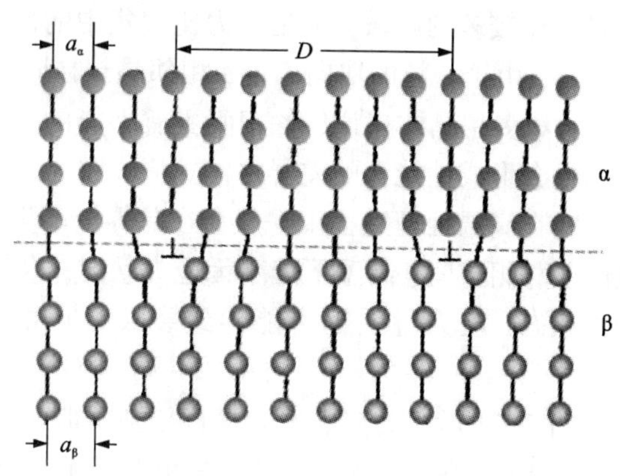

图 7-19　半共格界面示意图

中的位错密度，此时不能用位错结构来描述相界，而是处于非共格状态。

(3)非共格界面。

点阵失配度较大，如 $\delta=0.25$，则每隔 4 个面间距就有一个位错，导致位错失配的区域重叠，这样的晶界属于非共格界面[图 7-20(a)]。通常烧结得到的多晶体，绝大多数为非共格晶界，尤其是在结构上相差很大的固相间的界面上很难有共格晶界。在烧结过程中，即使有相同组分和相同结构的晶粒，也会因彼此取向不同而呈现如图 7-20(b)所示的晶粒间界分布状态(粗线包围的面积可视为相应的多晶晶粒的面积)，由于这种晶界的“非晶态”特性，使得实际晶体中的晶界问题变得更为复杂。虽然非共格界面的结构描述更复杂，但它和大角度晶界结构有许多共同的特征，如能量都很高(500~1000 mJ/m^2)、界面能对界面取向不敏感等。

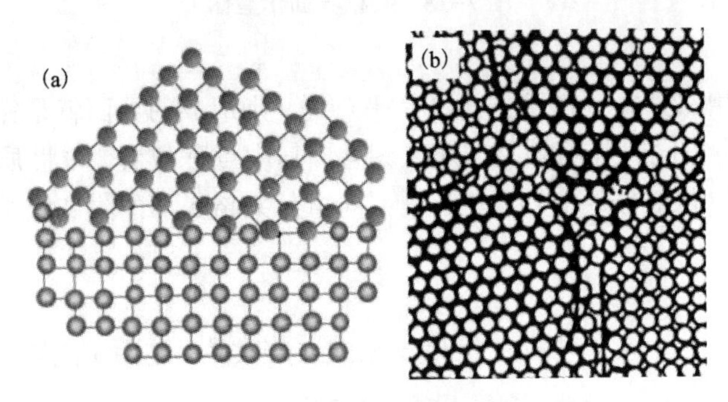

图 7-20　非共格界面示意图

7.7　界面特性

7.7.1　界面应力

晶界应力是指在晶界上由于质点间排列不规则使质点疏密不均匀而形成的微观机械应力。这种由于界面两侧晶体取向差引起的应力为本征界面应力。处在晶界上的质点，其能量较高，从热力学的观点来看，它处于介稳状态，它将吸引空位、杂质和一些气孔。因此，晶界是缺陷存在较多的区域，也是应力比较集中的部位。界面应力可能来自以下方面：对单相的多晶材料，由于晶粒的取向不同，相邻晶粒在同一方向的热膨胀系数、弹性模量等物理性质都不同；对多相晶体来说，各相间更有性能的差异；对于固溶体来说，各晶粒间化学组成上的不同也会形成性能上的差异。

材料在高温处理过程中一般会在晶界上产生很大的晶界应力。比如，在具有不同热膨胀系数的各相组成间，高温下处于无应力状态；冷却时，热膨胀系数失配使晶界(或者相界)处于应力状态，应力过大也可能导致裂纹。同相间各向异性产生的热膨胀系数失配，现象类似。

如图 7-21 所示为层状复合体由于热膨胀系数的差异而在冷却过程中形成晶界应力的示意图。高温时，复合材料的 A、B 两相处于无应力状态，两相片层长度均为 L_0[图 7-21(a)]；假设 A、B 两相在冷却过程中互不约束、各自自由发生热胀冷缩，由于不同的热膨胀系数，则

A、B 两相冷却后可分别缩短到 l_1、l_2[图 7-21(b)]，它们之间不存在界面应力；但实际材料中，A、B 两相收缩会相互约束，冷却后的片层长度均为 L[图 7-21(c)]，必然存在界面应力。

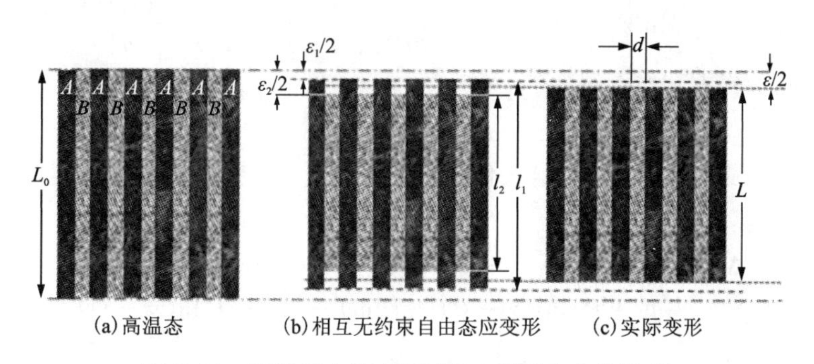

图 7-21　层状复合体冷却过程中界面应力的形成

由分析可知，A 层的残余应变数值为 $\varepsilon-\varepsilon_1=(L-l_1)/L_0$，$B$ 层的残余应变为 $\varepsilon_2-\varepsilon=(l_2-L)/L_0$。该情况下，界面应力与热膨胀系数差 $\Delta\alpha$、温度变化 ΔT 及厚度 d 成正比：

$$\tau = K\cdot\Delta\alpha\cdot\Delta T\cdot d/L_0 \tag{7-27}$$

故复合层愈厚，应力愈大；复合层愈长，应力愈小。如果热膨胀是各向同性且相等的，则 $\Delta\alpha=0$，界面应力就不会发生。

类似地，在多晶材料中，晶粒愈大，晶界应力也愈大。这种晶界应力甚至可以使大晶粒出现贯穿性断裂。这就是粗晶粒结构的陶瓷材料的机械强度和介电性能都很差的原因之一。所以，在多晶材料中，细而长的针状晶粒的强度与抗冲击性能较好。晶界应力会给材料的性能带来一定的负面影响，但有些场合也有其积极的一面。例如，在破碎硬度较大的石英岩石时，就常常利用晶界应力。由于它的硬度大，破碎困难，且对破碎机械的磨损较大，容易给原料带入铁杂质，为此通常将石英岩预烧到高温(1200℃以上)，然后在空气中急冷，利用相变及热膨胀而产生的晶界应力，使其晶粒之间开裂而便于粉碎。

7.7.2　界面偏析

一般来说，晶界结构比晶内松散，溶质原子处在晶内的能量比处在晶界的能量要高，所以溶质原子有自发地向晶界偏聚的趋势，这就会发生晶界偏析。所以，在平衡条件下，溶质原子(或离子)在晶界处浓度偏离平均浓度。

原子在晶界富集对材料的很多物理化学现象起到了重要作用，例如对晶界硬化、不锈钢的敏化、晶界腐蚀、粉末烧结过程和回火脆性、陶瓷的压敏性质和热敏(如 PTC)性质等有重要作用。

发生偏析的驱动力是晶粒与晶界之间的内能差。设一个原子位于晶内和晶界的内能分别为 E_b 和 E_g，则偏析的驱动力为：

$$\Delta E_a=E_b-E_g \tag{7-28}$$

发生偏析的阻力是由晶粒内部与晶界的组态熵(结构熵)差别导致的。溶质原子趋向于混乱分布，晶内格点位置数(N)大于晶界位置数(n)，构成了偏析的阻力。设晶内及晶界的溶质原子数分别为 P 和 Q，则由热力学理论可知，P 个溶质原子占据 N 个位置和 Q 个溶质原

子占据 n 个位置的组态熵分别为 $k\ln W_b$ 和 $k\ln W_g$，则贡献偏析的阻力是晶界组态熵与晶粒组态熵之差，组态熵变化为(考虑与偏析驱动力方向相反，则为负值)：

$$\Delta S = -(k\ln W_g - k\ln W_b) = k\ln \frac{N!}{P!\ (N-P)!} \cdot \frac{Q!\ (n-Q)!}{n!} \tag{7-29}$$

该分布状态下的吉布斯自由能为：

$$\Delta G = \Delta E_a - T\Delta S \tag{7-30}$$

应用斯特林公式($\ln x! \approx x\ln x - x$)去解析式(7-29)，并将式(7-28)和式(7-29)的解析式代入式(7-30)，得：

$$\begin{aligned}\Delta G = (PE_b - QE_g) - kT[N\ln N + n\ln n - P\ln P - \\ (N-P)\ln(N-P) - Q\ln Q - (n-Q)\ln(n-Q)]\end{aligned} \tag{7-31}$$

平衡条件为：

$$\frac{\partial G}{\partial Q} = -E_g - kT\ln \frac{Q}{n-Q} = 0 \tag{7-32}$$

$$\frac{\partial G}{\partial P} = E_b - kT\ln \frac{N-P}{P} = 0 \tag{7-33}$$

结合式(7-32)和式(7-33)，可得平衡关系式为：

$$\frac{Q}{n-Q} = \frac{P}{N-P}\exp\left(\frac{E_b - E_g}{kT}\right) \tag{7-34}$$

用 C_g 及 C_0 分别表示晶界和晶内的溶质浓度，当晶粒和晶界的溶质浓度比较小时，有 $C_0 = P/N$、$C_g = Q/n$。令 ΔE 表示 1 mol 溶质原子位于晶内及晶界的内能差(N_A 为阿伏伽德罗常数)，则 $\Delta E = N_A\Delta E_a = N_A(E_b - E_g)$。由此可得：

$$\frac{E_b - E_g}{kT} = \frac{\Delta E}{RT} \tag{7-35}$$

结合式(7-34)和式(7-35)，有：

$$C_g = C_0\exp(\Delta E/RT) \tag{7-36}$$

由此可看出，晶界偏析随溶质的平衡浓度增加而增加。溶质原子在静态晶界中偏析的程度和它在溶剂中的溶解度有关。随着温度增加，溶质原子在晶内和在晶界的能量差别减小，扩散更容易进行，即 ΔE 减小，晶界偏析程度减弱。但温度过低时，扩散受限制，晶界偏析明显减弱甚至停止，晶界达不到较高的偏析浓度值。同时，界面能变化也影响晶界偏析——能降低界面能的元素，使溶质在晶界的能量越小，易形成晶界偏析。晶粒-晶界内能差 ΔE 还与溶质和溶剂原子尺寸差相关以及与电子因素有关。一般地，原子尺寸或价电子相差越大，溶质在晶内的能量越大，ΔE 越大。

7.7.3 晶界电荷与静电势

热力学平衡时，离子晶体的表面或界面存在过剩的同号离子而带电，并且这种电荷被晶界邻近的异号空间电荷层所抵消。在本征缺陷中，由于阳离子或阴离子的空位或填隙离子的形成能不同，会产生这种电荷。在非本征缺陷中，由于不等价溶质离子改变晶体点阵中各缺陷浓度，也会产生晶界电荷。

如纯 NaCl 晶体的 Schottky 缺陷中，阳离子空位形成能约为阴离子空位形成能的 2/3，在足够高的温度下，会在晶界附近或其他空位源的地方(位错)产生带有效负电荷的过剩阳离子空位(图 7-22)。为保持界面的电中性，界面附近一定厚度区域则聚集阴离子；阴-阳离子层构成空间电荷层，从而减慢阳离子空位的进一步形成，并加速阴离子空位的产生。平衡时，晶界带正电荷，该正电被电量相同、符号相反的空间负电荷层(可伸入到晶体内一定深度)平衡，使整个晶体呈电中性。

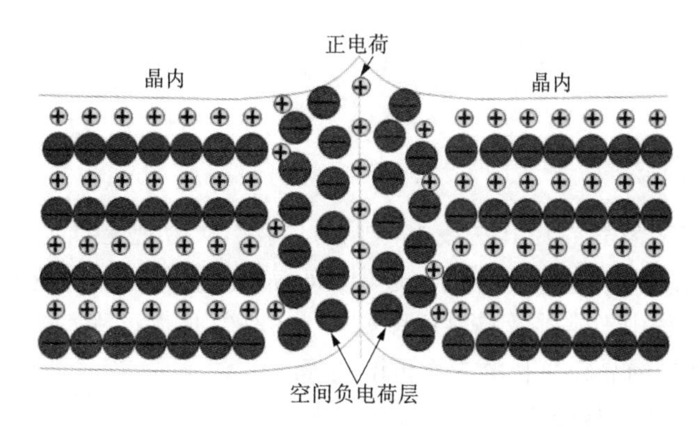

图 7-22　晶界电荷与界面空间电荷层示意图

晶界上 NaCl 的晶格离子形成的空位可写成：

$$\begin{aligned} Na_{Na} &= Na^{\cdot}_{gb} + V'_{Na} \\ Cl_{Cl} &= Cl'_{gb} + V^{\cdot}_{Cl} \end{aligned} \tag{7-37}$$

在晶体内部阳离子与阴离子空位浓度由生成能(g_M、g_X)、有效电荷数 Z 及静电势 φ 等决定：

$$[V'_M] = \exp\left[-\frac{(g_M - Ze\varphi)}{kT}\right] \tag{7-38}$$

$$[V^{\cdot}_X] = \exp\left[-\frac{(g_X + Ze\varphi)}{kT}\right] \tag{7-39}$$

在远离界面的地方，要实现电中性，阴、阳离子的浓度应相等，即

$$[V'_M]_\infty = [V^{\cdot}_X]_\infty = \exp\left[-\frac{1}{2}\frac{(g_M + g_X)}{kT}\right] \tag{7-40}$$

结合式(7-38)～式(7-40)可以得到晶体内部(远离晶界处)的静电势为：

$$\varphi_\infty = \frac{1}{2Ze}(g_{V'_M} - g_{V^{\cdot}_X}) \tag{7-41}$$

如对于 NaCl 晶体，$g_{Na}=0.65$ eV，$g_{Cl}=1.21$ eV，则静电势 $\varphi_\infty=-0.28$ eV。

对离子键性材料，异价掺杂对空间电荷有显著的影响，如含有溶质 MgO 的 Al_2O_3，晶界是正电性的，而含有 Al_2O_3 或 SiO_2 溶质的 MgO 晶界是负电性的。

如果在 NaCl 晶体中固溶杂质物质 $CaCl_2$，则有：

$$CaCl_2 \xrightarrow{NaCl} Ca^{\cdot}_{Na} + V'_{Na} + 2Cl_{Cl} \tag{7-42}$$

NaCl 中的 Schottky 缺陷平衡式为：

$$\text{null} \Longleftrightarrow V'_{Na} + V^{\cdot}_{Cl} \qquad (7-43)$$

由此，Ca^{2+}的引入增加了 Na^{+}空位浓度。为了保持晶体内电中性特性并使得式(7-43)成立，晶界中过剩的 Na^{+}浓度就会减少，而导致空间电荷区的 Cl^{-}浓度比晶界 Na^{+}浓度高，从而使晶界的负电荷过剩。由此改变了 NaCl 晶界电荷的阴、阳离子的数量比及晶内静电势性质，使晶界呈负电性，φ_{∞}为正。

7.8 晶界迁移

7.8.1 晶界迁移概念

晶界迁移可以定义为晶界在其法线方向上的位移，从微观上看，是晶界边缘上的原子(或离子)向其邻近晶粒的有效定向跳动的过程，即晶界迁移是原子跨越界面运动的结果。在材料制备或热处理过程中常常涉及晶界迁移现象，如晶粒长大过程、相变过程、热处理中的相析出与长大、烧结中的晶粒生长的二次再结晶等。

如图 7-23 所示为晶界迁移模型简易示意图。假设 a 点为曲面晶界上的一个原子，其受晶界及其两侧晶粒Ⅰ、Ⅱ中原子作用力(引力)，由于其周围Ⅱ类原子多于Ⅰ类，所以若 a 原子有足够动力，将跳入晶粒Ⅱ区域。当众多原子由晶界边的Ⅰ区跳跃到Ⅱ区，结果晶界就会向Ⅰ方向移动，即沿曲率中心方向移动。明显地，当晶界处于平直状态时，将停止迁移。

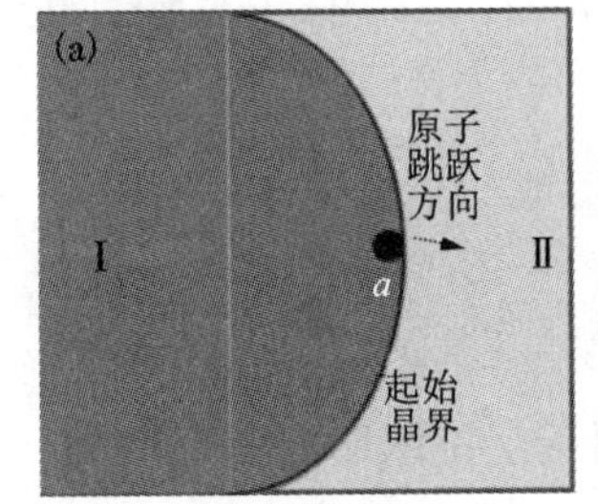

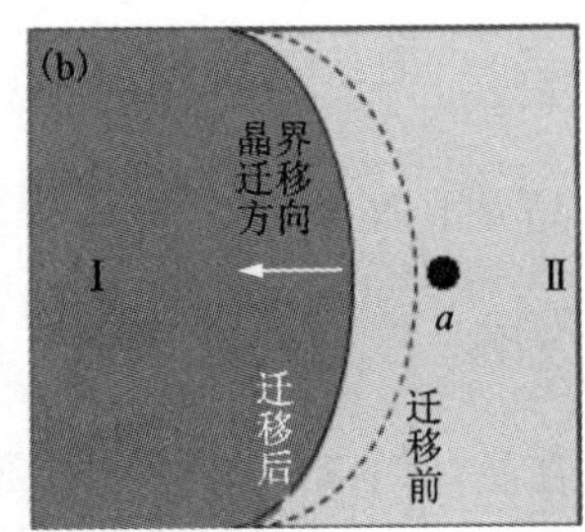

图 7-23　晶界迁移模型示意图

7.8.2 晶界迁移速度

考虑两晶粒组成的界面，如图 7-24 所示，两晶粒的化学位为 μ_{I}、μ_{II}且 $\mu_{\mathrm{I}}>\mu_{\mathrm{II}}$，作用于原子的力是吉布斯化学位梯度$-\mathrm{d}\mu/\mathrm{d}x$。于是当界面厚度为 λ 时，晶粒Ⅰ一侧的界面原子受到的力为：

$$F=\frac{\mu_{\mathrm{II}}-\mu_{\mathrm{I}}}{\lambda}=-\frac{\Delta\mu}{\lambda} \qquad (7-44)$$

晶界迁移速度与原子迁移速度具有数值相等、方向相反的关系，即 $v_{晶界}=-v_{原子}$。而原子的平均迁移速度与原子所受的力成正比，即 $v_{原子}=BF$，B 是迁移率。于是可得：

$$v_{晶界}=B\frac{\Delta\mu}{\lambda} \qquad (7-45)$$

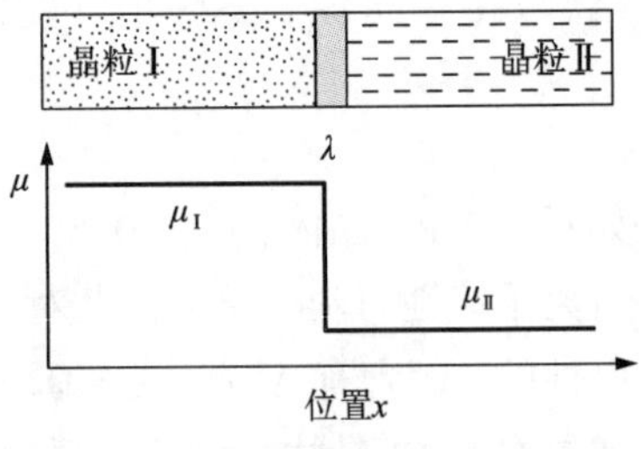

图 7-24　晶界化学位示意图

这表明：晶界迁移速度取决于晶界两侧的化学位差和晶界原子的迁移率。

7.8.3　晶界迁移驱动力

一般地，晶界迁移有两种驱动力：一个是由晶界曲率产生的化学位差驱动力，另一个是形变能驱动力。

(1)曲面化学位差驱动力。

当界面具有不为零的曲率时，界面张力将产生垂直于界面的作用力分量，使界面两侧两相的压强不相等。界面两侧的压强差称为界面压强。

如图 7-25(a)所示为弯曲曲面面元 *abcd* 示意图，面元下方为 α 晶粒、面元上方为 β 晶粒。在恒温恒容条件下，界面压强(γ 和 A 分别为界面能和界面面积，$\mathrm{d}V_\alpha$ 为 α 晶粒体积元)为：

$$P_\alpha - P_\beta = \gamma_\alpha \frac{\mathrm{d}A}{\mathrm{d}V_\alpha} \tag{7-46}$$

对于曲面上的任意点 O，O 点上的面元 *abcd* 的面积(曲面角 θ_1、θ_2 很小)为：

$$A_1 \approx r_1\theta_1 r_2\theta_2 \tag{7-47}$$

当面元沿通过 O 点的法线向 β 晶粒移动 $\mathrm{d}r$ 时，如图 7-25(b)所示，面元的面积变成：

$$A_2 = (r_1 + \mathrm{d}r)\theta_1(r_2 + \mathrm{d}r)\theta_2 \tag{7-48}$$

结合式(7-47)和式(7-48)，略去$(\mathrm{d}r)^2$ 的二级无穷小量，得到面元的增加量为：

$$\mathrm{d}A = A_2 - A_1 = (r_1 + r_2)\theta_1\theta_2\mathrm{d}r = (1/r_1 + 1/r_2)A_1\mathrm{d}r \tag{7-49}$$

对应于 $\mathrm{d}r$ 的体积增量为：

$$\mathrm{d}V_\alpha = A_1\mathrm{d}r \tag{7-50}$$

由式(7-46)、式(7-49)、式(7-50)可以得到弯曲界面压强为：

$$\Delta P = P_\alpha - P_\beta = \gamma\mathrm{d}A/\mathrm{d}V_\alpha = \gamma\left(\frac{1}{r_1} + \frac{1}{r_2}\right) \tag{7-51}$$

这是通常所说的杨-拉普拉斯(Young-Laplace)公式，是界面热力学的基本公式。由此可见，界面压强与曲率半径密切相关。

根据热力学有关原理，恒温时化学位的变化为：

$$\mathrm{d}\mu = V\mathrm{d}P \tag{7-52}$$

所以，对半径为 r 的球形曲面($r_1=r_2$)，界面两侧的化学位差 V_m 为曲面所在区域的界面体积为：

$$\Delta\mu = V_\mathrm{m}\frac{2\gamma}{r} \tag{7-53}$$

晶界凸侧的化学位高，所以晶界移动总是向着曲率中心移动。

(2)形变能驱动力。

晶粒变形不同，缺陷密度不同，导致吉布斯自由能不同。设一双晶体(图 7-24)，其中晶粒Ⅱ变形小。因吉布斯化学位 μ 等于偏摩尔自由能 G，Ⅰ、Ⅱ之间的化学位差：

$$\Delta\mu = \Delta E + p\Delta V - T\Delta S \tag{7-54}$$

如果忽略体积项与熵项因素，可得到：

$$\Delta\mu = \Delta E = E_\mathrm{I} - E_\mathrm{II} \tag{7-55}$$

晶粒Ⅱ的变形小，可认为其形变能(E_II)为零，根据式(7-45)和式(7-55)可得晶界迁移

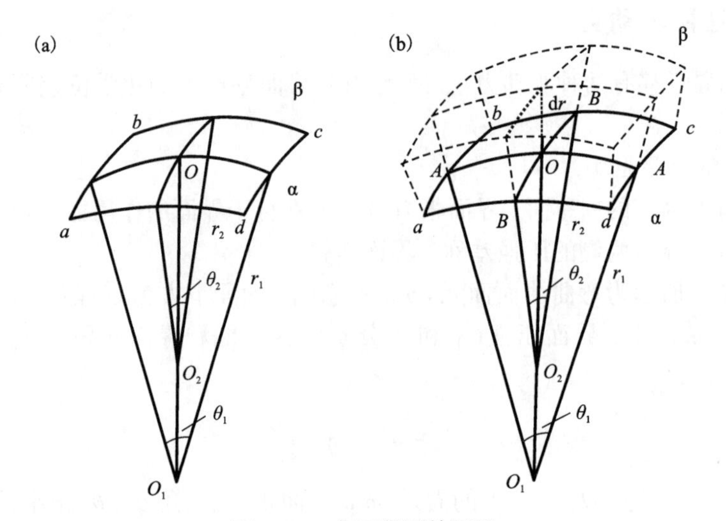

图 7-25　曲面界面的面元

速率为：

$$v_{晶界} = B\frac{\Delta\mu/N_A}{\lambda} = B\frac{(E_{\mathrm{I}} - E_{\mathrm{II}})/N_A}{\lambda} = B\frac{E_{\mathrm{I}}/N_A}{\lambda} \tag{7-56}$$

式中：N_A 为阿伏伽德罗常数；E_{I} 为晶粒 I 的摩尔形变能。这说明晶界的迁移率随形变能的大小呈线性变化。

如上所述，晶界与化学位及形变能有关。另外，影响晶界迁移的主要因素还涉及以下几个方面。

①整体而言，溶质原子对晶界的滑动和移动都有阻碍作用。一方面与晶界吸附和偏析有关。溶质原子与晶界或相界的交互作用可以理解为溶质原子与界面的位错的作用，如 Cottrell 提出的溶质原子与位错交互作用的气团模型(称为 Cottrell 气团)——溶质原子对运动的位错具有“钉扎”拖曳作用，使得位错运动受阻。

②内吸附作用强的原子(即表面活性的原子)对界面移动的抑制作用更明显。如在高纯铅中加入 0.005%的锡，能使晶界移动减缓 3 个数量级。此时，晶界的移动不是由基体原子沿晶界的扩散来控制，而是由溶质原子的体扩散来控制。由于体扩散比沿晶界扩散要慢得多，所以，表面活性溶质原子对晶界移动是不利的。另外，溶质原子的作用还与晶界两侧的晶粒取向差异密切相关。如图 7-26 所示，在高纯铅中加入少量锡之后，存在一些特殊晶界，其晶界迁移速度明显大于一般晶界的迁移速率。

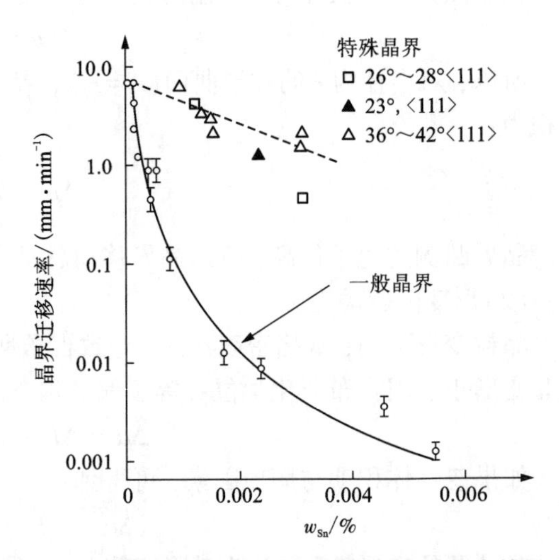

图 7-26　锡溶质对铅在 300℃时晶界移动速率的影响

③对于不溶原子，则会形成第二相，第

二相对晶界移动的抑制作用也很明显。当第二相总含量不大时，其分散度越大，对抑制晶界移动越有效。晶界脱离第二相颗粒的迁移是系统能量提高的过程，且产生晶界迁移的阻力。第二相体积分数越大、颗粒尺寸 r 越小，其对晶界迁移的阻力越大。当这个阻力与晶界迁移动力相等时，晶界迁移就停止了。

迁移率 B 与晶界扩散系数 D_{gb} 和温度密切相关。由 Einstein 关系可知，随温度的升高，晶界迁移率提高，其关系式如下：

$$B = \frac{D_{gb}}{kT} \approx \exp\left(-\frac{Q}{kT}\right) \tag{7-57}$$

7.9　界面能与固体显微结构

多晶和多相材料的结构形貌受界面结构和界面能的影响。结构的平衡形貌满足界面能最低的热力学条件，平衡时晶界或相界数趋于减少到最小。但实际上，大量界面的存在是界面通过自身的调整而达到的一种热力学亚稳平衡态，其中界面能对材料的显微形貌起着重要的作用。

7.9.1　单相多晶体

由前面的讨论可知，界面能和界面的位置(所在的晶面)有关：即使 2 个晶粒的取向关系不变，如果晶界位置(晶界的晶面)发生变化时，晶界的结构也会变化，所以晶界能也会改变。这就是说，界面趋于向低能位置迁移，或者说高能位的界面总是受到一个驱使晶界向低能位置的作用力。

如图 7-27(a)所示为三晶粒交于公共结点 O(垂直于纸面的晶棱)及其界面位置变化示意图。设三晶粒的界面张力分别为 γ_{12}、γ_{23} 和 γ_{31}，对应 O 点垂直纸面单位长的晶棱，则三晶界的界面能为：

$$G_O = \gamma_{23} \cdot OA + \gamma_{31} \cdot OB + \gamma_{12} \cdot OC \tag{7-58}$$

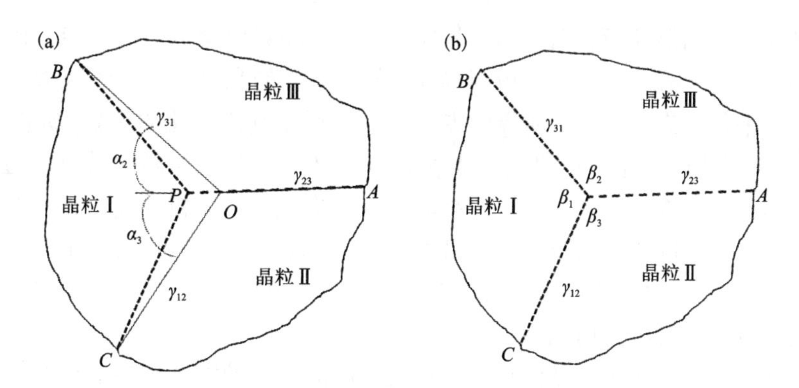

图 7-27　三晶粒体系三叉结点位置变化示意图

当三晶交叉的棱从 O 点移动到 P 点位置，则晶粒Ⅰ-Ⅱ和Ⅰ-Ⅲ之间的界面发生转动。由于转动后的晶面发生变化，界面能也随之变化，γ_{12} 和 γ_{31} 发生如下变化：

$$\left.\begin{aligned}\gamma_{12} &\rightarrow \gamma_{12} + \frac{\partial \gamma_{12}}{\partial \alpha_3}\mathrm{d}\alpha_3 \\ \gamma_{31} &\rightarrow \gamma_{31} + \frac{\partial \gamma_{31}}{\partial \alpha_2}\mathrm{d}\alpha_2\end{aligned}\right\} \tag{7-59}$$

此时，三晶界界面能为 G_P：

$$G_P = \gamma_{23} \cdot PA + \left(\gamma_{31} + \frac{\partial \gamma_{31}}{\partial \alpha_2}\mathrm{d}\alpha_2\right) \cdot PB + \left(\gamma_{12} + \frac{\partial \gamma_{12}}{\partial \alpha_3}\mathrm{d}\alpha_3\right) \cdot PC \tag{7-60}$$

式(7-60)减去式(7-58)，可得到由于交叉结点移动导致的界面能的能量变化为：

$$\Delta G = \gamma_{23} \cdot OP + \gamma_{31}(PB - OB) + \frac{\partial \gamma_{31}}{\partial \alpha_2}\mathrm{d}\alpha_2 \cdot PB + \gamma_{12}(PC - OC) + \frac{\partial \gamma_{12}}{\partial \alpha_3}\mathrm{d}\alpha_3 \cdot PC \tag{7-61}$$

考虑到位移 $OP \rightarrow 0$，同时平衡时有 $\Delta G = 0$，可得：

$$\gamma_{23} - \gamma_{31}\cos \alpha_2 - \gamma_{12}\cos \alpha_3 + \frac{\partial \gamma_{31}}{\partial \alpha_2}\sin \alpha_2 + \frac{\partial \gamma_{12}}{\partial \alpha_3}\sin \alpha_3 = 0 \tag{7-62}$$

式(7-62)就是晶界平衡时所必须满足的条件。因为式(7-62)并没有涉及晶界的结构，所以它对相界也是适用的。

小角度晶界或特殊大角度晶界(如孪晶界)界面处于低能的位置。当界面偏离这些位置时，晶界能会有很大的提高，即$\partial\gamma/\partial\alpha>0$。这些界面不易移动，晶界越稳定，$\partial\gamma/\partial\alpha$ 值就越高，界面就越不易移动。一般大角度晶界(非特殊晶界)的晶界能与晶界的位置关系不大，即$\partial\gamma/\partial\alpha\approx0$，则：

$$\gamma_{23} - \gamma_{31}\cos \alpha_2 - \gamma_{12}\cos \alpha_3 = 0 \tag{7-63}$$

当三叉结点达到平衡时[图 7-27(b)]，界面张力与界面间的夹角的关系还有另一种表达方法：

$$\frac{\gamma_{12}}{\sin \beta_3} = \frac{\gamma_{23}}{\sin \beta_1} = \frac{\gamma_{31}}{\sin \beta_2} \tag{7-64}$$

如果三晶面的界面能相近，则单相多晶体平衡时，晶界应交成三叉结点，且其夹角接近120°，如图 7-28(b)所示。由此可以预测得到：若某晶粒的晶界夹角小于或大于 120°，此时晶粒界面处于非平衡状态，将具有向界面夹角为 120°的平衡态变化的趋势，如图 7-28(a)所示。一般地，晶粒在边数不同的情况下，晶界的曲度不同，其规律是大晶粒的边数多、小晶粒的边数少。曲率中心在小晶粒一侧，即小晶粒凹面向内、大晶粒凹面向外，界面将向小晶粒一侧移动，最后大晶粒把小晶粒吞并。另外，当 4 个晶粒相交于 1 个棱时，在一定条件下，它会自动分解为 2 个三面棱；在界面上看，1 个四棱结点要分解为 2 个三棱结点，这种分解使系统能量降低，如图 7-28(b)所示。

单相多晶体平衡时，在 4 个晶棱相交的角隅上两晶棱间的交角应是 109.5°。但没有一种规则的多面体可以填满空间并且它们的棱之间符合平衡条件的，满足这些要求的最接近的是规则十四面体[图 7-29(a)]，虽然它们能填满空间，但棱之间不具有完全正确的角度(109.5°)。若把规则十四面体做一些改动使得各棱之间的夹角都等于 109.5°，这时，它的面和棱都必须发生一些弯曲，如图 7-29(b)、图 7-29(c)所示。这两种多面体分别称为 α 十四

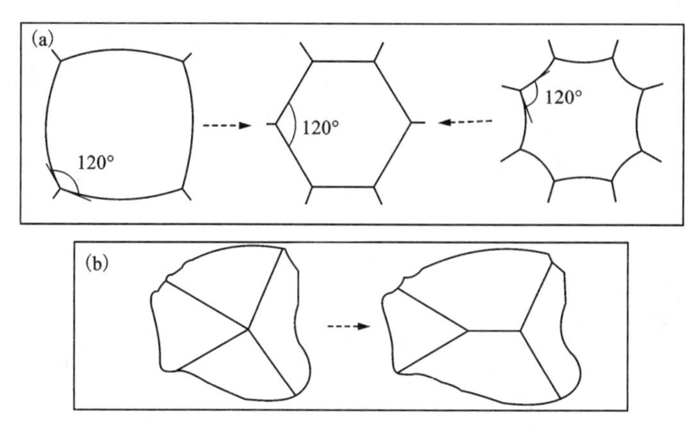

图 7-28　晶界交角、晶界曲率与晶界边数变化趋势

面体和 β 十四面体。由它们堆垛可以填满空间又满足平衡条件。因此，常把它作为单相多晶体的完整晶粒形状的模型。如图 7-29(d)所示为扫描电子显微镜观察到的实际多晶中的晶粒形貌。

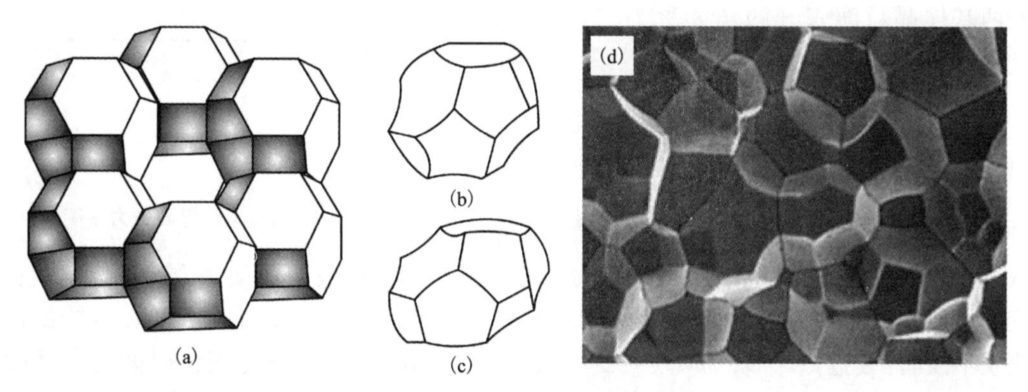

图 7-29　十四面体构成的单相多晶体

7.9.2　复相多晶体组织

由基体和第二相组成的复相组织中，第二相在基体中可能存在的位置主要有 4 种类型，即晶粒内部、晶界、晶棱与晶角。现在来探讨第二相位于这 4 种不同位置时的平衡形状。

(1)晶粒内部的第二相。

当在晶粒内部形成第二相(如从过饱和固溶体的晶粒内部析出第二相)时，设第二相与基体的总界面能为 $\sum A_i\gamma_i$(A_i、γ_i 分别为某一界面的面积和比界面能)，引起的弹性应变能为 ΔG_S。当 $\sum A_i\gamma_i + \Delta G_S$ 为最小时，二者趋向于各自的最小值，第二相就可以达到其稳定形貌。实际析出相的形状取决于表面能和弹性应变能两因素的强弱：表面能最小，一般析出等轴状第二相；弹性应变能最低，则析出薄片状或盘状第二相。

弹性应变保证共格界面处晶格之间的平滑匹配，并且从该界面处传播到基体和析出物的深处，如图 7-30 所示。在这些晶格之间差异较大的地方，基体和析出物晶格的弹性应变能也较大。当固溶体中各组元的原子直径之差不超过3%时，共格析出物的形状由表面能最小的趋势来决定，从而接近于球状。当各组元直径之差大于5%时，决定因素是弹性应变能，因此，薄片状析出物优先形成(通常呈盘状)，共格析出物有时呈针状，其弹性应变能高于盘状析出物、低于等轴析出物。在非共格析出物形成时，切向应力是不存在的，没有共格应变，但是会出现热膨胀不同的正应力(静压力或张力)。

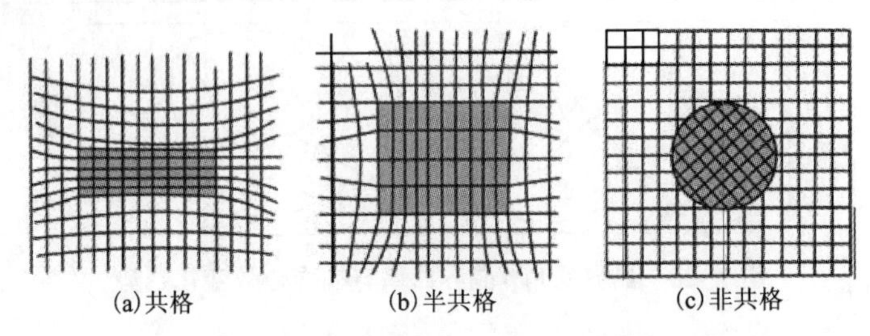

图7-30　晶粒内部的第二相形貌与界面特征

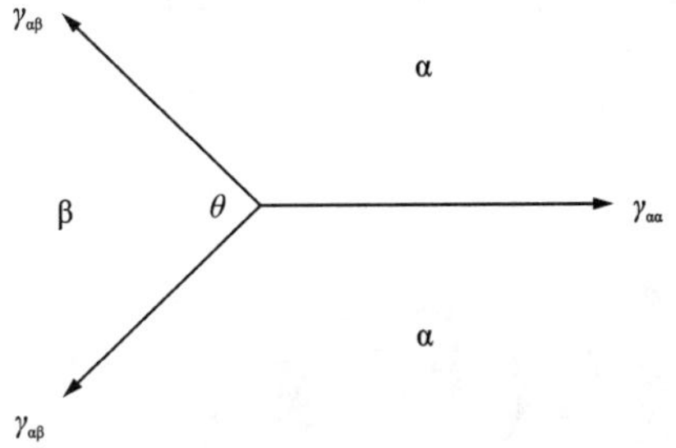

(2)晶界的第二相。

当第二相(β)存在于基体(α)的晶界时，第二相在两基体晶粒间张开的角 θ 称为二面角，如图7-31所示。平衡条件下，有如下关系：

$$\gamma_{\alpha\alpha}=2\gamma_{\alpha\beta}\cos\frac{\theta}{2}\quad 或\quad \cos\frac{\theta}{2}=\frac{\gamma_{\alpha\alpha}}{2\gamma_{\alpha\beta}} \tag{7-65}$$

图7-31　二面角的界面张力平衡

式中：$\gamma_{\alpha\alpha}$ 为 α 相间的界面张力(或晶界能)；$\gamma_{\alpha\beta}$ 为 α 相和 β 相之间的界面张力(或相界能)。由此可知：θ 取决于界面张力的比值 $\gamma_{\alpha\alpha}/\gamma_{\alpha\beta}$。进而也可以知道，$\theta$ 的大小决定了第二相的形貌。当 $\gamma_{\alpha\alpha}\ll\gamma_{\alpha\beta}$ 时，$\theta=180°$，则 β 相与 α 相之间完全不浸润，β 近似球形，如图7-32(a)或表7-1所示；当 $\gamma_{\alpha\alpha}=\gamma_{\alpha\beta}$ 时，$\theta=90°$，β 呈橄榄球冠形；当 $\gamma_{\alpha\alpha}=2\gamma_{\alpha\beta}$ 时，$\theta=0°$，β 相与 α 相完全浸润，则 β 在 α 晶界上铺展。当二面角 θ 在以上角度之间变化时，第二相 β 相的形貌也逐渐演变。表7-2大致归纳了界面张力的比值 $\gamma_{\alpha\alpha}/\gamma_{\alpha\beta}$、二面角与微观组织的关系。

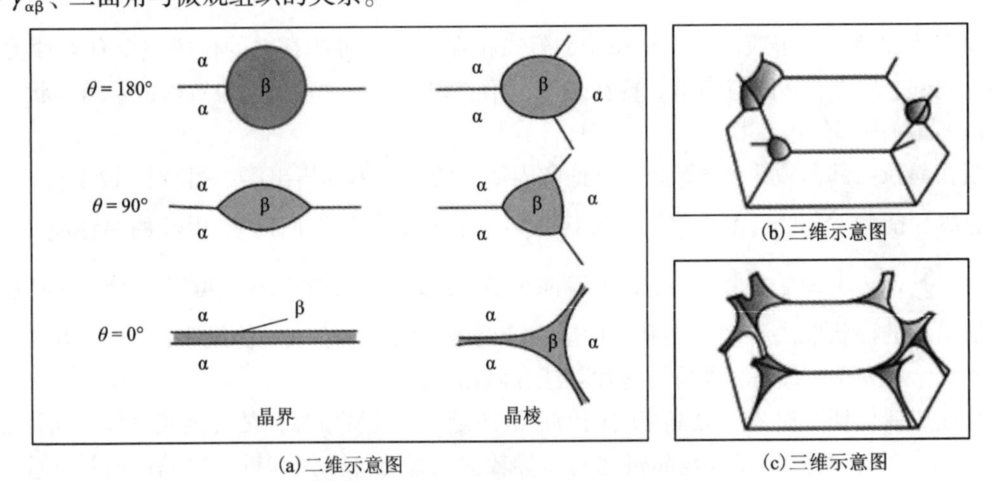

图7-32　晶界与晶棱上第二相的形状

表 7-2　$\gamma_{\alpha\alpha}/\gamma_{\alpha\beta}$、二面角与微观组织的关系

$r=\gamma_{\alpha\alpha}/\gamma_{\alpha\beta}$	二面角 θ/(°)	组织特征
$r<1$	$\theta>120°$	晶界处形成孤立的袋装第二相
$1<r<\sqrt{3}$	$60°<\theta<120°$	第二相在晶粒交界处部分渗进
$\sqrt{3}<r<2$	$0°<\theta<60°$	在三角交界处形成三角棱柱体
$r>2$	$\theta=0°$	第一相各晶粒完全被第二相隔开

(3)晶棱与晶角上的第二相。

第二相位置如图 7-33 所示(3 个 α 晶粒和 1 个 β 晶粒间的晶角)。平衡时，3 个界面张力 $\gamma_{\alpha\beta}$ 相等，3 个 X 角也相等。角 X、Y 和二面角 θ 的关系为：

$$\cos\frac{X}{2}=\frac{1}{2\sin\left(\frac{\theta}{2}\right)}\quad 和\quad \cos(180°-Y)=\frac{1}{\sqrt{3}\tan\left(\frac{\theta}{2}\right)}\tag{7-66}$$

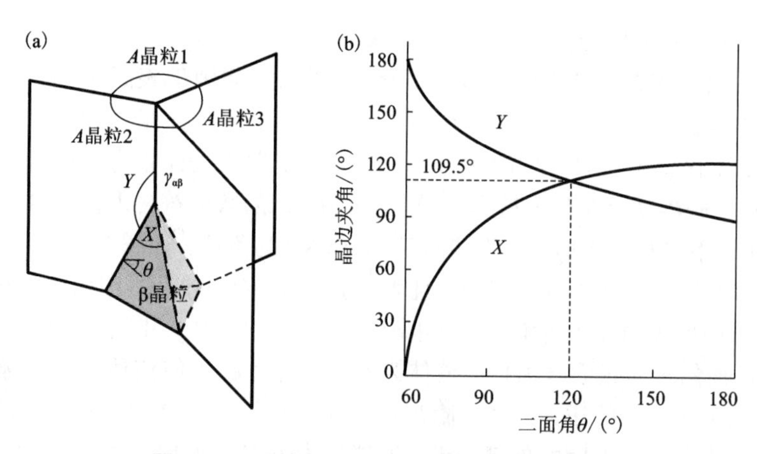

图 7-33　晶棱晶角上的第二相及其相间夹角

方程的图像及结构形貌变化规律可大致归纳如下：

①$\theta=180°$，$X=120°$，$Y=90°$，β 相是球形。

②$\theta=120°$，$X=Y=109.5°$，β 相是曲面四面体[图 7-34 和图 7-32(b)]；α 相的四根晶棱从 β 曲面四面体的 4 个顶点放射出来。

③$\theta=60°$，$Y\to180°$，$X\to0°$，β 相沿晶棱渗透[图 7-34、图 7-32(c)]；形成 β 相的骨架网络。

④$\theta=0$(或当 $\theta\to0°$)时 β 相沿晶界扩展。

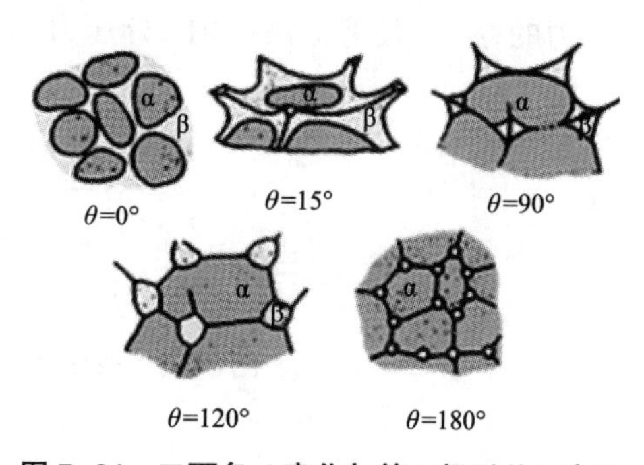

图 7-34　二面角 θ 变化与第二相形貌示意图

在实际材料中，晶界的构形除与 $\gamma_{\alpha\alpha}/\gamma_{\alpha\beta}$ 有关外，高温下固-液、固-固间还会发生溶解、化学反应等过程，从而改变界面张力，因此多晶多相组织的形成是一个更复杂的过程。

7.10 固态材料的界面行为

固体材料的表面不是孤立存在的，在表面力的作用下，它总是要与气相、液相或其他的固相物质相接触，并且发生一系列的物理或化学过程。以固体材料上的多相体系为研究对象，着重研究界面上所发生的各种物理化学的过程及其规律是固体材料界面行为研究的根本任务。固体材料界面上分子处境的特异性，使得界面行为的研究更具特色更丰富也更有意义。如今，在无机材料制造技术过程中，有很多涉及相界面间的物理变化和化学变化的问题；此外，矿物选矿、石油开采、食品加工、化学工业、制药工业及纺织工业等领域，以及研磨、润湿、防水、防污、脱色、洗涤、催化等技术过程都与固体材料的界面行为紧密相关，因而它在高新技术发展中也具有重要的作用。

7.10.1 弯曲表面效应

(1)弯曲表面上附加压力。

固体材料的表面或界面产生的许多重要影响或变化，起因于表面能所引起的弯曲表面效应，其实质是弯曲表面内外的压力差。在物理化学中，由于表面张力的作用，在弯曲表面下的液体或气体，不仅要承受着环境的压力 P_0，还要承受着由表面张力的作用而产生的附加压力 ΔP，其总压力为 $\boldsymbol{P}=\boldsymbol{P}_0+\Delta\boldsymbol{P}$(矢量和)。附加压力 ΔP 的数值符号取决于曲面形状，当为凸面时，曲率半径 r 和 ΔP 为正值；当为凹面时，r 和 ΔP 为负值，如图 7-35 所示。液面取小面积元 AB，AB 面元上受表面张力的作用，且表面张力的方向与表面相切。如果面元是平面，沿平面上任一点四周表面张力抵消，不产生附加压力($\Delta P=0$)，如图 7-35(a)所示；如果液面是弯曲的，凸面的表面张力合力指向液体内部，该合力趋于使液体表面积缩小，使得表面内的液体承受大于表面外的压力，这个附加压力是正的，如图 7-35(b)所示；而在凹面时，表面张力的合力指向液体表面的外部，部分抵消了大气对液面内液体的压力，但此时 ΔP 为负值，所以，凹面所受到的总压力 P 要比平面的 P_0 小，如图 7-35(c)所示。由此可知，附加压力 ΔP 的方向总是指向曲面的曲率中心，所以与液面曲率中心同侧的压强恒大于另一侧。附加压力的存在，使弯曲液面内、外压力不等。

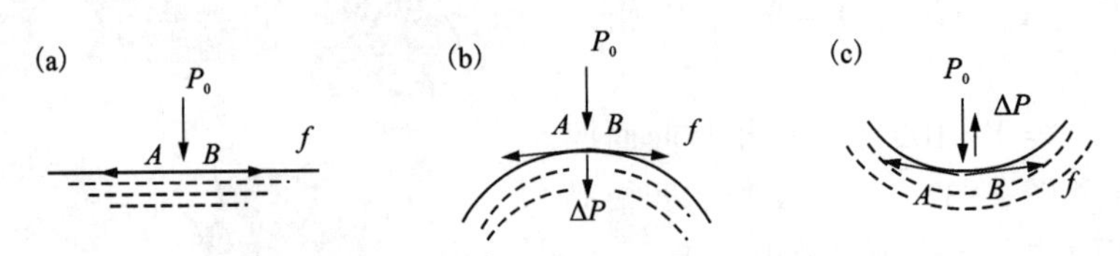

图 7-35 弯曲表面上附加压力的产生示意图

根据 Young-Laplace 公式[式(7-51)]，可知附加压力与表面张力 γ 的关系为：

$$非球面\ \Delta P = \gamma\left(\frac{1}{r_1} + \frac{1}{r_2}\right)$$
$$球面\ \Delta P = \frac{2\gamma}{r} \tag{7-67}$$

式中：r 为球面半径；r_1、r_2 分别为曲面的两主曲率半径。该结论对固体材料的表面也适用。所以，只要固体粉末的曲率半径足够小，就有可能使得由表面张力引起的压力差相当大。在陶瓷的液相烧结过程中，颗粒之间将出现液层，当液层与颗粒表面润湿时，颗粒间液层呈现凹液面，表面张力将使液膜内的压力减小，促使颗粒尽量靠拢，使陶瓷坯体收缩而烧结成致密的构件。表 7-3 列出了一些物质弯曲表面的附加压力，附加压力与曲面半径成反比，而与表面张力成正比。由表 7-3 可以看出，当表面曲率半径在 1 μm 时，由曲率半径差异而引起的压差已十分显著。这种蒸气压差，在高温下足以引起微细粉体表面上出现由凸面蒸发而向凹面凝聚的气相传质，这是粉末烧结传质过程中的一种方式，将在后述的章节中做详细解释。

表 7-3　弯曲表面的附加压力

物质	表面张力/(mN · m^{-1})	曲率半径/μm	压力差/MPa
石英玻璃	300	0.1 1.0 10.0	12.3 1.23 0.123
液态(固，1550℃)	1935	0.1 1.0 10.0	7.80 0.78 0.078
水（15℃）	72	0.1 1.0 10.0	2.94 0.294 0.0294
Al_2O_3(固，1850℃)	905	0.1 1.0 10.0	7.40 0.74 0.074
硅酸盐熔体	300	100	0.006

弯曲表面效应中比较典型的例子就是毛细管现象。如图 7-36(a)所示，毛细玻璃管插入水中时，水在玻璃表面可以润湿，其润湿角小于 90°，且水会在玻璃管中产生凹液面。凹液面产生的附加压力 ΔP 指向空气方向，它使得凹液面的水所承受的压力小于管外的水。所以水将上升，直至上升的液柱所产生的静压力 ρgh 与附加压力 ΔP 在数值上相等，以达到平衡状态。当玻璃管插入水银(汞)中，如图 7-36(b)所示，汞对玻璃不润湿，其润湿角大于 90°，且汞在毛细管中产生凸液面。由于凸液面产生的附加压力 ΔP 指向液体内部，使得凸液面下的汞所承受的压力大于管外的汞。所以汞将下降至下降的液柱所产生的静压力 ρgh 与附加压力 ΔP 在数值上相等，以达到平衡状态。液体沿着毛细管上升或下降的现象称为毛细管现象。

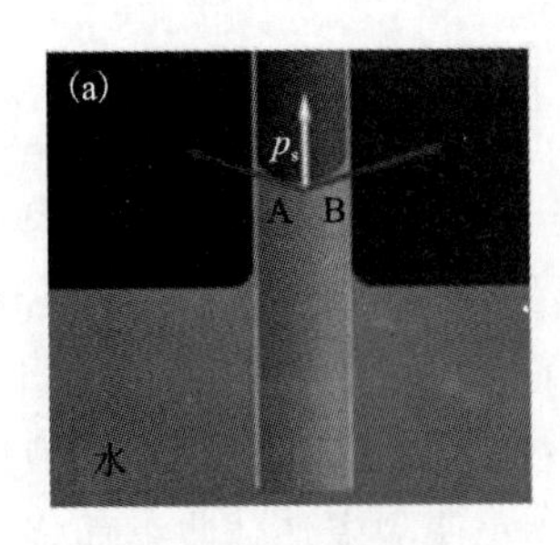

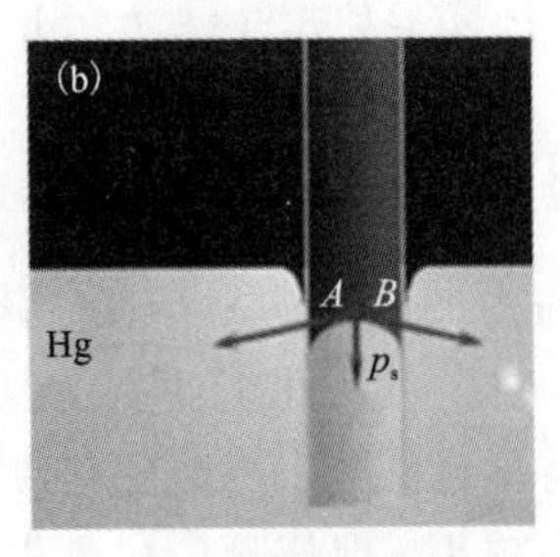

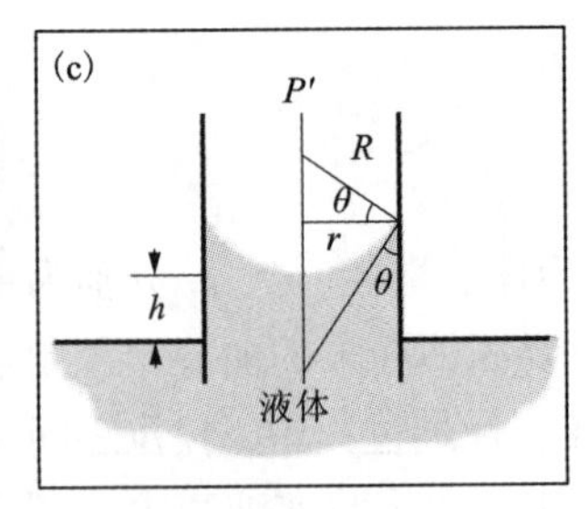

图 7-36　毛细管现象示意图

曲率半径 R 与毛细管半径 r 的关系：

$$r = R\cos\theta \tag{7-68}$$

毛细管内、外液面高度差与弯曲表面附加压力、表面张力 γ 的关系为：

$$\Delta P = \frac{2\gamma}{R} = \rho g h \tag{7-69}$$

所以，毛细管内液面高度为：

$$h = \frac{2\gamma\cos\theta}{\rho g r} \tag{7-70}$$

由式(7-69)和式(7-70)可知，毛细管内存在附加压力，毛细管半径越小，产生的附加压力越大，液面高度也越大。

(2)弯曲表面的蒸气压。

Young-Laplace 公式表明，曲面的存在必然会导致压力差的产生。所以若将一杯液体分散成小液滴(液雾)，由于液面由平面变成了凸面，凸形曲面对液滴所施加的附加压力使液体的化学势增大，从而使得液滴的蒸气压也随之增大。因此液滴的蒸气压必然高于同温度下平面液体的蒸气压。它们之间的关系可以用开尔文(Kelvin)方程表述：

$$\ln\frac{P_g}{P_0} = \frac{2\gamma M}{RT\rho}\frac{1}{r} \tag{7-71}$$

式中：γ 为液滴的表面张力；r 为球形液滴半径；ρ 为液滴密度；M 为摩尔质量；P_g 为曲率半径为 r 的曲面上的蒸气压；P_0 为平面状液体的饱和蒸气压；R 为气体常数。Kelvin 公式表明：液滴(液雾)的曲率半径越小，饱和蒸气压相对于正常蒸气压(平面状时)变化越大，且凸面蒸气压>平面蒸气压>凹面蒸气压。

Kelvin 公式也可以表示为两种不同曲率半径的液滴或蒸气泡的蒸气压之比：

$$\ln\frac{P_2}{P_1} = \frac{2\gamma M}{RT\rho}\left(\frac{1}{r_2} - \frac{1}{r_1}\right) \tag{7-72}$$

对液滴来说，曲面为凸面，r 取正值，且 r 越小，液滴饱和蒸气压越高；对小蒸气泡来说，曲面为凹面，r 取负值，且 r 越小，小蒸气泡中的饱和蒸气压越低。

Kelvin 公式还可以表示两种不同大小颗粒的饱和溶液浓度之比：

$$\ln\frac{c_2}{c_1} = \frac{2\gamma_{LS} M}{RT\rho}\left(\frac{1}{r_2} - \frac{1}{r_1}\right) \tag{7-73}$$

式中：γ_{LS} 为固液界面能；c_2 和 c_1 分别是半径为 r_2、r_1 的小晶粒与大晶粒的饱和溶液浓度；ρ 为固体密度。因颗粒总是凸面，r 取正值，所以 r 越小，小颗粒的饱和溶液的浓度越大，溶解度越大。

7.10.2　固体表面的吸附

一种物质的原子或分子附着在另一种物质表面的现象，称为吸附。新鲜表面质点排列中断后，质点受力不平衡，存在着较强的表面力场。所以新鲜表面容易发生吸附，在表面形成吸附膜。吸附作用使得固体表面能降低，由于吸附过程是自发的，故真正干净的固体是很难获得的。许多发生在固体表面上的重要行为，如黏附、摩擦、润湿、催化活化等，都在很大程度上受到气体吸附的影响。所以，吸附是发生在固体表面上的一种重要的物理化学现象，是固体表面化学中的一个重要问题。

为了研究方便，通常将被吸附的物质称为吸附质，而能有效地吸附吸附质的物质称为吸附剂，吸附质可以是气体、蒸气、液体甚至是固体微小粒子，但吸附剂大多为比表面积较大的多孔固体材料。

(1) 吸附及其本质。

当分子撞击在固体表面上时，绝大多数的分子在碰撞中都将损失其能量，且在表面上停留一个较长的时间（10^{-6}~10^{-3} s），这比原子振动时间（约 10^{-12} s）要长很多，这样分子最终会完全损失掉它们的动能，不能再脱离固体表面，从而被表面所吸附。所以，吸附的结果是使本来可自由运动的分子被限定在固体的表面而失去自由性。同时，也使固体表面力场受到某种程度的削弱。根据固体表面吸附分子作用力的性质的不同，吸附分为物理吸附和化学吸附两种。

①物理吸附是分子间引力（范德华力）引起的，吸附过程中没有电子转移，吸附层可看作由蒸气冷凝形成的液膜，类似于气体分子在固体表面上凝聚，或者说吸附分子和固体表面晶格是两个分立的系统。由于分子间力没有选择性，所以物理吸附一般也没有选择性，只要条件合适，可发生在任何固体和任何气体之间，且吸附速度也较快。当然，吸附的多少可因吸附双方的种类而异。此外，也由于分子间力是长程力，所以物理吸附可以是多分子层。但又同样因分子间力较弱，吸附过程放热较少（与液化热相似），易于吸热而脱附（吸附的反过程）。

②化学吸附是指吸附中有电子的转移，形成类似化学键的力。此时应把吸附分子和吸附晶格作为一个统一的系统来处理。吸附过程可以有电子的转移、原子的重排、化学键的破坏与形成，类似于气体分子与固体表面分子发生化学反应。由于化学键的特殊性，化学吸附有选择性，只能发生在特定的固-气体系之间，且需要一定的吸附活化能，其吸附速度较慢，也只能形成单分子吸附层。化学吸附一旦形成，则是不可逆的，也不易脱附。

物理吸附和化学吸附往往可以同时发生，如 O_2 在 W 上的吸附，在不同温度下，起主导作用的吸附可以发生改变。表 7-4 给出了物理吸附与化学吸附的差异。需要说明的是，在区别吸附性质时，不能单凭一两个吸附表现就下结论，而应当综合各方面的吸附结果，统而观之。比如，对于多孔固体，因为分子要钻到孔中才能被表面吸附，速度也很慢。若孔隙很小，大的气体分子根本过不去，结果物理吸附也表现出选择性。绝不能根据这些现象就判定其是化学吸附。另外，物理吸附和化学吸附也不是不相容的，就是说，同一种固体和同一种气体之间既可能发生化学吸附，也可能发生物理吸附，两者也可能同时发生。如 O_2 在 W 上的吸附，其中有的氧以原子态被化学吸附，有的以分子态被物理吸附，还有的氧分子被吸附在氧原子上。

表 7-4　物理吸附与化学吸附的差异

	吸附热 /($kJ \cdot mol^{-1}$)	吸附温度	吸附、脱附速度	选择性	吸附层	可逆性
物理吸附	<40，接近气体的液化热	气体露点温度附近	快，无活化能	无	单层或多层	可逆
化学吸附	>40，接近化学反应的反应热	比同种类物理吸附所需温度高	慢，有活化能	有	单层	不可逆

(2)吸附的表征。

实验表明，固体对气体的吸附量 V 与温度 T 和气体压力 p 有关，即 $V=f(T, p)$。为了表达方便，通常固定其中一个变量，以求出其余两个变量间的关系。例如分别用吸附恒温线 $V=f_T(T)$、恒压线 $V=f_p(T)$ 或恒容线 $p=f_V(T)$ 来描述，其中以恒温吸附线应用得最多。各种恒温吸附线可以归纳为如图 7-37 所示的 5 种类型。实验表明，恒温线的类型和固体表面(吸附剂)特性有一定的联系，或者说在某种程度上取决于吸附剂(固体表面)的孔隙大小和分布。比如，孔径大于几个分子直径的木炭，几乎总是得到Ⅱ类恒温线；吸附剂为非多孔性的，则可能是Ⅱ类恒温线；如果固体与蒸气分子间的相互作用比蒸气分子本身间的作用小，则非多孔吸附剂可得到Ⅲ类恒温线，但多孔吸附剂可得到Ⅴ类恒温线；由溶胶形成的吸附剂如氧化铝、氧化硅之类，则常得到Ⅳ类恒温线。

由于吸附现象的重要性，故从理论上定量说明各类吸附等温线的形成是非常必要的。目前已经建立和发展起来的各种吸附理论可归为三类：第一类理论从动力学观点出发，主要考虑气体与被吸附层间的交换过程，且假定分子是被吸附在固定的吸附位上的，平行于吸附剂表面的吸引力和排斥力可忽略不计；第二类理论从热力学立场出发，主要考虑由吸附引起的吸附剂表面自由能的降低，并且假定被吸附分子沿吸附剂表面有流动性，基本形成“两维”流体，由此被吸附分子间的侧面吸引力也就具有了决定性的意义；第三类理论是位能理论，着眼于固体表面的位能场，认为被吸附分子在固体表面做垂直运动，必然引起位能的变化。这些理论虽然着眼点不同，但基本上都首先假设低压时吸附层是单分子层，当压力升高，接近气体的饱和蒸气压时，则转变为多分子层。

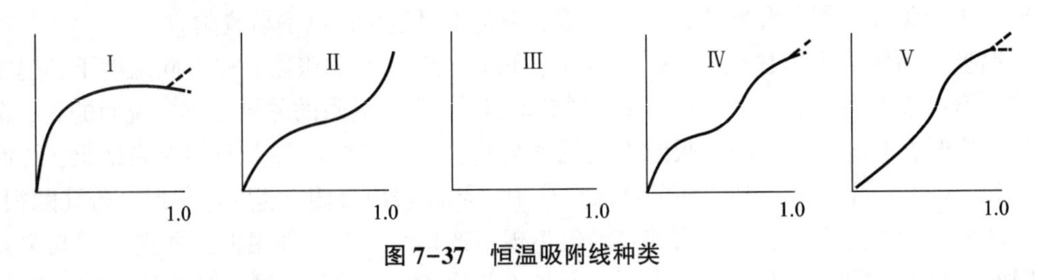

图 7-37　恒温吸附线种类

在动力学理论中，较有代表性的是朗格谬尔(Langmuir)吸附等温方程和BET吸附等温方程。Langmuir在考虑气体与被吸附层之间的交换时，假定吸附层是单分子的，分子从表面逃逸的概率不受周围环境和位置的影响，即平行方向上分子间无作用力，而且表面是均匀的。在一定的条件下，吸附与脱附可以建立动态平衡，依此求得如下Langmuir吸附方程：

$$V=\frac{V_mK_p}{1+K_p} \tag{7-74}$$

式中：V_m 和 V 分别为饱和吸附量(填满表面一层的量)和当气体压力为 p 时的平衡吸附量；K_p 是取决于温度和吸附气体种类的常数；在一定温度下，对给定的吸附剂和吸附质而言，V_m 是恒量。从式(7-74)中也可以看出，当 p 很小时，$V=V_mK_p$，即 $V\propto p$。当 $p\to\infty$ 时，$V\to V_m$。为了便于检验，常将式(7-74)改写为：

$$\frac{1}{V}=\frac{1}{V_m}+\frac{1}{V_mK_p} \tag{7-75}$$

V_m 和 K_p 可以充分地说明图 7-37 中的第Ⅰ类吸附等温线，但不能说明其他四类吸附曲线，这主要是受到了假设的局限。

布鲁诺尔-埃米尔-泰勒(Brunder-Emment-Teller，BET)在Langmuir方程的基础上，修改了Langmuir单分子吸附层的限定。BET认为吸附层可以是多分子层的，不过第一层靠固-气间的分子引力，从第二层起则是靠气体分子间的引力，由于这两种引力不同，故后者所放出的热可看作气体的凝聚热。显然，这时气体的吸附量应等于各吸附层吸附量的总和。当表面平坦时，吸附层可以无限多。据此可求得BET常数方程：

$$V=\frac{V_mC\cdot p}{(p_0-p)\left[1+(C-1)\dfrac{p}{p_0}\right]} \tag{7-76}$$

式中：V 是平衡压力时的吸附量；V_m 是第一层完全遮盖时的吸附量；p_0 是实验室温度下的气体饱和蒸气压；C 是与吸附气体凝聚热和温度相关的常数。当 $p_0>p$ 时，式(7-76)可改写成与Langmuir方程式(7-74)相似的形式：

$$V=\frac{V_mCX}{1+CX}\quad(\text{其中 }X=p/p_0) \tag{7-77}$$

说明当压力很小时，单分子的假定仍是成立的。

应用BET方程或稍加修改，可以解释除第Ⅴ类以外的所有曲线，因此BET方程比Langmuir方程的实用性强。此外，应用BET方程的基本关系可以简便而又准确地测定固体的表面积，这需求出单分子吸附层时的饱和吸附量 V_m。当吸附分子的截面积已知时，则可求出吸附剂的比表面积 S 为：

$$S=\frac{V_m}{V_0}N_AA_0 \tag{7-78}$$

式中：V_0 为被吸附层气体的标准状态的摩尔体积；N_A 为阿伏伽德罗常数；A_0 为吸附气体中一个分子的截面面积(常用氮气作吸附气体，其 $A_0=0.162\ \text{nm}^2$)。把式(7-76)改写为直线方程：

$$\frac{p}{V(p_0-p)}=\frac{1}{V_mC}+\frac{C-1}{V_m}\frac{p}{p_0} \tag{7-79}$$

即$\frac{p}{V(p_0-p)}$与$\frac{p}{p_0}$呈线性关系，该方程所表示的直线的斜率和截距分别为$\frac{C-1}{V_m}$和$\frac{1}{V_m C}$，由此可以求出 V_m 的值：

$$V_m = \frac{1}{\text{斜率} + \text{截距}} \tag{7-80}$$

(3)吸附对表面结构和性质的影响。

除非经过特别的处理，否则固体表面总是被吸附膜所覆盖。因为新鲜的表面有较高的表面能，能迅速从空气中吸附气体或其他物质以降低能量，并使其表面断键得到结构上的满足，如陶瓷、玻璃及其他硅酸盐材料，其表面断裂的 Si—O—Si 键和未断裂的 Si—O—Si 键都可以与水蒸气实现化学吸附，形成 OH^-基团的表面吸附，随后再通过 OH^-层上的氢键吸附水分子，即

$$\begin{matrix}\equiv\text{Si—}\\ \equiv\text{Si—O—}\end{matrix} + H_2O \rightarrow \begin{matrix}\equiv\text{Si—OH—}\\ \equiv\text{Si—OH—}\end{matrix} + H_2O \rightarrow 2\equiv\text{Si—OH} \cdot O_2H \tag{7-81}$$

$$\begin{matrix}\equiv\text{Si}\\ \diagdown\\ \text{O}\\ \diagup\\ \equiv\text{Si}\end{matrix} + H_2O \rightarrow \begin{matrix}\equiv\text{Si—OH—}\\ \equiv\text{Si—OH—}\end{matrix} + H_2O \rightarrow 2\equiv\text{Si—OH} \cdot O_2H \tag{7-82}$$

吸附膜的形成既改变了表面原来的结构，也改变了表面的性质。首先，由于吸附膜引起表面能的降低，使固体表面较难被润湿和黏附，从而改变了界面的化学特性。所以在涂层、镀膜、材料封接等工艺中必须对加工面进行严格的表面处理。其次，吸附膜会显著降低材料的机械强度，这是因为吸附膜使固体表面微裂纹内壁的表面能降低。如普通钠钙硅酸盐玻璃在真空中的强度为 165.6 MPa，而在饱和的水蒸气中仅为 79.5 MPa。吸附膜还会改变金属材料的功函数，从而改变它们的电子发射特性和化学活性。功函数是指电子从它在金属所占据的最高能级迁移到真空介质所做的功。当吸附物的电离势小于吸附剂的功函数时，电子则从吸附物移到吸附剂的表面，这就在吸附膜与吸附界面上形成一个偶极矩，并降低金属的功函数。反之，若吸附物是非金属原子，其电子亲和能大于吸附剂的功函数，电子将从吸附剂移到吸附物，并在其界面上形成一个负极朝外的偶极矩，提高了吸附剂的功函数。由于功函数的变化改变了电子的发射能力和转移方法，这对真空器件中的阴极材料和化学工业中的催化剂等材料的性能影响很大。此外，吸附膜具有调节固体间的摩擦和起到润滑的作用，因为摩擦起因于黏附，而接触面间的局部变形加剧了黏附作用，吸附膜的存在则可以通过降低表面能而减弱黏附作用。从这个意义上说，润滑作用的本质是基于吸附膜的效应，例如石墨是一种固体润滑剂，其摩擦系数为 0.18，有人在真空中将经过严格表面处理的石墨棒(即除去了吸附膜的石墨棒)，通过高速转盘进行摩擦实验，发现此时石墨不再起润滑作用，其摩擦系数上升为 0.80。由此可见，气体吸附对摩擦和润滑作用有着重要的影响。

7.10.3 表面活性与表面改性

固体表面的活性对于吸附、润湿和黏附等现象都具有重要的意义，此外，固体表面的活性还可以近似地被看作促进化学或物理化学反应的能力。对于无机材料，它们通常具有较大的晶格能和较高的熔点，反应能力比较低。所以，提高无机材料表面活性，对其高温物理化学过程尤为重要。

固体表面活性很难用一个普遍的定量指标来比较和评价。而只能在规定的条件下进行相对比较。例如方解石在 900℃下煅烧所得的 CaO 加水后会立即剧烈地消解，而经 1400℃高温煅烧所得的 CaO 则需几天才能水化，说明前者活性大于后者。通常 CaO 的活性可以通过测定在给定温度下的消解速度作相对比较。在固体参与的任何反应中，反应总是从表面开始的，因此，固体的表面活性又深受其表面积和表面结构的影响。

(1)固体表面活性。

在一定的条件下，物质的反应能力可以从热力学和动力学两方面来估计。前者可用反应过程系统自由能变化 ΔG 来判断，而后者可以用经历该反应过程所需的活化能 E 来判断。当 $\Delta G<0$ 时，就说明反应前系统的自由能比反应后的自由能高，且 ΔG 负值愈大，进行反应的趋势也愈大。活化能 E 愈小，则说明进行该反应所需克服的能垒愈小，反应速度愈快，因此反应物的活性也愈大。所以说，固体的高活性意味着它处于较高的能位。

从表面力和表面结构的概念出发，固体的表面积、晶格畸变和缺陷是产生活性的本质原因。同一种物质只要通过机械或化学的方法处理，使固体微细化，就可能大大地提高其活性。这种具有极高反应能力的固体物质称为活性固体。

如图 7-38 所示为研磨时间对高岭石的活化作用。结果表明，随着研磨时间加长，作为活性指标的酸溶解速度持续提高；但比表面积在开始阶段(约 500 h 前)明显增加，经历最大值后稍有下降，最后趋于平衡。这是由于研磨时，物料在受到机械力粉碎的同时，还因颗粒表面力作用而使颗粒间相互黏附并抵制其分散和粉碎。起初，机械力远大于表面力的作用，物料随研磨而变细，但随物料比表面的增加，表面作用力随之显著提高，逐渐抵消甚至超过机械粉碎作用，最终达到研磨与团聚的平衡。此时，继续研磨，表面不再增加，但是物料活性却继续提高，说明在机械力作用下，物料的晶格可继续变形和破坏，这是研磨后期高岭土活性持续提高的原因。

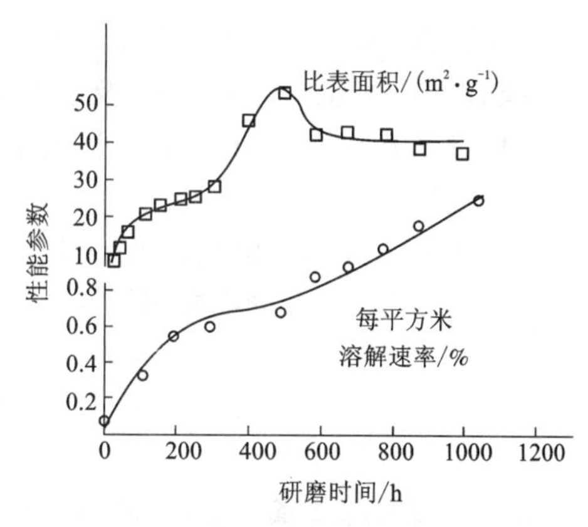

图 7-38　研磨时间对高岭石的活化作用

将达到研磨平衡后继续研磨的试样进行热分析和 X 射线的测试分析，可知：随研磨时间延长，脱去高岭土结合水的脱水温度是逐渐降低的，而脱水温度范围则变宽。此外，X 射线衍射谱线的强度变弱，尤其是经过 1000 h 研磨后，X 射线衍射谱线几乎消失。可见这些颗粒的晶格被不断地破坏，有序程度下降，最后趋于无定形结构。这一系列的结构变化都将使物料所处的能阶大大提高，同时增强了表面活性。

(2)固体表面改性。

如前所述，固体的新鲜表面具有较强的表面力，因而能迅速地从空气中吸附气体或用其他物质来满足其表面能降低的要求，通常的固体表面若未经特别的处理，其表面总是被吸附膜覆盖。

吸附是一种物质的原子或分子附着在另一种物质表面的现象，所以固体表面吸附膜的形成就有可能改变固体材料原先所具有的表面结构和性质，从而达到表面改性的目的。所以，表面改性就是利用表面吸附特性，通过各种表面处理来改变固体表面的结构和特性以适应各种预想的要求。在复合材料制备、焊接和电镀等工艺中都会涉及材料表面的改性问题。例如，无机材料的表面容易形成═Si—OH 或═Al—OH 等亲水或憎油的基团，不能与有机高分子材料亲和。因此，为了提高亲水性的无机材料和有机物质的润湿效果和结合强度，就必须对其表面改性，使之成为疏水性和亲油性物质。

表面改性的技术途径很多，可采用涂料涂层、化学处理、辐射处理以及机械方法等。而通过测定其吸附曲线、润湿热等就可以判断其表面亲水性或亲油性的程度，以及表面极性和不均匀性等表面性质。

各种表面改性处理实质上是通过改变表面结构状况和官能团来实现的。表面活性剂具有润湿、乳化、分散、增溶、发泡、洗涤和减摩等多种作用。所有的这些作用的机理，都是由于表面活性剂同时具有亲水和憎水两种基团，且这两种基团能在界面上选择性地定向排列，促使两个不同极性和互不亲和的两个表面互相桥联和键合，并降低其界面张力。对于化学处理而言，合理地选择表面活性剂(表面处理剂)是至关重要的。所谓的表面活性剂，是指能够降低体系的表面(界面)张力的、由亲水基和憎水基构成的一系列有机化合物。其中憎水基(亲油)主要是非极性基团(烷基、丙烯基、碳氢基团)，如各种脂肪族烃基和芳香族烃基以及带有脂肪族支链的芳香族烃基等。而亲水基的种类较多，常见的有脂肪酸盐(—COOM)、硫酸酯盐(—OSO_3M)、磺酸盐(—SO_3M)及铵或烷基铵的氯化物($H_3N \cdot HC1^-$和 R_3NRCl^-)和羟基等。一般相对分子质量较小的表面活性剂较宜作为润滑剂和渗透剂，相对分子质量较大的则宜作为洗涤剂和乳化剂。

目前表面活性剂的应用已很广泛，但基本都是根据反复的实验或经验来选择的，尚不能从理论上解决合理选择表面活性剂的问题。

复习思考与练习

(1)概念：表面、界面、晶界、理想表面、清洁表面、吸附表面、表面吸附、表面偏析、固体表面力、固体表面能、界面能、毛细管效应、界面张力、润湿现象、小角度晶界、大角度晶界、共格界面、界面应力、晶界偏析、晶界迁移。

(2)为什么表面原子排列与体内不同？区分离子晶体、原子晶体、金属晶体的表面结构特征。

(3)影响固体表面能的因素有哪些？表面缺陷产生的原因是什么？

(4)分析讨论液体在固体表面的润湿与铺展现象。

(5)分析讨论产生晶界偏聚的原因及影响因素。

(6)论述表面张力(表面能)产生的原因。怎样测试表面张力？

(7)弯曲面的附加力与液体表面张力和曲率半径之间存在怎样的关系？若弯曲表面为球面、平面，情况会怎样？

(8)什么是 Young 方程？接触角的大小与液体对固体的润湿性存在怎样的关系？

第 8 章　材料的形变和再结晶

第8章　材料的形变和再结晶
（课件资源）

材料在加工制备过程中或在制成零部件后的工作运行中都要受到外力的作用。材料受力后会发生变形，外力较小时产生弹性变形，外力较大时产生塑性变形，而当外力过大时就会发生断裂。

材料经变形后，不仅其外形和尺寸发生变化，还会使其内部组织和有关性能发生变化，使之处于自由焓较高的状态，这种状态是不稳定的，经变形后的材料在重新加热时会发生回复再结晶现象。因此，研究材料的变形规律及其微观机制，分析了解各种内、外因素对变形的影响，以及研究讨论冷变形材料在回复再结晶过程中组织、结构和性能的变化规律，具有十分重要的理论和实际意义。

8.1　变形的概念及其主要参量

金属材料通过冶炼、铸造，获得铸锭后，可通过塑性加工的方法获得具有一定形状、尺寸和机械性能的型材、板材、管材或线材以及零件毛坯或零件。研究金属的变形机制及其影响因素，有助于发挥金属的性能潜力，正确确定加工工艺。

材料在外力作用下将发生形状和尺寸变化，称为变形。材料(金属)变形的三个阶段：弹性变形、塑性变形和断裂。

图 8-1 为金属材料单向拉伸时典型的应力-应变曲线。其中，*OE* 段应力-应变呈线性特征，在此范围内去除应力后，变形能够恢复到初始状态，这部分的变形称为弹性变形；最大弹性变形的应力称为弹性变形极限强度(对应于 σ_e)。应力-应变曲线弹性阶段的斜率即为杨氏模量(弹性模量)。*EPB* 段，应力与应变之间不呈线性关系，该阶段的变形称为塑性变形；在塑性变形范围内去除应力后，变形不能完全恢复，存在残余应变，如塑性变形到 *P* 点再撤除应力，只能回复到该点起平行于弹性变形曲线且与应变轴相交点(P_a)对应的应变位置。塑性变形中对应的最大的应力或者说材料断裂前所承受的最大应力值称为抗拉强度(σ_b)，在此之后继续拉伸所需的应力将小于 σ_b。

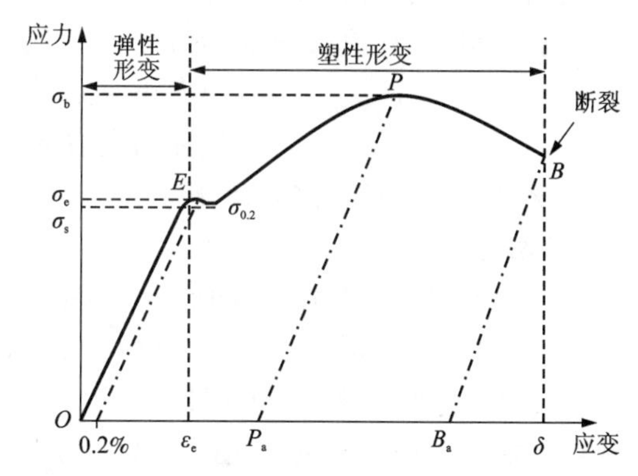

图 8-1　金属单向拉伸时典型的应力-应变曲线

当应力超过弹性极限 E 点后，变形增加较快，此时除了产生弹性变形外，还产生部分塑性变形，应力应变可出现微小波动，这种现象称为屈服。这一阶段的最大、最小应力分别称为上屈服点和下屈服点。由于下屈服点的数值较为稳定，因此以它作为材料抗力的指标，称为屈服点或屈服强度(σ_s)。对于无明显屈服的金属材料，规定以产生 0.2%残余变形的应力值为其屈服极限，称为条件屈服极限或屈服强度(用 $\sigma_{0.2}$ 表示)。屈服强度是金属材料发生屈服现象时的屈服极限，也就是抵抗微量塑性变形的应力。B 点对应材料拉伸断裂，其对应的强度为断裂强度。

σ_e、σ_s 以及 σ_b 都可以反映材料的强度，是工程上具有重要意义的强度指标。通常所说材料的强度一般指屈服强度 σ_s。

在描述材料力学性能时常用到韧性和延伸率两个概念。韧性表示材料在塑性变形和破裂过程中吸收能量的能力。韧性是指材料受到使其发生形变的力时对折断的抵抗能力，其定义为材料在断裂前所能吸收的能量与体积的比值。韧性越好，则发生脆性断裂的可能性越小。延伸率 δ 是描述材料塑性性能的另一个常用指标，是试样拉伸断裂后标距段的总变形 ΔL 与原标距长度 L 之比的百分数：$\delta=\Delta L/L\times100\%$。另外，其也经常用断面收缩率 ψ 表示：$\psi=(A_0-A)/A_0$。

8.2 材料的弹性变形

弹性变形是指外力去除后能够完全恢复的那部分变形。材料受力时总是先发生弹性变形，即弹性变形是塑性变形的先行阶段，而且在塑性变形中还伴随着一定的弹性变形。

8.2.1 弹性变形的特征与本质

弹性变形的主要特征包含以下三个方面：

(1)理想的弹性变形是可逆变形，加载时变形，卸载时变形消失并恢复原状。

(2)材料不论是加载或卸载，只要在弹性变形范围内，其应力与应变之间都保持单值线性函数关系，即服从虎克(Hooke)定律：

$$\left.\begin{aligned}&\text{在正应力下}\quad \sigma=E\varepsilon\\&\text{在切应力下}\quad \tau=G\gamma\end{aligned}\right\}\tag{8-1}$$

式中：σ、τ 分别为正应力和切应力；ε、γ 分别为正应变和切应变；E、G 分别为弹性模量(杨氏模量)和切变模量。

(3)弹性变形量随材料的不同而异。多数金属材料仅在低于比例极限 σ_p 的应力范围内符合虎克定律，弹性变形量一般不超过 0.5%；而橡胶类高分子材料的高弹性变形量则可高达 1000%，但这种弹性变形是非线性的。

弹性模量 E 与切变模量 G 之间的关系为：

$$G=\frac{E}{2(1-\upsilon)}\tag{8-2}$$

式中：ν 为材料的泊松比[垂直载荷方向上的应变 ε_1 与载荷方向上的应变 ε 之比的负值($-\varepsilon_1/\varepsilon$)称为材料的泊松比，表示侧向收缩能力]。一般金属材料的泊松比为 0.25~0.35，高分子材料则相对较大些。晶体受力的基本类型有拉、压和剪切，因此，除了 E 和 G 外，还有压缩模量或体弹性模量 K，它定义为应力与体积变化率之比，并且 K 与 E、ν 之间有如下关系：

$$K = \frac{E}{3(1-2\nu)} \tag{8-3}$$

弹性变形是指外力去除后能够完全恢复的那部分变形。弹性模量表示正应力对正应变的比值，是工程材料重要的性能参数。弹性模量是原子间结合力的反映和度量，它表示材料对弹性变形的抗力，其值越大，材料发生单位弹性变形的抗力就越大。在宏观上，E 是衡量物体抵抗弹性变形能力大小的尺度；在微观上，它是原子、离子或分子之间键合强度的反映。凡影响键合强度的因素均能影响材料的弹性模量，如键合方式、晶体结构、化学成分、微观组织、温度等，可从原子间结合力的角度来了解弹性变形和弹性模量的物理本质。

当无外力作用时，晶体内原子间的结合能和结合力可通过理论计算得出是原子间距离的函数，如第 1 章中图 1-5 所示。原子处于平衡位置时，其原子间距为 r_0，位能 U 处于最低位置，相互作用力为零，这是最稳定的状态。当原子受力后将偏离其平衡位置，原子间距增大时将产生引力，原子间距减小时将产生斥力。这样，外力去除后，原子就会恢复其原来的平衡位置，所产生的变形便完全消失，这就是弹性变形。

弹性模量代表着使原子离开平衡位置的难易程度，是表征晶体中原子间结合力强弱的物理量。金刚石一类的共价键晶体由于其原子间结合力很大，因此其弹性模量很高，金属和离子晶体的则相对较低；而分子键的固体如塑料、橡胶等的键合力更弱，故其弹性模量更低，通常比金属材料的低几个数量级。正因为弹性模量反映原子间的结合力，所以它是组织结构不敏感参数，即添加少量合金元素或者进行各种加工、处理都不能对某种材料的弹性模量产生明显的影响。例如，高强度合金钢的强度可高出低碳钢一个数量级，而各种钢的弹性模量却基本相同。但是，对晶体材料而言，其弹性模量是各向异性的。在单晶体中，不同晶向上的弹性模量差别很大，沿着原子最密排的晶向的弹性模量最高，而沿着原子排列最疏的晶向的弹性模量最低。多晶体因各晶粒呈任意取向，故总体呈各向同性。表 8-1 列出部分常用材料的弹性模量。

表 8-1　某些金属单晶体和多晶体的弹性模量(室温)

金属类别	E/GPa			G/GPa		
	单晶		多晶体	单晶		多晶体
	最大值	最小值		最大值	最小值	
铝	76.1	63.7	70.3	28.4	24.5	26.1
铜	191.1	66.7	129.8	75.4	30.6	48.3
金	116.7	42.9	78.0	42.0	18.8	27.0
银	115.1	43.0	82.7	43.7	19.3	30.3
铅	38.6	13.4	18.0	14.4	4.9	6.18
铁	272.7	125.0	211.4	115.8	59.9	81.6
钨	384.6	384.6	411.0	151.4	151.4	160.6

续表8-1

金属类别	E/GPa			G/GPa		
	单晶		多晶体	单晶		多晶体
	最大值	最小值		最大值	最小值	
镁	50.6	42.9	44.7	18.2	16.7	17.3
锌	123.5	34.9	100.7	48.7	27.3	39.4
钛	—	—	115.7	—	—	43.8
铍	—	—	260.0	—	—	—
镍	—	—	199.5	—	—	76.0

8.2.2 弹性的不完整性

上面讨论的弹性变形，通常只考虑应力和应变的关系，而未考虑时间的影响，即把物体看作理想弹性体来处理。但是，工程上应用的材料大多为多晶体甚至为非晶态或者是两者皆有的物质，其内部存在各种类型的缺陷。弹性变形时，可能出现加载线与卸载线不重合、应变的发展跟不上应力的变化等有别于理想弹性变形特点的现象，这称为弹性的不完整性。弹性的不完整性现象包括包申格效应、弹性后效、弹性滞后等。

(1)包申格效应。

材料经预先加载产生少量塑性变形(小于4%)，如图8-2(a)所示，而后同向加载则σ_e升高(由σ_{e1}变成σ_{e2})，反向加载则σ_e下降(由σ_{e4}变成σ_{e3})，此现象称为包申格效应。它是多晶体金属材料的普遍现象。包申格效应对承受应变疲劳的工件是很重要的，因为在应变疲劳中，每一周期都产生塑性变形，在反向加载时，σ_e下降，显示出循环软化现象。

(2)弹性后效。

一些实际晶体，在加载或卸载时，应变不是瞬时达到平衡值，而是通过一种弛豫过程来完成其变化的。弹性后效指的是材料在弹性范围内受某一不变载荷作用，其弹性变形随时间缓缓增长的现象。在去除载荷后，不能立即恢复，而是需要经过一段时间后才能逐渐恢复原状。这种在弹性极限σ_e范围内，应变滞后于外加应力，并和时间有关的现象称为弹性后效或滞弹性。图8-2(b)为弹性后效(应变弛豫)示意图。把一定大小的应力骤然加到多晶体金属试样上，试样立即产生的弹性应变仅是该应力所应该引起的总应变(*OH*)中的一部分(*OC*)，其余部分的应变(*CH*)是在保持该应力大小不变的条件下逐渐产生的，此现象称为正弹性后效，或称弹性蠕变或冷蠕变。当外力骤然去除后，弹性应变消失，但也不是全部应变同时消失，而只先消失一部分(*DH*)，其余部分(*OD*)逐渐消失，此现象称为反弹性后效。

弹性后效速率与材料成分、组织有关，也与试验条件有关。组织愈不均匀，温度升高，切应力愈大，弹性后效愈明显。弹性后效现象在仪表、精密机械制造业中极为重要。如长期承受载荷的测力弹簧材料、薄膜材料等，就应考虑正弹性后效问题。如油压表(或气压表)的测力弹簧，就不允许有弹性后效现象，否则测量将会失真甚至无法使用。通常经过校直的工件，放置一段时间后又会变弯，这便是由反弹性后效引起的，也可能是由工件中存在的第Ⅰ

类残余内应力引起的正弹性后效。前者可以在校直后通过合理选择回火温度（钢为 300～450℃，铜合金为 150～200℃）的方式来设法使回火过程中反弹性后效最充分地进行，从而避免工件在以后的使用中再发生变形。

（3）弹性滞后。

由于应变落后于应力，在 σ-ε 曲线上使加载线与卸载线不重合而形成一封闭回线，称之为弹性滞后，如图 8-2（c）和图 8-2（d）所示。弹性滞后表明加载时消耗于材料的变形功大于卸载时材料恢复所释放的变形功，多余的部分被材料内部所消耗，称之为内耗，其大小用弹性滞后环面积度量。有关内耗问题将在以后的“物理性能”课程中详谈。

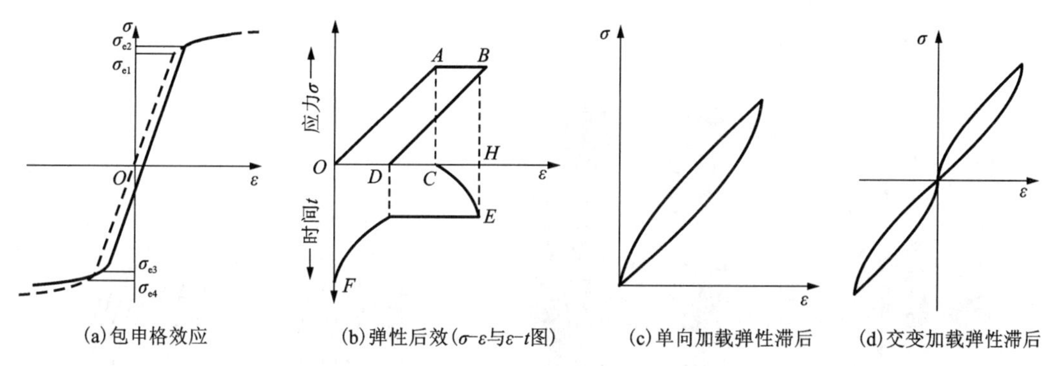

图 8-2　弹性不完整性的现象

8.3　单晶体的塑性变形

应力超过弹性极限，材料发生塑性变形，即产生不可逆的永久变形。工程上用的材料大多为多晶体，而多晶体的变形是与其中各个晶粒的变形行为相关的。为了由简到繁，在此先讨论单晶体的塑性变形，然后再研究多晶体的塑性变形。

在常温和低温下，单晶体的塑性变形主要通过滑移方式进行，此外，还有孪生和扭折等方式。至于扩散性变形及晶界滑动和移动等方式主要见于高温形变。

8.3.1　单晶体的滑移

（1）滑移的特征。

单晶受力后，其晶面上可以分解出平行于晶面（滑移面）和垂直于晶面的两个分量（图 8-3），前者称为切应力，后者称为正应力。切应力产生塑性形变，而正应力不产生塑性形变。

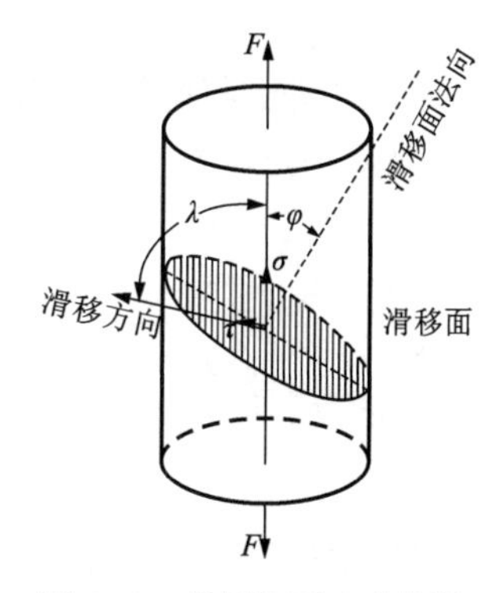

图 8-3　单晶体受力分解及滑移系统示意图

滑移是指在切应力作用下，晶体的一部分相对于另一部分沿着一定的晶面（滑移面）和晶向（滑移方向）产生相对位移，且不破坏晶体内部原子排列规律性的塑性变形方式。滑移是通过滑移面上位错的运动来实现的。大量局部滑移的积累构成金属的宏观塑性变形。当应力超过晶体的弹性极限后，晶体中就会产生原子层之间的相对滑移，大量的层片间滑动的累积就构成晶体的宏观塑性变形。

为了观察滑移现象，可将经良好抛光的单晶体金属棒试样进行适当拉伸，使之产生一定的塑性变形，即可在金属棒表面见到一条条的细线，通常称为滑移线[图 8-4(a)]。这是由晶体的滑移变形使试样的抛光表面上产生高低不一的台阶所造成的。进一步用电子显微镜做高倍分析发现：在宏观及金相观察中看到的滑移带并不是单一条线，而是由一系列相互平行的更细的线所组成的，称为滑移线。滑移线之间的距离仅约 100 个原子间距，而沿每一滑移线的滑移量约为 1000 个原子间距，如图 8-4(b)所示。对滑移线的观察也表明了晶体塑性变形的不均匀性，滑移只是集中发生在一些晶面上，而滑移带或滑移线之间的晶体层片则未产生变形，只是彼此之间做相对位移而已。

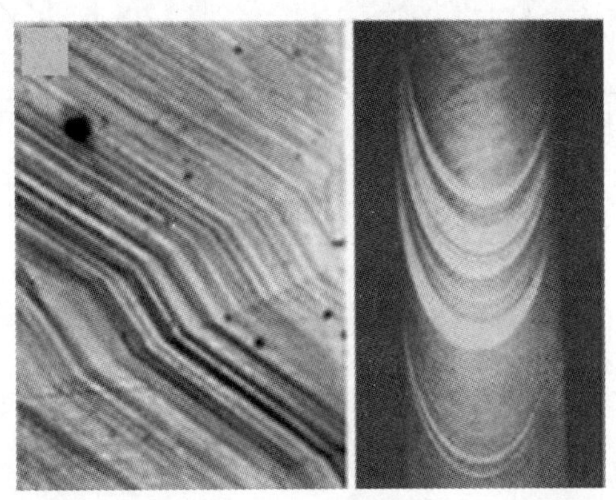

(a)金属表面滑移带图像(左图为显微图像，右图为宏观图像)

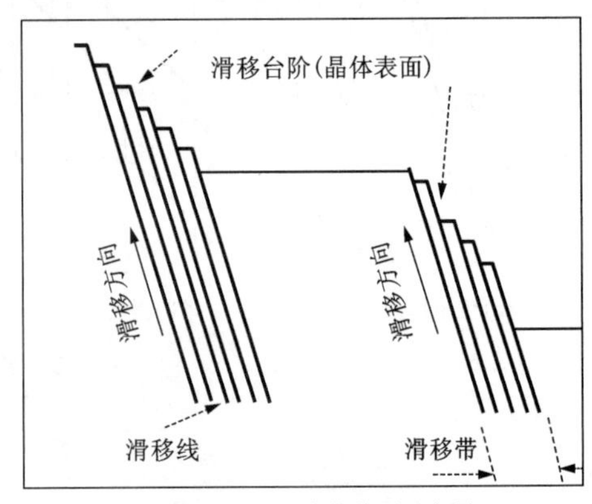

(b)滑移线和滑移带截面示意图

图 8-4　晶体表面的滑移痕迹

由此可以归纳得出滑移的特征如下：

①滑移只能在切应力作用下发生。

②滑移的结果是使晶体表面形成台阶(称滑移线)。若干滑移线组成滑移带。

③滑移总是沿着晶体中原子密度最大的晶面(密排面)及晶面上原子密度最大的晶向(密排方向)方向进行。

④滑移的同时伴随有晶体的转动。

⑤滑移是由位错运动造成的。

⑥滑移时，晶体两部分的相对位移量是原子间距的整数倍。

如前所述，塑性变形时位错只沿着一定的晶面和晶向运动，这些晶面和晶向分别称为“滑移面”和“滑移方向”。滑移面和滑移方向是滑移的几何要素，晶体结构不同，其滑移面和滑移方向也不同。

表 8-2 列出了一些常见金属晶体的滑移面和滑移方向。由此可见，滑移面和滑移方向往往是金属晶体中原子排列最密的晶面和晶向。这是因为原子密度最大的晶面，其面间距最大，点阵阻力最小，因而容易沿着这些面发生滑移；至于滑移方向为原子密度最大的方向，是因为最密排方向上的原子间距最短，即位错 b 最小。例如具有面心立方(FCC)结构的晶体

其滑移面是{111}晶面，滑移方向为<110>晶向；体心立方(BCC)结构晶体中的原子密排程度不如面心立方(FCC)和密排六方(HCP)，但它不具有突出的最密排晶面，故其滑移面可有{110}、{112}和{123}三组，具体的滑移面因材料、温度等因素而定，但滑移方向总是<111>；至于 HCP 晶体，其滑移方向一般为<11$\bar{2}$0>，而滑移面除{0001}之外，还与其轴比(c/a)有关，当 $c/a<1.633$ 时，{0001}不再是唯一的原子密集面，滑移可发生于{10$\bar{1}$1}或{10$\bar{1}$0}等晶面。

表 8-2　一些常见金属晶体的滑移面和滑移方向

晶体结构	金属举例	滑移面	滑移方向
面心立方	Cu、Ag、Au、Ni、Al	{111}	<100>
	Al	{100}(高温)、{111}(20℃)	<110>
体心立方	α-Fe	{110}、{112}、{123}	<111>
	W、Mo、Na (0.08~0.24T_m)	{112}	<111>
	Mo、Na(0.26~0.50T_m)	{110}	<111>
	Na、K(0.8T_m)	{123}	<111>
	Nb	{110}	<111>
密排六方	Cd、B、Te	{0001}	<11$\bar{2}$0>
	Zn	{0001}、{11$\bar{2}$2}	<11$\bar{2}$0>
	Be、Re、Zr	{10$\bar{1}$0}、{0001}	<11$\bar{2}$0>
	Mg	{10$\bar{1}$0}、{11$\bar{2}$2}、{10$\bar{1}$1}	<11$\bar{2}$0>
	Ti、Zr、Hf	{10$\bar{1}$1}、{0001}	<11$\bar{2}$0>

一个滑移面和此面上的一个滑移方向合起来叫作一个滑移系。每一个滑移系表示晶体在进行滑移时可能采取的一个空间取向。在其他条件相同时，晶体中的滑移系愈多，滑移过程可能采取的空间取向便愈多，滑移越容易进行，它的塑性便愈好。据此，面心立方晶体的滑移系有 4 个{111}及 3 个<110>共 12 个滑移系；体心立方晶体，如 α-Fe，由于可同时沿{110}、{112}、{123}晶面滑移，因此其滑移系有 6 个{110}面及每个面上 2 个<111>方向组成的 12 个滑移系、12 个{112}面及每个面上存在的 1 个<111>方向组成的 12 个滑移系和 24 个{123}面及每个面上 1 个<111>方向组成的 24 个滑移系，共 48 个滑移系；而密排六方晶体的滑移系仅有 1 个(0001)及其 3 个<11$\bar{2}$0>共 3 个滑移系。由于 HCP 滑移系数目太少，其多晶体的塑性不如 FCC 或 BCC 的好。

(2)滑移的临界分切应力。

前已指出，晶体的滑移是在切应力作用下进行的，但其中许多滑移系并非同时参与滑移，而只有当外力在某一滑移系中的分切应力达到一定临界值时，该滑移系才可以首先发生滑移，该分切应力则称为滑移的临界分切应力。表 8-3 列出了一些金属晶体发生滑移的临界分切应力。

表 8-3　一些金属晶体发生滑移的临界分切应力

金属	温度/℃	纯度/%	滑移面	滑移方向	临界分切应力/MPa
Ag	室温	99.99	{111}	$\langle 110 \rangle$	0.47
Al	室温	—	{111}	$\langle 110 \rangle$	0.79
Cu	室温	99.9	{111}	$\langle 110 \rangle$	0.98
Ni	室温	99.8	{111}	$\langle 110 \rangle$	5.68
Fe	室温	99.96	{110}	$\langle 110 \rangle$	27.44
Nb	室温	—	{110}	$\langle 110 \rangle$	33.8
Ti	室温	99.99	{1010}	$\langle 11\bar{2}0 \rangle$	13.7
Mg	室温	99.95	{0001}	$\langle 11\bar{2}0 \rangle$	0.81
Mg	室温	99.98	{0001}	$\langle 11\bar{2}0 \rangle$	0.76
Mg	330	99.98	{0001}	$\langle 11\bar{2}0 \rangle$	0.64
Mg	330	99.98	$\{10\bar{1}1\}$	$\langle 11\bar{2}0 \rangle$	3.92

设有一截面积为 A 的圆柱形单晶体受轴向拉力 F 的作用，φ 为滑移面法线与外力 F 中心轴的夹角，λ 为滑移方向与外力 F 的夹角(图 8-3)，则 F 在滑移方向的分力为 $F\cos\lambda$，而滑移面的面积为 $A/\cos\varphi$。于是，外力在该滑移面沿滑移方向的分切应力 τ 为：

$$\tau = \frac{F}{A}\cos\varphi\cos\lambda \tag{8-4}$$

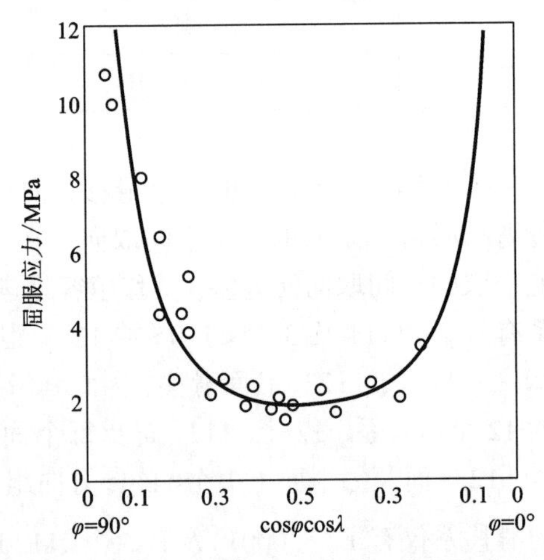

图 8-5　镁晶体拉伸的屈服应力与晶体取向关系

式中：F/A 为试样拉伸时横截面上的正应力，当滑移系中的分切应力达到其临界分切应力值而开始滑移时，F/A 应为宏观上的起始屈服强度 σ_s；$\cos\varphi\cos\lambda$ 称为取向因子或施密特(Schmid)因子，它是分切应力 τ 与轴向应力 F/A 的比值，取向因子越大，则分切应力越大。显然，对任一给定 φ 角而言，若滑移方向是位于 F 与滑移面法线所组成的平面上，即 $\varphi+\lambda=90°$，则沿此方向的 τ 值较其他 λ 时的 τ 值大，这时取向因子 $\cos\varphi\cos\lambda=\cos\varphi\cos(90°-\varphi)=1/(2\sin 2\varphi)$。故当 φ 值为45°时，取向因子具有最大值1/2。图 8-5 为密排六方镁单晶的取向因子对拉伸屈服应力 σ_s 的影响，图中小圆点为实验测试值，曲线为计算值，两者吻合很好。从图中可见，当 $\varphi=90°$ 或当 $\lambda=90°$ 时，σ_s 均为无限大，这就说明，当滑移面与外力方向平行或者滑移方向与外力方向垂直的情况下，不可能产生滑移；而当滑移方向位于外力方向与滑移面法线所组成的平面上，且 $\varphi=45°$时，取向因子达到最大值(0.5)，σ_s 最小，即以最小的拉应力就能达到发生滑移所需的分切应力值。通常，称取向因子大的为软取向，而取向因子小的叫作硬取向。

综上所述，滑移的临界分切应力是一个真实反映单晶体受力起始屈服的物理量。其数值与晶体的类型、纯度、温度等因素有关，还与该晶体的加工和处理状态、变形速度、滑移系类型等因素有关。

(3)滑移时晶面的转动。

单晶体滑移时，除滑移面发生相对位移外，往往伴随着晶面的转动。对于只有一组滑移面的 HCP 晶体，这种现象尤为明显。

图 8-6 为进行拉伸试验时单晶体发生滑移与转动的示意图。试想，如果不受试样夹头对滑移的限制，则经外力 F 的轴向拉伸，将发生如图 8-6(b)所示的滑移变形和轴线偏移。但由于拉伸夹头不能做横向动作，所以为了保持拉伸轴线方向不变，单晶体的取向必须进行相应转动，使滑移面逐渐趋于平行轴向[见图 8-6(c)]。其中试样靠近两端处因受夹头之限制有可能使晶面发生一定程度的弯曲以适应中间部分的位向变化。

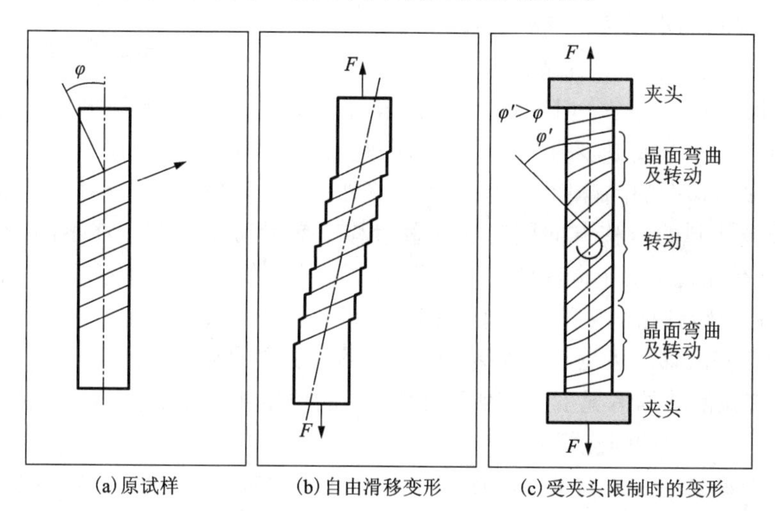

(a)原试样　(b)自由滑移变形　(c)受夹头限制时的变形

图 8-6　单晶体拉伸变形

类似地，晶体受压变形时也会发生晶面转动，但转动的结果是使滑移面逐渐趋于与压力轴线相垂直，如图 8-7 所示。

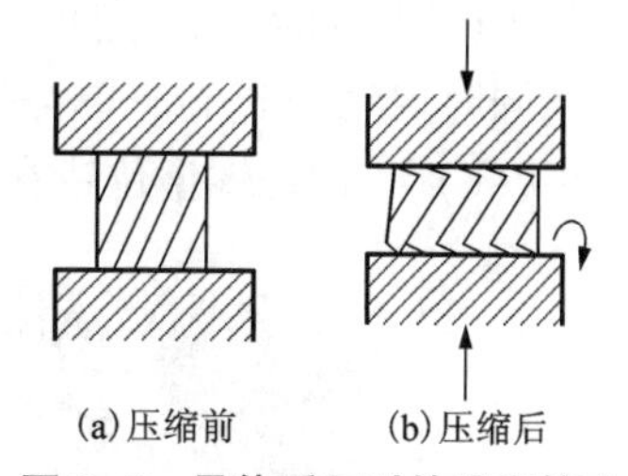
(a)压缩前　(b)压缩后

图 8-7　晶体受压时的晶面转动

由此可知，晶体在滑移过程中不仅滑移面发生转动，而且滑移方向也逐渐改变，最后导致滑移面上的分切应力也随之发生变化。由于 $\varphi=45°$时，其滑移系上的分切应力最大，所以经滑移与转动后，若 φ 角趋近 45°时，则分切应力不断增大时有利于滑移；反之，若 φ 角远离 45°，则分切应力逐渐减小而使滑移系的进一步滑移趋于困难。

(4)多系滑移。

这里先介绍几个概念。单滑移是只有一个滑移系进行滑移。若有几组滑移系相对于外力轴的取向相同，分切应力同时达到临界值；或者由于滑移时的转动，使另一组滑移系的分切应力也达到临界值，则滑移就在两组或多组滑移系上同时或交替地进行，这种过程称为“双滑移”或“多滑移”。各滑移系的滑移面和滑移方向与力轴夹角分别相等的一组滑移系，称为等效滑移系。

图 8-8 为 FCC 晶体中的一些滑移系，对于受力为 z 方向的滑移系，有：对所有的{111}面，φ 角是相同的，为 54.7°；对[101]、[101]、[011]和[011]方向，λ 角也是相同的，为 45°；锥体底面上的两个<110>方向和[001]垂直。因此，锥体上有 4×2=8 个滑移系具有相同的取向因子，当达到临界切应力时可同时开动。

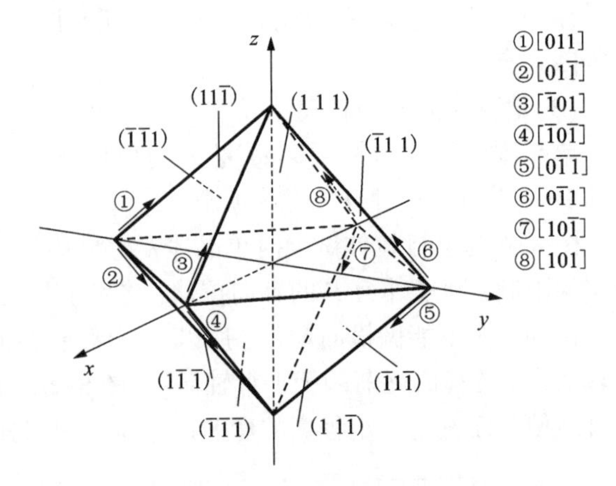

图 8-8　FCC 晶体中的多滑移

对于具有多组滑移系的晶体，滑移首先在取向最有利的滑移系（其分切应力最大）中进行，但由于变形时晶面转动的结果，另一组滑移面上的分切应力也可能逐渐增加到足以发生滑移的临界值以上，于是晶体的滑移就可能在两组或更多的滑移面上同时进行或交替进行，从而产生多系滑移。

对具有较多滑移系的晶体而言，除多系滑移外，还常可发现交滑移现象，即两个或多个滑移面沿着某个共同的滑移方向同时或交替滑移。交滑移是位错线在不同滑移面上的"顺序"滑移，而不是在几个面上同时滑移。交滑移的实质是螺型位错在不改变滑移方向的前提下，从一个滑移面转到相交接的另一个滑移面的过程；交滑移后的螺型位错再转回到原滑移面的过程称为双交滑移。可见，交滑移可以使滑移有更大的灵活性。

另外，在多系滑移的情况下，会因不同滑移系的位错相互交截而给位错的继续运动带来困难，这也是一种重要的强化机制。

不同滑移类型之间的滑移带特征存在一定的差异。单滑移的单晶体（或晶粒）中只有单一方向的滑移带，且只有一个滑移系进行滑移，滑移线呈一系列彼此平行的直线［图 8-9(a)］；多滑移是由完全不同的两个滑移系分别或交替进行滑移，单晶体（或晶粒）中存在相互交叉的滑移带，它们之间互成一定角度［图 8-9(b)］；交滑移是由具有同一滑移方向的两个或多个滑移系同时启动而进行，单晶体（或晶粒）中是波纹状的滑移带，而不是直线型的滑移带［图 8-9(c)］，这是螺型位错在不同滑移面上反复进行扩张的结果。

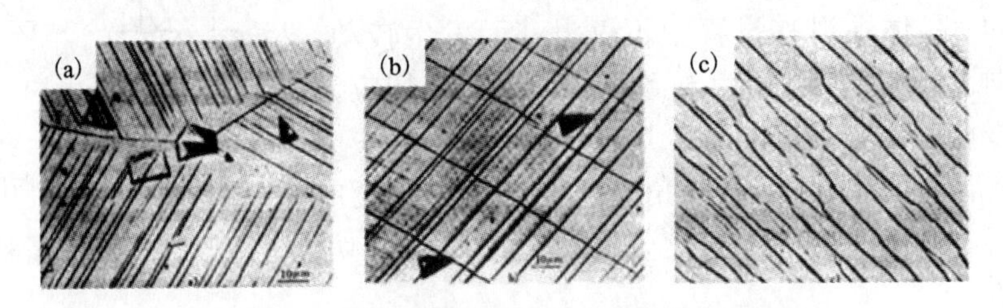

图 8-9　不同滑移类型的滑移带的微观区别

（5）滑移的位错机制。

在引入位错概念时曾经指出，实际测得晶体滑移的临界分切应力值较理论计算值低 3~4 个数量级，这表明晶体滑移并不是晶体的一部分相对于另一部分沿着滑移面做刚性整体位移，而是借助位错在滑移面上运动来逐步地进行的。通常，可将位错线看作晶体中已滑移区域与未滑移区域的分界，当移动到晶体外表面时，晶体沿其滑移面产生了位移量为一个 b 的滑移，而大量的(n 个)位错沿着同一滑移面移到晶体表面就形成了显微观察到的滑移带($\Delta=nb$)。

(6)滑移的阻力。

晶体的滑移必须在一定的外力作用下才能发生，这说明位错的运动要克服阻力。

位错运动的阻力首先来自点阵阻力。由于点阵结构的周期性，当位错沿滑移面运动时，位错中心的能量也会发生周期性的变化，如图 8-10 所示。图中，位置 1 和 2 为等同位置，当位错处于这种平衡位置时，其能量最小，相当于处在能谷中。当位错从位置 1 移动到位置 2 时，需要越过一个晶格势垒，这就表示位错在运动时会遇到点阵阻力。由于派尔斯(Peierls)和纳巴罗(Nabarro)首先估算了这一阻力，所以其又称为派-纳(P-N)力。

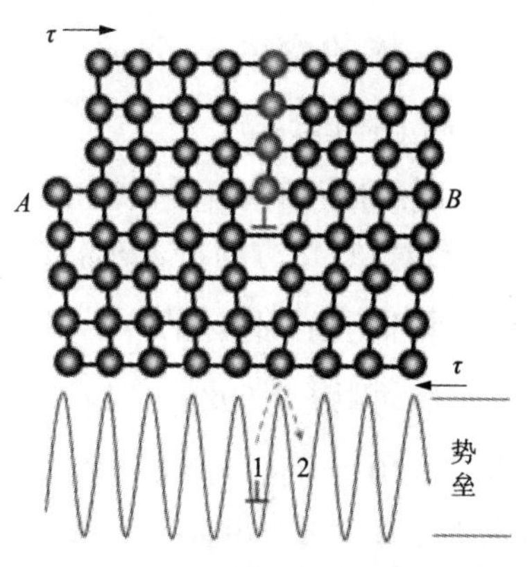

图 8-10　位错滑移及其过程中核心能量的变化示意图

派-纳力与晶体的结构和原子间作用力等因素有关，采用连续介质模型可近似地求得派-纳力 $\tau_{\text{P-N}}$：

$$\tau_{\text{P-N}}=\frac{2G}{1-v}\exp\left[-\frac{2\pi d}{(1-v)b}\right]=\frac{2G}{1-v}\exp\left[-\frac{2\pi W}{b}\right] \tag{8-5}$$

式中：G 为剪切模量；v 为泊松比；d 为滑移面的面间距；b 为柏氏矢量；$W=d/(1-\nu)$，代表位错的宽度，表示位错导致点阵畸变的范围。$\tau_{\text{P-N}}$ 相当于在理想的简单立方晶体中使一刃型位错运动所需的临界分切应力。

对于简单立方结构 $d=|b|$，如取 $v=0.3$，则可求得 $\tau_{\text{P-N}}=3.6\times10^{-4}G$；如取 $v=0.35$，则 $\tau_{\text{P-N}}=2\times10^{-4}G$。这一数值比理论切变强度($\tau\approx G/30$)小得多，而与临界分切应力的实测值具有同一数量级，这说明位错滑移是容易进行的。

由派-纳力公式可知，位错宽度越大，派-纳力越小，这是因为位错宽度表示了位错所导致的点阵严重畸变区的范围，宽度大则位错周围的原子能比较接近于平衡位置，点阵的弹性畸变能低，所以位错移动时其他原子做相应移动的距离较小，产生的阻力也较小。此结论是符合实验结果的，例如面心立方结构金属具有大的位错宽度，故其派-纳力很小，屈服应力低；而体心立方金属的位错宽度较窄，故其派-纳力较大，屈服应力较高；原子间作用力具有强烈方向性的共价晶体和离子晶体，其位错宽度极窄，则表现出硬而脆的特性。

此外，$\tau_{\text{P-N}}$ 与$(-d/|b|)$成指数关系。因此，当 d 值越大时，$|b|$值越小，即滑移面的面间距越大，位错强度越小，则派-纳力也越小，越容易滑移。由于晶体中原子最密排面的面间距最大，密排面上最密排方向上的原子间距最短，这就解释了为什么晶体的滑移面和滑移方向一般都是晶体的原子密排面与密排方向。

实际晶体中，在一定温度下，当位错线从一个能谷位置移向相邻能谷位置时，并不是沿其全长越过能峰，而是可能在热激活帮助下，有一小段位错线先越过能峰，同时形成位错扭折，即在两个能谷之间横跨能峰的一小段位错。位错扭折可以很容易地沿位错线向旁侧运动，结果使整个位错线向前滑移。通过这种机制可以使位错滑移所需的应力进一步降低。

位错运动的阻力除点阵阻力外，还有其他方面的阻力，比如位错与位错的交互作用产生的阻力，位错交截后形成的扭折和割阶(尤其是螺型位错的割阶将对位错起钉扎作用)而产生的阻力，位错与其他晶体缺陷(如点缺陷、其他位错、晶界和第二相质点等)交互作用产生的阻力。位错运动受到的阻力作用，会导致晶体强化。由此可以初步推断得出晶体强化的一些因素或强化机制，如固溶强化、细晶强化、弥散强化等。

8.3.2 晶体的孪生

(1)孪生变形过程。

孪生变形过程的示意图如图 8-11 所示。从晶体学知识可知，面心立方晶体可看成一系列(111)沿着[111]方向按 *ABCABC*……的规律堆垛而成。当晶体在切应力作用下发生孪生变形时，晶体内局部地区的各个(111)晶面沿着$[11\bar{2}]$方向[如图 8-11(a)中的 *AB′*方向]产生彼此相对移动距离为$(a/b)[11\bar{2}]$的均匀切变，即可得到如图 8-11(b)所示的情况。图中纸面相当于(110)，而(111)面垂直于纸面；*AB′*为(111)面与纸面的交线，相当于$[11\bar{2}]$晶向。从图 8-11(b)中可看出，均匀切变集中发生在中部，由 *AH* 至 *GN* 中的每个(111)面都相对于其邻面沿$[11\bar{2}]$方向移动了大小为$(a/b)[11\bar{2}]$的距离。这样的切变并未使晶体的点阵类型发生变化，但它却使均匀切变区中的晶体取向发生变更，变为与未切变区晶体呈镜面对称的取向，这一变形过程称为孪生。

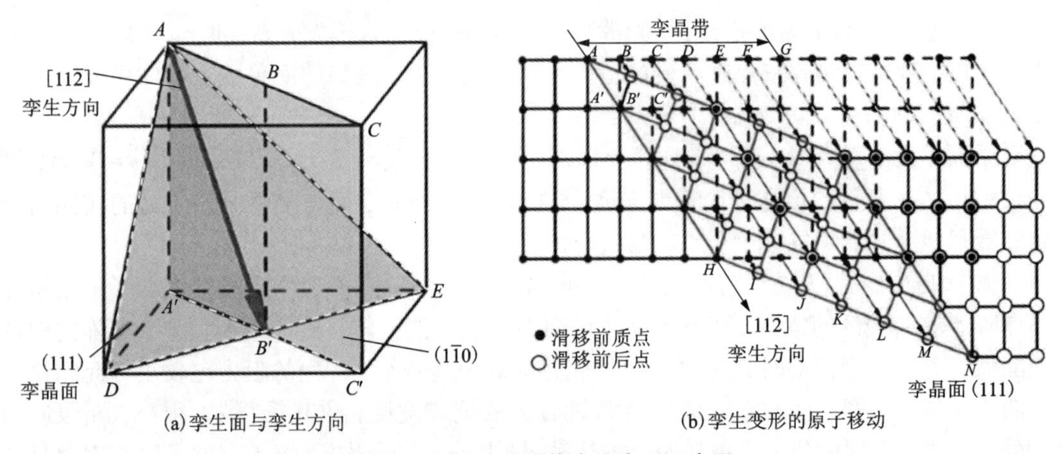

(a)孪生面与孪生方向　　(b)孪生变形的原子移动

图 8-11　面心立方晶体孪生变形示意图

变形与未变形的两部分晶体合称为孪晶；均匀切变区与未切变区的分界面(即两者的镜面对称面)称为孪晶界；发生均匀切变的那组晶面称为孪晶面[即(111)面]；孪生面的移动方向(即$[11\bar{2}]$方向)称为孪生方向。孪生是晶体难以进行滑移时产生的另一种塑性变形的方式，且多见于 HCP 晶体中。

(2)孪生的特点。

根据以上对孪生变形过程的分析，孪生具有以下特点：

①孪生变形也是在切应力作用下发生的，且通常出现于因滑移受阻而引起的应力集中区，因此，孪生所需的临界切应力要比滑移时大得多。

②孪生是一种均匀切变，即切变区内与孪晶面平行的每一层原子面均相对于其毗邻晶面沿孪生方向发生了一定距离的位移，且每一层原子相对于孪生面的切变量跟它与孪生面的距离成正比。

③孪晶的两部分晶体形成镜面对称的位向关系。

(3)孪晶的形成过程。

在晶体中形成孪晶的方式主要有三种：其一是通过机械变形而产生的孪晶，也称为“变形孪晶”或“机械孪晶”，它通常呈透镜状或片状；其二为“生长孪晶”，它包括晶体自气态(如气相沉积)、液态(液相凝固)或固体中长大时形成的孪晶；其三是变形金属在其再结晶退火过程中形成的孪晶，也称为“退火孪晶”，它往往以相互平行的孪晶面为界横贯整个晶粒，是在再结晶过程中通过堆垛层错的生长形成的。它实际上也应属于生长孪晶，因为它是在固体的生长过程中形成的。

变形孪晶的生长同样可分为形核和长大两个阶段。晶体变形时先是以极快的速度爆发出薄片孪晶，常称之为“形核”，然后通过孪晶界扩展来使孪晶增宽。就变形孪晶的萌生而言，一般需要较大的应力，即孪生所需的临界切应力要比滑移的大得多。例如测得 Mg 晶体孪生所需的分切应力应为 4.9~34.3 MPa，而滑移时临界分切应力仅为 0.49 MPa。所以，只有在滑移受阻时，应力才可能累积起孪生所需的数值，从而导致孪生变形。

孪晶的萌生通常发生于晶体中应力集中的地方(如晶界等)，但孪晶在萌生后长大所需的应力则相对较小。如在 Zn 单晶中，孪晶形核时的局部应力必须超过 $10^{-1}\ G$(G 为切变模量)，但成核后只要应力略微超过 $10^{-4}\ G$ 即可长大。因此，孪晶的长大速度极快，与冲击波的传播速度相当。由于在孪生形成时，在极短的时间内有相当数量的能量被释放出来，因此有时可伴随明显的声响。

图 8-12 是铜单晶在 4.2 K 测得的拉伸曲线。开始塑性变形阶段的光滑曲线是与滑移过程相对应的；但当应力升高到一定程度后会发生突然下降，然后又反复地上升和下降，呈现锯齿形的变化，这就是孪生变形所造成的。因为形核所需的应力远高于扩展所需的应力，所以当孪晶出现时会伴随载荷突然下降的现象，在变形过程中孪晶不断地形成，就导致了锯齿形的拉伸曲线。拉伸曲线的后阶段又呈光滑曲线，表明变形又转为滑移方式进行，这是由于孪生造成了晶体方位的改变，使某些滑移系处于有利的位向，于是又开始了滑移变形。

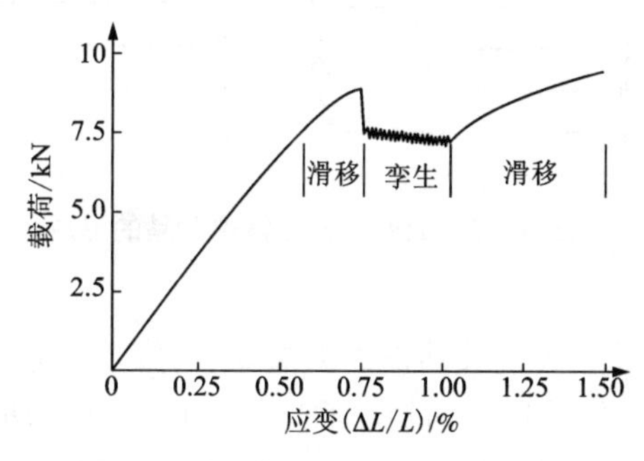

图 8-12　铜单晶在 4.2 K 的拉伸曲线

通常，对称性低、滑移系少的密排六方金属(如 Cd、Zn、Mg 等)往往容易出现孪生变形。密排六方金属的孪生面为$\{10\bar{1}2\}$、孪生方向为$\langle\bar{1}011\rangle$；对具有体心立方晶体结构的金属，当形变温度较低、形变速度极快或由于其他原因的限制使滑移过程难以进行时，也会通过孪生的方式进行塑性变形。体心立方金属的孪生面为$\{112\}$，孪生方向为$\langle 111\rangle$；面心立方金属由于对称性高，滑移系多而易于滑移，所以孪生很难发生，常见的是退火孪晶，只有在极低温度(4~78 K)下，滑移极为困难时，才会产生孪生现象。面心立方金属的孪生面为{111}，孪生方向为<112>。

与滑移相比，孪生本身对晶体变形量的直接贡献是较小的。例如，一个密排六方结构的Zn晶体单纯依靠孪生变形时，其伸长率仅为7.2%。但是，由于孪晶的形成改变了晶体的位向，从而使其中某些原处于不利位置的滑移系转换到有利于发生滑移的位置，可以激发进一步的滑移和晶体变形。这样，滑移与孪生交替进行，相辅相成，可使晶体获得较大的变形量。

(4)孪生的位错机制。

由于孪生变形时，整个孪晶区发生均匀切变，其各层晶面的相对位移是借助一个不全位错(肖克莱不全位错)运动而造成的。以面心立方晶体为例(图8-13)，如在某{111}滑移面上有一个全位错$\frac{a}{2}$<110>扫过，滑移两侧晶体将产生一个原子间距($\frac{\sqrt{2}}{2}a$)的相对滑移量，且{111}面的堆垛顺序不变，即仍为*ABCABC*……。但如在相互平行且相邻的一组{111}面上各有一个肖克莱不全位错扫过，则各滑移面间的相对位移就不是一个原子间距，而是($\frac{\sqrt{6}}{6}a$)，由于晶面发生层错而使堆垛顺序由原来的*ABCABC*改变为*ABCACBACB*(即△△△▽▽▽▽▽)，这样就在晶体的上半部形成一片孪晶。

柯垂耳(A H Cottrell)和比耳贝(B A Bilby)提出形变孪晶是通过位错增殖的极轴机制形成的。图8-14是孪生的位错极轴机制示意图。其中*OA*、*OB*和*OC*三条位错线相交于结点*O*。位错*OA*与*OB*不在滑移面上，属于不动位错(此处称为极轴位错)。

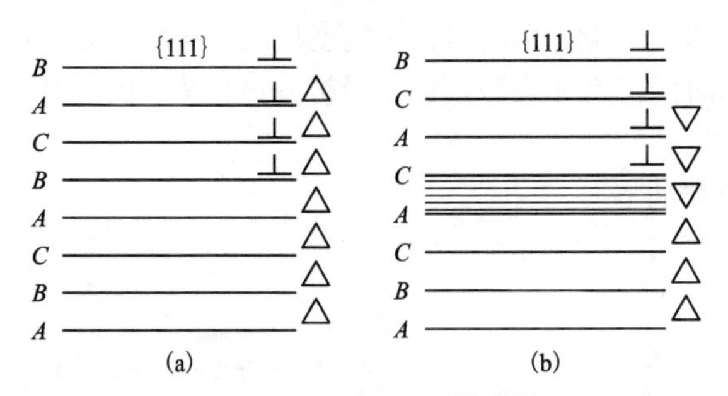

图8-13　面心立方晶体中孪晶的形成示意图

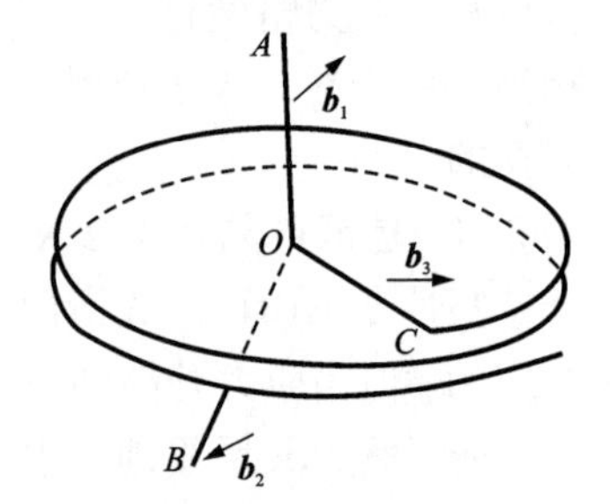

图8-14　孪生的位错极轴模型

位错*OC*及其柏氏矢量$\boldsymbol{b}_3$都位于滑移面上，它可以绕结点*O*做旋转运动，称为扫动位错，其滑移面称为扫动面。如果扫动位错*OC*为一个不全位错，且*OA*和*OB*的柏氏矢量$\boldsymbol{b}_1$和$\boldsymbol{b}_2$各有一个垂直于扫动面的分量，其值等于扫动面(滑移面)的面间距，那么，扫动面将不是一个平面，而是一个连续蜷面(螺旋面)。在这种情况下，扫动位错*OC*每旋转一周，晶体便产生一个单原子层的孪晶，同时，*OC*本身也攀移一个原子间距而上升到相邻的晶面上。扫动位错如此不断的扫动，使位错线*OC*和结点*O*不断上升，相当于每个面都有一个不全位错在扫动，于是会在晶体中一个相当宽的区域内造成均匀切变，即在晶体中形成变形孪晶。

8.3.3　扭折

由于各种原因，晶体中不同部位的受力情况和形变方式可能有很大的差异，对于那些既不能进行滑移也不能进行孪生的地方，晶体将通过其他方式进行塑性变形。以密排六方结构的镉单晶进行纵向压缩变形为例，若外力恰与 HCP 的底面(0001)(即滑移面)平行，由于此时 $\varphi=90°$，滑移面上的分切应力为零，所以晶体不能做滑移变形，此时孪生阻力也很大。在此情况下，若继续增大压力，则为了使晶体的形状与外力相适应，当外力超过某一临界值时晶体将会产生局部弯曲，如图 8-15 所示，这种变形方式称为扭折，变形区域则称为扭折带。

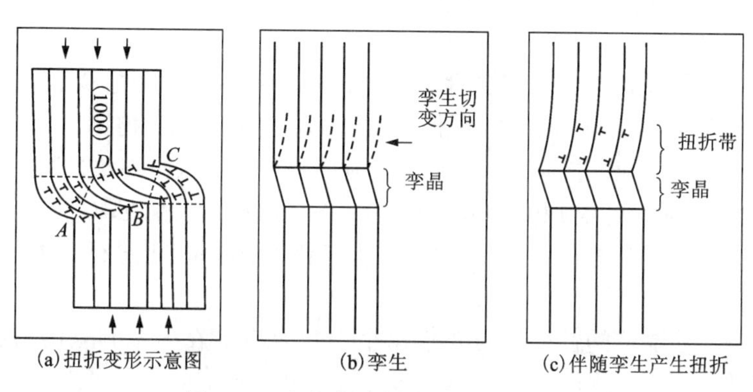

图 8-15　扭折与孪生变形对比示意图

由此可见，扭折变形与孪生不同，扭折使扭折区晶体的取向发生了不对称性的变化，在 *ABCD* 区域内的点阵发生了扭曲，其左、右两侧则发生了弯曲，扭曲区的上、下界面(*AB*、*CD*)是由符号相反的两列刃型位错构成的，而每一弯曲区则由同号位错堆积而成，取向是逐渐弯曲过渡的，但左、右两侧的位错符号恰好相反。这说明扭折区最初是一个由其他区域运动过来的位错所汇集的区域，位错的汇集产生了弯曲应力，使晶体点阵发生折曲和弯曲，从而形成扭折带。所以，扭折是一种协调性变形，它能引起应力松弛，使晶体不致断裂。晶体经扭折之后，扭折区内的晶体取向与原来的取向不再相同，有可能使该区域内的滑移系处于有利取向，从而产生滑移。

扭折带不仅会在上述情况下发生，还会伴随着形成孪晶而出现，如图 8-15(c)所示。在晶体做孪生变形时，由于孪晶区域的切变位移，迫使与之接壤的周围晶体产生很大的应变，特别是在晶体两端受有约束的情况下(例如拉伸夹头的限制作用)，则其与孪晶接壤地区的应变更大，为了消除这种影响，适应其约束条件，在接壤区往往形成扭折带以实现过渡。

8.4　多晶体的塑性变形

实际使用的材料通常是由多晶体组成的。多晶体发生塑性变形的基本方式也是滑移和孪生。室温下，多晶体中每个晶粒变形的基本方式与单晶体相同。但由于相邻晶粒之间取向不同以及晶界的存在，多晶体的变形既需克服晶界的阻碍，又要求各晶粒的变形相互协调与配合，因此多晶体的塑性变形较为复杂。下面分别加以讨论。

8.4.1 晶粒取向差异

晶粒取向对多晶体塑性变形的影响主要表现在各晶粒变形过程中的相互制约和协调性。

当外力作用于多晶体时，由于晶体的各向异性，位向不同的各个晶体所受应力并不一致，而作用在各晶粒的滑移系上的分切应力更因晶粒位向不同而相差很大，因此各晶粒并非同时开始变形，处于有利位向的晶粒首先发生滑移，处于不利方位的晶粒却还未开始滑移。另外，不同位向晶粒的滑移系，其取向不相同，滑移方向也不相同，故滑移不可能从一个晶粒直接延续到另一晶粒中，而且不同晶粒的变形量也不同。塑性变形从一个晶粒传递到另一个晶粒，一批批晶粒如此传递下去，使整个试样产生了宏观的塑性变形。一般，宏观变形度达到20%左右时，几乎所有晶粒都可参加变形。

但由于多晶体中每个晶粒都处于其他晶粒包围之中，对某一个晶粒来讲，不能自由地、均匀地滑移，它受到相邻晶粒的牵制，因此晶粒之间要互相配合、协调，不然就难以进行变形，甚至不能保持晶粒之间的连续性，从而造成应力集中、间隙而导致材料的破裂。为了使多晶体中各晶粒之间的变形得到相互协调与配合，每个晶粒不只是在取向最有利的单滑移系上进行滑移，而必须在几个滑移系(包括取向并非有利的滑移系)上进行，其形状才能相应地做出各种改变。

理论分析指出，多晶体塑性变形时要求每个晶粒至少能在 5 个独立的滑移系上进行滑移。这是因为任意变形均可用 ε_{xx}、ε_{yy}、ε_{zz}、γ_{xy}、γ_{yz} 和 γ_{xz}6 个应变分量来表示，但塑性变形时，晶体的体积不变($\Delta V/V=\varepsilon_{xx}+\varepsilon_{yy}+\varepsilon_{zz}=0$)，所以只有 5 个独立的应变分量，且每个独立的应变分量是由一个独立滑移系来产生的。可见，多晶体的塑性变形是通过各晶粒的多系滑移来保证相互间的协调，即一个多晶体是否能够发生塑性变形，取决于它是否具备 5 个独立的滑移系来满足各晶粒变形时相互协调的要求。这就与晶体的结构类型有关：具有很多滑移系的面心立方和体心立方晶体能满足这个条件，故它们的多晶体具有很好的塑性；相反，密排六方晶体由于滑移系少，晶粒之间的应变协调性很差，所以其多晶体的塑性变形能力很低。

8.4.2 晶界阻滞效应

从第 7 章“固体的表面与界面”涉及的知识得知，晶界上原子排列不规则，点阵畸变严重；而且，晶界两侧的晶粒取向不同，滑移方向和滑移面彼此不一致。因此，滑移要从一个晶粒直接延续到下一个晶粒是极其困难的，也就是说，在室温下晶界对滑移具有阻碍效应。

对只有 2~3 个晶粒的试样进行拉伸试验，结果表明变形后晶界处呈竹节状(图 8-16)。这说明晶界附近滑移受阻，变形量较小，而晶粒内部变形量较大，整个晶粒变形是不均匀的。

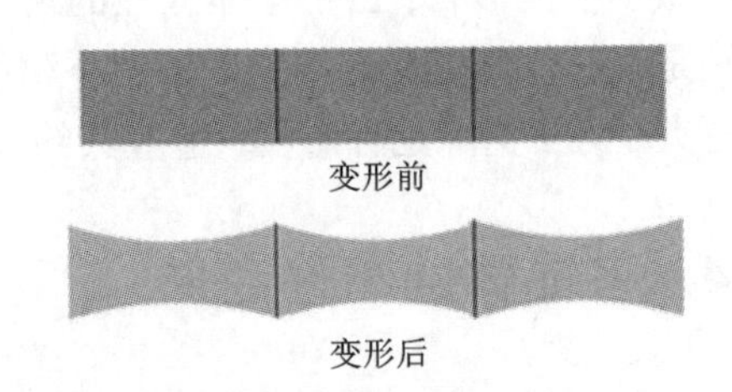

图 8-16 多晶变形的晶界阻滞效应：晶界处形成竹节状示意图

多晶体试样经拉伸后，每一晶粒中的滑移带都终止在晶界附近，变形过程中位错难以通过晶界而被堵塞在晶界附近。这种在晶界附近产生的位错塞积群会对晶内的位错源产生一反作用力。此反作用力随位错塞积的数目 n 而增大。当它增大到某一数值时，可使位错源停止开动，使晶体显著强化。

总之，由于晶界上点阵畸变严重且晶界两侧的晶粒取向不同，因此在一侧晶粒中滑移的位错不能直接进入第二晶粒。要使第二晶粒产生滑移，就必须增大外加应力以启动第二晶粒中的位错源。因此，对多晶体而言，外加应力必须大至足以激发大量晶粒中的位错源动作，产生滑移，才能觉察到宏观的塑性变形。

8.4.3　晶粒尺寸效应

由于晶界数量直接取决于晶粒的大小，因此，晶界对多晶体起始塑变抗力的影响可通过晶粒大小直接体现。实践证明，多晶体的强度随晶粒细化而提高。多晶体的屈服强度 σ_s 与晶粒平均直径 d 的关系可用著名的霍尔-佩奇(Hall-Petch)公式表示：

$$\sigma_s = \sigma_0 + Kd^{-\frac{1}{2}} \tag{8-6}$$

式中：σ_0 反映晶内对变形的阻力，相当于极大单晶的屈服强度；K 反映晶界对变形的影响系数，与晶界结构有关。图 8-17 为一些金属的下屈服点与晶粒直径间的关系，与 Hall-Petch 公式符合得甚好。

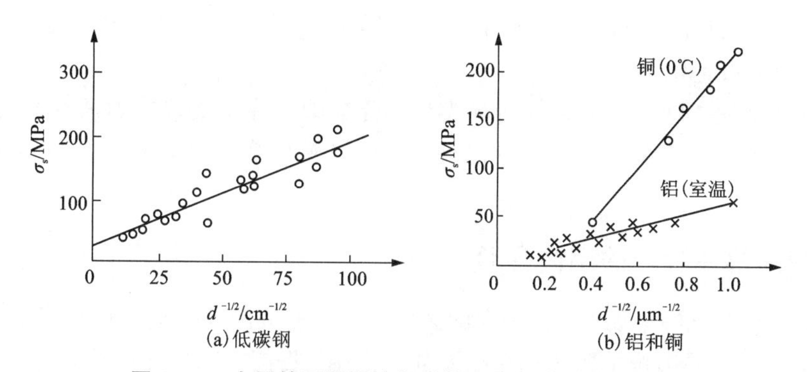

图 8-17　金属的屈服强度与晶粒(亚晶)直径的关系图

尽管 Hall-Petch 公式最初是一个经验关系式，但也可根据位错理论，利用位错群在晶界附近引起的塞积模型导出。进一步实验证明，其适用性很广。亚晶粒大小或者是两相片状组织的层片间距对屈服强度、塑性材料的流变应力与晶粒大小、脆性材料的脆断应力与晶粒大小，以及金属材料的疲劳强度、硬度与其晶粒大小等的影响也都可用 Hall-Petch 公式来表达。

因此，一般在室温使用的结构材料都希望获得细小而均匀的晶粒。因为细晶粒不仅使材料具有较高的强度、硬度，而且也使它具有良好的塑性和韧性，即具有良好的综合力学性能。这就是常说的细晶强化效应。细晶强化是唯一的一种在增加材料强度的同时也增加材料塑性和韧性的强化方式。这是因为晶粒越细，塑韧性越高；晶粒越多，变形均匀性提高。由应力集中导致的开裂机会减少，可承受更大的变形量，表现出高塑性。细晶粒材料中，应力集中小，裂纹不易萌生；晶界多，裂纹不易传播，在断裂过程中可吸收较多能量，表现高韧性。

细晶强化效应在温度较低的情况下更加明显。但是，当变形温度高于 $0.5T_m$(熔点)时，原子活动能力增大，原子沿晶界的扩散速率加快，使高温下的晶界具有一定的黏滞性特点，同时，它对变形的阻力大为减弱，即使施加很小的应力，只要作用时间足够长，也会发生晶粒沿晶界的相对滑动，成为多晶体在高温时一种重要的变形方式。此外，在高温时，多晶体特别是细晶粒的多晶体还可能出现另一种称为扩散性蠕变的变形机制，这个过程与空位的扩散有关。这种机制可以描述为：受拉的晶界附近容易形成空位，且空位浓度较高，而受压的晶界附近形成空位比较困难，空位浓度较低。这样，在晶粒内部造成了空位浓度梯度，从而导致空位定向移动，而原子则发生反方向的迁移，其结果必然使晶粒沿拉伸方向变长。据此，在多晶体材料中往往存在一个“等强温度(T_E)”，低于 T_E 时，晶界强度高于晶粒内部；高于 T_E 时，则得到相反的结果。

8.5 合金的塑性变形

工程上使用的金属材料绝大多数是合金。合金元素在金属基体中的存在形式有两种：一是形成固溶体；二是形成第二相，与基体组成机械混合物。所谓相(即物相，phase)，是指具有同一聚集状态、同一晶体结构和性质并以界面相互分开的均匀组成部分。按合金或材料中含有相的种类数量，可将材料分为只有一种物相组成的单相材料、由两种物相组成的两相材料，以及含有几种物相的多相材料。两相或多相合金中，第二相可以是纯金属、固溶体或化合物，但第二相多数是化合物。

就变形方式来说，与多晶金属的情况类似，合金塑性变形的基本过程仍然是滑移和孪生，但由于合金元素的存在和第二相的出现，使得其塑性变形具有新的特点。本节将分别介绍。

8.5.1 单相固溶体合金的塑性变形

单相固溶体合金和纯金属相比，最大的区别在于单相固溶体合金中存在溶质原子。溶质原子对合金塑性变形的影响主要表现在固溶强化作用，提高了塑性变形的阻力。此外，有些固溶体会出现明显的屈服点和应变时效现象。

(1)固溶强化。

溶质原子的存在及其固溶度的增加，使基体金属的变形抗力随之提高。一般地，随溶质含量、固溶体材料的强度和硬度的提高，材料的塑性和韧性降低。图 8-18 为 Cu-Ni 固溶体力学性质随 Ni 含量的变化情况。随溶质含量的增加，合金的强度、硬度提高，而塑性有所下降，即产生固溶强化效果。比较纯金属与不同浓度的固溶体的应力-应变曲线(图 8-19)，可看到溶质原子的加入不仅提高了整个应力-应变曲线的水平，而且使合金的加工硬化速率增大。

一般认为固溶强化的产生是由于多方面的作用，主要有溶质原子与位错的弹性交互作用、化学交互作用和静电交互作用，以及当固溶体产生塑性变形时，位错运动改变了溶质原子在固溶体结构中以短程有序或偏聚形式存在的分布状态，从而引起系统能量的升高，由此也增加了滑移变形的阻力。

就溶质原子与位错的弹性交互作用方面可做以下理解：溶质原子趋于分布在位错(刃位错)周围，会造成位错的应变能下降，增加位错的稳定性；同时，溶质产生晶格畸变，使位错移动更加困难，提高晶体塑性变形抗力；另外，溶质原子与位错交互作用后，在位错周围偏聚的现象称为气团(该气团称为柯氏气团)，它将对位错的运动起到钉扎作用，从而阻碍位错运动。以刃型位错为例(图 8-20)，为了减小晶格畸变，降低体系的能量，置换固溶体中比溶剂原子大的溶质原子，往往扩散到位错线下方受拉应力的部位；而比溶剂原子小的溶质原子，往往扩散到位错线上方受压应力的部位；间隙固溶体中的溶质原子，总是扩散到位错线下方，从而提高了固溶体合金的塑性变形抗力。

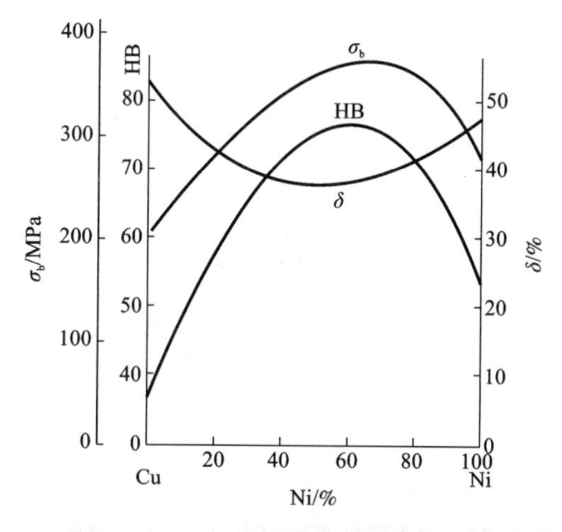

图 8-18　Cu-Ni 固溶体力学性质随 Ni 含量(质量分数)变化情况

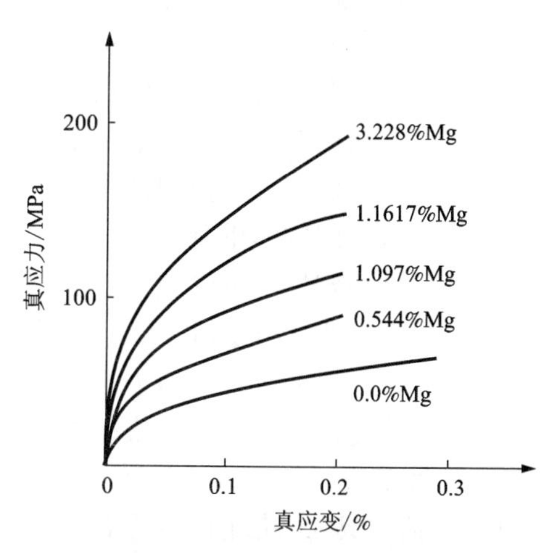

图 8-19　铝固溶不同含量(质量分数) Mg 后的应力-应变曲线

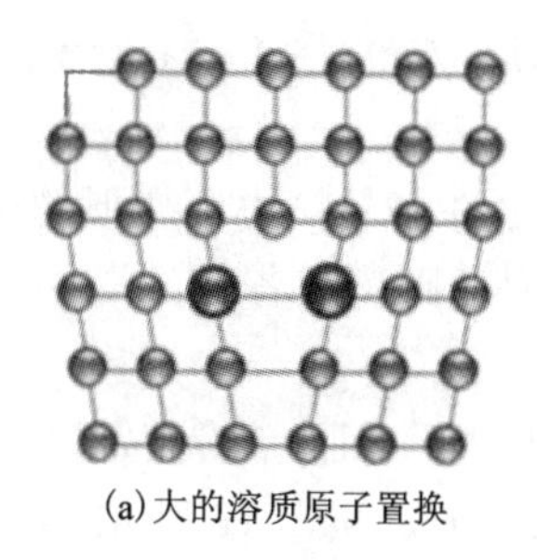
(a)大的溶质原子置换

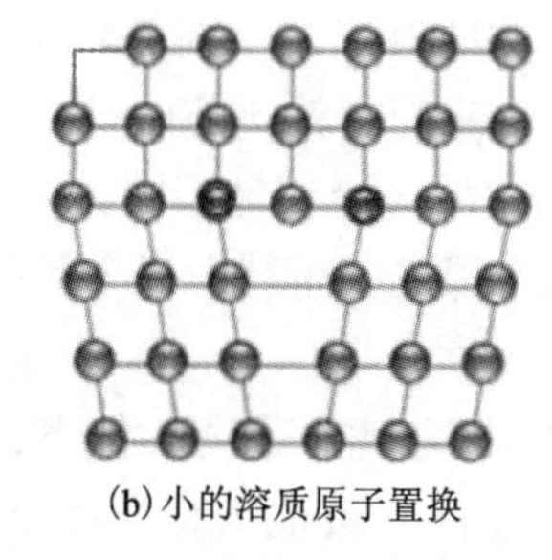
(b)小的溶质原子置换

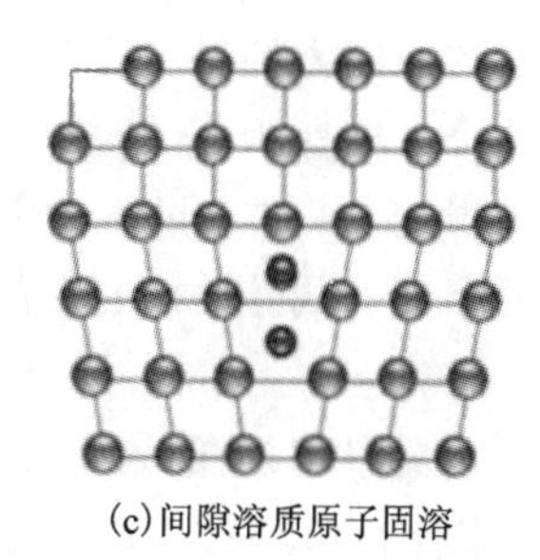
(c)间隙溶质原子固溶

图 8-20　位错附近的溶质原子

不同溶质原子所引起的固溶强化效果存在很大差别。影响固溶强化的因素主要有以下几个方面：

①溶质浓度因素：溶质原子的原子分数越高，强化作用也越大，特别是当原子分数很低时的强化效应更为显著。

②溶质溶剂原子尺寸差：对于置换型固溶体，溶质原子与基体金属的原子尺寸相差越大，强化作用也越大。

③固溶体类型：间隙溶质原子的固溶强化效果比置换原子大。间隙溶质原子引起的点阵畸变比置换原子大；间隙原子在晶体中引起非对称性点阵畸变时，其强化作用大于对称性点阵畸变。由于间隙原子在晶体中的固溶度较小，数量少，所以实际强化效果有限。

④溶质溶剂原子价电子数差：对于置换型固溶体，溶质原子与基体金属的价电子数相差越大，固溶强化作用越显著，即固溶体的屈服强度随合金电子浓度的增加而提高。

(2)屈服现象。

在材料拉伸或压缩过程中，当应力达到一定值时，应力有微小的增加或不变，而应变却继续增加的现象；或者，当应力达到一定值时，应力虽不增加(或者在小范围内波动)，而变形却急剧增长的现象，称为屈服。使材料发生屈服时的正应力就是材料的屈服应力。

图 8-21 为低碳钢拉伸过程中典型的应力-应变曲线。与一般拉伸曲线不同，该曲线上出现了明显的屈服点。开始屈服与下降后所对应的应力值分别为上屈服点和下屈服点。当拉伸试样开始屈服时，应力随即突然下降，并在下屈服点应力基本恒定情况下继续发生屈服伸长，拉伸曲线出现应力平台区(屈服平台)。如图 8-21 所示，当应力达到上屈服点时，首先在试样的应力集中处开始发生塑性变形，并在试样表面产生一个与拉伸轴约成 45°夹角的变形带——吕德斯(Lüders)带；同时，应力降到下屈服点。随后这种变形带沿试样长度方向不断形成与扩展，从而产生拉伸曲线平台的屈服伸长。在发生屈服延伸阶段，试样的应变是不均匀的。应力的每一次微小波动即对应一个新变形带的形成，如图 8-21 所示。当屈服扩展到整个试样标距范围时，屈服延伸阶段就此结束。

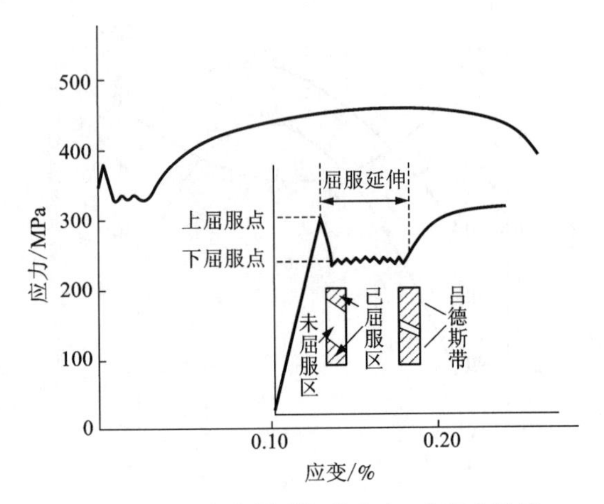

图 8-21　退火态低碳钢的应力-应变曲线及屈服现象分析

需指出的是，屈服过程的 Lüders 带与滑移带不同，它是由许多晶粒协调变形的结果，即 Lüders 带穿过了试样横截面上的每个晶粒，而其中每个晶粒内部则仍按各自的滑移系进行滑移变形。

屈服现象最初是在低碳钢中发现的。在适当条件下，上、下屈服点的差别可达 10%～20%，屈服伸长可超过 10%。后来在许多其他的金属和合金中(如 Mo、Ti 和 Al 合金及 Cd、Zn 单晶、α 和 β 黄铜等)，只要这些金属材料中含有适量的溶质原子足以锚住位错，屈服现象均可发生。

通常认为，在固溶体合金中，溶质原子或杂质原子可以与位错交互作用形成溶质原子气团，即所谓的 Cottrell 气团。由刃型位错的应力场可知，在滑移面以上，位错中心区域为压应力，而滑移面以下的区域为拉应力。若有间隙原子 C、N 或比溶剂尺寸大的置换溶质原子存在，就会与位错交互作用而偏聚于刃型位错的下方，以抵消部分或全部的张应力，从而使位错的弹性应变能降低。当位错处于能量较低的状态时，位错趋于稳定且不易运动，即对位错有着“钉扎”作用。尤其在体心立方晶体中，间隙型溶质原子和位错的交互作用很强，位错被牢固地钉扎住。位错要运动，必须在更大的应力作用下才能挣脱 Cottrell 气团的钉扎而移动，这就形成了上屈服点；而一旦挣脱之后，位错的运动就比较容易，因此有应力降落，出现下屈服点和水平台。这就是屈服现象的物理本质。随后继续变形时，因为应变硬化作用的结果，应力又出现升高的现象。

Cottrell 这一理论最初被人们广为接受，但 20 世纪 60 年代后，Gilman 和 Johnston 发现无位错的铜晶须、低位错密度的共价键晶体 Si 和 Ge 以及离子晶体 LiF 等也都有不连续屈服现象。因此，需要从位错运动本身的规律来加以说明，由此发展了更一般的位错增殖理论。

从位错理论中得知，材料塑性变形的应变速率 ε_p 是与晶体中可动位错的密度 ρ_m、位错运动的平均速度 v 以及位错的柏氏矢量 b 成正比，即

$$\varepsilon_p \propto \rho_m \cdot v \cdot b \tag{8-7}$$

而位错的平均运动速度 v 又与剪切应力密切相关：

$$v = \left(\frac{\tau}{\tau_0}\right)^n \tag{8-8}$$

式中：τ_0 为位错做单位速度运动所需的应力；τ 为位错受到的有效切应力；n 为与材料有关的应力敏感指数。

在拉伸试验中，ε_p 由试验机夹头的运动速度决定，接近于恒定值。在塑性变形开始之前，晶体中的位错密度很低，或虽有大量位错，但被钉扎住，可动位错密度 ρ_m 较低。此时要维持一定的 ε_p 值，势必使 v 增大；而要使 v 增大就需要提高 τ，这就是上屈服点应力较高的原因。然而，一旦塑性变形开始后，位错迅速增殖，ρ_m 迅速增大，此时 ε_p 仍维持一定值，故 ρ_m 的突然增大必然导致 v 的突然下降，于是所需的应力 τ 也突然下降，产生了屈服降落，这也是下屈服点应力较低的原因。

两种理论并不互相排斥而是互相补充的，两者结合可更好地解释低碳钢的屈服现象。单纯的位错增殖理论，其前提要求原晶体材料中的可动位错密度很低。低碳钢中的原始位错密度 ρ 为 $10^8\ \mathrm{cm}^{-2}$，但 ρ_m 只有 $10^3\ \mathrm{cm}^{-2}$，之所以低碳钢的可动位错如此之低，正是因为碳原子强烈钉扎位错，形成了 Cottrell 气团。

(3)应变时效。

在低碳钢中，如果在试验之前对试样进行少量的预塑性变形，则屈服现象可暂时不出现。但是，如果经少量预变形后，将试样放置一段时间或者稍微加热后，再进行拉伸就又可以观察到屈服现象，不过此时的屈服强度会有所提高，如图 8-22 所示，这就是应变时效现象。

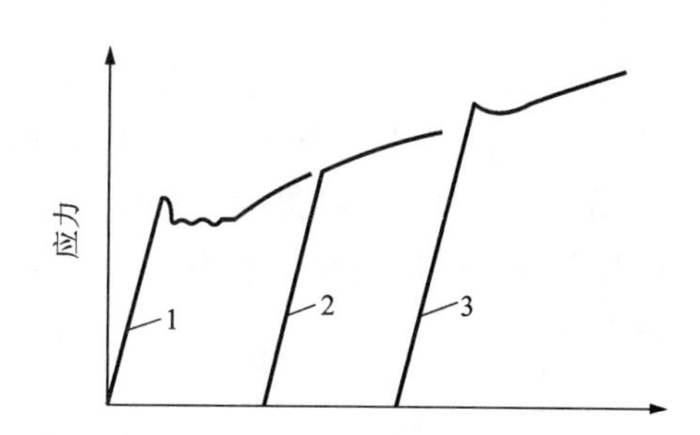

1—预塑性变形；2—卸载后立即再行加载；
3—卸载后放置一段时期或在 200℃加热后再加载。

图 8-22 低碳钢的拉伸试验

如图 8-22 所示，当退火状态低碳钢试样拉伸到超过屈服点发生少量塑性变形后(曲线 1)卸载，然后立即重新加载拉伸，则可见其拉伸曲线不再出现屈服点(曲线 2)，此时试样不发生屈服现象。如果不采取上述方案，而是将预变形试样在常温下放置几天或经 200℃左右短时加热后再行拉伸，则屈服现象又重复出现，且屈服应力进一步提高(曲线 3)。

同样，Cottrell 气团理论能很好地解释低碳钢的应变时效。当卸载后立即重新加载，由于脱钉的位错还来不及被重新钉扎，所以不出现屈服点；如果卸载后放置较长时间或经时效处理，则溶质原子已经通过扩散而重新聚集到位错周围形成了气团，位错重新被钉扎，屈服现象又出现，加之位错密度明显增加，故屈服强度更高。

8.5.2 多相合金的塑性变形

工程上用的金属材料基本上都是两相或多相合金。多相合金与单相固溶体合金的不同之处是，除基体相外，尚有其他相存在。由于第二相的数量、尺寸、形状和分布不同，它与基体相的结合状况不一，以及第二相的形变特征与基体相的差异，使得多相合金的塑性变形比单相合金更加复杂。

根据第二相粒子的尺寸大小情况，可将合金分成两大类：若第二相粒子与基体晶粒尺寸属同一数量级，称为聚合型两相合金；若第二相粒子细小而弥散地分布在基体晶粒中，称为弥散分布型两相合金。这两类合金的塑性变形情况和强化规律有所不同。

(1)聚合型合金的塑性变形。

当组成合金的两相晶粒尺寸属同一数量级，且都为塑性相时，则合金的变形能力取决于两相的体积分数。作为一级近似，可以分别假设合金变形时两相的应变相同和应力相同。于是，合金在一定应变下的平均流变应力 $\overline{\sigma}$ 和一定应力下的平均应变 $\overline{\varepsilon}$ 可由混合律表达：

$$\left.\begin{aligned}\overline{\sigma} &= f_1\sigma_1 + f_2\sigma_2 \\ \overline{\varepsilon} &= f_1\varepsilon_1 + f_2\varepsilon_2\end{aligned}\right\} \tag{8-9}$$

式中：f_1 和 f_2 分别为两相的体积分数($f_1+f_2=1$)；σ_1 和 σ_2 分别为一定应变时的两相流变应力；ε_1 和 ε_2 分别为一定应力时的两相应变。

事实上，不论是应力或应变都不可能在两相之间是均匀的。上述假设及其混合律只能作为第二相体积分数影响的定性估算。实验证明，这类合金在发生塑性变形时，滑移往往首先发生在较软的相中，如果较强相数量较少时，则塑性变形基本上是在较弱的相中；只有当第二相为较强相，且体积分数 f 大于30%时，才能起明显的强化作用。

如果聚合型合金中的两相，一个是塑性相，而另一个是脆性相时，则合金在塑性变形过程中所表现的性能，不仅取决于第二相的相对数量，而且与其形状、大小和分布密切相关。当第二相在晶内呈片状分布时，可提高强度、硬度，但会降低塑性和韧性；当第二相在晶界呈网状分布时，对合金的强度和塑性不利。以碳钢中的渗碳体(Fe_3C，硬而脆)在铁素体(以 α-Fe 为基的固溶体)基体中存在的情况为例，表 8-4 给出了渗碳体的形态与大小对碳钢力学性能的影响。

表 8-4 碳钢中渗碳体存在状态与力学性能

	工业纯钢	共析钢(0.8%C)					1.2%C
		片状珠光体(片间距约为 630 nm)	索氏体(片间距约为 250 nm)	屈氏体(片间距约为 100 nm)	球状珠光体	淬火+350℃回火	网状渗碳体
σ_b/MPa	275	780	1060	1310	580	1760	700
δ/%	47	15	16	14	29	3.8	4

(2)弥散型合金的塑性变形。

当第二相以细小弥散的微粒均匀分布于基体相中时(比如通过时效处理从过饱和固溶体中析出的沉淀相粒子弥散分布于基体中)，将会产生显著的强化作用，即所谓的弥散强化。

第二相粒子的强化作用是通过其对位错运动的阻碍作用表现出来的。通常可将第二相粒子分为“不可变形的”和“可变形的”两类。这两类粒子与位错交互作用的方式不同，其强化的途径也不同。一般来说，弥散强化型合金中的第二相粒子(如借助粉末冶金方法加入的)是属于不可变形的，而沉淀相粒子(如通过时效处理从过饱和固溶体中析出)多属可变形的，但当沉淀相粒子在时效过程中长大到一定程度后，也能起着不可变形粒子的作用。

①不可变形粒子的强化作用。

不可变形粒子对位错的阻碍作用如图 8-23 所示。当运动位错与其相遇时，将受到粒子阻挡，使位错线绕着它发生弯曲。随着外加应力的增大，位错线受阻部分的弯曲更严重，以致围绕着粒子的位错线在左、右两边相遇，于是正、负位错彼此抵消，形成包围着粒子的位错环而留在粒子周围，而位错线的其余部分则越过粒子继续移动。显然，位错按这种方式移动时受到的阻力是很大的，而且每个留下的位错环要作用于位错源的一反向应力，故继续变形时必须增大应力以克服此反向应力，使流变应力迅速提高。上述位错绕过障碍物的机制是由奥罗万(E. Orowan)首先提出的，故通常称为奥罗万机制，它已被实验所证实[图 8-23(b)]。

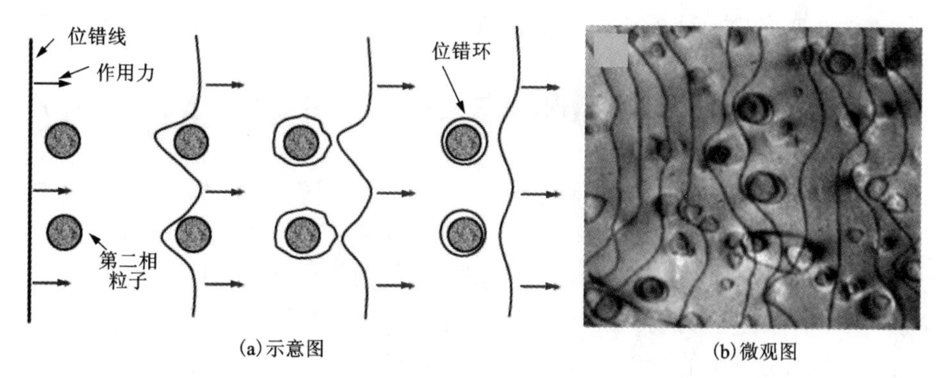

图 8-23　位错绕过第二相粒子

根据位错理论，迫使位错线弯曲到曲率半径为 R 时所需切应力 τ 为：

$$\tau = \frac{Gb}{2R} \tag{8-10}$$

式中：G 为剪切模量；b 为柏氏矢量。

由此可知，强化作用与 R 成反比，粒子越小，越均匀，硬度越高，强化效果愈明显。另外，在同样的体积分数时，第二相粒子愈小，则粒子间距 λ 愈小。此时设 $R=\lambda/2$，则位错线弯曲到该状态所需切应力为：

$$\tau = \frac{Gb}{\lambda} \tag{8-11}$$

这是一临界值，只有外加应力大于此值时，位错线才能绕过去。由式(8-11)可见，不可变形粒子的强化作用与粒子间距 λ 成反比，即粒子愈多，粒子间距愈小，强化作用愈明显。因此，减小粒子尺寸或提高粒子的体积分数都会导致合金强度的提高。

②可变形微粒的强化作用。

当第二相粒子为可变形微粒(如通过时效处理从过饱和固溶体中析出的沉淀相粒子)时，

位错将切过粒子使之随同基体一起变形，如图 8-24 所示，这类合金属于沉淀强化型合金。在这种情况下，强化作用主要决定于粒子本身的性质以及与基体的联系。其强化机制甚为复杂，且因合金而异。其主要作用如下：

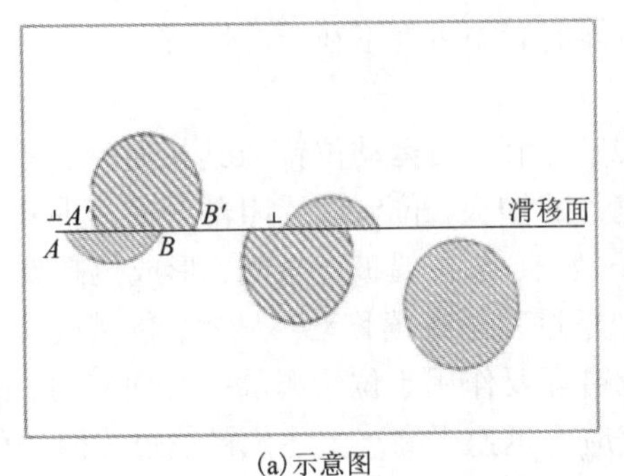

(a)示意图

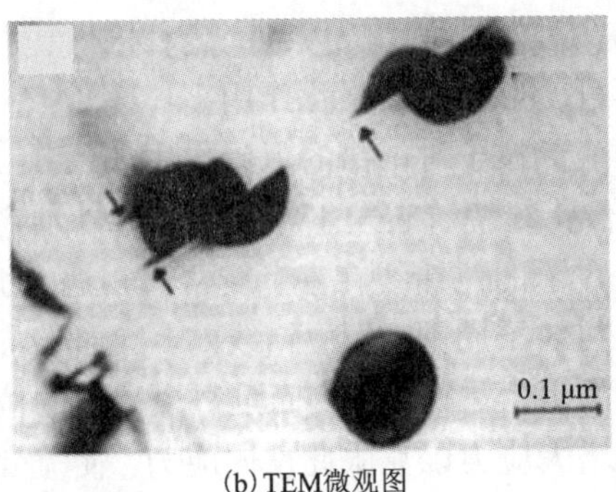

(b)TEM微观图

图 8-24　位错切割第二相粒子

a. 位错切过粒子时，粒子产生表面台阶，由于出现了新的表面积，所以总的界面能会升高。

b. 当粒子是有序结构时，则位错切过粒子时会打乱滑移面上下的有序排列，产生反相畴界，引起能量的升高。

c. 由于第二相粒子与基体的晶体点阵不同或至少是点阵常数不同，所以当位错切过粒子时必然在其滑移面上引起原子的错排，从而需要额外做功，给位错运动带来困难。

d. 由于粒子与基体的比体积差别，而且沉淀粒子与母相之间保持共格或半共格结合，所以在粒子周围产生弹性应力场，此应力场与位错会产生交互作用，对位错运动有阻碍。

e. 由于基体与粒子中的滑移面取向不一致，则位错切过后会产生一割阶，而割阶的存在会阻碍整个位错线的运动。

f. 由于粒子的层错能与基体不同，当扩展位错通过后，其宽度会发生变化，引起能量升高。

以上这些强化因素的综合作用，能使合金的强度得到提高。

总之，上述两种机制不仅可解释多相合金中第二相的强化效应，而且也可解释多相合金的塑性。然而，不管是哪种机制，均受控于粒子的性质、尺寸和分布等因素，故合理地控制这些参数可使沉淀强化型合金和弥散强化型合金的强度和塑性在一定范围内进行调整。

8.6　塑性变形对材料组织与性能的影响

塑性变形可以改变材料的外形和尺寸，而且能够使材料的内部组织和各种性能发生变化。

8.6.1　对组织结构的影响

(1)形成纤维组织。

经塑性变形后，金属材料的显微组织发生明显的改变。除了每个晶粒内部出现大量的滑移带或孪晶带外，随着变形度的增加，原来的等轴晶粒将逐渐沿其变形方向伸长，如图 8-25(b)所示。当变形量很大时，晶粒变得模糊不清，晶粒因已难以分辨而呈现出一片如纤维状的条纹，称为纤维组织。纤维的分布方向即是材料流变伸展的方向。注意，冷变形金属的组织与所观察试样的截面位置有关，如果沿垂直变形方向截取试样，则截面的显微组织不能真实反映晶粒的变形情况。

(2)亚结构的变化。

前已指出，晶体的塑性变形是借助位错在应力作用下运动和不断增殖的。随着变形度的增大，晶体中的位错密度迅速提高，经严重冷变形后，位错密度可从原先退火态的 $10^6 \sim 10^7\ cm^{-2}$ 增至 $10^{11} \sim 10^{12}\ cm^{-2}$。

变形晶体中的位错组态及其分布情况可借助透射电子显微分析技术来了解。经一定量的塑性变形后，晶体中的位错线通过运动与交互作用，呈现纷乱的不均匀分布，并形成位错缠结[图 8-25(c)]。进一步增加变形度时，大量位错发生聚集，并由缠结的位错组成胞状亚结构[图 8-25(d)]。其中，高密度的缠结位错主要集中于胞的周围，构成了胞壁，而胞内的位错密度很低。此时，变形晶粒是由许多这种胞状亚结构组成，各胞之间存在微小的位向差。随着变形度的增大，变形胞的数量增多、尺寸减小。如果经强烈冷轧或冷拉等变形，则伴随纤维组织的出现，其亚结构也将由大量细长状变形胞组成。

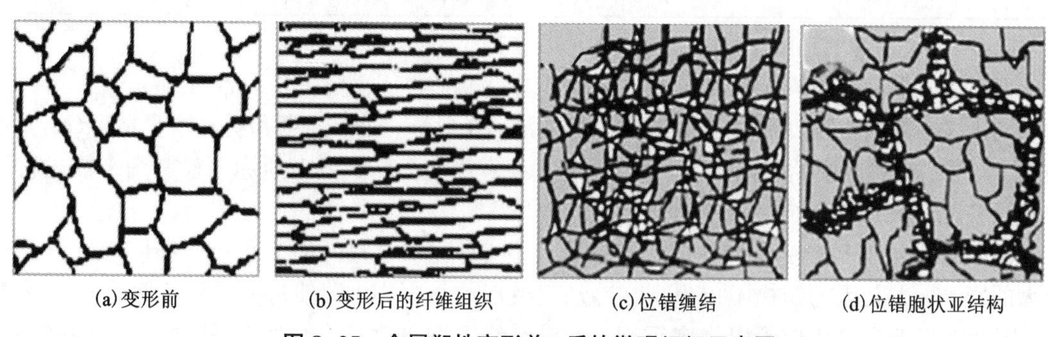

(a)变形前　(b)变形后的纤维组织　(c)位错缠结　(d)位错胞状亚结构

图 8-25　金属塑性变形前、后的微观组织示意图

研究指出，胞状亚结构的形成不仅与变形程度有关，而且还取决于材料类型。对于层错能较高的金属和合金(如铝、铁等)，其扩展位错区较窄，可通过束集而发生交滑移，故在变形过程中经位错的增殖和交互作用，容易出现明显的胞状结构；而层错能较低的金属材料(如不锈钢、α 黄铜等)，其扩展位错区较宽，交滑移很困难，因此在这类材料中易观察到位错塞积群的存在。由于位错的移动性差，形变后大量的位错杂乱地排列于晶体中，构成较为均匀分布的复杂网络，因此这类材料即使发生大量变形，其出现胞状亚结构的倾向性也较小。

(3)第二相变化。

当材料内部组织不均匀时，如有第二相偏聚或夹杂物偏析时，经塑性变形(热加工)使这些区域伸长，形成带状组织。塑性好的夹杂物和第二相被拉长，塑性差的则破裂，呈带状或链状。

(4)形成形变织构。

在塑性变形中，随着形变程度的增加，各个晶粒的滑移面和滑移方向都要向主形变方向转动，逐渐使多晶体中原来取向互不相同的各个晶粒在空间取向上呈现一定程度的规律性（如逐渐调整到其取向趋于一致），这一现象称为择优取向。这种由于形变而形成的各晶粒具有择优取向的组织称为形变织构。

形变织构随加工变形方式不同主要有两种类型：拔丝时形成的织构称为丝织构，其主要特征为各晶粒的某一晶向大致与拔丝方向平行；轧板时形成的织构称为板织构，其主要特征为各晶粒的某一晶面和晶向分别趋向于与轧面和轧向平行。几种常见金属的丝织构与板织构如表 8-5 所示。

表 8-5　常见金属的丝织构与板织构

晶体结构	金属或合金	丝织构	板织构
体心立方	Fe、Mo、W、铁素体钢	<110>	{100}<011>+{112}<110>+{111}<112>
面心立方	Al、Cu、Au、Ni、Cu-Ni	(111)+<100>	{110}<112>+{112}<111>+{110}<112>
密排六方	Mg、Mg 合金、Zn	<$21\bar{3}0$> <0001>与丝轴成 70°	{0001}<$10\bar{1}0$> {0001}与轧制面成 70°

实际上，多晶体材料无论经过多么激烈的塑性变形也不可能使所有晶粒都完全转到织构的取向上去，其集中程度取决于加工变形的方法、变形量、变形温度和材料本身情况（如金属类型、杂质、材料内原始取向）等。在实际中，经常用变形金属的极射赤面投影图来描述它的织构及各晶粒向织构取向的集中程度。

由于纤维组织和形变织构造成了各向异性，其存在对材料的加工成形性和使用性能都有很大的影响，尤其因为织构不仅出现在冷加工变形的材料中，即使进行了退火处理也仍然存在，因此在工业生产中应予以高度重视，如沿纤维方向的强度和塑性明显高于垂直方向的。一般来说，不希望金属板材存在织构，特别是用于深冲压成形的板材，织构会造成其沿各方向变形的不均匀性，使工件的边缘出现高低不平，产生所谓“制耳”（图 8-26）的现象。但在某些情况下，又有利用织构提高板材性能的例子，如变压器用硅钢片，由于 α-Fe 的<100>方向最易磁化，所以生产中通过适当控制轧制工艺可获得具有(110)[001]织构和磁化性能优异的硅钢片。

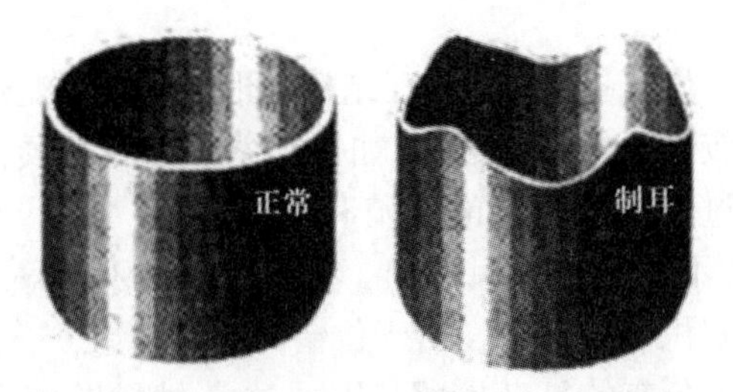

图 8-26　含有织构板的冲压制耳图

8.6.2　对力学性能的影响

塑性变形对材料力学性能影响的重要表现是加工硬化。所谓加工硬化（或应变硬化），就是随变形量的增加，材料的强度、硬度升高而塑韧性下降的现象。

图 8-27(a)是金属单晶体的典型应力-应变曲线（也称加工硬化曲线），其塑性变形部分

是由三个阶段组成的。

Ⅰ为易滑移阶段：当 τ 达到 τ_c 后，应力增加不多，便能产生相当大的变形。此段接近于直线，其斜率为 θ_{I}（$\theta=\mathrm{d}\tau/\mathrm{d}\gamma$ 或 $\theta=\mathrm{d}\sigma/\mathrm{d}\varepsilon$），即加工硬化不明显。一般 θ_{I} 为 $10^{-4}G$ 数量级（G 为材料的切变模量）。

Ⅱ为线性硬化阶段：随着应变量增加，应力呈线性增长，此段也近似呈直线，且斜率较大，加工硬化十分显著，$\theta_{\mathrm{II}}\approx G/300$，近乎常数。

Ⅲ为抛物线型硬化阶段：随应变增加，应力上升缓慢，呈抛物线型，θ_{III} 逐渐下降。

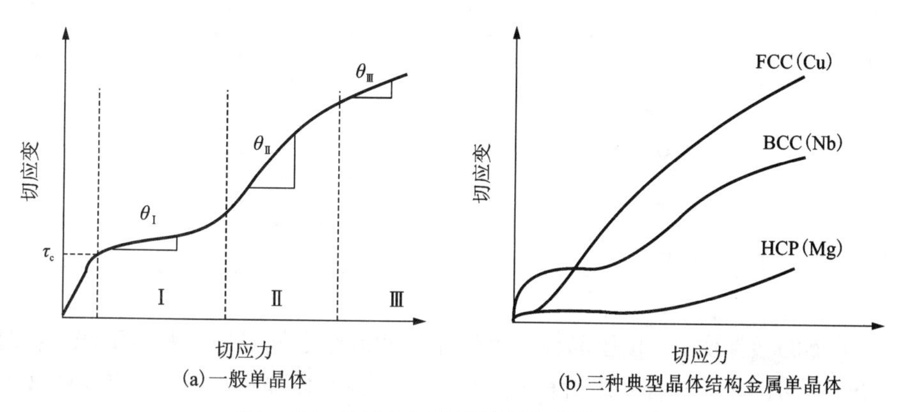

图 8-27　单晶金属典型的硬化曲线示意图

各种晶体的实际曲线因其晶体结构类型、晶体位向、杂质含量，以及试验温度等因素的不同而有所变化，但总体来说，其基本特征与图 8-27 相同，只是各阶段的长短受位错的运动、增殖和交互作用的影响，甚至某一阶段可能就不再出现。图 8-27(b)为三种典型晶体结构金属单晶体的硬化曲线。其中，面心立方和体心立方晶体显示出典型的三阶段加工硬化情况，只是对含有微量杂质原子的体心立方晶体，则因杂质原子与位错交互作用，将产生前面所述的屈服现象并使曲线有所变化；但密排六方金属单晶体的第Ⅰ阶段通常很长，远远超过其他结构的晶体，以致第Ⅰ阶段还未充分发展试样就已经断裂了。

有关加工硬化的机制虽存在多种不同的理论，但普遍认为与位错的运动和交互作用有关。随着塑性变形的进行，位错密度不断增加，因此，位错运动时的相互交割作用加剧，产生位错塞积群、割阶、缠结网等障碍，增大了位错运动的阻力，引起变形抗力增加，从而提高了材料的强度。流变应力与位错密度的平方根呈线性函数关系，这已被许多实验证实。因此，塑性变形过程中位错密度的增加及其所产生的钉扎作用是导致加工硬化的关键因素。

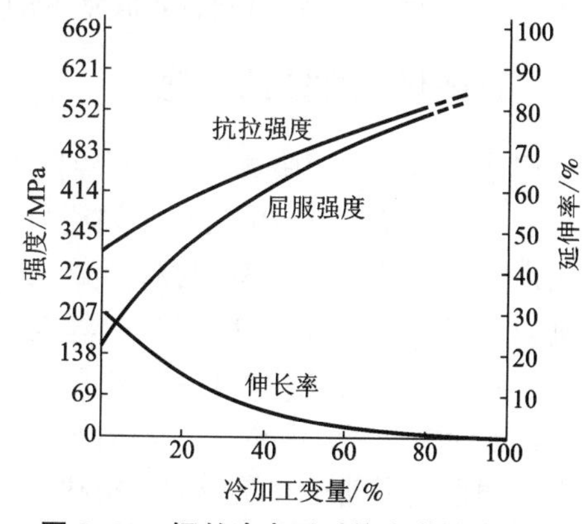

图 8-28　铜丝冷变形时的力学性能变化

图 8-28 是铜材经不同程度冷变形后的强度和塑性变化情况。表 8-6 是冷拉对低碳钢

(C 的质量分数为 0.16%)力学性能的影响。从上述两例可清楚地看到，金属材料经冷加工变形后，强度(硬度)显著提高，而塑性则很快下降，即产生了加工硬化现象。加工硬化是金属材料的一项重要特性，可被用作强化金属的途径。特别是对那些不能通过热处理强化的材料如纯金属，以及某些合金，如奥氏体不锈钢等，主要是借冷加工实现强化的。

表 8-6 冷拉对低碳钢(C 的质量分数为 0.16%)力学性能的影响

截面减缩率/%	屈服强度/MPa	抗拉强度/MPa	延伸率/%	断面收缩率/%
0	276	456	34	70
10	497	518	20	65
20	566	580	17	63
40	593	656	16	60
60	607	704	14	54
80	662	792	7	26

对于多晶体的塑性变形，由于晶界的阻碍作用和晶粒之间的协调配合要求，各晶粒不可能以单一滑移系动作而必然有多组滑移系同时作用，因此多晶体的应力-应变曲线不会出现单晶曲线的图 8-27 中的第 I 阶段，而且其硬化曲线通常更陡，细晶粒多晶体在变形开始阶段尤为明显。

加工硬化在实际中也有其意义，比如：

①加工硬化和塑性变形适当配合可使金属进行均匀塑性变形。由于加工硬化，使已变形部分发生硬化而停止变形，而未变形部分开始变形。没有加工硬化，金属就不会发生均匀塑性变形。

②加工硬化现象是强化金属的重要手段之一。它对不能热处理强化的金属和合金尤为重要，如纯金属、奥氏体不锈钢。

③可使金属基体具有一定的抗偶然过载能力。

④可降低塑性，改善材料，如低碳钢的切削加工性能。

8.6.3 物理化学性能的变化

经塑性变形后的金属材料，由于点阵畸变，空位和位错等结构缺陷的增加，使其物理性能和化学性能也发生一定的变化。如塑性变形通常可使金属的电阻率升高，增加的程度与形变量成正比，但增加的速率因材料而异，差别很大。

例如，冷拔形变率为 82%的纯铜丝电阻率升高 2%，同样形变率的 H70 黄铜丝电阻率升高 20%，而冷拔形变率 99%的钨丝电阻率升高 50%。另外，塑性变形后，金属的电阻温度系数下降，磁导率下降，热导率也有所降低，铁磁材料的磁滞损耗及矫顽力增大。

由于塑性变形使得金属中的结构缺陷增多，自由焓升高，从而导致金属中的扩散过程加速，金属的化学活性增大，腐蚀速度加快。

8.6.4　残余应力

塑性变形中外力所做的功除大部分转化成热能散失了，还有一小部分以畸变能的形式储存在形变材料内部(这部分能量叫作储存能)。储存能大小因形变量、形变方式、形变温度，以及材料本身性质而异，约占总形变功的百分之几。储存能的具体表现方式为：宏观残余应力、微观残余应力及点阵畸变。

残余应力是一种内应力，它在工件中处于自相平衡状态，其产生是由工件内部各区域变形不均匀性以及相互间的牵制作用所致。按照残余应力平衡范围的不同，通常可将其分为三种：

①第一类内应力，又称宏观残余应力。它是由工件不同部分的宏观变形不均匀性引起的，故其应力平衡范围包括整个工件。例如：将金属棒施以弯曲载荷，则上边受拉而伸长，下边受到压缩；变形超过弹性极限产生了塑性变形时，则外力去除后被伸长的边就存在压应力，短边为张应力。又如，金属线材经拔丝加工后，由于拔丝模壁的阻力作用，线材的外表面较心部变形少，因此表面受拉应力，而心部受压应力。这类残余应力所对应的畸变能不大，仅占总储存能的 0.1%左右。

②第二类内应力，又称微观残余应力。它是由晶粒或亚晶粒之间的变形不均匀性产生的。其作用范围与晶粒尺寸相当，即在晶粒或亚晶粒之间保持平衡。这种内应力有时可达到很大的数值，甚至可能造成显微裂纹并导致工件破坏。

③第三类内应力，又称点阵畸变。其作用范围是几十至几百纳米，它是由工件在塑性变形中形成的大量点阵缺陷(如空位、间隙原子、位错等)引起的。变形金属中储存能的绝大部分(80%~90%)用于形成点阵畸变。这部分能量提高了变形晶体的能量，使之处于热力学不稳定状态，故它有一种使变形金属重新恢复到自由焓最低的稳定结构状态的自发趋势，并导致塑性变形金属在加热时的回复及再结晶过程。

金属材料经塑性变形后的残余应力是不可避免的，它将对工件的变形、开裂和应力腐蚀产生影响和危害，故必须及时采取消除措施(如去应力退火处理)。但是，在某些特定条件下，残余应力的存在也是有利的。例如，承受交变载荷的零件，若用表面滚压和喷丸处理，使零件表面产生压应力的应变层，以达到强化表面的目的，可使其疲劳寿命成倍提高。

8.7　无机非金属材料的变形行为

陶瓷材料具有强度高、重量轻、耐高温、耐磨损、耐腐蚀等一系列优点。将其作为结构材料，特别是高温结构材料是极具潜力的。陶瓷晶体一般由共价键和离子键结合，除少数几个具有简单晶体结构的晶体(如 KCl、MgO)外，一般陶瓷晶体结构复杂。由于陶瓷材料的塑、韧性差，绝大多数的陶瓷材料在室温下拉伸或弯曲，几乎不产生塑性变形，显示脆性断裂特性。这在一定程度上限制了它的应用。如图 8-29 所示，在室温下，宏观上几乎没有塑性，即弹性变形阶段结束后，立即发生脆性断裂。陶瓷在高温条件下可能体现一些塑性变形特征，这与金属材料具有本质差异。与金属材料相比，陶瓷晶体具有如下特点：

①陶瓷晶体的弹性模量比金属大得多，常高出几倍，这是由其键合特点决定的。陶瓷通常具有较大的键合力，晶体中的原子间作用力较强。共价键晶体的键具有方向性，使晶体具

有较高的抗晶格畸变和阻碍位错运动的能力，使共价键陶瓷具有比金属高得多的硬度和弹性模量。离子键晶体的键方向性不明显，但滑移不仅要受到密排面和密排方向的限制，而且要受到静电作用力的限制，因此实际可移动滑移系较少，弹性模量也较高。陶瓷晶体的弹性模量不仅与结合键有关，而且与其相的种类、分布及气孔率有关；而金属材料的弹性模量是一个组织不敏感参数。

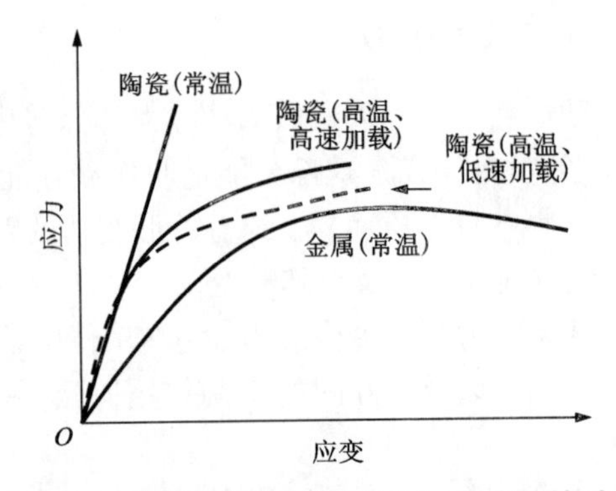

图 8-29　陶瓷与金属材料的应力-应变特性对比

②陶瓷的压缩强度比抗拉强度约高一个数量级，如 Al_2O_3 陶瓷的拉伸断裂应力为 280 MPa，压缩断裂应力为 2100 MPa；而金属的抗拉强度和压缩强度一般相等。这是由于陶瓷中总是存在微裂纹，拉伸时裂纹一达到临界尺寸就失稳扩展立即断裂，而压缩时裂纹或者闭合或者呈稳态缓慢扩展，使压缩强度提高。

③陶瓷的理论强度和实际断裂强度相差 1～3 个数量级。造成陶瓷的实际抗拉强度较低的原因是陶瓷中因工艺缺陷导致的微裂纹，在裂纹尖端引起很高的应力集中，裂纹尖端之最大应力可达到理论断裂强度或理论屈服强度(因陶瓷晶体中可动位错少，位错运动又困难，所以，一旦达到屈服强度就断裂了)。

④与金属材料相比，陶瓷晶体在高温下具有良好的抗蠕变性能，而且在高温下也具有一定塑性。

8.8　回复和再结晶

如前几节所述，金属和合金经塑性变形后，不仅内部组织结构与各项性能均发生相应的变化，而且由于空位、位错等结构缺陷密度的增加，以及畸变能的升高，将使其处于热力学不稳定的高自由能状态。因此，经塑性变形的材料具有自发恢复到变形前低自由能状态的趋势。当冷变形金属加热时会发生回复、再结晶和晶粒长大等过程。了解这些过程的发生和发展规律，对改善和控制金属材料的组织和性能具有重要的意义。

8.8.1　冷变形金属在加热时的变化概况

冷变形后材料经重新加热进行退火之后，其组织和性能会发生变化。观察在不同加热温度下变化的特点可将退火过程分为回复、再结晶和晶粒长大三个阶段。回复是指新的无畸变晶粒出现之前所产生的亚结构和性能变化的阶段；再结晶是指出现无畸变的等轴新晶粒逐步取代变形晶粒的过程；晶粒长大是指再结晶结束之后晶粒的继续长大。

图 8-30 为冷变形金属在退火过程中显微组织的变化。由此可见，在回复阶段，由于不发生大角度晶界的迁移，所以晶粒的形状和大小与变形态的相同，仍保持着纤维状或扁平状，从光学显微组织上几乎看不出变化。在再结晶阶段，首先是在畸变程度大的区域产生新的无畸变晶粒的核心，然后逐渐消耗周围的变形基体而长大，直到形变组织完全改组为新的、无畸变的细等轴晶粒为止。最后，在晶界表面能的驱动下，新晶粒互相吞食而长大，从

而得到一个在该条件下较为稳定的尺寸，称为晶粒长大阶段。

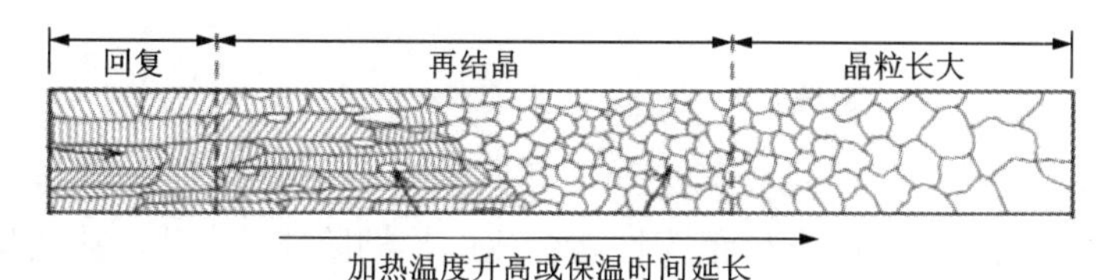

图 8-30　冷变形金属退火过程中晶粒形状和大小的变化趋势示意图

图 8-31 展示了冷变形金属在退火过程中的性能和能量变化。整体上呈现以下变化规律：

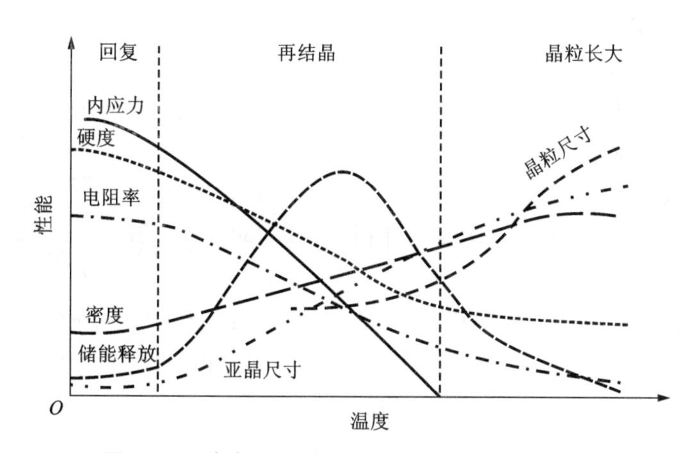

图 8-31　冷变形金属退火中某些性能的变化特征

①强度与硬度：回复阶段的硬度变化很小，约占总变化的 1/5，而再结晶阶段则下降较多，由此可以推断，强度具有与硬度相似的变化规律。上述情况主要与金属中的位错机制有关，即回复阶段时，变形金属仍保持很高的位错密度，而发生再结晶后，由于位错密度显著降低，所以强度与硬度明显下降。

②电阻：变形金属的电阻在回复阶段已表现出明显的下降趋势，因为电阻率与晶体点阵中的点缺陷(如空位、间隙原子等)密切相关。点缺陷所引起的点阵畸变会使传导电子产生散射，提高电阻率。相比于位错所引起的散射作用，它的散射作用更为强烈。因此，在回复阶段电阻率的明显下降就标志着在此阶段点缺陷浓度有明显的减小。

③内应力：在回复阶段，大部分或全部的宏观内应力可以消除，而微观内应力则只有通过再结晶才能全部消除。

④亚晶粒尺寸：在回复的前期，亚晶粒尺寸变化不大；但在后期，尤其在接近再结晶时，亚晶粒尺寸就显著增大。

⑤密度：变形金属的密度在再结晶阶段发生急剧升高的现象，显然除与前期点缺陷数目减小有关外，还与再结晶阶段中位错密度显著降低有关。

⑥储能的释放：当冷变形金属加热到足以引起应力松弛的温度时，储能就被释放出来。

回复阶段时各材料释放的储存能量均较小，再结晶晶粒出现的温度对应于储能释放曲线的高峰处。

8.8.2 回复

(1)回复动力学。

回复是冷变形金属在退火时发生组织性能变化的早期阶段，在此阶段内物理或力学性能(如强度和电阻率等)的回复程度是随温度和时间而变化的。图8-32为同一变形程度的多晶体在不同温度退火时屈服强度的回复动力学曲线。图中横坐标为时间，纵坐标为剩余应变硬化分数(1-P)，P为屈服强度回复率[$P=(\sigma_m-\sigma_r)/(\sigma_m-\sigma_o)$，其中$\sigma_m$、$\sigma_r$和$\sigma_o$分别代表变形后、回复后和完全退火后的屈服强度]。显然，(1-P)愈小，即P愈大，则回复程度愈大。

动力学曲线表明，回复是一个弛豫过程。其特点为：①没有孕育期；②在一定温度时，初期的回复速率很大，随后逐渐变慢，直到趋近于零；③每一温度的回复程度有一极限值，退火温度愈高，这个极限值也愈高，而达到此极限值所需时间则愈短；④预变形量愈大，起始的回复速率也愈快；⑤晶粒尺寸减小也有利于回复过程的加快。

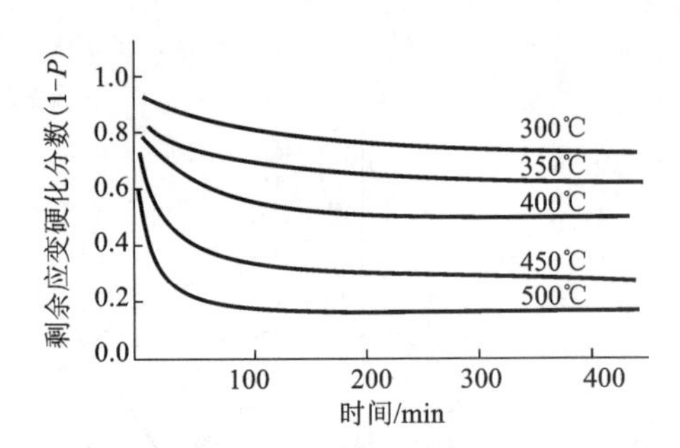

图8-32　同一变形程度的多晶体在不同温度退火中的屈服应力的回复动力学曲线

这种回复特征通常可用一级反应方程来表达：

$$\frac{dx}{dt}=-Cx \tag{8-12}$$

式中：t为恒温下的加热时间；x为冷变形导致的性能增量经加热后的残留分数；C为与材料和温度有关的比例常数。C值与温度的关系具有典型的热激活过程的特点，可由著名的Arrhenius方程来描述：

$$C=C_0\exp\left(-\frac{Q}{RT}\right) \tag{8-13}$$

式中：Q为激活能；R为气体常数；T为绝对温度；C_0为比例常数。

将式(8-13)代入一级反应方程式(8-12)中并积分，以x_0表示开始时性能增量的残留分数，则得：

$$\left.\begin{aligned}\int_{x_0}^{x}\frac{dx}{x}&=-C_0\exp\left(-\frac{Q}{RT}\right)\int_0^t dt\\ \ln\frac{x_0}{x}&=C_0t\exp\left(-\frac{Q}{RT}\right)\end{aligned}\right\} \tag{8-14}$$

在不同温度下，如以回复到相同程度做比较，此时式(8-14)的左边为一常数，两边取对数，可得：

$$\ln t=A+\frac{Q}{RT} \tag{8-15}$$

式中：A为常数。做$\ln t-1/T$图，如为直线，则由直线斜率可求得回复过程的激活能。

(2)回复机制。

实验研究表明，冷变形铁因回复程度不同而有不同的激活能值。如在短时间回复时求得的激活能与空位迁移能相近，而在长时间回复时求得的激活能则与自扩散激活能相近。这说明对于冷变形铁的回复，不能用单一的回复机制来描述。回复阶段的加热温度不同，冷变形金属的回复机制也不同。

①低温回复。低温时，回复主要与点缺陷的迁移有关。冷变形时会产生大量的点缺陷——空位和间隙原子，而点缺陷运动所需的热激活较低，因此可在较低温度进行。它们可迁移至晶界(或金属表面)，并通过空位与位错的交互作用、空位与间隙原子的重新结合，以及空位聚合形成空位对、空位群和空位片(形成位错环)而消失，从而使点缺陷密度明显下降，故对点缺陷很敏感的电阻率此时也会明显下降。

②中低温回复。加热温度稍高时，会发生位错运动和重新分布。回复的机制主要与位错的滑移有关；同一滑移面上异号位错可以相互吸引而抵消；位错偶极子的两根位错线相消等。

③高温回复。高温(约 $0.3T_m$)时，刃型位错可获得足够能量来发生攀移。攀移产生了两个重要的后果：①使滑移面上不规则的位错重新分布，刃型位错垂直排列成墙，这种分布可显著降低位错的弹性畸变能，因此，可看到对应于此温度范围，有较大的应变能释放；②沿垂直于滑移面方向排列并具有一定取向差的位错墙(小角度亚晶界)，以及由此所产生的亚晶，即多边化结构。

显然，高温回复多边化过程的驱动力主要来自应变能的下降。多边化过程产生的条件：①塑性变形使晶体点阵发生弯曲；②在滑移面上有塞积的同号刃型位错；③需加热到较高的温度，使刃型位错能够产生攀移运动。多边化后刃型位错的排列情况如图 8-33 所示，故形成了亚晶界。一般认为，在产生单滑移的单晶体中多边化过程最为典型；而在多晶体中，由于容易发生多系滑移，不同滑移系上的位错往往会缠结在一起，形成胞状组织，故多晶体的高温回复机制比单晶体更为复杂，但从本质上看也是包含位错的滑移和攀移。通过攀移使同一滑移面上异号位错相消，位错密度下降，位错重排成较稳定的组态，构成亚晶界，形成回复后的亚晶结构。

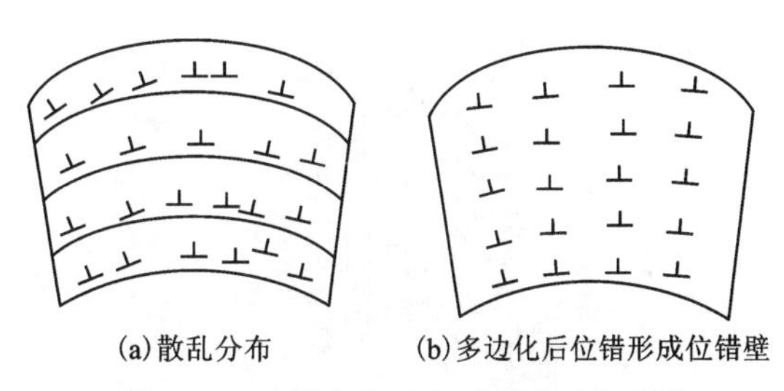

图 8-33　位错在多边化过程中重新分布

从上述回复机制可以理解，回复过程中电阻率的明显下降主要是由于过量空位的减少和位错应变能的降低；内应力的降低主要是由于晶体内弹性应变的基本消除；硬度及强度下降不多则是由于位错密度下降不多，亚晶还较细小。

据此，回复退火主要是用作去应力退火，使冷加工的金属在基本上保持加工硬化状态的条件下降低其内应力，以避免变形并改善工件的耐蚀性。

8.8.3　再结晶过程

冷变形后的金属加热到一定温度之后，在原变形组织中重新产生了无畸变的新晶粒，而性能也发生了明显的变化并恢复到变形前的状况，这个过程称为再结晶。因此，与前述回复的变化不同，再结晶是一个显微组织重新改组的过程，再结晶材料变形区域的纤维状（破碎拉长的）晶粒将完全改组为新的等轴晶粒。

再结晶的驱动力是变形金属经回复后未被释放的储存能（相当于变形总储能的 90%）。通过再结晶退火可以消除冷加工的影响，故在实际生产中起着重要作用。再结晶是一种形核和长大过程，即通过在变形组织的基体上产生新的无畸变再结晶晶核，并通过逐渐长大形成等轴晶粒，从而取代全部变形组织的过程。不过，再结晶的晶核不是新相，其晶体结构并未改变，这是与其他固态相变不同的地方。

（1）再结晶形核。

透射电镜观察表明，再结晶晶核是现存于局部高能量区域内的，以多边化形成的亚晶为基础形核。研究中，人们提出了几种不同的再结晶形核机制。

①晶界弓出形核。对于变形程度较小（一般小于 20%）的金属，其再结晶核心多以晶界弓出方式形成，这种方式称为应变诱导晶界移动或称为弓出形核机制。

当变形度较小时，各晶粒之间的变形不均匀性将导致位错密度不同。如图 8-34 所示，A、B 两相邻晶粒中，若 B 晶粒因变形度较大而具有较高的位错密度时，则经多边化后，其中所形成亚晶尺寸也相对较为细小。于是，为了降低系统的自由能，在一定温度条件下，晶界处 A 晶粒的某些亚晶将开始通过晶界弓出迁移而凸入 B 晶粒中，以吞食 B 晶粒中亚晶的方式开始形成无畸变的再结晶晶核。

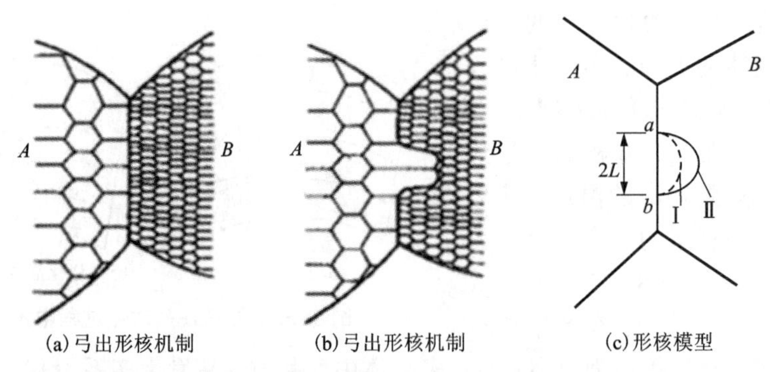

(a) 弓出形核机制　(b) 弓出形核机制　(c) 形核模型

图 8-34　具有亚晶粒组织的晶粒间的弓出形核示意图

再结晶时，晶界弓出形核的能量条件可根据图 8-34（c）所示的模型推导。设弓出的晶界由位置Ⅰ移到位置Ⅱ时扫过的体积为 $\mathrm{d}V$，其面积为 $\mathrm{d}A$，由此而引起的单位体积总的自由能变化为 ΔG，令晶界的表面能为 γ，而冷变形晶粒中单位体积的储存能为 E_s。假定晶界扫过地方的储存能全部释放，则弓出的晶界由位置Ⅰ移到位置Ⅱ时的自由能变化为：

$$\Delta G = -E_s + \gamma \frac{\mathrm{d}A}{\mathrm{d}V} \tag{8-16}$$

对一个任意曲面，可以定义两个主曲率半径 r_1、r_2，当这个曲面移动时，有：

$$\frac{\mathrm{d}A}{\mathrm{d}V} = \frac{1}{r_1} + \frac{1}{r_2} \tag{8-17}$$

如果该曲面为一球面，则 $r_1 = r_2 = r$，而：

$$\frac{dA}{dV}=\frac{2}{r} \tag{8-18}$$

故当弓出的晶界为一球面时，其自由能变化为：

$$\Delta G=-E_s+2\gamma/r \tag{8-19}$$

显然，若晶界弓出段两端 a、b 固定，且 γ 值恒定，则开始阶段随弓出弯曲，r 逐渐减小，ΔG 值增大，当 r 达到最小值（$r_{min}=ab/2=L$）时，ΔG 将达到最大值。此后，若继续弓出，由于 r 的增大而使 ΔG 减小，于是，晶界将自发地向前推移。因此，一段长为 $2L$ 的晶界，其弓出形核的能量条件为 $\Delta G<0$，即

$$E_s\geqslant\frac{2\gamma}{L} \tag{8-20}$$

这样，再结晶的形核将在现成晶界上两点间距离为 $2L$，且弓出距离大于 L 的凸起处进行，使弓出距离达到 L 所需的时间即为再结晶的孕育期。

②亚晶形核。此机制一般是在大的变形度下发生。前面已述及，当变形度较大时，晶体中位错不断增殖，由位错缠结组成的胞状结构，将易在加热过程中发生胞壁平直化现象，并形成亚晶。借助亚晶作为再结晶的核心，其形核机制又可分为亚晶合并机制和亚晶迁移机制两种。

亚晶合并机制。在回复阶段形成的亚晶，其相邻亚晶边界上的位错网络通过解离、拆散、位错的攀移与滑移，逐渐转移到周围其他亚晶界上，从而导致相邻亚晶边界的消失和亚晶的合并。合并后的亚晶，由于尺寸增大，以及亚晶界上位错密度的增加，使相邻亚晶的位向差相应增大，并逐渐转化为大角度晶界，但它比小角度晶界具有大得多的迁移率，所以可以迅速移动，清除其移动路程中存在的位错，使它留下无畸变的晶体，从而构成再结晶核心。在变形程度较大且具有高层错能的金属中，多以这种亚晶合并机制形核。

亚晶迁移机制。由于位错密度较高的亚晶界，其两侧亚晶的位向差较大，所以在加热过程中容易发生迁移并逐渐变为大角度晶界，于是就可作为再结晶核心而长大。此机制常出现在变形度很大的低层错能金属中。

上述两种机制都是依靠亚晶粒的粗化来发展为再结晶核心的。亚晶粒本身是在剧烈应变的基体中通过多边化形成的，几乎无位错的低能量地区，它通过消耗周围的高能量区而长大成为再结晶的有效核心，因此，随着形变度的增大，会产生更多的亚晶，从而有利于再结晶形核。这就可解释再结晶后的晶粒为什么会随着变形度的增大而变细的问题。

图 8-35 为以上讨论的几种再结晶形核方式的示意图。

（2）再结晶长大。

再结晶晶核形成之后，它就借界面的移动而向周围畸变区域长大。界面迁移的推动力是无畸变的新晶粒本身与周围畸变的母体（即旧晶粒）之间的应变能差，而晶界总是背离其曲率中心，向着畸变区域推进，直到全部形成无畸变的等轴晶粒为止，再结晶即告完成。

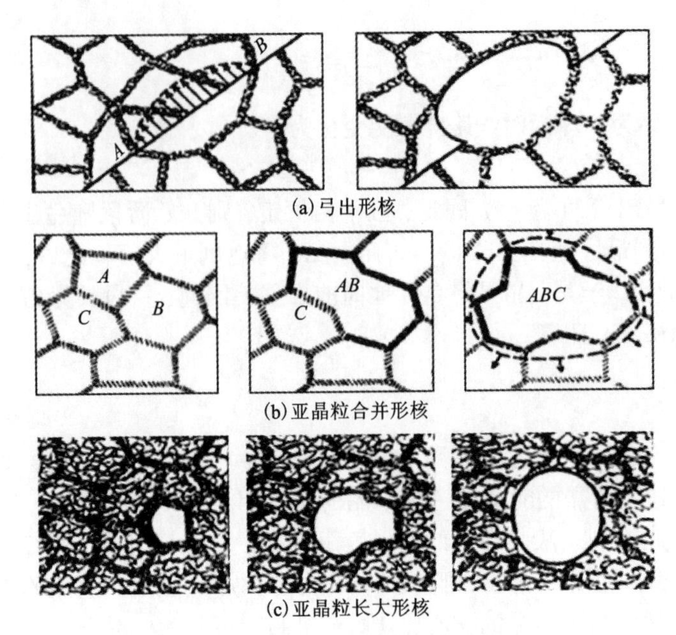

图 8-35　再结晶形核方式的示意图

8.8.4　再结晶动力学

再结晶动力学决定于形核率 N 和长大速率 G 的大小。若以纵坐标表示已发生再结晶晶粒的体积分数，横坐标表示时间，则由试验得到的恒温动力学曲线具有图 8-36 所示的典型“S”曲线特征。该图表明：再结晶过程有一孕育期，且再结晶开始时的速度很慢，随之逐渐加快，至再结晶的体积分数约为 50%时速度达到最大，最后又逐渐变慢。这与回复动力学有明显的区别。

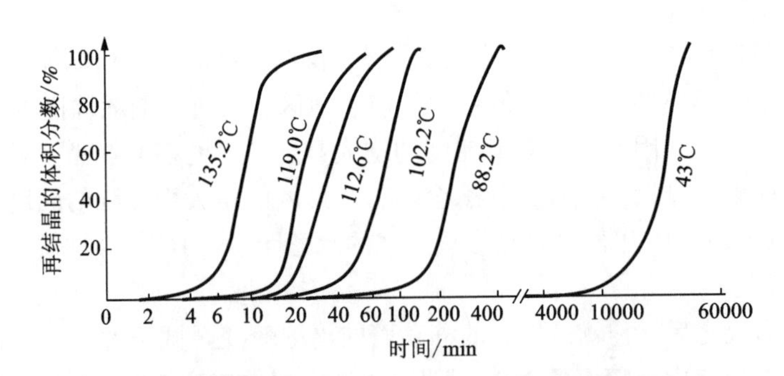

图 8-36　经 98%冷轧的纯铜在不同温度下的等温再结晶曲线

Johnson 和 Mehl 在假定均匀形核、晶核为球形，N 和 G 不随时间而改变的情况下，推导出在恒温下经过 t 时间后，已经再结晶的体积分数 φ_R 为：

$$\varphi_R = 1 - \exp\left(-\frac{\pi N G^3 t^4}{3}\right) \tag{8-21}$$

这就是约翰逊-梅厄(Johnson-Mehl)方程。它适用于符合上述假定条件的任何相变(一些固态相变倾向于在晶界形核生长，不符合均匀形核条件，此方程就不能直接应用)。

但是，由于恒温再结晶时的形核率 N 是随时间的增加而呈指数关系衰减的，因此通常采用阿弗拉密(Avrami)方程进行描述：

$$\varphi_R = 1 - \exp(-Bt^k)$$

$$或\quad \lg\left(\ln\frac{1}{1-\varphi R}\right) = \lg B + k\lg t \tag{8-22}$$

式中：B 和 k 均为常数，可通过实验作 $\lg\left(\ln\frac{1}{1-\varphi R}\right)-\lg t$ 图，直线的斜率即为 k 值，直线的截距为 $\lg B$。

等温温度对再结晶速率 ν 的影响可用 Arrhenius 公式表示，即 $\nu = Ae^{-Q/RT}$，而再结晶速率和产生某一体积分数 φ_R 所需的时间 t 成反比，即 $\nu \propto 1/t$。故：

$$\frac{1}{t} = A'\exp\left(-\frac{Q}{RT}\right) \tag{8-23}$$

式中：A'为常数；Q 为再结晶的激活能；R 为气体常数；T 为绝对温度。对式(8-23)两边取对数，则：

$$\ln\frac{1}{t} = \ln A' - \frac{Q}{R}\frac{1}{T} \tag{8-24}$$

应用常用对数(2.3lg$x$ = ln$x$)可得 $\frac{1}{T} = \frac{2.3R}{Q}\lg A' + \frac{2.3R}{Q}\lg t$。作 $\lg t - \frac{1}{T}$图，直线的斜率为 $2.3R/Q$。作图时常以 φ_R 为 50%时作为比较标准。照此方法求出的再结晶激活能是一定值，它与回复动力学中求出的激活能因回复程度而改变是有区别的。

与等温回复的情况相似，在两个不同的恒定温度产生同样程度的再结晶时，可得：

$$\ln\frac{t_1}{t_2} = -\frac{Q}{R}\left(\frac{1}{T_2} - \frac{1}{T_1}\right) \tag{8-25}$$

这样，若已知某晶体的再结晶激活能及此晶体在某恒定温度完成再结晶所需的等温退火时间，就可计算出它在另一温度等温退火时完成再结晶所需的时间。例如 H70 黄铜的再结晶激活能为 251 kJ/(g · mol)，它在 400℃的恒温下完成再结晶需要 1 h，若在 390℃的恒温下完成再结晶就需 1.97 h。

8.8.5　再结晶温度及其影响因素

再结晶温度，通常指经大变形度(70%~80%)的冷变形后，在规定的时间内能完成再结晶($\varphi_R \geq 95\%$)的最低温度或冷变形金属开始进行再结晶的最低温度。它可用金相法或硬度法测定，即以显微镜中出现第一颗新晶粒时的温度或以硬度下降 50%所对应的温度作为再结晶温度。将冷变形的金属加热到再结晶温度以上，发生再结晶，消除加工硬化，称为再结晶退火。实际再结晶退火的温度经常选定为最低再结晶温度以上 100~200℃。

注意，在给定温度下发生再结晶需要一个最小变形量(临界变形度)。低于此变形量，不发生再结晶。

再结晶温度并不是一个物理常数，它不仅随材料而改变，还受冷变形程度、原始晶粒尺寸等因素的影响。

(1)变形程度的影响。

随着冷变形程度的增加，储能也增多，再结晶的驱动力就越大，因此再结晶温度越低，等温退火时的再结晶速度也会越快。但当变形量增大到一定程度后，再结晶温度就基本上稳定不变了，再结晶温度趋于某一最低值，称最低再结晶温度。对工业纯金属，经强烈冷变形后的最低再结晶温度 T_R(K)为其熔点 T_m(K)的0.35~0.4，即 $T_R=(0.35\sim0.4)T_m$。表8-7列出了一些金属的再结晶温度。

表8-7　一些大冷变形金属的再结晶温度(T_R)(在1 h退火后完全再结晶)

金属	T_R/℃	熔点/℃	T_R/T_m	金属	T_R/℃	熔点/℃	T_R/T_m
Sn	<15	232	—	Cu	200	1083	0.35
Pb	<15	327	—	Fe	450	1538	0.40
Zn	15	419	0.43	Ni	600	1455	0.51
AI	150	660	0.45	Mo	900	2625	0.41
Mg	150	650	0，46	W	1200	3410	0.40
Ag	200	960	0.39				

(2)原始晶粒尺寸。

在其他条件相同的情况下，金属的原始晶粒越细小，则变形的抗力越大，冷变形后储存的能量较高，再结晶温度则较低。此外，晶界往往是再结晶形核的有利区域，故细晶粒金属的再结晶形核率 N 和长大速率 G 均增加，所形成的新晶粒更细小，再结晶温度也被降低。

(3)微量溶质原子。

微量溶质原子的存在对金属的再结晶有很大的影响。表8-8列出了一些微量溶质原子对冷变形铜的再结晶温度的影响。微量溶质原子能显著提高再结晶温度的原因可能是溶质原子与位错及晶界间存在着交互作用，使溶质原子倾向于在位错及晶界处偏聚，对位错的滑移与攀移和晶界的迁移起着阻碍作用，从而不利于再结晶的形核和长大，阻碍再结晶过程。

表8-8　一些微量溶质元素对纯铜的再结晶温度 T_R(再结晶量为50%)的影响

材料	光谱纯铜	0.01%Ag	0.01%Cd	0.01%Sn	0.01%Sb	0.01%Te
T_R/℃	140	205	305	315	320	370

(4)第二相粒子。

第二相粒子的存在既可能促进基体金属的再结晶，也可能阻碍再结晶，这主要取决于基体上分散相粒子的大小及其分布。当第二相粒子尺寸较大，间距较宽(一般大于1 μm)时，再结晶核心能在其表面产生。在钢中常可见到再结晶核心在夹杂物MnO或第二相粒状 Fe_3C 表面上产生。当第二相粒子尺寸很小且较密集时，会阻碍再结晶的进行，如在钢中常加入Nb、V或Al来形成NbC、V_4C_3、AlN等尺寸很小的化合物(<100 nm)，它们会抑制形核。

(5)再结晶退火工艺参数。

加热速度、加热温度与保温时间等退火工艺参数，对变形金属的再结晶有着不同程度的影响。若加热速度过于缓慢时，变形金属在加热过程中有足够的时间进行回复，使点阵畸变度降低，储能减小，从而使再结晶的驱动力减小，再结晶温度上升。但是，极快速度的加热也会因在各温度下停留时间过短而来不及形核与长大，从而致使再结晶温度升高。

当变形程度和退火保温时间一定时，退火温度愈高，再结晶速度愈快，产生一定体积分数的再结晶所需要的时间也愈短，再结晶后的晶粒愈粗大。

另外，在升温过程中的一定范围内延长保温时间，也会降低再结晶温度。

8.8.6　再结晶后的晶粒尺寸

再结晶完成以后，位错密度较小的新的无畸变晶粒取代了位错密度很高的冷变形晶粒。由于晶粒大小会对材料性能产生重要影响，因此，调整再结晶退火参数控制再结晶的晶粒尺寸在生产中具有一定的实际意义。

运用约翰逊-梅厄方程，可以证明再结晶后晶粒尺寸 d 与形核率 N 和长大速率 G 之间存在着下列关系：

$$d \propto \left(\frac{G}{N}\right)^{\frac{1}{4}} \tag{8-26}$$

由此可见，凡是影响 N、G 的因素，均影响再结晶的晶粒大小。

(1)变形度的影响。

冷变形程度对再结晶后晶粒大小的影响如图 8-37 所示。当变形程度很小时，晶粒尺寸即为原始晶粒的尺寸，这是因为变形量过小，造成的储存能不足以驱动再结晶，所以晶粒大小没有变化。当变形程度增大到一定数值后，此时的畸变能已足以引起再结晶，但由于变形程度不大，N/G 的比值很小，因此得到特别粗大的晶粒。通常，把对应于再结晶后得到特别粗大晶粒的变形程度称为“临界变形度”，一般金属的临界变形度为 2%～10%。当变形量大于临界变形量之后，驱动形核与长大的储存能不断增大，而且形核率 N 增大较快，使 N/G 变大，因此，再结晶后晶粒细化，且变形度愈大，晶粒愈细化。但当变形量相当大时(>90%)，再结晶后晶粒又出现粗化现象，一般认为这与形成织构有关。

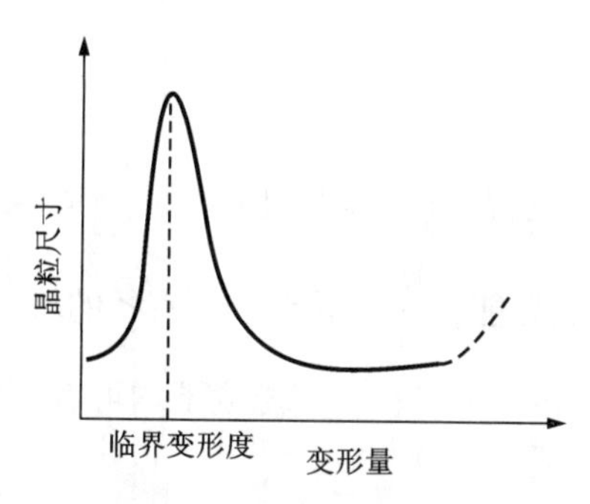

图 8-37　冷变形程度对再结晶后晶粒大小的影响

在生产实践中，要求细晶粒的金属材料避开这个临界变形量，以免恶化工件性能。

(2)退火温度的影响。

退火温度对刚完成再结晶的晶粒的尺寸影响比较小，这是因为它对 N/G 值的影响较小。但提高退火温度可使再结晶的速度显著加快，使临界变形度变小。若再结晶过程已完成，则随后还有一个很明显的晶粒长大阶段，且温度越高，晶粒越粗。

如果将变形程度、退火温度及再结晶后晶粒大小的关系表示在一个立体图上，就构成了所谓的“再结晶全图”，它对控制冷变形后退火的金属材料的晶粒大小有很好的参考价值。

此外，原始晶粒大小、杂质含量，以及形变温度等均对再结晶后的晶粒大小有影响，在此不进行叙述。

8.9 再结晶后的晶粒长大

再结晶结束后，材料通常得到细小等轴晶粒。若继续提高加热温度或延长加热时间，晶粒之间则会发生相互吞并而长大的现象，从而引起晶粒进一步长大。对晶粒长大而言，晶界移动的驱动力通常来自总的界面能的降低。晶粒的长大是通过晶界迁移进行的，如图 8-38 所示。晶粒长大按其特点可分为正常晶粒长大与异常晶粒长大(也称为二次再结晶)两大类。前者表现为大多数晶粒几乎同时逐渐均匀长大，而后者则为少数晶粒突发性的不均匀长大。

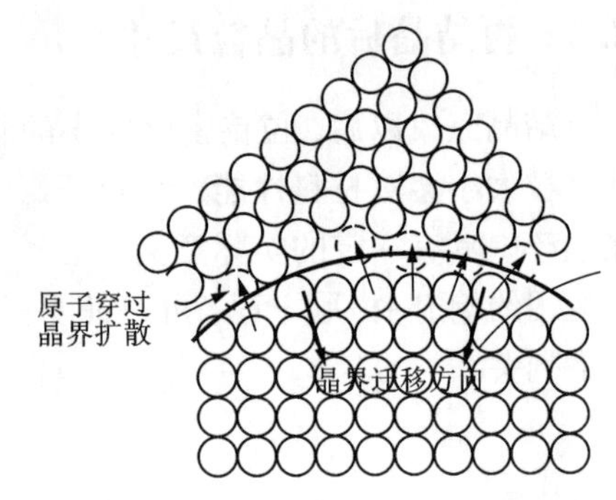

图 8-38 原子迁移与晶界移动示意图

8.9.1 晶粒的正常长大及其影响因素

再结晶完成后，晶粒长大是一个自发的过程。从整个系统而言，晶粒长大的驱动力是降低其总界面能。若就个别晶粒长大的微观过程来说，晶粒界面的不同曲率是造成晶界迁移的直接原因。实际上晶粒长大时，晶界总是向着曲率中心的方向移动。正常晶粒长大时，晶界的平均移动速度为：

$$\bar{v} = \bar{m} \cdot \bar{p} = \bar{m} \cdot \frac{2\gamma_b}{\bar{R}} \approx \frac{d\bar{D}}{dt} \tag{8-27}$$

式中：$\bar{m}$ 为晶界的平均迁移率；$\bar{p}$ 为晶界的平均驱动力；$\bar{R}$ 为晶界的平均曲率半径；γ_b 为单位面积的晶界能；$\frac{d\bar{D}}{dt}$为晶粒平均直径的增大速度。对大致均匀的晶粒组织而言，$\bar{R} \approx \bar{D}/2$，而 $\bar{m}$ 和 γ_b 对各种金属在一定温度下均可看作常数。因此式(8-27)可写成：

$$K \cdot \frac{1}{D} = \frac{d\bar{D}}{dt} \tag{8-28}$$

分离变量并积分，可得：

$$\bar{D}_t^2 - \bar{D}_0^2 = K't \tag{8-29}$$

式中：$\bar{D}_0$ 为恒定温度情况下的起始平均晶粒直径；$\bar{D}_t$ 为 t 时间时的平均晶粒直径；K' 为常数。若 $\bar{D}_t \gg \bar{D}_0^2$，则式中 $\bar{D}_0^2$ 项可略去不计，近似有：

$$\bar{D}_t^2 = K't \quad 或 \quad \bar{D}_t = Ct^{1/2} \tag{8-30}$$

式中：$C = \sqrt{K'}$。这表明在恒温下发生正常晶粒长大时，平均晶粒直径随保温时间的平方根而增大。这与一些实验所表明的恒温下的晶粒长大结果是符合的，如图 8-39 所示。但当金属中存在阻碍晶界迁移的因素(如杂质)时，t 的指数项常小于 1/2，所以一般可表示为 $D_t = Ct^n$。

由于晶粒长大是通过大角度晶界的迁移来进行的，因此所有影响晶界迁移的因素均对晶

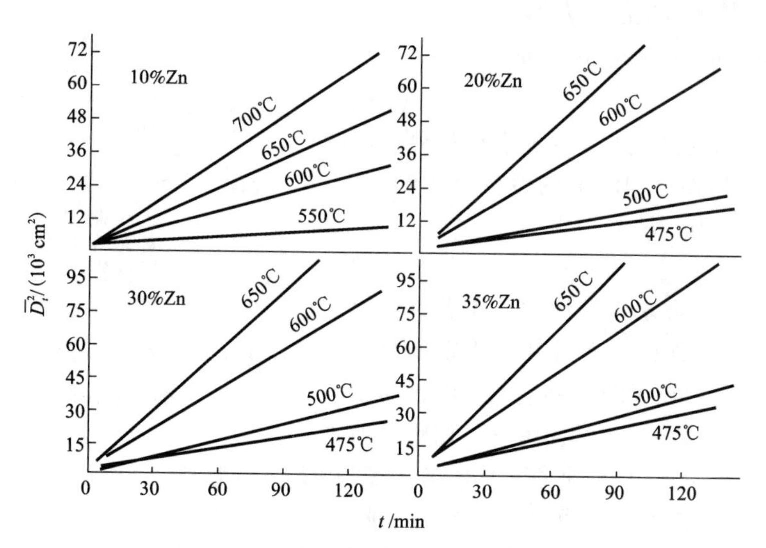

图 8-39　α 黄铜在恒温下的晶粒长大曲线

粒长大有影响。以下就几种影响因素进行介绍。

(1)温度。

由图 8-39 可看出，温度越高，晶粒的长大速率也越大。这是因为晶界的平均迁移率 $\overline{m}$ 与 $\exp(-Q_m/RT)$ 成正比(Q_m 为晶界迁移的激活能或原子扩散通过晶界的激活能)。

因此，结合式(8-27)，恒温下的晶粒长大速度与温度的关系存在如下关系式：

$$\frac{d\overline{D}}{dt}=\overline{m}\cdot\frac{2\gamma_b}{\overline{R}}=\overline{m}\cdot\frac{4\gamma_b}{\overline{D}}=K_1\frac{1}{\overline{D}}\exp\left(-\frac{Q_m}{RT}\right) \tag{8-31}$$

式中：K_1 为常数。将式(8-31)积分，则：

$$\overline{D}_t^2-\overline{D}_0^2=K_2\exp\left(-\frac{Q_m}{RT}\right)\cdot t$$

或

$$\ln\left(\frac{\overline{D}_t^2-\overline{D}_0^2}{t}\right)=\ln K_2-\frac{Q_m}{RT} \tag{8-32}$$

若将实验所测得的数据 $\ln\left(\frac{\overline{D}_t^2-\overline{D}_0^2}{t}\right)-\frac{1}{T}$ 绘于坐标系中，则会构成直线，且直线的斜率为 $-Q_m/R$，由此可求得晶界移动的激活能。

(2)分散相粒子。

当合金中存在第二相粒子时，由于分散颗粒对晶界的阻碍作用，使得晶粒长大速度降低。为讨论方便，假设第二相粒子为球形，其半径为 r，单位面积的晶界能为 γ_b。当界面跨过粒子中心位置时，晶界面积减小 πr^2，晶界能则减小 $\pi r^2\gamma_b$，处于晶界能最小状态，假设此时粒子与晶界是处于力学上平衡的位置。当晶界右移至图 8-40 所示的位置(偏离第二相粒子中心)时，不仅因为晶界面积增大而增加了晶界能，而且在晶界表面张力的作用下，与粒子相接触处的晶界还会发生弯曲，以使晶界与粒子表面相垂直。若以 θ 表示与粒子接触处晶界表面张力的作用方向与晶界平衡位置间的夹角，则晶界从粒子中心上移至当前位置时，晶界沿其移动方向对粒子所施的拉力为：

$$F = 2\pi r \cdot \cos\theta \cdot \gamma_b \cdot \sin\theta = \pi r \cdot \gamma_b \cdot \sin 2\theta \tag{8-33}$$

根据牛顿第二定律，此力也等于在晶界移动的相反方向粒子对晶界移动所施的后拉力或约束力，当 $\theta = 45°$ 时此约束力为最大，即

$$F_{max} = \pi r \cdot \gamma_b \tag{8-34}$$

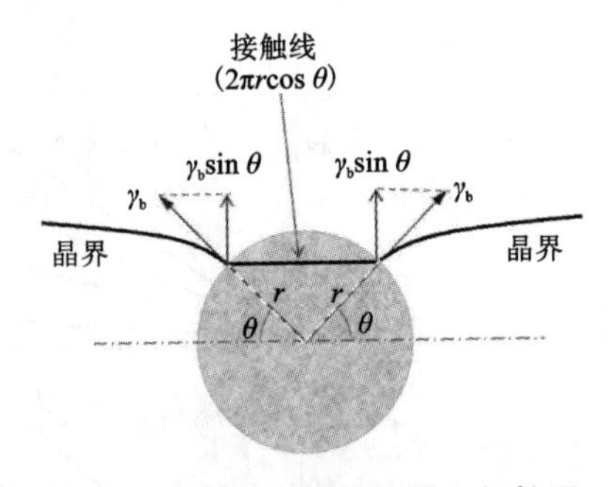

图 8-40　移动的晶界与第二相粒子的交互作用示意图

实际上，由于合金基体中均匀分布着许多第二相颗粒，因此，晶界迁移能力及其所决定的晶粒长大速度不仅与分散相粒子的尺寸有关，而且与第二相粒子的体积分数有关。通常，在第二相颗粒所占体积分数一定的条件下，颗粒愈细，其数量愈多，则晶界迁移所受到的阻力也愈大，故晶粒长大速度随第二相颗粒的细化而减小。当晶界能所提供的晶界迁移驱动力正好与分散相粒子对晶界迁移所施加的阻力相等时，晶粒的正常长大会停止。此时的晶粒平均直径称为极限平均晶粒直径 $\overline{D}_{min}$。经分析与推导，可存在关系式：

$$\overline{D}_{min} = \frac{4r}{3\varphi} \tag{8-35}$$

式中：φ 为单位体积合金中分散相粒子所占的体积分数。可见，当 φ 一定时，粒子的尺寸愈小，极限平均晶粒直径也愈小。

(3) 晶粒间的位向差。

实验表明，相邻晶粒间的位向差对晶界的迁移有很大影响。当晶界两侧的晶粒位向较为接近或具有孪晶位向时，晶界迁移速度很小。但若晶粒间具有大角度晶界的位向差时，则由于晶界能和扩散系数相应增大，因而其晶界的迁移速度也随之加快。

(4) 杂质与微量合金元素。

如图 8-41 所示为微量 Sn 对 Pb 晶界迁移速度的影响。由此可见，当 Sn 在纯 Pb 中的质量分数由小于 1×10^{-6} 增加到 60×10^{-6} 时，一般晶界的迁移速度降低约 4 个数量级。通常认为，由于微量杂质原子与晶界的交互作用及其在晶界区域的吸附，会形成一种阻碍晶界迁移的“气团”(如 Cottrell 气团对位错运动的钉扎)，从而随着杂质含量的增加，显著降低晶界的迁移速度。但是，如图 8-41 中虚线所示，微量杂质原子对某些具有特殊位向差的晶界的迁移速度影响较小，这可能是因为该类晶界结构中的点阵重合性较高，不利于杂质原子的吸附。

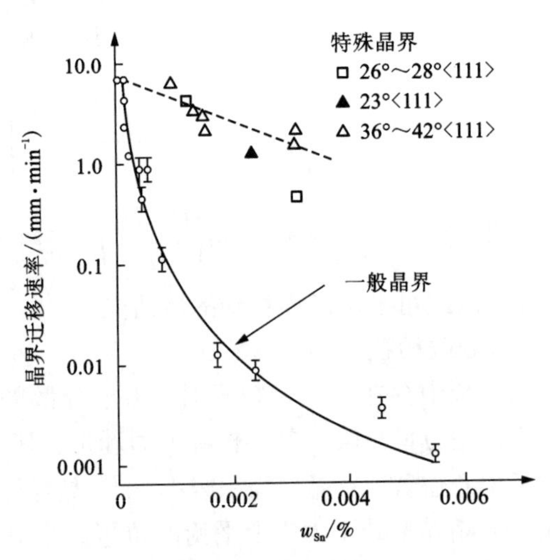

图 8-41　微量 Sn 对 Pb 晶界迁移速度的影响 (T=300℃)

8.9.2　晶粒的二次再结晶

异常晶粒长大又称不连续晶粒长大或二次再结晶，是一种特殊的晶粒长大现象。发生异常晶粒长大的基本条件是正常晶粒长大过程被分散相微粒、织构或表面的热蚀沟等强烈阻碍。当晶粒细小的一次再结晶组织被继续加热，上述阻碍正常晶粒长大的因素开始消除时，少数特殊晶界将迅速迁移。这些晶粒一旦长到超过它周围的晶粒时，由于大晶粒的晶界总是凹向外侧的，因此晶界总是向外迁移而扩大，结果它就愈长愈大，直至这些有限数量的大晶粒互相接触，这就是二次再结晶。二次再结晶的驱动力来自界面能的降低，而不是来自应变能。

8.9.3　再结晶织构与退火孪晶

(1)再结晶织构。

通常具有变形织构的金属经再结晶后的新晶粒若仍具有择优取向，这种由新晶粒组成的微观组织称为再结晶织构。再结晶织构与原变形织构之间可存在以下三种情况：①与原有的织构相一致；②原有织构消失而代之以新的织构；③原有织构消失不再形成新的织构。

关于再结晶织构的形成机制，主要有两种理论：定向生长理论与定向形核理论。

定向生长理论认为：一次再结晶过程中形成了各种位向的晶核，但只有某些具有特殊位向的晶核才可能迅速向变形基体中长大，即形成了再结晶织构。当基体存在变形织构时，其中大多数晶粒取向是相近的，晶粒不易长大，而某些与变形织构呈特殊位向关系的再结晶晶核，其晶界具有很高的迁移速度，故发生择优生长，并通过逐渐吞食其周围变形基体达到互相接触，形成与原变形织构取向不同的再结晶织构。

定向形核理论认为：当变形量较大的金属组织存在变形织构时，由于各亚晶的位向相近而使再结晶形核具有择优取向，并经长大形成与原有织构相一致的再结晶织构。

许多研究工作表明，定向生长理论较为接近实际情况。有人还提出了定向形核加择优生长的综合理论，且认为该理论更符合实际。

(2)退火孪晶。

某些面心立方金属和合金(如铜及铜合金，镍及镍合金和奥氏体不锈钢等)冷变形后经再结晶退火后，其晶粒中会出现如图 8-42 所示的退火孪晶。图 8-42(a)中体现了三种典型的退火孪晶形态：A 为晶界交角处的退火孪晶；B 为贯穿晶粒的完整退火孪晶；C 为一端终止于晶内的不完整退火孪晶。孪晶带两侧互相平行的孪晶界属于共格的孪晶界[图 8-42(a)中的 B]，其由(111)组成；孪晶带在晶粒内终止处的孪晶界，以及共格孪晶界的台阶处的孪晶界均属于非共格的孪晶界[图 8-42(a)中的 C]。

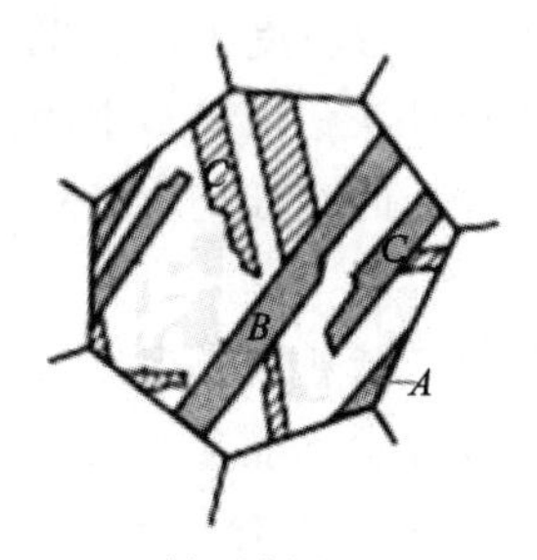

(a)示意图

(b)纯铜的退火孪晶

图 8-42　退火孪晶

在面心立方晶体中形成退火孪晶需在{111}面的堆垛次序中发生层错，即由正常堆垛顺

序 $ABCABC\cdots$ 改变为 $AB\overline{C}BACBA\overline{C}ABC\cdots$，其中 $\overline{C}$ 面为共格孪晶界面，其间的晶体则构成一退火孪晶带。

关于退火孪晶的形成机制，一般认为退火孪晶是在晶粒生长过程中形成的。如图 8-43 所示，当晶粒通过晶界移动而生长时，原子层在晶界角处(111)面上的堆垛顺序偶然错堆，就会出现一共格的孪晶界并随之在晶界角处形成退火孪晶，这种退火孪晶通过大角度晶界的移动而长大。在长大过程中，如果原子在(111)表面再次发生错堆而恢复原来的堆垛顺序，则又形成第二个共格孪晶界，构成了孪晶带。同样，形成退火孪晶必须满足能量条件，层错能低的晶体容易形成退火孪晶。

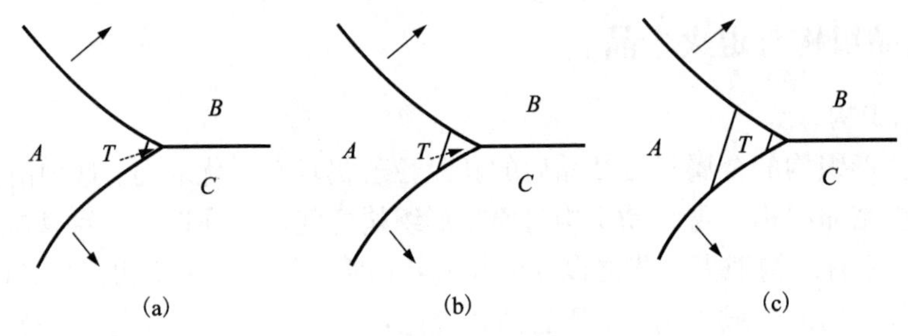

图 8-43　晶体生长时晶界角处退火孪晶的形成与长大示意图

复习思考与练习

(1)概念：屈服强度、抗拉强度、弹性模量、切变模量、包申格效应、弹性后效、临界分切应力、多滑移、交滑移、扭折、派-纳力、孪生、屈服现象、应变时效、回复、再结晶、织构组织、再结晶织构、残余应力、二次再结晶。

(2)试分别解释以下强化原理：固溶强化、细晶强化、弥散强化。

(3)为什么多晶体发生变形时会出现竹节状组织结构？

(4)理解影响固溶强化的主要因素。

(5)为何材料在拉伸或压缩过程中会发生屈服现象？

(6)试分析说明多晶与单晶材料在塑性变形中的异同。

(7)试举例说明材料在不同程度的塑性变形时对材料的宏观特征、内部组织和力学与物理性能的影响特征。

(8)试对比说明金属材料与陶瓷材料在变形过程中的特点。

(9)冷变形金属材料在加热过程中可能发生怎样的变化(微观组织、力学性质等)？

(10)结合本章知识，试阐述一种能制备纳米晶金属材料的方法。

第9章　固体中的扩散
(课件资源)

第 9 章　固体中的扩散

扩散是一个传质过程，扩散现象涉及材料制备、加工、改性、应用以及材料的物理化学性能的理解等所有环节与过程，比如离子晶体的导电、固溶体的形成、相变过程、固相反应、烧结、材料的表面涂层、材料的连结与封接、材料的侵蚀性等。扩散过程可以说是上述过程共同的一个基础问题。扩散现象与固体中原子的微观运动有关，因此，研究扩散问题有助于加强对晶体材料中原子微观运动的了解。通过本章的学习，不仅能帮助了解扩散相关的基本概念、扩散定律及其适用条件、扩散系数及扩散的微观机制、扩散驱动力，还能了解影响扩散系数的因素，以便分析解决与扩散相关的实际问题。利用扩散理论，不仅可从理论上了解和分析固体的结构、原子的结合状态以及固态相变的机理，而且可以对材料制备、加工及应用中的许多动力学过程进行有效控制。

9.1　扩散的概述

固体中原子(或离子)运动有两种不同的方式：大量原子集体的协同运动(或称机械运动)和原子无规则的热运动(其中包括热振动和跳跃迁移)。当某些原子(或离子)热运动具有足够高的能量时，便会离开原来的位置、跳向邻近的位置，在某些条件下就可能存在原子(或离子)定向迁移。这种由于物体中原子(或者其他微观粒子)的微观热运动所引起的宏观迁移现象称为扩散。

在气态和液态物质中，原子迁移可以通过对流和扩散两种方式进行。与扩散相比，对流要快得多。在固态物质中，扩散是原子迁移的唯一方式。流体中的扩散具有大速率和各向同性的特点，但固体中的扩散具有低扩散速率和各向异性特点：质点间相互作用强，质点迁移需要克服一定的势垒，如图 9-1 所示；质点的迁移方向、大小与晶格常数或晶体取向有关。

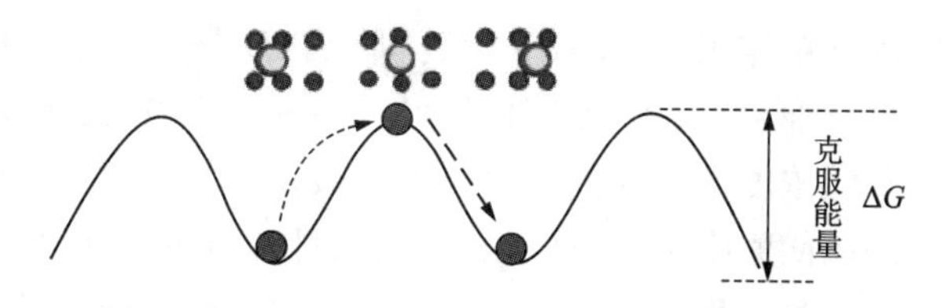

图 9-1　间隙原子扩散势场示意图

根据考察的角度不同，扩散可以按以下方式进行分类：

(1)按浓度均匀程度：有浓度差(浓度梯度)的空间扩散叫互扩散(化学扩散)；没有浓度

差的扩散叫自扩散。

(2)按扩散方向：由高浓度区向低浓度区的扩散叫顺扩散，又称下坡扩散；由低浓度区向高浓度区的扩散叫逆扩散，又称上坡扩散。

(3)按原子的扩散位置：在晶粒内部进行的扩散称为体扩散；在表面进行的扩散称为表面扩散；沿晶界进行的扩散称为晶界扩散。一般地，表面扩散和晶界扩散的扩散速度比体扩散要快得多，有时也称前两种情况为短路扩散(沿晶体中缺陷进行的扩散)。此外还有沿位错线的扩散，沿层错面的扩散等。

(4)是否生成新相：原子在扩散过程中由于固溶体过饱和而生成新相的扩散称为相变扩散或反应扩散。

当不存在外场时，晶体中粒子的迁移完全是由热振动引起的。只有在外场作用下，这种粒子的迁移才能形成定向的扩散流。也就是说，形成定向扩散流必须要有推动力。这种推动力通常是由浓度梯度提供的。但应指出，在更普遍情况下，扩散推动力包括化学位梯度、浓度梯度和应力梯度等。

在研究固体中的扩散时，会遇到以下几个概念：

(1)扩散通量：是指单位时间内通过单位横截面的粒子数，为矢量，用 $\boldsymbol{J}$ 表示，单位为粒子数/($s \cdot m^2$)。

(2)稳定扩散：是指在垂直扩散方向的任一平面上单位时间内通过该平面单位面积的粒子数是一定的，即任一点的浓度不随时间而变化。如图 9-2 所示，虽然各点的浓度不同，但每个位置点的浓度不随扩散时间的推移而改变。此时，扩散通量 $\boldsymbol{J}$ 为常数，或表示为 $\partial C/\partial t=0$(C 为某一位置点的浓度，t 为时间)。

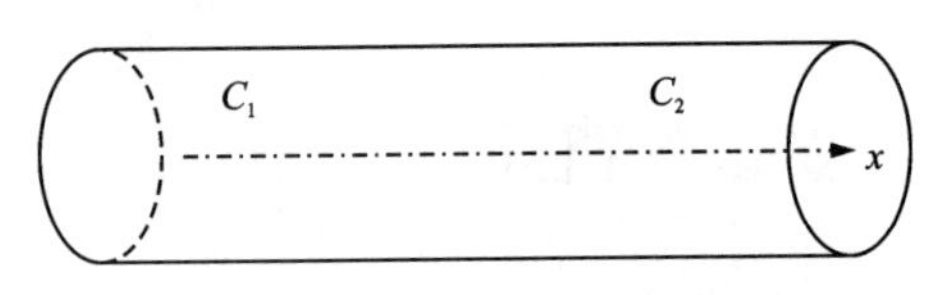

图 9-2　固体中扩散示意图

(3)不稳定扩散：是指扩散物质在扩散介质中的浓度随扩散时间而发生变化。扩散通量与位置有关。$\boldsymbol{J}$ 不是常数，即 $\partial C/\partial t\neq 0$。

9.2　扩散动力学方程

9.2.1　Fick 第一定律

如果考虑在恒温恒压下单相组成的单向扩散，那么传质是沿着浓度梯度(化学位梯度)减少的方向进行的。1858 年，菲克(Fick)参照傅里叶(Fourier)于 1822 年建立的导热方程获得了描述物质从高浓度区向低浓度区迁移的定量公式。假设有一横截面积为 A 的固溶体，其中各处的浓度均匀(图 9-2 中浓度 $C_1>C_2$，$\partial C/\partial x\neq 0$)；而且，扩散质点在固溶体中各处的浓度不随时间变化，即是稳定扩散过程，$\partial C/\partial t=0$ 和 $\partial J/\partial x=0$。在这种条件下，扩散推动力来自固溶体格点的浓度差，即浓度梯度。由此，Fick 第一定律指出，单位时间内通过垂直于扩散方向的单位面积上扩散的物质数量和浓度梯度成正比，可表示为：

$$J=-D\frac{\partial C}{\partial x} \tag{9-1}$$

式中：C 为单位体积内扩散物质的浓度；x 为扩散方向；J 为扩散通量(即单位时间内流过单位面积上的扩散量)；比例系数 D 称为扩散系数，通常用 cm^2/s 为单位，负号表示扩散流是朝着浓度降低的方向进行或者是表示粒子从高浓度向低浓度扩散。

Fick 第一定律与经典力学的牛顿第二运动定律($F=ma$)、量子力学的薛定谔方程一样，是被大量实验所证实的公理，是扩散理论的基础。式(9-1)是唯象的关系式，并不涉及扩散系统内部质点运动的微观过程。当$\partial C/\partial x=0$ 时，$J=0$，表明在浓度均匀的系统中，尽管质点的微观运动仍在进行，但是不会产生宏观的扩散现象。式(9-1)不仅适用于扩散系统的任何位置，而且适用于扩散过程的任一时刻。扩散系数反映了扩散系统的特性，并不仅仅取决于某一种组元的特性，而且适合于固体、液体和气体中原子的扩散。

事实上，严格的稳态扩散的情况很少见，有些扩散虽然不是稳态扩散，但只要原子浓度随时间的变化很缓慢，就可以按稳态扩散处理。

9.2.2　Fick 第二定律

实际中的绝大部分扩散属于非稳态扩散，这时系统中的浓度不仅与扩散距离有关，也与扩散时间有关。对于非稳态扩散，可以通过扩散第一定律和物质平衡原理两个方面加以解释。通过测定给定单位时间内体积单元中扩散物质流进和流出的流量差，就可以确定扩散过程中任一点的浓度随时间的变化情况。如图 9-3 所示，考虑两个相距为 dx 的单位平面，通过第一平面的流量为：

$$J_x=-D\frac{\partial C}{\partial x} \tag{9-2}$$

通过第二平面的流量为：

$$J_{x+\mathrm{d}x}=J_x+\frac{\partial J}{\partial x}\mathrm{d}x=-D\frac{\partial C}{\partial x}-\frac{\partial}{\partial x}\left(D\frac{\partial C}{\partial x}\right)\mathrm{d}x \tag{9-3}$$

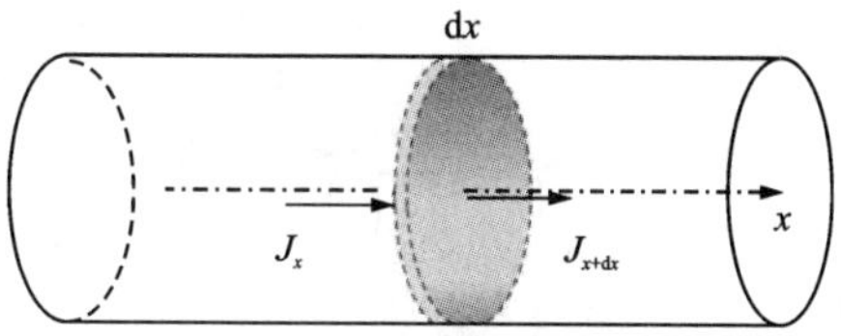

图 9-3　非稳态扩散过程示意图

式(9-3)与式(9-2)相减，得：

$$\frac{\partial J}{\partial x}=\frac{\partial}{\partial x}\left(D\frac{\partial C}{\partial x}\right) \tag{9-4}$$

因为流量随距离发生的变化$\partial J/\partial x$ 应等于在两平面之内扩散物质浓度随时间的变化$\partial C/\partial t$，所以得到 Fick 第二定律或称扩散第二定律：

$$\frac{\partial C}{\partial t}=\frac{\partial}{\partial x}\left(D\frac{\partial C}{\partial x}\right) \tag{9-5}$$

若 D 和浓度无关，可视作常数，式(9-5)可写成：

$$\frac{\partial C}{\partial t}=D\frac{\partial^2 C}{\partial x^2} \tag{9-6}$$

以上介绍的 Fick 定律是基于以一维扩散方向进行分析讨论的。在三维情况下，Fick 第二定律可写成以下形式：

$$\frac{\partial C}{\partial t}=\frac{\partial}{\partial x}\left(D_x\frac{\partial C}{\partial x}\right)+\frac{\partial}{\partial y}\left(D_y\frac{\partial C}{\partial y}\right)+\frac{\partial}{\partial z}\left(D_z\frac{\partial C}{\partial z}\right) \tag{9-7}$$

Fick 第二定律以微分形式给出了浓度与位置、时间的关系。针对不同的扩散问题，通过对上述微分方程求解，便可得到浓度与位置、时间之间的函数关系。

Fick 第一定律和 Fick 第二定律所针对和解决的扩散问题是不同的。对于浓度梯度固定不变的稳态扩散的条件，可应用 Fick 第一定律[式(9-1)]确定流量，如气体通过玻璃或陶瓷隔板而扩散就是这种情况。而对于浓度梯度随时间的变化的非稳态扩散问题，通过求解 Fick 第二定律[式(9-6)]可求得扩散介质中扩散物质的浓度 $C(x, t)$，它是位置和时间的函数。

9.2.3 扩散方程的应用举例

对于扩散的实际问题，一般需要求出穿过某一曲面(如平面、柱面、球面等)的通量 J，以解决单位时间通过该面的物质量 $dm/dt=AJ$ 或浓度分布 $C(x, t)$ 问题。

为此需要分别求解 Fick 第一定律及 Fick 第二定律。

(1)一维稳态扩散。

首先考虑浓度梯度不随时间而变的稳态扩散条件的情况。作为一个应用的实例，这里来讨论气体(如氢气)通过金属膜的渗透过程。

设金属膜两侧气压不变，是一个稳态扩散过程。如图 9-4(a)所示，金属膜的厚度为 δ，取 x 轴垂直于膜面，金属膜两边气压不变($p_2>p_1$)。氢气的扩散包括氢气吸附于金属膜表面，氢分子分解为原子、离子，以及氢离子在金属膜的扩散等过程。扩散一定时间后，金属膜中建立起稳定的浓度分布，如图 9-4(b)所示。

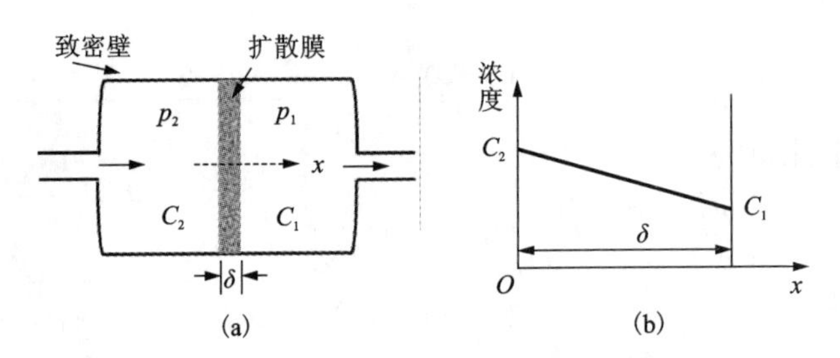

图 9-4 金属膜的一维稳态扩散示意图

金属膜两边任一表面上的浓度由气体在扩散膜中的溶解度确定。对于许多双原子气体(如氢气)，它们是作为两个独立的离子或原子($H_2 \rightarrow H+H$)而溶解的。设氢原子的浓度为 C，则平衡常数 $K=C^2/p$，即溶解度通常与压强的平方根成比例，浓度正比于压强的平方根($C=S\sqrt{p}$)。其中，S 为 Sievert 定律常数(即当压强 $p=1$ MPa 时金属表面的溶解度)。

达到稳态扩散的边界条件：

$$C|_{x=0} = C_2 = S\sqrt{p_2} \tag{9-8}$$

$$C|_{x=\delta} = C_1 = S\sqrt{p_1} \tag{9-9}$$

根据稳态扩散条件有：

$$\frac{\partial C}{\partial t} = D\frac{\partial^2 C}{\partial x^2} = 0$$

$$\text{即} \quad \frac{\partial C}{\partial x} = \text{constant} = a \tag{9-10}$$

对式(9-10)积分，可得

$$C(x)=ax+b \tag{9-11}$$

结合式(9-8)和式(9-9)，可得

$$\left.\begin{aligned} a&=\frac{C_2-C_1}{\delta}=\frac{S}{\delta}(\sqrt{p_1}-\sqrt{p_2}) \\ b&=C_1=S\sqrt{p_2} \end{aligned}\right\} \tag{9-12}$$

将式(9-12)代入式(9-11)得到

$$C(x)=x\frac{S}{\delta}(\sqrt{p_1}-\sqrt{p_2})+S\sqrt{p_2} \tag{9-13}$$

因此，单位时间的流量可以用压强表示为

$$J=-D\frac{\mathrm{d}C}{\mathrm{d}x}=-D\frac{S}{\delta}(\sqrt{p_1}-\sqrt{p_2}) \tag{9-14}$$

由此可以看出，只要扩散膜(如金属膜)两侧存在压力差，就会发生气体的扩散。对于气瓶罐，罐中气体在金属膜中的溶解度与气体压强有关，故金属膜两侧的气体压力容易测出。另外，气体扩散逸出与扩散系数成正比，与金属壁的厚度 δ 成反比。所以在实际中，为了减少氢气的渗漏现象，多采用气体扩散系数及溶解度较小的金属，以及尽量增加容器壁厚等。

(2)一维无限长物体的扩散。

无限长是相对于扩散区长度而言的，若一维扩散物体的长度大于扩散区长度，则可按一维无限长处理。由于固体的扩散系数 D 在很大的范围内($10^{-12}\sim10^{-2}\ \mathrm{cm^2/s}$)变化，因此这里所说的“无限长”并不等同于表观无穷长。

设 A、B 是两根成分均匀的等截面金属棒，某元素的浓度分别是 C_2、C_1。将两根金属棒焊接在一起，形成扩散偶。取焊接面为坐标原点，扩散方向沿 x 方向，如图 9-5 所示。

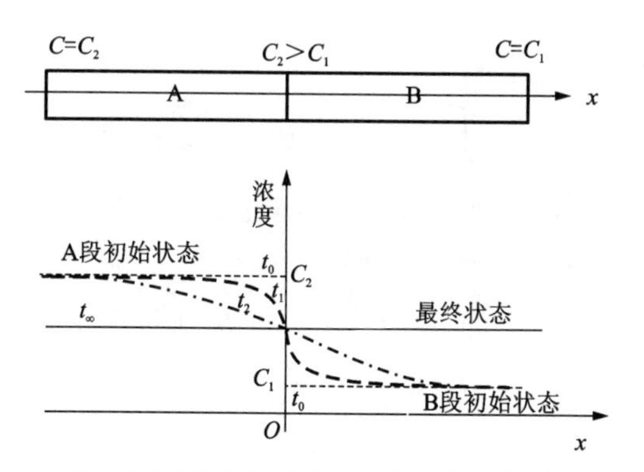

图 9-5　扩散偶及其不同时间的浓度分布示意图($t_2>t_1>t_0$)

扩散过程中原点的成分浓度发生变化，这属于非稳态扩散范畴。非稳态扩散方程的解，只能根据所讨论的初始条件和边界条件而定。过程的条件不同，方程的解也不同。考察扩散偶成分随时间沿长度方向的变化，可求解 Fick 第二定律。

列出扩散问题的初始条件和边界条件：

初始条件：$t=0$ 时，B 段的浓度为 $C=C_1$(在 $x>0$ 处)，A 段的浓度为 $C=C_2$(在 $x<0$ 处)。

边界条件：$t \geqslant 0$ 时，远离扩散偶接触位置，B 段的浓度为 $C=C_1(x=\infty)$；A 段的浓度为 $C=C_2(x=-\infty)$。

可求出经过时间 t 扩散之后，沿轴向方向的浓度分布，便可求出满足以上边界条件的 Fick 第二定律的解。

令 $\lambda=x/\sqrt{t}$，即 $x=\lambda\sqrt{t}$ 时，则有：

$$D\frac{\partial^2 C}{\partial x^2}=D\frac{\mathrm{d}^2 C}{\mathrm{d}\lambda^2}\left(\frac{\partial\lambda}{\partial x}\right)^2=D\frac{\mathrm{d}^2 C}{\mathrm{d}\lambda^2}\frac{1}{t} \tag{9-15}$$

$$\frac{\partial C}{\partial t}=\frac{\mathrm{d}C}{\mathrm{d}\lambda}\frac{\partial\lambda}{\partial t}=-\frac{\mathrm{d}C}{\mathrm{d}\lambda}\frac{x}{2t^{3/2}} \tag{9-16}$$

结合式(9-15)、式(9-16)和式(9-6)，可得：

$$\frac{\mathrm{d}C}{\mathrm{d}\lambda}\lambda=-2D\frac{\mathrm{d}^2 C}{\mathrm{d}\lambda^2} \tag{9-17}$$

令 $\mathrm{d}C/\mathrm{d}\lambda=A\exp(-\alpha\lambda^n)$，并假设 $\alpha=1/4D$、$n=2$，则式(9-17)右边可变为：

$$-2D\frac{\mathrm{d}^2 C}{\mathrm{d}\lambda^2}=-2DA[-\alpha n\lambda^{n-1}]\exp(-\alpha\lambda^n)=A\lambda\exp\left(-\frac{\lambda^2}{4D}\right) \tag{9-18}$$

代入式(9-17)，得：

$$\frac{\partial C}{\partial t}=A\exp\left(-\frac{\lambda^2}{4D}\right) \tag{9-19}$$

将式(9-18)和式(9-19)两边积分，且令 $\beta=\lambda/2\sqrt{D}=x/2\sqrt{Dt}$，可得到：

$$\begin{aligned}C&=A\int_0^{\lambda}\exp\left(-\frac{\lambda^2}{4D}\right)\mathrm{d}\lambda+B=A\cdot 2\sqrt{D}\int_0^{\beta}\exp(-\beta^2)\,\mathrm{d}\beta+B\\&=A'\int_0^{x/2\sqrt{Dt}}\exp(-\beta^2)\,\mathrm{d}\beta+B\end{aligned} \tag{9-20}$$

根据高斯误差积分：

$$\int_0^{\infty}\exp(-\beta^2)\,\mathrm{d}\beta=\frac{\sqrt{\pi}}{2} \tag{9-21}$$

应用初始条件，$t=0$ 时，$x>0$，则 $C=C_1$，$\beta=\infty$；$x<0$，则 $C=C_2$，$\beta=-\infty$。

于是，由式(9-20)可得：

$$\left.\begin{aligned}C_1&=A'\sqrt{\pi}/2+B\\C_2&=-A'\sqrt{\pi}/2+B\end{aligned}\right\} \tag{9-22}$$

由此可得：

$$\left.\begin{aligned}A'&=-\frac{C_2-C_1}{2}\frac{2}{\sqrt{\pi}}\\B&=\frac{C_2+C_1}{2}\end{aligned}\right\} \tag{9-23}$$

将式(9-23)代入式(9-20)，得到：

$$C=\frac{C_2+C_1}{2}-\frac{C_2-C_1}{2}\frac{2}{\sqrt{\pi}}\int_0^{x/2\sqrt{Dt}}\exp(-\beta^2)\,\mathrm{d}\beta$$

$$= \frac{C_2 + C_1}{2} - \frac{C_2 - C_1}{2}\mathrm{erf}\left(\frac{x}{2\sqrt{Dt}}\right) \tag{9-24}$$

这就是扩散偶中不同位置在不同时间的浓度分布。假设 B 金属棒的初始浓度 $C_1 = 0$，则式(9-24)可写成：

$$C = \frac{C_2}{2}\left[1 - \mathrm{erf}\left(\frac{x}{2\sqrt{Dt}}\right)\right] = \frac{C_2}{2}[1 - \mathrm{erf}(\beta)] \tag{9-25}$$

式中：erf(β)是高斯误差函数，其数值如表 9-1 所示。

表 9-1　不同 $\beta = x/2\sqrt{Dt}$ 值的高斯误差函数 erf(β)值

β	erf(β)	β	erf(β)	β	erf(β)
0.0	0.0000	0.7	0.6778	1.4	0.9523
0.1	0.1125	0.8	0.7421	1.5	0.9661
0.2	0.2227	0.9	0.7969	1.6	0.9763
0.3	0.3286	1.0	0.8247	1.7	0.9838
0.4	0.4284	1.1	0.8802	1.8	0.9891
0.5	0.5205	1.2	0.9103	1.9	0.9928
0.6	0.6039	1.3	0.9340	2.0	0.9953

式(9-24)的使用方法：

①给定扩散系统，已知扩散时间 t，可求出浓度分布曲线 $C(x, t)$。具体的方法是查表求出扩散系数 D，由 D、t 以及确定的 x 求出 β，查表求出 erf(β)，代入式(9-25)求出 $C(x, t)$。

②已知某一时刻 $C(x, t)$的曲线，求出不同浓度下的扩散系数。具体的方法是由 $C(x, t)$计算出 erf(β)，查表求出 β，t、x 已知，利用 $\beta = x/2\sqrt{Dt}$ 可求出扩散系数 D。

③根据该式，可以确定扩散开始以后焊接面处的浓度，即当 $t>0$、$x=0$ 时，$\beta=0$，$C_0 = (C_1+C_2)/2$，这表明界面浓度为扩散偶原始浓度的平均值，该值在扩散过程中一直保持不变。

④在任意时刻，浓度曲线都相对于 $x=0$，$C_0 = (C_1+C_2)/2$ 中心对称。随着时间的延长，浓度曲线逐渐变得平缓，当 $t\to\infty$ 时，扩散偶各点浓度均达到均匀浓度$(C_1+C_2)/2$。

⑤扩散的抛物线规律：由该式看出，如果要求距焊接面为 x 处的浓度达到 C，则所需要的扩散时间可由 $x = K\sqrt{Dt}$ 计算，其中 K 是与晶体结构有关的常数，即原子的扩散距离与时间呈抛物线关系。许多扩散型相变的生长过程也满足这种关系。

(3)半无限长物体的扩散。

在实际中常需探讨的是一种扩散进入半无限固体或液体时的边界条件，即在扩散方向上这种固体或液体的尺寸与扩散深度相比大得多。化学热处理是工业生产中常见的热处理工艺，它是将零件置于化学活性介质中，在一定温度下通过活性原子由零件表面向内部扩散，从而改变零件表层的组织、结构及性能。比如钢的渗碳就是经常采用的化学热处理工艺，它可以显著提高钢的表面强度、硬度和耐磨性，在生产中应用广泛。渗碳时，活性炭原子附在零件表面上，然后向零件内部扩散，这就相当于无限长扩散偶中的一根金属棒，因此叫作半无限长。

可以考虑开始时组成是均匀的，时间为零时，表面就有了某一表面浓度 C_s，并且在整个过程中该表面浓度保持不变。这种扩散问题被称为恒定源半无限介质扩散问题，相应的例子如本征半导体硅单晶片利用 B_2O_3 或 BCl_3 在高温下将硼扩散进去的过程。

其特点是在 t 时间内，试样表面扩散组元 A 的浓度 C_s 维持为常数，试样中 A 组元的原始浓度为 C_0，如图 9-6 所示。初始、边界条件应为：

初始条件：$t=0$，在 $x>0$ 处，$C=C_0$。

边界条件：$t \geqslant 0$，在 $x=\infty$ 处，$C=C_0$；在 $x=0$ 处，$C=C_s$。

当 $t \geqslant 0$ 时，在 $x=0$ 处，$C=C_s$，则在一段时间后，扩散物质的浓度分布由以下关系式给出：

$$C(x,\ t)=C_0+(C_s-C_0)\left[1-\operatorname{erf}\left(\frac{x}{2\sqrt{Dt}}\right)\right] \tag{9-26}$$

若试样为纯材料，即 $C_0=0$，则式(9-26)简化为：

$$C(x,\ t)=C_s\left[1-\operatorname{erf}\left(\frac{x}{2\sqrt{Dt}}\right)\right] \tag{9-27}$$

由式(9-26)和式(9-27)可以看出，扩散深度与时间的关系同样满足抛物线规律。

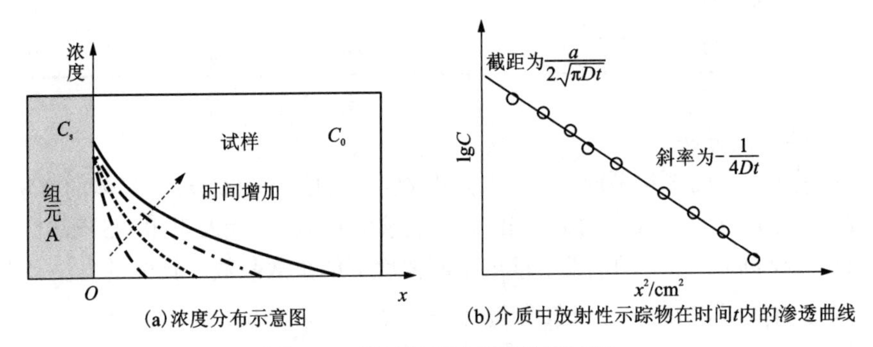

(a)浓度分布示意图　　(b)介质中放射性示踪物在时间t内的渗透曲线

图 9-6　半无限长物体的扩散过程

测量物质扩散系数的大多数实验技术是在基质材料上涂敷放射性材料的薄膜上进行的。如果在时间 Δt 时，放射性示踪物扩散进入半无限介质中的总量恒为 a(起始条件：$|x|>0$ 处，$t=0$，$C=0$)，则 Fick 定律的薄膜解为：

$$C(x,\ t)=\frac{a}{2\sqrt{\pi Dt}}\exp\left(\frac{-x^2}{4Dt}\right) \tag{9-28}$$

测量从表面到不同深度放射性原子的浓度，由式(9-28)的函数关系可直接求得扩散系数(图 9-6)。这个扩散问题也被称为有限源半无限介质的扩散问题。

9.3　扩散微观理论与扩散机制

扩散第一及第二定律及其在各种条件下的解反映了原子扩散的宏观规律，这些规律为解决许多与扩散有关的实际问题奠定了基础。在扩散定律中，扩散系数是衡量原子扩散能力非常重要的参数，到目前为止它还是一个未知数。为了求出扩散系数，首先要建立扩散系数与扩散的其他宏观量和微观量之间的联系，这是扩散理论的重要内容。

事实上，宏观扩散现象是微观中大量原子的无规则跳动的统计结果。从原子的微观跳动出发，本节将重点研究扩散的原子理论、扩散的微观机制以及微观理论与宏观现象之间的联系等内容。

9.3.1　扩散与原子跳动

晶体中原子在跳动时并不是沿直线迁移，而是呈折线的随机跳动(就像布朗运动那样)。首先在晶体中选定一个原子，在一段时间内，这个原子差不多都在自己的位置上振动着，只有当它的能量足够高时，才能发生跳动，即从一个位置跳向相邻的下一个位置。在一般情况下，每一次原子的跳动方向和距离可能不同，因此用原子的位移矢量表示原子的每一次跳动是很方便的。

设原子在 t 时间内总共跳动了 n 次，每次跳动的位移为 r_i，则原子从始点出发，经过 n 次随机的跳动到达终点时的净位移矢量 R_n 应为每次位移矢量之和。

经分析可得扩散的宏观位移量 R_n 与原子的跳动频率 f、跳动距离 r 等微观量之间的关系为：

$$\sqrt{\overline{R_n^2}} = \sqrt{ft} \cdot r \tag{9-29}$$

由此可知，大量原子的微观跳动决定了宏观扩散距离，而扩散距离又与原子的扩散系数有关，故原子跳动与扩散系数间存在内在的联系。在晶体中考虑两个相邻的并且平行的晶面，如图 9-7 所示。由于原子跳动的无规则性，溶质原子既可由晶面 1 跳向晶面 2，也可由晶面 2 跳向晶面 1。设溶质原子在晶面 1 和晶面 2 处的面密度分别是 n_1 和 n_2，两晶面的距离为 d，原子的跳动频率为 f，跳动概率无论是由晶面 1 跳向晶面 2，还是由晶面 2 跳向晶面 1 都为 P。

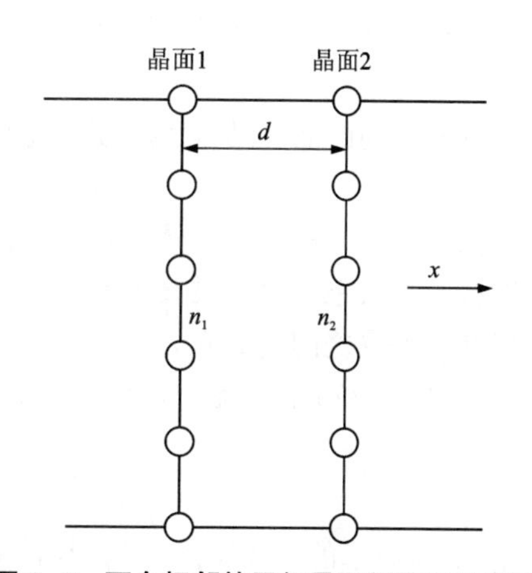

图 9-7　两个相邻的平行晶面间原子示意图

原子的跳动概率 P 的含义：如果在晶面 1 上的原子向其周围近邻的可能跳动的位置总数为 n，其中只向晶面 2 跳动的位置数为 m，则 $P=m/n$。譬如，在简单立方晶体中，原子可以向六个方向跳动，但只向 x 轴正方向跳动的概率 $P=1/6$。

在 Δt 时间内，在单位面积上由晶面 1 跳向晶面 2 或者由晶面 2 跳向晶面 1 的溶质原子数分别为：

$$\begin{aligned} N_{1\to 2} &= n_1 P f \Delta t \\ N_{2\to 1} &= n_2 P f \Delta t \end{aligned} \tag{9-30}$$

若 $n_1>n_2$，则晶面 1 跳向晶面 2 的原子数大于由晶面 2 跳向晶面 1 的原子数，产生溶质原子的净传输为：

$$N_{1\to 2} - N_{2\to 1} = (n_1 - n_2) P f \Delta t \tag{9-31}$$

按扩散通量的定义，可以得到：

$$J=(n_1-n_2)Pf \tag{9-32}$$

现将溶质原子的面密度转换成体积浓度，设溶质原子在晶面 1 和晶面 2 处的体积浓度分别为 C_1 和 C_2，则：

$$\left.\begin{aligned} C_1 &= \frac{n_1}{1\times d}=\frac{n_1}{d} \\ C_2 &= \frac{n_2}{1\times d}=C_1+\frac{\partial C}{\partial x}\cdot d \end{aligned}\right\} \tag{9-33}$$

$$\left.\begin{aligned} n_1 &= C_1 d \\ n_2 &= C_1 d+\frac{\partial C}{\partial x}d_2 \end{aligned}\right\} \tag{9-34}$$

式(9-33)中 C_2 相当于以晶面 1 的浓度 C_1 作为标准，如果改变单位距离引起的浓度变化为$\partial C/\partial x$，那么改变 d 距离的浓度变化则为$(\partial C/\partial x)d$，由此可得：

$$n_1-n_2=-\frac{\partial C}{\partial x}\cdot d^2 \tag{9-35}$$

将式(9-35)代入式(9-32)，则：

$$J=-d^2Pf\frac{\partial C}{\partial x} \tag{9-36}$$

与扩散第一方程比较，得原子的扩散系数：

$$D=d^2Pf \tag{9-37}$$

对于不同的晶体结构，扩散系数可以写成一般形式：

$$D=\delta a^2 f \tag{9-38}$$

式中：δ、d 和 P 取决于晶体结构的几何因子；a 为晶格常数；f 除了与晶体结构有关外，还与温度有较大关系。其重要意义在于，建立了扩散系数与原子的跳动频率、跳动概率以及晶体几何参数等量之间的关系。

将式(9-37)中的跳动频率 f 代入式(9-29)，则：

$$\sqrt{\overline{R_n^2}}=\frac{r}{d\sqrt{P}}\cdot\sqrt{Dt}=K\sqrt{Dt} \tag{9-39}$$

式中：r 为原子的跳动距离；d 为与扩散方向垂直的相邻平行晶面之间的距离，也就是 r 在扩散方向上的投影值；$K=r/d\sqrt{P}$ 为取决于晶体结构的几何因子。式(9-39)表明，由微观理论导出的原子扩散距离与时间的关系与宏观理论得到的结果 $x=K\sqrt{Dt}$ 完全一致。

9.3.2 扩散的微观机制

与气体、液体一样，固体中的质点也因热运动而不断地发生混合。不同的是，由于固体中质点间有很大的束缚力，质点迁移时必须克服一定势垒，所以混合的过程十分缓慢。但是由于存在热起伏，所以质点的能量状态服从玻耳兹曼分布，在 0 K 以上，总有一些质点能够获得从一个晶格平衡位置跳跃过势垒 ΔH(扩散活化能)迁移到另一个平衡位置的能力，使扩散得以进行。固体中具有能跃过势垒的质点数目随温度升高而迅速增加，扩散活化能的大小与晶体结构、质点迁移方式等因素有关。

人们通过理论分析和实验研究试图建立起扩散的宏观量和微观量之间的内在联系，由此提出了各种不同的扩散机制，这些机制具有各自的特点和适用范围。

(1)直接换位机制。

这是一种较早提出的扩散模型。该模型是通过相邻原子间直接调换位置的方式进行扩散的。如图 9-8 所示，在纯组元或者置换固溶体中，有两个相邻的原子 A 和 B[图 9-8(a)]，这两个原子采取直接互换位置的方式进行迁移[图 9-8(b)]，当两个原子相互到达对方的位置后，迁移过程结束[图 9-8(c)]。

可以看出，原子在换位过程中，势必要推开周围的原子以让出路径，结果引起很大的点阵膨胀畸变。原子按这种方式迁移的能垒太高，可能性不大，到目前为止尚未得到实验的证实。

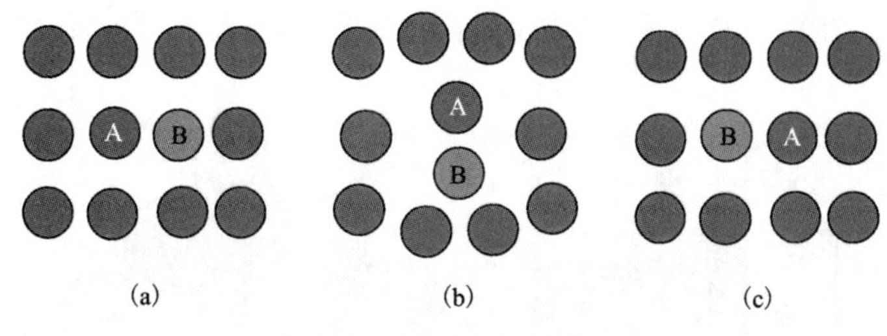

图 9-8　直接换位扩散模型

(2)环形换位扩散。

为了降低原子扩散的能垒，曾考虑有 n 个原子参与换位，如图 9-9 所示。这种换位方式称为 n-换位或称环形换位。图 9-9(a)和图 9-9(b)分别给出了面心立方结构中原子的 3-换位和 4-换位模型，参与换位的原子是面心原子；图 9-9(c)给出了体心立方结构中原子的 4-换位模型，它是由两个顶角和两个体心原子构成的换位环。

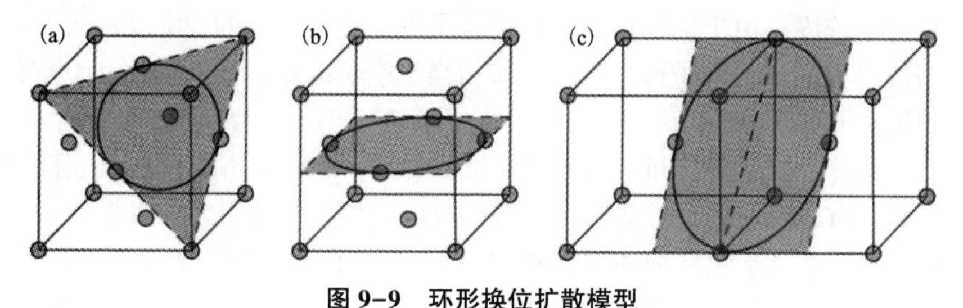

图 9-9　环形换位扩散模型

环形换位时原子经过的路径呈圆形，对称性比 2-换位高，引起的点阵畸变小，扩散的能垒降低。环形换位机制只有在特定条件下才能发生，一般情况下它们仅仅是后续将要讲述的间隙扩散和空位扩散的补充。

(3)间隙扩散。

如果晶体结构的间隙或扩散质点的大小适合于使质点从正常位置移动到间隙位置，如形成弗伦克尔缺陷，则这种扩散方式是质点迁移的一种有效机制。该机制适合于间隙固溶体中间隙原子的扩散，这一机制已被大量实验所证实。在间隙固溶体中，尺寸较大的溶剂原子构成了固定的晶体点阵，而尺寸较小的间隙原子处在点阵的间隙中。由于固溶体中间隙位置数目较多，而间隙原子数量又很少，则意味着任意一个间隙原子周围几乎都是间隙位置，这就为间隙原子的扩散提供了必要的结构条件。当某个间隙原子具有较高的能量时，就会从一个间隙位置跳向相邻的另一个间隙位置，从而发生间隙原子的扩散。

图 9-10(a)给出了面心立方结构中八面体间隙中心的位置(图中用“×”表示)，图 9-10(b)是结构中(001)晶面上的原子排列。如果间隙原子由间隙 1 跳向间隙 2，则必须同时推开沿途两侧的溶剂原子 3 和 4，引起点阵畸变；当它正好迁移至 3 和 4 原子的中间位置时，引起的点阵畸变最大，畸变能也最大。畸变能是原子迁移的主要阻力。

准间隙扩散机制，也称为推填式扩散机制，这个机制是填隙原子从它的间隙位置移动到点阵位置，而把点阵上的原子挤出，使其离开点阵位置，进入一个新的间隙位置。据研究，这种间隙扩散机制派生的迁移方式在少数的晶体(如 UO_2)中是有可能发生的。

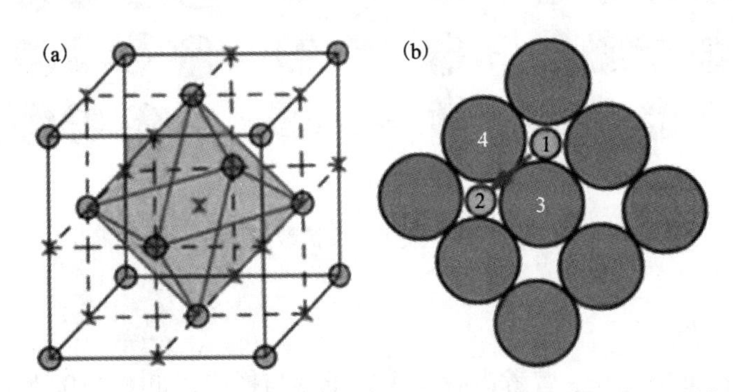

图 9-10　面心立方结构中八面体间隙及(001)晶面的间隙扩散模型

(4)空位扩散。

由空位扩散过程引起的扩散速度取决于原子从正常点阵位置移动到空位的难易程度，同时也取决于空位的浓度。由于空位扩散机制在能量上是比较有利的，所以被认为是引起原子迁移的最普遍的过程之一。原子通过空位迁移相当于空位向相反的方向移动。空位扩散与晶体中的空位浓度有直接关系。

在置换固溶体中，由于溶质和溶剂原子的尺寸都较大，原子不太可能处在间隙中通过间隙进行扩散，而是通过空位进行扩散的。空位扩散机制适合于纯组元的自扩散和置换固溶体中原子的扩散，甚至在离子化合物和氧化物中也起主要作用，这种机制也已被实验所证实。晶体在一定温度下总存在一定数量的空位，温度越高，空位数量越多。因此，在较高温度下，任一原子周围都有可能出现空位，这便为原子扩散创造了结构上的有利条件。

图 9-11 给出了面心立方晶体中原子的扩散过程。图 9-11(a)是(111)面的原子排列，如果在该面上的位置 4 出现一个空位，则其近邻的位置 3 的原子就有可能跳入这个空位。图 9-11(b)能更清楚地反映出原子跳动时周围原子的相对位置变化。在原子从(100)面的位置 3 跳入(010)面的空位 4 的过程中，当迁移到$(\bar{1}10)$(图 9-11 中 1-2-5 原子组成)面时，它要同时推开 1、2、5、6 这 4 个近邻原子。如果原子直径为 d，则可以计算出 1 和 2 原子间的间隙是 $0.73d$。因此，直径为 d 的原子通过 $0.73d$ 的间隙需要足够的能量去克服间隙周围原

子的阻碍，并且引起间隙周围的局部点阵畸变。

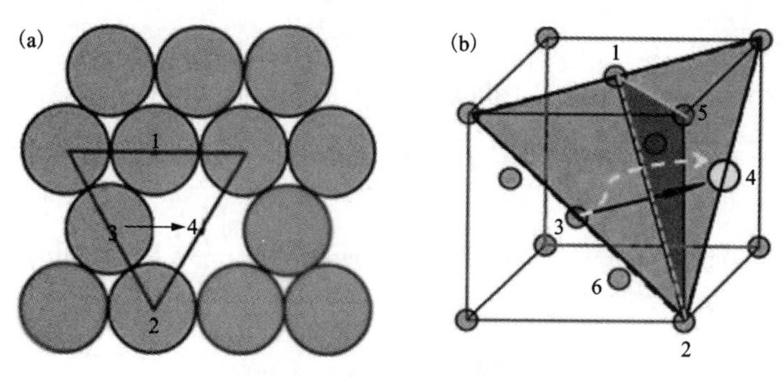

图 9-11　面心立方晶体的空位扩散机制

晶体结构越致密或者扩散原子的尺寸越大，引起的点阵畸变越大，扩散激活能也越大。当原子通过空位扩散时，原子跳过自由能垒需要能量，形成空位也需要能量，使得空位扩散激活能比间隙扩散激活能大得多。

上述扩散机制表明，即使不存在外场时，晶体中的质点也会因热起伏而引起无规则的非定向的迁移。而当存在外场作用，比如浓度场作用时，这种质点的迁移就会形成定向的扩散流，即形成定向扩散流需要有定向推动力。一般情况下，这一推动力即是扩散物质的浓度梯度。但应指出的是，在更普遍的情况下，宏观扩散的推动力应该是系统中存在的化学位梯度。

9.4　扩散系数

扩散系数与扩散机构、扩散介质及外部条件(如温度)等因素有关，因此可以认为扩散系数是物质的一个物性指标，了解扩散系数就是对晶体中扩散的本质的了解。

9.4.1　扩散系数的热力学关系式

在 Fick 第一定律和第二定律中，扩散动力都是用浓度梯度表示的。爱因斯坦最早提出的观点是在一个扩散着的原子上作用着一个虚力，这个虚力是化学势或偏摩尔自由能的负梯度($-\mathrm{d}\mu_i/\mathrm{d}x$)。在该化学势梯度的作用力下，该种原子的平均迁移速度 V_i 为：

$$V_i = -B_i \frac{\mathrm{d}\mu_i}{\mathrm{d}x} \tag{9-40}$$

其中比例系数 B_i 称为淌度。该组分的扩散通量 J_i 应等于该组分浓度 C_i 乘以 V_i。由此得到用化学势梯度概念描述扩散的一般方程式：

$$J_i = C_i V_i = -C_i B_i \frac{\mathrm{d}\mu_i}{\mathrm{d}x} \tag{9-41}$$

若化学势不受外场作用，仅是系统温度与组成活度的函数，则式(9-41)可写成：

$$J_i = -C_i B_i \frac{\partial \mu_i}{\partial C_i} \frac{\partial C_i}{\partial x} \tag{9-42}$$

将式(9-42)与式(9-1)比较可得扩散系数 D_i：

$$D_i = C_i B_i \frac{\partial\mu_i}{\partial C_i} \tag{9-43}$$

因为 $C_i/\partial C_i = 1/\partial \ln C_i$，$C_i/C = N_i$，$\mathrm{dln}C_i = \mathrm{dln}N_i$，所以式(9-43)成为：

$$D_i = B_i \frac{\partial\mu_i}{\partial \ln N_i} \tag{9-44}$$

又因为 $\mu_i = \mu^0(Tp) + RT\ln a_i - \mu^0(Tp) + RT(\ln N_i + \ln\gamma_i)$ 和 $\frac{\partial\mu_i}{\partial \ln N_i} = RT(1 + \partial\ln\gamma_i/\partial\ln N_i)$，所以式(9-44)成为：

$$D_i = RTB_i(1 + \partial\ln\gamma_i/\partial\ln N_i) \tag{9-45}$$

式(9-45)即是扩散系数的一般热力学关系式，式中括号项称为热力学因子。对于理想混合体系，活度系数 $r_i = 1$，所以 $D_i = RTB_i$。对于非理想混合体系可以存在两种情况：一是 $(1+\partial\ln\gamma_i/\partial\ln N_i) > 0$，所以 $D_i > 0$，称为正扩散或正常扩散，此时扩散流的方向与浓度梯度方向一致，即由高浓度处流向低浓度处，扩散的结果是趋于均匀化；二是 $(1+\partial\ln\gamma_i/\partial\ln N_i) < 0$，此时 $D_i < 0$，称为逆扩散或爬坡扩散，这种情况下扩散的结果是使溶质偏析或分相。

由上述用化学势梯度作为扩散的一般推动力的讨论可以看到，化学势梯度和浓度可以是一致的，也可以是不一致的。一切影响扩散的外场(浓度场、电场、磁场、温度场、应力场等)都可以统一于化学势梯度中，且仅当化学势梯度为零时，系统扩散方可达到平衡。

9.4.2 无序扩散系数

在讨论扩散机制及其数学表达式之前，先讨论一个比较简单的一维随机扩散过程的情况，以获得扩散系数的近似值，这个值与跃迁频率和跃迁距离有关，且不必考虑其扩散机制的细节。设晶体沿 x 轴具有一个组成梯度，原子沿 x 轴方向向左或向右移动时，每次跳跃的距离为 d(参考图 9-7)。将某两个相邻的点阵面分别记为 1 和 2，这两个面相距为 r。在平面 1 的单位面积上扩散的溶质原子数为 n_1，平面 2 上为 n_2。跃迁频率 f 是一个原子每秒内离开该平面的跳跃次数的平均值。因此，在 δt 时间内跃出平面 1 的原子数为 $n_1 f \cdot \delta t$，其中一半原子数跃迁到右边的平面 2 上，另一半则跃迁到左边平面上。同样，在时间间隔 δt 内从平面 2 跃迁到平面 1 的原子数为 $n_2 f \cdot \delta t/2$，由此得出单位时间内从平面 1 到平面 2 的流量为：

$$J = \frac{1}{2}(n_1 - n_2)f \tag{9-46}$$

参考式(9-33)可知，$n_1/d = c_1$，$n_2/d = c_2$ 和 $(c_1 - c_2)/d = -\partial c/\partial x$，则 $n_1 - n_2 = -d^2\frac{\partial c}{\partial x}$。

因此流量为：

$$J = -\frac{1}{2}d^2 f\frac{\partial c}{\partial x} \tag{9-47}$$

把扩散系数写成如下形式：

$$D = \frac{1}{2}d^2 f \tag{9-48}$$

则式(9-47)和 Fick 第一定律[式(9-1)]相同。若跳跃发生在三个方向，上述值将减少为三分之一，则严格推导的三维无规行走过程给出的扩散系数为：

$$D = \frac{1}{6}d^2 f \tag{9-49}$$

上述这个结果对随机扩散过程是精确的，而且在全过程中没有能导致择优方向扩散的因素或驱动力，原子的每次跃迁和上一次跃迁没有制约关系，跃迁完全是无规的。这种状况下求得的扩散系数即为随机扩散的扩散系数，将其记作 D_r。

9.4.3　原子自扩散系数

对于晶体中实际原子的扩散，必须结合具体的晶体结构以及不同的扩散机制(空位或间隙)等进行分析。晶体中的质点在其晶格平衡位置进行热振动，振动过程中就可能从一个平衡位置迁移到另一个平衡位置，这种质点的自身迁移成为"自扩散"。下面讨论原子通过空位机制进行扩散的情况。在空位机制中，r 是空位与邻近结点原子的距离，亦即邻近晶格结点之间的距离，结点原子跃迁到空位的频率 f 与原子的振动频率 ν_0 成正比。但在实际上，原子在振动中只有获得了大于一定值的能量(即 ΔG_m 值)时才能成功跃迁，该 ΔG_m 值等于原子从一个结点跳到下一个结点之间能量势垒的高度，如图 9-12 所示。然而，即使原子能够获得 ΔG_m 的能量，如果邻近的结点上无空位，也不能跃迁，即跃迁概率不仅与能量的玻耳兹曼分布有关，而且与邻近的空位概率也就是与体系内空位的浓度 N_V 成正比。因而原子跃迁的概率为：

$$f = AN_V\nu = A\nu_0 N_V \exp\left(-\frac{\Delta G_m}{RT}\right) \tag{9-50}$$

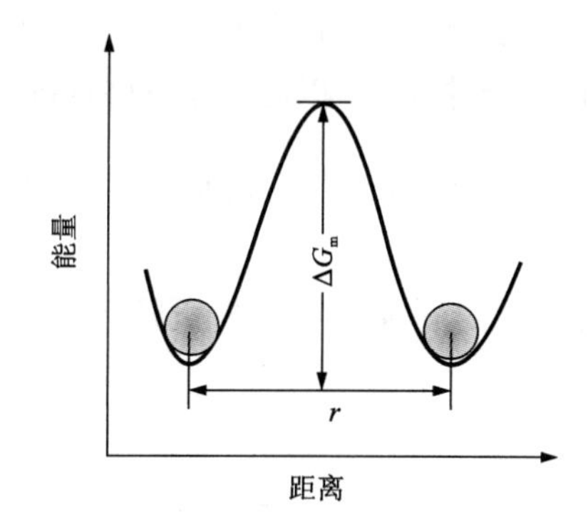

图 9-12　原子扩散的势垒

此处，A 是一个与晶体结构和扩散机构有关的常数。将式(9-50)代入式(9-49)就得到了原子通过空位机制进行扩散时的扩散系数：

$$D = \frac{1}{6}Ar^2\nu_0 N_V \exp\left(-\frac{\Delta G_m}{RT}\right) \tag{9-51}$$

对于间隙机制，也同样可以导出扩散系数：

$$D = \frac{1}{6}Ar^2\nu_0 N_I \exp\left(-\frac{\Delta G_m}{RT}\right) \tag{9-52}$$

式中：N_I 为体系内间隙原子存在的概率，即浓度。

假定空位来自 Frenkel 缺陷，对于单质晶体而言，$N_V = \exp\left(-\frac{\Delta G_f}{2RT}\right)$，则式(9-40)可写成以下形式：

$$\begin{aligned} D &= \frac{1}{6}Ar^2\nu_0 \exp\left(-\frac{\Delta G_f}{2RT}\right)\exp\left(-\frac{\Delta G_m}{RT}\right) \\ &= \frac{1}{6}Ar^2\nu_0 \exp\left(\frac{\Delta S_f/2 + \Delta S_m}{R}\right)\exp\left(-\frac{\Delta H_f/2 + \Delta H_m}{RT}\right) = D_0\exp\left(-\frac{Q}{RT}\right) \end{aligned} \tag{9-53}$$

式(9-53)中第二个等式中的前半项 $D_0=\frac{1}{6}Ar^2\nu_0\exp\left(\frac{\Delta S_f/2+\Delta S_m}{R}\right)$，称为原子自扩散频率因子；$Q=\frac{\Delta H_f}{2}+\Delta H_m$，称为扩散活化能。在这里，扩散活化能由两项组成，一项是缺陷形成所需要的能量，另一项是原子迁移所需要的能量。

下面以体心立方单质晶体中通过空位机制进行扩散的原子自扩散系数为例来进一步说明。体心立方中每个原子的配位数(即每个原子邻近的有可能跃迁的位置数)为 8，亦即公式(9-50)中的 A 值；原子的跃迁自由程为原子间距 $r(r=\sqrt{3}a_0/2)$。假定空位来自肖特基缺陷，$N_V=\exp\left(-\frac{\Delta G_s}{RT}\right)$，则原子自扩散系数为：

$$D=\frac{1}{6}\times 8\times\left(\frac{\sqrt{3}}{2}a_0\right)^2\nu_0\exp\left(-\frac{\Delta G_s}{RT}\right)\exp\left(-\frac{\Delta G_m}{RT}\right)$$
$$=a_0^2\nu_0\exp\left(\frac{\Delta S_s+\Delta S_m}{R}\right)\exp\left(-\frac{\Delta H_s+\Delta H_m}{RT}\right) \qquad (9-54)$$

对于原子通过间隙机制进行扩散的情况，以 CaF_2 晶体中 F^- 的扩散为例进行说明。在 CaF_2 晶体中，Ca^{2+} 以面心立方格点排列，其中 F^- 占据了所有的四面体间隙位置，而八面体间隙全部未被占据，所以易形成 F^- 的间隙离子，其缺陷浓度为 $[F_i']=\exp\left(-\frac{\Delta G_f}{2RT}\right)$，间隙 F^- 的扩散自由程为 $\frac{\sqrt{2}}{2}a_0$，每个 F^- 可跃迁的位置数为 12，则：

$$D=\frac{1}{6}\times 12\times\left(\frac{\sqrt{2}}{2}a_0\right)^2\nu_0\exp\left(-\frac{\Delta G_f}{2RT}\right)\exp\left(-\frac{\Delta G_m}{RT}\right)$$
$$=a_0^2\nu_0\exp\left(\frac{\Delta S_f/2+\Delta S_m}{R}\right)\exp\left(-\frac{\Delta H_f/2+\Delta H_m}{RT}\right) \qquad (9-55)$$

9.4.4 原子互扩散——Kirkendall 效应

在间隙固溶体中，间隙原子尺寸比溶剂原子小得多，可以认为溶剂原子不动，而间隙原子在溶剂晶格中扩散，此时运用扩散第一及第二定律去分析间隙原子的扩散是完全正确的。但是，在置换固溶体中，组成合金的两组元的尺寸差不多，它们的扩散系数虽然不同，但是又相差不大，因此两组元在扩散时必然会相互产生影响。

柯肯达尔(Kirkendall)于 1947 年首先用实验验证了置换型晶体中溶质原子与溶剂原子之间的互扩散过程。图 9-13(a)为 Kirkendall 实验示意图。在长方形的 α 黄铜(Cu-30%Zn)表面敷上很细的 Mo 丝(或其他高熔点金属丝)，再在其表面镀上一层铜，这样将 Mo 丝完全夹在铜和黄铜中间，构成铜-黄铜扩散偶。Mo 丝熔点高，在扩散温度下不扩散，仅作为界面运动的标记。将制备好的扩散偶加热至 785℃保温不同时间，观察铜和锌原子越过界面发生互扩散的情况。

实验结果发现，随着保温时间的延长，Mo 丝(即界面位置)向内发生了微量漂移，1 d 以后，漂移了 0.0015 cm，56 d 后，漂移了 0.0124 cm，界面的位移量与保温时间的平方根成正比。

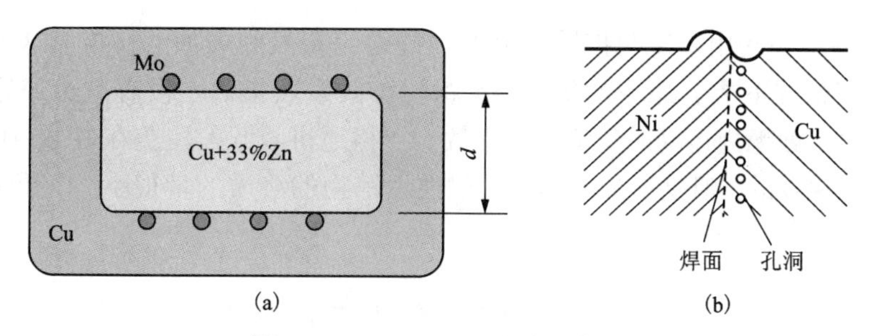

图 9-13　Kirkendall 实验示意图

如果铜和锌的扩散系数相同，但由于锌原子尺寸大于铜原子，扩散以后界面外侧的铜晶格膨胀，内部的黄铜晶格收缩，因此，原子尺寸不同也会引起界面向内漂移，但其位移量只有实验值的十分之一左右。

对此，合理的解释是锌的扩散速度大于铜的扩散速度，使越过界面向外侧扩散的锌原子数多于向内侧扩散的铜原子数，出现了跨越界面的原子净传输，导致界面向内漂移。

柯肯达尔效应的含义：由于多元系统中各组元扩散速率不同而引起的扩散偶原始界面向扩散速率快的一侧移动的现象称为柯肯达尔效应(Kirkendall effect)。这种现象在合金系统及一些氧化物系统中普遍存在。在扩散过程中，标志物总是向着含低熔点组元较多的一侧移动。相对而言，低熔点组元扩散快，高熔点组元扩散慢。

柯肯达尔效应的理论意义：①揭示了扩散宏观规律与微观机制的内在联系，具有普遍性，在扩散理论的形成与发展以及生产实践中都有十分重要的意义；②否定了置换型固溶体扩散的换位机制，支持了空位机制；③说明在扩散系统中，每一种组元都有自己的扩散系数，由于 $D_{Zn}>D_{Cu}$，因此 $J_{Zn}>J_{Cu}$。注意，这里所说的 D_{Zn}、D_{Cu} 均不同于 Fick 定律中所用的扩散系数 D。

柯肯达尔效应往往会产生副效应：若晶体收缩完全，原始界面会发生移动；若晶体收缩不完全，在低熔点金属一侧会形成分散的或集中的空位，其总数超过平衡空位浓度，形成孔洞，甚至形成柯肯达尔孔，而在高熔点金属一侧的空位浓度将减少至低于平衡空位浓度，从而也改变了晶体的密度；试验中还发现试样的横截面同样发生了变化。如图 9-13(b)所示，Ni-Cu 扩散偶经扩散后，在原始分界面附近的铜的横截面由于丧失原子而缩小，在表面形成凹陷，而镍的横截面由于得到原子而膨胀，在表面形成凸起。

柯肯达尔效应在材料的生产和使用中往往会产生不利的影响。以电子器件为例，其中包括大量的布线、接点、电极以及各式各样的多层结构，而且要在较高的温度工作相当长的时间。上述副效应会引起断线、击穿、器件性能劣化甚至使器件完全报废，在电路工作过程中，焊接点中的铝和金原子穿过界面相互扩散，由于扩散速率不同产生的空位会聚集形成空洞，且随着空洞的长大，Au-Al 接头变弱，最终可能失效。接头周围由于出现合金化而变成紫色，这种过早的失效称为紫灾(purple plague)。

9.4.5 扩散过程的术语和概念

表 9-2 列举了一些用来说明扩散系数的一些通用符号和名词。自扩散这个名词是指没有化学浓度梯度情况下成分原子的扩散；示踪物扩散系数指的是没有空位或原子的净流动时，对放射性原子做无规运动时所测得的常数。严格地讲，当 A 覆盖在 B 或 AP 固溶体上面时，总是有浓度梯度的，但是所加的具有放射性示踪物的溶质的量很小，以致组成的变化可以忽略不计。

表 9-2 扩散系数的通用符号和名词

名词	意义	符号
示踪物扩散系数或自扩散系数	仅仅表示成分原子的无规行走扩散过程，即没有化学势梯度的过程	D^{r}，D^{*}，$D_{自}$
晶格扩散系数	指晶体体内或晶格内的任何扩散过程	D_{l}
表面扩散系数	表示沿表面扩散	D_{s}
界面扩散	沿界面或边界，沿晶界发生时也可包括沿位错的扩散（位错管扩散）	D_{b}
杂质扩散	仅指杂质在介质内的扩散	$D_{杂}$
化学扩散系数、有效扩散系数或互扩散系数	指多元系统中在化学势梯度作用下的扩散	$\tilde{D}$
本征扩散	指仅仅由本身的点缺陷（热引起的）作为迁移载体的扩散。非本征扩散指的是原子通过非热能引起的，例如由杂质引起的缺陷而进行的扩散。表观扩散系数是指由若干扩散途径的贡献合成的一个净扩散系数	D^{in}，D^{ex}，D_{a}
缺陷扩散系数	指特定点缺陷的扩散能力，通常除了无规运动外，还有浓度梯度偏移的影响。通常指空位扩散系数和间隙扩散系数	D_{V}，D_{i}

前面讨论经典的菲克定律时是以浓度梯度为前提的，而要建立起浓度梯度，必须有溶剂（第二成分）的存在，因而菲克定律本质上就是讨论溶质和溶剂的互扩散，这无论是对于溶液还是固体，其情况都是相同的。即使溶质和溶剂的自扩散系数不同，相对于外部坐标而言，实测出的相反方向扩散的溶质和溶剂的扩散量也是相同的，也就是对两个扩散成分可以测出同一的扩散系数，称互扩散系数，有时也称为化学扩散系数。

设第一、第二成分的自扩散系数为 D_1、D_2，达肯（Darken）把菲克第一定律对这种二元体系的互扩散描述如下：

$$J_1 = -\tilde{D}(\mathrm{d}c_1/\mathrm{d}x) \tag{9-56}$$

$$J_2 = -\tilde{D}(\mathrm{d}c_2/\mathrm{d}x) \tag{9-57}$$

$$\tilde{D} = N_2 D_1 + N_1 D_2 \tag{9-58}$$

式中：$\tilde{D}$ 是互扩散系数；N_1、N_2 是两个扩散成分的摩尔分数。$\tilde{D}$ 值介于 D_1 和 D_2 之间，为组成的函数。

式(9-58)是对热力学上理想的二元混合体系而言的。对于非理想混合体系，则可写成：

$$\tilde{D} = (N_2D_1 + N_1D_2)\left(1 + \frac{\mathrm{dln}\gamma_1}{\mathrm{dln}N_1}\right) \tag{9-59}$$

式中：γ_1 为成分 1 的活度系数。当对于理想的或稀释的溶液，$\frac{\mathrm{dln}\gamma_1}{\mathrm{dln}N_1} \to 0$，使式(9-59)变为式(9-58)。达肯互扩散方程适用于大多数二元体系的金属合金和有机溶液体系。

但是，在把这个公式应用于离子化合物的固溶体体系时，尽管正负离子的自扩散系数不同，在进行互扩散的过程中也仍然要求保持体系局部的电中性，因此也就增加了复杂的因素。而对于 MgO 与 NiO 的互扩散，相同电价的正离子在固定不变的氧基质中扩散，此时问题就比较简单，可直接用公式(9-58)的互扩散系数来处理 Mg^{2+} 和 Ni^{2+} 的反向扩散。

所谓缺陷扩散系数是指特定点缺陷(空位或间隙缺陷)自身的扩散能力，而不论缺陷产生的原因或机制。由于空位与格点上的原子交换位置或间隙缺陷在间隙之间跃迁的成功概率很高，所以缺陷扩散系数有很高的数值。而当成分原子通过空位机制或间隙机制进行扩散时，原子的自扩散系数就等于空位扩散系数(D_V)和空位浓度(N_V)的乘积或间隙扩散系数(D_I)和间隙原子浓度(N_I)的乘积：

$$D = N_\mathrm{V}D_\mathrm{V} \tag{9-60}$$

$$D = N_\mathrm{I}D_\mathrm{I} \tag{9-61}$$

其他常用的专有名词是用来区别晶格内部扩散和沿线缺陷或面缺陷的扩散。晶格扩散系数或体扩散系数用来表示前者，并且可能指的是示踪物扩散或化学扩散；后一类扩散系数称为位错扩散系数、晶界扩散系数和表面扩散系数，指的是在指定区域内原子或离子的扩散，这些区域常常是高扩散能力途径，也被称为“短程扩散”。

9.5　影响扩散系数的因素

扩散是一个基本的动力学过程，对材料制备、加工中的性能变化及显微结构形成以及材料使用过程中的性能衰减起着决定性的作用。对相应过程的控制，往往从影响扩散速度的因素入手。因此，了解掌握影响扩散的因素对深入理解扩散理论以及应用扩散理论解决实际问题具有重要意义。

扩散系数是决定扩散速度的重要参量。讨论影响扩散系数因素的基础常基于扩散系数公式：

$$D = \delta a^2 z\nu \exp\left(\frac{\Delta S}{T}\right)\exp\left(-\frac{\Delta E}{kT}\right) = D_0\exp\left(-\frac{Q}{kT}\right) \tag{9-62}$$

从数学关系上看，扩散系数主要取决于温度；其他一些因素则隐含于 D_0 和 Q 中，这些因素可分为外在因素(温度等)和内在因素(成分、结构、缺陷等)两大类。

(1)扩散系数与温度的关系。

凝聚态物质中原子的运动是热激活过程，由式(9-62)可知，温度越高，原子动能越大，扩散系数呈指数增加。如表 9-3 所示为一些元素在不同温度时的扩散系数，由此可知，温度对扩散系数有显著的影响。

表 9-3　一些元素在不同温度时的扩散系数

元素	C			Al		Si		Cr			Mo	Mn		Ni
温度/℃	925	1000	1100	900	1150	960	1150	1150	1200	1300	1200	960	1400	1200
$10^5D/(cm^2\cdot d^{-1})$	1205	3100	8640	33	170	65	125	5.9	15~17	190~460	20~130	2.6	830	0.8

由式(9-62)看来，$\ln D$ 和 $1/T$ 之间应该存在线性关系。但有些材料在不同温度范围内的扩散机制可能不同，因此每种机制对应的 D_0 和 Q 不同，D 便不同。在这种情况下，$\ln D \sim 1/T$ 并不是一条直线，而是由若干条直线组成的折线。

(2)扩散系数与成分的关系。

①组元性质。

原子在晶体中跳动时必须要挣脱其周围原子对它的束缚才能实现跃迁，这就要部分地破坏原子结合键。因此，扩散激活能 Q 和扩散系数 D 必然与表征原子结合键大小的宏观或者微观参量有关。原子结合键越弱，Q 越小，D 越大。

能够表征原子结合键大小的宏观参量主要有熔点(T_m)、熔化潜热(L_m)、升华潜热(L_s)以及膨胀系数(α)和压缩系数(κ)等。一般来说，T_m、L_m、L_s 越小或者 α、κ 越大，则原子的 Q 越小，D 越大。

例如，考虑 A、B 组成的二元合金，若 B 组元的加入能使合金的熔点降低，则合金的互扩散系数增加；反之，若能使合金的熔点升高，则合金的互扩散系数减小。

在微观参量上，凡是能使固溶体溶解度减小的因素，都会降低溶质原子的扩散激活能，使扩散系数增大。例如，固溶体组元之间原子半径的相对差越大，溶质原子造成的点阵畸变越大，原子离开畸变位置扩散就越容易，且使 Q 减小，D 增加。

②组元浓度。

组元的浓度对扩散系数的影响比较复杂，若增加浓度能使原子的 Q 减小，而 D_0 增加，则 D 增大。但是，通常的情况是 Q 减小，D_0 也减小；Q 增加，D_0 也增加。这种对扩散系数的影响呈相反作用的结果，使浓度对扩散系数的影响并不是很剧烈，实际上浓度变化引起的扩散系数的变化程度一般为 2~6 倍，如图 9-14 所示。

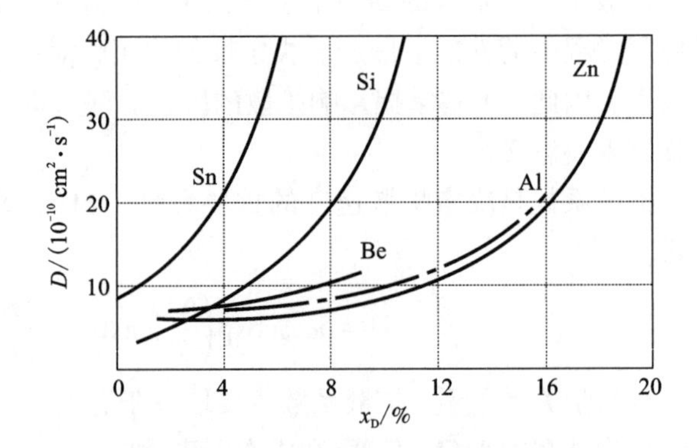

图 9-14　其他元素在铜中的扩散系数

③第三组元的影响。

在二元合金中加入第三组元对原有组元的扩散系数的影响更为复杂，其根本原因是加入第三组元改变了原有组元的化学位，从而改变了组元的扩散系数。

(3)扩散系数与结构的关系。

①固溶体类型。

固溶体主要有间隙固溶体和置换固溶体两类。在这两种固溶体中，溶质原子的扩散机制完全不同。在间隙固溶体中，溶质原子以间隙扩散为机制，扩散激活能较小，原子扩散较快。在置换固溶体中，溶质原子以空位扩散为机制，由于原子尺寸较大，晶体中的空位浓度又很低，所以其扩散激活能比间隙扩散大得多。

②晶体结构类型。

晶体结构反映了原子在空间排列的紧密程度。晶体的致密度越高，原子扩散时的路径越窄，产生的晶格畸变越大，同时原子结合能也越大，使得扩散激活能越大，扩散系数减小。

③晶体的各向异性。

理论上讲，晶体的各向异性必然导致原子扩散的各向异性。但是实验却发现，在对称性较高的立方晶系中，沿不同方向的扩散系数并未显示出差异，只有在对称性较低的晶体中，扩散才有明显的方向性，而且晶体对称性越低，扩散的各向异性越强。但是，扩散的各向异性随着温度的升高逐渐减小。晶体结构的三个影响扩散的因素在本质上是一样的，即晶体的致密度越低，原子扩散越快；扩散方向上的致密度越小，原子沿这个方向的扩散也越快。

(4)扩散系数与键性的关系。

研究发现，相似的熔点，通常金属的扩散系数大于离子晶体，而离子晶体又大于共价晶体。对于以上三者，扩散能够明显进行的温度分别为$(0.3\sim0.4)T_m$、$(0.5\sim0.6)T_m$和$(0.8\sim0.9)T_m$，即所谓泰曼温度具有很大的差别。上述材料一般都是以空位机制为质点迁移的主要方式，但它们的扩散活化能(空位迁移能 ΔH_m 和空位形成能 ΔH_f 之和)大小是很不同的。如 Ag 和 Ge 熔点相近，Ge 的自扩散活化能为 289 kJ/mol，而 Ag 的活化能仅为 184 kJ/mol，两者相差如此之大，其根本原因是 Ge 晶体共价键的方向性和饱和性限制了空位的迁移。另外，共价键一般晶体结构相对较空旷，如金刚石的原子空间堆积系数仅为 34%，但同样是由于键性的原因，间隙机制不适合于共价晶体。而当金属材料的扩散原子尺寸较小时，间隙机制则有可能在扩散中占优势。例如体心立方格子 Fe 的原子空间堆积系数虽然高达 68%，但 C、H、N 原子在其间仍可依间隙机制进行扩散，并有较大的扩散系数。

(5)扩散系数与缺陷的关系。

固体材料中存在着各种不同的点、线、面及体缺陷，缺陷能量高于晶粒内部，可以提供更大的扩散驱动力，使原子沿缺陷进行扩散的速度更快。通常将沿缺陷进行的扩散称为短路扩散，沿晶格内部进行的扩散称为体扩散或晶格扩散，几种扩散途径的示意图如图 9-15 所示。

短路扩散包括表面扩散、晶界扩散、位错扩散及空位扩散等。一般来讲，温度较低时，以短路扩散为主；温度较高时，以体扩散为主。

在所有的缺陷中，表面的能量最高，晶界的能量次之，晶粒内部的能量最小。因此，原子沿表面扩散的激活能最大，沿晶界扩散的激活能次之，体扩散的激活能最小。对于扩散系数，则有 $D_s>D_{gb}>D_b$，其中，D_s、D_{gb}、D_b 分别是表面扩散系数、晶界扩散系数及体扩散系数。当温度比较低时，表面、界面和位错上的扩散分量比较大，但随着温度的升高，体扩散则变得越来越重要。据计算，当晶粒的尺寸达到 2 μ 以下时，晶界的扩散分量可达到与晶体内同

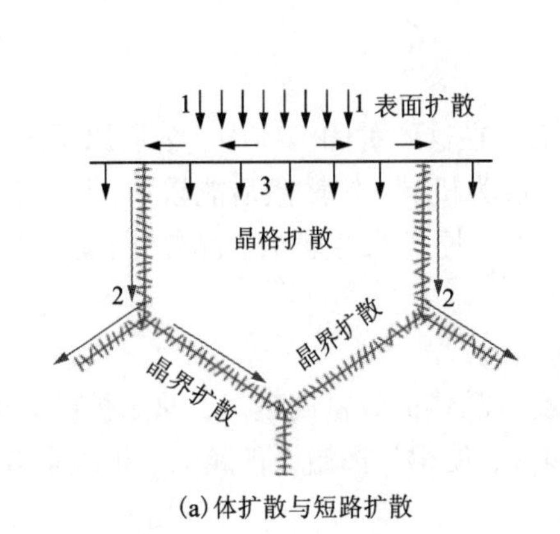

(a)体扩散与短路扩散

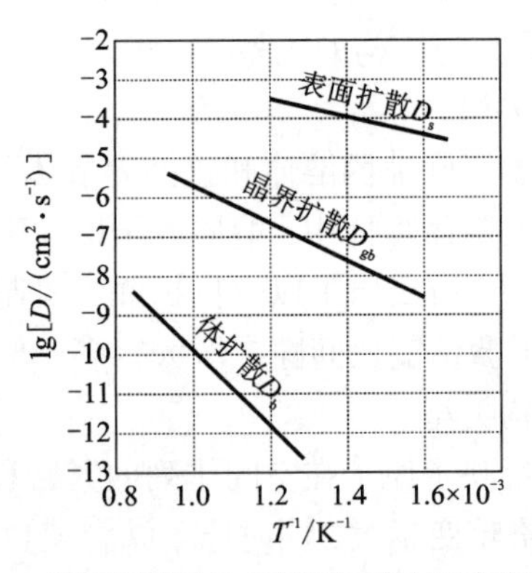

(b)不同扩散方式的扩散系数与温度的关系

图 9-15 几种扩散途径示意图

样的数量级。

实验表明，在金属材料和离子晶体中，原子或离子在晶界上扩散远比在晶粒内部扩散来得快。有实验表明，某些氧化物晶体材料的晶界对离子的扩散有选择性地增加作用。例如在 Fe_2O_3、CoO、$SrTiO_3$ 材料中，晶界或位错会增加 O^{2-} 的扩散作用，而在 BeO、UO_2、Cu_2O 和 (Zr, Ca)O_2 等材料中则无此效应。

(6)扩散系数与热历史的关系。

所谓热历史，是指材料在先前加热和冷却的处理过程。常见的有快速冷却过程(称为淬火)和慢速冷却过程(称为退火)。如熔体冷却成为玻璃过程中，淬火得到的玻璃比慢冷的玻璃具有更大的比热容，结构较为空旷，所以显示出较大的扩散系数和较大的电导率。

此外，快速冷却的晶体材料中，也有可能将高温时平衡的缺陷浓度“冻结”到了室温，在室温时会显示出较大的原子自扩散系数。

9.6 固体中的扩散

9.6.1 氯化钾晶格中的离子扩散

氯化钾晶格中，Cl^- 所形成的面心立方格子中所有的八面体间隙都被 K^+ 所占据，只有四面体间隙未被占据。四面体间隙空间较小的体积使间隙钾离子不易产生。因此，氯化钾中的钾离子的扩散是通过钾离子和钾离子空位的交换而发生的。由第 3 章得知，KCl 晶体中的空位浓度可由肖特基缺陷生成的反应式给出：

$$KCl \longrightarrow V'_K + V^{\cdot}_{Cl} + K_s + Cl_s \tag{9-63}$$

$$null \longrightarrow V'_K + V^{\cdot}_{Cl} \tag{9-64}$$

因此有：

$$[V'_K] = \exp(-\Delta G_s/2kT) \tag{9-65}$$

合并缺陷浓度项和迁移项，由方程式(9-52)可得到钾离子的自扩散系数为：

$$D_K = \frac{1}{6}Ar^2\nu_0[V'_K]e^{-\Delta G_m/kT} = \frac{1}{6}Ar^2\nu_0 e^{\left(\frac{\Delta S_s}{2}+\Delta S_m\right)/k} e^{[-\Delta H_m-(\Delta H_s/2)]/kT} \tag{9-66}$$

由此可见，对KCl之类的纯化学计量化合物，$Q=\Delta H_m+\Delta H_s/2$，它由两项构成。$D_0$的估计值一般为$10^{-13}\sim10^{-9}$ cm^2/s。该估计值是假设$r\approx0.2$ nm、$v_0=10^{13}$ s^{-1}，$\Delta S_m/k$和$\Delta S_s/k$是小的正数而得出的。对于KCl，方程式(9-66)中的激活熵和焓两项列于表9-4。

表9-4　在KCl中扩散的焓和熵值

项目		数值
基缺陷生成	焓 ΔH_s/eV	2.6
	熵 $\Delta S_s/(eV\cdot K^{-1})$	9.6
钾离子迁移	焓 ΔH_s/eV	0.7
	熵 $\Delta S_s/(eV\cdot K^{-1})$	2.7
氯离子迁移	焓 ΔH_s/eV	1.0
	熵 $\Delta S_s/(eV\cdot K^{-1})$	4.1

在大多数晶体中，由于杂质含量以及过去的热历史的影响，扩散变得复杂。在图9-16中曲线的转折部分发生在本征缺陷浓度和由杂质引起的非本征缺陷浓度相近的区域内。高温区域代表纯KCl的本征特性，在这个区域内lg$D$对$1/T$曲线的斜率为$(\Delta H_m/k+\Delta H_s/2k)$。在KCl中，这表示钾离子迁移焓和钾空位生成焓。对本征晶体，$1/T=0$时的截距给出D_0^{in}。

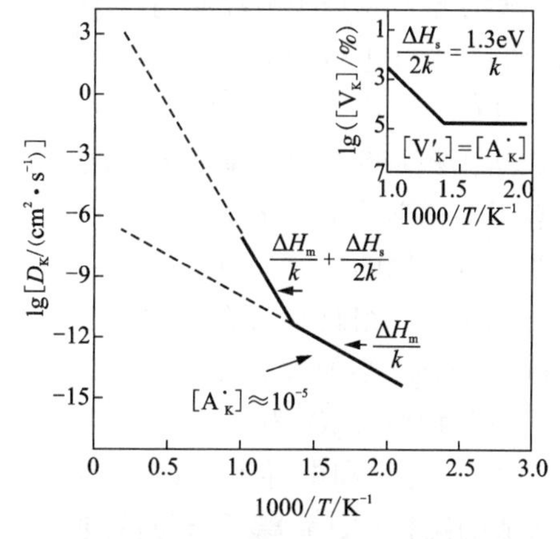

图9-16　二价阳离子杂质(A)浓度为10^{-5}的KCl中的扩散-温度关系(插图表示K离子浓度随温度的变化)

在较低温度区，晶体内的杂质使空位浓度保持不变，这是非本征区域。其扩散系数由下式给出：

$$D_k = \frac{1}{6}Ar^2\nu_0[A^{\cdot}_K]e^{-(\Delta G_m/kT)} \tag{9-67}$$

式中：$[A^{\cdot}_k]$为二价阳离子杂质(如Ca^{2+})的浓度。

当肖特基形成焓在630 kJ/mol(6eV)左右时，对BeO、MgO、CaO、Al_2O_3等化合物，在2000℃时，晶体必须具有小于10^{-5}的异价杂质浓度才有可能观察到本征扩散。因此，在这些氧化物中不大容易观察到本征扩散，因为仅百万分之几的异价杂质就足以控制空位浓度基本上不随温度而变化。

当有空位和溶质的缔合或者有溶质的淀析物存在时，所观察到的扩散激活能可能有不同的数值，以掺$CaCl_2$的KCl为例，如果$CaCl_2$和V'_k之间发生缔合，形成缔合缺陷$(Ca^{\cdot}_K V'_K)$，则总的钾空位浓度$[V'_k]_{总}$应包括和杂质缔合的空位在内，因此$[V'_k]_{总}$增大成为

$$[V'_K]_{总} = [V'_K] + (Ca^{\cdot}_K V'_K) \tag{9-68}$$

式中：$[V_k']$是与热平衡的空位浓度，它能导致扩散系数提高。

当温度降低时，如果达到溶质的饱和度而使溶质最终淀析，则会由于非本征空位浓度降低而导致扩散能力下降。表 9-5 列出某些卤化物的肖特基缺陷生成焓和迁移焓。

表 9-5 某些卤化物的肖特基生成焓 ΔH_s 和阳离子迁移焓 ΔH_m

物质	ΔH_s/eV	ΔH_m/eV	物质	ΔH_s/eV	ΔH_m/eV
LiF	2.34	0.7	NaBr	1.68	0.8
LiCl	2.12	0.4	KCl	2.6	0.71
LiBr	1.8	0.39	KBr	2.37	0.67
LiI	1.34	0.38	KI	1.6	0.72
NaCl	2.3	0.68			

9.6.2 氧化物中的扩散

氧化物的扩散特征可以按照化学计量与非化学计量及本征扩散控制与受杂质扩散控制的特征进行分类讨论。

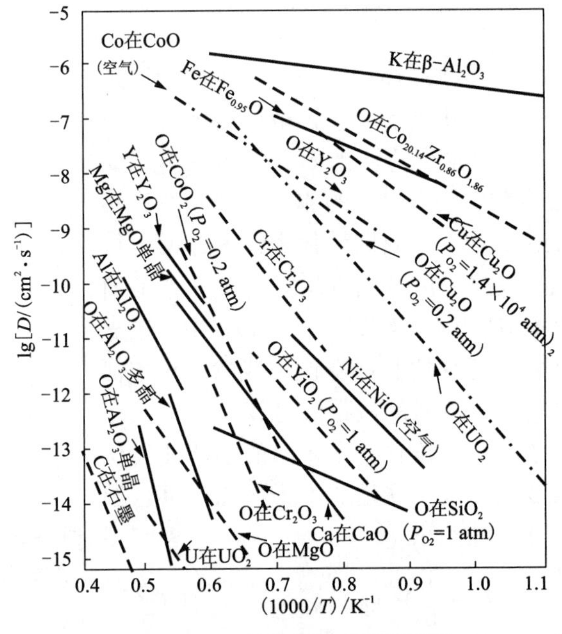

图 9-17 一些氧化物中扩散系数

图 9-17 收集了一些氧化物中扩散的实验数据，激活能 Q 由斜率和插入法估计。有很多化学计量氧化物的数据明显地和受组分控制的扩散系数相符。在这些氧化物中有一组具有萤石结构，如 UO_2、ThO_2、ZrO_2，当加入二价的或三价的阳离子氧化物如 La_2O_3 和 CaO 能形成固溶体。由 X 射线和电导率的研究得知，所形成的结构中，氧离子空位浓度是由组成确定的，且与温度无关。例如，在 $Zr_{0.85}Ca_{0.15}O_{1.85}$ 中氧离子空位浓度高，且和温度无关。因此，氧离子扩散系数和温度的关系完全由氧离子迁移所需的激活能来确定(120 kJ/mol)。同样，在化学计量和非化学计量的两种 UO_2 中发现氧离子低温扩散是由推填式引起的，间隙离子运动到正常的晶格位置上，将晶格离子撞到邻近的间隙位，这时激活能是 112 kJ/mol。在 ZrO_2-CaO 系统中，氧离子扩散系数随着氧离子空位浓度的增加而增加。反之，在 UO_2 推填式扩散中，氧离子扩散系数随着间隙氧离子浓度的增加而增加，至少对于低浓度的间隙氧离子是这样的。

许多氧化物材料在氧化或还原气氛中形成非化学计量化合物，其内可形成不同的点缺陷，如在氧化锌中形成间隙锌离子、在氧化钴中形成阳离子空位和在氧化钛中形成氧离子空位等。不同缺陷的扩散机制不同。下面进行简单分述。

(1)间隙阳离子化合物。

金属离子过剩氧化物(如 $Zn_{1+x}O$ 等)，在高温下，锌蒸气与氧化锌中间隙锌离子及过剩电子保持平衡关系：

$$Zn(g) = Zn_i^{\cdot} + e' \tag{9-69}$$

间隙锌离子浓度和锌蒸气压有关：

$$c_{Zn_i^{\cdot}} = [Zn_i^{\cdot}] \approx p_{Zn}^{1/2} \tag{9-70}$$

锌离子扩散通过间隙机制发生，因此根据式(9-70)，扩散系数随 p_{Zn} 增加而增加。与此相似的一种类型是在非化学计量 UO_{2+x} 中进行的氧的间隙扩散。

(2)阳离子不足的氧化物。

缺金属的氧化物(例如 $Fe_{1-x}O$、$Ni_{1-x}O$、$Co_{1-x}O$，$Mn_{1-x}O$ 等许多非化学计量化合物)，特别是过渡金属氧化物，因为有变价阳离子，所以阳离子空位浓度可以比较大，例如 $Fe_{1-x}O$ 含有 5%~15%的铁空位。简单的缺陷反应为：

$$\left.\begin{aligned} &2O_O + 2M_M + \frac{1}{2}O_2(g) = 3O_O + V_M'' + 2M_M^{\cdot} \\ &或\quad \frac{1}{2}O_2(g) = O_O + V_M'' + 2h^{\cdot} \end{aligned}\right\} \tag{9-71}$$

式中：$h^{\cdot}$表示阳离子位置上的电子空穴(例如 $M_M^{\cdot} = Co^{3+}$，Fe^{3+}，Mn^{3+})。方程式(9-71)可以理解为是氧在金属氧化物 MO 中的溶解反应或者化合物被部分氧化的过程。其平衡浓度由溶解自由能 ΔG_O 决定：

$$K_O = \frac{4[V_M'']^3}{p_{O_2}^{1/2}} = e^{-\Delta G_O/kT} \tag{9-72}$$

在由上述溶解反应所控制缺陷浓度的温度范围内，阳离子的扩散由下式给出：

$$\begin{aligned} D_M &= \frac{1}{6}A\nu_0 r^2 [V_M''] \exp\left[-\frac{\Delta G_m}{kT}\right] \\ &= \frac{1}{6}A\nu_0 r^2 \left(\frac{1}{4}\right)^{1/3} \times p_{O_2}^{1/6} \exp\left[-\frac{\Delta G_O}{3kT}\right] \exp\left[-\frac{\Delta G_m}{kT}\right] \end{aligned} \tag{9-73}$$

图 9-18 表示氧分压和温度对 D_M 的影响。图 9-19 为不同温度时，所测得的钴的示踪扩散系数与氧分压的关系。

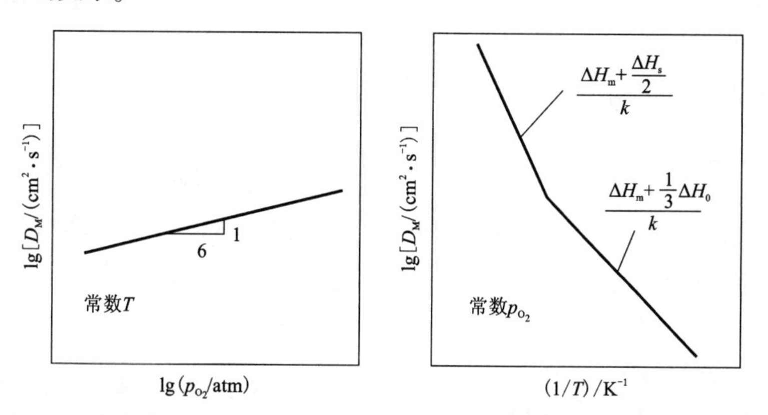

图 9-18　在阳离子不足的氧化物中扩散系数 D_M 随温度和氧分压变化示意图

(3)缺氧的氧化物。

例如 TiO_2 在氧不足的高温环境中可产生缺氧的化合物 TiO_{2-x}。对于有阴离子空位的结构缺陷，存在着以下关系：

$$O_O = \frac{1}{2}O_2(g) + V_O^{\cdot\cdot} + 2e' \quad (9-74)$$

$$[V_O^{\cdot\cdot}] \approx (1/4)^{1/3} p_{O_2}^{-1/6} \exp\left[-\frac{\Delta G_O}{3kT}\right] \quad (9-75)$$

因此，氧的扩散系数为：

$$D_O = \frac{1}{6}A\nu_0 r^2 [V_O^{\cdot\cdot}] \exp\left[-\frac{\Delta G_m}{kT}\right] = \frac{1}{6}A\nu_0 r^2 \left(\frac{1}{4}\right)^{1/3} \times p_{O_2}^{-1/6} \exp\left[-\frac{\Delta G_O}{3kT}\right] \exp\left[-\frac{\Delta G_m}{kT}\right] \quad (9-76)$$

图 9-20 表示氧分压和温度对 D_O 的影响。

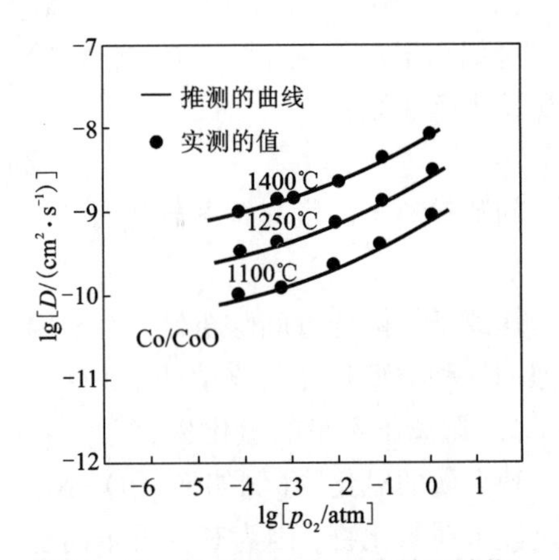

图 9-19　氧分压对 CoO 中钴示踪物扩散系数的影响

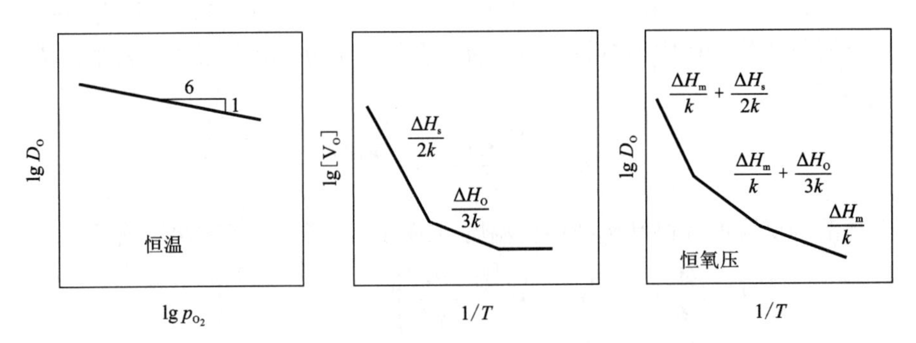

图 9-20　氧在缺氧的氧化物中的扩散特性示意图

图 9-20 中示出了三种可能的温度范围：①低温区，此时氧空位浓度由杂质控制；②中温区，由于氧的溶解度随温度而变化(非化学计量)，所以此时氧空位浓度发生变化；③高温区，此时占支配地位的是热缺陷空位。

9.6.3　外电场与离子电导

在没有外电场时，晶格势垒是对称的(图 9-21 中虚线所示)；当加上外电场时，沿电场 x 方向就形成了一个附加势能 $qE\delta$(图 9-21 中斜直线所示)，其中 q 是电量，E 是电场，δ 是相邻两结点之间的距离。附加势能叠加在晶体中周期性势能上，导致势垒高度变化(图 9-21

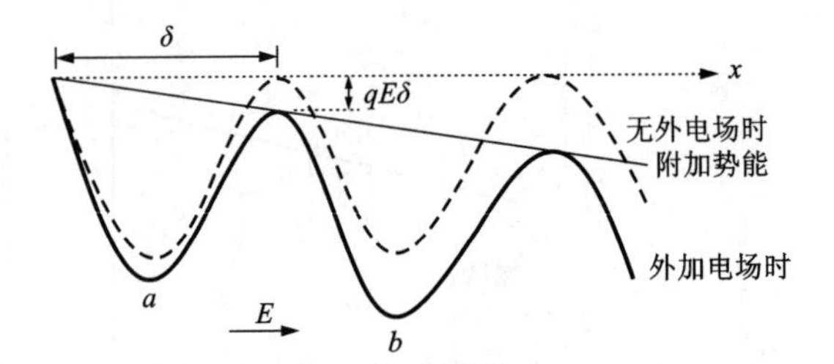

图 9-21　晶格势场在外电场 E 作用下的变化
(虚线为未加外电场情况)

中实线波形所示），于是离子从 a 到 b 的迁移概率将大于从 b 到 a 的迁移概率，即在电场 E 的方向上将出现离子电导。

若上述电场方向的相反方向存在一个浓度梯度 $\mathrm{d}c/\mathrm{d}x$，当电场引起的离子电导和由于浓度梯度 $\mathrm{d}c/\mathrm{d}x$ 引起的扩散作用处于平衡时，那么系统将没有电流，即 $j=0$。在一维情况下，单位时间通过单位截面的电荷量（电流密度）为：

$$j = qE\mu c - Dq\frac{\mathrm{d}c}{\mathrm{d}x} = 0 \tag{9-77}$$

式中：c 是载流子浓度；μ 是单位电场作用下带电质点的迁移速度，也称载流子迁移率。$E=-\frac{\mathrm{d}\varphi}{\mathrm{d}x}$，$\varphi$ 是电场 E 的电势，将其代入式(9-77)，整理后再积分得：

$$c = K\exp\left(-\frac{\mu}{D}\varphi\right) \tag{9-78}$$

式中：K 为积分常数。注意到带电质点即有能力参与电导的离子的浓度与温度有关，因为其能量服从玻耳兹曼分布，所以 c 又可以写成：

$$c = K'\exp\left(-\frac{q\varphi}{kT}\right) \tag{9-79}$$

比较式(9-79)和式(9-78)可得：

$$\frac{\mu}{D} = \frac{q}{kT} \tag{9-80}$$

按欧姆定律，电导 σ 为：

$$\sigma = \frac{j}{E} = q\mu c \tag{9-81}$$

将式(9-81)代入式(9-80)，则得到以下公式：

$$\frac{\sigma}{D} = \frac{q^2 c}{kT} \tag{9-82}$$

此式也称为能斯特-爱因斯坦（Nernst-Einstein）公式，它具有很大的实用价值。

Nernst-Einstein 公式表示离子晶体中扩散与电导率是由相同的一些载流子实现的，因而离子晶体的电导率和自扩散系数间存在单一的关系，自扩散系数越大，电导率越大。另外，电导率和自扩散系数同样都随温度而呈指数上升，且指数因子中的指数值相同。图 9-22 是 NaCl 中 Na^+ 的自扩散系数实测值和根据 Nernst-Einstein 公式[式(9-82)]的计算值的比较。$T>500$℃时，两者符合得很好；但 $T<500$℃时，计算值稍低于实测值。引起这一偏差可能与存在着不参与电导但对扩散做贡献的中性缺陷有关。

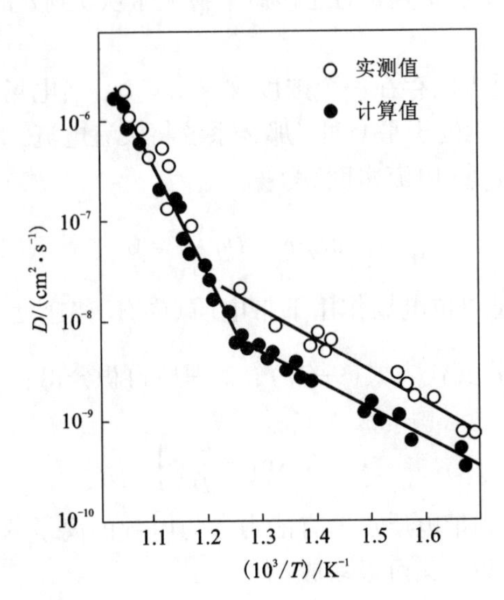

图 9-22　钠离子在 NaCl 中的自扩散系数实测值与计算值比较

复习思考与练习

(1) 概念：无序扩散、晶界扩散、表面扩散、本征扩散、非本征扩散、自扩散、互扩散、稳定扩散、不稳定扩散、扩散活化能、扩散通量。

(2) 给扩散系数下一个科学的定义，并指出其量纲；当空位为主要扩散机制时，试分析影响扩散系数的主要因素是什么。

(3) 已知 CaO 的肖特基缺陷生成能为 6 eV，欲使 Ca^{2+} 在 CaO 中扩散至 CaO 的熔点(2600℃)都是非本征扩散，要求三价杂质离子的浓度是多少？

(4) 设有一条内径为 30 nm 的厚壁管道，被厚度为 0.1 mm 的铁膜隔开。通过管子的一端向管内输送氮气，以保持膜片一侧氮气浓度为 1200 mol/m^3，而另一侧的氮气浓度为 100 mol/m^3。如在 700℃下测得通过管道的氮气流量为 2.8×10^{-8} mol/s，求此时氮气在铁中的扩散系数。

(5) 试分析在具有肖特基缺陷的晶体中的阴离子扩散系数小于阳离子扩散系数的原因。

(6) 试定性地分析和讨论从室温到熔融温度范围内，氯化锌添加剂(摩尔分数为 10^{-4}%)对氯化钠单晶中所有离子(Zn^{2+}、Na^+、Cl^-)的扩散能力的影响。

(7) 试从扩散介质的结构、性质、晶粒尺寸、扩散物浓度、杂质等方面分析影响扩散的主要因素。

(8) 根据 ZnS 烧结的数据测定了扩散系数。在 450℃和 563℃时，分别测得 ZnS 扩散系数为 1.0×10^{-4} cm^2/s 和 3.0×10^{-4} cm^2/s。(a) 确定激活能 D_0；(b) 根据你对结构的了解，试从运动的观点和缺陷的产生来推断激活能的含义；(c) 根据 ZnS 和 ZnO 相互类似的特点，预测 D 随硫的分压而变化的关系。

(9) 压力能影响一些由扩散控制的过程，列举几个自扩散受压力影响的过程。如果增加压力，对空位扩散和间隙扩散来说，扩散系数会如何变化？

(10)指出以下概念中的错误：(a)如果固体中不存在扩散流，则说明原子没有扩散；(b)因固体原子每次跳动方向是随机的，所以任何情况下的扩散流量都为零；(c)晶界上原子排列混乱，不存在空位，所以以空位机制扩散的原子在晶界处无法扩散；(d)间隙固溶体中溶质浓度较高，则溶质所占据的间隙越多，供扩散的空余间隙越少，即 Z 值越小，越容易导致扩散系数的降低。

(11)以空位机制进行扩散时，原子每跳动一次就相当于空位反向跳动一次，并未形成新的空位，而扩散活化能中却包含着空位形成能，此说法正确吗？请给出说明。

(12)对缺铁的非计量化合物 Fe_2O_3 来说，p_{O2} 与铁离子的扩散关系曲线如何？如果是铁离子过量，它们的关系曲线又将如何？

第10章　材料的相变
(课件资源)

第 10 章　材料的相变

相变过程在金属和无机非金属材料中是十分普遍的，广泛出现在金属、陶瓷、耐火材料的烧成或热处理过程中。主动调控材料的相变在无机非金属材料中也运用得比较广泛，比如引入助熔剂可以抑制晶型转化、通过控制结晶以制造微晶玻璃。同时，铁电材料中的自发极化而产生压电、热释电与电光效应等相变过程具有广泛的应用。相变过程涉及的基本理论对获取特定性能的材料以及制定合理的工艺制度都是极为重要的。相变问题目前已经成为研究无机材料的中心课题之一。

10.1　相变的概述

10.1.1　相与相变的含义

相(或称为物相，phase)是物理性质和化学性质完全相同且均匀的部分；对相同化学组分的物体而言，可以是具有相同晶体结构的组成体。相具有以下特征：①相与相之间有分界面；②系统中存在的相可以是稳定、亚稳或不稳定的；③在某一热力学条件下，只有能量具有最小值的相才是最稳定的；④系统的热力学条件改变时，自由能会发生变化，相的结构也可能发生变化。

系统中存在的相，可以是稳定、亚稳或不稳定的。稳定态指的是系统处在最低的吉布斯自由能状态。在一定的热力学条件下，如果系统处在一个吉布斯自由能极小值状态，而不是处在一个最小值状态，它就有可能转变到这个最小值状态；但也可能会以原状态长期存在，因为在局部的自由能极小值与最小值之间，存在着一个势垒，这样的状态称为亚稳态，如图 10-1 所示。当系统的温度、压力、电场、磁场等条件改变时，这种亚稳或不稳定状态下的结构(原子或电子分布)也相应地发生变化。对某一特定系统而言，这种相的自由能改变所伴随的结构改变过程叫作相转变或相变。

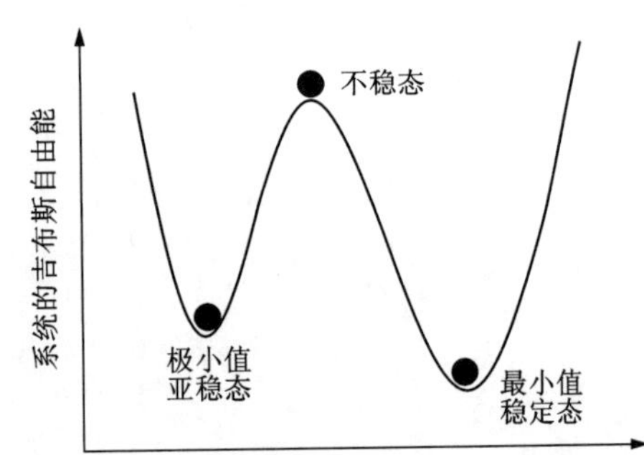

图 10-1　热力学自由能及对应系统的稳定状态示意图

相变(phase transformation)是指在外界条件发生变化的过程中，物相在某特定条件下发生改变，或随自由能变化而发生的相的结构的变化。相变体现为从一种结构变为另一种结构时，化学成分的不连续变化以及某些物理性质的突变。狭义上，相变仅限于同组成的两固相之间的结构变化，是物质从一个物相转变为另一个物相的过程。相变前、后化学组成不发生变化的过程，是一个物理过程而不涉及化学反应，如液体蒸发、α-石英与α-鳞石英间的转变、晶型转变 α⇌β。广义的相变过程包括相变前、后相的组成发生变化的情况，相变过程可能有反应发生，S⇌L、L⇌G、S⇌G(S 表示固相、L 表示液相、G 表示气相)的转变过程都是相变；而且多组分系统中的反应，如“结构 A→结构 B+结构 C”以及玻璃中的分相等过程都属于相变。

在不同的热力学条件下，化学组成相同的固体常会形成晶体结构不同的同质异构体(polymorph)，或称为变体。当温度和压力条件变化时，变体之间会发生相互转变，称为晶型转变。显然，晶型转变是相变的一种，也是最常见的一种固-固相变形式。由于晶型转变，晶体材料的力学、电学、磁学等性能会发生巨大的变化。例如，碳由石墨结构转变为金刚石结构后硬度超强，$BaTiO_3$ 由立方结构转变为四方结构后具有铁电性。可见，通过相变改变结构可达到控制固体材料性质的目的。

10.1.2　相变分类

相变分类方法有很多，目前有以下几种：

①按物质状态划分：液相、固相、气相之间的物相转变。

②按热力学特征划分：依据是相变时的热力学函数变化，分为一级、二级、高级相变。

③按相变机理划分：包括成核生长、不稳分解、马氏体、有序-无序等相变。

④按动力学划分：即按原子迁移方式划分，分为扩散型相变、过渡型相变和非扩散型相变。

下面将重点介绍按热力学特征划分和按相变机理划分两种情况。

(1)按热力学特征划分。

按热力学特征可将相变分为一级相变、二级相变和高级相变。根据热力学知识，当外界的温度、压力等条件变化时，系统向自由能减少的方向变化。从一个相变为另一个相的温度称为临界温度。

将在临界温度时自由能的一次导数不连续的一类相变称为一级相变。一级相变中，相变前、后两相化学位相等，但化学位的一阶偏导数不相等，如图 10-2(a)所示。化学位又称化学势(chemical potential)，其含义是在一个均匀体系内，加入微量的某物质(无限小量)，并保持体系的均匀性以及体积和熵不变，体系内能的增量与加入物质的量之比即为该加入物质的化学位。化学位的绝对值是不能测定的，只能测定两状态间的相对值。在一级相变中，有以下热力学表达式：

$$\left.\begin{aligned}&\mu_1=\mu_2\\&\left(\frac{\partial\mu_1}{\partial T}\right)_P\neq\left(\frac{\partial\mu_2}{\partial T}\right)_P\\&\left(\frac{\partial\mu_1}{\partial P}\right)_T\neq\left(\frac{\partial\mu_2}{\partial P}\right)_T\end{aligned}\right\}\tag{10-1}$$

由热力学函数关系可知，与一次导数有关的性质有体积 V 和熵 S。

$$\left.\begin{aligned}&\left(\frac{\partial\mu}{\partial T}\right)_P=-\bar{S}\\&\left(\frac{\partial\mu}{\partial P}\right)_T=\bar{V}\end{aligned}\right\}\tag{10-2}$$

结合式(10-1)和式(10-2)，可得到两相的体积和熵发生不连续变化：$\Delta S \neq 0$、$\Delta V \neq 0$。

由此可知，一级相变存在体积变化和相变潜热的吸收或释放。绝大多数的相变属于一级相变，如金属及合金的结晶、固溶体的脱溶、马氏体相变，晶体的熔化、升华，液体的凝固、汽化、气体的凝聚等。

将自由能的一次导数连续而二次导数不连续的一类相变称为二级相变。即在临界温度或临界压力时，两相化学位相等，其化学位的一阶偏导数相等，而二阶偏导数不相等的相变，如图 10-2(b)、图 10-2(c)及方程式(10-3)、式(10-4)所示。

$$\left.\begin{aligned} &\mu_1 = \mu_2 \\ &\left(\frac{\partial \mu_1}{\partial T}\right)_P = \left(\frac{\partial \mu_2}{\partial T}\right)_P \\ &\left(\frac{\partial \mu_1}{\partial P}\right)_T = \left(\frac{\partial \mu_2}{\partial P}\right)_T \end{aligned}\right\} \tag{10-3}$$

$$\left.\begin{aligned} &\left(\frac{\partial^2 \mu_1}{\partial P^2}\right)_T \neq \left(\frac{\partial^2 \mu_2}{\partial P^2}\right)_T \\ &\left(\frac{\partial^2 \mu_1}{\partial T^2}\right)_P \neq \left(\frac{\partial_2 \mu_2}{\partial T^2}\right)_P \\ &\left(\frac{\partial^2 \mu_1}{\partial P \partial T}\right) \neq \left(\frac{\partial^2 \mu_2}{\partial P \partial T}\right) \end{aligned}\right\} \tag{10-4}$$

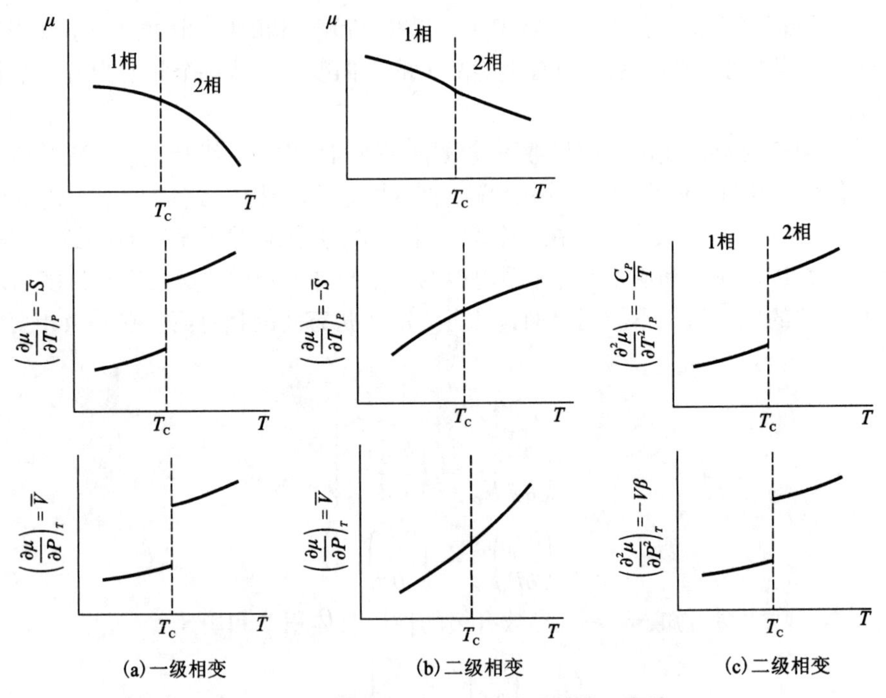

图 10-2　相变过程中热力学性质变化示意图

由热力学函数关系可得以下参数的关系式：

$$\left.\begin{aligned}&\text{恒压热熔 } C_P:\ \left(\frac{\partial^2\mu}{\partial T^2}\right)_P = -\left(\frac{\partial S}{\partial T}\right)_P = -\frac{C_P}{T}\\&\text{压缩系数 } \beta:\ \left(\frac{\partial^2\mu}{\partial P^2}\right)_T = \frac{V}{V}\left(\frac{\partial V}{\partial P}\right)_T = -V\beta\\&\text{体膨胀系数 } \alpha:\ \frac{\partial^2 U}{\partial T\partial P} = \frac{V}{V}\left(\frac{\partial V}{\partial T}\right)_P = V\alpha\end{aligned}\right\}\tag{10-5}$$

参考式(10-2)和式(10-3)可知，二级相变时，系统的化学势、体积、熵无突变(发生连续变化)，即 $\mu_1=\mu_2$、$S_1=S_2$、$V_1=V_2$；而由式(10-4)和式(10-5)可知，热容、热膨胀系数、压缩系数均呈不连续变化，即 $\Delta C_P\neq0$、$\Delta\beta\neq0$、$\Delta\alpha\neq0$。图 10-3 为镍的比热容在临界温度附近的变化。

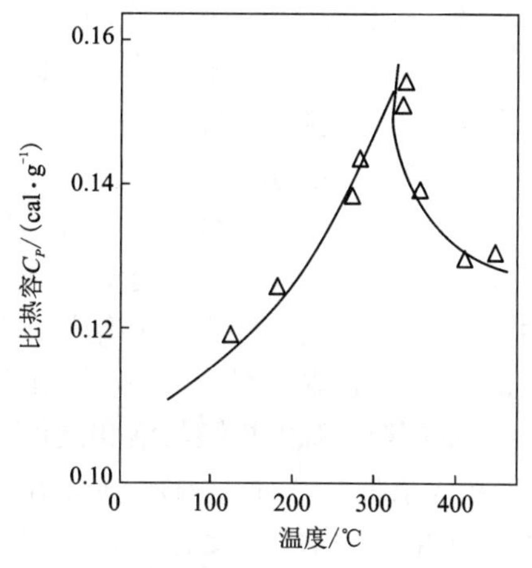

图 10-3　镍的比热容在临界温度附近的变化

二级相变的普遍类型有：一般合金有序/无序转变、铁磁性/顺磁性转变、超导态转变等；铁电晶体的四方相/立方相之间的转变属于二级相变；从熔体到玻璃体之间的转变也可以看作二级相变。

在临界温度、临界压力时，一阶、二阶偏导数相等，而三阶偏导数不相等的相变称为三级相变。依此类推，自由焓的 $n-1$ 阶偏导连续，n 阶偏导不连续时称为高级相变。二级以上的相变称为高级相变，一般高级相变很少，大多数相变为低级相变。三级相变实例：玻色爱因斯坦凝结现象[即表示原来不同状态的原子突然“凝聚”到同一状态(一般是基态)]。

(2)按相变机理划分。

按相变的机理可将相变分为成核与生长机理、斯宾那多(Spinodal)分解机理等类型。此外，从有无扩散的特点等又可划分出马氏体相变、有序-无序转变等类型。成核与生长的相变理论已经成功地用于许多材料的相变动力学研究中，绝大多数的相变包括一般的液-固相变、气-液相变以及大多数的液-液、固-固相变都属于这种机理。

为了更深入地了解这些相变的基础理论和知识，将在 10.2～10.4 节中分别对它们进行介绍。

10.2　相变的成核与生长

晶体生成的一般过程是先生成晶核，再逐渐长大。一般认为，晶体从液相或气相中的生长有三个阶段：①介质达到过饱和、过冷阶段；②成核阶段；③生长阶段。

相变中的成核与生长机理是最普通的和最重要的机理之一。在这个过程中，新相的核以一种特有的速率先形成，接着这个新相便以此为基础进行生长。成核与生长过程都需要活化能。为简便起见，在这里较详细地介绍固相从液相中通过成核与生长机理来完成相变的全过程。其中的基本原理也同样适用于在固体中进行的许多相变过程。

10.2.1 晶核成核

(1)相变过程的亚稳区。

从热力学观点看，物体冷却到相变温度，就会发生相变而形成新相。但实际上，当冷却到相变温度时，系统内并不自发产生相变，而要到更低一点温度时才会发生相变产生新相。这段在理论上应发生相变而实际上不能发生相变的温度区间称为亚稳区，如图 10-4 所示。在亚稳区内，旧相能以亚稳态存在。对液体冷却而言，亚稳区是熔点(T_m)以下的一个温度区(即过冷度 ΔT)。ΔT 对气相冷凝亦然。而要产生新相，必须要经过这段亚稳区。当一个新相刚形成时，不论是与液相组成相同还是不同，它们都是以微小晶胚的形式出现。由于微小晶胚太小，其在液相中的溶解度高于平面状态(大晶粒)的溶解度，在相平衡温度下，这些微小晶胚会因为未达饱和而重新溶解。

那么，当微小晶胚达到多大尺寸，才能成为一个稳定的晶核而继续长大不会消失呢？处于过冷状态的液体，由于热运动引起组成和结构上的起伏，部分质点按新相结构排列形成新相的核胚，造成系统的体积自由能减少 ΔG_V；与此同时，新生核胚与液相之间形成界面，又造成系统的界面自由能增加 ΔG_S。对整个系统而言，自由能的变化应是这两部分的和，即 $\Delta G_R=\Delta G_V+\Delta G_S$。当起伏小、颗粒的尺寸太小时，单位体积中颗粒的界面(表面)面积大，系统的自由能反而增加，新相就会因溶解度太大而重新溶入母相。只有当起伏大到使核胚的尺寸超过某一临界值时，核胚才有可能成为稳定的晶核，继续长大。

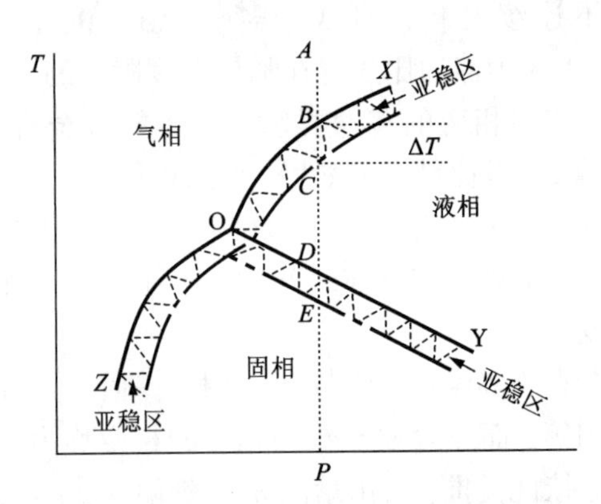

图 10-4 相转变(冷却过程)中的亚稳区示意图

根据以上描述可以归纳得出如下初步结论：

①亚稳区具有不平衡状态的特征，是物相(母相)在理论上不能稳定存在，而实际上却能稳定存在的区域。

②在亚稳区内，物系不能自发产生新相，要产生新相，必然要越过亚稳区，这就是成核需要过冷或过热的现象所在。

③在亚稳区内虽然不能自发产生新相，但是当有外来杂质存在时，或在外界能量影响下，也有可能在亚稳区内形成新相，此时使亚稳区缩小。

(2)相变过程推动力。

从热力学角度考虑，相变过程的推动力是相变前、后自由能的差值 ΔG。当 $\Delta G\neq 0$ 时，相变过程处于非平衡状态。当 $\Delta G=0$ 时，相变过程处于平衡状态；只有当 $\Delta G<0$ 时，相变过程才能自发进行。相变过程又与温度、压力和浓度等因素有关。

①温度条件。

在等温等压的平衡条件下，有 $\Delta G=\Delta H-T_0\Delta S=0$，即 $\Delta S=\Delta H/T_0$。由此可得，在温度 T 时的体系自由能为：

$$\Delta G=\Delta H-T\left(\frac{\Delta H}{T_0}\right)=\Delta H\frac{\Delta T}{T_0} \tag{10-6}$$

式中：T_0 为相平衡理论温度；T 为实际温度；ΔH 为相变焓的变化量。相变过程要能够自发进行，必须满足 $\Delta G<0$，则：

$$\Delta G=\Delta H\frac{\Delta T}{T_0}<0 \tag{10-7}$$

若相变过程为放热过程(如凝聚过程、结晶过程等)，即 $\Delta H<0$，则必须有 $\Delta T>0$，即 $T_0>T$，这表明在该过程中系统必须“过冷”，或者说系统实际温度比理论相变温度还要低，才能使相变过程自发进行。若相变过程吸热偶成(如蒸发、熔融等)，即相变焓的变化量 $\Delta H>0$，则必须有 $\Delta T<0$，即 $T_0<T$，这表明系统要发生相变过程必须“过热”。由此得出：相平衡理论温度与系统实际温度之差即为该相变过程的推动力。

②压力条件。

由热力学知识可知，在恒温可逆不做有用功时，有 $\Delta G=V\mathrm{d}P$(V 为体系体积，P 为压力)。对理想气体而言，有：

$$\Delta G=\int V\mathrm{d}P=\int\frac{RT}{P}\mathrm{d}P=RT\ln P_2/P_1 \tag{10-8}$$

当过饱和蒸气压力为 P 的气相凝聚成液相或固相，平衡蒸气压力为 P_0 时，有：

$$\Delta G=RT\ln\frac{P_0}{P} \tag{10-9}$$

式中：R 为普适气体常数。由此得出：要使相变能自发进行，必须有 $\Delta G<0$，即 $P>P_0$，即系统的饱和蒸气压应大于平衡蒸气压 P_0。

③浓度条件。

对溶液而言，可以用浓度 C 代替压力 P，相应地有：

$$\Delta G=RT\ln\frac{C_0}{C} \tag{10-10}$$

式中：C_0 为饱和溶液浓度；C 为过饱和溶液浓度。若电解质溶液还要考虑电离度 α，即一个摩尔能离解出 α 个离子，则：

$$\Delta G=\alpha RT\ln\frac{C_0}{C}=\alpha RT\ln\left(1+\frac{\Delta C}{C}\right)\approx\alpha RT\frac{\Delta C}{C} \tag{10-11}$$

其中 α、R、T、C 均为正值，所以要使 $\Delta G<0$，必须有 $\Delta C<0$，即 $C>C_0$，即因浓度条件引发的自发相变要有过饱和浓度。

由以上分析可知，相变过程的推动力为过冷度、过饱和浓度或过饱和蒸气压。

热力学上不稳定的核胚变为稳定晶核的过程称为核化。核化可分为均态核化和非均态核化两种。均态核化是在均匀的介质中进行，整个介质中的核化可能性处处相同；非均态核化在异相界面(如介质表面、容器壁、外来不溶性杂质相的表面等)上发生。

10.2.2　均匀形核

假定在恒温恒压下，从过冷液体中形成的新相呈球形，则系统自由能的变化可写成公式(10-12)。

$$\Delta G=\Delta G_V+\Delta G_S=V\Delta g_V+A\gamma_{LS} \tag{10-12}$$

式中：ΔG_V 为新、旧两相单位体积的自由能变化；ΔG_S 为新相表面能变化量；V 为新相的体积，Δg_V 为单位体积中旧相与新相之间的自由能之差；A 为新相总表面积；γ_{LS} 为新相界面能。若生成的新相晶坯呈球形，则式(10-12)可写为：

$$\Delta G=\frac{4}{3}\pi r^3 n\Delta g_V+4\pi r^2 n\gamma_{LS}=\frac{4}{3}\pi r^3 n\frac{\Delta H\Delta T}{T_0}+4\pi r^2 n\gamma_{LS} \tag{10-13}$$

式中：r 为球形核胚半径；n 为单位体积中半径 r 的晶坯数。这反映了 ΔG 与晶坯半径 r 和过冷度 ΔT 的函数关系。式(10-13)中，第一项为负值，第二项为正值。ΔT 较小时，形成颗粒很小的新相区，ΔG_S 比 ΔG_V 大，其饱和蒸气压和溶解度都大，新相会蒸发或溶解而消失于母相，而不能稳定存在，这种尺寸较小而不能稳定长大成新相的区域称为核胚。当热起伏 ΔT 较大时，随着形成颗粒的增大，新相的表面积与体积之比就减小，ΔG 成为负值，颗粒可以稳定成长，这种可以稳定成长的新相称为晶核。

式(10-13)中两项的值随着核胚尺寸 r 变化，如图 10-5 中实线所示，而不同温度(如 T_1、T_2、T_3，且 $T_3>T_2>T_1$)下的两项之和用实虚线表示。由此可见，对颗粒很小的新相区来说，由于新相的表面积与体积之比较大，所以第二项占优，ΔG 为正值；对颗粒较大的新相区来说，第一项占优，ΔG 为负值。只有颗粒半径大于某临界晶核半径时才是稳定的，晶核成长时自由焓减小。相对于曲线峰值的晶胚半径(如 T_2 温度下的 r_k)是晶核稳定成长的尺寸界限，r_k 称为临界半径。从式(10-13)可知，只有存在过冷度 ΔT 时，r_k 才能存在，而且温度愈低(ΔT 大)，r_k 值愈小。

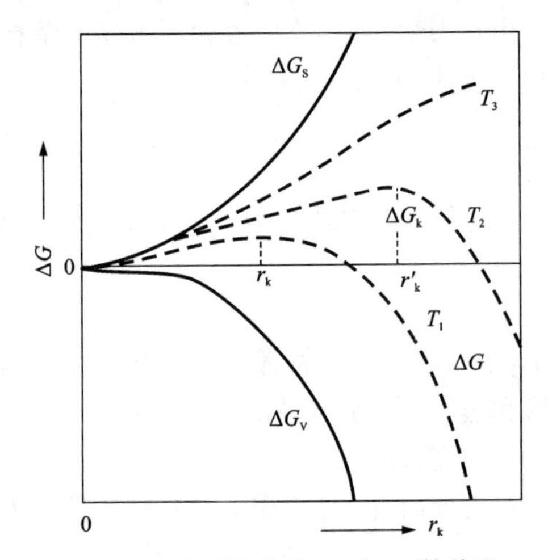

图 10-5　不同温度下 ΔG 与 r_k 的关系

对式(10-13)，可以由 ΔG 对 r 微分，并对其求极值得到 r_k。

$$\frac{\mathrm{d}\Delta G}{\mathrm{d}r}=4\pi n r^2\frac{\Delta H\Delta T}{T_0}+8\pi r n\gamma_{LS}=0 \tag{10-14}$$

得到：

$$r_k=-\frac{2\gamma_{LS}T_0}{\Delta H\Delta T}=-\frac{2\gamma_{LS}}{\Delta G_V} \tag{10-15}$$

通常，将 $r<r_k$ 的核胚称为亚临界核胚，$r=r_k$ 的核胚称为临界晶核，$r>r_k$ 的核胚称为稳定的晶核。而只有形成临界晶核 r_k，才有可能长大成为稳定的晶核。当形成稳定晶核时，系统自由能在变化过程中要经历极大值，此值可将式(10-15)代入式(10-13)求得，ΔG_k 称为临界自由能或核化势垒，即

$$\Delta G_k=\frac{1}{3}\left(\frac{16n\pi\gamma_{LS}^3T_0^2}{\Delta H^2\Delta T^2}\right)=\frac{1}{3}\mathrm{A}_k\gamma \tag{10-16}$$

$$\text{且}\quad \Delta G_k\propto\frac{1}{\Delta T^2}$$

从以上公式可以看出：

(1) r_k 是新相可以长大而不消失的最小晶核半径，r_k 愈小，表明新相愈易形成；ΔT 愈大，则 r_k 愈小，相变愈易进行。

(2) 在相变过程中，新相界面能 γ、相变平衡温度 T_0、临界半径 r_k 均为正值，如果析晶相变是放热过程(即 $\Delta H<0$)，则必有过冷度 $\Delta T>0$，即 $T_0>T$。这说明系统要发生相变必须过冷，而且过冷度愈大，则 r_k 愈小。

(3) 当 ΔT 一定时，γ 降低和 ΔH 相变热增加均可使 r_k 变小，有利于新相形成。

(4) 要形成临界半径大小的新相，则需要对系统做功，其值等于新相界面能的 1/3，这个能量称为成核位垒。这一值越低，相变过程越容易进行，ΔG_k 愈小，具有临界半径 r_k 的粒子数愈多。

当大小不同的核胚和液体中的原子建立平衡时，由于热起伏，单位体积中具有半径为 r_k 的核胚数目 n_k 符合玻耳兹曼统计分布，即

$$n_k = n \cdot \exp\left(-\frac{\Delta G_k}{kT}\right) \tag{10-17}$$

式中：n 为单位体积总的原子数目；ΔG_k 为临界核胚形成能；k 为玻耳兹曼常数。

所谓核化过程，就是液体中一个个原子加到临界晶核上的过程，这样临界的晶核就可能成为稳定的晶核。因此核化速率 I 取决于单位体积液体中临界晶核数目 n_k 和原子加到晶核上的速率 g，而 g 值正比于原子的振动频率 ν_0，并和原子从液相中迁移到晶核界面必须克服的势垒 ΔG_a 有关。单位时间单个原子跃迁到临界核胚表面的频率为：

$$\nu = \nu_0 \exp\left(-\frac{\Delta G_m}{kT}\right) \tag{10-18}$$

式中：v_0 为原子在核胚方向振动的频率；ΔG_m 为原子或分子跃迁新旧界面的迁移活化能(扩散激活能)。因此，结合式(10-17)和式(10-18)，核化速率 I 可以写为：

$$I = \nu n_i n_k = \nu_0 n_i n \cdot \exp\left(-\frac{\Delta G_k}{kT}\right) \cdot \exp\left(-\frac{\Delta G_m}{kT}\right) = P \cdot D \tag{10-19}$$

式中：v 为单位时间到达核胚表面的原子数或原子/分子与核胚碰撞的频率；n_i 为临界核胚周边的原子或分子数目；n_k 为单位体积液体中的临界核胚的数目；ΔG_m 为与扩散有关的激活能，此相关项可以由受质点扩散影响的成核率因子 D 代替；ΔG_k 为相变活化能，此相关项可以由受相变活化能影响的成核率因子 P 代替。

因此，随过冷度 ΔT 变大，ΔG_k 增大，受相变活化能影响的成核率因子 P 减小；扩散激活能 ΔG_m 增加，受质点扩散影响的成核率因子 D 增加。如图 10-6 所示，均态成核速率随温度的变化特征为：I 随 ΔT 的增加而变大，直至最大值；继续冷却时，核化速率降低，这是由于在过冷度很大时，液体黏度值也变大，扩散活化能增大，使扩散过程变缓。即在温度低时，D 因子抑制了 I 的增长；在温度高时，P 因子抑

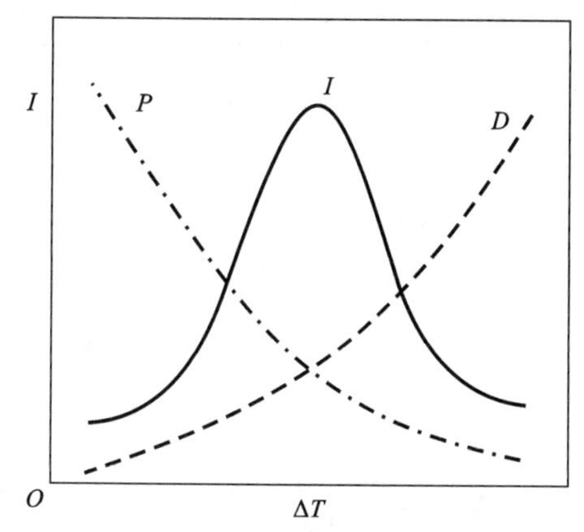

图 10-6 均匀成核的成核速率与过冷度的关系示意图

制了 I 的增长。

10.2.3 非均匀成核

(1)基本规律。

实际上，大多数相变是采取非均态核化的方式，即核化过程在异相(如容器)的界面、异体物质(不溶性杂质颗粒)上、内部气泡壁和介质表面等处进行。如图 10-7 所示的新相核是在和液体相接触的固体界面上生成的，这种促进核化的固体表面是通过与核的润湿作用(表面能)使核化的势垒减小的。假设晶核为球冠形，其曲率半径为 R，核在固体界面上的半径为 r，液相(L)-晶核(β)、晶核(β)-固体(α)和液相(L)-固体(α)三者的比界面能分别为 $\gamma_{\beta L}$、$\gamma_{\alpha\beta}$ 和 $\gamma_{\alpha L}$，液体-核界面的面积为 $A_{\alpha\beta}$，则核化所形成的新界面的自由能变化如式(10-20)所示。

$$\Delta G_S = A_{\beta L}\gamma_{\beta L} + (A_{\alpha\beta}\gamma_{\alpha L} - A_{\alpha\beta}\gamma_{\alpha\beta}) \tag{10-20}$$

当形成新界面 βL 和 αβ 时，原先存在的液固界面 αL 的面积减少为 πr^2。图 10-7 中接触角 θ 和界面能的关系如式(10-21)所示。

$$\left.\begin{aligned} \gamma_{\alpha L} &= \gamma_{\alpha\beta} + \gamma_{\beta L}\cdot\cos\theta \\ \cos\theta &= \frac{\gamma_{\alpha L} - \gamma_{\alpha\beta}}{\gamma_{\beta L}} \end{aligned}\right\} \tag{10-21}$$

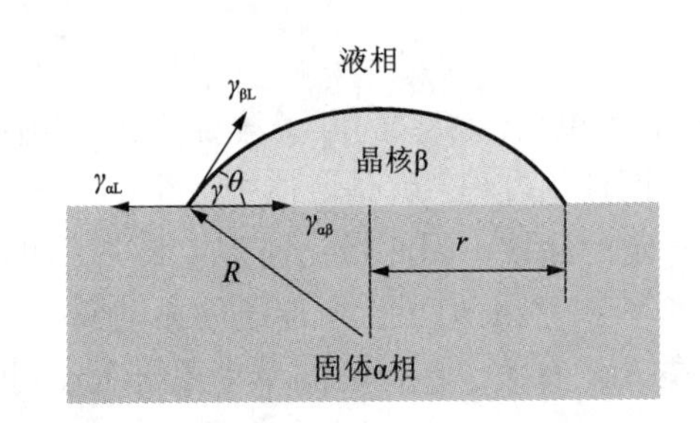

图 10-7 液相-固相界面非均匀成核与界面能的关系

成核前后 α-β 界面对应的部位的表面能比值如式(10-22)所示。

$$\frac{A_{\alpha\beta}\gamma_{\alpha L} - A_{\alpha\beta}\gamma_{\alpha\beta}}{A_{\alpha\beta}\gamma_{\beta L}} = \frac{\gamma_{\alpha L} - \gamma_{\alpha\beta}}{\gamma_{\beta L}} = \cos\theta \tag{10-22}$$

这说明有固体相存在时，形成新相的表面能是减小的，即有利于新相形成。另外，将式(10-21)代入式(10-20)，得到：

$$\Delta G_S = A_{\beta L}\gamma_{\beta L} - \pi r^2\gamma_{\alpha L}\cos\theta \tag{10-23}$$

假设图 10-7 中的球冠形晶核(晶核球缺)的体积为：

$$V = \pi h^2\left(R - \frac{h}{3}\right) = \frac{\pi R^3}{3}(2 + \cos\theta)(1 - \cos\theta)^2 \tag{10-24}$$

式中：h 为晶核球缺的高度，$h=R(1-\cos\theta)$。

晶核的表面积 $A_{\beta L}=2\pi Rh=2\pi R^2(1-\cos\theta)$，接触面的半径 $r=R\sin\theta$。对非均态晶核形成时系统自由能变化 ΔG_h 的计算同式(10-12)，$\Delta G_h=\Delta G_S+\Delta G_V$，则：

$$\Delta G = \Delta G_V + \Delta G_S = V\Delta g_V + 2\pi R^2(1 - \cos\theta)\gamma_{\beta L} - \pi r^2\gamma_{\alpha L}\cos\theta \tag{10-25}$$

将式(10-24)代入式(10-25)，并对 R 求极值，得出非均态晶核的临界半径为：

$$R^* = -\frac{2\gamma_{\beta L}}{\Delta g_V} \tag{10-26}$$

将式(10-26)代入式(10-25)，得出：

$$\Delta G_h^* = \frac{16n\pi\gamma_{\beta L}^3}{3\Delta g_V}\left[\frac{(2 + \cos\theta)(1 - \cos\theta)^2}{4}\right] = \frac{16n\pi\gamma_{\beta L}^3}{3\Delta g_V}f(\theta) = \Delta G_k f(\theta) \tag{10-27}$$

式中：$f(\theta)$ 称作非均态核化的形状因子。

比较式(10-27)和式(10-16)可知，非均态核化势垒等于均态核化势垒乘上系数 $f(\theta)$。当接触角 $\theta=0$（指在有液相存在时，固体被晶体完全润湿），$\cos\theta=1$，$f(\theta)=0$，则 $\Delta G_h^*=0$；当 $\theta=90°$，$\cos\theta=0$，$f(\theta)=0.5$，则 $\Delta G_h^*=\Delta G_k/2$；当 $\theta=180°$，$\cos\theta=-1$，$f(\theta)=1$，式(10-27)变为式(10-16)，此时，晶体完全不润湿固体，即表明异相表面对成核不起作用。

可见，接触角越小的非均态核化剂，对成核越有利。这里，$f(\theta)=0$、$\Delta G_h^*=0$ 状态的物理意义为：当核化剂与析出的晶核有相同或相似的原子排列时将提供核化最有利的条件，原子可以通过“附生”而形成晶核，而无须克服核化势垒。

(2)形核率的影响因素。

参照均匀成核核化速率公式(10-19)，可得到非均态核化速率 I_h 的公式，即

$$I_h=N_s\nu_0\exp\left(-\frac{\Delta G_h^*}{kT}\right)\cdot\exp\left(-\frac{\Delta G_m}{kT}\right) \tag{10-28}$$

式中：N_s 为接触固体的单位面积上的原子数。非均匀形核与均匀形核的形核率相似。但非均匀形核率除了受过冷度和温度的影响外，还受到固态杂质的结构、数量和形貌及其他一些物理因素的影响。以下就相关影响因素进行进一步分析。

①过冷度的影响。

图 10-8 是均态核化速率和非均态核化速率随过冷度的变化示意图。由于非均匀形核所需要的形核功 ΔG_h 很小，因此在较小的过冷条件下就可以明显开始形核了，而均匀形核在此过冷度下依然未能发生。一般地，在过冷度约为 $0.02T_m$ 时，非均匀形核就可能具有最大的形核速率，此过冷度只相当于均匀形核达到最大形核率时过冷度(约 $0.2T_m$)的 1/10。

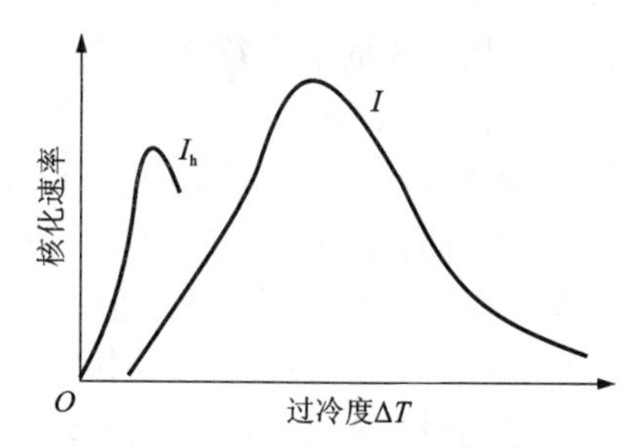

图 10-8　均态核化速率 I、非均态核化速率 I_h 与过冷度 ΔT 的关系示意图

相反，在过热条件下，特别是过热度较大时，固态杂质质点可能熔化，使得非均匀形核消失，形核速率大大降低(如果此时存在形核，也可认为是均匀形核状态)。

②固态杂质的影响。

非均匀形核取决于固态杂质的存在，涉及固态杂质的结构、数量和形貌等因素。在非均匀形核时，晶坯在固态杂质表面附着而促进形核。但随着晶核在固态杂质表面附着量增多，逐渐使那些有利于新晶核形成的杂质表面减少；当可利用的固态杂质表面完全被晶核所覆盖时，非均匀形核过程就终止了。

a. 固态杂质的晶体结构因素。

由图 10-7 及式(10-27)的分析讨论可知，非均匀形核的形核速率与接触角 θ 有关，接触角越小，形核功越小，形核速率越高。即接触角越小的非均态核化剂对成核越有利。而由式(10-20)可知，接触角的大小取决于液相、固态杂质和晶核三者之间的表面能。当液态物质确定后，$\gamma_{\alpha L}$ 便固定不变，即接触角的大小只取决于 $\gamma_{\beta L}$ 和 $\gamma_{\alpha\beta}$。若要获得尽可能小的接触角，即使 $\cos\theta$ 尽可能大，则只能使 $\gamma_{\alpha\beta}$ 尽可能小，即固态杂质与晶核之间的界面能尽可能小。

固态杂质与晶核之间的界面能 $\gamma_{\alpha\beta}$ 取决于晶核与固态杂质的晶体结构(原子排列的特征、

原子尺寸、原子间距等)。当固态杂质晶体与晶核晶体相互接触的晶面结构越相似时,$\gamma_{\alpha\beta}$ 就越小。即使在接触面的某一方向上的原子排列匹配得较好,也能有利于降低 $\gamma_{\alpha\beta}$。这就是所谓的点阵匹配原理。满足点阵匹配原理的固态杂质可能会对形核起到催化作用,该固态杂质就是一种良好的形核剂(或称为活性质点)。

在铸造生产中,往往在浇注前加入形核剂以增加非均匀形核的形核率,达到细化晶粒的目的。比如,锆与镁均具有密排六方晶体结构,且晶格常数相近(镁,$a=0.3202$ nm、$c=0.5199$ nm;锆,$a=0.3223$ nm、$c=0.5123$ nm),而锆的熔点(1083℃)远高于镁的熔点(659℃),所以锆在镁的铸造中是一种良好的形核剂。另外,钛在铝合金中也是非常有效的形核剂,钛在铝合金中可以形成 $TiAl_3$。虽然 $TiAl_3$ 与铝的晶格类型不同(前者为正方晶系,$a=b=0.543$ nm、$c=0.859$ nm;后者为面心立方晶格,$a=0.405$ nm),但两者的某些特定取向(如 $(001)/[100]_{TiAl_3}$ 与 $(001)/[110]_{Al}$)具有良好的匹配关系,钛在铝合金中也能起到非均匀形核而有效细化铝的晶粒。

在硅酸盐熔体中引入核化剂(如不易溶入的 TiO_2、ZrO_2 等),液相中便可观察到大量的内部核化过程。如果在系统中发生液-液分相,则这些相界面将提供核化的有利条件。引入核化剂和利用液-液分相促进核化,这在微晶玻璃、釉以及珐琅的工艺过程中起着重要的作用。

b. 固态杂质的形貌因素。

固体杂质的表面形态各种各样,比如凸曲面、凹曲面或深孔等,由此在单位截面积表面所形成的晶核体积不同。由式(10-12)可知,系统自由能的变化与晶核的体积有关,所以,不同固态杂质表面形态可以具有不同的形核率。

对于凹曲面,较小的晶胚便可达到临界晶核半径,其形核效能最高;平面形固态杂质表面的形核效能比凹曲面形的低,但比凸曲面的高。在凹曲面上形核所需要的过冷度比在平面、凸面上形核所需过冷度均要小些。铸型壁上存在的深孔或裂纹就相当于凹曲面状况,在液相凝固结晶时,这些位置就可能成为促进形核的有效界面。

c. 其他物理因素。

除以上因素外,非均匀形核还受到其他一些物理因素(如振动或搅拌)的影响。在凝固过程中对液态熔体进行振动或搅拌,可使正在长大的晶体破碎而形成几个结晶核,也可使受到振动的液态熔体提前形成晶核。采用振动或搅拌提高形核率的方法已被大量实验验证。

10.2.4 晶体生长

当稳定晶核形成后,在一定的温度和过饱和度条件下,晶核继续长大的过程即为晶体生长。晶体生长速率与熔体中原子或分子加到晶核上去的速率及液体-固体的界面状态有关。图 10-9 是熔融化合物(液-固同组分)的晶体-液体界面上质点排列的示意图。图中显示出晶体生长类似于扩散过程,其生长速率取决于原子从液相向液-固界面上扩散和向反方向扩散之差。晶体生长速度 u 主要取决于熔体过冷度和浓度过饱和等条件,当然也与晶体-熔体之间的界面情形有关。晶体生长可以用物质扩散到晶核表面的速度和物质由液相中转移到晶粒上的速度来确定。

图 10-10 表示晶体-熔体界面质点迁移时自由能变化示意图。从液相侧到晶体和从晶体侧到液相的原子迁移所需克服的势垒高度是不同的。扩散过程取决于分子或原子从液相中分离向晶核界面扩散与其反方向扩散之差。

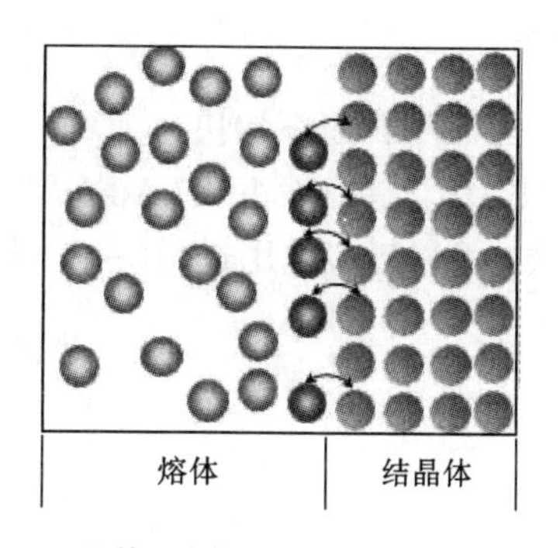

图 10-9　晶体-液体界面上质点排列的示意图

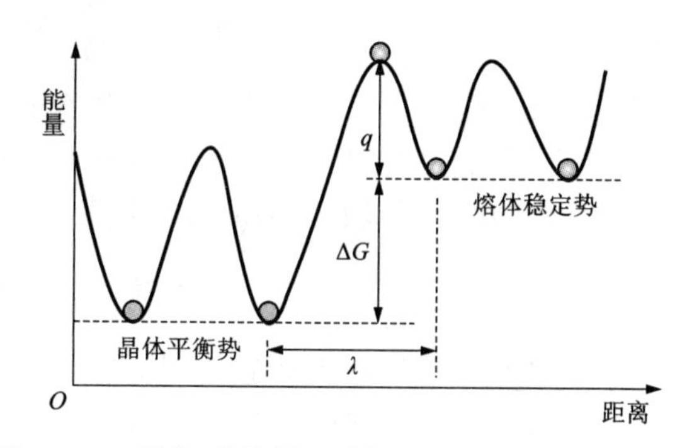

图 10-10　晶体-熔体界面质点迁移时自由能变化示意图

质点从液相向晶相迁移的速率与界面处质点数 n 及其跃迁的频率 ν_0 成正比，即

$$Q_{\text{L-S}} = n\nu_0 \exp\left(-\frac{q}{kT}\right) \tag{10-29}$$

式中：k 为 Boltsman 常数；T 为温度，单位为 K。同理，质点从晶相向液相的迁移速率为：

$$Q_{\text{S-L}} = n\nu_0 \exp\left(-\frac{q+\Delta G}{kT}\right) \tag{10-30}$$

从液相到晶相迁移的净速率为式(10-29)与式(10-30)之差。

$$Q = n\nu_0 \exp\left(-\frac{q}{kT}\right)\left[1 - \exp\left(-\frac{\Delta G}{kT}\right)\right] \tag{10-31}$$

定义晶体线性生长速率 u 等于单位时间内净速率乘以原子间距 λ，即得到晶体生长速率方程，见式(10-32)。

$$u = Q\lambda = n\lambda\nu_0 \exp\left(-\frac{q}{kT}\right)\left[1 - \exp\left(-\frac{\Delta G}{kT}\right)\right] \tag{10-32}$$

接下来讨论晶体生长速率与过冷度的关系。

对于一个特定的研究熔体(液体)，可以认为 n、q 和 ν_0 在熔点 T_m 附近均为常数，则式(10-32)可改写为：

$$u = B\left[1 - \exp\left(-\frac{\Delta G}{kT}\right)\right] \tag{10-33}$$

在恒温恒压条件下，有 $\Delta G=\Delta H-T_m\Delta S=0$，即 $\Delta S=\Delta H/T_m$。由此可得，在温度 T 时的体系自由能为：

$$\Delta G = \Delta H - T\left(\frac{\Delta H}{T_m}\right) = \Delta H\frac{\Delta T}{T_m} \tag{10-34}$$

式中：T 为实际温度；ΔH 为相变焓的变化量。则式(10-32)可改写为：

$$u = B\left[1 - \exp\left(-\frac{\Delta H\Delta T}{kTT_m}\right)\right] \tag{10-35}$$

对晶体生长速率 u 随过冷度的变化可以分为两种情况进行讨论：

①当过冷度 ΔT 较小时($T\approx T_m$)，$\Delta G\ll kT$ 是一个较小的值。根据幂级数展开式有：$e^{-x}=1+(-x)+\frac{(-x)^2}{2!}+\cdots+\frac{(-x)^n}{n!}$($n$ 为正整数)，取二级近似，则式(10-35)可改写为：

$$u \approx B\frac{\Delta H}{kTT_{\mathrm{m}}}\Delta T = B\frac{\Delta H}{kT_{\mathrm{m}}^{2}}\Delta T \tag{10-36}$$

此式表示当 ΔT 很小时，u 值正比于 ΔT，随着过冷度增加，晶体生长速率加快。

②当过冷度较大时($T \ll T_{\mathrm{m}}$)，从液相迁移到晶相的体积自由能差 ΔG 变大($\Delta G \gg kT$)，式(10-35)中作为晶体生长推动力的指数项趋近于0。这时候，可以近似地用式(10-37)表示。

$$u = B = n\lambda\nu_{0}\exp\left(-\frac{q}{kT}\right) \tag{10-37}$$

此条件下的晶体生长速率完全受质点通过界面的扩散速率的控制。因此，在较大过冷度条件下，生长速率按 $e^{-1/T}$ 指数变化。

晶体生长速率 u 与过冷度 ΔT 的变化关系如图10-11所示。ΔT 曲线中出现峰值，是由于在高温阶段主要由液相变成晶相的速率控制，增大过冷度对该过程有利，因而生长速率增大。在低温阶段，过程主要由相界面的扩散所控制，低温对扩散不利。

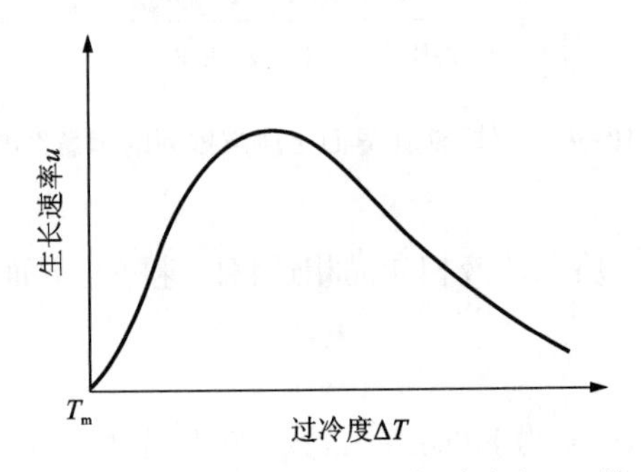

图10-11 晶体生长速率 u 与过冷度 ΔT 的变化关系示意图

10.2.5 液固相变总速率

(1)形核速率。

前面已经分别讨论了成核和晶体生长两个过程，而从液相→固相(或者广义地说，由物相Ⅰ→物相Ⅱ)转变的总速率是由成核与晶体生长两方面的速率决定的。总的结晶速率常用结晶过程中已经结晶的晶体体积占原液体积的分数(x)与结晶时间(t)的关系表示。设一个体积为 V 的液体很快达到出现新相的温度，在此温度下的保温时间为 τ，如果用 V_{β} 表示已结晶的晶体体积，V_{α} 表示残留未结晶的液体体积。则在 $t=0$ 时，$V_{\beta}=0$，$V_{\alpha}=V$；在 $t=\tau$ 时，已结晶的晶体体积为 V_{β}，未结晶的液体体积为 $V_{\alpha}=V-V_{\beta}$。

假定在液相-固相转变过程中，成核速率 I 与 t 无关(即 I 为常量)，则在时间 $\mathrm{d}\tau$ 内形成新相粒子的数目为：

$$N_{\tau} = IV_{\alpha}\mathrm{d}t \tag{10-38}$$

式中：I 为形成新相核的速率，即单位时间单位体积内形成新相的颗粒数。假定新结晶的晶核晶粒是球形的，而生长速率 u(单位时间内球形半径 r 的增长)为常数，则在 $\mathrm{d}t$ 时间内形成新相晶核的体积 $\mathrm{d}V_{\tau}$ 为(v_{β} 为单个新相粒子的体积)：

$$\mathrm{d}V_{\tau} = N_{\tau}\cdot v_{\beta} = IV_{\alpha}\mathrm{d}t\cdot\frac{4}{3}\pi r^{3} = IV_{\alpha}\mathrm{d}t\cdot\frac{4}{3}\pi(ut)^{3} \tag{10-39}$$

(2)生长速率。

接下来再考虑晶体生长对总速率的影响因素。经过 τ 时间后，系统中晶体开始生长，单颗晶粒在时间 t 内增长的体积为：

$$v_{\beta} = \frac{4}{3}\pi u^{3}(t-\tau)^{3} \tag{10-40}$$

对于整个系统，可以写出结晶体积与时间的关系为：

$$dV_\beta = \frac{4}{3} I V_\alpha \pi u^3 (t - \tau)^3 dt \tag{10-41}$$

在结晶初期，晶粒很小，可以认为 $V_\alpha \approx V$，则式(10-41)可以写为式(10-42)：

$$dV_\beta = \frac{4}{3} I V \pi u^3 (t - \tau)^3 dt \tag{10-42}$$

因此，在时间 t 时，结晶体积分数 x 可写为(相变初期 I 和 u 为常数)：

$$x = \frac{V_\beta}{V} = \frac{4\pi}{3}\int_0^t I u^3 (t - \tau)^3 dt = \frac{4\pi}{3} I u^3 \int_0^t (t - \tau)^3 dt \tag{10-43}$$

则总结晶速率可以用 dx/dt 来表示。

假定 $t \gg \tau$，并设 I、u 与 t 无关，则对式(10-43)积分得到：

$$x = \frac{\pi}{3} I_V u^3 t^4 \tag{10-44}$$

该方程是结晶体积分数的近似速度方程。

阿弗拉米 1939 年对相变动力学方程做了适当的校正。考虑到质点之间的碰撞因素和母液因晶相析出而减少的因素，式(10-44)乘以因子$(1-x)$，得到：

$$dx = (1 - x)\frac{4}{3}\pi I u^3 (t - \tau)^3 dt \tag{10-45}$$

同样地，假定 $t \gg \tau$，并设 I、u 与 t 无关，则对式(10-45)积分得到：

$$x = 1 - \exp\left(-\frac{1}{3}\pi I u^3 t^4\right) \tag{10-46}$$

式(10-46)就是著名的 JMA(Johnson-Mehl-Avrami)公式。JMA 公式中温度对总的相变速率的影响体现在对 I 值和 u 值的影响上。

在相变初期，转化率小时，式(10-44)和式(10-46)相等。事实上，随着相变过程的进行，I 与 u 并非都是与时间无关的量，而且 V_α 也不等于 V，所以式(10-44)和式(10-46)会产生偏差。

克拉斯汀在 1965 年对相变动力学做了进一步修正，考虑到时间 t 对新相核的形成速率 I 及新相的生长速率 u 的影响，导出如下公式：

$$x = 1 - \exp(-Kt^n) \tag{10-47}$$

式中：K 为速率常数；n 称为阿弗拉米指数。对于 I 与 u 不随时间而变的，即所谓恒速成核恒速生长的动力学，如式(10-46)所示，$n=4$；对于 I 随 t 而下降的结晶动力学过程，阿弗拉米指数 n 可取 3~4；而对于 I 随 t 而增大的结晶动力学过程，$n>4$。上述方程已经被广泛用于成核-生长过程的等温相变动力学分析。

图 10-12 是根据 JMA 公式做出的不同 n(或 K)值的结晶率曲线。对于较高的 n 值，曲线均呈 S 形，在其中心点处，具有最高的结晶速率。

JMA 公式可应用于两种主要的相变类型，一种是扩散控制的相变，如固相中析出第二相，第二相的形成伴随有质点的远程扩散，其 n 值较小，在 1 和 2 之间；另一种是以多晶转变为代表的无扩散型转变，即所谓的蜂窝状转变，这类转变也需先成核，但质点不需要进行扩散，基本上保留在原先的位置附近做结构调整。图 10-12 中的相变即属于这类。

(3)析晶过程。

当熔体过冷到析晶温度时，由于粒子动能的降低，液体中粒子的“近程有序”排列得到了延伸，为进一步形成稳定的晶核准备了条件。这就是“晶胚”，也有人称之为“核前群”。在一定条件下，核胚数量一定时，一些核胚消失，另一些核胚又会出现。温度回升，核胚解体。如果继续降温冷却，可以形成稳定的核胚(晶核)，并不断地长大形成晶体(晶体的生长)。因此，析晶过程是由晶核形成过程和晶粒长大过程共同构成的。

同时，根据以上对形核速率和生长速率的分析也可以看出，总的结晶速率与I、u的乘积有关，只有I和u都有一可观的量值时，总的结晶速率才会有可观的量值，反映为I与u对ΔT的曲线上应是两者有较大的重叠，如图10-13所示。析晶过程都需要适当的过冷度，且受两个相互矛盾的因素共同影响：过冷度增大，温度降低，熔体粒子动能下降，吸引力相对增大，因而容易聚结和附在晶粒表面上，有利于晶核形成和晶体生长；由于过冷度增大，熔体黏度增加，粒子移动困难，即从熔体中扩散到晶核表面也困难，对晶核形成和晶体长大都不利，而且对晶体生长影响更大。

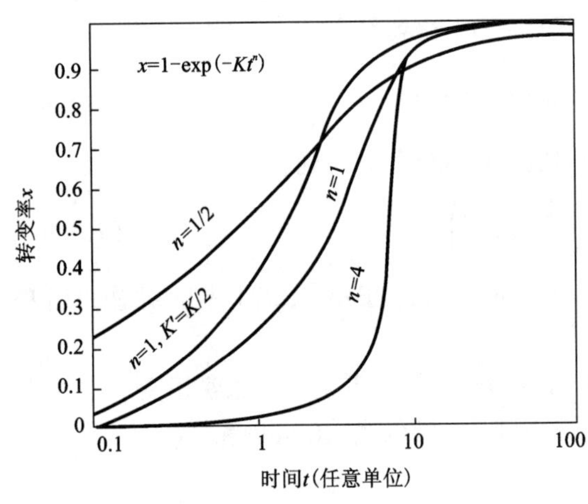

图10-12　根据JMA公式做出的不同n(或K)值的结晶率曲线

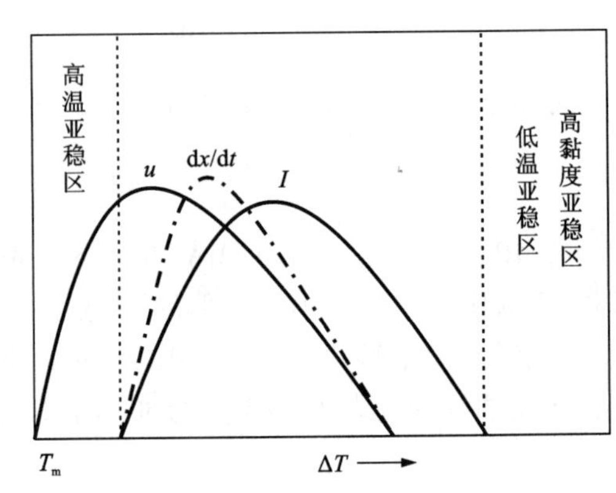

图10-13　I、u及dx/dt与ΔT的关系

由此可见，过冷度过大或过小，对晶核形成和晶体生长都不利，只有在某一过冷度下才有最大的成核速率和生长速率。过冷度对晶核形成和晶体生长速率的影响必有一个最佳值。晶核形成速率和晶体生长速度的峰值一般不重叠，而且晶核形成速率比晶体生长速度的峰值在更低温度处。晶核形成速率和晶体生长速度两曲线的重叠区称为“析晶区”，该区域有利于析晶。

10.2.6　影响析晶能力的因素

根据上述分析讨论可知，影响析晶能力的因素包括熔体组成、熔体结构、晶体结构和外加剂(固态杂质)等。

(1)熔体组成。不同组成的熔体的析晶能力、析晶机理有所不同。熔体系统的组成愈简单，当冷却到液相线温度时，化合物各组成部分相互碰撞排列成一定晶格的概率愈大，熔体越容易析晶。从降低熔制温度和防止析晶的角度出发，熔体的组分应考虑多组分并且其组成应尽量选择在相界线或共熔点附近。

(2)熔体结构。还应考虑熔体中不同质点间的排列状态及其相互作用的化学键强度和性质。熔体的析晶能力主要取决于两方面：①熔体结构网络的断裂程度，网络断裂愈多，熔体愈易析晶；②熔体中所含网络变性体及中间体氧化物的作用，电场强度较大的网络变性体离子由于对硅氧四面体的配位要求，使近程有序范围增加，容易产生局部积聚现象，因此含有电场强度较大的($Z/r^2>1.5$)网络变性离子(如 Li^+、Mg^{2+}、La^{3+}、Zr^{4+}等)的熔体皆易析晶。在碱金属氧化物含量相同时，阳离子对熔体结构网络的断裂作用大小决定于其离子半径。如一价离子中随半径增大而析晶本领增加。

(3)晶体结构。虽然晶态比玻璃态更稳定、具有更低的自由焓，但由过冷熔体变为晶态的相变过程却不会自发进行。如要使这个过程得以进行，必须消耗一定的能量以克服由亚稳的玻璃态转变为稳定的晶态所需越过的势垒。从这个观点看，各相的分界面对析晶最有利，在分界面较易形成晶核。所以，存在相分界面是熔体析晶的必要条件，如微小杂质、坩埚壁、熔体-空气界面等。

(4)外加剂。由之前的分析可知，外加剂(固态杂质)对熔体的形核有催化作用。微量外加剂或杂质也会促进晶体的生长，因为外加剂在晶体表面上引起的不规则性犹如晶核的作用。熔体中杂质还会增加界面处的流动度，使晶格更快地定向。

10.2.7　成核-生长相变机理的应用举例

(1)微晶玻璃材料。

玻璃-陶瓷材料(如通常所说的微晶玻璃)是用适当的玻璃基体控制其结晶化而制成的。这种材料中含有很大比例的微小晶体，通常为95%~98%(体积分数)，其晶体尺寸通常小于1 μm，此外还含有少量的玻璃相，其与陶瓷的不同之处在于材料中不含有气孔。因为它是一种由微晶体和玻璃组成的复合材料，所以也称为微晶玻璃。

一般地，玻璃结晶往往是从表面或玻璃内部的气孔和杂质的位置上开始，然后晶体生长延伸至玻璃内部，从而生成大晶粒尺寸的、不均匀的结晶玻璃体，这样的玻璃体是玻璃的一种严重缺陷。对于微晶玻璃材料，则要求晶粒尺寸小且占有大的体积分数，因此需要有均匀、高密度的晶核(每立方厘米为10^{12}~10^{15}数量级)。为了达到这样的目的，一般在玻璃配料中加入适当的成核剂(如 ZrO_2、TiO_2、P_2O_5 等)，使其成为不均匀成核的诱发剂。这种玻璃料可以用常规的玻璃工艺熔制并加工成所需要的形状。这时玻璃是均匀透明的，它与一般的玻璃在外观上没有什么差别，但可能会有一些相分离的区域或会有一些非常小的成核相的晶体。成型以后冷却到室温，然后将试样以较快的速率加热到某一个成核温度下保温，使主晶相能有效地成核。初始晶核的尺寸大小通常为3~7 nm。成核以后，把样品的温度进一步升到晶体生长速率最大的温度下保温，该温度和保温时间随着具体材料不同而不同。

常用的成核剂是 ZrO_2 和 TiO_2，也有采用 P_2O_5、铂族贵金属以及氟化物等的。常用的 TiO_2 含量为4%~12%(质量分数)，ZrO_2 的使用浓度接近其溶解度的极限值，在硅酸盐熔体中大多数为4%~5%(质量分数)。有时也把 TiO_2 和 ZrO_2 结合使用，以便在最后结晶体中获得所希望的性能。如在用5%(质量分数)的 TiO_2 成核剂的 $Li_2O-Al_2O_3-SiO_2$ 系统微晶玻璃中，成核阶段包括尺寸为5 nm的相分离，随后形成结晶的富 TiO_2 成核相，估计这种相大约会有 35%(质量分数)的 TiO_2 和 20%(质量分数)的 Al_2O_3。

在微晶玻璃材料的制造过程中，由于热处理条件的不同，可以得到不同的晶体尺寸。例如，一个组成(质量分数)约为 70% SiO_2、18% Al_2O_3、3% MgO、3% Li_2O、5% TiO_2 的玻璃，估计约含有35%的富 TiO_2 晶核在725℃左右开始形成，在800℃和825℃之间，形成速率达到最大值，而在850℃左右，速率又下降。主晶相 β-锂霞石即在富 TiO_2 晶核上形成，825℃左右时锂霞石晶体的生长速率变得很显著，在这个温度以上的一个区域，生长速率会随着温度的上升而增大，把样品快速加热到875℃并保温 25 min，得到晶粒数量少而尺寸大的材料，锂霞石晶体尺寸大至几个微米，这是因为快速升温时，快速通过成核区，所产生的晶核少。而同一组成的样品，在775℃下，需保温 2 h，这个温度是 β-锂霞石成核速率大的温度，然后再在975℃下保温 2 h，得到材料的晶体尺寸很小，在 0.1 μm 之内。由于晶体尺寸不同，材料的性质也不同，特别是强度，尺寸大则强度低。因此如果要得到高强度的微晶玻璃，严格、合理地控制热处理条件是极为重要的。

(2)单晶体生长。

成核-生长相变机理的理论在单晶体的人工合成生长中得到充分的应用。迄今为止，针对不同的材料系统，已经实用化的单晶体人工合成的技术有溶液法、热溶液法和熔体的提拉法、坩埚下降法等。溶液法和热溶液法是通过让溶液达到过饱和使置放在溶液中的籽晶生长。如采用热溶液法生长石英单晶，即往高温高压下含有少量 NaOH 助剂的过饱和的二氧化硅水溶液中加入少量石英单晶体的籽晶，石英单晶体就会缓慢地生长。在生长过程中，二氧化硅的饱和度要控制在系统不会自发成核的范围，并且在饱和度减少时要及时地补充溶质。

提拉法人工合成单晶体的装置中，坩埚中的熔体被加热，与熔体同成分的籽晶置放在熔体中，缓慢旋转并上升，熔体中的原子或离子就按照籽晶与熔体接触的晶面上的排列方式长到晶体上去。其中关键的控制是必须使与晶体接触处熔体的温度处于一个小的过冷度中。在这个温度范围，熔体处于亚稳态，不会自发成核，所以只有籽晶能够生长。为了得到高质量的单晶体，温度的精密控制以及晶体旋转上升的速度控制是十分重要的。

10.3 相变类型分析

10.3.1 马氏体相变

马氏体相变是金属、非金属系统中常见的一种相变类型。马氏体(martensite)是在钢淬火时得到的一种高硬度晶相的名称。马氏体相变最早在淬火后的中、高碳钢中发现：将钢加热到一定温度(形成奥氏体)后经迅速冷却(淬火)，这种淬火组织被称为马氏体，结果是使钢的硬度和强度提高。最早把钢中的奥氏体转变为马氏体的相变称为马氏体相变。后来发现纯金属和合金，甚至无机非金属材料中也具有马氏体相变。马氏体相变在动力学和热力学上都有自己的特征，但最主要的特征是在结晶学上。发生马氏体相变时，新旧相成分不变，原子只做有规则的重排而不进行扩散，是通过晶体的剪切作用进行的，而且其切变速率极大。

如图 10-14 所示为奥氏体(austenite)块及其剪切形成马氏体的对比示意图。其中，图 10-14(b)中有一部分已转变为马氏体，即沿切下的部分是已转变的马氏体。转变是通过晶体的一个分立的体积的剪切作用进行的。可以看到，在本来的抛光面上的直线 *PQRS*

[图10-14(a)]，相变时被破坏成为PQ、QR'和$R'S'$三条直线[图10-14(b)]，但是，在宏观上它仍然是连续的，$A_1'B_1'C_1'D_1'A_2'B_2'C_2'D_2'$所围部分为发生转变的马氏体。$A_2B_2C_2D_2$和$A_1'B_1'C_1'D_1'$两个平面在相变过程中保持既不扭曲变形也不旋转的状态。通常把母相奥氏体和转变相马氏体之间界面上的$A_2B_2C_2D_2$和$A_1'B_1'C_1'D_1'$这两个平面叫作惯习面(habitplanes)，通过惯习面，马氏体和奥氏体有共格关系。

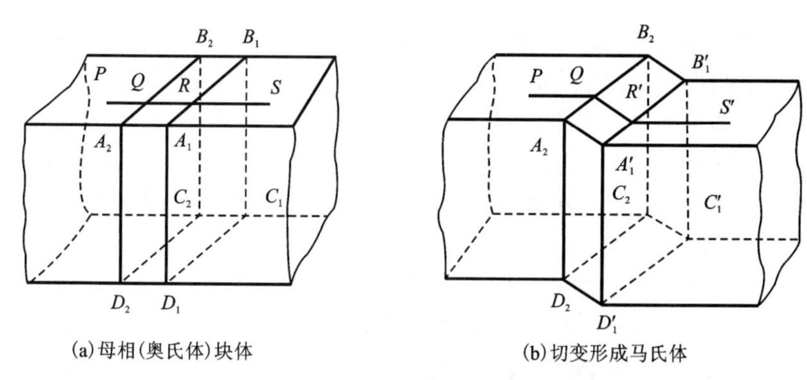

(a)母相(奥氏体)块体　　(b)切变形成马氏体

图10-14　马氏体相变之切变示意图

马氏体相变的特点：

①有惯习面的存在。习性平面表示母相和马氏体之间不改变结晶学方位的关系。新相总是沿着一定的晶体学面(习性平面)形成，新相与母相之间有严格的取向关系，靠切变维持共格关系。这种结晶学上的特性是马氏体相变所特有的。图10-15是晶体中通过剪切作用发生马氏体相变形成新的晶格的二维示意图，新、旧晶体在箭头方向有共格关系。

②马氏体转变中无扩散产生，是一种无扩散转变。所谓无扩散，通常是指相变前后原子移动的距离小于晶体中格点之间的距离。马氏体相变为一级相变。

③马氏体转变往往以非常大的速率进行，这与无长距离扩散有关。有时速度可达声速大小。在一个很宽的温度范围内，转变的动力学与温度无关，但是相变可因所受应力或应变而被加强或抑制。

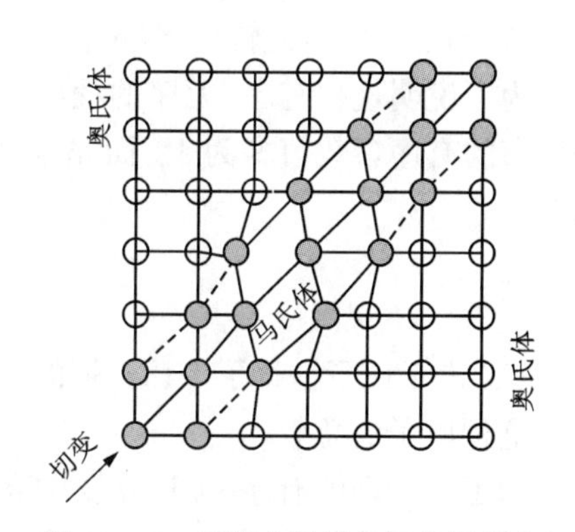

图10-15　晶体中通过剪切作用发生马氏体相变形成新相的二维示意图

④马氏体相变过程也包括成核和长大。由于相变时，晶粒长大的速率一般很大，因此整个动力学决定于成核过程，成核功也就成为相变所必须的驱动力。也就是说，冷却时需过冷至一定温度使系统具有足够的成核驱动力时，才开始相变。当母相冷却时，通常马氏体相变在一个用M_s表示的温度下开始，转变程度取决于M_s以下的范围。M_f表示发生马氏体转变的最低温度，低于M_f时马氏体转变基本结束。

马氏体相变不仅发生在金属中，在非金属无机固体材料中也会出现。例如$BaTiO_3$、$KTa_{0.65}Nb_{0.35}O_3$(KTN)和ZrO_2中都存在这种相变。在ZrO_2系统中，由四方晶系转变成单斜晶

系，本质上就是马氏体相变。前已述及，马氏体相变的特征之一就是存在习性平面和晶面的定向关系，因此通常利用这两个特征来检查是否是马氏体相变。对于 ZrO_2，定向关系是 $(100)_m || (100)_p$ 和 $(010)_m || (001)_p$，式中注脚 m 表示马氏体单斜晶格、p 表示母相四方晶格。

10.3.2 有序-无序转变

有序-无序转变(order-disorder phase transition)是固体相变中的另一种模式。晶态固体的主要特征是原子的排列在三维空间存在着周期性，由于这种三维的周期性要求晶体中每个原子的位置和方向都必须是固定的，因此具有这样排列的晶体的状态就是理想的有序的状态。可是，这种理想的有序的状态，在高于 0 K 的任意温度下，在任何实际材料中都是不可能出现的。由于热激发的原因，在高于 0 K 的温度下，原子或原子团都倾向于离开理想的位置，而减小这种有序程度。

在组成合金(或化合物)的组元之间，当同类原子间结合较弱而异类原子间结合较强时，则其固态晶体中的原子(或离子)将呈三维周期性排列。合金中每个原子(或离子)的位置相对其他原子(或离子)而言，在点阵中是固定的，这样的晶体点阵排列状态称为完全有序态。

对于某些置换式固溶体，当温度较低时，不同种类的原子在点阵位置上呈规则的周期性排列，称有序相。而在某一温度以上，这种规律性就完全不存在了，称为无序相。固溶体在这一温度(称为相变温度或居里点)时发生的排列规律性的产生或丧失，同时伴有结构的对称性的变化，被称为有序-无序相变，属扩散型相变。这种发生错位的有序-无序转变在金属晶体中时常可以观察到。这是有序-无序转变中的一种，即位置无序。

有序-无序转变一般有三种类型，即位置无序转变、方向无序转变和电子(或核旋转)无序性转变。在许多系统中存在位置或方向的有序-无序转变。例如磁性体的转变(铁磁-顺磁性的转变)、介电体的转变(铁电体-顺电体的转变)也属于这种有序-无序的转变。

为了说明这种有序-无序的程度，引入有序参数 S 的概念(order-parameter)。定义理想有序态的有序参数值 S 为 1，而完全无序的状态的有序参数值 S 为零，则有序参数 S 可表示为：

$$S = \frac{R - W}{R + W} \tag{10-48}$$

式中：R 表示原子占据了应该占据的位置数；W 表示原子占据了不应该占据的位置数；$R+W$ 表示这种原子的总数。

为了帮助理解有序-无序相变中有序参数的概念，以分子式 CuZn 表示的合金(β-黄铜)(图 10-16)为例加以说明。β-黄铜具有体心立方结构，在体心位置上是一种类型的原子(Zn 或 Cu)，在角顶上是另一种原子(相对地是 Cu 或 Zn)。这个晶格可以再细分为两个等价的相互贯穿的亚晶格。每一个亚晶格都是简单立方晶格，并且每一个亚晶格都是完全被一种特定类型的原子(Zn 或 Cu)占据的。这样的排列是相当于完全有序的合金的结构。实际上，这种情况只能在非常低的温度下存在，当温度升高时，在这两个亚晶格中的原子就发生相互交换，也就是产生错位原子，使得无序性增大。当 50%的 Cu 原子与 50%的 Zn 原子无规则地交换时，相当于最大的无序状态，这时两个亚晶格之间是无法区别的。在最低温度下(也就是 0 K 时)，Zn 或 Cu 原子处在对应的“正确的”位置的概率为 1。在足够高的温度下，当原子在晶格上的占据完全无规则时，这个概率减小到 0.5，而有序参数 S 为 0。

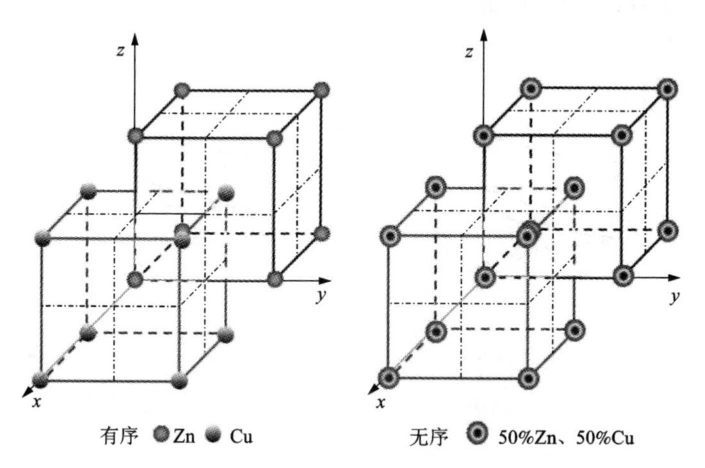

图 10-16　CuZn 的有序和无序结构示意图

有序-无序相变的发生对于各种不同的材料有自己特有的温度，通常称为临界温度 T_c。例如，磁性体 Fe_3O_4 具有尖晶石的结构，在室温时，Fe^{2+} 和 Fe^{3+} 是无序排列的，但是在 120 K 以下，Fe^{2+} 和 Fe^{3+} 就在八面体位置做一种有序的排列，这种转变是与斜方的变形及电导率的增加相关联的。在 $TiO_{1.19}$ 中发生的有序-无序相变，不是晶格中离子排列的有序-无序性，而是在晶格变形时由于非化学计量而产生的空位排列的有序-无序性。当从 1570 K 冷却到 1260 K 发生转变时，$TiO_{1.19}$ 产生的氧空位在(110)面作有序-无序排列变化，形成有序排列的结构。

10.3.3　可逆与不可逆晶型转变

从热力学的角度看，一组同质多晶的变体中，吉布斯自由能最低的晶型是稳定的。对于一个单元系统，各种变体的吉布斯自由能 G 均服从下列关系式：

$$G = U + pV - TS \tag{10-49}$$

式中：U 为该变体的内能；p 为平衡蒸气压(对于凝聚体系，力一般很小)；V 为体积(晶型转变时，体积变化一般不大，pV 项常可忽略不计)；T 为绝对温度；S 为一定晶型的熵(高温稳定型晶体的熵值比低温稳定型的大)。绝对零度时，吉布斯自由能 G 基本由内能项决定。随着温度增加，TS 这一项渐显重要，不能再轻视。当温度足够高时，一些具有较大熵值的晶型，虽然内能也可能较高，但其自由能反而较低。

晶型转变有可逆转变与不可逆转变之分。图 10-17(a)表示具有可逆晶型转变的不同变体晶型Ⅰ和晶型Ⅱ以及其液相 L 之间的热力学关系。内能 U 和熵值 S 由大到小的顺序均是液相 L、晶型Ⅰ和晶型Ⅱ。T_{tr} 是 $G_{Ⅰ}$ 和 $G_{Ⅱ}$ 的交点，是晶型Ⅰ和晶型Ⅱ之间的转变温度。在低温($<T_{tr}$)时吉布斯自由能大小的顺序与此相同。但是，在高温($>T_{mⅡ}$)下，这个顺序正好倒了过来，内能最高的液相的自由能反而最低。$T_{mⅡ}$ 是 G_L 与 $G_{Ⅱ}$ 的交点，是晶型Ⅱ的熔点。晶型Ⅱ的自由能在 T_{tr} 与 $T_{mⅡ}$ 间为最低，此温度范围是晶型Ⅱ的稳定区域。晶型Ⅰ和晶型Ⅱ之间的转变属于可逆晶型转变。晶型Ⅰ稳定存在于晶型转变温度 T_{tr} 以下的温度区域。所以，相对于晶型Ⅱ来说，晶型Ⅰ是低温稳定晶型。对上述物质进行加热或冷却时，发生了如下的晶型转变：晶型Ⅰ⇌晶型Ⅱ⇌液相(熔体)。

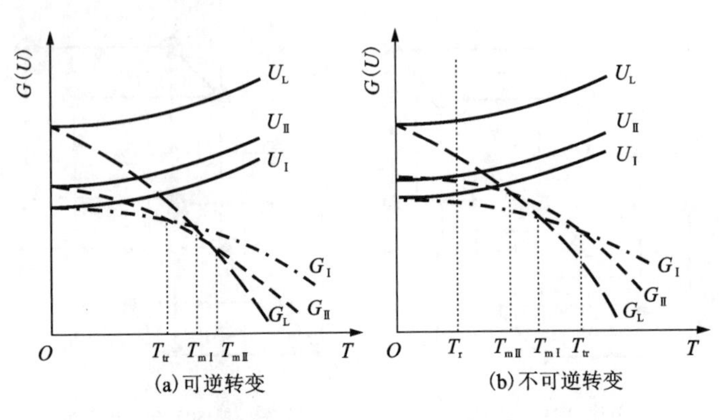

其中 $U_L>U_I>U_{II}$、$S_L>S_I>S_{II}$。

图 10-17 可逆与不可逆晶型转变内能 U 与自由能 G 的关系

晶型Ⅰ中温度超过 T_{tr} 时处于过热的介稳状态，当液相温度低于 T_{mII} 时处于过冷介稳态；G_L 和 G_I 交于 T_{mI}，相当于晶型Ⅰ的熔点。由图 10-17 可知，可逆晶型转变的温度 T_{tr} 低于两种变体的熔点(T_{mI} 和 T_{mII})。

也有一些晶体的变体之间不可能发生可逆晶型转变。图 10-17(b)表示具有不可逆晶型转变的不同变体晶型Ⅰ、晶型Ⅱ及它们的液相 L 之间的热力学关系。T_{mI} 为晶型Ⅰ的熔点，T_{mII} 相当于晶型Ⅱ的熔点。虽然在温度轴上标出了晶型转变温度 T_{tr}，但事实上是得不到的，因为晶体不可能在超过其熔点的温度发生晶型转变。此图的特点是晶型转变温度 T_{tr} 高于两种变体的熔点(T_{mI} 和 T_{mII})。

从图 10-17 可看出，晶型Ⅱ的自由能在低于熔点的任意温度下均较晶型Ⅰ高，表明晶型Ⅱ总是处于介稳状态，随时都有转变成晶型Ⅰ的可能。但晶型Ⅰ要转变成晶型Ⅱ则必须先加热到 T_{mI} 熔融，然后使熔体过冷到一定的温度(例如 T_r)，才能转变成晶型Ⅱ。在 T_r 温度时，晶型Ⅰ的自由能是 3 个相中最低的，因而最稳定，从过冷熔体中先结晶的是介稳的晶型Ⅱ，然后由晶型Ⅱ再转变成稳定晶型Ⅰ。这个过程可由图 10-18 表示。

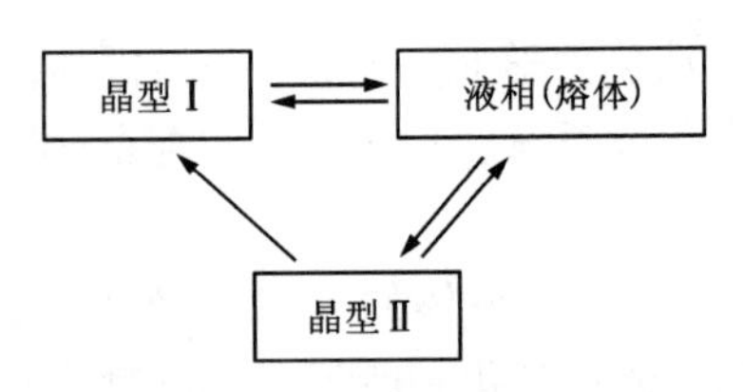

图 10-18 不可逆晶型转变示意图

这种介稳态(如本例中过冷熔体)在一定的温度(例如在本例中的 T_{mII})以下，必须先经过中间的另一个介稳相(如晶型Ⅱ)，才能最终转变成该温度下的稳定态(晶型Ⅰ)的规律，称为阶段转变定律。中间介稳相晶型Ⅱ在一定的条件下可能在常温下长期保持其状态不变。介稳态的概念常被进一步引申到无机材料相图中，最典型的如本章后述的 SiO_2 相图。本来相平衡图是用图解方法来表达系统中的最小自由能状态，如将相图扩展为包含介稳态，就能够对可能的非平衡状态做出某些推断。由此，在遇到一些实例时，可进一步理解：可能的非平衡途径几乎总是有多种，而平衡的可能却只有 1 种。

10.3.4　多晶型转变

随着材料的温度或作用于材料上的压力的变化，原子间的距离和原子振动的程度也发生变化，以致原来的结构在新的条件下成为不稳定的结构。具有同一化学组成却有不同晶体结构的材料叫作多晶型；从一种晶体结构变成另一种晶体结构的过程就叫作多晶转变。

从动力学过程和相结构改变的特点来看，多晶型转变可分为位移式转变（displacement transformation）和重构式（也称重建式，reconstructive）转变两种类型。图 10-19 示意性地表示位移式转变和重构式转变两种情况。该图以 MO_2（M 为金属离子）为例，其基本结构单元为 [MO_4] 配位正四面体。为了叙述方便，这里提出两种配位级别概念：一级配位是指最近邻原子之间的键，例如 [MO_4] 中的 M—O 键；二级配位是指次近邻原子之间的相互作用（键）（West 等曾认为这种相互作用不宜再看成键）。常见的位移式转变是一级配位不发生变化，仅二级配位发生变化的情况。

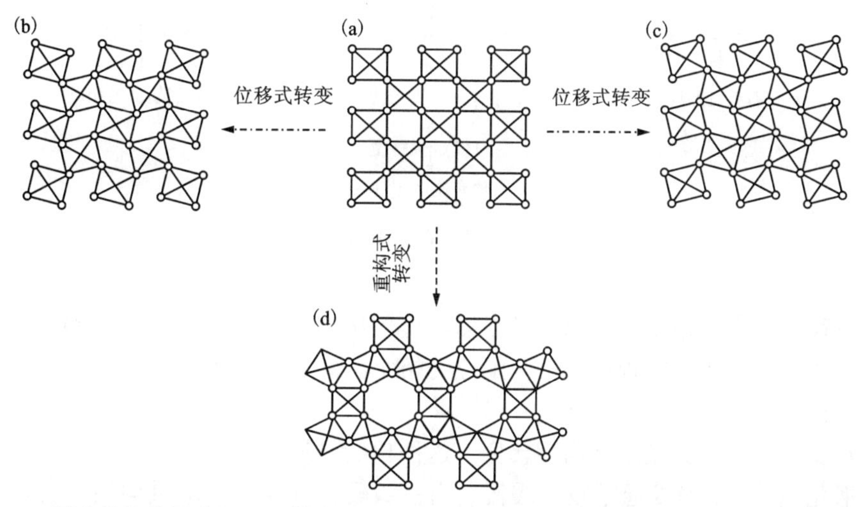

图 10-19　基本结构单元为 [MO_4] 的金属氧化物 MO_2 的位移型转变与重构型转变的二维示意图

（1）位移型转变。

位移型转变是结构畸变，如键角变化，但却不包括键的破坏。这种转变一般在范围确定的温度下迅速发生，是可逆的。例如，金属中的马氏体转变是位移型转变，$BaTiO_3$ 中的立方-四方晶系转变，以及 ZrO_2 中的四方-单斜晶系转变等多晶转变属于位移型转变。位移型转变是硅酸盐陶瓷中常见的晶型转变。一般来说，高温型结构有较高的对称性，较大的比容，较高的比热，经常是更开放的结构。低温型结构一般具有畸变结构，该结构是由相邻的 [SiO_4] 四面体的键角向相反方向旋转而形成的。

还有一种多晶型转变是重构型转变。此类转变中，键被破坏、新的结构重新形成。这种转变比位移型转变需要更大的能量。重构型转变的速率是缓慢的，所以高温型结构一般可经过转变温度迅速冷却，而在低温下保持住原来的结构。重构型转变需要的活化能很高，以致往往不发生晶型转变，除非辅以外界的因素。例如，液相的存在能使不稳定型结构溶解，随后以新的稳定型结构析出。

对于无机材料来说，多晶转变主要通过改变温度条件来实现。二氧化硅(SiO_2)可作为说明多晶转变的很好的例子。SiO_2 具有几种结晶状态，如图 10-20 所示，其中 α 型(α 石英、α 鳞石英和 α 方石英)是高温下的结晶形态，各自对应的 β 或 γ 型为较低温度下的结晶状态。石英、鳞石英和方石英都是由共顶的[SiO_4]构成的三维网络结构，三者的结构差别在于四面体连接的方式(即二级配位)上，各自均有位移型转变，在同系列的高、低温变体间发生的转变，不需要断开和重建化学键，仅发生键角的扭曲和晶格的畸变，属于位移式转变。如图 10-20 中三列具有竖列标识的晶型转变过程：在位移型转变中，高温结构中 SiO_2 四面体之间的键角变化，会引起晶格畸变，形成低温型结构，即 α 石英→β 石英，α 鳞石英→β 鳞石英→γ 鳞石英，α 方石英→β 方石英。这些位移型转变是迅速的而且一发生就不能被阻止。

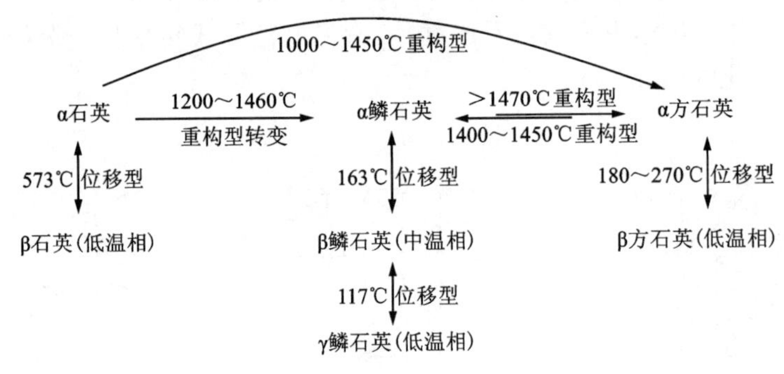

图 10-20　SiO_2 多晶型转变构架图

这种位移式转变的相变方式因不必破坏和重构化学键，所以相变活化能较低，转变速度较快。位移式转变中还有一种涉及一级配位的相变，如马氏体相变。

(2)重构型转变。

晶型转变的另一种类型是重构型转变。这种相变是通过化学键的断开而重建新的结构，因此相变活化能较高，速度通常较为缓慢。由一级配位变化引起的重构型转变较易于理解。这方面的例子如石墨转变为金刚石，其碳原子会由原来 3 配位的六边形平面层结构转变为 4 配位的三维网络。

对于一级配位不变，仅二级配位发生变化的相变，除了上述 SiO_2 的以高、低温型变体之间晶型转变为例的位移式转变外，还有一种重构式转变。图 10-21 为 SiO_2 中三种 α 晶型的硅氧四面体结合方式。例如若要使图 10-21 中的 α-方石英转变为 α-鳞石英，必须使 α-方石英中的[SiO_4]绕着对称轴相对于另一个四面体旋转一个 π 的角度，由于涉及键的断开和生成，因此要发生重构式转变。图 10-21 中(a)→(b)和(c)→(a)的变化仅是二级配位发生了变化，即 M—O—M 键角发生了变化，整体晶格变形。此时，二级配位的距离缩短了，整个系统的结构能也就降低了。此类相变前后，两个变体的对称性及空间群通常没有直接关系。

关于重构式的转变，主要有以下三种可能的机理：

(1)纯固相的晶型转变：在转变温度前后，由于热起伏，晶体的某些局部可能会有新相的核胚生成。如果生成的核胚半径超过某一临界值，核胚将继续长大，否则会重新“溶入”原有的晶型之中。这是所谓的“成核与生长”机理。这种相变和过冷液体结晶时的均匀成核情况相似。但一般来说，晶型转变时的成核步骤决定相变速度。

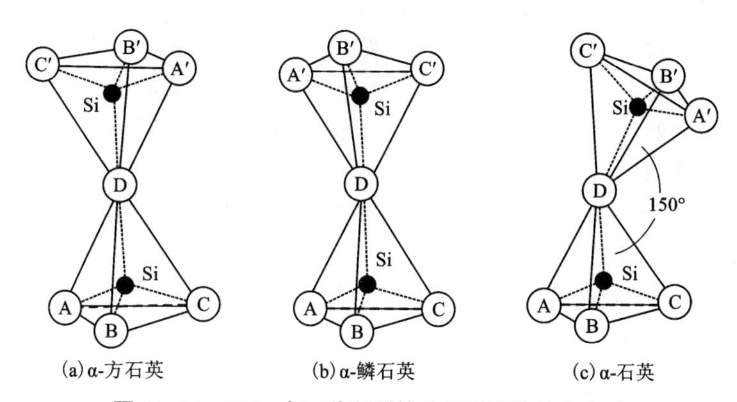

图 10-21　SiO_2 中三种晶型的硅氧四面体结合方式

(2)通过气相的晶型转变：若在相转变温度附近，新、旧相间有较大的蒸气压差，当局部出现过冷度时，高温稳定相由于其蒸气压较高，难以冷凝成固相而保持较多的气相；而低温稳定相的蒸气压较低，易于冷凝。故通过"蒸发-冷凝"机理，低温稳定相不断生成和长大。当局部出现过热度时，情况则与此相反，有利于高温稳定相的生成和长大。

(3)通过液相的晶型转变：若在相变温度附近，新、旧相的溶解度不同，可通过"溶解-沉淀"过程，自液相中长出新相。

不论是哪种机理，要完成重构式相变，都需要具备一定的有利条件，如过冷度或过热度，新、旧相蒸气压差或溶解度差，以及一定的时间等。所以，重构式转变的速度通常比较慢。若温度变化过快，在相变温度附近的转变条件没有得到完全满足，将出现明显的热滞现象(即相变温度的推移)。特别是在降温过程中，某种高温稳定结构可能以一种介稳的具有较高吉布斯自由能的形式长期保存下来。这种未转变的相虽在热力学上是亚稳的，但在动力学上却完全可能是稳定的。一个典型的例子是常温常压下金刚石的存在。在 298 K 和 1.01×10^5 Pa 时，碳的稳定变体应该是石墨，但基于动力学的原因，通常条件下从金刚石到石墨的转变，不能以可检测到的速度发生。

10.4　玻璃中的分相

长期以来，人们都认为玻璃是均匀的单相物质，但随着微观分析技术的发展，越来越多的分析结果得出玻璃内部实际上是不均匀的。在一定温度下，玻璃内部的硼、钠等离子出现一定程度的聚集，形成了富硼相、富钠相区域，玻璃的材质不再均匀分布，而是形成有较大区别的不同区域，这类现象称为分相。分相现象首先在硼硅酸盐玻璃中发现。用 75%(质量分数，下同)SiO_2、20%B_2O_3 和 5%Na_2O 熔融并形成玻璃，然后在 500~600℃温度下进行热处理，结果使玻璃分成两个组成上截然不同的相，其中一个相的组成约含 95%SiO_2，而另一个相的组成富含 Na_2O 和 B_2O_3。这种玻璃经酸处理除去 Na_2O 和 B_2O_3 后，可以制得截面直径为 4~15 nm 微孔的 SiO_2 玻璃。目前已发现在几十纳米范围内存在不均匀性的亚微观结构，这是很多玻璃系统的特征，并已在硅酸盐、硼酸盐、硫族化合物和熔盐玻璃中观察到这种结构。因此，分相是玻璃形成过程中的普遍现象，它对玻璃结构和性质有重大影响。

分相原本是冶金学家所熟悉和研究的相变现象，吉布斯曾在一个世纪前就详细讨论过其热力学理论。20 世纪 20 年代初，分相理论开始引用到硅酸盐系统中来，当时主要用来研究液相线以上的稳定分相，因为这种液-液稳定分相使玻璃分层或乳浊，这是人们用肉眼或光学显微镜即可观察到的现象，例如 MgO、CaO、SrO、ZnO、NiO 的富 SiO_2 二元系统熔融时都可以分为两种液相。特纳(Turner)等在 1926 年首先指出硼硅酸盐玻璃中存在着微分相现象。1952 年鲍拉依-库西茨(Poray-Koshits)应用 X 射线小角度散射技术测得了玻璃中的微分相尺寸，而电子显微镜的应用使玻璃分相研究得到迅速发展。近年来，大量研究表明许多硅酸盐、硼酸盐、硫系化合物及氟化物等玻璃中都存在分相现象，从而进一步揭示了玻璃的结构和化学组成的微不均匀性特征。

10.4.1 液相的不混溶现象

一个均匀的玻璃相在一定的温度和组成范围内分成两个互不溶解或部分溶解的玻璃相(或液相)，并相互共存的现象称为玻璃的分相(或称液相不混溶现象)。一般从结晶化学的角度解释氧化物玻璃熔体产生不混溶性(分相)的原因。氧化物熔体的液相分离是由阳离子对氧离子的作用键不同所引起。在硅酸盐熔体中，桥氧离子已被硅离子以硅氧四面体的形式吸引到自己周围，网络外体(或中间体)阳离子总是力图将非桥氧离子吸引到自己周围，并按本身的结构要求进行排列。实践证明，阳离子场强(离子势，即离子电价与离子半径之比)的大小，对氧化物玻璃的分相有决定性作用。正是由于网络外体阳离子与硅氧网络之间结构上的差异，当网络外体阳离子的场强较大、含量较多时，系统自由能较大而不能形成稳定均匀的玻璃，它们就会自发地从硅氧网络中分离出来，自成一个体系而产生液相分离，形成一个富碱相(或富硼氧相)和一个富硅氧相。

在硅酸盐或硼酸盐熔体中，发现在相图的液相线以上或以下有两类液相的不混溶区。如在 $MgO-SiO_2$ 系统中，液相线以上出现相分离现象。在高温的 T_1 温度时，任何组成都是均匀熔体；在略低于 T_2 温度时，原始组成 C_0 分为组成 C_α 和 C_β 两个熔融相。这类分相区在热力学上是稳定的。

图 10-22(a)是 Na_2O-SiO_2 二元系统液相线以下的分相区。在 T_k 温度以上(图中约 850℃)，任何组成都是单一均匀的液相；在 T_k 温度以下，该区又分为亚稳定区和不稳定区两部分。

(1)亚稳定区(成核-生长区)，即图中有剖面线的区域。如系统组成点落在该区域的 c_1 点，在 T_1 温度时不混溶的第二相(富 SiO_2 相)通过成核-生长方式而从母液(富 Na_2O 相)中析出。颗粒状的富 SiO_2 相在母液中是不连续的，颗粒尺寸为 3～15 nm，其亚微观结构如图 10-22(b)左半侧所示。若组成点落在该区的 c_3 点，在 T_1 温度时，同样通过成核-生长方式从富 SiO_2 的母液中析出富 Na_2O 的第二相。

(2)不稳定区(spinodale 区)。当组成点落在图 10-22(a)的(2)区的 c_2 点时，在 T_1 温度时熔体迅速分为两个不混溶的液相。相的分离不是通过成核-生长方式，而是通过浓度的起伏方式进行。相界面开始时是弥散的，但逐渐出现明显的界面轮廓，在此时间内相的成分在不断变化，直至达到平衡值为止。析出的第二相(富 Na_2O 相)在母液中互相贯通、连续，并与母液交织而成为两种成分不同的玻璃。其亚微观结构如图 10-22(b)右半侧所示。

两种不混溶区的浓度剖面如图 10-23 所示。图 10-23(a)表示亚稳区内第二相成核-生

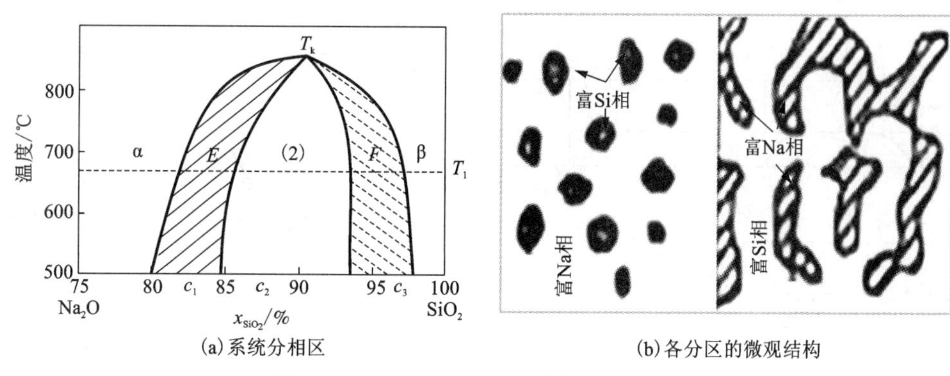

(a) 系统分相区　　　　(b) 各分区的微观结构

图 10-22　Na_2O-SiO_2 系统的分相示意图

长的浓度变化。若分相时母液平均浓度为 c_0，第二相浓度为 c_a'，成核-生长时，由于核的形成，使局部区域由平均浓度 c_0 降至 c_a，同时出现一个浓度为 c_a' 的"核胚"。此后的质点迁移就是一种由高浓度 c_0 向低浓度 c_a 的正扩散，这种扩散的结果导致核胚粗化直到最后第二相的长大。这种分相的特点是相变起始时两相的浓度变化程度大，而涉及的空间尺寸范围小，第二相成分自始至终不随时间而变化。分相析出的第二相始终有显著的界面，但它是玻璃而不是晶体。

图 10-23(b) 为不稳分解时第二相的浓度变化示意图。相变开始时，将新相与母相相比，前者的浓度变化程度很小，但涉及的空间范围很大。不稳分解发生于母相中，由瞬间的浓度起伏所导致的。相变早期第二相组成的形成类似于波的变化，而构成第二相的组成质点则形成一种从浓度低处向浓度高处的负扩散(爬坡扩散)，第二相浓度随时间而持续变化直至达到平衡浓度。

从相平衡角度考虑，相图上平衡状态下析出的固态都是晶体，而在不混溶区中析出的是富 Na_2O 或 SiO_2 的非晶态固体，严格地说，不应该用相图表示，因为析出产物不是处于平衡状态。所以为了示意液相线以下的不混溶区，一般在相图中用虚线画出分相区。

液相线以下不混溶区的确切位置可以根据一系列热力学活度数据，用自由能-组成的关系式推算出来。图 10-24 为 Na_2O-SiO_2 二元系统在温度 T_1 时的自由能(G)-组成(c)曲线示意图。G-c 曲线上存在一条公切线 AB。根据吉布斯自由能-组成曲线建立相图的两条基本原理：①在温度、压力和组成不变的条件下，具有最小吉布斯自由能的状态是最稳定的；②当两相平衡时，两相的自由能-组成曲线上具有公切线，切线上的切点分别表示两平衡相的成分。

结合图 10-22(a)，现对图 10-24 G-c 曲线的各部分做如下分析：

(1) 当组成处于 75%(摩尔分数) SiO_2 与 c_α 之间，由于 $(\partial^2 G/\partial c^2)_{T,P}>0$，存在的富 Na_2O 单相均匀熔体在热力学上具有最低的自由能。同理，当组成在 c_β 与 100% SiO_2 之间时，富 SiO_2 单相均匀熔体是相对稳定的。

(2) 组成在 c_α 和 c_E 之间时，虽然 $(\partial^2 G/\partial c^2)_{T,P}>0$，但由于有公切线存在，这时分解成 c_α 和 c_β 两相比均匀单相有更低的自由能。因此，此组成范围内(如组成点在 c_1)分相比单相更稳定，则富 SiO_2 相自富 Na_2O 母液相中析出。两相的组成分别在 c_α 和 c_β 上读得，两相的相

对数量由 c_1 在公切线 AB 上的位置，根据杠杆规则读得。

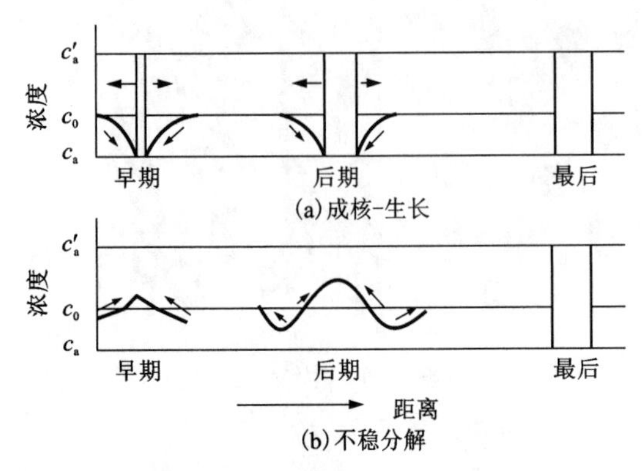

图 10-23 分相浓度剖面示意图

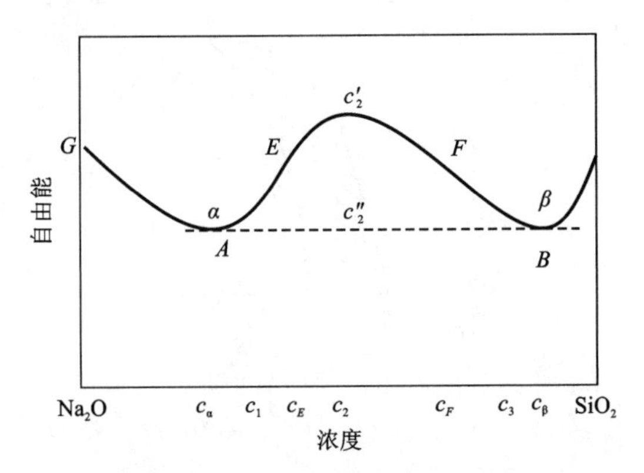

图 10-24 自由能-组成关系示意图

(3)当组成在 E 点和 F 点时，这是两条正曲率曲线与负曲率曲线相交的点，亦称为拐点，用数学式表示为$(\partial^2G/\partial c^2)_{T,P}=0$。$E$ 点和 F 点为亚稳和不稳分相区的转折点。

(4)组成在 c_E 和 c_F 之间时，由于$(\partial^2G/\partial c^2)_{T,P}<0$，因此是热力学不稳定区。当组成落在 c_2 时，不仅是由于 $G_{c_2'} \gg G_{c_2''}$，能量上差异很大，而且微小组成变化均能引起系统自由能减小，分相动力学障碍小，分相很易进行。

由以上分析可知，一个均一相对微小组成起伏的稳定性或亚稳性的必要条件之一是相应的化学位随组分的变化应该是正值，至少为零。$(\partial^2G/\partial c^2)_{T,P}\geqslant 0$ 可以作为一种判据来判断由于过冷所形成的液相(熔融体)对分相是亚稳的还是不稳的。系统对微小的组成起伏是亚稳的，分相如同析晶中的成核-生长，需要克服一定的成核位垒才能形成稳定的核，而后新相再得到扩大。如果系统不足以提供此位垒，则系统不分相，呈亚稳态。当$(\partial^2G/\partial c^2)_{T,P}<0$ 时，系统对微小的组成起伏是不稳定的，组成起伏由小逐渐增大，初期新相界面弥散，因而不需要克服成核位垒，分相是必然发生的。

如果将 T_k 温度以下每个温度的自由能-组成曲线的各个切点轨迹相连，即得出亚稳分相区的范围。若把各个曲线的拐点轨迹相连，即得不稳分相区的范围。表 10-1 比较了亚稳和不稳分相的特点。

表 10-1 液相的亚稳和不稳分解比较

项目	亚稳	不稳
热力学	$(\partial^2G/\partial c^2)_{T,P}\geqslant 0$	$(\partial^2G/\partial c^2)_{T,P}<0$
成分	第二相组成不随时间变化	第二相组成随时间而连续向两个极端组成变化，直至达到平衡组成
形貌	第二相分离成孤立的球形颗粒	第二相分离成有高度连续的非球形颗粒
有序	颗粒尺寸和位置在母液中是无序的	第二相分布在尺寸上和间距上均有规则
界面	在分相开始界面有突变	分相开始界面是弥散的，然后逐渐明显

续表10-1

项目	亚稳	不稳
能量	分相需要克服能量	不存在位垒
扩散	正扩散	负扩散
时间	发生分相所需时间长、动力学障碍大	分相所需时间极短、动力学障碍小

玻璃分相及其形貌几乎对玻璃的所有性质都会产生或大或小的影响。例如凡是与迁移性能有关的性质，如黏度、电导率、化学稳定性等都与玻璃分相及其亚微观结构有很大关系。如图 10-22(a)中所示的 Na_2O-SiO_2 系统玻璃中，富硅相为高黏度、高电阻和高化学稳定相，当其呈相互分离的液滴状时，则整个玻璃呈现出比较低的黏度、电阻率和化学稳定性；而当富硅相连续时，其电阻与黏度均可提高几个数量级，其电阻近似于高 SiO_2 端组成玻璃的数值。经研究发现，玻璃态的分相过程总是发生在核化和晶化之前，分相产生的界面为晶相的成核提供了有利的成核位置。

分相对玻璃结晶的影响：①为成核提供界面。玻璃的分相增加了相之间的界面，成核总是优先产生于相的界面上。实验证明，一些微晶玻璃的成核剂(例如 P_2O_5)正是通过促进玻璃强烈分相而影响玻璃的结晶的。②分散相具有高的原子迁移率。分相导致两液相中某一相具有较母相(均匀相)明显大的原子迁移率。这种高的迁移率，能够促进均匀成核。因此，在某些系统中，分相对促进晶相成核所起的主要作用，可能就是因为形成具有高的原子迁移率的分散相。③使成核剂组分富集于一相。分相使加入的成核剂组分富集于两相中的一相，因而起晶核作用。如含 4.7%(质量分数)TiO_2 的铝酸盐玻璃，热处理过程中最初出现 $Al_2O_3 \cdot 2TiO_2$ 的晶核。继续加热能制得 β-锂霞石微晶玻璃，最后转变为含 β-锂辉石和少量金红石的微晶玻璃。不含 TiO_2 的同成分玻璃，虽然在冷却中也分相，但热处理时只能是表面析晶。

从表面可以看出，分相作为促进玻璃态向晶态转化的一个过程应该是肯定的。然而，分相和晶体成核、生长之间的关系是十分复杂的问题，而且有些情况还不十分清楚，需要进一步深入研究。

从以上内容来看，分相在理论和实践上都有重要的意义。在玻璃生产中，可以根据玻璃成分的特点及其分相区的温度范围，通过适当的热处理、控制玻璃分相的结构类型(滴状相或连通相)、分相的速度、分相进行的程度以及最终相的成分等手段，可以提高玻璃制品的质量和发展新品种、新工艺。例如通过热处理和酸处理制造微孔玻璃、高硅氧玻璃(需经烧结)和蚀刻雕花玻璃是众所周知的。通过控制分相区域的结构，使易溶解的钠硼相形成为高硅氧相封闭的玻璃滴，能生产性质类似于派来克斯玻璃的低温易熔的硼硅酸盐玻璃。在玻璃软化点附近加上拉应力，使分相区域呈针状有规则排列，使其具有各向异性，这一手段可以使材料具有自聚焦光导、双折射和偏振作用等。一般光学玻璃和光导纤维中要力求避免分相，以降低光的散射损耗。

总之，玻璃分相是一个广泛而十分有意义的研究课题，它对充实玻璃结构理论、改进生产工艺、制造新型功能玻璃等具有重大意义。

10.4.2　分相的结晶化学观点

对于玻璃分相，在结晶化学方面可以从能量、静电键和离子电势等方面进行较合理的解释。玻璃熔体中离子间相互作用程度与静电键 E 的大小有关。

$$E = Z_1 Z_2 e^2 / r_{1,2} \tag{10-50}$$

式中：Z_1、Z_2 是离子 1 和 2 的电价；e 是电荷；$r_{1,2}$ 是两个离子的间距。例如玻璃熔体中 Si—O 间键能较强，而 Na—O 间键能相对较弱，如果除了 Si—O 键外，还有另一个阳离子与氧的键能也相当高时，就容易导致不混溶。这表明分相结构取决于这两者间键力的竞争。具体来说，如果外加阳离子在熔体中与氧形成强键，以致氧很难被硅夺去，在熔体中表现为相对独立的离子聚集体，这样就出现了两个液相共存的情况，一种是含少量 Si 的富 R—O 相，另一种是含少量 R 的富 Si—O 相，造成熔体的不混溶。图 10-25 表示液相不混溶区的三种可能的位置，即(a)与液相线相交(形成一个稳定的二液区)、(b)与液相线相切和(c)在液相线之下(完全是亚稳的)。

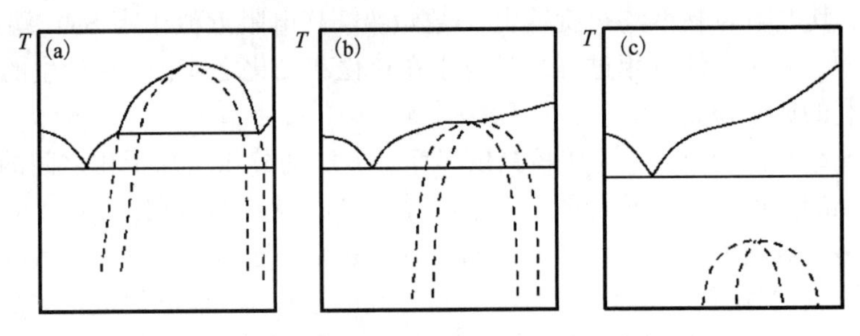

图 10-25　液相不混溶区的三种可能位置

对于氧化物系统，键能公式可以简化为离子电势 Z/r，其中 r 是阳离子半径。表 10-2 列出不同阳离子的 Z/r 值以及它们和 SiO_2 一起熔融时对应图 10-25 的液相曲线类型。这说明含有不同离子的系统，其液相线形状与分相有很大关系。S 形液相线表示该温度以下有亚稳不混溶区存在。从表中还可以看出，随 Z/r 的增大，不混溶趋势也加大，如 Sr^{2+}、Ca^{2+}、Mg^{2+} 的 Z/r 较大，则可导致熔体分相；而 K^+、Cs^+、Rd^+的 Z/r 小，则不易引起熔体分相。其中 Li^+ 因半径小使得 Z/r 值较大，因而使含锂的硅酸盐熔体产生分相，呈现乳光现象。

表 10-2　不同阳离子势及其氧化物与 SiO_2 的液相线形状

离子	离子半径/Å	电价(Z)	离子势(Z/r)	液相线形状
Cs^+	1.65	1	0.61	直线
Rb^+	1.49	1	0.67	直线
K^+	1.33	1	0.75	S 形（直）
Na^+	0.99	1	1.02	S 形
Li^+	0.78	1	1.28	S 形
Ba^{2+}	1.43	2	1.40	S 形（图 10-25）
Sr^{2+}	1.27	2	1.57	二液（图 10-25）
Ca^{2+}	1.06	2	1.89	二液（图 10-25）
Mg^{2+}	0.78	2	2.56	二液（图 10-25）

当不混溶区接近液相线时[图 10-25(a)(b)]，液相线上将有 S 形或有趋向于水平的部分。因此，可以根据相图中液相线的坡度来推知液相不混溶区的存在及可能的位置。例如，对于一系列二元碱土金属和碱金属，氧化物与二氧化硅组成的系统，其组成为 55%～100%(摩尔分数)SiO_2 之间的液相线，$MgO-SiO_2$、$CaO-SiO_2$ 及 $SrO-SiO_2$ 系统显示出稳定的液相不混溶性，如图 10-25(a)所示；而 $BaO-SiO_2$、Li_2O-SiO_2、Na_2O-SiO_2 及 K_2O-SiO_2 系统显示出其液相线的 S 形有依次减弱的趋势，如图 10-25(b)(c)所示。这就说明，当后一类系统在连续降温时，将出现一个亚稳不混溶区。由于这类系统的黏度随着温度降低而增加，可以预计在形成玻璃时，$BaO-SiO_2$ 系统发生分相的范围最大，而 K_2O-SiO_2 系统为最小。实际工作中，如将组成为 5%～10%(摩尔分数)BaO 的 $BaO-SiO_2$ 系统急冷后也不易得到澄清玻璃，玻璃呈乳白色。这种液相平台愈宽，分相愈严重的现象和液相线 S 形愈宽，亚稳分相区组成范围愈宽的结论是一致的。因此液相线的 S 形可以作为系统当中存在液-液亚稳分相的一个标志。

由此可见，从热力学相平衡角度分析所得到的一些规律可以用离子势观点来解释，即当其他正离子与 Si^{4+} 的离子势差别(场强差)愈小时，愈趋于分相。沃伦(Warren)和匹卡斯(Pincas)指出，当离子的离子势 $Z/r>1.40$ 时(如 Mg、Ca、Sr)，系统的液相区中会出现一个圆顶形的不混溶区域；若 Z/r 在 1.40 和 1.00 之间(如 Ba、Li、Na)，液相便呈 S 形，这是系统中发生亚稳分相的特征；$Z/r<1.00$ 时(如 K、Rb、Cs)，系统不会发生分相。

随着实验数据的不断积累，目前许多重要的二元体系中的分相区域边界线都已大致被确定了。如图 10-26 所示为 $Al_2O_3-SiO_2$ 和 TiO_2-SiO_2 系统的分相区。在 TiO_2-SiO_2 系统中有一个很宽的分相区，如在其中加入碱金属氧化物还可以扩大系统的不混溶性范围，这就是 TiO_2 能有效地作为许多釉、搪瓷和玻璃-陶瓷的成核剂的原因。

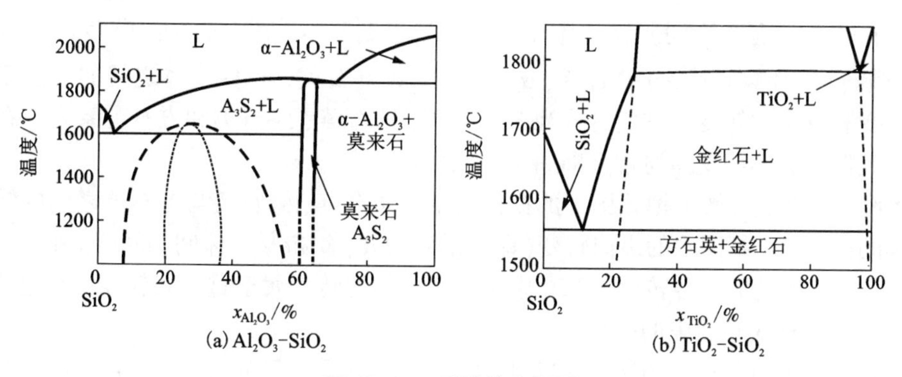

图 10-26　系统的分相区

10.5　相变应用举例

10.5.1　$BaTiO_3$ 的晶型转变及应用

最早的压电陶瓷是 $BaTiO_3$，后来以它为基础衍生出一系列重要的压电材料。$BaTiO_3$ 在不同温度下的晶型转变如图 10-27 所示。

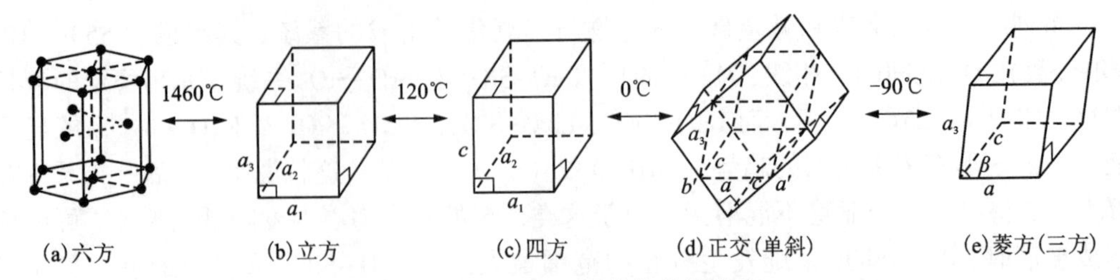

图 10-27　$BaTiO_3$ 晶体的结构演变

从低温到高温，前 3 个相变温度(-90℃、0℃、120℃)的晶型转变属于位移式转变。其中具有铁电性的菱方在许多文献里也被称为三方，正交晶体也有文献说成是单斜[图 10-27(d)中虚线所构成]。Kingery 等指出，其中的四方(铁电)⇌立方(非铁电)转变属于特殊的位移式转变(马氏体相变)，此转变几乎在瞬时完成。这 3 个相变温度都很低，均与烧结无关。$BaTiO_3$ 在 1460℃时出现低温立方晶型向高温六方晶型的转变，这是一种重构式相变。因此，如果 $BaTiO_3$ 陶瓷的烧结温度超过 1460℃时，它将经历重构式转变而具有六方结构。当降温速度较快时，这种非铁电的六方 $BaTiO_3$ 往往不能再转变为立方结构，以致在 120℃以下时也不可能转变成有铁电性能的各种结构。所以，$BaTiO_3$ 陶瓷的烧结温度不能超过 1460℃。

关于 $BaTiO_3$ 应用方面的内容很多，将在今后的学习与工作中逐渐学习和接触到。读者可以查阅文献资料获得众多相关信息和知识。

10.5.2　SiO_2 的晶型转变和应用

SiO_2 在常压下有 7 个同质异构体和 1 个非晶态玻璃体，其中的晶体类型有：α 石英、β 石英、α 鳞石英、β 鳞石英、γ 鳞石英、α 方石英、β 方石英。这些变体之间的多晶型转变有位移型转变和重构型转变。它们可分为 3 个系列，即石英、鳞石英和方石英系列。在同系列中从高温到低温的不同变体通常分别用 α、β 和 γ 表示。

参考图 10-20，习惯上把该图中的横向转变，即石英、鳞石英与方石英之间的转变称为一级变体间的转变，把图中的纵向转变(即同系列的 α、β 和 γ 变体间的转变)称为二级变体间的转变，也叫作高低温型转变。SiO_2 中一级变体间的转变属于重构式转变，而它的二级变体间的转变是位移式转变中的一种。

其相转变方式也可归纳为图 10-28 所示。第一类是重构型转变，发生在高温相的 *α* 型晶体(*α* 石英、*α* 鳞石英和 *α* 方石英)之间。由于所需活化能较大，转变温度高且变化缓慢，转变过程通常是由晶体表面向内部进行，并伴随有较大的体积效应(体积的增大或缩小)。无矿化剂存在时，实际上该过程很难进行，有矿化剂(如 Na_2WO_4)存在时的转变速率可显著增大。有时可通过急冷的方式使高温晶型保存在室温条件下。第二类是位移型转变，发生在中低温相之间，如 α 石英→β 石英、α 鳞石英→β 鳞石英→γ 鳞石英、α 方石英→β 方石英等相转变。由于各系列转变相之间的晶体结构差别较小，所以在适当温度下能发生快速相转变，而且这些转变是可逆的，并且伴随比重构型转变更小的体积效应。

SiO_2 系统的蒸气压-温度(*P*-*T*)相图如图 10-29 所示。这个相图所标出的温度实际上都

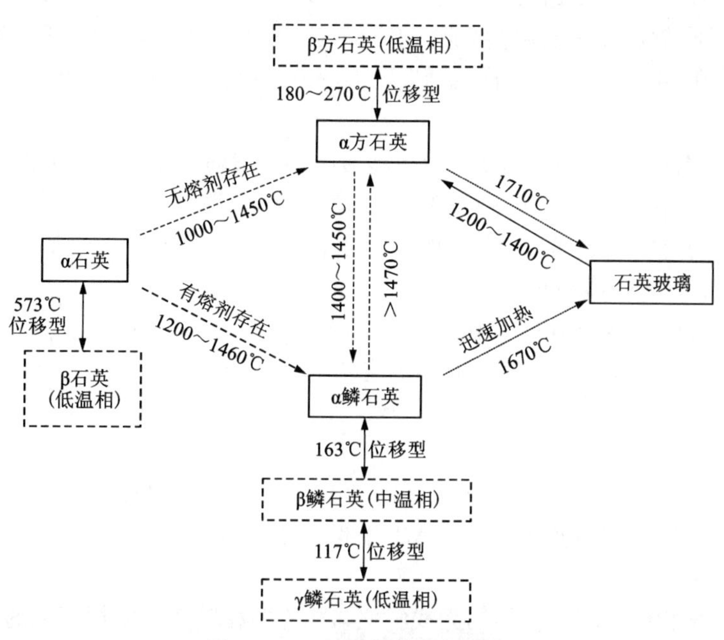

图 10-28　SiO_2 相转变框架图

是在 1.01×10^5 Pa 下的转变温度，也就是说实验是在常压下进行的。有学者估算得出，SiO_2 在 1.01×10^5 Pa 的空气中，于 1727℃时的分压为 1.01×10^{-1} Pa，在 3327℃时的分压只达到 1.01×10^5 Pa，这说明 SiO_2 的蒸气压极小。相图中的纵轴并不表示实际数值，画出来的曲线仅表示温度改变时压强变化的大致趋势。有证据表明，在没有某些杂质存在时，石英实际上无法转变为鳞石英。如果采用少量矿化剂(类似于常规所说的催化剂)，则石英可能转变为鳞石英。

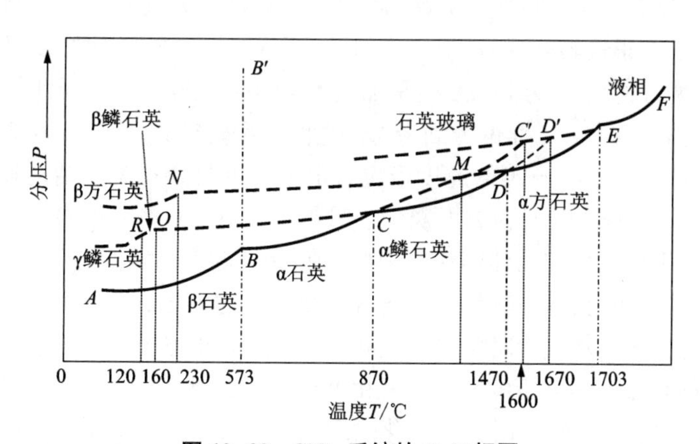

图 10-29　SiO_2 系统的 P-T 相图

从 SiO_2 的 P-T 相图可看出：当温度达到 573℃(B 点位置)时，β-石英转变为 α-石英；若将 α-石英继续加热到 870℃(C 点位置)时，应转变为 α-鳞石英，但是这一转变速度较慢。

当加热速度较快时，α-石英可能过热，直到1600℃（C'点位置）时熔融。如果加热速度较慢，使其在平衡条件下转变，α-石英就可能在C点对应位置转变为α-鳞石英。同样，在平衡条件下，α-鳞石英在1470℃（D点位置）会转变为α-方石英，否则也将过热，在1670℃（D'点位置）时熔融。

不论是α-鳞石英还是α-方石英，当冷却速度不够慢时，都会在不平衡条件下转化为它们自身的低温形态（β-鳞石英、γ-鳞石英或β-方石英）。这些低温形态虽处于介稳状态，但由于它们转变为稳定状态的速度极慢，所以实际上可长期保持不变。例如在耐火材料硅砖中就存在着β-鳞石英和γ-鳞石英。

相图上固相之间的界线斜率可由下述克劳修斯（Clausius）-克拉珀龙（Clapeyron）方程决定。对于任意平衡的两相，其蒸气压P与温度T的关系为：

$$\frac{\mathrm{d}P}{\mathrm{d}T}=\frac{\Delta H}{T\Delta V} \tag{10-51}$$

式中：ΔH是摩尔熔化热、摩尔蒸发热或摩尔晶型转变热；ΔV是摩尔体积变化；T是绝对温度。由于从低温变体向高温变体转变时ΔH总是正的，并且对SiO_2来说，ΔV也总是正的，所以这些曲线的斜率通常是正值。

关于单元系统相图上固相之间的界线斜率与相应两相转变时体积变化的关系，有一种较为简易直观的判别法，即观察图10-29中的BB'线。设系统处于稍高于573℃的温度，在一定的平衡蒸气压以上，施加压力可使系统从α-石英相区进入β-石英相。由此可见，由α-石英转变为β-石英时体积收缩，相反的过程则体积膨胀。凝聚态物质的晶型转变，由于ΔV往往很小，所以其固相之间的界线通常几乎是垂直的，这些结论可从图10-29的$P-T$相图中看出。

SiO_2是许多陶瓷材料的主要成分，它还是除水之外在地壳中最常见的氧化物之一，其晶型转变具有许多实际意义。下面先以硅砖的生产和使用为例来说明。硅砖是以质量分数为97%~98%的天然石英或砂岩（主要成分是SiO_2）与质量分数为2%~3%的CaO为主要原料，各种原料分别被粉碎后，再经混合、成型、固相反应和烧结等过程制成。制造硅砖时，β-石英加热到573℃时，会很快转变成α-石英。但α-石英加热到870℃时，并不是按照相图所示的那样转变为α-鳞石英及α-方石英，而是加热到1200~1350℃（$P-T$相图中的M点附近）时直接转变为介稳的α-方石英（称偏方石英）。这种实际转变过程与热力学平衡态相图的不同，是由于石英转变为α-鳞石英的速度极慢。由于石英与方石英的结构较之石英与鳞石英的结构更为相似，所以石英转变为方石英时，只需要把Si—O—Si键拉直，不需要硅氧四面体围绕对称轴相对于另一个四面体回转。因此，在SiO_2的多晶转变过程中，常有偏方石英产生。由此可知，相图中的规律是从热力学角度来推导和思考的，它只考虑到转变过程的方向和限度，而未考虑过程动力学的速度问题，而且纯粹的平衡态相图也不会考虑过程的机理问题。实际转变过程与热力学分析的差异正是由此引起的，因此在应用相图时必须注意。

表10-3列出SiO_2晶型转变时体积变化的理论值，“+”号表示膨胀，“-”号表示收缩。从表中可见，一级变体间转变时的体积变化比二级变体间转变时大得多。必须指出的是，重构式转变的体积变化虽较大，但由于转变速度较慢，体积效应表现得并不明显，因此对硅砖的生产和使用影响不大；而位移式转变的体积变化虽较小，但由于转变速度较快，而且无法阻止，因此其影响反而较大。

表 10-3　SiO_2 晶型转变时的体积变化

重构型转变	计算用温度/K	体积效应/%	位移型转变	计算用温度/K	体积效应/%
α-石英→α-鳞石英	1273	+16.0	β-石英→α-石英	846	+0.82
α-石英→α-方石英	1273	+15.4	γ-鳞石英→β-鳞石英	390	+0.2
α-石英→石英玻璃	1273	+15.5	β-鳞石英→α-鳞石英	436	+0.2
石英玻璃→α-方石英	1273	-0.9	β-方石英→α-方石英	423	+2.8

从表 10-3 中还可看出，在 SiO_2 各变体的高低温型转变中，方石英变体之间的体积变化最为剧烈，石英变体次之，鳞石英最弱。因此，为了获得稳定致密的硅砖制品，就希望硅砖中含有尽可能多的鳞石英和尽可能少的方石英，这就是硅砖烧制过程的实质。通常是加入少量矿化剂，如铁的氧化物等，使之在 1000℃左右先产生一定量的液相，以促进 α-石英转变为 α-鳞石英。铁的氧化物之所以能促进这一转变，是因为方石英在易熔的铁硅酸盐中的溶解度比鳞石英大，所以在硅砖的烧制过程中，石英和方石英不断溶解，鳞石英不断从液相中析出。这就是“溶解-沉淀”完成重构式转变的机理。

同时，结合图 10-29 来看，显然硅砖在 870～1470℃（α-鳞石英稳定的温度范围）温度范围使用较为合适，所以硅砖常被用作传统的玻璃熔窑固顶及胸墙的砌筑材料。硅砖若在 1470℃以上使用则会方石英化。此外，在制作过程中也会有少量的方石英残存于硅砖中，在窑炉大修时，由于温度降到室温左右，方石英的多晶转变常会引起窑砌砖的炸裂。因此，新窑在点火时应根据 SiO_2 相图来制订烤窑升温制度，实际上是在可能发生位移式相变的几个温度下长期保温，使此类相变充分进行，防止它们在其他温度下再发生相变。同时，在保温阶段采取工程上的措施，使相变产生的体积变化在力学上得到平衡。

另外从 $P-T$ 相图上看，SiO_2 的高温稳定晶型冷却到室温时，也能以介稳态继续存在。如果采用提拉法从熔融态石英中生长晶体，则只能得到方石英晶体。冷却时，由于相变时的体积效应会造成晶体破裂，无法得到完整的石英晶体。所以，为制备具有压电性质的石英，一般是在 α-石英的相变温度即 573℃以下加助熔剂（如 Na_2CO_3），采用水热法来生长。

10.5.3　ZrO_2 的晶型转变

ZrO_2 是最耐高温的氧化物之一，它的熔点高达 2953 K。另外，ZrO_2 还具有良好的热稳定性和优良的高温导电性。烧结的 ZrO_2 陶瓷可以作为超高温耐火材料、高温发热元件、磁流体发电机电极材料、离子固态电解质材料、氧传感材料以及熔炼某些金属（如钾、钠、铝和铁等）的坩埚等。

ZrO_2 有 3 种变体，即单斜、四方和立方晶体，常温稳定相为单斜晶型。各变体间的转变为：

$$\text{单斜}\underset{1273\ \text{K}}{\overset{1473\ \text{K}}{\rightleftharpoons}}\text{四方}\xrightarrow{2643\ \text{K}}\text{立方} \tag{10-52}$$

当温度升高到接近 1473 K 时，单斜晶型会转变成四方晶型。该转变温度会受 ZrO_2 中溶有的杂质（溶质）的影响。例如，加入 1%（摩尔分数）的 Y_2O_3 后，ZrO_2 的单斜晶型能在 1133 K 下转变为四方晶型。此转变伴随有 7%～9%的体积收缩和 1.8104 J/mol 的吸热效应。此转变属于位移式转变中的马氏体相变，转变速度很快。从热膨胀曲线及差热曲线(图 10-30)可以发现，在加热过程中由单斜转变成四方 ZrO_2 的温度(1473 K)和冷却过程中后者转化为前者的温度(约 1273 K)并不一致。也就是说，该过程中出现了多晶转变中常见的热滞现象。由此可知，热滞现象不仅能在重构式转变中发生，也可以在转变速度很快的位移式转变中观察到。

ZrO_2 在发生位移式相变时，有较大的体积效应，因此它不能在高温下直接使用。固相反应和烧结后，可在系统中掺入一定量的 Y_2O_3、CaO、MgO 或其他立方晶系氧化物，并使其固溶于 ZrO_2 中，从而使系统中相变得到抑制，以避免体积效应的发生。添加 CaO 的 ZrO_2 可作为耐高温材料；添加 Y_2O_3 的 ZrO_2 可作为固体氧化物燃料电池的电解质材料。根据缺陷化学知识可知，添加剂的引入可使 ZrO_2 晶体出现结构缺陷，并在缺陷的附近出现显著的晶格场畸变内应力。这种内应力一般是压应力，会抑制晶型转变。因此，在降温过程中，立方晶型便可能不再转变为四方或单斜晶型，而是成为介稳的晶相保留下来，从而避免了体积效应的产生，生成了所谓立方晶型的稳定 ZrO_2。这种控制晶型转变的方法被称为应力抑制作用。关于立方晶系氧化物在 ZrO_2 中的固溶度和掺杂引进的结构缺陷等问题，在固溶体的相关章节中已进行了分析讨论。

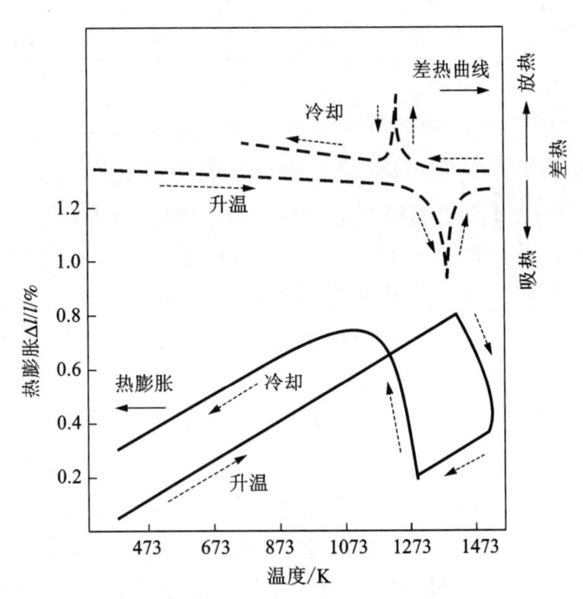

图 10-30　ZrO_2 的热膨胀与差热曲线

ZrO_2 的四方和单斜晶型之间的转化伴随有体积变化这一现象，是 ZrO_2 及含 ZrO_2 材料相变强化的基础。例如所谓的部分稳定 ZrO_2(partially stabilized zirconia，PSZ)，就是利用 ZrO_2 的部分相变，对整块材料起到增强和增韧的作用。将此材料再在 1773 K 左右进行短时间的热处理，部分受到应力压制的立方晶型在加热条件下会由于应力松弛而转变成四方晶型，此时立方晶型固溶体与四方晶型固溶体将共存于整块材料中。同时，添加固溶杂质也可使 ZrO_2 四方晶型和立方晶型之间的转变温度大幅降低。例如，加入 8%(摩尔分数)的 Y_2O_3 后，ZrO_2 能在室温环境中保持立方四方晶型，这是常说的 YSZ(yttria-stabilized zirconia)。

一般来说，陶瓷材料几乎不可避免地会存在着包括微裂纹在内的亚微观缺陷。制作无亚微观缺陷的陶瓷，仍是材料学家梦寐以求的目标。采用纳米粉制作纳米晶粒显微结构的陶瓷便是这个目标中一个极其重要的部分。纳米的粉末颗粒尺寸和纳米的晶粒尺寸，自然会降低陶瓷中包括微裂纹在内的亚微观缺陷长度。按照改进的 Griffith 公式可知，造成材料断裂所需要的临界应力 σ 与微裂纹的长度 $2L$ 有极大的关系：

$$\sigma = \frac{K_{iC}}{Y\sqrt{L}} \tag{10-53}$$

式中：常数 Y 与微裂纹形态、加载方式、样品的几何形状和材料的种类有关。

在外力作用下，微裂纹尖端附近会造成张应力和应力集中。对一般陶瓷材料来说，这个裂纹会很快扩展并横越整块材料，造成所谓“灾难性”的断裂，这就是一般陶瓷材料的高脆性和低韧性。对 PSZ 材料来说，由于存在着上述应力抑制作用，材料内部本来就存在着晶格场畸变压应力。在裂纹尖端处，外力引起的张应力抵消材料原有的压应力，应力松弛的结果是发生了晶型转变。部分介稳的四方晶型转变为常温下稳定的单斜晶型，伴随着较大的体积膨胀，导致了基质对其产生一个新的压应力。结果不仅由于重新引入应力抑制效应而阻止了继续相变，而且部分地抵消了外力引起的张应力，使裂缝尖端能量被吸收，裂缝难以进一步扩展。所以，如果不增大或继续施加外力，裂纹的扩展就会停止。这样，PSZ 就有效地增加了使材料断裂所需要的临界外力和外力作用时间，从而提高陶瓷材料的强度和断裂韧性。断裂韧性提高的结果是会大大改善陶瓷材料的力学性能，使它在工程上获得广阔的用途。

10.5.4　晶型转变的其他控制方法

本章在分析 SiO_2 的 $P-T$ 相图时，讨论了加入矿化剂，通过溶解-沉淀过程来促进某个特定的重构式转变完成，以多晶转变时体积变化较小的鳞石英为主晶相来设计硅砖材料。此外，还提及控制升温和降温速率使体积效应大的位移式晶型转变往受控的条件下完成。在讨论相图时，探讨了应力抑制效应。下面将介绍常见的用异相阻滞来控制晶型转变，以及晶界对晶型转变体积效应的缓冲作用。

(1)异相对晶型转变的阻滞作用。

在滑石瓷中，高温稳定晶型 β-顽火辉石(原顽火辉石，$\beta-MgO\cdot SiO_2$)在冷却时会转变为顽火辉石(斜顽火辉石)，后者在整个温度范围内都是很不稳定的。这是一种位移式相变，将产生 2.6%的体积收缩，引起瓷件的炸裂或粉化。这种转变往往发生在烧结后室温下的储存或加工过程中，即产生所谓的滑石瓷“老化”现象。还有其他方法可防止滑石瓷的老化，例如加入添加剂使原顽火辉石形成固溶体，阻止晶型转变的发生，阻滞晶界运动，还能起到应力抑制效应。如果能适当调整瓷料配方，使其在固相反应和烧结过程中出现少量的液相，加速固相反应及烧结过程中的物质迁移、提高固相反应速率或降低固相反应(或烧结)的温度，则会利于获得致密的陶瓷；由于玻璃相多存在于晶界中，会对晶界的运动起阻碍作用，即造成所谓的“钉扎效应”，如阻止顽火辉石朝 α-顽火辉石转变，避免体积效应的发生，亦即防止老化。关于固相反应、“液相烧结”和异相(除了玻璃相外，更常见的是杂质等)对晶界运动的阻滞作用，后续的“固相反应”和“烧结”章节中将作详细介绍。

(2)晶界对体积效应的缓冲作用。

如果能使陶瓷制品形成细晶粒多晶界结构，那么即使出现体积效应较大的位移式相变，由于每一个细小晶粒膨胀或收缩的绝对线度小，且随机取向，大量的晶界也可以使这种体积效应均匀地缓冲过来。这种措施本身虽不能阻止晶型转变的发生，但可使陶瓷制品免于炸裂。

复习思考与练习

(1)概念：物相(相)、相变、一级相变、二级相变、不稳分解相变、马氏体相变、有序-无序相变、过冷度、核化、临界晶核半径、核化过程、形核率、晶体生长、微晶玻璃、成核剂、(玻璃的)分相。

(2)请在 SiO_2 系统 P-T 相图中，分别找出 2 个可逆晶型转变和 2 个不可逆晶型转变的例子，并说明理由。

(3)试根据 SiO_2 相图说明：为什么在自然界中最常见的变体是β-石英？为什么在火山口附近可以找到已经存在了几万年的鳞石英？

(4)MgO 和 SiO_2 固相反应生成 Mg_2SiO_4，反应时扩散离子是什么？写出界面反应方程。

(5)MoO_3 和 $CaCO_3$ 反应时，反应机理受到 $CaCO_3$ 颗粒大小的影响。当 $n(MoO_3)$: $n(CaCO_3)$ 为 1∶1，MoO_3 的粒径 r_1 为 0.036 mm，$CaCO_3$ 的粒径 r_2 为 0.13 mm 时，反应是扩散控制的；而当 $n(MoO_3)$: $n(CaCO_3)$ = 1 : 15，$r_2<0.03$ 时，反应由升华控制，试解释这种现象。

(6)平均粒径为 1 μm 的 MgO 粉料与 Al_2O_3 粉料以 1 : 1(物质的量之比)配料并均匀混合。将原料在 1300℃恒温 36 h 后，有 0.3 mol 的粉料发生反应生成 $MgAl_2O_4$，该固相反应为扩散控制的反应。试求在 300 h 后，反应完成的摩尔分数以及反应全部完成所需的时间。

第11章　熔体与玻璃体
(课件资源)

第 11 章　熔体与玻璃体

气态、液态、固态是物质在自然界中存在的三种形式，相应的物质成为气体、液体、固体。其中，按照物体中原子(或离子)排列的规则性与否，可将固体区分为晶体和非晶体两种形式。组成非晶态固体的原子、离子或分子的排列是没有规则的，呈长程无序特征。组成晶体的原子、离子或分子则是规则排列的，具有长程有序特征。无机非金属材料、金属和高分子聚合物都可存在非晶态结构状态。熔体是指加热到较高温度才能液化的物质的液态体，即熔点较高物质的液态体，而熔体快速冷却或过冷则变成玻璃体。由于玻璃是由熔体急冷而形成的，所以，熔体和玻璃体是相互联系、性质相近的两种聚集状态，且两者结构相似，它们的结构中存在着极为相似的近程有序的区域。

传统上，玻璃广泛应用于建筑玻璃、器皿玻璃、电光源玻璃、光学玻璃、医用玻璃等各个领域。随着科学技术的发展，对玻璃结构的认识不断加深，相关研究不断发展，不仅在传统硅酸盐玻璃系统中开发了很多新品种，而且新的玻璃系统大量涌现，如不同组成系统的氟化物玻璃、半导体玻璃、金属玻璃等。玻璃的光、电、磁、生物等特性不断得到认识和开发，使玻璃在高新技术领域中占有一席之地。

本章主要介绍硅酸盐熔体及无机非晶态固体，即玻璃的结构、性质及其特点。

11.1　熔体的结构

对于物质各种状态，人们对气态和固态方面的认识比较全面，比如通常参考理想气体或理想晶体的概念和理论来讨论真实气体或实际晶体的结构。而理想液体是介于气体和液体之间的一种物质状态，对其认识尚没有像研究气体和固体那样深刻。关于液态物质结构的认识，常用以下几种理论进行描述：近程有序理论、核前群理论和聚合物理论等。

(1)近程有序理论。

晶态时，晶格质点的分布按一定规律排列，而这种规律在晶格中的任何地方都表现着，称为远程有序。熔体时，晶格点阵被破坏，不再具有远程有序的特性。但是，熔体中质点间的距离和相互间的作用力与晶体有些类似，即在每个质点四周仍然围绕着一定数量的、近似于有规则排列的其他质点；但与晶体不同的是，这种规则排列在距中心质点稍远处(10～20 Å)就逐渐破坏而趋于消失。对于这种小范围内质点的有序排列称之为近程有序。

通过 X-射线衍射(XRD)技术能较好地分析物质在不同状态下的原子排列特征。图 11-1为不同状态(气态、液态、玻璃态和晶态)下 SiO_2 的 XRD 图谱。当衍射角 2θ 很小时，气体的散射强度很大，熔体和玻璃均无显著的散射现象。当 2θ 增大时，石英晶体的衍射峰在特征位置明显体现出来，呈现尖锐的衍射峰，但熔体和玻璃的衍射与晶体不尽相同，只是在一定衍射角范围(图 11-1 中 2θ 取值范围为 15°~30°)呈现弥散的衍射强度。这表明熔体和玻璃体结构相似，它们的结构中存在着近程有序的区域。这与后续的核前群理论和聚合物理论类似，即石英熔体由尺寸各异的含有序区域的聚合体构成。局部的有序区域保持了石英晶体的近程有序。

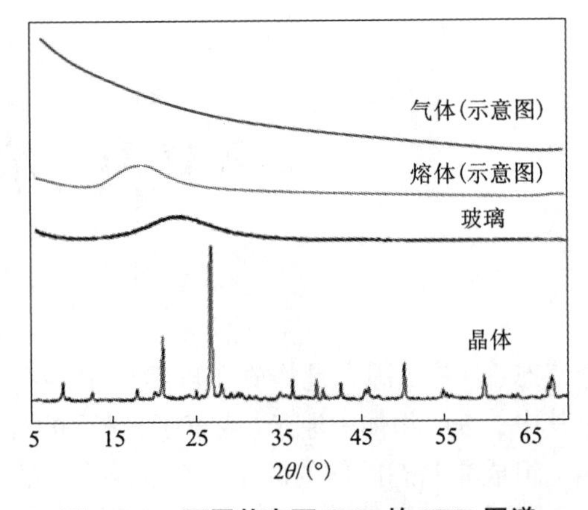

图 11-1　不同状态下 SiO_2 的 XRD 图谱

(2)核前群理论。

核前群理论又称蜂窝理论或流动集团理论。这里所述的核前群，是熔体质点在形成晶核前的质点群或质点集团。熔体质点有规则的排列，并不限于中心质点与周围紧邻的质点之间，且还有一定程度的延续，从而组成了核前群。该理论认为，核前群内部的结构和晶体结构相似，而核前群之外，质点排列的规律性较差，甚至是不规则的。

(3)聚合物理论。

硅酸盐熔体的结构主要取决于形成硅酸盐的条件。硅酸盐的熔体倾向于形成相当大的、形状不规则的、近程有序的离子聚合体。这里所说的聚合物是指由$[SiO_4]$连接起来的硅酸盐聚离子集体。这是因为 Si^{4+} 具有电荷高、半径小的特征，使得它具有尽可能多的氧离子成键能力。根据 Pauling 电负性计算，Si—O 间电负性差值 $\Delta X=1.7$，所以 Si—O 键既有离子键成分又有共价键成分(共价键成分约为 52%)，从而使 Si—O 键带有方向性。根据无机非金属材料中配位多面体的几何分析，Si^{4+} 能够与 4 个氧离子配位形成$[SiO_4]^-$四面体；同时，Si—O 键之间形成的键角与四面体的夹角(约 109°)相符。因此，石英熔体中，以$[SiO_4]^-$四面体为基本单元，通过 4 个顶角的 O^{2-} 相连外延，形成三维架状结构。但与石英晶体有规则排列的三维架状结构相比，熔体的三维结构存在扭曲变形，质点排列失去明显的规律，如图 11-2 所示。

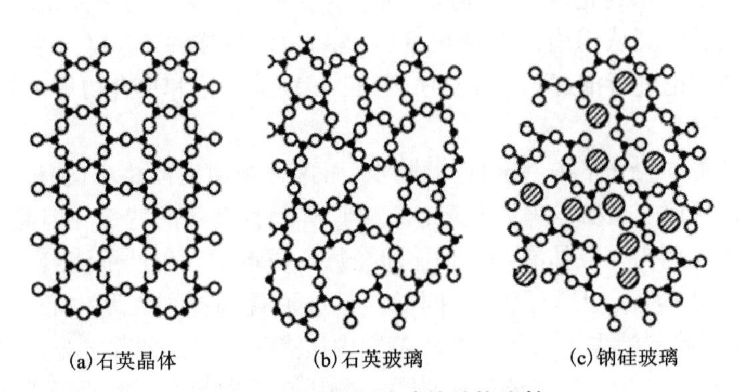

图 11-2　晶体与玻璃的结构比较

硅酸盐熔体中有多种负离子集团同时存在，如 Na_2O-SiO_2 熔体中有单体$[SiO_4]^{4-}$，二聚体$[Si_2O_7]^{6-}$，三聚体$[Si_3O_{10}]^{8-}$，…，$[Si_nO_{3n+1}]^{(2n+2)-}$。此外还有“三维晶格碎片”$[SiO_2]_n$，其边缘有断键，内部有缺陷。即硅酸盐熔体是由不同级次、不同大小、不同数量的聚合物组成的混合物。聚合物的种类、大小、分布决定熔体结构，各种聚合物处于不断的物理运动和化学运动中，并在一定条件下达到平衡。聚合物的种类、大小、数量随温度和组成而发生变化。

(4)熔体的分化与缩聚。

在硅酸盐的 Si—O 键结合中，Si 原子位于 4 个 sp 杂化轨道构成的四面体中心。Si 可以与氧原子形成 sp、sp^2、sp^3 三种杂化轨道，从而形成 π 键；同时氧原子已充满的 p 轨道可以作为施主与 Si 原子空着的 d 轨道形成 d_π-p_π 键，这时 π 键叠加在 σ 键上，使 Si—O 键增强和距离缩短，如图 11-3 所示。因此，$[SiO_4]^-$四面体具有高键能、方向性和低配位等特点。

在硅酸盐熔体中，基本的离子通常是硅、氧和碱土金属（或碱金属，用 R 表示）离子。熔体中 R—O 键的键性以离子键为主。当 R_2O、RO 引入硅酸盐熔体中时，由于 R—O 键的键强比 Si—O 键弱得多，Si^{4+}能把 R—O 上的氧离子吸引到自己周围，使 Si—O 键的键强、键长、键角发生改变，最终使连接两个$[SiO_4]$四面体的氧（桥氧）断裂变为非桥氧，同时导致 O 和 Si 原子数之比发生变化。在硅酸盐中，通常把连接两个 Si^{4+}的氧称为桥氧，它实际上是连接两个$[SiO_4]$四面体的氧离子；而与一个 Si^{4+}相连的氧，则成为非桥氧。

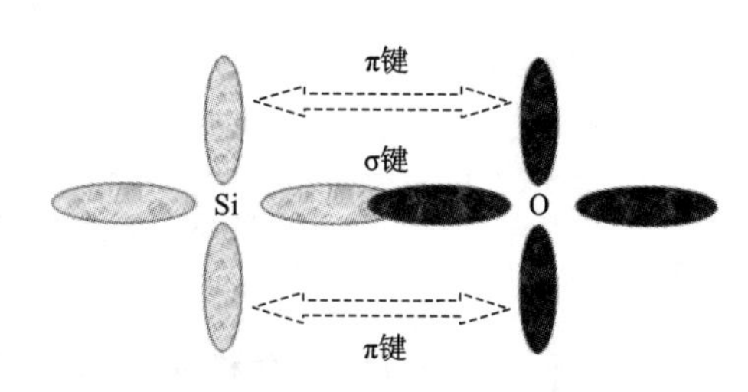

图 11-3　Si—O 成键示意图

由于 RO（或 R_2O）的加入使得桥氧断裂，如图 11-4(a)所示，结果使 Si—O 键的键强、键长、键角都发生变化。随着 RO 或 R_2O 含量的不断增加，体系中的 O 和 Si 原子数之比不断减小，熔体中的桥氧键随之不断断裂，则$[SiO_4]$的连接方式由架状结构逐渐变为层状、带状、链状、环状，甚至是岛状结构。表 11-1 给出了不同 O/Si 比的络离子团的结构特征。这种硅酸盐熔体中，架状$[SiO_4]_n$ 阴离子团断裂是大聚合物分解为小聚合物的过程，称之为分化过程，如图 11-4(b)（图中只给出$[SiO_4]$中的三个 O 原子）所示。此结果也可从图 11-2 中的(b)变成(c)得到更为直观的展示。

在石英熔体中，部分石英颗粒表面带有断键，这些断键可与空气中的水汽作用生成 Si—OH 键。若加入碱金属氧化物（如 Na_2O），断键处发生离子交换，大部分 Si—OH 键变成 Si—O—Na 键。由于 Na^+在$[SiO_4]$硅氧四面体中存在而使 Si—O 键的键强发生变化，产生非桥氧。在含有一个非桥氧的二元硅酸盐体系中，Si—O 键的共价键成分由原来 4 个桥氧时的 52%下降为 47%。因而在有一个非桥氧的硅氧四面体中，由于 Si—O—Na 键的存在，O—Na 键连接较弱，使得非桥氧的 Si—O 键相对增强，而与 Si 连接的另外三个含桥氧的 Si—O 键变得较弱，很容易受到碱金属离子的侵蚀而断裂，即由大聚合体变成小的聚合体。随着 Na_2O 组分的加入，O 和 Si 原子数之比升高，分化作用增强，导致非桥氧数量增多，桥氧数量减少，体系的聚合度降低、黏度降低、均匀性提高。

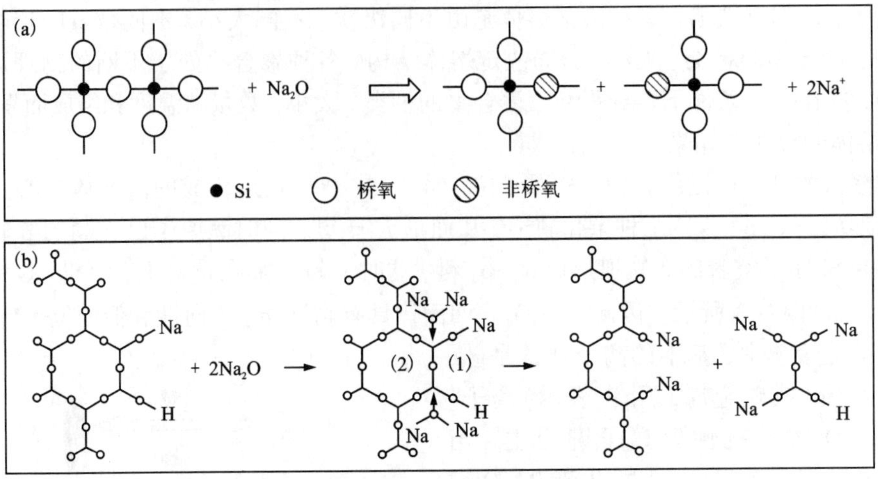

图 11-4　碱金属与 Si—O 网络反应示意图

表 11-1　O 和 Si 原子数比与硅酸盐熔体阴离子团结构形式

O 和 Si 原子数之比	络阴离子团的主要结构形式	
2.0	架状	$[SiO_2]_n$
2.0~2.5	架和层	$[SiO_2]_n$ 和 $[Si_4O_{10}]_n$
2.5	层	$[Si_4O_{10}]_n$
2.5~3.0	层和链或环	$[Si_4O_{10}]_n$ 和 $[SiO_3]_n$
3.0	链和环	$[SiO_3]_n$
3.0~3.5	链、环和双四面体	$[SiO_3]_n$ 和 $[Si_2O_7]$
3.5	双四面体	$[Si_2O_7]$
3.5~4.0	双四面体和孤岛状	$[Si_2O_7]$ 和 $[SiO_4]$
4.0	孤立岛状	$[SiO_4]$

另外，分化过程产生的低聚物不是一成不变的，可以相互作用，形成级次较高的聚合物，同时释放出部分 Na_2O，这一过程称为缩聚，它是分化的反过程。各种低聚物相互作用形成高聚物。例如 $[SiO_4]Na_4+[SiO_4]Na_4 \rightarrow [Si_2O_7]Na_6+Na_2O$ 或 $[SiO_4]Na_4+[Si_2O_7]Na_6 \rightarrow [Si_3O_{10}]Na_8+Na_2O$。

在一定条件下，分化与缩聚平衡。比如熔体中就有各种不同聚合程度的负离子团同时并存，有 $[SiO_4]^{4-}$（单体），$[Si_2O_7]^{6-}$（二聚体），$[Si_3O_{10}]^{8-}$（三聚体），…，$[Si_nO_{3n+1}]^{(2n+1)-}$（n 聚体）。高温时低聚物各自以分立状态存在，温度降低时有一部分附着在碎片上，形成"毛刷"结构。温度升高，"毛刷"结构脱开。这就是熔体结构远程无序的实质。

11.2　熔体的性质

熔体的性质，在陶瓷和传统硅酸盐材料的生产过程中起到非常重要的作用，所涉及的主要性质包括黏度、表面能(表面张力)和导电性能等。

11.2.1　黏度

(1)黏度的含义。

硅酸盐熔体类似于流变模型中的简单牛顿型流体。液体流动时，一层液体受到另一层液体的牵制，两层液体之间相互阻滞。如图 11-5 所示，在剪切力作用下的各层熔体或液体流动速度受到黏度作用而逐渐减小。黏度是流体(液体或气体)抵抗流动的量度，表征流体的内摩擦力，是由流体的结构本质所决定的。

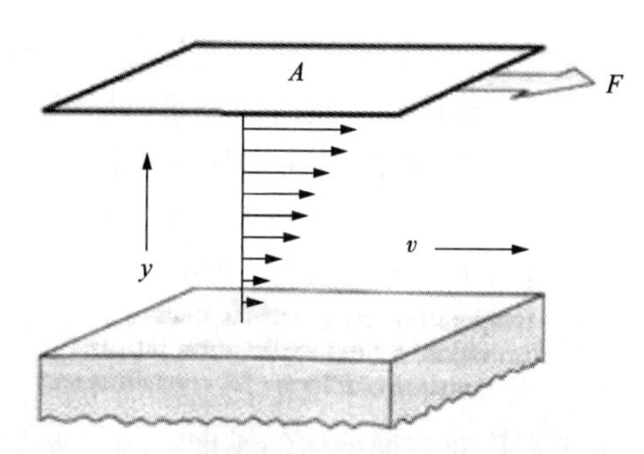

图 11-5　在剪切力作用下的不同层次熔体或液体流动速度分布

黏度的定义：在流体中，使相距一定距离的两个平行平面以一定速度相对移动所需的力。熔体流动时，上下两层熔体相互阻滞，其阻滞力 F 的大小与两层接触面积 A 及垂直流动方向的速度梯度 $\mathrm{d}v/\mathrm{d}y$ 成正比，即

$$F = \eta \cdot A \cdot \frac{\mathrm{d}v}{\mathrm{d}y} \tag{11-1}$$

$$\eta = F/\left(A\frac{\mathrm{d}v}{\mathrm{d}y}\right) \tag{11-2}$$

式中：A 为两层液体之间的接触面积；η 为比例系数，称为黏度系数或黏度，表示单位接触面积、单位速度梯度下两层液体间的内摩擦力，或者是相距一定距离的两个平行平面以一定速度相对移动的摩擦力。黏度的单位是 Pa · s(帕 · 秒)。黏度的倒数称为流动度(φ)。

黏度是关系到玻璃制造和加工的一种重要性质。例如，玻璃熔制时，熔体的黏度小，气泡容易逸出，有利于玻璃液的澄清。玻璃制品的加工方法和加工工艺的选择也与玻璃的黏度及其随温度变化的速率密切相关。在各种陶瓷的制备中，黏度还影响材料的烧结温度、烧结速率、瓷釉的融化、耐火材料的使用等。

(2)黏度与温度的关系。

熔体中的每个质点(离子或聚合体)都处于相邻质点的键力作用中，即每个质点均处于一定大小的势垒之间。因此，要使质点流动，必须获得足够的能量以活化、克服一定的势垒(Δu)，并且温度对硅酸盐熔体黏度的影响很大。对于非缔合性流体，温度与黏度间的关系可由玻耳兹曼分布定律求得，即

$$\eta = A\exp\left(\frac{B}{T}\right) = A\exp\left(\frac{\Delta u}{kT}\right) \tag{11-3}$$

$$\varphi = \frac{1}{\eta} = A_1\exp\left(-\frac{\Delta u}{kT}\right) \tag{11-4}$$

式中：T 为热力学温度(绝对温度)；A 或 A_1 为与熔体组成有关的常数；Δu 为黏滞活化能，是液体质点做直线运动时所必须的能量，它不仅与熔体组成有关，还与熔体分子缔合程度有关；$B=\Delta u/k$，k 为玻耳兹曼常数。

在温度变化范围不大时，该公式与实验结果相符。但是 SiO_2 和钠钙硅酸盐在较大范围内与上述公式存在偏差，黏滞活化能 Δu 并非常数。低温时的活化能比高温时大。这是由于低温时离子聚合体的缔合程度大，所以活化能发生改变。

方程式(11-3)可以表示为式(11-5)，其黏度-温度关系如图 11-6 所示。

$$\ln\eta = A + \frac{B}{T} \tag{11-5}$$

其中，$\ln\eta$ 与 $1/T$ 之间存在线性关系。该公式表明，流体黏度主要取决于活化能和温度，随着温度的降低，液体黏度按指数关系递增。

从式(11-5)来看，$\ln\eta$ 与 $1/T$ 作图应该是一条简单的直线，计算该直线的斜率可得到黏滞活化能。但实际的 $\ln\eta$ 与 $1/T$ 关系曲线如图 11-6(a)所示，并非简单的直线。当温度较高时，熔体基本上未发生缔合；当温度较低时，缔合已趋于完毕，故 B 在高、低温度区分别为常数，所以 ab 段与 cd 段均近似直线。实际上在很大温度范围内，熔体都要发生缔合作用，在 bc 段温度范围内，熔体结构发生了变化，黏滞活化能必然要改变，因此 bc 段为曲线。

由于温度对玻璃熔体的黏度影响很大，所以在玻璃成形退火工艺中，温度稍有变动就会造成黏度有较大的变化，从而造成控制上的困难。硅酸盐玻璃生产的各个阶段，即从熔制、澄清、均化、成型、加工直到退火的每一个工序都与黏度密切相关。

从图 11-6(b)可以看出玻璃常用的几个特征温度：①应变点，$\eta\approx10^{13}$ Pa·s，不存在黏性流动，在此温度下退火不能消除应力；②退火点，$\eta=10^{11}\sim10^{12}$ Pa·s，在此温度下退火(保温 15 min)可消除应力；③软化点，$\eta=10^{6}\sim10^{7}$ Pa·s，玻璃加热到这个温度段出现软化；④流变点，$\eta\approx10^{4}$ Pa·s，可流动，玻璃成型的温度。

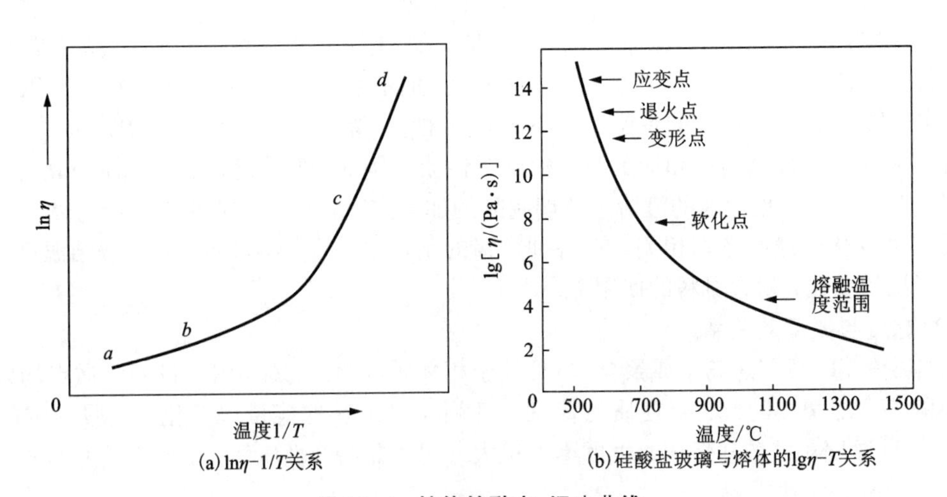

图 11-6　熔体的黏度-温度曲线

(3) 黏度与化学组成的关系。

化学组成的变化往往改变熔体的结构，从而影响熔体的黏度。熔体的组成不同，质点间的作用力不同，从而影响黏度活化能。因此，大多数无机氧化物的熔体黏度与组成有密切关系，如表 11-2 所示。

表 11-2　几种熔体的黏度

熔体名称	温度/℃	黏度/(Pa·s)
水	20	0.001006
熔融 NaCl	800	0.00149
钠长石	1400	17780
钠长石 80%+钙长石 20%	1400	4365
瓷釉	1400	1585
SiO_2	1400	10^9
$Na_2O \cdot 2SiO_2$	1400	28
$Na_2O \cdot SiO_2$	1400	0.16
$2Na_2O \cdot SiO_2$	1400	<0.1

整体而言，硅酸盐熔体的黏度首先取决于硅氧四面体网络的聚合程度，即黏度随 O 和 Si 原子比的上升而下降，如表 11-3 所示。对硅酸盐熔体来说，影响其黏度的化学组成可分为以下几个方面：一价碱金属氧化物、二价金属氧化物、高价金属氧化物、阳离子配位数影响(如 B_2O_3)、混合碱效应、离子极化等。

表 11-3　熔体中 O 和 Si 原子比值与结构及黏度的关系

熔体的分子式	O 和 Si 原子比	结构式	网络结构特征	1400℃黏度/(Pa·s)
SiO_2	2∶1	$[SiO_2]$	骨架状	10^9
$Na_2O \cdot 2SiO_2$	2.5∶1	$[Si_2O_5]^{2-}$	层状	28
$Na_2O \cdot SiO_2$	3∶1	$[SiO_3]^{2-}$	链状	1.6
$2Na_2O \cdot SiO_2$	4∶1	$[SiO_4]^{4-}$	岛状	<1

①黏度与一价碱金属氧化物。

通常地，一价碱金属氧化物(R_2O)都能降低熔体黏度。由于熔体黏度是由$[SiO_4]$网络连接程度决定的，在熔体中引入的 R_2O，其正离子电荷少、半径大、与 O^{2-} 的作用力较小，提供了系统中的"自由氧"或非桥氧而使体系 O、Si 原子比增加、分化作用增强，因此使得活化能降低、黏度减小。R_2O 含量的高低及种类对黏度的影响不同，这与熔体的结构有关。同时，随着 R_2O 中阳离子半径减小、键强增加，其对$[SiO_4]$间 Si—O 键的削弱能力增加。如图 11-7 所示，当 R_2O 含量较低时，熔体黏度按 $Li_2O \rightarrow Na_2O \rightarrow K_2O$ 次序增加；当 R_2O 含量较高时，黏度按 $Li_2O \rightarrow Na_2O \rightarrow K_2O$ 次序递减。

在简单碱金属硅酸盐系统中，碱金属离子 R^+ 对黏度的影响与含量有关。

a. 当 R_2O 含量（摩尔分数）较低时（$x_{R_2O}<25\%$，O、Si 原子数之比较低），熔体中硅氧负离子团较大，对黏度起主要作用的是四面体［SiO_4］间的键力。这时，加入的正离子的半径越小，降低黏度的作用越大，其次序是 $Li^+>Na^+>K^+>Rb^+>Cs^+$。这是由于 R^+ 除了能提供“游离”氧，打断硅氧网络以外，在网络中还对→Si—O—Si←键有反极化作用，减弱了上述键力。而 Li^+ 的离子半径最小，电场强度最强，反极化作用最大，故它降低黏度的作用最大。

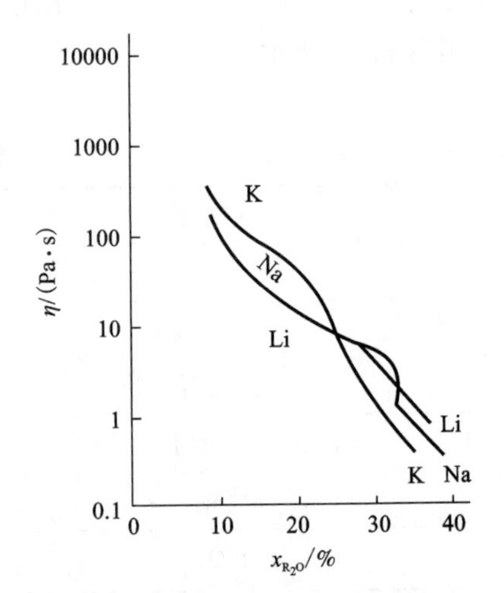

图 11-7　1400℃时 R_2O-SiO_2 熔体的黏度与组成的关系

b. 当熔体中 R_2O 含量较高（O、Si 原子比较高），即 $x_{R_2O}>25\%$ 时，熔体中硅氧负离子团接近最简单的［SiO_4］形式，同时熔体中有大量 O^{2-} 存在，［SiO_4］四面体之间主要依靠 R—O 键力连接，这时作用力矩最大的 Li^+ 就具有较大的黏度。在这种情况下，R_2O 对黏度影响的次序是 $Li^+<Na^+<K^+$。

②黏度与二价金属氧化物。

二价金属氧化物对熔体黏度的影响比较复杂。比如，碱土金属氧化物对黏度的影响体现在以下两方面：一方面，二价金属氧化物和碱金属离子一样，能使硅氧负离子团解聚，使黏度降低；另一方面，它们的电价较高而半径又不大，其离子势（价电子数与离子半径之比，Z/r）较 R^+ 的大，能夺取硅氧负离子团中的 O^{2-} 来包围自己，导致硅氧负离子团聚合，使黏度增加。综合这两个相反效应，R^{2+} 降低黏度能力的次序是 $Ba^{2+}>Sr^{2+}>Ca^{2+}>Mg^{2+}$，系统黏度次序为 $Ba^{2+}<Sr^{2+}<Ca^{2+}<Mg^{2+}$。

一般地，二价金属离子在降低硅酸盐熔体黏度上的作用与离子半径有关，同时，二价离子间的相互极化对黏度也有显著影响。极化会使离子变形、共价键成分增加，从而减弱 Si—O 键力。比如，包含 18 个电子层的离子 Zn^{2+}、Cd^{2+}、Pb^{2+} 等的熔体比包含 8 个电子层的碱土金属离子具有更低的黏度（Ca^{2+} 有些例外）。一般地，R^{2+} 对黏度降低的次序为 $Pb^{2+}>Ba^{2+}>Cd^{2+}>Zn^{2+}>Ca^{2+}>Mg^{2+}$，如图 11-8 所示。

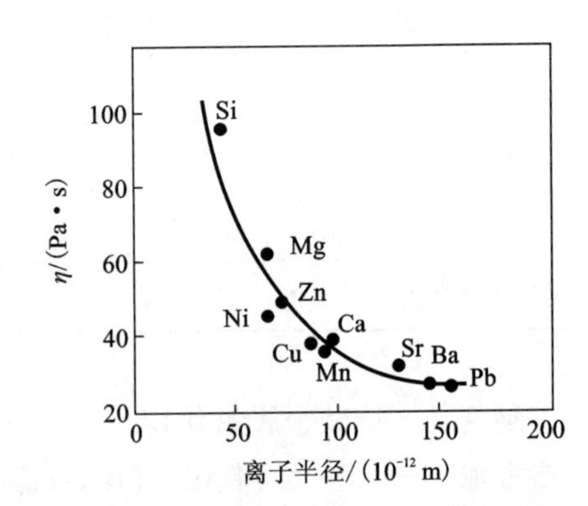

图 11-8　二价离子对熔体黏度的影响

（组成 $74SiO_2-10CaO-16Na_2O$）

CaO 在低温时增加熔体的黏度；而在高温条件下，当 CaO 摩尔分数小于 12%时熔体的黏度随 CaO 含量增加而降低，摩尔分数大于 12%时熔体的黏度随 CaO 含量增加而增加。

③黏度与高价金属氧化物。

一般地，在熔体中引入 Al_2O_3、ZrO_2、ThO_2 等氧化物时，因这些阳离子电荷多、离子半径小、场强大，倾向于形成更为复杂的巨大的复合阴离子团，使黏滞活化能变大，从而导致熔体黏度升高。但在含碱金属和碱土金属很低的硅酸盐系统中，则倾向于提供非桥氧，起到断网作用，降低黏度。

Al_2O_3 的作用特征也比较复杂，因为 Al^{3+} 的配位数可能是 4 或 6。在碱金属离子存在时加入 Al_2O_3，[AlO_6]转变成[AlO_4]，可以以[AlO_4]与[SiO_4]连成较复杂的铝硅氧负离子团。如图 11-9 所示，铝离子进入网络起到"补网作用"，从而使黏度增加。

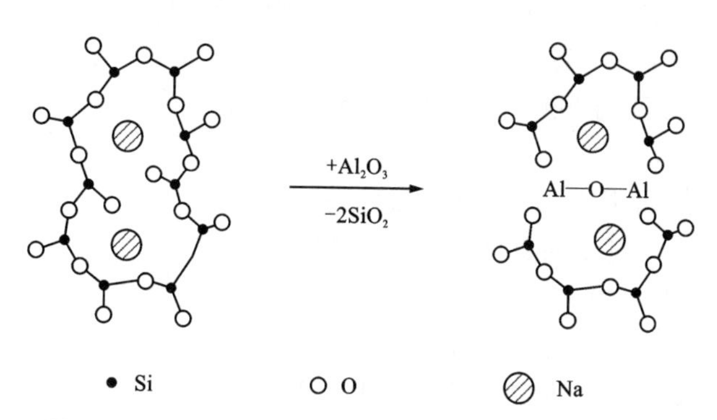

图 11-9　Al_2O_3 在硅酸钠熔体中的"补网作用"示意图

④黏度与 B_2O_3。

B_2O_3 在硅酸盐熔体中的影响比较复杂，而且与 B_2O_3 的含量有关，B_2O_3 含量不同时对黏度有不同影响，这与 B 离子的配位状态有密切关系。在硅酸盐 Na_2O-SiO_2 系统中，B_2O_3 对其黏度的影响有以下特征，如图 11-10 所示：①当 B_2O_3 含量较少时，$x_{Na_2O}/x_{B_2O_3}>1$ 时，结构中"游离"氧充足，B^{3+} 以[BO_4]四面体状态加入[SiO_4]四面体网络，将断开的网络重新连接起来，使非桥氧数量减少，结构趋于紧密，此时，黏度随 B_2O_3 含量升高而增加；②当 $x_{Na_2O}/x_{B_2O_3}$ 约为 1 时（$x_{B_2O_3}$ 约为 15%），B^{3+} 形成[BO_4]四面体最多，黏度达到最高点；③B_2O_3 含量继续增加时，较多量的 B_2O_3 引入使 $x_{Na_2O}/x_{B_2O_3}<1$，"游离"氧不足，B^{3+} 开始处于层状[BO_3]中，部分[BO_4]四面体会变成[BO_3]三角形，使结构趋于疏松，黏度又逐步下降。这称为"硼反常现象"。

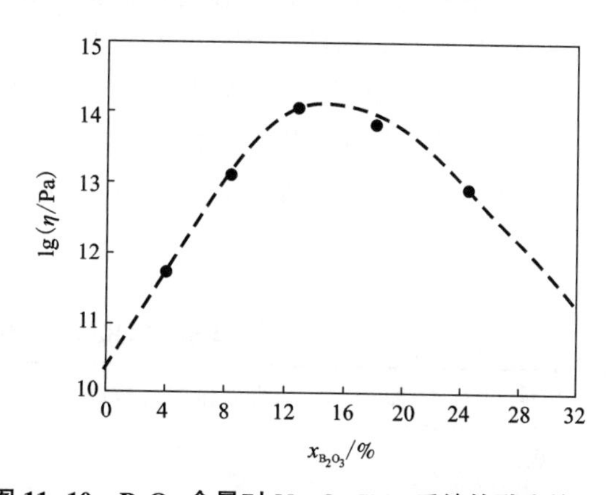

图 11-10　B_2O_3 含量对 Na_2O-SiO_2 系统的黏度的影响

⑤黏度与其他化合物。

CaF_2 能使熔体黏度急剧下降，其原因是 F^- 的离子半径与 O^{2-} 的相近，较容易发生取代，但 F^- 只有一价，将原来网络破坏后难以形成新网络，所以黏度大大下降。稀土元素氧化物如氧化镧、氧化铈等，以及氯化物、硫酸盐在熔体中一般也起降低黏度的作用。

综上所述，加入某一种化合物所引起黏度的改变既取决于加入的化合物的性质，也取决于原来基础熔体的组成。

11.2.2 表面能与表面张力

(1)概念与含义。

表面能是增大单位面积的表面所需做的功。表面张力则是将表面增大一个单位长度所需要的力，或者是作用于表面单位长度上的力。固体的表面能与表面张力(界面能与界面张力)已经在第7章进行了详细阐述。对于熔体或液体，表面张力是液体表面层由于分子引力不均衡而产生的沿表面作用于任一界线上的张力，如图11-11所示。它产生的原因是处于液体表面层的分子较为稀薄，其分子间距较大，液体分子之间的引力大于斥力，合力表现为平行于液体界面的引力。

表面张力和表面能属于不同的物理概念，它们是物质的特性，其大小与温度和界面两相物质的性质有关。表面张力和表面能的数值大小与介质有关：在液体中，表面张力和表面能的数值一样，而且量纲相同，所以有时会不加区别地混用；在固体中，表面张力和表面能的数值不一定相同。

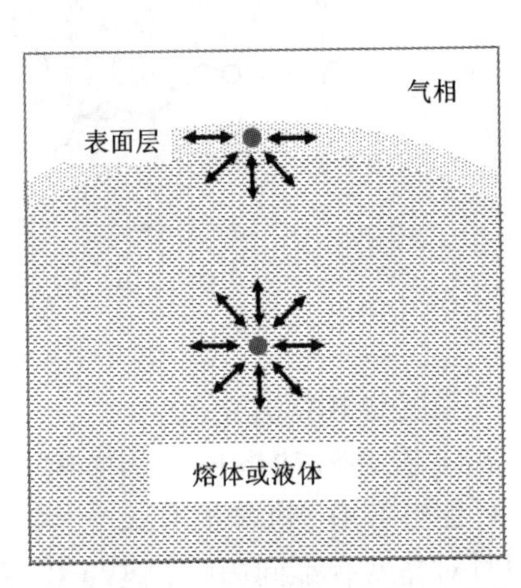

图11-11 熔体表面张力起源示意图

熔体的表面张力是无机材料制造过程中需要控制的一个重要工艺参数。它对玻璃的熔制、成型以及加工工序有重要的作用。在硅酸盐材料中，熔体的表面张力对固液相润湿、陶瓷材料坯釉结合、陶瓷体的液相分布、微观结构、复合材料的界面等具有重要的影响。表11-4列出了一些熔体的表面张力数值。

表11-4 氧化物和硅酸盐熔体的表面张力

熔体	温度/℃	表面张力/($mN \cdot m^{-1}$)	熔体	温度/℃	表面张力/($mN \cdot m^{-1}$)
硅酸钠	1300	210	Al_2O_3	1300	380
钠钙硅玻璃	1000	320	B_2O_3	900	80
硼硅玻璃	1000	260	P_2O_5	100	60
瓷釉	1000	250~280	PbO	1000	128
石英	1800	310	Na_2O	1300	450
珐琅	900	230~270	Li_2O	1300	250
水	0	70	NaCl	1080	95

(2)影响表面张力的因素。

硅酸盐熔体的表面张力受化学组成、温度、结构、离子晶体的结构类型等因素的影响。

大多数硅酸盐熔体的表面张力随温度增加而降低。一般规律是温度升高100℃，表面张力减小1%，且近乎呈直线关系。因为温度升高，质点热运动加剧，化学键松弛，使内部质点能量与表面质点能量差别变小。

熔体内原子(离子或分子)的化学键对表面张力有很大影响。其规律为：具有金属键的熔体的表面张力最大，共价键次之，离子键再次之，分子键的最小。结构类型相同的离子晶体，其晶格能越大，则其表面张力越大。单位晶胞边长越小，则熔体表面张力越大。熔体内部质点之间的相互作用力越大，则表面张力越大。

各种氧化物的加入对硅酸盐熔体表面张力的影响是不同的。比如：Al_2O_3、SiO_2、CaO、MgO 等氧化物能增加熔体的表面张力；K_2O、PbO、B_2O_3、Sb_2O_3、P_2O_5、SO_3、Cr_2O_3、K_2O 等氧化物则会使表面张力降低；对于 V_2O_5、MoO_3、WO_3 等氧化物，即使加入量较少，也可大大降低表面张力，因此这些氧化物被称为表面活性物质。

另外，熔体的结构变化也会使表面张力变化。熔体中 O、Si 原子比越小，即硅氧复合阴离子团尺寸越小，其相互作用力矩 Z/r 和相互作用也越小(其中，Z 代表阴离子团的电荷，r 是阴离子团的半径)，从而使表面张力下降。一般地，碱金属离子的 Z/r 比 Si^{4+}的小，产生非桥氧而使阴离子团解聚分化，使表面张力减小。随着碱金属离子半径增大，Z/r 值变小，这种作用依次减小，其结果是降低表面张力，其降低表面张力的能力大小次序为 $K^+>Na^+>Li^+$。

11.3　玻璃的通性

一般无机玻璃的物理性质是硬度较高、脆性大、对不同波长的光具有良好的透过性。同时，玻璃可以加工成不同形状，如拉成丝、镀成膜、成球或制成薄板等。这些性质均与玻璃的结构有关，所以在本质上玻璃应该具有以下不同于晶体的特性。

(1)各向同性：均质玻璃表现出力学、光学、热学等性能的各向同性，完全不同于非等轴晶系晶体具有的各向异性物理性质。这是因为晶体中原子的排列呈长程有序，而非晶态结构长程无序，只在很小的范围内表现出短程有序，且非晶态固体结构与液体十分相似，呈统计均匀结构。

(2)介稳性：晶体是热力学的稳定相。玻璃体是由熔体经过“过冷”而得的，当熔体转变为玻璃体时，释放出的能量少于结晶热。所以与晶体相比，玻璃体含有过剩的内能，玻璃态是一种介稳状态。从热力学角度衡量，非晶态有着向结晶态转变的析晶趋势。从动力学方面看，玻璃体具有高黏度、难析晶的特点。在一定条件下，处于一种可以较长时间存在的状态，称为介稳状态。如图 11-12 所示，熔体在平衡状态下缓慢冷却，系统沿 *ABCD* 曲线变化，在熔点温度 T_m 时熔体转变为晶体，系统释放出的能量等于晶体熔化时的潜热，图中内能(U)和体积(V)急剧下降。

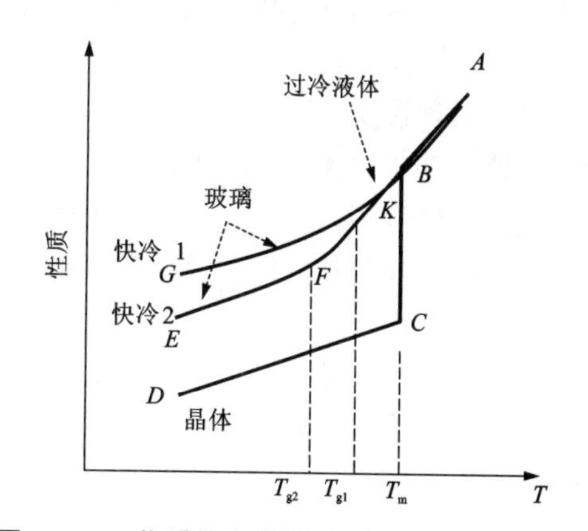

图 11-12　物质热力学性质随温度的变化示意图

当熔体冷却成玻璃体时，曲线沿 *ABKG* 或 *ABKFE* 变化，系统可以在低温下较长时间保留高温的结构，处于一种介稳态，这种介稳态意味着系统含有过剩的内能(U)和体积(V)。由于曲线 *ABKG* 的冷却速度比 *ABKFE* 更快，因此熔体转变为非晶态固体的结构不同。又冷却速度慢使结构更紧密，释放的能量较多，最终形成的玻璃内能和体积有差异。

(3)熔融态向玻璃态转化的可逆性和渐变性：由于玻璃没有熔点温度，因此熔体向非晶态固体的转化过程中，系统没有明显的结构突变，而是处于一种渐变过程。由熔融态向玻璃态转变的过程是可逆的与渐变的。这与熔体的结晶过程有明显区别。相反，由玻璃加热变为熔体的过程也是渐变的，因而玻璃体没有固定的熔点，只有一个软化温度范围。在这个范围内，玻璃由塑性变形变为弹性变形。

系统内能和体积从熔融态变为固态的过程相应也是一种逐渐过渡的状态、一种渐变过程。在图 11-12 中的曲线 *ABKG* 和 *ABKFE* 上，由于冷却速度不同分别出现 *K* 和 *F* 两个转折点，*K* 和 *F* 点两侧呈现的曲线斜率不同，*K* 和 *F* 点对应的温度都可称为玻璃转变温度 T_g。

T_g 的物理意义为：在 $T>T_g$ 时系统的行为主要遵从熔体变化规律，在 $T<T_g$ 时遵从固体变化规律。T_g 可以由高温和低温下两个曲线的交点确定。当系统的组成一定时，冷却速度不同，系统的结构、内能偏离平衡状态的程度不同，T_g 温度则不同。玻璃无固定熔点，只有熔体-玻璃体可逆转变的温度范围，通常也认为有一个 T_g 转变温度范围。当系统温度处于熔体平衡冷却时的熔点温度 T_m 和熔体非平衡急冷的转变温度 T_g 之间时，系统为介稳的液态结构，系统在 T_g 以下的温度才真正处于非晶固态。以这一观点衡量，非晶态硫系半导体、非晶态金属合金都可称为玻璃。

玻璃转变温度 T_g 以系统的黏度表征，为 10^{13} dPa · s(分帕 · 秒)，这一特征值对不同组成氧化物玻璃都是相同的。玻璃转变温度 T_g 也是区分传统玻璃和其他非晶态固体(如硅胶、树脂、非熔融法制得的新型玻璃)的重要特征参数。一些非传统玻璃往往不存在上述的可逆转变，它们不像传统玻璃那样晶体析出温度高于玻璃转变温度 T_g，而是 $T_g>T_m$。例如许多用气相沉积等方法制备的 Si、Ge 等非晶态薄膜的 T_m 低于 T_g，即非晶态固体薄膜在加热到 T_g 之前就转变为结晶相，继续加热则晶相熔化。因此这类非晶态结构与熔融态之间不存在可逆转变。

(4)连续与渐变性：指熔融态向玻璃态转变过程中物理、化学性质变化的连续和渐变性。熔体冷却凝固成结晶态固体的过程中，许多物理、化学性质在结晶温度将发生突变。但是熔体向非晶态固体的转变过程中，物理和化学性质的变化是连续的。如图 11-6(b)所示是玻璃最重要的物理性质——黏度随温度的变化。熔体的黏度为 10^2 ~ 10^3 dPa · s，在 T_g 温度时对应的黏度值 η 为 10^{13} dPa · s，因此从熔融态向非晶态固体转变时，黏度的变化表达了凝固过程在较宽的温度范围内完成。随着温度的逐渐下降，熔体的黏度不断增加，最后形成固态玻璃。从熔体向非晶态固体过渡的温度范围取决于玻璃的成分，一般可以出现在几十度至几百度的温度范围内。

玻璃物理性质随温度的变化所表现的连续和渐变性一般可分为三种类型，如图 11-13 所示。第一类性质(如玻璃的电导、体积等)按曲线Ⅰ变化；第二类性质(如热容、膨胀系数、密度、折射率等)按曲线Ⅱ变化；第三类性质(如热导率、机械性质、弹性常数等)按曲线Ⅲ变化。

曲线Ⅰ、Ⅱ、Ⅲ均可划分成三段：①低温部分 $T<T_g$，性质与温度几乎呈直线关系；②高温部分 $T>T_f$，性质与温度也几乎呈直线关系；③中温部分 $T_g<T<T_f$，性质与温度间或出现加速变化(Ⅰ、Ⅱ)或出现极值。T_f 为软化温度，指玻璃在自重的作用下开始出现形变的温度，对应黏度为 3×10^6 ~ 1.5×10^7 dPa · s。低温阶段，玻璃的性质呈固体特性；高温阶段，玻璃的

性质主要呈熔体特性。因此都呈近似直线关系。而在 $T_g \sim T_f$ 时，熔体向非晶态固体转变，结构随温度发生剧烈变化，性质也随之变化显著。

(5) 玻璃性能的可设计性。玻璃的膨胀系数、黏度、电导、电阻、折射率、化学稳定性等物理化学性质都遵守加和法则，即组成变化，性能随之改变。这使玻璃可以通过选择合适的组成系统调整系统中各组成的含量，获得所需要的各种性能。对一般晶体而言，在一个均匀的结构中实现设计的性能是难以达到的。

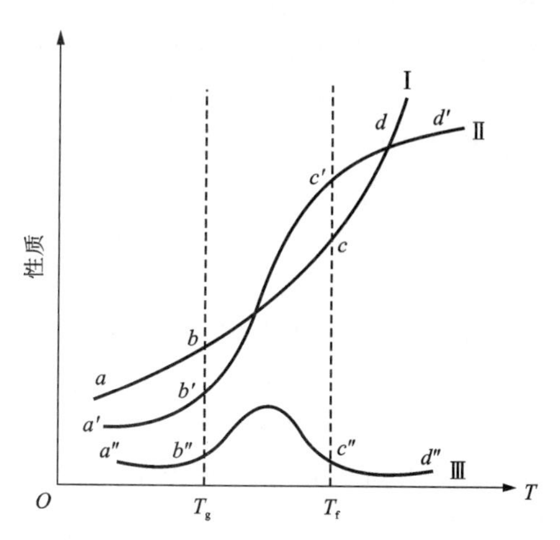

图 11-13　玻璃性质随温度变化示意图

11.4　玻璃的结构

玻璃作为非晶态在结构上的最大特点是近程有序、远程无序。对于玻璃的认识，虽然尚未有一个完善的结构理论，但人们一直在尝试解释玻璃的结构特征。玻璃结构理论最早由门捷列夫(Dmintri Mendellev)提出，他认为玻璃是无定形物质，没有固定的化学组成。塔曼(Tamann)则把玻璃看成过冷液体；索科曼(Sockman)等提出玻璃基本结构单元是具有一定化学组成的分子聚合体；蒂尔顿(Tilton)提出了玻子理论，认为玻子是由 20 个[SiO_4]四面体组成的单元。近年来对各种非晶态结构的研究取得了很多进展，如在传统的无机非金属氧化物玻璃结构的研究基础上，对金属玻璃、半导体玻璃结构的研究拓展了对非晶态结构的认识，建立了各种非晶态结构的模型。在各种有关玻璃的模型中，传统硅酸盐玻璃的无规网络结构模型、晶子结构模型最具代表性，而对金属玻璃的研究中建立了新的无规密堆积模型和拓扑无序模型等。以下对各种玻璃结构模型做简要的介绍。

11.4.1　无规则网络学说

玻璃的无规则网络学说在 1932 年由查哈里阿森(W J Zachariasen)提出。按照这一学说的描述，原子在玻璃和晶体中的作用都是形成连续的、三维空间的网络结构，它们的结构单元相同，都是四面体或三角体。例如每个硅原子周围有四个氧原子组成硅氧四面体[SiO_4]，各四面体之间通过顶角连接成三维空间的网络。但是玻璃的网络不同于晶体的网络，晶体中原子构成的网络结构具有周期重复性，而前者是不规则的、非周期性的，因而内能大于晶体。无规则网络学说将构成玻璃的氧化物分成网络形成体、网络外体和中间体 3 种。同样地，玻璃中的氧离子可分成连接两个网络形成体阳离子的“桥氧”和连接网络与网络外体阳离子的“非桥氧”两类。无规则网络学说主要强调玻璃结构的无序性和均匀性。由于它能对玻璃的许多性质做出近似的解释，因此此学说被广泛接受。

无规则网络学说的要点可归纳为：形成玻璃的物质与相应的晶体类似，形成相似的三维空间网络；网络是由离子多面体通过桥氧相连，向三维空间无规律地发展而构筑起来的；电荷高的网络形成离子位于多面体中心，半径大的变性离子在网络间隙中呈统计分布，对于每一个变价离子，则有一定的配位数。

Zachariasen 还提出能够形成玻璃的氧化物 A_mO_n，应具有以下条件：①氧离子最多与两个 A 离子相结合；②围绕 A 离子的氧离子数目不应过多，一般为 3 或 4；③网络中，这些氧多面体以顶角相连，不能以多面体的边和面相连接；④每个多面体中，至少有三个氧离子与相邻的多面体连接形成向三维空间发展的无规则连续网络。

根据上述条件，B_2O_3、SiO_2、GeO_2、P_2O_5、V_2O_5、Ta_2O_5、As_2O_5、Sb_2O_5 等应该能形成玻璃。由它们组成的多面体称为网络的结构单元，而 R_2O 和 RO 不能满足上述条件，只能作为网络调整体，处在网络之外，填充在网络的间隙中，如图 11-14 所示。

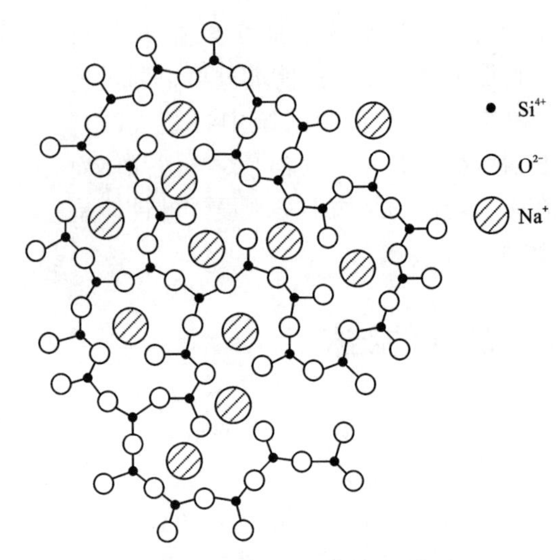

图 11-14　钠硅玻璃结构示意图

沃伦(B E Warren)在玻璃的 X 射线衍射光谱领域的研究实验证明了 Zachariasen 无规则网络学说理论。从图 11-15(a)给出的石英晶体和玻璃的 XRD 图谱可以看出，石英玻璃与石英晶体的特征谱线重合，因此认为石英玻璃可能含有微小尺度的方石英结构单元。Warren 认为石英玻璃和方石英中原子间距大致一致，石英玻璃的晶胞尺寸为 7.7 Å，方石英晶胞尺寸为 7.0 Å。硅胶的 X 衍射曲线具有明显的小角散射，而玻璃不存在这种小角散射。硅胶的小角度散射是由于大小为 1~10 nm 的不连续微粒(如离子)间存在间隙，而玻璃缺乏这种小角度散射，说明玻璃内的质点是连续的。

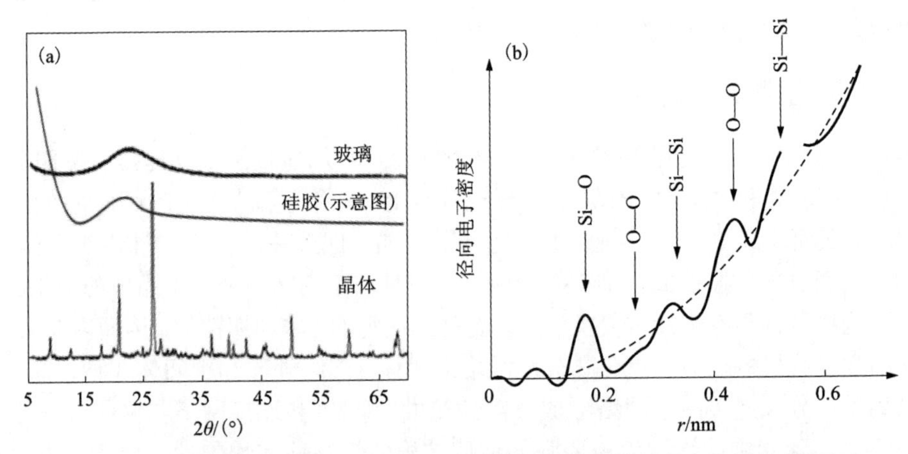

图 11-15　石英晶体、玻璃与硅胶的 XRD 图谱(a)和玻璃的径向电子分布图(b)

Warren 还将实验获得的玻璃 X 射线衍射强度曲线在傅里叶积分公式的基础上换算成围绕某一原子的径向分布曲线。利用该物质的晶体结构数据，可以得到近距离内电子分布。图

11-15(b)为 SiO_2 石英玻璃径向电子分布曲线。图中第一个极大值表示 Si—O 距离为 0.162 nm，接近于硅酸盐晶体的 0.160 nm。按第一个极大值下面的面积计算的配位数为 4.3，接近于硅原子配位数 4。这一结论说明石英玻璃的结构基元为四面体的假设是正确的。Warren 利用傅里叶法还做了其他系统玻璃的结构，发现随着原子径向距离的增加，分布曲线中的极大值逐渐模糊，因此推测玻璃结构的有序部分在 1.0~1.2 nm 的尺度。衍射法得到的是原子基团的信息，这些信息主要与原子的能态有关，而原子能态直接受到它直接相邻原子的影响，因此，这个方法可以反映玻璃近程有序的情况。

无规则网络学说强调玻璃中离子、多面体排列的统计均匀性、连续性和无序性。这一结构特点能够反映和解释玻璃的各向同性、组成改变引起玻璃性质变化的连续性。

11.4.2　晶子学说

1921 年列别捷夫(A A Lebedev)在研究硅酸盐玻璃时发现，玻璃加热到 573℃时，其折射率发生急剧变化，而石英正好在 573℃发生 α⇔β 型的转变。在此基础上，他提出玻璃结构是高分散的微晶子以不规则形式排列的集合体，建立了氧化物玻璃的晶子学说(crystallite theory)。晶子学说从一开始就与网络学说是相互对立的。晶子学说认为，玻璃中存在微晶的堆积，硅酸盐玻璃中存在 SiO_2 微晶和不同的硅酸盐微晶。复杂成分的玻璃中，微晶或者是固定化合物，或者是固溶体，总之应与相应玻璃系统的平衡相有关。这些微晶具有强烈变形的结构，仅仅在一定程度上显示正常晶格的结构。为了便于将这种微晶和完全规则的晶格相区别，将其称之为"晶子"。同时，"晶子"分散在玻璃的非晶态介质中，从"晶子"到非晶态部分的过渡是逐步完成的，两者之间无明显界限。

晶子学说也得到了 X 射线结构分析结果的支持，如二元钠硅玻璃的散射强度峰随组成变化而出现不同的峰强，它们分别对应石英相和偏硅酸钠相。石英玻璃在加热过程中，折射率在相变温度出现的突变，也支持玻璃中微晶的存在。此外，玻璃和微小晶粒晶体的红外反射和吸收光谱有很大的相似度，说明玻璃中有局部的不均匀区。

晶子学说着重揭示了玻璃结构中的微不均匀性，描述了玻璃结构近程有序的特点。但是学说本身尚存在一些较大的缺点，如玻璃中有序区的大小、晶格变形的程度、晶子的含量、晶子的化学组成等都未能加以确定。但是长期以来，晶子学说对玻璃结构的认识和玻璃结构理论的发展具有重要的贡献。

11.4.3　无规密堆积模型

无规密堆积模型主要建立在金属玻璃结构研究的基础上。无规密堆积模型把原子看成不可压缩的硬球，这些硬球不规则地堆积起来，使其总体密度达到最大可能值。该模型把金属的非晶态看作一些均匀连续的、致密填充的、混乱无规的原子硬球的集合。其中：均匀连续性是指不存在微晶与周围原子形成的晶界；致密填充是指硬球堆积中，没有足以容纳另一球的空洞；而混乱无规则是指在相隔 5 个或更多球的直径距离内，球的位置之间仅有很弱的相关性。

贝尔纳(J D Bernal)在研究非晶态金属的结构时发现，硬球不规则密堆积中不存在周期性重复的晶态有序区，并认为无规密堆积结构仅由五种不同的多面体组成，如图 11-16 所示。图 11-16(a)和图 11-16(b)所示的四面体和正八面体也存在于最紧密堆积的晶体结构中，而图 11-16(c)(d)(e)所示的三种多面体则是非晶态固体所特有的结构单元。

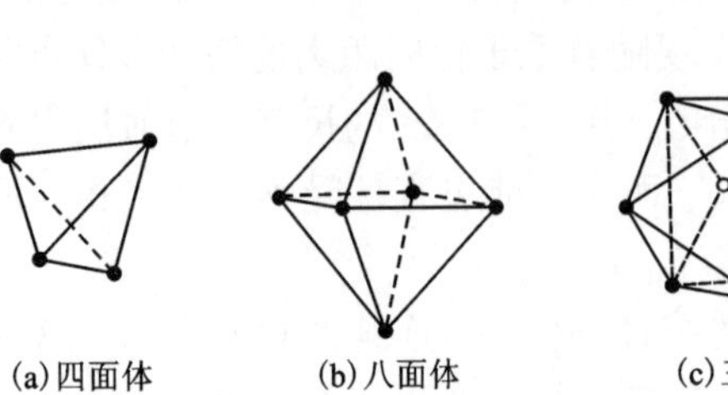

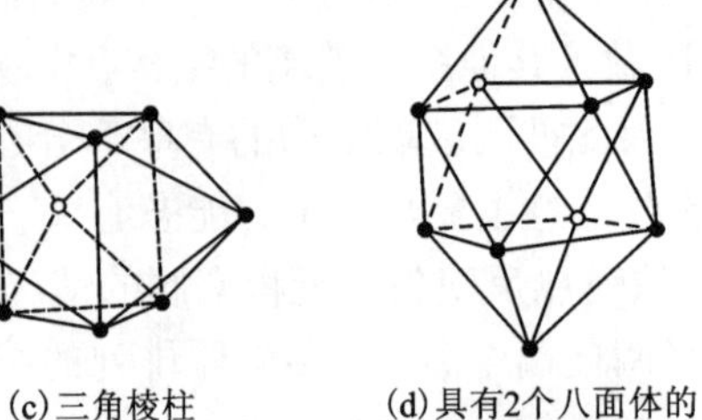

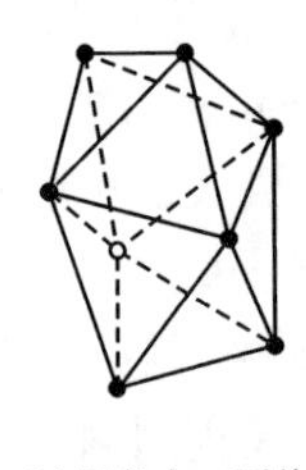

图 11-16　Bernal 多面体典型构型

硬球无规密堆积结构的堆积系数是 0.637，这意味着用同样尺度的球堆积，无规密堆积的密度大约是晶体最紧密堆积的 86%。对比硬球无规密堆模型的计算结果与过渡金属-半金属合金模型的实验分布函数，发现它们的填充密度相符合。无规密堆积模型是目前理解金属玻璃结构比较令人满意的模型。近年来在金属玻璃研究中又发展了软球模型。在软球模型中，密堆积的球可以因为极化等原因变为椭球形，显然这一模型更接近金属玻璃中存在的金属共价键的本质。无规密堆积模型在金属玻璃的研究中正处于逐步发展和完善的过程中。

11.4.4　拓扑无序模型

这一模型强调非晶态结构中原子排列的混乱和无序。所谓拓扑无序是指模型中原子的相对位置是随机、无序地排列。无论是原子相互间的距离还是各原子间的夹角，都没有明显的规律性。由于非晶态固体有接近晶态固体的密度，并且实验也发现在非晶态固体中有近程有序，因此非晶态固体中的混乱和无序不是绝对的。但是，该模型着重强调无序，把近程有序看作无规则拓扑结构的附带结果。非晶态结构的拓扑无序模型如图 11-17 所示。该模型可用于模拟非晶态合金(金属玻璃)的硬球无规密堆积和共价键结合的非晶态固体的连续无规网络模型。

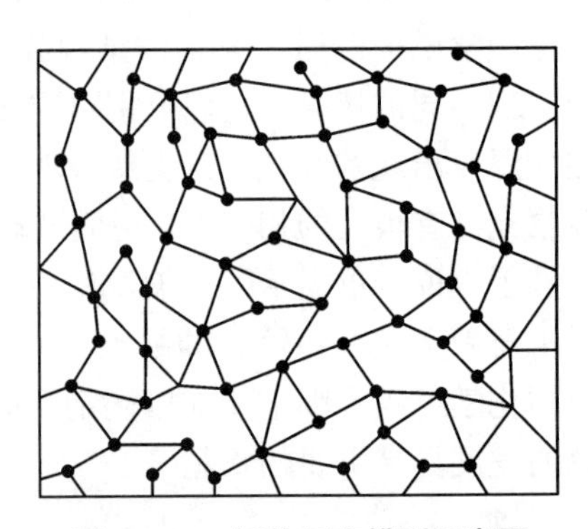

图 11-17　拓扑无序模型示意图

无规则网络学说和晶子学说都是从早年对氧化物玻璃结构的研究而发展起来的，至今还用于对各种玻璃结构的解释。而无规密堆积模型和拓扑无序模型建立在对金属玻璃和共价键半导体玻璃结构的研究基础上，因此它们均处于不断的认识和研究过程中。

11.5　玻璃的形成

玻璃的特殊结构取决于形成玻璃的物质、形成玻璃的条件以及形成玻璃的方法即工艺过程。传统的硅酸盐玻璃制造工艺采用熔融-冷却过程，这是至今大规模玻璃生产的主要工艺，但是只有某些组成系统适合用这一过程形成玻璃。现代玻璃研究发展了大量新的玻璃形成方法，同时，能够参与形成玻璃态的物质几乎囊括所有元素，从而发展了很多新的玻璃系统，以至于能够制备金属玻璃和半导体玻璃。

11.5.1　非晶态固体的形成方法

(1)氧化物玻璃的形成。

传统的氧化物玻璃中，实现大规模工业化生产的主要是硅酸盐玻璃，主要的形成方法是熔融-冷却法。以下简要叙述熔融-冷却法形成硅酸盐玻璃的过程。

以应用最广泛的 Na_2O-CaO-SiO_2 系统玻璃为例，这些氧化物在高温下逐渐熔融的过程为：以石英为原料的 SiO_2，原本是硅氧四面体构成的三维架状结构，由于与加入的碱金属和碱土金属氧化物反应而发生结构变化。当所有晶态固体原料熔化，熔体达到平衡态时，熔体中形成了[SiO_4]四面体聚合程度不等的各种聚合物共存状态。熔体的平均聚合程度由 O、Si 原子比决定，即由加入的碱金属和碱土金属氧化物数量决定。R 离子处于硅氧聚合体的间隙，与非桥氧之间有较弱的作用力。碱金属和碱土金属氧化物的加入可以显著降低熔融温度，使熔体的聚合程度下降，黏度亦有所下降。与一般液体相比，硅酸盐熔体的黏度仍然较大。当这样的硅酸盐熔体降温冷却时，由于黏度的不断增大，质点难以重新排列成硅酸盐晶体，而更倾向于保持熔体的结构，因此最终凝固成非晶态固体——玻璃。在熔点温度以下不析晶且仍保持高温的熔体结构，这一过程也被称为过冷，因此以熔融-冷却法定义的玻璃也称为过冷体。当然，如果熔体的冷却速度足够缓慢，即使熔体黏度很大，质点仍有可能重新排列成有序的晶体结构，所以即便是氧化物玻璃中最易形成玻璃的硅酸盐熔体，也必须将冷却速度控制在一定的范围内，才可能获得非晶态结构。

氧化物玻璃的形成方法除了传统的熔融-冷却法外，还有化学气相沉积、液相反应等方法。如制造光通信用石英玻璃纤维时，可以用气相沉积法，将 $SiCl_4$ 和 $GeCl_4$ 混合气体，通入石英玻璃管内，使它们在气态下氧化分解，形成非晶态的 $SiO_2 \cdot GeO_2$。用液相法形成玻璃需要的温度较低，例如用无机化合物水解得到胶凝化物质，将其在较低温度下热处理可获得玻璃态。如将硅酸钠溶解于水，加入硫酸等强酸，就可析出二氧化硅组分，除去硫酸钠，从而得到含二氧化硅微粒的凝胶；或者用有机金属醇盐，如正硅酸乙酯的水解聚合得到凝胶，然后通过热处理也可获得氧化硅玻璃。

(2)金属玻璃的形成。

金属玻璃主要是由贵金属、过渡金属和半金属合金形成的非晶态。就一般金属而言，合金比纯金属更容易形成玻璃体。用超速急冷可以形成非晶态纯金属和非晶态合金，一般合金熔液的冷却速度在 10^6 K/s 左右就可形成玻璃，而纯金属需要冷却速度高达 10^{10} K/s 时才能形成玻璃。传统的熔融-冷却法的冷却速度比较小，一般为 40~60 K/s。近年来有各种超速冷却法，冷却速度可达 10^6~10^8 K/s，用以制造 Pb-Si、Au-Si-Ge 金属玻璃、V_2O_5、WO_3 玻璃等。1959 年 P Duwez 提出将液滴泼溅在导热率极高的冷板上，使冷却速率高达 10^6 K/s。该方法首次将 Au_3Si 合金制成了玻璃态，开创了金属玻璃的新纪元。以激光束产生快速熔化和淬火，冷却速率可高达 10^{10}~10^{12} K/s，甚至可以形成玻璃态的硅，而通常的非晶硅则是用气相沉积的方法来制备的。

目前已经有专门的工艺可以制备金属玻璃片、丝、粉末，如用轧辊-冷却带法轧制金属玻璃带。金属玻璃也可以用真空蒸镀法，在高真空下用电阻、高频感应或电子束等方法加热基体金属，使从表面蒸发的金属原子附着到基材上形成薄膜；或者使用溅射、化学气相沉积和电镀等方法形成金属玻璃膜。

(3)半导体玻璃的形成。

半导体玻璃主要包括两大类：一类是各种以共价键结合的非晶态半导体，如可以用作太阳能光电池的非晶态硅和光电复印机上用于硒鼓中的非晶态硒；另一类重要的半导体玻璃是硫系化合物半导体，如 As-S 系、Ge-S 系元素组合制成的非晶态硫族化合物，硫系玻璃都是重要的红外光学材料。

应用最多的共价键半导体玻璃通常都形成非晶态薄膜。如上述非晶态硅膜和非晶态硒膜均采用不同的气相沉积方法形成，如真空蒸发沉积或真空溅射等方法。

非晶态硫族玻璃除了可以用上述气相沉积方法形成外，还可以在真空或保护气氛下用熔融-冷却法形成。

11.5.2 玻璃形成的热力学条件

熔融体是物质在熔化温度以上的一种高能量状态，随着温度的下降，熔体要释放能量。从热力学观点分析，玻璃态物质总是有降低内能，向晶态转化的趋势。在一定条件下，通过析晶或分相放出能量，使系统处于低能量、更加稳定的状态。一般认为，如果一个系统的玻璃态和结晶态的内能差值不大时，析晶驱动力较小，能量上属于介稳的玻璃态就能在低温长时间稳定存在。表 11-5 列出了几种硅酸盐晶体和相应组成玻璃的生成热。表 11-5 中所列玻璃和晶体的内能差值都很小，但是它们的结晶能力存在较大差别，因此仅凭热力学数据难以判断形成玻璃的倾向。

表 11-5　几种硅酸盐晶体与玻璃体的生成热

组成	Pb_2SiO_4		SiO_2				Na_2SiO_4	
状态	晶态	玻璃态	β-石英	β-鳞石英	β-方石英	玻璃态	晶态	玻璃态
$-\Delta H/(kJ \cdot mol^{-1})$	1309	1294	860	854	858	848	1528	1507

根据熔体释放能量的大小不同，可以有三种冷却过程：

①结晶化：熔体中的质点进行有序排列，释放出结晶潜热，系统在凝固过程中始终处于热力学平衡的能量最低状态。

②玻璃化：质点的重新排列不能达到有序化程度，固态结构仍具有熔体远程无序的结构特点，系统在凝固过程中始终处于热力学介稳状态。

③分相：熔体在冷却过程中不再保持结构的统计均匀性，质点的迁移使系统发生组分偏聚，从而形成互不混溶并且组成不同的两个玻璃相。分相使系统的能量有所下降，但仍处于热力学介稳态。

熔体在冷却过程中，根据系统的特点和热力学条件的变化可以经历其中的一个过程，也可能有其中两三个过程不同程度地同时发生。

11.5.3　玻璃形成的动力学条件

高温熔体在降温过程中可以发生不同的过程：可能在低于熔点的某一温度发生结晶过程，也可能过冷形成玻璃。可以认为，玻璃的形成过程在本质上是一个防止结晶发生的过程，而它在很大程度上取决于降温速度。

不同的物质从高温熔化状态降温冷却，形成非晶态的过程差别非常大。有的物质(如金属)很容易形成晶体，必须急速降温才能获得非晶态；有些物质(例如石英和各种硅酸盐)在降温过程中黏度逐渐增大，最后固化形成玻璃，并不容易析出晶体。近代研究证实，如果冷却速度足够快，几乎各类材料都有可能形成非晶态。因此需要从动力学角度研究不同元素组成的熔体究竟在多大速度下冷却才能避免析晶而最终形成玻璃。玻璃形成的动力学理论主要体现在以下几个方面。

(1)成核与晶体生长因素。

塔曼(Tamman)认为，物质的结晶过程可以归纳为两个速率，晶核形成速率 I_v 和晶体生长速率 u。这两个速率都与降温过程的过冷度 ΔT 有关($\Delta T=T_m-T$，其中 T_m 为熔点)。熔体的玻璃化和形核结晶化是相互矛盾的。熔体能否结晶主要取决于熔体过冷后能否形成新相晶核以及晶核能否长大成晶体。即使存在形核，如果不发生晶体生长，就可能形成玻璃。过冷度增大，熔体黏度增加，使质点移动困难，难于从熔体中扩散到晶核表面，不利于晶核长大；过冷度过大，熔体质点动能降低，有利于质点相互吸引而聚结和吸附在晶核表面，有利于成核。

如果成核速率和生长速率的极大值所在的温度范围很靠近[图 11-18(a)]，晶核一旦形成，就能迅速生长，系统容易析晶，难以形成玻璃；反之，两种速率的最大值的温度差越大[图 11-18(b)]，当温度降低到晶体生长区时，因为没有形核，也就不会有晶体长大；而当温度降低到晶核形成区时，虽然有大量晶核，晶核也不易生长，熔体就不容易析晶，即容易获得玻璃态物质。

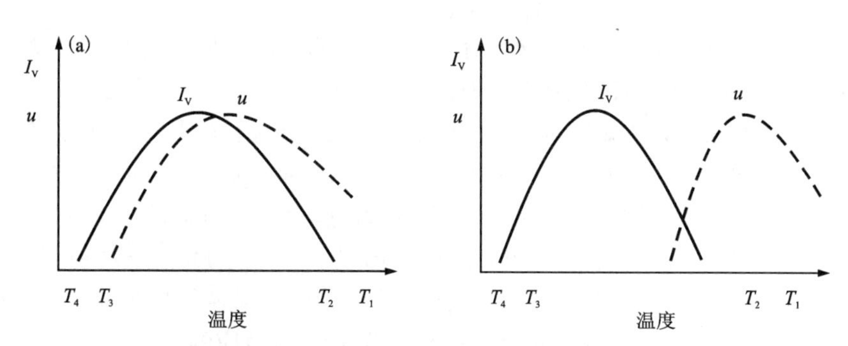

图 11-18　晶核形成速率 I_V 和晶体生长速率 u 的温度范围示意图

为什么系统的最大析晶倾向会出现在某一温度范围内？温度下降过程中，熔体的析晶过程在本质上存在两个相互竞争的因素：一方面，温度低于熔点温度时，晶体与液体之间的自由能差值随温度下降而增大，结晶趋势随温度降低而增加；另一方面，熔体的黏度却随温度下降而不断增大，质点重排的难度增加，从而降低了结晶趋势。因此决定熔体是否最终形成玻璃的冷却速率实际与过冷度、熔体黏度、晶核形成速率、晶体生长速率有关。

(2) T_g/T_m 参数。

熔体从熔点温度冷却至玻璃转变温度 T_g 时，熔体系统凝固，非晶态结构才趋于稳定。因此为了防止在冷却过程中出现析晶现象，一般希望 T_m 和 T_g 温度比较接近。以 T_g/T_m 参数表征，T_g/T_m 参数越大，系统越容易形成玻璃。图 11-19 表示部分无机物的 T_g 和 T_m 的关系。图中，$T_g/T_m=2/3$（图中直线位置）时，形成玻璃态需要的冷却速率相当于 10^{-2}℃/s。图中易于形成玻璃的物质位于曲线的上方，而较难形成玻璃的物质位于曲线的下方。当 $T_g/T_m=0.5$ 时，形成玻璃的冷却速率约为 10℃/s。

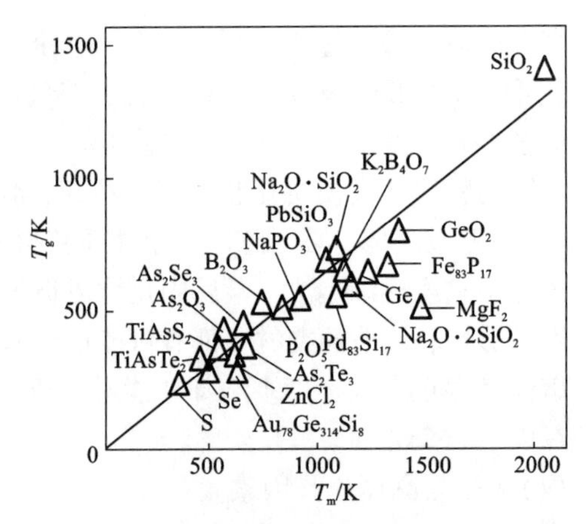

图 11-19　部分化合物的熔点 T_m 与转变温度 T_g 的关系

(3) TTT 曲线。

从实际应用的观点出发，乌尔曼（Uhlmami）认为判断一种物质能否形成玻璃，就是确定熔体必须以多快的速度冷却，才能使其中的结晶量控制在某一可以检测的晶体最小体积以下。按照仪器可以检测到的晶体浓度，当玻璃中混乱分布的微小晶粒的体积分数（体积分数 V_β/V=晶体体积/玻璃总体积）为 10^{-6} 时，所对应的冷却速度应视为玻璃形成的最低冷却速率或称临界冷却速率。根据相变动力学理论，体积分数 V_β/V 可由 Johnson-Mehl-Avrami 公式来描述：

$$x = \frac{V_\beta}{V} = 1 - \exp\left(-\frac{\pi}{3} I_V u^3 t^4\right) \tag{11-6}$$

当 x 值较小时，式(11-6)可以简化为：

$$V_\beta/V = (\pi/3) I_V u^3 t^4 \tag{11-7}$$

式中：V_β、V、I_V、u 和 t 分别为析出晶体的体积、熔体体积、晶核形成速率（单位时间、单位体积内形成的晶核数）、晶体生长速率（单位时间单位固液界面上的晶体扩展体积）和时间。

如果只考虑没有任何外加影响因素的均匀成核状态，在晶体体积分数趋近 10^{-6} 时所必须达到的冷却速度可通过方程式(11-7)计算得到 TTT（transformation-temperature-time）曲线，从而估计达到一定的体积分数的晶体析出所需的冷却速率（或冷却时间）。

图 11-20 中 TTT 曲线的推定过程如下：①首先设定熔体中的允许晶体体积分数为 10^{-6}；②计算一系列与图中各过冷度对应温度的晶核形成速率 I_V 和晶体生长速率 u；③把计算得到的 I_V 和 u 代入方程式(11-7)以求出晶体体积分数为 10^{-6} 时对应的时间；④以温度（过冷度）为纵坐标、冷却时间 t 或 $\lg t$ 为横坐标绘制时间-温度-转变率图（TTT 图）。图中曲线的每一点代表该过冷度下系统析出体积分数为 10^{-6} 时所需时间 t。

图 11-20(b) 中所有曲线随过冷度的增加（温度降低）都有一个极值，为最短析晶时间。这是因为过冷度增加，结晶驱动力加大，晶核形成速率增加，而同时原子的迁移速度降低，晶体生长速率下降。两个因素的共同作用使曲线出现一个最快结晶速率，在曲线上形成一个突出点。在曲线凸面以内的区域，熔体在对应过冷度的冷却速度下形成晶体；而曲线凸面以

外区域则是形成玻璃区域。曲线上各点的斜率即为各个温度对应的临界冷却速率。曲线上的顶点为整个冷却过程所需要的最大冷却速率，可由公式(11-8)粗略估计。

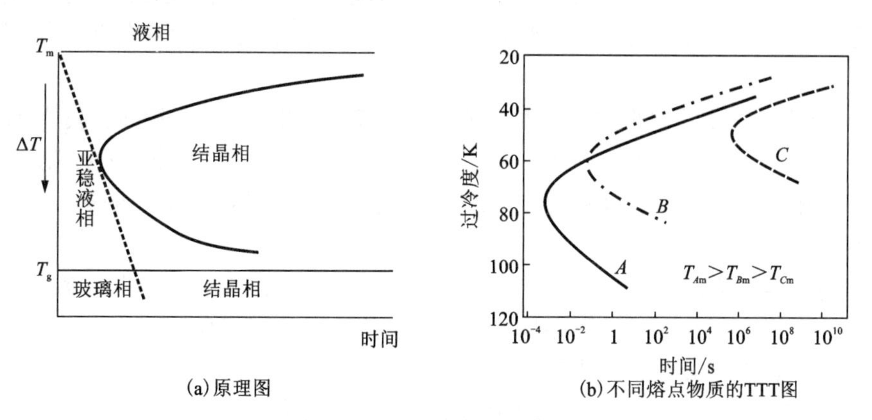

(a)原理图 (b)不同熔点物质的TTT图

图 11-20 TTT 曲线示意图

$$(\mathrm{d}T/\mathrm{d}t)_{\mathrm{m}} \approx \Delta T_n/\tau_n \tag{11-8}$$

式中：过冷度 $\Delta T_n = T_{\mathrm{m}} - T_n$，$T_n$ 和 τ_n 分别为 TTT 曲线顶点的温度和时间。

对于不同的系统，要达到同样的晶体体积分数，曲线的位置不同，最大冷却速率也不同(表 11-6)。因此可以用 TTT 曲线的最大冷却速率比较不同物质形成玻璃的能力，最大冷却速率越大，则形成玻璃越困难，熔体倾向于容易析晶。图 11-20(b)中三个系统 A、B 和 C，系统 C 达到 10^{-6} 晶体体积分数所需时间最长，对应的最大冷却速率最低，因此相对容易形成玻璃。

表 11-6 几种化合物生成玻璃的性能

	SiO_2	GeO_2	B_2O_3	Al_2O_3	As_2O_3	BeF_2	$ZnCl_2$	LiCl	Ni	Se
熔点 T_{m}/℃	1710	1115	450	2050	280	540	320	613	1380	225
黏度 η/(dPa·s)	10^7	10^6	10^5	0.6	10^5	10^6	30	0.02	0.01	10^3
T_g/T_m	0.74	0.67	0.72	-0.5	0.75	0.67	0.58	0.3	0.3	0.65
$(\mathrm{d}T/\mathrm{d}t)/(℃\cdot s^{-1})$	10^{-6}	10^{-2}	10^{-6}	10^3	10^{-5}	10^{-6}	10^{-1}	10^8	10^7	10^{-3}

熔体的黏度一般是随温度降低而剧烈升高的。由表 11-6 可以看出，在熔点时具有较高的黏度的熔体，其析晶势垒较高，容易形成玻璃。而一些在熔点附近黏度很小的熔体(如 LiCl、金属 Ni 等)因易析晶而难于形成玻璃。就一定物质的熔体在冷却过程中能否形成玻璃而言，许多物质的性质并非确定的，而要视熔体的冷却速率而定。

另外，玻璃转变温度 T_g 与相应物质的熔点 T_m 之间的比值(T_g/T_m)也可以用来判断是否容易形成玻璃。因为 T_g 是与动力学有关的参数，它由冷却速率和结构调整速率的相对大小确定。对于同一种物质，其 T_g 越高，表明冷却速率越大，越有利于生成玻璃。同时，应综合考虑 T_g/T_m，可参照图 11-19 中的相关讨论分析。

11.5.4 玻璃形成的结晶化学条件

对于一个熔体系统在冷却过程中是否能最终形成玻璃，可以按是否能使系统的黏度增加来衡量，能使黏度大幅增加的则易于形成玻璃。影响黏度的结晶化学条件包括键强和键能。

(1)键强的因素。

有些理论把氧化物的键强作为判断能否形成玻璃的标准。键强理论认为，熔体析晶需破坏熔体原有的化学键，质点需重新调整位置后，建立新键。如果化学键较强，则不易被破坏，质点难于重新排列析出晶体，容易形成玻璃；反之，化学键较弱，则容易断裂，质点易于重排析晶，不易形成玻璃。

孙光汉于1947年提出单键强度概念，即化合物的解理能与阳离子的配位数之比。表11-7列出了各种氧化物的单键强度，可根据单键强度的大小来判断氧化物能否形成玻璃。根据单键强度的大小，可以将氧化物分成三类：

①单键强度大于335 kJ/mol的氧化物：能单独形成玻璃，称为玻璃网络形成体，其中的阳离子称为网络形成离子。

②单键强度小于250 kJ/mol的氧化物：不能单独形成玻璃，但能调整玻璃性质，称为网络调整体，其中的阳离子称为网络调整离子。

③单键强度为250~335 kJ/mol的氧化物：其作用介于网络形成体和网络调整体之间，其中的阳离子称为中间离子。

键强因素揭示了化学键性质的一个重要因素。从表11-7可见，氧化物熔体中配位多面体能否以负离子团存在而不分解成相应的单独离子，主要与正离子与氧离子形成键的键强密切相关。键强愈强的氧化物熔体中负离子团也愈牢固，因此，键的破坏和重新组合也愈困难，成核能垒也愈高，故不易析晶而易形成玻璃。

应用键强判断氧化物能否形成玻璃基本能符合实际观察到的试验结果，但还是有一些例外。由此，劳森进一步发展了孙光汉的键强理论，认为玻璃的形成能力不仅与单键强有关，还与破坏原有键的键能有关。劳森提出用单键能E_{M-O}除以熔点T_m之比值作为衡量玻璃形成能力的参数，如表11-7所示。单键强愈高，熔点愈低的氧化物越容易形成玻璃。氧化物的单键能除以熔点(即E_{M-O}/T_m)的值大于0.42 kJ/(mol·K)的，则归为网络形成体；$E_{M-O}/T_m<$ 0.125 kJ/(mol·K)则归为网络变性体；数值介于两者之间者为网络中间体。劳森的观点把物质结构与其性质结合起来考虑，同时也使网络形成体与网络变性体之间的差别更为明显地反映出来。

(2)键能的因素。

化学键的特性是决定物质结构的主要因素，也是影响非晶态结构能否形成的主要因素。一般而言，具有极性共价键和半金属共价键的离子才能形成玻璃。

离子键的基本特点是正负离子间以静电库仑力结合，这种结合力没有方向性，而作用范围大，离子间距和相对几何位置容易改变，离子键化合物晶体正负离子的配位数较高(6、8)。离子键化合物(如NaCl、CaF_2等)熔融时，以正、负离子形式单独存在，熔体在熔点附近的黏度很低。因此熔体在冷却过程中，离子容易排列成为有规则的晶体。离子键化合物熔体的析晶活化能较低，离子键化合物的析晶倾向都很大。

表 11-7 氧化物的单键强度

元素	单个 MO_x 键能 /($kJ \cdot mol^{-1}$)	配位数	E_{M-O} /($kJ \cdot mol^{-1}$)	E_{M-O}/T_m /[$kJ/(mol \cdot K^{-1})$]	类别	元素	单个 MO_x 分节能 /($kJ \cdot mol^{-1}$)	配位数	E_{M-O} /($kJ \cdot mol^{-1}$)	E_{M-O}/T_m /[$kJ/(mol \cdot K^{-1})$]	类别
B	1490	3	498	1.36	网络形成体	Be	1047	4	264	网络中间体	
		4	373			Cd	498	2	251		
Si	1755	4	444	0.44		Na	502	6	84		网络形成体
Ge	1805	4	452	0.65		K	482	9	54		
P	1850	4	369~465	0.87		Ca	1076	8	134	0.10	
V	1880	4	377~469	0.79		Mg	930	6	155	0.11	
As	1461	4	293-364			Ba	1089	8	136	0.13	
Sb	1420	4	360~365			Li	603	4	151		
Zr	2030	6	339	网络形成体		Sc	1516	6	253		
		8	255	网络中间体		La	1696	7	242		
Zn	603	2	302	网络中间体		Y	1370	8	209		
		4	151	网络变性体		Sn	1164	6	193		
Pb	607	2	306	网络中间体		Ga	1122	6	188		
		4	151	网络变性体		Rh	482	10	48		
Al	1505	6	250	网络中间体		Cs	477	12	40		

金属键物质以准自由电子连接金属正离子实形成金属键，金属键无方向性和饱和性，金属晶体的最高配位数为 12。金属键晶体在熔融时失去较弱的电子连接导致金属原子很容易重新排列组合，因此难以形成玻璃。

共价键的特点在于有方向性和饱和性、键长和键角不易改变，此外，共价键力的作用范围较小。但是纯粹的共价键化合物和单质，大部分为分子结构。共价分子内部原子的配位数较低，但分子之间以分子间力相连，分子间力无方向性，以至组成晶格的概率很大，所以共价键化合物一般也不易形成玻璃。

可以看出，如果是纯的离子键、金属键和共价键化合物，都不容易形成玻璃。

深入研究表明：当存在离子键向共价键过渡的混合键——极性共价键时，主要有 sp 电子形成杂化轨道，构成 σ 键和 π 键。这种混合键，既具有离子键的无方向性而易改变键角的特点，可以形成无对称的变形趋势，又具有共价键的方向性和饱和性，即不易改变键长和键角，倾向于形成低配位数(3 或 4)的结构。混合键中的离子键特征有利于形成玻璃的远程无序结构，共价键特征有利于形成玻璃的近程有序结构。因此极性共价键是易于形成玻璃的理想键型。

同样，当存在金属键向共价键的过渡键——金属共价键时，在金属中加入的半径小电价高的半金属离子(Si^{4+}、P^{5+}、B^{3+}等)或加入场强大的过渡金属元素，它们对金属原子产生强烈的极化作用，从而形成 spd 或 spdf 杂化轨道，形成金属元素和半金属或过渡金属元素的原子团。这种原子团类似于[SiO_4]四面体，利于形成金属玻璃的近程有序结构；而金属键的无方向性和无饱和性，则在原子团之间连接形成无对称的变形趋势，有利于形成玻璃的远程无序结构。除此以外，硫系化合物玻璃系统(如 Ge-As-X 系统，X=S、Se、Te)尽管被称为共价键半导体玻璃，其键型也具有金属共价混合键性质，当其中共价键的金属化程度过于强烈，即原子团的排列非常容易时，玻璃的生成能力降低。

综上所述，形成玻璃物质必须具有极性共价键或金属共价键，它们的特征是一般正负离子的电负性差值 Δx 为 1.5~2.5。其中的阳离子有较强的极化力，单键强度大于 335 kJ/mol，成键时出现 sp 电子形成杂化轨道。这样的键型在能量上有利于形成低配位数的负离子团结构，如[SiO_4]$^{4-}$、[BO_3]$^{3-}$或[Se-Se-Se]、[S-As-S]，它们连接成链状、层状和架状，熔融时黏度很大，冷却时分子团聚集成无规则网络，倾向于形成非晶态结构。

11.6 玻璃的类型

本节介绍的玻璃包括应用最为广泛的氧化物玻璃系统，也包括具有特殊物理性质的非氧化物玻璃。下面将着重介绍基本的较常见的硅酸盐玻璃和硼酸盐玻璃，以及非氧化物玻璃中的氟化物玻璃、硫系玻璃和金属玻璃。

11.6.1 硅酸盐玻璃

硅酸盐玻璃中 SiO_2 是主体氧化物，它的结构状态对硅酸盐玻璃的性质有决定性的影响。纯石英玻璃是由硅氧四面体[SiO_4]中四个氧以顶角相连而成的三维架状网络。石英玻璃中的 Si—O—Si 键角分布范围为 120°~180°，平均为 144°，玻璃中的 Si—O 和 O—O 距离与石英晶体几乎一致，如图 11-21 所示。石英玻璃中键角的变化使硅氧四面体[SiO_4]排列成无规则网络结构，而不像石英晶体中的四面体那样有确定的对称性。

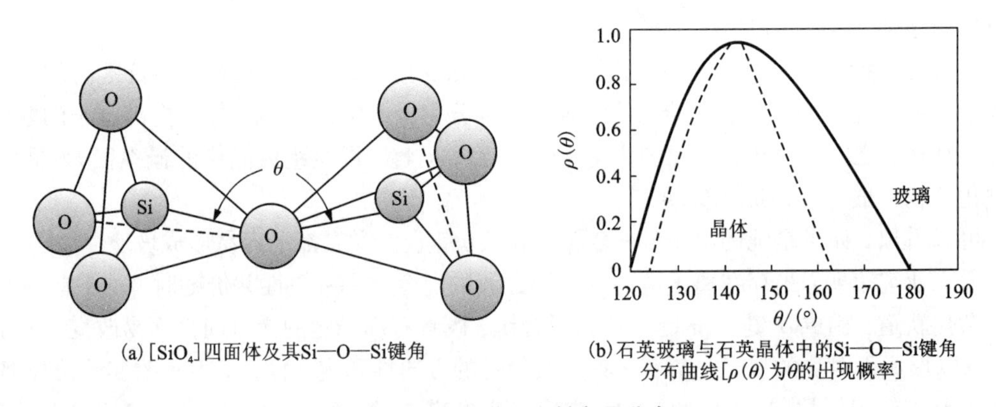

(a) [SiO_4]四面体及其Si—O—Si键角

(b) 石英玻璃与石英晶体中的Si—O—Si键角分布曲线[$\rho(\theta)$为θ的出现概率]

图 11-21　Si—O—Si 键角及分布

当碱金属氧化物 R_2O、碱土金属氧化物 RO 加入纯 SiO_2 的石英玻璃中，形成二元、三元甚至多元硅酸盐玻璃时，O、Si 原子比增加，结构中的非桥氧量上升，石英玻璃的三维架状结构发生变化(表 11-3)，玻璃的性质发生很大变化，如熔体的黏度下降、析晶倾向增大、玻璃化学稳定性下降、热膨胀系数上升等。

为了比较硅酸盐玻璃网络的结构特征，在讨论玻璃结构时常常引入玻璃的四个基本网络参数：①X，每个网络形成物多面体中非桥氧离子的平均数；②Y，每个网络形成物多面体中桥氧离子的平均数；③Z，每个网络形成物多面体中氧离子平均数；④R，玻璃中氧离子总数与网络形成离子总数之比。这四个结构参数之间存在两个简单的关系：

$$\left.\begin{aligned} X + Y &= Z \\ X + \frac{Y}{2} &= R \end{aligned}\right\} \tag{11-9}$$

每个多面体中的氧离子总数 Z 一般是已知的，例如硅酸盐玻璃和磷酸盐玻璃的 $Z=4$，而硼酸盐玻璃的 $Z=3$。R 在硅酸盐玻璃中为通常所说的氧硅物质的量之比，用它可以很方便地描述硅酸盐玻璃中的网络连接特点。R 一般可以通过物质组成计算出来，这样 X 和 Y 就很容易确定。例如：

①石英玻璃：$Z=4$，$R=n_{(O)}/n_{(Si)}=2$，则可求得 $X=0$、$Y=4$。

②化学组成(摩尔分数)为 10% Na_2O、18% CaO、72% SiO_2 的玻璃：$Z=4$，$R=(10+18+72\times2)/72\approx2.39$；$X=2R-Z=2\times2.39-4=0.78$；$Y=Z-X=4-0.78=3.22$。

但是，并不是所有玻璃都可以简单地计算出这四个参数，有些玻璃中的离子不是典型的网络形成离子或网络调整离子，如 Al^{3+}、Pb^{2+} 等属于中间离子，这时需要通过分析才能确定 R 值。在硅酸盐系统中，如果组成中 $n_{(RO+R_2O)}/n_{(Al_2O_3)}>1$，则 Al^{3+} 被认为占据[AlO_4]四面体的中心位置，Al^{3+} 作为网络形成离子计算；如果 $n_{(RO+R_2O)}/n_{(Al_2O_3)}<1$，其中与($RO+R_2O$)相同物质的量 Al_2O_3 中的 Al^{3+} 被认为占据[AlO_4]四面体的中心位置，作为网络形成离子计算，其余部分的 Al^{3+} 则被作为网络调整离子计算。

由此看出，尽管硅酸盐玻璃中的 $n_{(O)}/n_{(Si)}$ 比值由 2 增加到 4，相应的结构由三维网络变为孤岛状四面体。但是如果四面体中还包括与 Si^{4+} 的离子半径相近的其他中间体离子，如 Al^{3+}，网络参数仍然不会因为氧化硅的减少而简单上升。

网络参数中，Y 又被称为结构参数。玻璃的很多性质都取决于 Y 值的大小。$Y<2$ 的硅酸盐玻璃不能构成三维网络。随 Y 值减小，桥氧数减少，网络的断裂加重，网络的聚合程度下降，网络外的离子运动比较容易。因此 Y 值下降，玻璃热膨胀系数增大、电导率上升、对应的熔体黏度减小，并且容易析晶。表 11-8 中的一些玻璃尽管化学组成完全不同，但当它们具有相同的 Y 值时，却显示出相近的物理性质。

表 11-8　Y 值对玻璃性质的影响

组成	Y	熔融温度/℃	膨胀系数/(10^{-7}/K)
$Na_2O\cdot SiO_2$	3	1523	146
P_2O_5	3	1573	140
$Na_2O\cdot SiO_2$	2	1323	220
$Na_2O\cdot P_2O_5$	2	1373	220

用网络参数衡量硅酸盐玻璃只能说明部分问题，不能解释玻璃结构和性质中的所有现象。以玻璃最主要的性质(黏度)为例，在简单碱金属硅酸盐熔体 R_2O-SiO_2 中，碱金属离子 R^+对黏度的影响与它本身的含量有关。碱金属离子含量少，氧硅物质的量的比值较低时，对黏度起主要作用的是处于四面体之间 Si—O—R—O—Si 中的 R—O 键力。此时的 R_2O 随 R^+半径减小，R—O 键强增加，它在[SiO_4]四面体之间对 Si—O 键的削弱能力增加，导致硅酸盐系统的黏度下降幅度增大。因此同一温度下，系统按 Li_2O、Na_2O、K_2O 中碱金属离子半径增大的次序而黏度增加。而当氧、硅物质的量的比值较高时，硅氧四面体的连接程度非常低，四面体在很大程度上依靠 R—O 键力连接，所以半径最小的 Li^+静电作用力最大，系统黏度最高。黏度的变化按 Li_2O、Na_2O、K_2O 而递减。相关论述已在图 11-7 中阐述。

R^{2+}对氧、硅物质的量之比的影响与一价离子相似，可以按网络参数计算。各种二价阳离子在降低硅酸盐熔体黏度上的作用与离子半径有关。二价离子间的极化作用对黏度也有显著影响，极化使离子变形，共价键成分增加，减弱了 Si—O 键力。因此包含 18 电子层离子的熔体，如 Zn^{2+}、Cd^{2+}、Pb^{2+}等，比含有 8 电子层的碱土金属离子的熔体具有更低的黏度(Ca^{2+}除外)。一般，R^{2+}对黏度降低程度大小的次序为：$Pb^{2+}>Ba^{2+}>Cd^{2+}>Zn^{2+}>Ca^{2+}>Mg^{2+}$。图 11-8 表示 $74SiO_2-10CaO-16Na_2O$ 系统熔体内，不同二价阳离子替代 SiO_2 后对黏度的影响。

有研究表明，硅酸盐玻璃和硅酸盐晶体的结构有以下基本区别：

①一定组成的硅酸盐晶体中硅氧四面体结构排列是单一的，具有确定的对称规律；而硅酸盐玻璃中同时存在硅氧四面体的不同聚合体，并且组合是无序的。

②晶体中的低价离子 R^+、R^{2+}占据晶格的固定位置，而玻璃中的网络外离子 R^+、R^{2+}呈统计规律分布在网络的间隙。

③硅酸盐晶体中各氧化物具有化学等比的特征，而玻璃的化学组成可以在较宽泛的范围内变化。

11.6.2 硼酸盐玻璃

硼酸盐玻璃的结构与硅酸盐玻璃有很大区别。B_2O_3 为硼酸盐玻璃中的玻璃形成物质，B—O 形成三角体。

纯氧化硼玻璃的结构可以看成由硼氧三角配位多面体单元[BO_3]连接成的二维层状结构，弯曲折叠的硼氧层在空间通过分子间力连接，构成无序的网络。硼氧层中的硼氧键略强于硅氧键，但层与层之间较弱的分子间力使氧化硼玻璃的性质不同于氧化硅玻璃。氧化硼玻璃特性为：①氧化硼玻璃的转变温度远比氧化硅玻璃(1200℃)低，仅有约 300℃；②化学稳定性差，很容易在空气中潮解；③热膨胀系数很高。因此纯氧化硼玻璃的实用价值很小。

硼酸盐玻璃由于熔化温度低，被广泛用作玻璃焊接、低温轴料。硼酸盐玻璃对 X 射线透过率高，电绝缘性能比硅酸盐优越。由于能有效吸收中子射线，因此硼酸盐玻璃还被用于原子反应堆的窗口材料、屏蔽中子射线。

11.6.3 非氧化物玻璃

(1)氟化物玻璃。

SiO_2 的晶型与 BeF_2 晶型在结构上相似，它们的正离子与负离子半径基本一致。只是 BeF_2 的化合价是 SiO_2 的一半。因此，可以认为 BeF_2 是削弱的 SiO_2 模型，BeF_2 可以形成非晶态，它的玻璃结构由[BeF_4]四面体构成，Be—F 的距离为 0.154 nm。四面体之间以共顶方式相连，即一价的 F^- 和两个 Be^{2+} 连接。Be—F—Be 的平均键角为 146°，与石英玻璃的网络结构十分相似。但是由于 F—Be 键强较弱，在石英玻璃的转变温度下，BeF_2 的黏度存在 $\lg\eta<2$ 的关系。

加入碱金属氟化物 RF 可形成二元的氟化物玻璃，玻璃形成区可以含有 RF50%（摩尔分数）。在氟化物玻璃中，碱金属离子的作用与硅酸盐玻璃中的碱土金属离子相当。二元氟化物系统的玻璃形成总是发生在正离子场强（Z/r）差大于 0.35 的情况。因此，除了 BeF_2 外，在氟化物玻璃系统中，还有以 ZrF_2、AlF_3 为主要成分的氟化物玻璃系统。

在非氧化物玻璃中，负离子电负性最强的是氟、氯、溴、碘等卤素离子。卤化物玻璃的主要组分包含卤素和相对原子质量较硼和硅更高的重金属离子，它们构成的 R^1—X 键较 R—O 键弱。卤化物键型特点导致了卤化物玻璃具有一系列独特的物理化学性质。如卤化物玻璃具有较好的透红外性能，在红外区的截止波长随卤素相对原子质量的增加而向长波段移动。典型重金属氟化物玻璃的截止波长为 7~9 μm，而溴化物玻璃可达 20 μm 以上。但是由于这类卤化物玻璃中的键强较弱而使玻璃的化学稳定性下降，许多卤化物玻璃容易水解，导致其实用性差。

（2）硫系玻璃。

根据玻璃网络理论可知，周期表中位于氧下方的硫系元素也有可能进入到玻璃网络中。如果考虑形成配位数为 3 或 4 所要求的离子半径比，那么可以得出配位数为 3 的玻璃结构（如 As_2S_3、As_2Se_3、As_2Te_3 玻璃）与 B_2O_3 类似，由弯曲的层状结构构成。而由 GeS_2 或 $GeSe_2$ 组成的配位数为 4 的玻璃则由相应的四面体形成无序结构。

仅由一种组分也可构成硫系玻璃，例如很早就发现了仅由硒组成的玻璃，玻璃形成的原因是熔体中含有硒构成的链。因此这种玻璃结构是由不规则的链组成，如图 11-22 所示。温度降低时，链的长度增加，黏度增大，硒玻璃的 T_g 为 31℃。硫也有类似的现象，但除链状外还易于形成 S_8 环状结构，而且必须急冷才能形成玻璃。

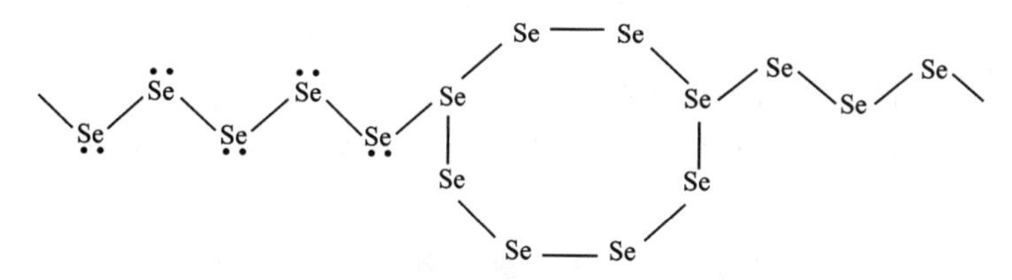

图 11-22　Se 玻璃中的链和环结构示意图

上述单组分硫化物或硒化物玻璃可以按各种比例相互结合，也可以和别的组分结合形成玻璃。一般而言，阴离子的相对原子质量增大会降低玻璃形成倾向，因为金属键所占比例会逐渐增大。

硫系玻璃除了用作透红外材料外，还用于光信息存储器、光电导器件。近年来这一系列玻璃取得了很大发展。

（3）金属玻璃。

典型的金属玻璃是非晶态合金。非晶态合金组成包括：过渡金属-半金属系统，如 Fe-P-

C、Fe-P-C-Al-Si、Pb-Cu-Si 等多元系统；贵金属-半金属系统，如 Au-Si、Au-Ge、Pt-Ge 系统等。早期研究发现，一定组成范围内的 Au-Si 系统熔体急冷可以得到非晶态固体，其后对大量系统的研究发现，形成非晶态结构合金的组成一般位于系统的低共熔点组成附近。前面介绍的硬球密堆积模型和拓扑结构模型表明，金属玻璃结构尽管具有原子近程有序和远程无序排列的非晶态特征，但不同于氧化物玻璃，金属玻璃仍然可以达到较高的原子堆积密度。

金属玻璃可以应用于相当广泛的领域，与传统结晶态金属比较，具备很多优良特性。如非晶态合金比普通金属的强度更高，有些情况下强度甚至可以达到理论极限值。这可能是由于普通金属晶体中存在大量位错和晶界，而非晶态金属中是否存在位错至今尚存在争议；非晶态合金比普通金属具有更强的耐化学侵蚀能力，显然是由于多晶金属中存在着大量位错线露头和晶界，它们已成为金属侵蚀的薄弱部位，而金属玻璃则因不存在这些结构而表现出较低的化学反应活性。此外，金属玻璃表现出良好的软磁特性，在磁屏蔽、声表面波器件、磁光盘材料等方面都有很大的发展前景。

复习思考与练习

(1) 概念：桥氧、非桥氧、黏度、表面张力、熔体(或玻璃)晶子学说、无规则网络学说、单键强度、网络形成剂和网络变性剂、玻璃转变温度。

(2) 理解和鉴别以下关于熔体结构的经典理论：近程有序理论、核前群理论和聚合物理论。

(3) 理解熔体的分化与缩聚，分析碱金属(或碱土金属)在其中的作用。

(4) 理解硅酸盐熔体中碱金属(或碱土金属)对熔体黏度和表面张力的影响特征。

(5) 分析 B_2O_3 对硅酸盐熔体黏度的影响特征。

(6) 理解玻璃的通性。

(7) 分析鉴别硅酸盐材料的玻璃、晶体（或试说明石英晶体和石英玻璃在结构和性质上的区别）。

(8) 为什么不同组成的玻璃系统常常需要不同的冷却速度工艺？

(9) 对于熔融-冷却法制备玻璃体，从结合键特征出发，试分析怎样的键特征才更有利于玻璃的形成。

(10) 叙述氧化物玻璃、半导体玻璃、金属玻璃的非晶态结构特点。

(11) 请说明熔体中析出晶体的过程受哪些因素影响。

第 12 章　固相反应

第12章　固相反应
(课件资源)

固相反应是无机非金属材料制备及其产品生产过程中的基础反应，它对材料物相组成、制备与生产过程及产品质量均具有直接的影响。与气相或液相反应相比，固相反应的反应机理和反应动力学等方面都具有特殊性。固相反应的任务是研究固相反应的速率、机理和影响反应速率的因素。

12.1　固相反应概述

12.1.1　固相反应的定义与分类

广义上，凡是有固相参与的化学反应都是固相反应。例如单一固体化合物的热分解、金属氧化、氧化物的还原，以及固体与固体、固体与液体之间的化学反应都属于固相反应的范畴。狭义上，固相反应常常指固体与固体之间发生化学反应并生成新的固体产物的过程。

在固相反应的分析与研究中，固相反应有不同的分类方式，通常将固相反应按照反应物质的聚集状态、反应的性质或反应机理进行分类。

(1)按反应物聚集状态可将固相反应分成纯固相反应、有气相参与的反应以及有液相参与的反应等。

(2)按反应的性质，固相反应可以分成氧化反应(如金属或过渡金属化合物的氧化反应)、还原反应(如伴随阳离子价态降低的化合物的还原)、加成反应(如 $A+B \to C$)、置换反应(如 $A+BC \to AC+B$，$AB+CD \to AD+BC$)、分解反应(如 $CaCO_3 \to CaO+CO_2$)和转变反应(如相变，反应在固相内部进行，无长程的物质迁移)等。

(3)按反应机理可分成化学反应速率控制的反应过程、晶体长大控制的反应过程和扩散控制的反应过程等。

以上分类方法往往是强调了问题的某一个方面，以寻找其内部规律性，而实际上不同性质的反应，其反应机理可以相同也可以不相同，即使是同一系统，外部条件的变化也可能会导致反应机理的改变。实际研究过程中，也可能需要将不同分类的反应过程同时考虑进去。因此，要真正了解固相反应所遵循的规律，必须对反应过程做综合分析。

12.1.2　固相反应的特点

与一般气、液反应相比，固相反应在反应机理和反应速率等方面有其自己的特点：①固相反应是发生在两种组分分界面上的非均相反应。因此，相互接触是反应物间发生化学作用和物质输送的先决条件。②固相反应开始温度常远低于反应物的熔点或系统低共熔温度。通常相当于一种反应物开始呈现显著扩散作用的温度，此温度也称为泰曼温度或烧结开始温度。对于不同物质，其泰曼温度与熔点(T_m)间存在一定的关系。例如，对于金属，泰曼温度大小为$(0.3\sim0.4)T_m$；对于盐类和硅酸盐，则分别为$0.57T_m$和$(0.8\sim0.9)T_m$。此外，当反应物之一存在有多晶转变时，此转变也往往是反应开始变得显著的温度。这一规律常称为海德华(Hedvall)定律。③固态物质的反应活性通常较低，速度较慢。由于固相反应中质点迁移速率远比在气相或液相中慢，所以固相反应完成所需的时间往往很长，并且在许多系统中，反应很难达到完全的热力学平衡程度。

泰曼认为，气相和液相一般不参与固态反应。虽然该观点长期以来被普遍接受，但实际科研与生产中也发现许多问题。上述的泰曼温度也只能作为初步的参考，研究中应根据实际做调整。另外，金斯特林格(Ginstling)等提出：固态反应中，反应物可能转为气相或液相，然后通过颗粒外部扩散到另一固相的非接触表面上进行反应(图12-1)。此时，气相或液相也可能对固态反应过程起重要作用。结合本章后续的分类讨论可以知道，对固相反应而言，浓度意义不大，而其决定因素在于晶体结构、内部的缺陷、形貌(粒度、孔隙率、表面状况)以及组分的能量状态等。

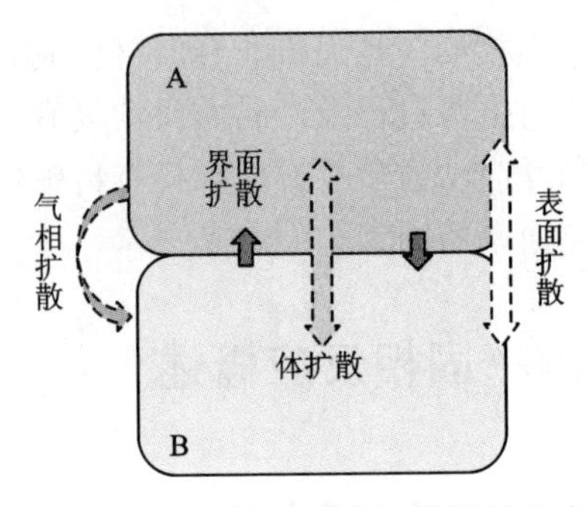

图12-1　A/B固相颗粒间可能的扩散方式

广义固相反应的共同特点：

(1)固态物质间的反应活性较低，反应速度较慢。

(2)固相反应总是发生在两种组分界面上的非均相反应。

(3)固相反应包括两个过程：相界面上的化学反应，反应物通过产物扩散(物质迁移)。

(4)固相反应通常要在高温下进行，且由于反应发生在非均相系统，因此传热和传质过程都对反应速度有重要影响。

12.1.3　固相反应的基本过程

图12-2表示了固相物质A和B进行化学反应生成C的过程示意图。一般固相反应的基本过程包含以下几方面：①首先是反应物颗粒之间的混合接触，反应物扩散到界面，与另一物质接触；②A、B反应物在界面发生化学反应并形成细薄且含大量结构缺陷的新相；③发生产物新相的结构调整和晶体生长；④在两反应颗粒间形成的产物层达到一定厚度后，进一步的反应将依赖于一种或几种反应物通过产物层C的扩散作用。这种物质的运输过程可以通过晶体的晶格内部、表面、晶界、位错或由于反应物和产物体积不同引起的晶体裂纹进行扩散。

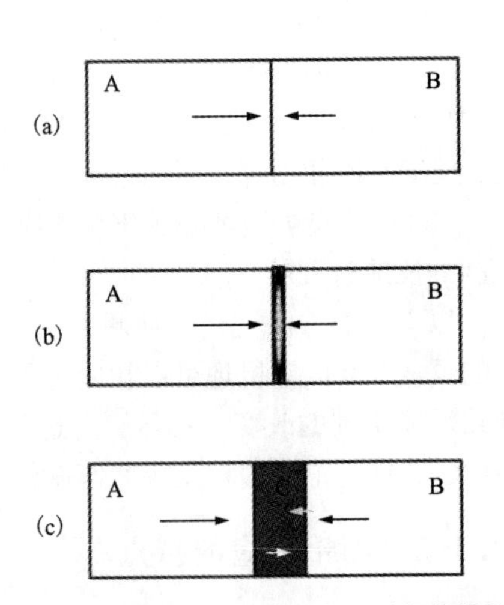

图12-2　固相A、B反应生成C过程的模型

12.1.4　固相反应的应用

固相反应的推动力应是该温度、压力条件下反应产物和反应物的自由能差，而在反应过程中，反应物质点的化学势梯度作为反应系统中位置的函数，决定着质量的流动方向。反应就是处于非平衡状态向着平衡状态靠拢的过程。对于固相体系的平衡关系，利用相图进行研究是比较方便的。通常相图是表示完全的平衡关系，对应反应系统平均的组成或反应局部系统的平均组成与温度的关系，能够了解哪种相之间有平衡关系，哪种反应能够进行。

(1)相界面上的反应和离子扩散。

固态反应一般是由相界面上的化学反应和固相内的物质迁移两个过程构成。但不同类型的反应既表现出一些共性规律，也存在着差异和特点。图 12-3(a)为 $MgO-Al_2O_3$ 二元系相图。由此可知，在 MgO、Al_2O_3 物质的量之比约为 1∶1 的条件下，尖晶石晶体形成反应式为：

$$MgO+Al_2O_3 \longrightarrow MgAl_2O_4 \tag{12-1}$$

这种反应属于反应物通过固相产物层扩散的加成反应，即尖晶石的形成由两种正离子逆向经过两种氧化物界面的扩散决定，可以认为氧离子不参与扩散迁移过程。反应物的离子的扩散需要穿过相的界面以及穿过产物的物相。图 12-3(b)为 $MgO-Al_2O_3$ 二元加成反应示意图。当产物中间层 $MgAl_2O_4$ 形成之后，反应物离子在其中的扩散便成为这类反应的控制速度的因素。一方面，Mg^{2+}要通过产物中间层扩散到 $MgAl_2O_4-Al_2O_3$ 界面，方可继续反应生成 $MgAl_2O_4$ 产物，使产物层厚度向 Al_2O_3 方向增厚；另一方面，Al^{3+}要通过产物中间层扩散到 $MgAl_2O_4-MgO$ 界面，方可继续反应生成 $MgAl_2O_4$ 产物，使产物层厚度向 MgO 方向增厚。电子探针对尖晶石层的成分进行测定的结果表明，在两个反应界面上尖晶石的组成是不同的。在 MgO 一侧的尖晶石中 MgO、Al_2O_3 物质的量之比为 1∶1，在 Al_2O_3 一侧的尖晶石中 MgO、Al_2O_3 物质的量之比为 1∶μ，其中 μ 是大于 1 的值。

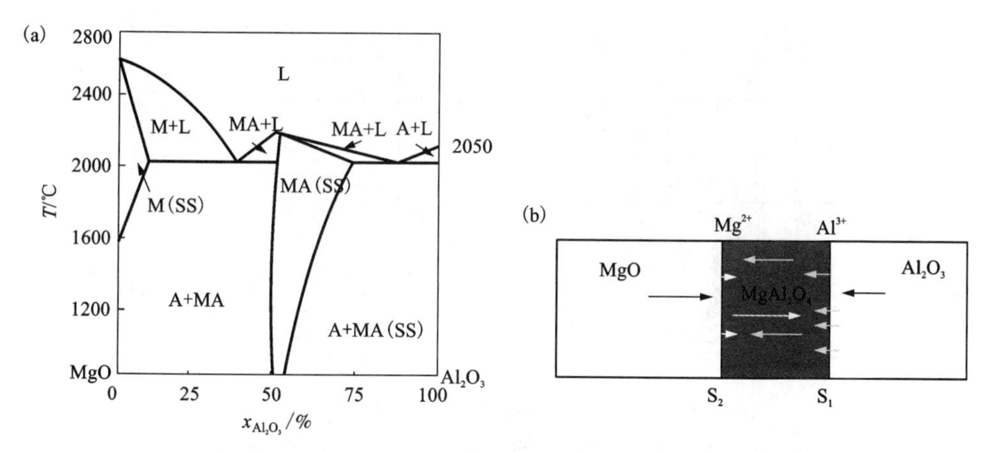

图 12-3　$MgO-Al_2O_3$ 二元系相图(a)及其反应扩散示意图(b)

因为决定反应速度的是扩散的离子流 J，所以有离子流 J 与产物层厚度的倒数($1/x$)及厚度增长率 dx/dt 存在正比关系[式(12-2)]。

$$J \propto 1/x \propto dx/dt \tag{12-2}$$

由此可得，产物层的增厚速率服从抛物线增长规律：

$$x^2 = kt \tag{12-3}$$

有研究得出，不论反应物是单晶还是多晶，反应速率并无明显差别，说明该固相反应是受体积扩散控制的。采用含 O^{18} 的 MgO，并用固体质谱法对所生成的尖晶石层的 O^{18} 分布进行测定的结果表明，氧离子的迁移是可以忽略不计的，即氧离子基本上在原处做结构调整，并不参与扩散，相对扩散的是 Mg^{2+} 和 Al^{3+}。

(2)中间产物和连续反应。

当反应物之间可能存在两个以上反应物时，实际的固相反应也可能不是一步完成的，而是会经由一个或几个介稳定的中间产物直至最后完成，这通常称为连续反应，即奥斯特华德(Ostwald)定律。连续反应在各种不同反应类型中都可能出现，它对掌握和控制反应的进程往往是很重要的。如 CaO 与 SiO_2 进行固相反应，在相图上可以看到 CaO 与 SiO_2 之间可以形成 CS、C_2S、C_3S_2 和 C_3S(C 代表 CaO，S 代表 SiO_2)四种化合物。但实际上发现系统进行固相反应时，其最初产物往往是 C_2S，且中间产物组成也与配料中各成分的比例无关，但最终产物的组成与配料成分趋于一致。图 12-4(a)是 CaO+SiO_2 系统反应进程的示意图。当 n_{CaO} : n_{SiO_2} 为 1 : 1 时，反应首先形成 C_2S[图 12-4(b)]，进而有 C_3S_2 和 C_3S 生成[图 12-4(c)和图 12-4(d)]，最后才转变为 CS[图 12-4(a)]。这与图 12-4(b)所示的在 1000~1400℃形成各种钙硅酸盐时自由能变化的大小顺序是一致的。

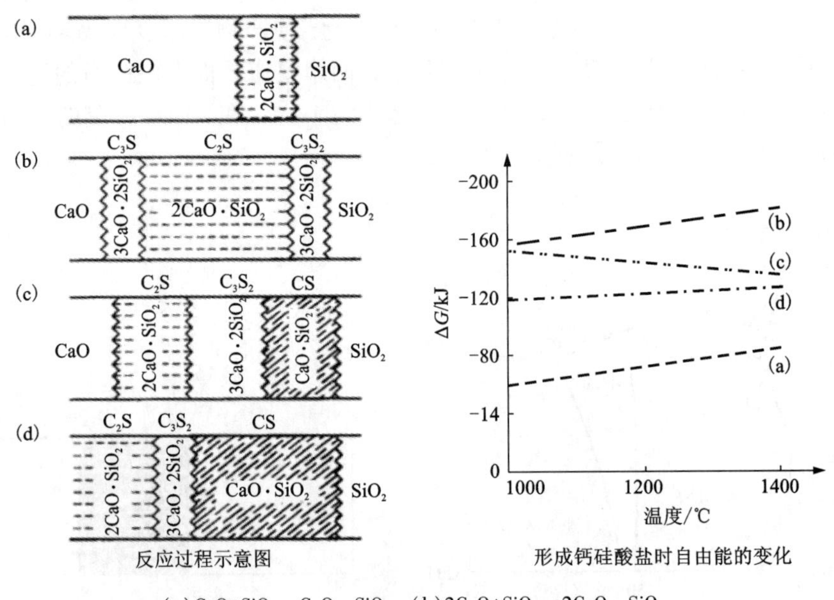

(a) $CaO+SiO_2 \rightarrow CaO \cdot SiO_2$；(b) $2CaO+SiO_2 \rightarrow 2CaO \cdot SiO_2$；

(c) $3CaO+2SiO_2 \rightarrow 3CaO \cdot 2SiO_2$；(d) $3CaO+SiO_2 \rightarrow 3CaO \cdot SiO_2$。

图 12-4　CaO+SiO_2 反应形成钙硅酸盐的连续反应过程

12.2　固相反应动力学

与液相、气相反应不同，固相反应一般是在相界面上发生的，因此也称为复相反应或非均相反应。适用于均相反应的动力学不能直接用于固相反应。许多固相反应从热力学的角度是可行的，但由于受反应物扩散速度的限制，其在动力学上不一定是可行的。动力学旨在通过反应机理的研究提供有关反应体系的反应随时间变化的规律性信息。由于固相反应的机理可以是多样的，对不同的反应，乃至同一反应的不同阶段，其动力关系也往往不同。因此，在实际研究中应注意加以判断与区别。

固相反应的基本特点在于反应通常由几个简单的物理化学过程（如化学反应、扩散、结晶、熔融、升华等步骤）构成。因此，整个反应的速率将受到其所涉及的各个动力学阶段所进行速率的影响。显然，所有环节中速率最慢的一环，将对整体反应速率有着决定性的影响。本节就固相反应的一般动力学关系、化学反应控制的反应动力学和扩散控制的反应动力学分别进行介绍。

12.2.1　固相反应的一般动力学关系

现以金属氧化过程为例，建立反应系统的整体反应速率与各阶段反应速率间的定量关系。设反应以图 12-5 所示模式进行，金属 M 的氧化反应为：

$$M+1/2O_2 \longrightarrow MO \tag{12-4}$$

反应经时间 t 后，金属 M 表面已形成厚度为 δ 的产物层 MO。进一步的反应将由氧通过产物层 MO 扩散（假设氧扩散为稳定扩散）到 M-MO 界面以及氧和金属反应两个过程组成。根据化学反应动力学一般原理和扩散第一定律，单位面积界面上金属的氧化速率 V_R 和氧气扩散速率 V_D 分别有如下关系：

$$V_R = KC \tag{12-5}$$

$$V_D = D\frac{dc}{dx} \tag{12-6}$$

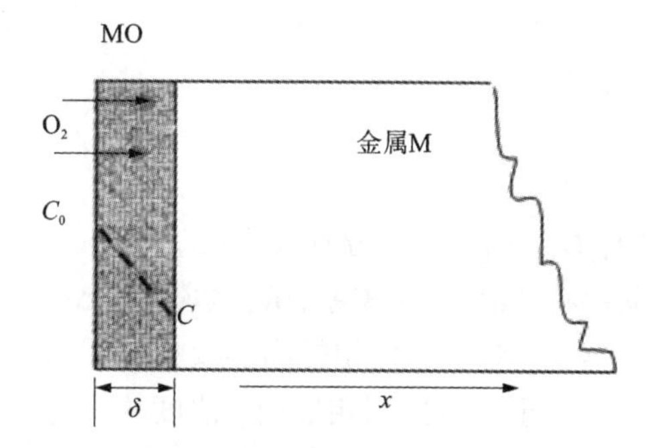

图 12-5　金属 M 表面氧化反应模型

式中：K 为化学反应常数；C 为截面处氧的溶解度；D 为氧化产物层中的扩散系数。显然，当整个反应过程达到稳定时，系统的整体反应速率 V 为：

$$V = V_R = V_D \tag{12-7}$$

由 $KC=D\dfrac{dc}{dx}=D\dfrac{C_0-C}{\delta}$得界面氧浓度为：

$$C = \frac{C_0}{1 + K\delta/D} \tag{12-8}$$

因为 $V=KC=\dfrac{KC_0}{1+K\delta/D}$，所以得到：

$$\frac{1}{V}=\frac{1}{KC_0}+\frac{1}{DC_0/\delta} \tag{12-9}$$

由此可见，由扩散和化学反应两个过程构成的固相反应的整体反应速度的倒数为扩散最大速率的倒数和化学反应最大速率的倒数之和。若将反应速率的倒数理解成反应的阻力，则式(12-9)将具有与串联电路欧姆定律完全类似的内容：反应的总阻力等于各环节分阻力之和，即整体反应速率由各个反应的速率决定。反应过程与串联电路的这一类似对研究复杂反应过程有着很大的方便。例如当固相反应不仅包括化学反应和物质扩散，还包括结晶、熔融、升华等物理化学过程时，那么固相反应总速率将是上述各环节的最大速率的倒数之和。

因此，为了确定反应过程总的动力学速率，对整个过程中各个基本步骤的具体动力学关系加以确定是必须予以解决的问题。例如，固相反应环节中，当物质扩散的速率较其他各环节都慢得多时，则可以认为反应阻力主要来源于扩散，若其他各项阻力较扩散项相比是一个较小量而且可以加以忽略的话，则反应速率将完全受控于扩散速率，此时便属于扩散控制的动力学范畴。当扩散速率远大于化学反应速率时，整体反应速率受到化学反应的控制，则属于化学反应控制动力学范畴。对于其他情况也可以由此类推。

12.2.2 化学反应控制的反应动力学

化学反应是固相反应过程的基本环节。已知对于均相的二元反应系统，若化学反应依反应式 $m\mathrm{A}+n\mathrm{B}\rightarrow p\mathrm{Z}$ 进行，则化学反应速率的一般表达式为：

$$V_{\mathrm{R}}=\frac{\mathrm{d}C_{\mathrm{Z}}}{\mathrm{d}t}=KC_{\mathrm{A}}^{m}C_{\mathrm{B}}^{n} \tag{12-10}$$

其中：

$$K=K_0\exp\left(-\frac{\Delta G}{kT}\right) \tag{12-11}$$

式中：C_{A}、C_{B} 和 C_{Z} 分别代表反应物 A、B 和产物 Z 的浓度；K 为反应速率常数，它与温度 T 之间存在 Arrhenius 关系；K_0 为常数；ΔG 为反应活化能(图 12-6)；k 为玻耳兹曼常数。

然而，对于非均相的固相反应，式(12-10)不能直接用于描述化学反应的动力学关系。首先是对于大多数固相反应，浓度的概念对反应整体已失去了意义。其次是多数固相反应以固相反应物间的直接接触为基本条件，即与反应物之间的接触面积 F 有关。因此，在固相反应中引入了转化率 G 的概念来取代浓度，同时还将反应过程中反应物间的接触面积 F 考虑在内。

所谓转化率一般定义为参与反应的一种反应物在反应过程中被反应了的体积分数。设反应物颗粒呈球状、半径为 R，则经 t 时间反应后，反应物颗粒外层(厚度为 x)已被反应(图 12-7)，则转化率 G 可定义为：

$$G=\frac{V}{V_0}=\frac{R_0^3-(R_0-x)^3}{R_0^3} \tag{12-12}$$

$$R_0-x=R_0(1-G)^{1/3} \tag{12-13}$$

固相的化学反应动力学的一般方程式可写成：

$$\frac{\mathrm{d}G}{\mathrm{d}t}=KF(1-G)^n \tag{12-14}$$

式中：n 为反应级数(对于一级反应，$n=1$)；K 为反应速率常数；F 为反应截面积。该式既反映了参与反应物的多少，又反映了反应物之间接触的机会(面积)。

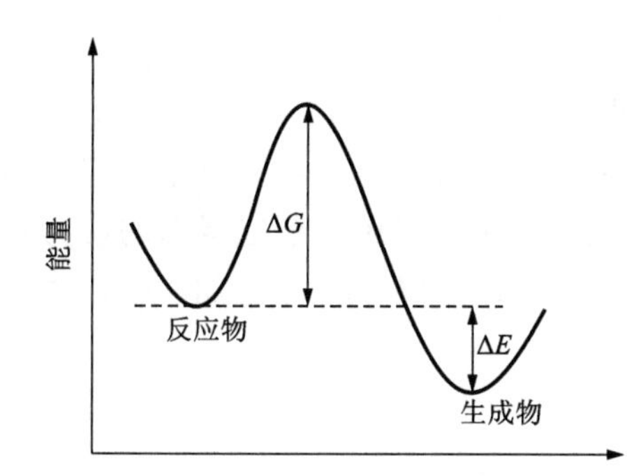

图 12-6　反应物与生成物之间的自由能差及其反应活化能示意图

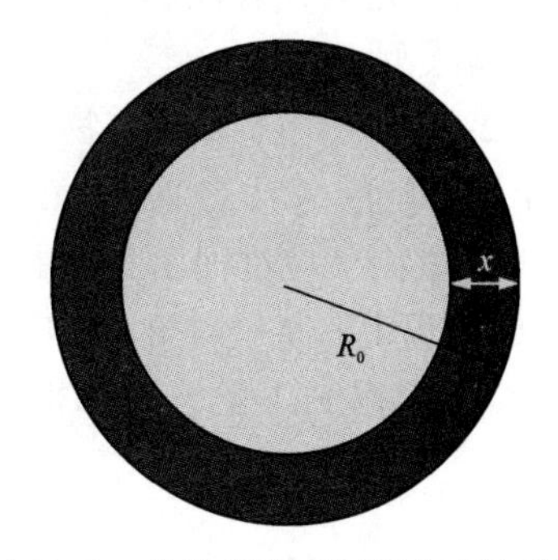

图 12-7　非均相的固相反应球体模型

当反应物颗粒为球形时，结合式(12-13)得到：

$$F = 4\pi(R_0 - x)^2 = 4\pi R_0^2(1 - G)^{\frac{2}{3}} \tag{12-15}$$

将式(12-15)代入式(12-14)，并考虑一级反应($n=1$)，则有：

$$\frac{dG}{dt} = 4K\pi R_0^2(1 - G)^{\frac{2}{3}}(1 - G) = K_1(1 - G)^{5/3} \tag{12-16}$$

对式(12-16)积分并考虑到初始条件 $t=0$ 时，$G=0$，则可得反应截面依球形模型变化时，固相反应转化率或反应速率与时间的函数关系为：

$$f_1(G) = [(1 - G)^{-2/3} - 1] = K_1 t \tag{12-17}$$

若反应截面在反应过程中不变(例如金属平板的氧化过程)，并考虑一级反应，则式(12-14)可表述为：

$$\frac{dG}{dt} = K_1^*(1 - G) \tag{12-18}$$

则有：

$$f_1(G) = \ln(1 - G) = -K_1^* t \tag{12-19}$$

式(12-17)和式(12-19)分别是反应截面依球形和平板模型变化时，固相反应转化率或反应速率与时间的函数关系。

例如，碳酸钠(Na_2CO_3)和二氧化硅(SiO_2)粉体在 740℃下进行固相反应：

$$Na_2CO_3+SiO_2 \longrightarrow Na_2O \cdot SiO_2+CO_2 \tag{12-20}$$

当颗粒 $R_0 = 0.036$ mm，并加入少许 NaCl 做溶剂时，整个反应动力学过程完全符合式(12-17)的关系。这说明该反应体系在该反应条件下，反应总速率为化学反应动力学过程所控制，而扩散的阻力相对较小，可忽略不计，且反应属于一级化学反应。

12.2.3　扩散控制的反应动力学

固相反应一般都伴随有物质的迁移。若化学反应速度远大于扩散速度，则过程由扩散控制。由于在固相中的扩散速率通常较为缓慢，因此在多数情况下，扩散速率控制整个反应的速率往往是常见的。根据反应截面的形状和变化情况，扩散控制的反应动力学方程也将不同。在众多的反应动力学方程式中，基于平行板模型和球体模型所导出的杨德尔和金斯特林格方程式具有一定的代表性。

(1)平板模型。

如图 12-8(a)所示，设反应物 A 和 B 以平板模式相互接触反应和扩散，并形成厚度为 x 的产物 AB 层，随后 A 质点通过 AB 层扩散到 B-AB 界面继续反应。若界面化学反应速率远大于扩散速率，则反应过程由扩散控制。A 物质经时间 $\mathrm{d}t$ 通过 AB 层单位截面的量为 $\mathrm{d}m$。假设在反应过程中的某一时刻，反应界面 AB-B 处 A 物质浓度为 $C=0$，而界面 A-AB 处 A 物质浓度为 C_0。根据 Fick 第一定律得：

$$\frac{\mathrm{d}m}{\mathrm{d}t}=D\left(\frac{\mathrm{d}C}{\mathrm{d}x}\right)_{x=\xi} \tag{12-21}$$

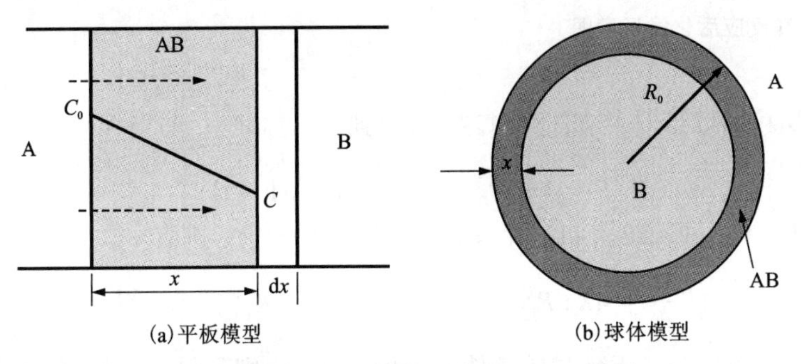

(a)平板模型　　(b)球体模型

图 12-8　扩散控制固相反应的 Jander 模型

考虑扩散属稳定扩散，则有：

$$\left(\frac{\mathrm{d}c}{\mathrm{d}x}\right)_{x=\xi}=\frac{C_0-C}{x}=\frac{C_0}{x} \tag{12-22}$$

设 AB 物质的密度为 ρ，而通过单位截面积的 A 的量为 $\mathrm{d}m=\rho s\cdot\mathrm{d}x$(界面积 $s=1$)。将式(12-22)代入式(12-21)，可得：

$$\frac{\mathrm{d}x}{\mathrm{d}t}=\frac{DC_0}{\rho}\cdot\frac{1}{x} \tag{12-23}$$

对式(12-23)积分，并考虑边界条件 $t=0$，$x=0$，得：

$$x^2=\frac{2DC_0}{\rho}t=Kt \tag{12-24}$$

式(12-24)说明，反应物以平行板模式接触时，反应产物层厚度与时间的平方根成正比。即厚度随时间的变化存在二次方关系，故常称之为抛物线速率方程，即杨德尔方程。

实际的固相反应中，反应物通常以粉状物料为原料，实际反应物间接触面积随时间是变化的。因此，该方程也存在局限性。

(2)杨德尔球体模型。

杨德尔(Jander)在平板抛物线速率方程基础上采用“球体模型”导出了扩散控制的动力学关系。为此，杨德尔假设：①初始反应物 B 是半径为 R_0 的等径球粒；②反应物 A 是扩散相，A 向 B 的扩散速率远大于 B 向 A 的扩散速率，A 成分总是包围着 B 的颗粒，即在系统中只有

A 做单向扩散，反应自 B 球面向中心进行[图 12-8(b)]；③A 在产物层中的浓度是线性的。在前面化学反应动力学分析中得出式(12-12)和式(12-13)，以 B 物质为基准的转化率与反应物层厚度关系为：

$$G=\frac{R_0^3-(R_0-x)^3}{R_0^3}=1-\left(1-\frac{x}{R_0}\right)^3 \tag{12-25}$$

$$x=R_0[1-(1-G)^{1/3}] \tag{12-26}$$

将式(12-26)代入抛物线速率方程式，得到：

$$x^2=R_0^2[1-(1-G)^{1/3}]^2=Kt \tag{12-27}$$

或

$$f_J(G)=[1-(1-G)^{1/3}]^2=\frac{K}{R_0^2}=K_Jt \tag{12-28}$$

对式(12-28)微分得杨德尔方程的微分式：

$$\frac{dG}{dt}=K_J\frac{(1-G)^{2/3}}{1-(1-G)^{1/3}} \tag{12-29}$$

杨德尔方程在较长时间以来是一个较经典的描述粉体系统扩散控制的固相反应动力学方程。但由于其是将球体模型的转化率代入平板模型的抛物线速率方程而得到的，未考虑到反应截面 F 的变化，因此限制了杨德尔方程只能用于反应初期，即反应转化率较小(或 x/R_0 比值较小)时的情况。

杨德尔方程在反应初期的适用性在不少固相反应的实例中得到证实。对碳酸盐和氧化物间的一系列反应进行实验研究得出，在反应初期都基本符合杨德尔方程式，而后偏差愈来愈大。图 12-9 表示了反应 $BaCO_3+SiO_2 \longrightarrow BaSiO_3+CO_2$ 在不同温度下 $f_J(G)\sim t$ 关系。显然，温度的变化所引起直线斜率的变化完全由反应速率常数 K_J 的变化决定。利用该图结果，并结合式(12-28)可求得不同温度时的反应速度常数(K_J)，再根据式(12-11)可求得反应的活化能为：

$$\Delta G=k\frac{T_1T_2}{T_2-T_1}[\ln K_J(T_2)-\ln K_J(T_1)] \tag{12-30}$$

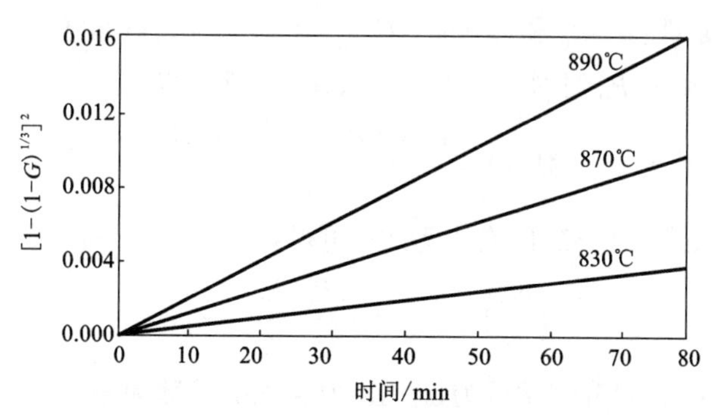

图 12-9　不同温度下 $BaCO_3+SiO_2 \longrightarrow BaSiO_3+CO_2$ 的反应(按杨德尔方程)

(3)金斯特林格三维球体模型。

由于杨德尔方程只能适用于转化率不大的情况，且考虑在反应过程中反应截面随反应进程变化这一事实，金斯特林格(Ginstlinger)认为实际反应开始以后产物层是一球壳而不是一个平面，且认为反应截面积是随反应过程而变化的。

为此，金斯特林格提出了如图12-10所示的反应扩散模型：当反应物A和B混合均匀后，若A可以通过表面扩散或通过气相扩散而布满B的整个表面。在产物层AB生成之后，反应物A在产物层中的扩散速率将远大于B，并且在整个反应过程中，球壳形产物层的外壁(即A界面)上，扩散相A浓度恒为C_0；而产物层内壁(即B界面)上，由于化学反应速率远大于扩散速率，扩散到B界面的反应物A可马上与B反应生成AB，该面上A的浓度值为零。故整个反应的速率完全由A在产物层AB中的扩散速率所决定。

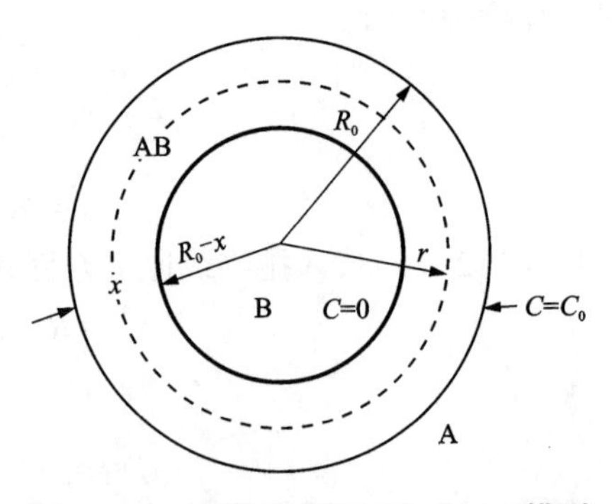

图12-10　固相反应的Ginstlinger模型

由于粒子是球形的，产物两侧界面A的浓度不变，因此随产物AB层增厚，A在AB层内的浓度分布是r和时间t的函数，即此过程是一个不稳定扩散问题。设单位时间内通过$4\pi r^2$球面积扩散入产物层AB中A的量为$\mathrm{d}m/\mathrm{d}t$。由扩散第一定律可得：

$$\frac{\mathrm{d}m}{\mathrm{d}t} = D \cdot 4\pi r^2 \left(\frac{\partial C}{\partial r}\right)_{r=R_0-x} \tag{12-31}$$

为了简化，近似地将不稳定扩散过程归结为一个等效的稳定扩散过程，且同时有相同数量的A扩散通过任一指定的r球面，但扩散量随产物层厚度x而变化(亦即随t而变化)，其量为产物层厚度x的函数$M(x)$，即

$$\frac{\mathrm{d}m}{\mathrm{d}t} = D \cdot 4\pi r^2 \left(\frac{\partial C}{\partial r}\right)_{r=R_0-x} = M(x) \tag{12-32}$$

式(12-32)的右边等式可写成：

$$\mathrm{d}C = \frac{M(x)}{D \cdot 4\pi r^2}\mathrm{d}r \tag{12-33}$$

根据初始和边界条件：$r=R_0$和$t>0$时，$C_{(R_0,\ t)}=C_0$；$r=R_0-x$和$t>0$时，$C_{(R_0-x,\ t)}=0$；$t=0$时，$x=0$。在$r=R_0-x$和$r=R_0$时对式(12-33)积分，整理可得：

$$M(x) = \frac{C_0 R_0 (R_0 - x) \cdot 4\pi D}{x} \tag{12-34}$$

将式(12-34)代入式(12-32)的右边等式，可得：

$$\left(\frac{\partial C}{\partial r}\right)_{r=R_0-x} = \frac{C_0 R_0 (R_0 - x)}{r^2 x} \tag{12-35}$$

若AB的密度为ρ，相对分子质量为μ，AB中A的分子数为n，则相当于A在AB中的密度$\varepsilon=n\rho/\mu$，$\mathrm{d}m=\varepsilon \cdot 4\pi r^2\mathrm{d}x$，结合式(12-32)，有：

$$\frac{\varepsilon \cdot 4\pi r^2 \mathrm{d}x}{\mathrm{d}t} = D \cdot 4\pi r^2 \left(\frac{\partial C}{\partial r}\right)_{r=R_0-x} \tag{12-36}$$

所以：

$$\frac{\mathrm{d}x}{\mathrm{d}t}=\frac{D}{\varepsilon}\left(\frac{\partial C}{\partial r}\right)_{r=R_0-x} \tag{12-37}$$

结合式(12-35)和式(12-37)，考虑 $r=R_0-x$，并积分，可得：

$$\frac{\mathrm{d}x}{\mathrm{d}t}=\frac{D}{\varepsilon}\frac{C_0R_0}{(R_0-x)x}=K_\mathrm{k}\frac{R_0}{(R_0-x)x} \tag{12-38}$$

$$x^2\left(1-\frac{2}{3}\cdot\frac{x}{R_0}\right)=2K_\mathrm{k}t \tag{12-39}$$

将球形颗粒转化率关系式(12-25)代入式(12-39)，并整理成转化率的表示方式，可得金斯特林格方程式的微分式和积分式：

$$\frac{\mathrm{d}G}{\mathrm{d}t}=\frac{1}{3}K_\mathrm{k}\frac{(1-G)^{1/3}}{1-(1-G)^{1/3}} \tag{12-40}$$

$$f(G)=1-\frac{2}{3}G-(1-G)^{\frac{2}{3}}=K_\mathrm{k}t \tag{12-41}$$

许多实验研究表明，金斯特林格方程比杨德尔方程具有更好的普遍适用性，动力学常数 K_k 在较大 G 值范围内(如<0.9)均适用；而杨德尔方程中往往会有较大的偏差，会引起动力学常数 K_J 随 G 值变化而变化。将杨德尔方程与金斯特林格方程相比较，有：

$$Q=\frac{\left(\frac{\mathrm{d}G}{\mathrm{d}t}\right)_\mathrm{k}}{\left(\frac{\mathrm{d}G}{\mathrm{d}t}\right)_\mathrm{J}}=\frac{K_\mathrm{k}(1-G)^{1/3}}{K_\mathrm{J}(1-G)^{2/3}}=(1-G)^{-1/3} \tag{12-42}$$

Q 对 G 作图可得图 12-11。可见，当 G 值较小即转化程度较低时，说明两方程是基本一致的；反之，随 G 值增加，两式偏差越来越大。杨德尔方程只是在转化程度较小时适用，当 G 值较大时，K_J 将随 G 的增大而增大。而金斯特林格方程则在一定程度上克服了杨德尔方程的局限性。

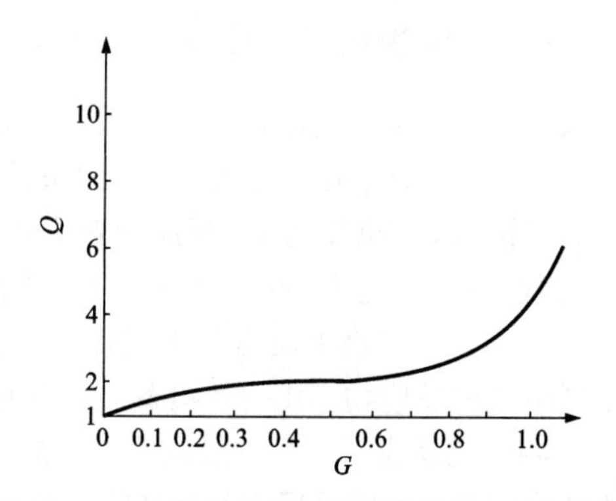

图 12-11　金斯特林格方程与杨德尔方程之比较

例如，针对碳酸钠与二氧化硅在 820℃下的固相反应，测定不同反应时间的二氧化硅转化率 G，得到表 12-1 的实验数据。将实验结果代入金斯特林格方程，在转化率从 0.246 变到 0.616 时，$f_\mathrm{k}(G)$ 对 t 有相当好的线性关系，其速率常数 K_k 恒等于 1.83×10^4。但若以杨德尔方程处理实验结果，$f_\mathrm{J}(G)$ 与 t 线性关系很差，K_J 值从 1.81 偏离到 2.25×10^4。

表 12-1　二氧化硅-碳酸钠反应动力学数据(R_{SiO_2}=0.036 mm, T=820℃)

时间/min	SiO_2 转化率	K_k	K_J
41.5	0.2458	1.83×10^4	1.81×10^4
99.5	0.3686	1.83×10^4	2.02×10^4
168.0	0.4540	1.83×10^4	2.10×10^4
222.0	0.5196	1.83×10^4	2.14×10^4
296.0	0.5876	1.83×10^4	2.20×10^4
332.0	0.6156	1.83×10^4	2.25×10^4

虽然金斯特林格方程并非十分完善，比如，其未考虑产物与生成物之间的体积变化，反应物并非都可以简化成等径的球体状，而且推导方程的过程中仍是以单向的稳定扩散为前提等，但方程能较好地适合许多由扩散控制的固相反应全过程，所以仍是比较成功的。

12.3　影响固相反应的因素

固相反应过程涉及相界面的化学反应和相内部或外部的物质输送等环节，因此，除了反应物的化学组成、特性和结构状态以及温度、压力等因素外，凡是可能活化晶格和促进物质的内外传输作用的因素均会对反应起影响作用。

12.3.1　反应物化学组成与结构的影响

反应物化学组成与结构是影响固相反应的内因和决定反应方向及反应速率的重要因素。从热力学角度来看，在一定温度、压力条件下，反应可能进行的方向是自由能减少($\Delta G<0$)的方向，而且 ΔG 的负值越大，反应的热力学推动力也越大，沿该方向反应的概率也越大。从结构的观点看，反应物的结构状态、质点间的化学键性质以及各种缺陷的多少都会对反应速率产生影响。反应物中质点间的键能愈大，则可动性和反应能力愈小，反之亦然。事实表明，同组成的反应物，其结晶状态、晶型由于其热历史的不同也会出现很大的差别，从而影响这种物质的反应活性。一般说来，晶格能愈高、结构愈完整和稳定的，其反应活性也低。因此，难熔氧化物间的反应和烧结往往是困难的。

例如用氧化铝和氧化钴生成钴铝尖晶石($Al_2O_3+CoO\rightarrow CoAl_2O_4$)的反应中，若分别采用低温轻烧 Al_2O_3 和在较高温度下死烧的 Al_2O_3 做原料，其反应速率可相差近 10 倍。研究表明，轻烧 Al_2O_3 是由于在反应中存在 $\gamma-Al_2O_3\rightarrow\alpha-Al_2O_3$ 的多晶转变，而大大提高了 Al_2O_3 的反应活性，即物质在相转变温度附近时，质点可动性显著增大，晶格松懈、结构内部缺陷增多，所以反应和扩散能力增强。因此在生产实践中往往可以利用多晶转变、热分解和脱水反应等过程引起的晶格活化效应来选择反应原料和设计反应工艺条件以达到高的生产效率。

另外，在同一反应系统中，固相反应速率还与各反应物间的比例有关，若在 A 与 B 反应形成物 AB 中改变 A 与 B 的比例，则会影响到反应物表面积和反应截面积的大小，从而改变产物层的厚度和影响反应速率。例如增加反应混合物中“遮盖”物的含量，则反应物接触机会和反应截面就会增加，同样量的产物层被摊薄，相应的反应速率就会增加。

12.3.2　反应物颗粒尺寸及分布的影响

反应物颗粒尺寸对反应速率的影响在杨德尔、金斯特林格动力学方程式中明显地得到反映：反应速率常数 K 值反比于颗粒半径的平方(R_0^2)。因此，在其他条件不变的情况下，反应速率受颗粒尺寸大小的影响极大。

颗粒尺寸对反应速率产生影响是通过改变反应界面或扩散截面的大小以及改变颗粒表面结构等效应来完成的。颗粒尺寸越小，反应体系比表面积越大，反应界面和扩散截面也相应增加，因此反应速率增大。而根据威尔表面学说，随颗粒尺寸减小，键强分布曲线变平，弱键比例增加，故使反应和扩散能力增强。

此外，还有一个值得指出的现象：对于同一反应体系，由于物料颗粒尺寸不同，其反应机理也可能会发生变化而属不同动力学控制范围。例如 $CaCO_3$ 和 MoO_3 反应：$CaCO_3+MoO_3 \longrightarrow CaMoO_4+CO_2$。当取等物质的量之比的反应物并在较高温度(620℃)下反应时，若 $CaCO_3$ 颗粒尺寸大于 MoO_3，则反应由扩散控制(MoO_3 通过扩散进入 $CaCO_3$ 而反应)，反应速率随 $CaCO_3$ 颗粒度减小而加速；倘若 $CaCO_3$ 颗粒尺寸小于 MoO_3，并且体系中存在过量的 $CaCO_3$ 时(相当于 $CaCO_3$ 包埋 MoO_3)，则由于 $CaCO_3$ 层变薄、产物层变薄，扩散阻力减少，反应由 MoO_3 的升华过程所控制(MoO_3 熔点低，约 795℃)，并随 MoO_3 粒径减小而加剧。

还应该指出，在实际生产中往往不可能控制尺寸均等的物料粒径，这时反应物料粒径的分布对反应速率的影响同样是重要的。理论分析表明，由于物料颗粒大小以平方关系影响着反应速率，颗粒尺寸分布越是集中，对反应速率越是有利，少数大颗粒反应物的存在往往使反应难以彻底进行。因此缩小颗粒尺寸分布范围，以避免少量较大尺寸颗粒的存在而显著延缓反应进程，是生产工艺中应注意到的一个问题。

12.3.3　反应温度、压力与气氛的影响

温度是影响固相反应速度的重要外部条件之一。一般可以认为，温度升高均有利于反应进行。这是由于温度升高，固体结构中质点的热振动动能增大，反应能力和扩散能力均得到增强。对于化学反应，其速率常数为

$$K = A\exp\left(-\frac{\Delta G_R}{kT}\right) \tag{12-43}$$

式中：ΔG_R 为化学反应活化能；A 为与质点活化机构相关的因子。因此无论是扩散控制还是化学反应控制的固相反应，温度的升高都将提高扩散系数或反应速率常数。而且由于化学反应活化能 Q 通常比扩散活化能 ΔG 大，这会使温度的变化对化学反应的影响远大于对扩散的影响。

资料：α-氧化铝(俗称刚玉)，属三方晶系，$a_0=0.475$ nm、$c_0=1.297$ nm，结构中的氧离子呈近似密排六方堆积，铝原子则填充在其八面体间隙中。铝原子没有填满所有的八面体间隙，只填了 2/3。它是所有氧化铝中最稳定的物相。$\alpha-Al_2O_3$ 可以用 $\gamma-Al_2O_3$ 于高温燃烧制得。$\gamma-Al_2O_3$ 可用 $Al(OH)_3$ 在 732 K 时加热制得。$\gamma-Al_2O_3$ 为立方晶系($a=0.7938$ nm)，是一种缺陷型的尖晶石结构，它不耐酸或碱；$\gamma-Al_2O_3$ 在 600℃以后开始转变为 $\theta-Al_2O_3$(单斜晶系)，900~1000℃转化成 $\alpha-Al_2O_3$。

压力是影响固相反应的另一外部因素。对于纯固相反应，压力的提高可显著地改善粉料颗粒之间的接触状态，如缩短颗粒之间距离、增加接触面积等，加速物质传递过程，从而提高固相反应速率。但对于有液相、气相参与的固相反应，扩散过程主要不是通过固相质点直接接触进行的，因此提高压力有时并不表现出积极作用，甚至会适得其反。例如黏土矿物脱水反应和伴有气相产物的热分解反应以及某些由升华控制的固相反应等，增加压力可能会使反应速率下降。

此外，气氛对固相反应也有重要影响。它可以通过改变固体吸附特性而影响表面反应活性。对于一系列能形成非化学计量的化合物(如过渡金属氧化物等)，气氛可直接影响晶体表面缺陷的浓度和扩散速率。

12.3.4 矿化剂及其他影响因素

在固相反应体系中加入少量非反应物物质或由于某些可能存在于原料中的杂质常会对反应产生特殊的作用，这些物质常被称为矿化剂。它们在反应过程中不与反应物或反应产物起化学反应，但它们以不同的方式和程度影响着反应的某些环节。实验表明，矿化剂可以产生如下作用：①通过与反应物形成固溶体而使其晶核化，使反应增强；②与反应物形成某种活性中间体而处于活化状态；③与反应物形成低共熔物，使物系在较低温度下出现液相，加速扩散对固相的溶解作用；④通过矿化剂离子的极化作用，促使其晶格畸变，增强反应活化等。

例如在 Na_2CO_3 和 Fe_2O_3 反应体系中加入 NaCl(矿化剂)，可使反应转化率提高 50%～60%，而且颗粒尺寸越大，这种矿化效果越明显。又例如在硅砖中加入质量分数为 1%～3% 的 Fe_2O_3+CaO(矿化剂)，能使大部分 α-石英不断溶解而同时不断析出 α-鳞石英，从而促使石英向鳞石英的转化。实验表明，在 Al_2O_3-SiO_2 系统中唯一的化合物莫来石($3Al_2O_3 \cdot 2SiO_2$)，如果无液相参与，仅通过纯固相反应是难以合成的。关于矿化剂的矿化机理是复杂多样的，可因反应体系的不同而不同，但可以认为矿化剂总是以某种方式参与到反应过程中去。

以上从物理化学角度对影响固相反应速率的诸因素进行了分析讨论，但必须提出，实际生产科研过程中遇到的各种影响因素可能会更多更复杂。例如水泥工业中的碳酸钙分解速率，除遵循物理化学的基本规律外，还与工程上的传质换热效率有关。在同温度下，普通旋转窑中的分解率要低于窑外分解炉中的分解率。这是因为在分解炉中处于悬浮状态的碳酸钙颗粒在传质明显换热条件上比普通旋窑中好得多，所以从反应工程的角度考虑，传质传热效率对固相反应的影响是具有同样重要性的。由于硅酸盐材料的生产通常都要求高温条件，此时传热速率对反应进行的影响极为显著。例如把石英砂压成直径为 50 mm 的球，约以 8℃/min 的速率进行加热使之进行 β↔α 相变反应，大概需 75 min 完成。而在同样加热速度下，用相同直径的石英单晶球做实验，则相变所需时间仅为 13 min。产生这种差异的原因除了两者的传热系数不同外[单晶体约为 5.23 $W/(m^2 \cdot K)$，而石英砂球约为 0.58 $W/(m^2 \cdot K)$]，还由于石英单晶是透辐射的，其传热方式不同于石英砂球，因此相变反应不是在依序向球中心推进的界面上进行，而是在具有一定厚度范围内以至于在整个体积内同时进行，从而大大加快了相变反应的速率。

复习思考与练习

(1)如何理解固相反应的共同特点?

(2)熟悉固相反应的基本过程。

(3)对比分析化学控制的反应动力学与扩散控制的反应动力学。如果要使固相反应更快完成，对于两种反应动力学模式，该采取哪些有力措施?

(4)从提高固相反应效率角度看，如何理解和利用影响固相反应过程的各种因素?

(5)试比较杨德尔方程和金斯特林格方程的优缺点及两方程分别的适用条件。

第13章　无机材料的烧结
（课件资源）

第 13 章　无机材料的烧结

陶瓷(结构陶瓷与功能陶瓷)和粉末冶金方法制备的金属材料构件一般都经历成型→烧结的过程，其中烧结是关键，是必不可少的环节。由于烧结过程的复杂性，虽然已对其进行了大量的研究，但与无机材料物理化学的其他几个方面的研究相比，它显然是比较不成熟的。已有的研究基本上是根据烧结伴随的宏观变化，并用十分简化的模型来考察烧结的机理和动力学关系。本章将介绍烧结的概念、烧结的基本物理过程、烧结机制、烧结动力学及晶粒生长等，进而归纳得出影响烧结的因素。通过本章的学习，能帮助理解烧结的物理过程及烧结的影响因素、烧结过程中晶体生长特征，从而为烧结工艺调控、烧结产品性能的控制提供基本原理和理论依据，为解决烧结中的实际问题提供理论指导。

13.1　烧结的概述

13.1.1　烧结的定义与含义

烧结的定义为固体粉料成型体在低于其熔点的温度下加热，使物质自发地充填颗粒间的间隙，使成型体的致密度和强度增加，成为具有一定性能和几何外形的整体。烧结的宏观表现为强度增加、气孔率下降、样品收缩、致密度提高，变成坚硬的烧结体；微观表现为固态中分子(或原子、离子、粒子等)的相互吸引、迁移，使粉体产生颗粒黏结、再结晶，改变晶粒尺寸和气孔分布，使成型体强度增加和产生致密化。烧结的目的是将粉状物料变成致密或结合牢固的物体。

实践中可能遇到与烧结相关的两种表述概念：烧成与烧结。烧成是生产中将原料烧结成产品的工艺过程，在多相系统内产生一系列物理和化学变化(如脱水、坯体内气体分解、多相反应和熔融、溶解等)，是在一定的温度范围内烧制成致密体的过程。烧结本身的含义是指粉料经加热而致密化的简单物理过程，不包括化学变化。

烧结与固相反应存在相似之处，其相同点为两个过程均在低于材料熔点(或熔融温度)之下进行，并且此过程中至少有一相是固态。其不同点：固相反应发生化学反应，固相反应必须至少有两组元参加，如 A 和 B，最后生成化合物 AB，AB 的结构与性能不同于 A 与 B；烧结可以只有单组元或者两组元参加，但两组元并不发生化学反应，仅仅是在表面能驱动下，由粉体变成致密体。实际生产中，烧结、固相反应往往是同时穿插进行的。

13.1.2　烧结的物理过程

烧结所包含的大致物理过程有(图 13-1)：①粉料成型后形成具有一定外形的坯体，颗粒之间只有点接触，坯体内包含气体或有机黏结剂等(35%～60%)；②在高温下颗粒间产生重排和键合，使接触面积扩大；③在高温下气孔形状变化，气体排出，大气孔变小，颗粒间依然以点接触为主；④随着烧结进行，点接触扩大到面接触，形成晶界，发生明显的传质过程，坯体体积缩小；⑤传质继续、晶界增多，气孔缩小、变形、排出，或变成孤立的闭孔；⑥颗粒晶界移动、粒子长大，气孔逐渐迁移到晶界、扩散、排出，密度提高。

从另一个角度理解，烧结过程可以分为以下三个阶段(图 13-1、图 13-2)：①烧结初期，坯体中颗粒重排，接触处产生键合，间隙变形、缩小(即大气孔消失)，固-气总表面积没有变化；②烧结中期，传质开始，粒界增大，间隙进一步变形、缩小，但仍然连通，形如隧道；③烧结后期，传质继续进行，粒子长大、气孔变成孤立闭口气孔或致密体，制品强度提高。

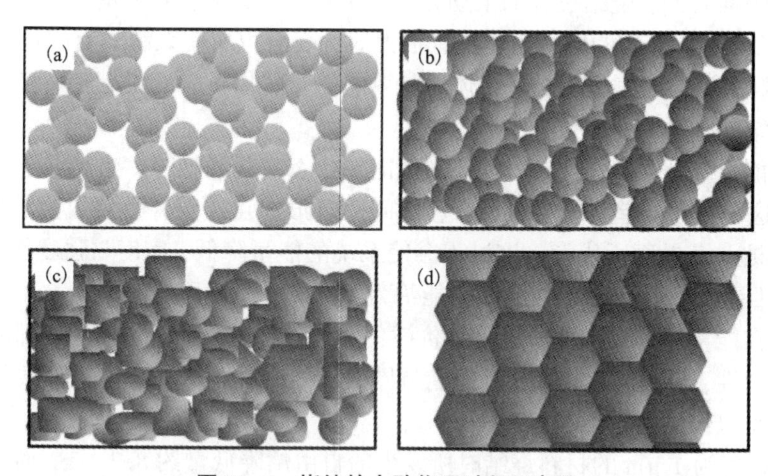

图 13-1　烧结的大致物理过程示意图

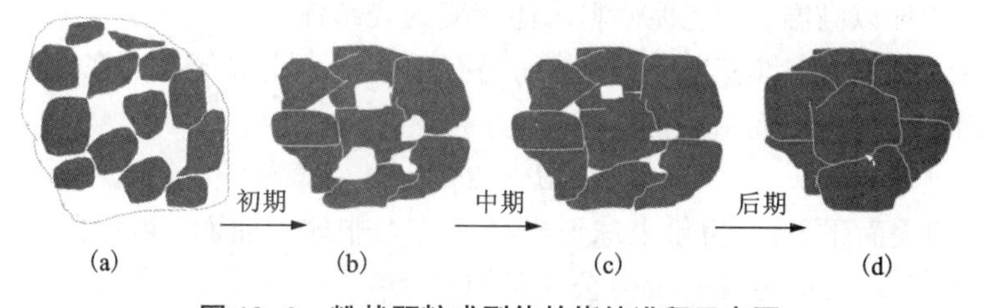

图 13-2　粉状颗粒成型体的烧结进程示意图

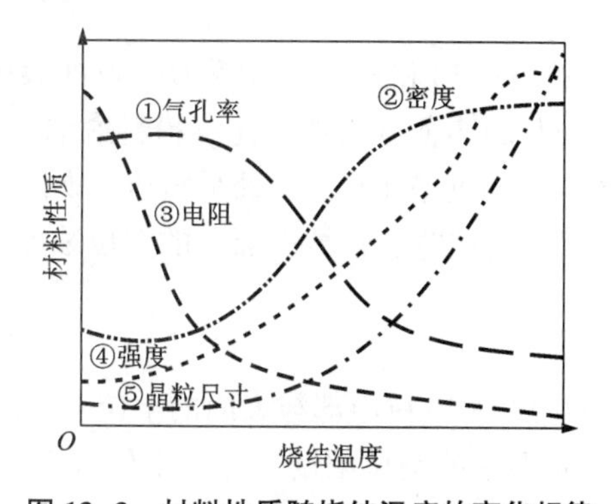

图 13-3　材料性质随烧结温度的变化规律

以上所述是纯固相烧结的情况。如果有液相参与，虽然其传质的途径及动力学有所不同，但是颗粒之间的关系基本上相似。随着烧结温度升高，气孔率下降，密度升高，电阻下降，强度升高，晶粒尺寸增大，如图 13-3 所示。

13.1.3　烧结的基本类型

按照烧结时是否出现液相，可将烧结分为两类：①固相烧结，即指烧结温度下基本上无液相出现的烧结，如高纯氧化物之间的烧结过程；②液相烧结，是指烧结过程中有液相参与的烧结，如多组分物系在烧结温度下常有液相出现。

近年来，在研制特种结构材料和功能材料的同时，产生了一些新型烧结方法。如热压烧结、电火花烧结、热等静压烧结、微波烧结、反应烧结、活化烧结等。在实际应用中，可根据条件或需要进行选择。

13.2 烧结过程的推动力

烧结中的致密化过程是依靠物质的定向迁移实现的。因此，在系统中必须存在能使物质发生定向迁移的推动力。烧结过程的推动力大致来自三个方面：能量差、压力差、空位差。

(1)能量差。构成坯体的原料粉体具有很大的比表面积而使系统具有很高的表面能。一般地，粉状物料的表面能大于多晶烧结体的晶界能。粉状物料表面能与多晶烧结体晶界能的能量差即为烧结的推动力。

根据最小能量原理，系统具有自发地向低能量状态变化的趋势。当高温下质点具有足够的可动性时，这个变化的趋势就会变成颗粒之间通过形成点接触并发展成为粒界，从而使颗粒的两个表面被一个界面所代替。该过程会使系统的能量降低，密度与强度提高，从而使坯体达到烧结的目的。如 Al_2O_3 粉体的表面能约为 1 J/m^2，而界面能约为 0.4 J/m^2。因此表面被界面所替代在能量上是有利的。但是共价键化合物(如 Si_3N_4 等)的原子之间成键具有饱和性和强烈的方向性，界面能比较高，表面能与界面能之间差值较小，这也是共价键化合物比离子键化合物难以烧结的基本原因之一。

一般地，粒度为 1 μm 的材料烧结时所发生的自由焓降低量约 8.3 J/g，而一般化学反应前、后的能量变化大于 200 kJ/mol。烧结推动力小于相变或化学反应的能量，烧结不能自发进行，必须对粉体加以高温，才能促使粉末体转变为烧结体。

(2)压力差。粉体紧密堆积以后，颗粒间仍有很多细小贯穿气孔。在这些气孔弯曲的表面上，由于表面张力的作用而造成的压力差为：

$$\Delta P = 2\gamma/r \tag{13-1}$$

式中：γ 为粉体的表面张力；r 为粉末球形半径。若为非球形曲面，可用两个主曲率 r_1 和 r_2 表示，由杨-拉普拉斯(Young-Laplace)公式可知：

$$\Delta P \approx \gamma\left(\frac{1}{r_1} + \frac{1}{r_2}\right) \tag{13-2}$$

式(13-1)和式(13-2)表明，弯曲表面上的附加压力与球形颗粒(或曲面)曲率半径成反比，与粉料表面张力成正比。粉料愈细，由曲率引起的烧结动力愈大。表面凹凸不平的固体颗粒，其凸处呈正压，凹处呈负压，故存在着使物质自凸处向凹处迁移的趋势。

(3)空位差。颗粒表面上的空位浓度一般比内部空位浓度大，二者之差可描述为：

$$\Delta C = \frac{\gamma\delta^3}{\rho RT}C_\circ \tag{13-3}$$

式中：ΔC 为颗粒内部与表面的空位差；γ 为表面能；δ^3 为空位体积；ρ 为曲率半径；$C_\circ$ 为平表面状态时的空位浓度。这一空位浓度差导致内部质点向表面扩散，推动质点迁移，有助于烧结。

13.3　固态烧结的烧结机理

由于烧结对陶瓷材料、耐火材料及粉末冶金材料的最终产品性能具有极大的影响，因此探讨烧结的机理，了解其定性甚至定量的规律具有重要的意义。本节主要介绍纯固态烧结过程中的颗粒黏附作用和传质机理。

13.3.1　颗粒的黏附作用

黏附是固体表面的普遍性质，它起因于固体表面力。当两个表面靠近到表面力场作用范围时，即发生键合而黏附(图 13-4)。黏附力的大小直接取决于物质的表面能和接触面积，故粉状物料间的黏附作用特别显著。

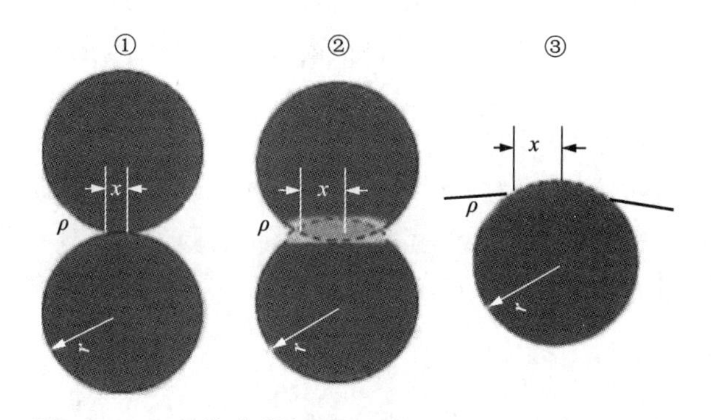

图 13-4　两固体球在表面力场作用下的黏附作用示意图

黏附作用是烧结初始阶段导致粉体颗粒间产生键合、靠拢和重排，并开始形成接触区的一个原因。随着烧结的进行，球形颗粒逐渐变形，因此在烧结中、后期应采用其他模型。由于黏附力作用，可能导致接触点局部的塑性变形，从而进一步增大接触面面积，并增大黏附力。根据不同的黏附作用特征，有如图 13-4 所示的三种作用模型。模型①为球形颗粒的点接触，烧结过程中心距离不变；模型②为球形颗粒的点接触，烧结过程中心距离变小；模型③为球形颗粒与平面的点接触，烧结过程中心距离也变小。

系统中烧结推动力是如何使质点定向地迁移的呢？下面按传质方式的不同分别加以简述。

13.3.2　蒸发-凝聚传质机理

当系统在高温下具有较高的蒸气压时，有可能通过蒸发-凝聚的方式进行传质。系统各处的蒸气压可由开尔文公式给出：

$$\ln \frac{p}{p_0} = \frac{2\gamma M}{\rho RTr} \tag{13-4}$$

式中：p_0 为平表面状态时的蒸气压；p 为凸表面或凹表面的蒸气压；γ 为比表面能；r 为颗粒半径；ρ 为颗粒间缝隙曲率半径。由于平表面 $r=\infty$，凸表面 r 为正值，凹表面 r 为负值，所以，$p_{凸}>p_0>p_{凹}$。当粉体颗粒(近似地看作球形)相互接触时，两颗粒之间就会形成主曲率为凹的曲面(两颗粒接触颈部的外表面),如图 13-5 所示。

由于凸表面的蒸气压大于凹表面的蒸气压,在同一系统中对凸表面来说蒸气压是不饱和的,而对凹表面而言已经是饱和了,因此物质不断地从凸表面蒸发而在凹表面处凝聚下来,从而使两个颗粒之间接触颈部长大,达到密度和强度增加的结果。这种通过气相传质的烧结过程要求系统在高温下有可观的蒸气压,如对尺寸为微米级的粉体颗粒,其蒸气压的数量级要求为 $10^{-5} \sim 10^{-4}$ atm (1 atm=101. 325 kPa)。在卤化物如 NaCl 烧结机理的研究中发现,蒸发-凝聚的气相传质起着重要的作用。但是因为绝大多数氧化物材料在高温下的蒸气压很低,所以蒸发-凝聚的传质机理通常不起主导作用。

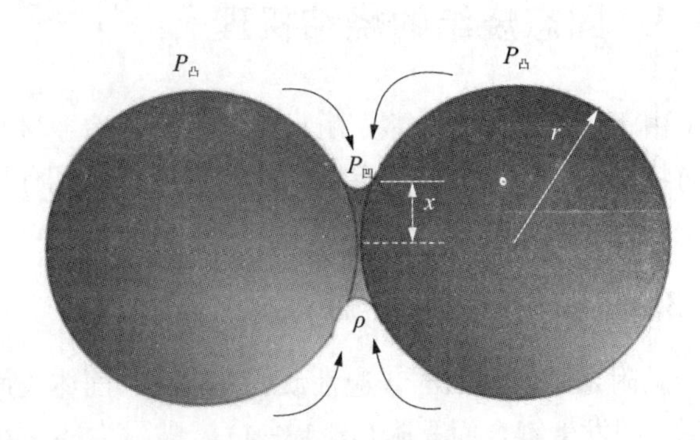

图 13-5　蒸发-凝聚传质示意图

以蒸发-凝聚的传质机理烧结的坯体不发生宏观的收缩,烧结时颈部区域扩大,球的形状变为椭圆,气孔形状改变,但球与球之间的中心距离不变。也就是说,在这种传质过程中坯体不发生收缩。同时,坯体密度不变,虽然气孔形状的变化对坯体一些宏观性质有明显的影响,但它不影响坯体密度。

13. 3. 3　扩散传质机理

扩散传质是指质点借助于空位浓度梯度的推动而迁移的一种传质机理。在大多数固体材料中,由于高温下蒸气压低,传质更易通过固态内质点的扩散过程来进行。颗粒表面的不饱和键引起的黏附作用会使颗粒间形成接触点并扩大成为具有负曲率的接触区即颈部,如图 13-6 所示。在颈部表面,由于曲面特征所引起的毛细孔引力为($r \gg \rho$):

$$\Delta P = \gamma\left(\frac{1}{r} + \frac{1}{\rho}\right) \approx \gamma \frac{1}{\rho} \tag{13-5}$$

对于一个不受应力的晶体,其空位浓度 C_0 取决于温度和空位形成能 ΔG_f,即

$$C_0 = \frac{n_0}{N} = \exp\left(-\frac{\Delta G_f}{kT}\right) \tag{13-6}$$

倘若质点(原子或离子)的直径为 δ,并近似地令空位体积为 δ^3,则在颈部区域每形成一个空位时,毛细孔引力所做的功 $\Delta W=\gamma\delta^3/\rho$。则对于颈部表面形成的空位,其浓度为:

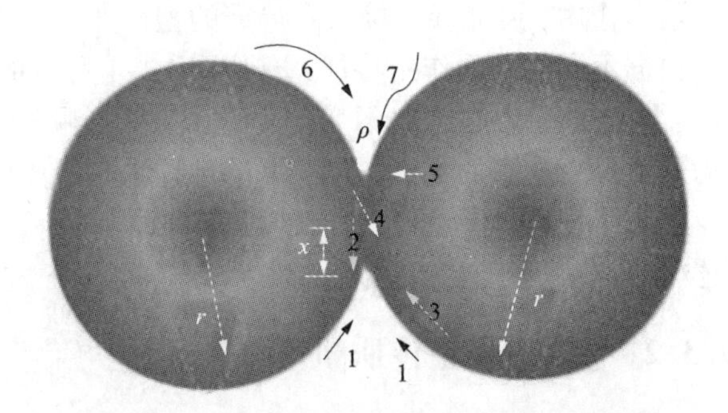

1—表面扩散;2—晶界扩散;3—物质源是表面的体积扩散;4—物质源是晶界的体积扩散;5—物质源是位错的体积扩散;6—蒸发-凝聚;7—从颗粒表面向颈部或从小颗粒向大颗粒的溶解-沉淀(液相烧结)。

图 13-6　固相烧结时的传质途径

$$C' = \exp\left(-\frac{\Delta G_f}{kT} + \frac{\gamma\delta^3}{\rho kT}\right) \tag{13-7}$$

则颈部表面相对于其他正常区域的过剩空位浓度 ΔC 可表示为：

$$\frac{\Delta C}{C_0} = \frac{C' - C_0}{C_0} = \exp\left(\frac{\gamma\delta^3}{\rho kT}\right) - 1 \approx \frac{\gamma\delta^3}{\rho kT} \tag{13-8}$$

$$\Delta C = \frac{\gamma\delta^3}{\rho kT}C_0 \tag{13-9}$$

又由于颈部表面受到张应力，与此张应力平衡，粒界中心处受到一个大小也为 ΔP 的压应力。所以，要在粒界中心处产生一个空位，其所需的能量是 $\Delta G_f+\gamma\delta^3/\rho$，则该处的空位浓度最小。若将粒界中心处的空位浓度记为 C''，则在颈部表面、正常区域或平表面和粒界中心三者的空位浓度大小次序为：$C'>C_0>C''$。

以上空位浓度差的存在，使物质具有了定向迁移的推动力。在此推动力作用下，空位从颈部表面不断地向颗粒其他地方扩散，而质点则反方向地向颈部表面扩散。这样，颈部表面起着提供空位的空位源的作用。而迁移出去的空位最终将在粒界、颗粒表面等处消失，这个消失空位的地方也称为空位井，实际上也就是提供使颈部长大所需的原子或离子的物质源。所以由扩散传质机理进行的烧结过程的推动力也是表面张力。

由于空位的扩散从颈部表面出发可以沿颗粒表面、界面和颗粒内部进行，并在颗粒表面和颗粒间界上等处消失，所以这几个过程通常被称为表面扩散、界面扩散和体积扩散等。图 13-6 表示不同烧结机理的传质途径，箭头所指的方向是物质流的迁移方向。在这些途径当中，必须特别指出的是只有以粒界处为物质源的扩散方式(图 13-6 中的 2、4)可以使两颗粒的中心间距缩短，其他的方式(图 13-6 中 1、3、6)并不会使两颗粒中心的距离缩短(对系统来说是形成宏观的收缩)，而仅仅是颈部长大，并伴随气孔的形状发生变化。在烧结过程中，应该说不会只有一种传质机理在起作用，但在不同的烧结阶段，一般总有某一两种传质机理起主导作用。

13.4　液态烧结的烧结机理

凡有液相参加的烧结过程都称为液态烧结。纯粹的固态烧结实际上不易实现，因为大多数材料在烧结中都会或多或少地出现液相；即使在没有杂质的纯固相系统中，高温下还会出现“接触”熔融现象。

一种特殊的液相烧结是活化液相烧结，也称瞬态液相烧结，即烧结存在液相，但在烧结完成后，液相或会发生组成变化或会完全消失。有三类这样的情况：多种粉体通过一系列化学反应后，有一个或多个中间产物为液相，但最终产物为固相；一种粉体，中间阶段存在液相，最后将形成固相；液相烧结时的液相，热处理冷却后，玻璃相晶化。

液相烧结与固态烧结的推动力都是表面能，烧结过程也是由颗粒重排气孔充填和晶粒生长等阶段组成。由于流动传质速率比扩散传质快，液态烧结具有传质速度快、烧结温度低、致密化速率高的特点。

液相烧结过程的速率与液相数量、液相性质(黏度和表面张力等)、液相与固相润湿情况、固相在液相中的溶解度等有密切的关系，其影响因素复杂。

液相烧结传质方式有扩散传质、流动传质(黏性流动传质和塑性流动传质)、溶解-沉淀传质。本节分别就流动传质和溶解-沉淀传质机理进行阐述。

13.4.1 黏性流动传质

黏性流动传质是在液相烧结时，由于高温下黏性液体(熔融体)出现牛顿型流动(力的作用)而产生的传质。在高温下依靠黏性液体的流动而导致致密化是大多数硅酸盐材料烧结的主要传质过程。如由50%高岭土、25%长石和25%硅石组成的半透明日用瓷在烧结过程中产生大量的高黏度玻璃相，其主要传质机理即属于此。其特征是定向物质迁移量与作用力(如表面张力)大小成正比，服从黏性流动关系：

$$\frac{F}{S} = \eta \frac{\partial v}{\partial x} \tag{13-10}$$

式中：F 为作用在截面积为 S 的面上的力；η 为黏度系数；$\partial v/\partial x$ 为流动速度梯度。

烧结时黏性流动传质起决定性作用的仅是限于路程为0.01~0.1 μm数量级的扩散，通常限于晶界区域或位错区域。黏性流动使空位通过对称晶界上的刃型位错攀移而消失。

1945年Frenkel以烧结模型(图13-7)模拟两个粉末颗粒以液相的黏性流动传质进行烧结的早期过程。他认为在高温下物质的黏性流动可以分为两个阶段：首先是相邻颗粒黏结导致接触面增大直至孔隙封闭；然后是封闭气孔被表面张力黏性压紧，残留闭气孔逐渐缩小。

假如两个颗粒相接触，与颗粒表面相比，在曲率半径为 ρ 的颈部有一个负压力，在此压力作用下引起物质黏性流动，结果使颈部填充。从表面积减小的能量变化等于黏性流动消耗的能量出发，Frenkel导出颈部增长公式：

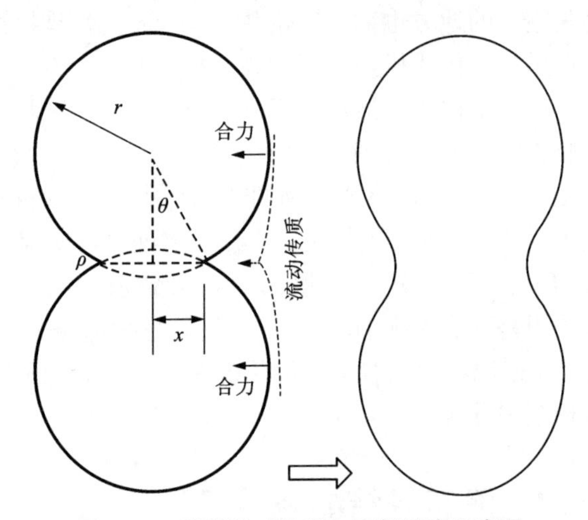

图13-7 黏性流动传质与颗粒演变示意图

$$\frac{x}{r} = \left(\frac{3\gamma t}{2\eta r}\right)^{\frac{1}{2}} \tag{13-11}$$

式中：r 为颗粒半径；x 为颈部半径；η 为液体黏度；γ 为液-气表面张力；t 为烧结时间。由颗粒间中心距离逼近而引起的收缩为：

$$\Delta V/V = 3\Delta L/L = \frac{9\gamma}{4\mu r}t \tag{13-12}$$

式(13-12)说明收缩率正比于表面张力，反比于黏度和颗粒尺寸。因为是从球体模型出发，所以式(13-11)和式(13-12)仅适用于黏性流动初期的情况。

随着烧结进行，坯体中的小气孔会逐渐缩小形成半径为 r 的封闭气孔。这时，每个闭口孤立气孔内部有一个负压力等于 $-2\gamma/r$，相当于作用在坯体一个相等的正压，这个压力也使坯体趋于致密。麦肯基(J K Mackenzie)等推导了带有相等尺寸的孤立气孔的坯体黏性流动传质时的收缩率关系式：

$$\frac{d\theta}{dt}=\frac{3\gamma}{2\eta r}(1-\theta) \tag{13-13}$$

式中：η 为黏度；r 为颗粒尺寸。式(13-13)是适合于黏性流动传质全过程的烧结速率公式。

图 13-8 是一种玻璃粉体致密化的试验数据。图中实线是由方程式(13-13)计算而得，起始烧结速率用虚线表示，它们是由方程式(13-12)计算而得。由图 13-8 可见，随温度升高，因黏度降低而导致致密化速率迅速提高。图中圆点是实验结果，它与实线很吻合，说明式(13-13)能用于黏性流动的致密化全过程。

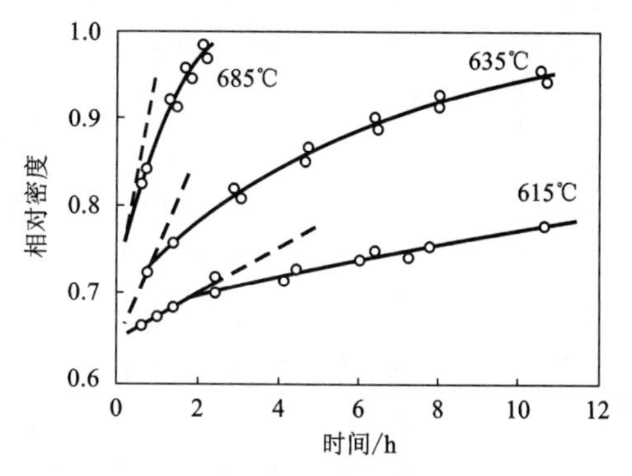

图 13-8　钠-钙-硅盐玻璃的致密化

由黏性流动传质动力学公式可以看出，决定烧结速率的三个主要参数是颗粒起始粒径、黏度和表面张力。颗粒尺寸从 10 μm 减小至 1 μm 时，烧结速率增大 10 倍。黏度及其随温度的变化是需要控制的重要因素。一个典型的例子如钠-钙-硅玻璃，若温度变化 100℃，黏度约变化 1000 倍。因此，如果坯体烧结速率太低，可以采用液相黏度较低的组成来提高，这是十分有效的。

弗伦克尔最早利用此关系式研究了相互接触的两固体颗粒和颈部曲面在毛细孔引力作用下，使固体表面层物质产生黏性流动传质的烧结问题。

13.4.2　塑性流动传质

当坯体中液相含量很少时，高温下的流动传质不能看作纯牛顿型流动。在烧结早期，表面张力较大，足以使晶体产生位错(塑性变形)，流动传质可以靠位错的运动来实现：质点通过整排原子的运动或晶面的滑移来实现物质传递，这种过程称为塑性流动传质。与黏性流动不同，塑性流动传质只有作用力超过固体(烧结粉体)的屈服值 f 时，流动速度才与作用的剪应力成正比。其流动服从宾汉型物体的流动规律，即(τ 为极限剪切力)

$$\frac{F}{S}-\tau=\eta\frac{\partial v}{\partial x} \tag{13-14}$$

此时，致密化速率公式由式(13-13)变为：

$$\frac{d\theta}{dt}=\frac{3\gamma}{2\eta r}(1-\theta)\left[1-\frac{fr}{\gamma\sqrt{2}}\ln\left(\frac{1}{1-\theta}\right)\right] \tag{13-15}$$

式中：η 为当作用力超过屈服值 f 时液体的黏度；r 为颗粒原始半径。f 值愈大，烧结速率愈低。当屈服值 $f=0$ 时，式(13-15)即成为式(13-13)(黏性流动，牛顿型)。当方括号中的数值为零时，$d\theta/dt$ 也趋于零，此时坯体的密度即为终点密度。因此，为了尽可能达到致密烧结，应选择较小的 r、η 和较大的 γ。

在固态烧结中也可以存在塑性流动。对于金属和 MgO 等位错运动阻力较小的系统，在烧结早期，表面张力较大，塑性流动可以靠位错的运动来实现；而烧结后期，在低应力作用下，靠空位自扩散而形成黏性蠕变，高温下发生的蠕变是以位错的滑移或攀移来完成的。目前塑性流动机理应用在热压烧结的动力学过程中是很成功的。

13.4.3 溶解-沉淀传质机理

当系统在高温下具有足够的液相且液相的黏度不太高时，有可能通过溶解-沉淀的传质机理进行烧结。溶解-沉淀的传质方式中，首要条件是液相必须润湿固相。

当液固相接触并达平衡时，有如下关系：

$$\gamma_{SS} = 2\gamma_{SL}\cos\frac{\varphi}{2} \tag{13-16}$$

式中：φ 称为二面角。当满足 $\gamma_{SS} \geqslant 2\gamma_{SL}$ 时，固体颗粒将被液相润湿并拉紧，在两颗粒之间形成一层薄膜。溶解-沉淀传质过程的推动力仍是颗粒的表面能，只是由于液相润湿固相，每个颗粒之间的空间都组成一系列毛细管，表面张力以毛细管力的方式使颗粒拉紧。毛细管压力公式为 $\Delta P = 2\gamma\cos\theta/r$（$r$ 为毛细管半径）。微米级颗粒间有直径为 0.1~1 μm 的毛细管充满液相，毛细管压力可达 1.23~12.3 MPa。可见，由毛细管压力造成的烧结推动力是很大的。

如图 13-9 所示，在液相膜的拉紧作用下，两颗粒接触点处受到很大的压应力。此压应力将引起接触点处固相物质的化学位或活度增加，如式(13-17)所示。

$$\mu - \mu_0 = RT\ln\frac{a}{a_0} = \Delta p V_0 \tag{13-17}$$

式中：μ、a 和 μ_0、a_0 分别为接触点处物质的化学位、活度和非接触的表面上的化学位、活度；V_0 为摩尔体积；Δp 为由表面张力引起的压应力。由于接触点处活度增加，使物质在接触点处溶解，然后在颗粒表面处沉淀下来，其结果是颗粒之间的接触面积扩大，颗粒中心距离接近，整个坯体致密化，这就是所谓的溶解-沉淀的传质机理。

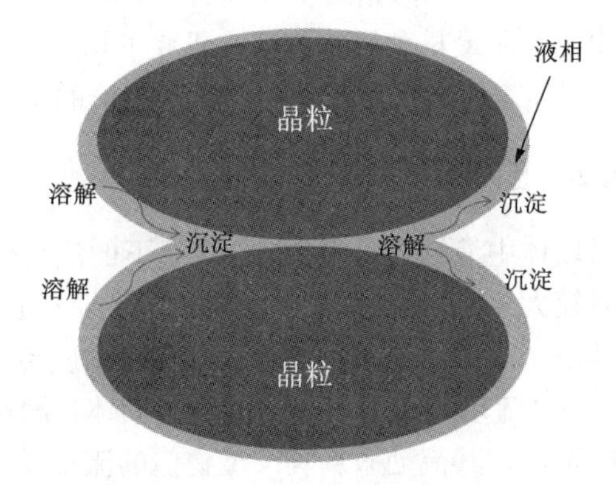

图 13-9 溶解-沉淀传质示意图

此外，由于小颗粒具有比大颗粒更大的溶解度，所以在液相中小颗粒将会优先溶解，通过液相扩散并在大颗粒表面沉淀析出，也会使粒界不断推移，间隙被填充，从而达到致密化的目的。在含少量低黏度的液相的 MgO 以及添加了碱土金属硅酸盐的高铝瓷的烧结中，这种传质机理起着重要的作用。

溶解-沉淀传质的进行方式包含颗粒重排和溶解-沉积。

(1)颗粒重排。当出现足够的液相时，在毛细管力作用下，会发生颗粒的相对移动、重排，使颗粒的堆积趋于紧密；或者颗粒之间被薄液膜分开，在那些点接触处有高的局部应力，从而导致塑性变形和蠕变，促进颗粒进一步重排；同时，颗粒在毛细管力作用下，通过黏性流动或在一些颗粒间接触点上由于局部应力的作用而进行重新排列，结果得到了更紧密的堆积。在此条件下，线性收缩率与时间大致呈线性关系（$\Delta L/L \propto t^{1+x}$，其中 x 为略大于零的数值）。这主要是因为随着烧结的进行，被包裹的小尺寸气孔减小，毛细管力增大，传质驱动力随烧结时间而变化(即增强)。

液相数量能影响颗粒重排和最终烧结致密度。液相含量少，不足以消除气孔；液相含量多，能促进颗粒重排，并明显降低气孔率。另外，固-液二面角、固-液润湿性也会影响烧结致密性，润湿性差，对致密化不利。

(2)溶解-沉积。通过溶解-沉淀传质，小颗粒或颗粒接触点处固相溶解，通过液相传质，在较大颗粒或颗粒自由表面沉积，出现晶粒长大和形状变化，同时，颗粒不断重排、排除气孔，由此得到更紧密的堆积。

13.4.4　各种传质机理分析比较

本章分别讨论了四种烧结传质过程，在实际的固相或液相烧结中，这四种过程可以单独进行或几种传质同时进行，但每种传质的产生都有其特有的条件。现用表 13-1 对各种传质进行综合比较。

表 13-1　各种传质方式的综合比较

传质方式	原因	条件	特点	工艺控制
蒸发-凝聚	压力差 Δp	$\Delta p=1\sim10$ Pa，$r<5$ μm	凸面蒸发-凹面凝聚；$\Delta L/L=0$	温度(蒸气压)，粒度
扩散	空位浓度差 ΔC	颈部或表面空位浓度大于正常区域的平衡空位浓度，$r<5$ μm	空位与质点相对扩散；中心距缩短	温度(扩散系数)，粒度
流动	应力-应变	黏度 η 小；塑性流动 $\tau>f$	流动，引起颗粒重排；致密化速率最高	黏度，粒度
溶解-沉淀	溶解度差 ΔC 表面张力	可观的液相；固相在液相中溶解度大；固-液润湿	接触点溶解，平面上沉积；小晶粒溶解到大晶粒沉积；传质同时又是晶粒生长过程	粒度，温度(溶解度)，黏度，液相数量

从固态烧结和有液相参与的烧结过程传质机理的讨论可以看出，烧结是一个复杂的过程。前面的讨论主要是限于单元纯固态烧结或液相烧结，并未考虑在高温下可能发生固相反应以及固态烧结时也可能会出现少量液相；此外，进行烧结动力学分析时是以十分简化的两颗粒圆球模型为基础。这对纯固态烧结的氧化物材料和纯液相烧结的玻璃材料来说，情况还是比较接近的。从科学研究的观点看，把复杂的问题做这样的分解与简化，以求得烧结中的基本规律是很必要的，但从制备材料的角度看，问题常常要复杂得多。就以固态烧结的扩散传质机理而论，有时是某种传质途径起主导作用，有时则是几种传质途径共同起作用；烧结条件改变，传质方式也随之变化。例如 BeO 陶瓷的固态烧结，在干燥气氛中，扩散是主导的传质方式，而当气氛中水汽分压很高时，则蒸发-凝聚变为主导传质方式。又例如长石瓷或滑石瓷都是有液相参加的烧结，随着烧结进行，往往是几种传质交替发生的。如图 13-10 所示的致密化与烧结时间的关系图表示出在不同烧结阶段，坯体分别通过流动、溶解-沉淀和扩散传质等方式产生致密化。

再如韦特莫尔(Whitmore)等研究 TiO_2 在真空下的烧结得出符合体积扩散传质的结果，

并认为氧空位的扩散是控制因素。但又有些研究者将氧化钛放在空气和湿氢条件下烧结，得出与塑性流动传质相符的结果，并认为因大量空位产生位错，从而导致塑性流动。理论分析认为空位扩散和晶体内塑性流动是有联系的，在固体中的塑性流动可以是位错运动的结果，也可以是晶界滑移的结果。一整排原子的运动(位错运动)可以导致点缺陷的消除；而处于晶界上的气孔在剪切应力的作用下，也可能通过两个晶粒的相对滑移，在晶界上吸收来自气孔表面的空位而把气孔消除，从而使空位扩散与塑性流动传质这两个机理在某种程度上得到统一。

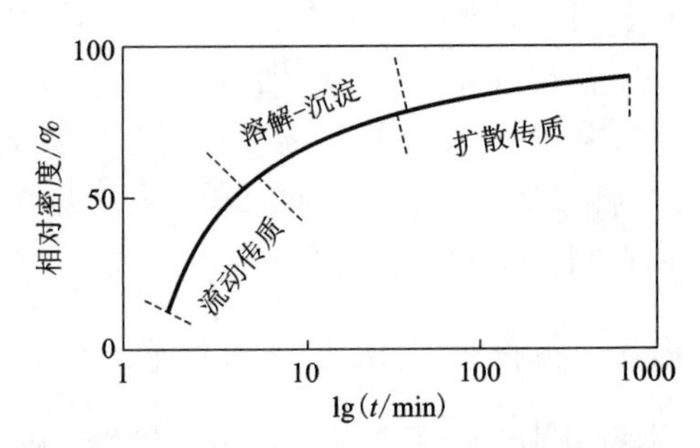

图 13-10　不同传质方式的烧结致密化过程

液相烧结还有一个特点，即是在一些系统中可以发育出具有特征结晶形态的晶相，如铝硅酸盐系统中产生针状莫来石晶体等。这在固相烧结中是不易发生的。

总之，烧结体在高温下的变化是很复杂的，影响烧结体致密化的因素也有很多。产生典型的传质方式都是有一定条件的。因此必须对烧结全过程的各个方面(原料、粒度、粒度分布、杂质、成型条件、烧结气氛、温度、时间等)都有充分的了解，才能真正掌握和控制整个烧结过程。

13.5　固态烧结动力学

由于烧结对象的多样性和烧结机理的复杂性，以及研究手段的局限性，迄今为止常用的方法主要是从各种烧结机理出发，提出简化的模型，少数地建立动力学方程。以下将针对扩散传质机理，建立动力学方程并加以讨论。

13.5.1　烧结模型

被烧结的坯体是由颗粒状粉料通过压制和挤制等成型方法得到的粉体的集合体。为了便于研究，必须建立合理的、简化的模型。通常假设颗粒是等径的球体，并在坯体中趋向于紧密堆积，在二维平面上每个球分别与 4 个或 6 个球相接触，在立体堆积中则与 12 个球相接触。随着烧结的开始，在接触点处形成颈部，并逐渐扩大，最后烧结成一个整体。所以整个成型体的烧结可以看作颗粒间颈部的长大与加和。这样就可以从一个接触点的颈部长大速率来近似地描述整个成型体的烧结过程，并由此推导出动力学关系。图 13-11 是在研究烧结机理中常用的三种简化模型，分别是两种双球模型与一种球-板模型。图 13-11(a)、(c)两种模型是在颈部增大的同时引起两球体间中心距离的缩短，图 13-11(b)所示的模型则不引起缩短。以上模型分别适合于不同的传质途径。

因为在烧结初期形成的颈部半径 x 值很小，所以可认为颗粒半径 r 基本上无变化。故根据图 13-11 中的几何关系可以求出颈部的体积 V、表面积 A 和曲率半径 ρ 的近似值，其值见表 13-2。烧结的过程就是颈部长大的过程。因此，在微观上可以用 x/r 对时间 t 的关系，在宏观上则可以用坯体收缩率 $\Delta L/L_0$ 对 t 的关系来表示烧结动力学关系。但是随烧结程度变大，进入烧结的中、后期后，原先的颗粒形状将会产生大的变化，因此球状模型不再适合，而

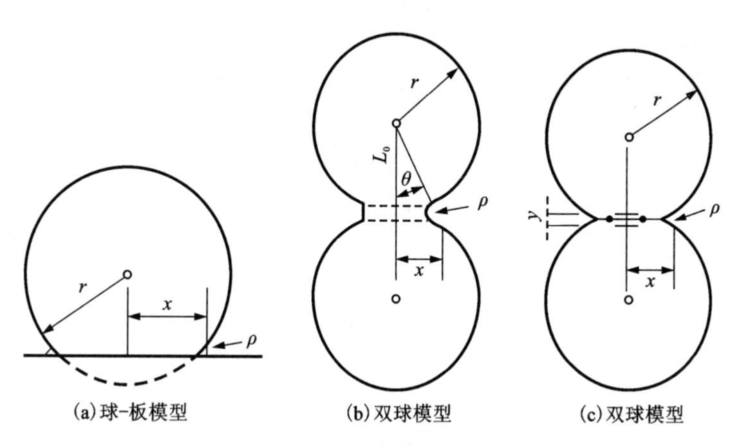

ρ—颈部表面的曲率半径；r—球粒的初始半径；x—颈部半径。

图 13-11　烧结模型

应该采用其他的多面体的模型，这将在后面讲述。

表 13-2　不同烧结模型中颈部几何参数的近似值

模型	ρ	A	V
球板[图 13-11(a)]	$x^2/2r$	$\pi x^3/r$	$\pi x^4/2r$
双球[图 13-11(b)]	$x^2/2r$	$\pi x^3/r$	$\pi x^4/2r$
双球[图 13-11(c)]	$x^2/4r$	$\pi x^3/2r$	$\pi x^4/2r$

13.5.2　固相烧结动力学方程

对于高熔点氧化物的烧结，一般认为通过体积扩散途径进行传质是最主要的机理。本节将以此传质方式为例讨论固相烧结动力学关系。根据颗粒接触后形成的颈部尺寸、气孔形状与气孔体积，可以将固相烧结动力学分成烧结初期、中期和末期 3 个不同的阶段。

(1)烧结初期。烧结初期通常指颗粒形状和气孔形状未发生明显变化，颈部尺寸与颗粒尺寸之比 $x/r<0.3$、线收缩率 $\Delta L/L_0 \leqslant 6\%$ 和相对密度在 40%～70%的阶段。

设颈部表面为空位源，质点从颗粒间通过体积扩散到颈部表面，而空位则反向扩散到界面上，在界面上通过质点之间的位置调整而消失，并采用图 13-11 中的双球模型。根据前文，粒界中心与颈部表面的空位浓度差应为 $\Delta C=(2\gamma\delta^3/\rho kT)C_0$，即为式(13-9)的 2 倍。因为在单位时间内空位通过颈部表面积 A 的扩散速率应该等于颈部体积增长的速率，并假定空位的平均扩散距离为 ρ，由 Fick 第一定律得：

$$\frac{\mathrm{d}V}{\mathrm{d}t}=D_{\mathrm{V}}A\frac{\Delta C}{\rho} \tag{13-18}$$

式中：D_{V} 为空位扩散系数，它与原子自扩散系数(原子的体积扩散系数)D 的关系为 $D=D_{\mathrm{V}}$。将空位浓度差 ΔC 代入式(13-18)，得：

$$\frac{\mathrm{d}V}{\mathrm{d}t}=DA\frac{2\gamma\delta^3}{\rho kT} \quad (13-19)$$

将图 13-11 模型(c)的几何关系 ρ、A、V(表 13-2)，以及 $\mathrm{d}V=(2\pi x^3/r)\mathrm{d}x$ 代入式(13-19)，得：

$$x^4\frac{\mathrm{d}x}{\mathrm{d}t}=\frac{8\gamma D\delta^3}{kT}r^2 \quad (13-20)$$

对式(13-20)积分，得：

$$x^5=\frac{40\gamma D\delta^3}{kT}r^2t \quad (13-21)$$

或

$$\frac{x}{r}=\left[\frac{40\gamma D\delta^3}{kT}\right]^{1/5}r^{-3/5}t^{1/5} \quad (13-22)$$

这样，对于体积扩散传质的烧结，其颈部半径增长率 x/r 与时间的 1/5 次方成比例。而随着颈部的长大，颗粒中心的距离缩短，其收缩率 $\Delta L/L_0=y/x$[图 13-11(c)]。由于烧结初期颈部很小，可以近似地认为 $y\approx\rho$，则：

$$\frac{\Delta L}{L_0}=\frac{y}{x}\approx\frac{\rho}{r}=\frac{x^2}{4r^2}=\left(\frac{x}{2r}\right)^2 \quad (13-23)$$

所以：

$$\frac{\Delta L}{L_0}=4\left[\frac{40\gamma D\delta^3}{kT}\right]^{2/5}r^{-6/5}t^{2/5} \quad (13-24)$$

这样，实验上容易测定的坯体的宏观线收缩率显示出与时间的 2/5 次方成正比例关系。图 13-12 是 NaF 和 Al_2O_3 在烧结初期 $\Delta L/L_0$ 和时间的关系，均很好地符合式(13-24)。

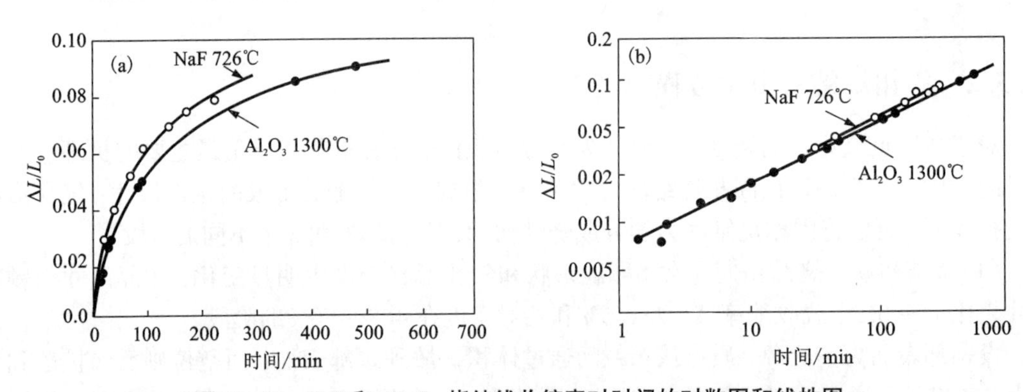

图 13-12　NaF 和 Al_2O_3 烧结线收缩率对时间的对数图和线性图

图 13-13 是颗粒尺寸 r 对 Al_2O_3 烧结时颈部增长率 x/r 的影响。从式(13-22)、式(13-24)和图 13-12、图 13-13 可以得出以下结论，即温度、保温时间和原料的颗粒尺寸是 3 个可以加以控制的影响烧结速率的重要因素。①线收缩率随时间的延长而降低。这是因为随着烧结的进行，颈部扩大，颈部曲率减小，从而引起的毛细孔引力和空位浓度差减小。所以试图单纯地采用延长保温时间的方法来提高致密度是不太有效和不经济的。②原料粉体的颗粒尺寸对烧结速率具有十分重要的作用，颗粒尺寸减小对提高烧结速率有十分显著的效果。因

此，在高熔点氧化物陶瓷的制备过程中，如何提高原料粉体的细度是一个非常值得重视的问题。③烧结速率随着温度的升高而呈指数式上升。

式(13-22)、式(13-24)可以分别表示为 $x/r \propto (D/T)^{1/5}$、$\Delta L/L_0 \propto (D/T)^{2/5}$。因为 $D \propto \exp(-Q/kT)$，所以温度的作用主要是影响了质点的扩散系数。以上三个影响因素(温度、粒度和时间)也是控制烧结的最基本的工艺环节之一。

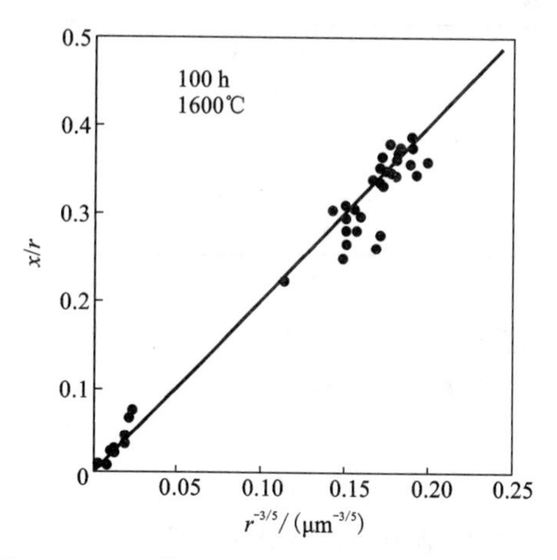

图 13-13　颗粒尺寸 r 对 Al_2O_3 颈部增长率 x/r 的影响(1600℃、100 h)

除体积扩散外，质点(或空位)还可以沿着表面、界面或位错等位置扩散，其相应的烧结动力学方程也有所不同，但都可以将它们用以下的一般关系式进行描述。

$$x^n = \frac{K_1 \gamma D \delta^3}{kT} r^m t \tag{13-25}$$

$$\left(\frac{\Delta L}{L_0}\right)^q = \frac{K_2 \gamma D \delta^3}{kT} r^s t \tag{13-26}$$

对于不同的扩散机理，式(13-25)和式(13-26)中只是指数 n、m、q、s 和系数 K_1、K_2 不同，如表 13-3 所示。在实际的烧结过程中，只有一种扩散途径起主导作用的情况也是经常发生的。以上从简单模型和单一扩散途径推导出的动力学方程对探讨烧结机理仍具有重要的意义。

式(13-26)可以简写为：

$$\left.\begin{aligned} \left(\frac{\Delta L}{L_0}\right)^q &= K^* t \\ \text{或}\quad \lg\left(\frac{\Delta L}{L_0}\right) &= A + \frac{1}{q}\lg t \end{aligned}\right\} \tag{13-27}$$

这样，以扩散传质为主的烧结过程，其烧结初期收缩率的对数与时间的对数呈简单的线性关系，其斜率 $1/q$ 与扩散机制有关。图 13-14 是平均粒径为 0. 2 μm 的 Al_2O_3 在 1150～1350℃的温度条件下分别进行恒温烧结时的 $\lg(\Delta L/L_0)-\lg t$ 曲线，曲线均呈较好的直线形且相互平行。其斜率 $1/q$ 均接近 2/5，即符合式(13-27)，故可以认为 Al_2O_3 烧结初期是属于体积扩散机理。

表 13-3　不同传质方式对应式(13-25)中的指数

传质方式	m	n
溶解-沉淀	2	6
蒸发-凝聚	1	3
体积扩散	2	5

续表13-3

传质方式	m	n
晶界扩散	2	6
表面扩散	3	7
黏性流动	1	2

在图 13-14 中，各直线的截距 A 随温度升高而增大，反映了温度对烧结的影响作用。截距 A 也称为烧结速率常数，与温度服从 Arrhenius 方程 $\ln A = B + Q/kT$，其中 Q 为烧结活化能。因而可以用不同温度所对应的 A 值求烧结活化能 Q。由图 13-14 求得 Al_2O_3 的烧结活化能约为 669.9 kJ/mol，与 Al_2O_3 的体积扩散活化能基本相当。

(2)烧结中期。烧结进入中期，其特点是颈部的扩大使气孔由不规则形状变成由三个颗粒包围的圆柱形管道，气孔呈相互连通状。这个阶段相当于 $x/r>0.3$ 直至坯体气孔率为 5% 左右。库柏(Coble)提出一个十四面体模型来描述中期时晶粒之间的几何关系(图 13-15)。十四面体相当于截角的正八面体，每个顶点处是四个晶粒的交汇点，每条边是三个粒界的交界线，它相当于圆柱形气孔通道。空位从圆柱形气孔表面(空位源)向晶粒接触面即晶界(物质源)迁移，原子则反向扩散。根据这种模型，推导出体积扩散传质机理的烧结中期坯体气孔率 P_c 随时间 t 变化的关系为：

$$P_c = \frac{10\pi\gamma D\delta^3}{kTL^3}(t_f - t) \tag{13-28}$$

式中：L 为圆柱形气孔的长度；t 和 t_f 分别为任意时间和理论上气孔全部消失所需时间。由此可见，若保持温度不变，则气孔率应随时间延长而呈比例减少。

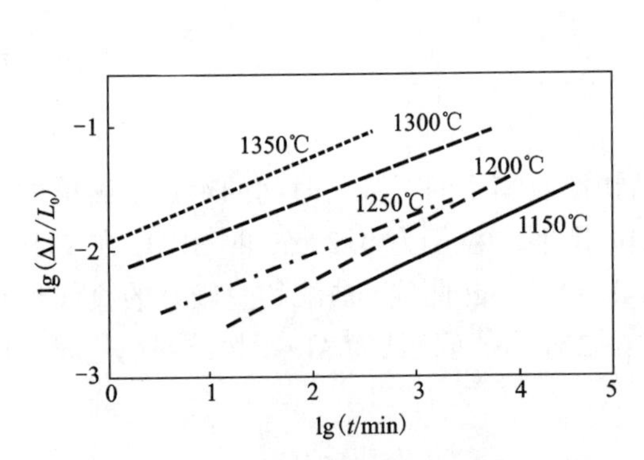

图 13-14 Al_2O_3 在不同烧结温度的烧结初期的线收缩率变化

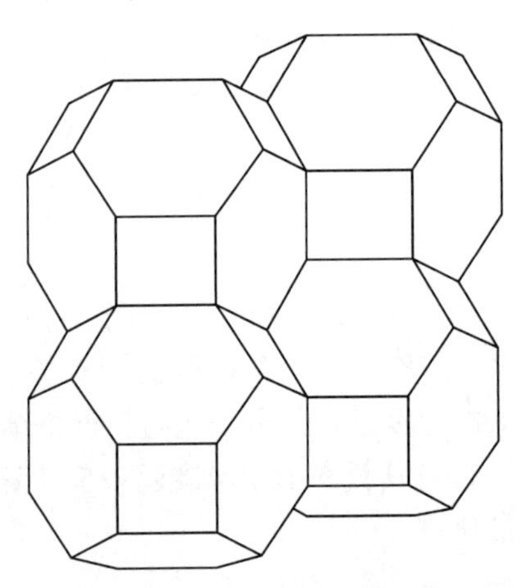

图 13-15 烧结中期颗粒的十四面体模型

(3)烧结末期。烧结进入后期，其特点是气孔呈孤立状，相对密度(实际密度/理论密度)不低于 95%。对图 13-15，可以认为其气孔已由圆柱形管道收缩而成为仅位于十四面体各个顶角处的孤立气孔。根据此模型导出的后期坯体气孔率为：

$$P_t = \frac{6\pi\gamma D\delta^3}{\sqrt{2}kTL^3}(t_f - t) \tag{13-29}$$

式(13-29)表明，烧结后期与烧结中期气孔率随时间降低的关系并没有较大的差别，只是公式前面的系数小一些，所以致密化速率更加小。

13.6　晶粒生长与二次再结晶

晶粒生长与二次再结晶过程往往与烧结中、后期的传质过程是同时进行的。在进行详细介绍之前，先区分下面几个概念。

(1)初次再结晶。它是在已发生塑性变形的基质中出现新生的无应变晶粒的成核和长大过程。这个过程的推动力是基质塑性变形所增加的能量(塑性应变能)，能量大小为 0.4~4.2 J/g。初次再结晶包括晶体的成核与长大过程。初次再结晶在金属中较为重要，而陶瓷材料在热处理时塑性变形较小。

(2)晶粒生长。它是无应变的材料在热处理时，平均晶粒尺寸在不改变其分布的情况下连续增大的过程。其推动力主要是晶界两边物质吉布斯自由能之差，晶粒生长方式依靠晶界移动进行。

(3)二次再结晶。或称晶粒异常生长和晶粒不连续生长，它是少数巨大晶粒在细晶消耗时快速长大的过程。其推动力来自大晶粒界面与小晶粒界面的表面能之差。

晶粒生长与二次再结晶过程往往与烧结中、后期的传质过程是同时进行的。

13.6.1　晶粒生长

(1)晶界移动的速率。

细晶粒物料在高温和表面能作用下，形成多晶体，此多晶体的晶粒增长速率一般比较均匀。在烧结的中、后期，晶粒会逐渐长大，而晶粒生长过程也是另一部分晶粒缩小或消灭的过程，其结果是平均晶粒尺寸的增长和晶粒数量的减少。这种晶粒长大并不是小晶粒的相互黏结，而是晶界移动的结果。在晶界两边物质的自由能之差是使界面向曲率中心移动的驱动力。小晶粒生长为大晶粒，则使总的界面面积和界面能降低，如晶粒尺寸由 1 μm 变化到 1 cm，对应的能量变化为 0.42~2.1 J/g。

图 13-16(a)表示两个晶粒之间的晶界结构，弯曲晶界两边各为一晶粒，小圆代表各个晶粒中的原子。因为同一晶界两侧的曲率为正(凸面)的晶面上的 A 点自由能高于曲率为负(凹面)的晶面上的 B 点，所以位于 A 点位置的原子必然有自发地向能量低的 B 点位置跃迁的趋势。当 A 点原子到达 B 点并释放出 ΔG[图 13-16(b)]的能量后就稳定在 B 晶粒内。如果这种跃迁不断发生，则晶界向着 A 晶粒曲率中心不断推移，导致 B 晶粒长大而 A 晶粒缩小，直至晶界平直化，界面两侧自由能相等为止。由此可见，晶粒生长是晶界移动的结果，而不是简单的小晶粒之间的黏结，晶粒生长速度取决于晶界移动的速率。

如图 13-16(a)所示，A、B 晶粒之间由于曲率不同而产生的压力差为：

$$\Delta p = \gamma\left(\frac{1}{r_1} + \frac{1}{r_2}\right) \tag{13-30}$$

式中：γ 为表面张力；r_1、r_2 为曲面的主曲率半径。由热力学可知，当系统只做膨胀功时，有：

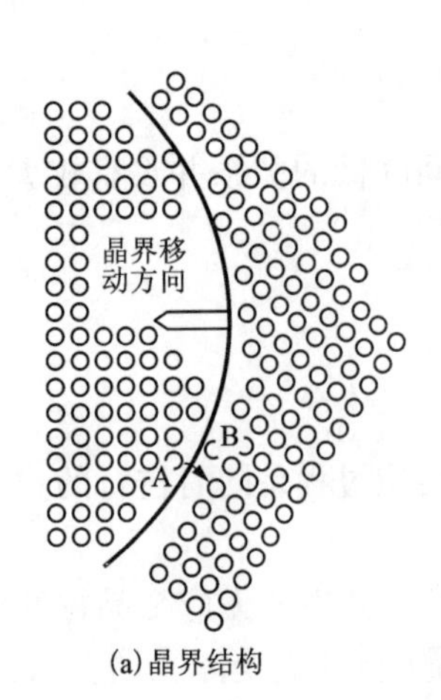

(a) 晶界结构

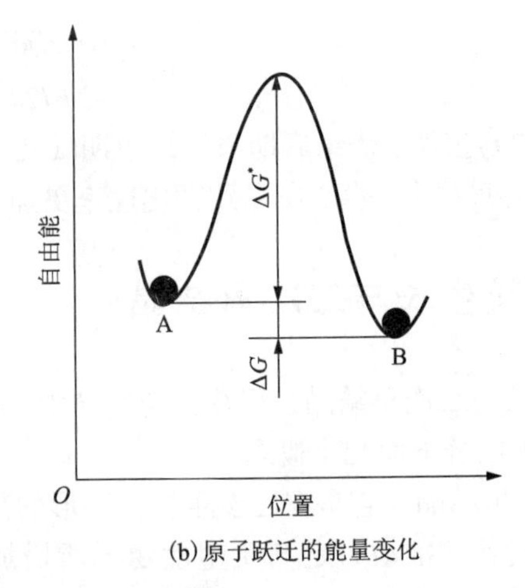

(b) 原子跃迁的能量变化

图 13-16　晶界移动特征示意图

$$\Delta G = -S\Delta T + V\Delta p \tag{13-31}$$

当温度不变时，可表述为：

$$\Delta G = V\Delta p = \gamma\bar{V}\left(\frac{1}{r_1} + \frac{1}{r_2}\right) \tag{13-32}$$

式中：ΔG 为跃过一个弯曲界面的自由能变化；$\bar{V}$ 为摩尔体积。晶界移动速率还与原子跃过晶界的速率有关。原子由 A→B 的频率 f 为原子振动频率(v)与获得 ΔG^* 能量的质点的概率(W)的乘积：

$$f = W\nu = \nu\exp\left(-\frac{\Delta G^*}{kT}\right) \tag{13-33}$$

由于可跃迁的原子的能量是量子化的，即 $E=hv$，一个原子平均振动能量 $E=kT$，所以有 $\nu=E/h=kT/h=RT/Nh$，其中 h 为普朗克常数，k 为玻耳兹曼常数，R 为气体常数，N 为阿伏伽德罗常数。因此，原子由 A→B 和原子由 B→A 的跳跃频率分别为：

$$f_{AB} = \frac{kT}{h}\exp\left(-\frac{\Delta G^*}{kT}\right) \tag{13-34}$$

$$f_{BA} = \frac{kT}{h}\exp\left(-\frac{\Delta G^* + \Delta G}{kT}\right) \tag{13-35}$$

晶界移动速率 $u=\lambda f$，λ 为每次跃迁的距离，则：

$$u = \lambda(f_{AB} - f_{BA}) = \frac{kT}{h}\lambda\exp\left(-\frac{\Delta G^*}{kT}\right)\left[1 - \exp\left(-\frac{\Delta G}{kT}\right)\right] \tag{13-36}$$

因为 $1-\exp\left(\frac{\Delta G}{kT}\right) \approx \frac{\Delta G}{kT}$；$\Delta G^* = \Delta H^* - T\Delta S$，并结合式(13-32)，所以：

$$u = \frac{\lambda\gamma\bar{V}}{h}\left(\frac{1}{r_1} + \frac{1}{r_2}\right)\exp\left(\frac{\Delta S^*}{k} - \frac{\Delta H^*}{kT}\right) \tag{13-37}$$

由式(13-37)可知，晶粒生长速率随温度成指数规律增加，温度升高和晶界的曲率半径愈小，晶界向其曲率中心移动的速度也愈快。

从图 13-17 可看出，大多数晶界都是弯曲的。在二维平面上，基本情况是大于六条边时边界向内凹，小于六条边时边界向外凸；结果是小于六条边的晶粒缩小，甚至消失，而大于六条边的晶粒长大，总的结果是平均晶粒尺寸增长。由式(13-37)可知，晶界移动速率与弯曲晶界的半径成反比，因而晶粒长大的平均速率与晶粒的直径成反比。

由许多颗粒组成的多晶体界面的移动情况如图13-17所示。所有晶粒长大的几何学情况可以从以下的一般原则推知。

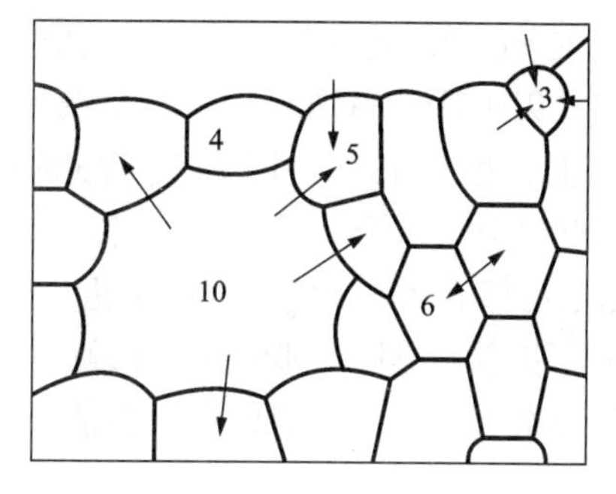

图13-17　多晶坯体中晶粒长大示意图

a. 晶界上有晶界能的作用，因此晶粒形成一个在几何学上与皂泡相似的三维阵列。

b. 晶粒边界如果都具有基本上相同的表面张力，则在二维平面上界面间交角最终呈120°，晶粒呈正六边形。实际多晶系统中多数晶粒间界面能不等，因此从一个三界汇合点延伸至另一个三界汇合点的晶界都具有一定曲率，表面张力将使晶界移向其曲率中心。

c. 在晶界上的第二相夹杂物(杂质或气泡)，如果它们在烧结温度下不与主晶相形成液相，则将阻碍晶界移动。

(2)第二相(杂质或气孔)对晶粒生长的影响。

晶界上的第二相夹杂物(杂质)，若它们在烧结温度下不与主晶相形成液相，则将阻碍晶界移动。晶界移动时遇到夹杂物可能存在以下三种情况(图13-18)：①晶界能较小时，晶粒正常生长停止；②晶界具有一定能量时，晶界带动第二相继续移动；③晶界能量较大时，晶界将越过第二相，并将杂质包裹于晶界内。这类似于位错滑移过程中遇到杂质相的作用特征。晶界通过夹杂物后，界面能就被降低，降低的量正比于夹杂物的横截面积。通过障碍以后，弥补界面又要消耗能量，其结果是使界面继续前进的能力减弱，界面变得平直，晶粒生长逐渐停止。

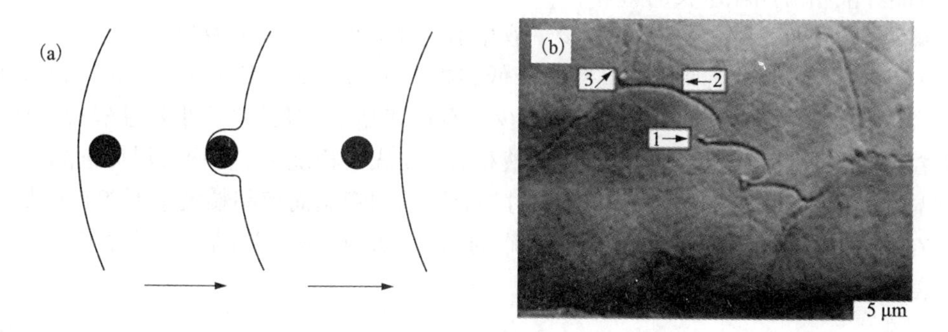

图13-18　界面通过夹杂物时形状的变化

随着烧结的进行，气孔往往位于晶界上或三个晶粒交汇点上。气孔在晶界上是随晶界移动还是阻止晶界移动，这不仅与晶界曲率有关，也与气孔直径、数量、气孔作为空位源向晶界扩散的速率、气孔内气体压力大小、包围气孔的晶粒数等因素有关。当气孔汇集在晶界上时，晶界移动会出现以下几种情况(图13-19)。①在烧结初期，晶界上气孔数目很多，气孔牵制了晶界的移动。如果晶界移动速率为V_b，气孔移动速率为V_p，此时气孔阻止晶界移动，

因而 $V_b=0$。②烧结中、后期，气孔逐渐减少，温度控制适当，可以出现 $V_b=V_p$，此时晶界带动气孔以正常速率移动，使气孔保持在晶界上，气孔可以利用晶界作为空位迁移的快速通道而迅速汇集或消失。当 $V_b=V_p$ 时，应严格控制温度以继续维持 $V_b=V_p$，此时烧结体应适当保温，以便于气体沿晶界扩散排出。③如果再继续升高温度，由于晶界移动速率随温度呈指数增加，必然导致 $V_b>V_p$，晶界越过气孔而向曲率中心移动。一旦气孔包入晶体内部，只能通过体积扩散来排除，那消除气孔就十分困难了。处于晶粒内的气孔不仅使坯体难以致密化，而且还会严重影响材料的各种性能。因此，烧结中控制晶界的移动速率是十分重要的。

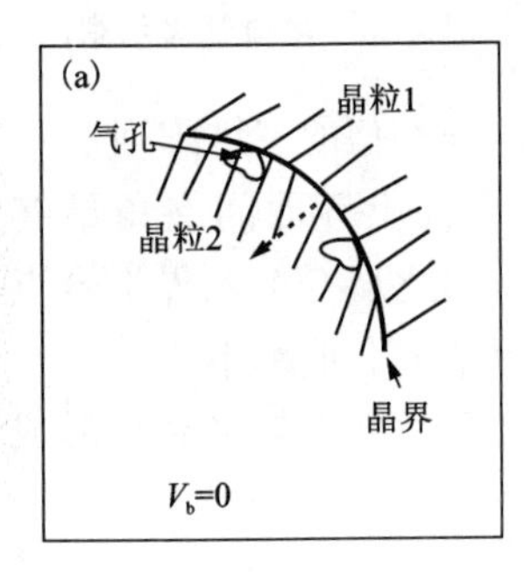

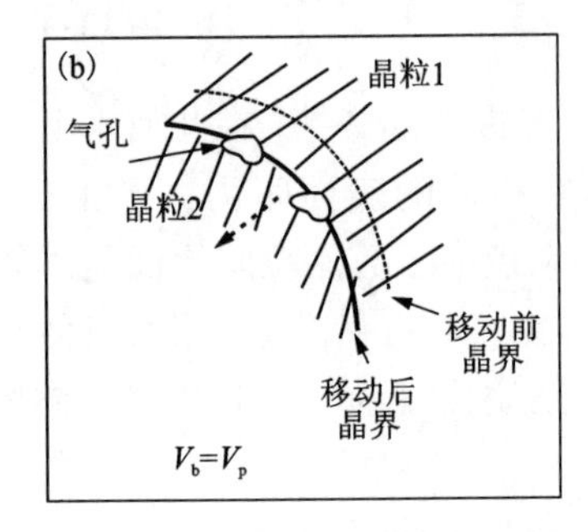

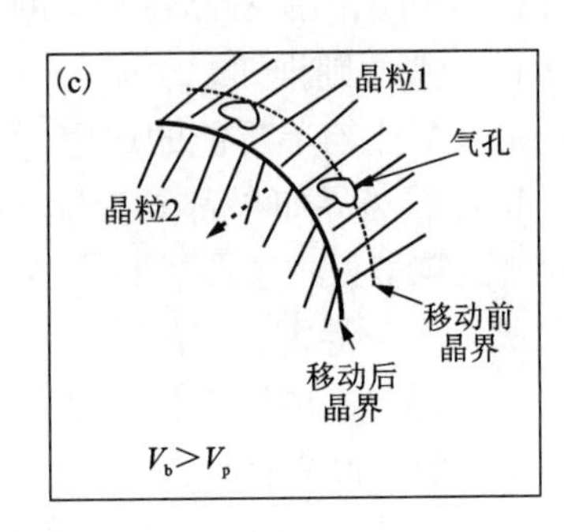

图 13-19　气孔与晶界移动的相互作用

另外，气孔在烧结过程中能否排除，除了与晶界移动速率有关外，还与气孔内压力的大小有关。随着烧结的进行，气孔逐渐缩小，而气孔内的气压不断升高，当气压增加至 $2\gamma/r$，即气孔内气压等于烧结推动力时，烧结就停止了。如果继续升高温度，气孔内气压大于 $2\gamma/r$，这时气孔不仅不能缩小，反而膨胀，这对致密化是不利的。如果不采取特殊措施，烧结不可能使坯体达到完全致密化的程度。如要获得接近理论密度的制品，通常要采用气氛或真空烧结和热压烧结等特殊方法。

(3)晶界液相对晶粒生长的影响。

约束晶粒生长的另一个因素是有少量液相出现在晶界上。少量液相使晶界上形成两个新的固-液界面，从而使界面移动的推动力降低和扩散距离增加，因此少量液相可以起到抑制晶粒长大的作用。例如，95% Al_2O_3 中加入少量石英和黏土，使之产生少量硅酸盐液相，可以阻止晶粒异常生长。但是当坯体中有大量液相时，变成液相烧结，反而可以促进晶粒生长。

在晶粒正常生长过程中，由于夹杂物对晶界移动的牵制而使晶粒大小不能超过某一极限尺寸。Zener 曾对极限晶粒直径 D_1 做了粗略的估计，D_1 的含义是晶粒正常生长时的极限尺寸，其表达式为：

$$D_1 = d/f \tag{13-38}$$

式中：d 为夹杂物或气孔的平均直径；f 为夹杂物或气孔的体积分数。在烧结过程中，D_1 是随 d 和 f 的改变而变化的。当 f 愈大时，D_1 将愈小；当 f 一定时，d 愈大，则晶界移动时与夹杂物相遇的机会愈小，于是晶粒长大而形成的平均晶粒尺寸就愈大。

13.6.2　二次再结晶

(1)二次再结晶现象。

当正常的晶粒生长由于夹杂物或气孔等的阻碍作用而停止以后，如果在均匀基相中存在若干大晶粒，则可能发生二次再结晶。如图 13-17 所示，10 条边一类的晶粒，这种晶粒比邻近晶粒的边界多得多，且晶界呈负的大的曲率，以至于晶界可以越过气孔或夹杂物而进一步向邻近小晶粒曲率中心推进，使大晶粒成为二次再结晶的核心。在适当的温度条件下，该大晶粒可不断吞并周围小晶粒而迅速长大，直至与邻近大晶粒接触为止。图 13-20 为含 3%(摩尔分数) Y_2O_3 的部分稳定氧化锆陶瓷的显微结构，其中左下角和右下角存在比其他晶粒明显大的晶粒。在二次再结晶过程中，大晶粒长大的驱动力(来自晶界能差)随着晶粒长大并未减少反而增加，晶界快速移动，造成晶粒间的气孔来不及得到排除，而生成含有封闭气孔的大晶粒，这就导致所谓不连续的晶粒生长。

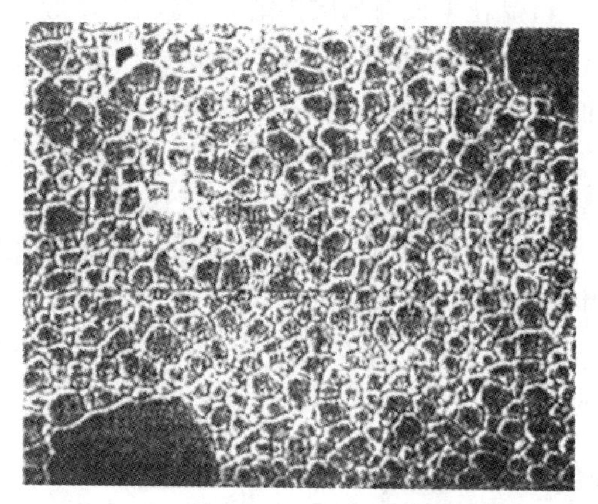

图 13-20　Y_2O_3 的部分稳定氧化锆陶瓷的显微结构

(2)二次再结晶的影响因素。

研究发现，二次再结晶很大程度上取决于材料起始颗粒的大小。若无外条件控制，起始细粉料比粗粉料的晶粒长大速率要大得多。如氧化铍晶粒相对生长率与原始粒度关系的研究得出，起始粒度为 2 μm，二次再结晶后晶粒尺寸约为 60 μm，长大约 30 倍；而起始粒度为 10 μm，二次再结晶粒度约为 30 μm，长大约只有 3 倍。

从工艺控制考虑，造成二次再结晶的原因主要有原始粒度不均匀、烧结温度偏高和烧结速率太快。其他原因还有坯体成型压力不均匀、局部有不均匀液相等。研究表明，原始颗粒尺寸分布对烧结后多晶结构的影响很大，在原始粉料很细的基质中如夹杂有少数粗颗粒，最易产生二次再结晶而形成粗化的多晶结构。图 13-20 是掺钇的部分稳定氧化锆超细粉体制备的致密化的增韧氧化锆陶瓷的显微照片，其中有极少数大颗粒有可能成为二次再结晶的晶核。

(3)二次再结晶的预防措施。

为避免晶粒异常生长和气孔封闭在晶粒内，应防止致密化速率过快。在烧结体达到一定的体积密度之前，应通过控制温度来防止晶界快速移动。例如镁铝尖晶石在烧结时，坯体密度达到理论密度的 94%之前，致密化速率应以每分钟 1.7×10^{-3} 为宜。

防止二次再结晶的最好方法是适当地引入能抑制晶界迁移和加速气孔排除的添加剂。如少量 MgO 加入 Al_2O_3 中可制成接近理论密度的制品，Y_2O_3 加入 ThO_2 中或 ThO_2 加入 CaO 中等也都是很有效的。当采用晶界迁移抑制剂时，晶粒生长公式为：

$$D^3 - D_0^3 = kt \tag{13-39}$$

烧结体中出现二次再结晶后，晶体的各向异性使大晶粒受到周围晶粒的应力作用以及大晶粒本身缺陷较多，结果常在大晶粒内出现隐裂纹，且二次再结晶的产品致密度较低，导致材料机、电、热等性能恶化。但在硬磁铁氧体 $BaFe_{12}O_{14}$ 的烧结中，成型时通过高强磁场的作用，使晶体颗粒产生择优取向，烧结时有意地控制大晶粒为二次再结晶的核，从而得到高度取向的高导磁率的材料，这是一种特例。

(4)晶粒生长与二次再结晶比较。

根据以上分析可以得出，晶粒生长与二次再结晶是存在根本区别的，主要体现在以下三方面。

①晶粒生长是坯体内晶粒尺寸的均匀生长，服从式(13-37)和式(13-39)；而二次再结晶是个别晶粒的异常生长，不服从这两个关系式。

②晶粒生长是平均尺寸增长，各界面相对地处于平衡状态，界面上无应力；而二次再结晶时，大晶粒的界面上有应力存在。

③晶粒生长时气孔都维持在晶界上或晶界交汇处，二次再结晶时气孔往往被包裹到晶粒内部。

13.6.3 晶界在烧结中的作用

晶界是多晶体中晶粒之间的界面，根据材料系统和具体组成不同，晶界宽度变化范围为3~30 nm。通常晶界上原子排列较为疏松紊乱，在烧结的传质和晶粒生长过程中晶界对坯体致密化起着十分重要的作用。

晶界是气孔表面(空位源)的空位消失的主要位置，空位和晶界上的原子反向扩散迁移，达到气孔收缩的结果。晶界也是气孔内气体原子通向烧结体外的重要扩散通道，气体原子通过晶界扩散，最后排出坯体表面，使气孔内压力降低，致密化得以继续进行。

烧结体中气孔形状是不规则的，晶界上气孔的扩大、收缩或稳定不仅与表面张力、润湿角和包围气孔的晶粒数有关，还与晶界移动速率及气孔内气压高低等因素有关。

离子晶体的烧结与金属材料不同，阴、阳离子必须同时扩散才能导致物质的传递与烧结。究竟何种离子的扩散决定着烧结速率，目前尚不能作出简单的回答。一般来说，阴离子体积大，扩散总比阳离子慢，因此烧结速率一般由阴离子扩散速率控制。一些实验表明，在Al_2O_3中，O^{2-}在晶粒尺寸为20~30 μm的多晶体中的自扩散系数比在单晶体中约大两个数量级，而Al^{3+}的自扩散系数则与晶粒尺寸无关。Coble等提出在晶粒尺寸细小的Al_2O_3多晶体中，O^{2-}依靠晶界区域所提供的通道而大大加速其扩散速率，并有可能使Al^{3+}的体积扩散成为控制因素。所以，晶界对扩散传质的烧结过程是有利的。

晶界上溶质的偏聚可以延缓晶界的移动，加速坯体致密化。为了从坯体中完全排除气孔，获得致密的烧结体，空位扩散必须在晶界上保持相当高的速率。只有通过抑制晶界的移动才能使气孔在烧结时始终保持在晶界上，以避免晶粒的不连续生长。利用溶质易在晶界上偏析的特征，在坯体中添加少量溶质(烧结助剂)，就能达到抑制晶界移动的目的。

由于晶界范围仅几十个原子间距，以及研究手段的限制，晶界组成、结构和特性还有待进一步探索。

13.7 影响烧结的因素

13.7.1 原始粉料的粒度

无论是固态的烧结还是液态的烧结，晶粒的尺寸较小时，会增加烧结的推动力，缩短原子扩散距离和提高颗粒在液相中的溶解度，从而使烧结过程加速。依据烧结速率与起始粒度的1/3次方关系，从理论计算可得出，当起始粒度从2 μm缩小到0.5 μm时，烧结速率约增加64倍，这结果相当于可以使烧结温度降低150~300℃。

有资料报道，MgO的起始粉料为20 μm以上时，即使在1400℃保持很长时间，相对密度仅能达70%，而不能进一步致密化。若粒径小于20 μm、温度为1400℃或粒径小于1 μm、温度为1000℃时，烧结速率就很快；若粒径在0.1 μm（即100 nm）以下时，其烧结速率与热压烧结相差无几。

从防止二次再结晶考虑，起始粒径必须细而均匀，如果细颗粒内有少量大颗粒存在，则易发生晶粒异常生长而不利于烧结。欲制备高性能的陶瓷材料，最适宜的粉末粒度为0.05~0.5 μm。

原料粉末的粒度不同，烧结机理有时也会发生变化。例如AlN烧结，据报道当粒度从0.78 μm变化到4.4 μm时，粗颗粒成型体按体积扩散机理进行烧结，而细颗粒成型体则按晶界扩散或表面扩散机理进行烧结。

采用超细的亚微米级和纳米级尺寸的原料粉体制备高性能陶瓷的研究发现：由于超细粉体的高表面能引起的粉体团聚现象是阻碍烧结体致密化的关键之一。如果在坯体成型之前不能将团聚体充分地破坏，则团聚体的局部直至烧结完成仍是疏松而多孔的。

13.7.2　外加剂的作用

在固相烧结中，少量外加剂可与主晶相形成固溶体，促进缺陷浓度增加；在液相烧结中，外加剂能改变液相的黏度，因而能起到促进烧结的作用。外加剂在烧结体中的作用简述如下。

（1）外加剂与烧结主体形成固溶体。当外加剂与烧结主体互溶而形成固溶体时，会使主晶相晶格畸变、缺陷增加，便于结构基元移动而促进烧结。一般来说，它们之间形成有限置换型固溶体比形成连续固溶体更有助于促进烧结。外加剂离子的电价和半径与烧结相主体离子的电价、半径相差愈大，愈会使晶格畸变程度增加，促进烧结的作用也愈明显。例如Al_2O_3烧结时，加入3%Cr_2O_3形成的连续固溶体可以在1860℃烧结，而加入1%~2%TiO_2只需在1600℃左右就能致密化。

（2）外加剂与烧结体的某些组分生成液相。由于液相中扩散传质阻力小、流动传质速率快，因而能降低烧结温度和提高坯体的致密化速率。例如在制造95%Al_2O_3陶瓷材料时，加入CaO和SiO_2的质量比等于1∶1时，由于生成$CaO-Al_2O_3-SiO_2$液相，而使材料在1540℃即能烧结。

（3）外加剂与烧结主体形成化合物。在烧结透明的Al_2O_3制品时，为抑制二次再结晶，消除晶界上的气孔，一般加入MgO或MgF_2，在高温下形成镁铝尖晶石（$MgAl_2O_4$）而包裹在Al_2O_3晶粒表面，可抑制晶界移动，充分排除晶界上的气孔，对促进坯体致密化有显著作用。

（4）外加剂阻止多晶转变。ZrO_2的多晶转变导致体积变化较大而使烧结困难，当加入5%CaO后，Ca^{2+}进入晶格置换Zr^{4+}，由于电价不等而生成阴离子缺位固溶体，抑制了晶型转变，使致密化易于进行。

（5）外加剂起扩大烧结范围的作用。加入适当外加剂能扩大烧结温度范围，给工艺控制带来方便。例如锆钛酸铅材料的烧结范围为20~40℃，如加入适量La_2O_3和Nb_2O_5后，烧结范围可以扩大到80℃。

必须指出的是，外加剂只有加入量适当时才能促进烧结，如不恰当地选择外加剂或加入量过多，反而会起阻碍烧结的作用。因为过多量的外加剂会妨碍烧结相颗粒的直接接触，影响传质过程的进行。表 13-4 是 Al_2O_3 烧结时外加剂种类和数量对烧结活化能(E)的影响。当加入 2%(质量分数)氧化镁时，可使 Al_2O_3 烧结活化能降低到 398 kJ/mol，比纯 Al_2O_3 活化能 502 kJ/mol 低，从而促进烧结过程；而加入 5%MgO 时，烧结活化能则升高至 540 kJ/mol，反而起抑制烧结的作用。

烧结时加入何种外加剂，加入量多少较合适，目前尚不能完全从理论上解释或计算，基本上是根据材料性能要求通过试验来决定。

表 13-4　外加剂种类和数量对 Al_2O_3 烧结活化能(E)的影响(近似数值)

添加剂	无	MgO		Co_3O_4		TiO_2		MnO_2	
		2%	5%	2%	5%	2%	5%	2%	5%
$E/(kJ \cdot mol^{-1})$	502	398	540	630	560	380	500	270	250

13.7.3　烧结温度和保温时间

在晶体中，晶格能愈大，离子结合也愈牢固，离子的扩散也愈困难，所需烧结温度也就愈高。各种晶体键合情况不同，因此烧结温度也相差很大，即使对同一种材料，烧结温度也不是固定不变的。提高烧结温度对固相扩散或对溶解沉淀等过程无疑都是有利的，但是单纯提高烧结温度不仅很不经济，而且还会促使二次再结晶而使制品性能恶化；在有液相的烧结中，温度过高会使液相过度增加、黏度下降而使制品变形。因此，不同制品的烧结温度必须通过试验来确定。图 13-21 为烧结体的烧结状态(气孔率、收缩率和致密度)随烧结温度的变化示意图。由此可知，合适的烧结温度可以获得致密度最高(气孔率最小)的陶瓷体。但过高的烧结温度，反而使得陶瓷致密度降低，气孔率可能增加。

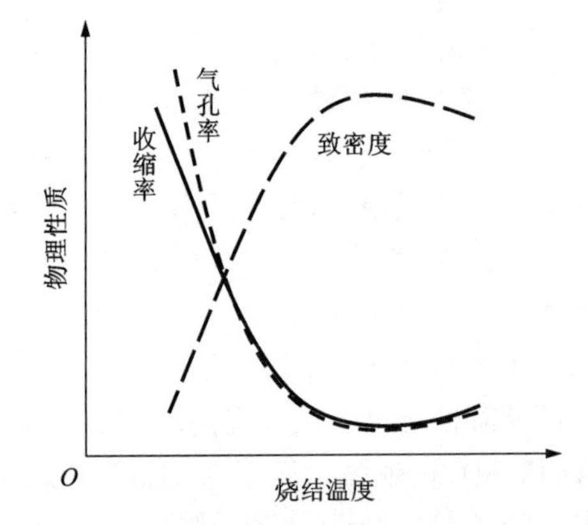

图 13-21　烧结体的物性随烧结温度的变化示意图

由烧结机理可知，表面扩散只能改变气孔形状而不能引起颗粒中心距离的接近，因此不会导致坯体致密化。在烧结高温阶段以体扩散为主，而在低温阶段以表面扩散为主。如果材料的烧结过程在低温阶段的时间较长，不仅不引起致密化，反而会因表面扩散改变了气孔的形状而给后面的烧结致密化带来不利。因此从理论上分析，应尽可能快地从低温升到高温以创造体积扩散的条件，也应该考虑气体扩散最有利的中温阶段，做到保温应高/低温时间短、中高温时间长。一般认为，高温短时间烧结是制造致密陶瓷材料的好方法，但还要结合材料的传热系数、二次再结晶温度、扩散系数等因素来合理制定烧结工艺制度。

13.7.4　盐的种类及其煅烧条件

在通常条件下，配料是以盐类形式加入的，经过加热后成为氧化物并发生烧结(烧成)。对于具有层状结构的盐类，当其分解时，这种结构往往不能完全被破坏。原料盐类与生成物之间若保持结构上的关联性，那么盐类的种类、分解温度和时间将影响到烧结体的结构缺陷和内部应变，从而影响到烧结速率与最终性能。

(1)煅烧条件。关于盐类的分解温度与生成氧化物性质之间的关系有大量的研究与报道。例如 $Mg(OH)_2$ 煅烧温度与生成的 MgO 的性质关系如图 13-22 所示。低温下煅烧所得的 MgO，其晶格常数较大，结构缺陷较多。随着煅烧温度升高，结晶性变好。随 $Mg(OH)_2$ 煅烧温度的改变，表观活化能(E)也变化。实验结果显示在 900℃煅烧的 $Mg(OH)_2$ 所得的表观活化能最小，烧结活性较高。可以认为，煅烧温度愈高，烧结性能愈差的原因是 MgO 的结晶性良好，导致活化能增高。

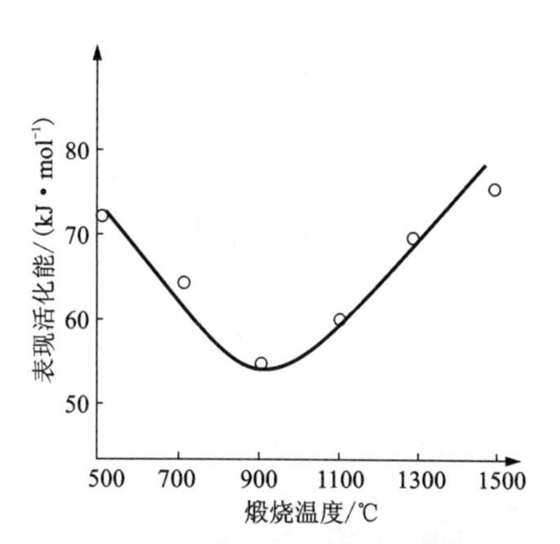

图 13-22　$Mg(OH)_2$ 的煅烧温度与所得 MgO 成型体扩散烧结的表观活化能的关系

(2)盐类的选择。表 13-5 表示用不同的镁盐分解得到的 MgO 烧结性能的比较。从表中所列数据可以看出，随着原料的种类不同，所制得的 MgO 烧结性能有明显差异，由碱式碳酸镁、醋酸镁、草酸镁和氢氧化镁制得的 MgO，其烧结体可以分别达到理论密度的 82%~93%；而由氧化镁、硝酸镁和硫酸镁等制得的 MgO，在同样条件下烧结，仅能达到理论密度的 50%~66%。如将煅烧获得的 MgO 性质进行比较，则可看出，用能够生成粒度小、晶格常数较大、微晶较小、结构松弛的 MgO 的原料来获得活性 MgO，其烧结性良好；反之，结晶性能较完好、粒度大的 MgO 原料制备 MgO 陶瓷的烧结性较差。

表 13-5　镁化合物分解条件与 MgO 性能的关系

镁化合物	最佳温度/℃	颗粒尺寸/nm	所得 MgO/nm		1400℃ 3 h 烧结体	
			晶格常数	微晶尺寸	体积密度/($g \cdot cm^{-3}$)	相对密度/%
碱式碳酸镁	900	50~60	0.4212	50	3.33	93
醋酸镁	900	50~60	0.4212	60	3.09	87
草酸镁	700	20~30	0.4216	25	3.03	85
氢氧化镁	900	50~60	0.4213	60	2.92	82
氧化镁	900	200	0.4211	80	2.36	66
硝酸镁	700	600	0.4211	90	2.08	58
硫酸镁	1200~1500	106	0.4211	30	1.76	50

13.7.5 气氛的影响

烧结气氛一般分为氧化、还原和中性三种，在烧结中气氛的影响是很复杂的。

一般来说，在由扩散控制的氧化物烧结中，气氛的影响与扩散控制因素有关，与气孔内气体的扩散和溶解能力有关。例如 Al_2O_3 材料是由阴离子 O^{2-} 扩散速率控制的烧结过程，当它在还原气氛中烧结时，晶体中的氧从表面脱离，从而在晶格表面产生很多氧离子空位，使 O^{2-} 扩散系数增大，导致烧结过程加速。表 13-6 是不同气氛下 $\alpha-Al_2O_3$ 中 O^{2-} 扩散系数与温度的关系。应用于钠光灯管的透明氧化铝必须在氢气炉内烧结，就是利用可以加速 O^{2-} 扩散并且气孔内气体在还原气氛下易于逸出的原理来使材料致密，从而提高透光度。若氧化物的烧结是由阳离子扩散速率控制，则应在氧化气氛中烧结，此时晶粒表面积聚了大量氧，使阳离子空位增加，有利于阳离子扩散而促进烧结。

表 13-6 不同气氛下 $\alpha-Al_2O_3$ 中 O^{2-} 扩散系数与温度关系

温度/℃	不同气氛下的扩散系数/($cm^2 \cdot s^{-1}$)	
	氢气	空气
1400	—	8.09×10^{-12}
1450	2.36×10^{-11}	2.97×10^{-12}
1500	7.11×10^{-11}	2.7×10^{-11}
1550	2.51×10^{-10}	1.97×10^{-10}
1600	7.50×10^{-10}	4.90×10^{-10}

进入封闭气孔内气体的原子尺寸愈小，则愈易扩散，气孔消除也愈容易。例如氩或氮等大分子气体在氧化物晶格内不易扩散，最终将残留在坯体中；但如氢或氦那样的小分子气体则可以在晶格内快速扩散，因而不会影响烧结的致密化。

当样品中含有铅、锂、铋等易挥发物质时，控制烧结时的气氛更为重要。如锆钛酸铅材料烧结时，必须要控制一定分压的铅气氛，以抑制坯体中铅的大量逸出，从而保持材料严格的化学组成，否则将影响材料的性能。

关于烧结气氛的影响常会出现不同的结论，这与材料组成、烧结条件、外加剂的种类和数量等因素有关，必须根据具体情况慎重选择。

13.7.6 压力的影响

对烧结而言，压力可以分为成型时的压力和烧结时的压力两种。粉料成型时必须施加一定压力，除了使其具有一定形状和强度外，同时也给烧结创造了颗粒间紧密接触的条件，使烧结时扩散距离减小。但是成型压力不可以无限增加，通常施加压力的最大值以不超过材料的脆性断裂强度值为极限。

在高温下同时施加外压的烧结方法称为热压烧结，这种方法的烧结机理类似于塑性流动。默瑞(Murry)提出热压使封闭气孔表面受到的压力从无压时的 $2\gamma/r$ 增加到 $2\gamma/(r+p)$，这

个 p 是以静水压方式施加到气孔表面上的。若将此值除以 2，代替式(13-15)中的 γ/r 项，就得到热压烧结时致密化速率方程。

许多学者在研究了大多数氧化物和碳化物的热压烧结实验后，认为热压烧结的初始阶段主要是颗粒滑移、重排和塑性变形。此阶段的致密化速率最快，其速率取决于粉体粒度、形状和材料的屈服强度。此时线收缩率 $\Delta L/L$ 与 $t^{0.17\sim0.58}$ 成比例。此后就是塑性流动阶段，致密化速率符合式(13-40)。外加压力 p 的存在，不仅使得致密化速率加快，而且可以克服烧结后期封闭气孔中增大的气体压力对表面张力的抵消作用，从而使烧结得以继续，提高坯体的最终密度。

$$\frac{\mathrm{d}\theta}{\mathrm{d}t}=\frac{3\gamma}{2\eta r}\left(1+\frac{pr}{2\gamma}\right)(1-\theta)\left[1-\frac{fr}{\sqrt{2}\gamma\left(1+\dfrac{pr}{2\gamma}\right)}\ln\left(\frac{1}{1-\theta}\right)\right]\tag{13-40}$$

由此可以得出热压烧结的三大优点：①可在短时间内且在较低的温度下快速烧成；②可以达到比正常无压烧结更高的致密度；③由于烧结温度低，晶粒不易长大，可以得到细晶结构的陶瓷材料。表 13-7 是 MgO 在不同条件下的烧结致密度。图 13-23 是 BeO 在 14 MPa 压力下热压烧结与无压烧结时致密化速率的比较。

表 13-7　不同烧结条件下 MgO 的烧结致密度

烧结条件	热压压力/MPa	烧结温度/℃	烧结时间/h	体积密度/(g·cm^{-3})	相对密度/%
普通烧结	—	1500	4	3.37	94
热压烧结	15	1300	4	3.44	96
热压烧结	30	1350	10	3.48	97
活性热压烧结*	48	1100	1	3.55	99.2

* 活性热压烧结是指采用了特种粉体技术制备的颗粒特别细且具有特别大的反应活性的陶瓷粉体。

热压烧结方法现已广泛使用在高熔点氧化物陶瓷、共价键陶瓷和粉末冶金生产中。以共价键结合为主的陶瓷材料如碳化物、氮化物、硼化物等，由于它们在正常烧结温度下有高的分解压力和低的原子迁移率，因此难以使其致密化。如 BN 粉体在等静压力 200 MPa 下成型后，2500℃高温下进行无压烧结，相对密度仅为 66%；而在压力 25 MPa、温度 1700℃条件下进行热压烧结，相对密度可达到 97%。SiC、Si_3N_4 和 BC 等采用热压烧结可达到接近于理论密度。材料中加入少量液相(如 MgO 中加 LiF，SiC 中加 B，Si_3N_4 中加 MgO 等)使颗粒之间产生液体薄膜，有利于在压力下的颗粒发生重排与传质(也称为压诱烧结)，在热压烧

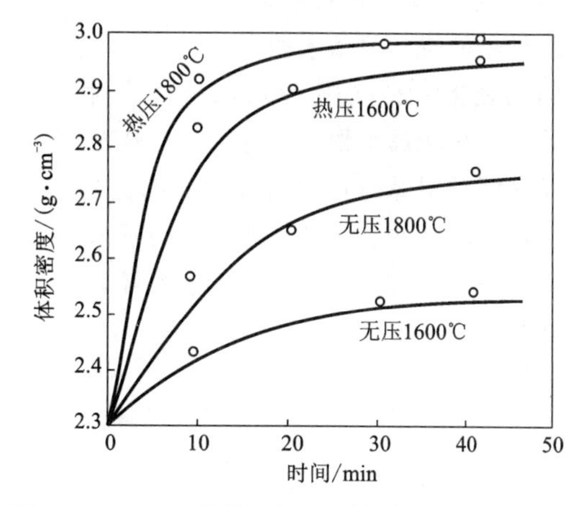

图 13-23　BeO 在热压与无压烧结时的致密化速率

结中常常是十分有效的方法。

热压烧结的不足之处是由于加压方式限制，能够制备的产品形状比较简单，且生产效率较低，因此在产品的品种和经济上受到一定限制。

近十几年发展起来的热等静压技术（HIP）则可以克服热压烧结产品形状简单的缺点。HIP 烧结的大致方法是在烧结炉腔中通以气体（如氮气、氩气），并在烧结过程中控制产生数十兆帕至数百兆帕的压力，这种压力各向同性地作用于烧结体上，在比常压烧结温度低数百度的烧结温度下保温数分钟即可使制品达到接近理论密度的水平，并获得超细的晶粒结构。

影响烧结的因素很多，而且相互之间的关系也很复杂。在研究烧结时，如未充分考虑这些因素，则很难获得高致密度的制品，且会对烧结体的显微结构和机、电、光、热等性能产生显著的影响。对大型的和形状复杂的制品，在烧结过程中的受热问题和传热问题也是十分重要的，但这属于陶瓷工艺学的研究范畴，故在此不做进一步的讨论。

复习思考与练习

（1）概念：烧结、烧成、烧结推动力、固态烧结、液态烧结、蒸发–凝聚传质、扩散传质、黏性流动传质、塑性流动传质、溶解–沉淀传质、晶粒生长、二次再结晶。

（2）概述烧结升温过程中坯体的变化过程。

（3）分析理解烧结过程的推动力。

（4）理解固态烧结过程中的不同烧结机理。

（5）烧结过程中的扩散传质有哪些方式？

（6）如何理解液态烧结的概念？

（7）对比分析液态烧结和固态烧结传质方式的异同。

（8）烧结过程中晶粒长大的本质是什么？

（9）分析说明在哪些条件下可能发生二次再结晶（晶粒异常长大）。

（10）列出四种有利于促进某种无机非金属材料的烧结方法或手段。

（11）图 13–24 为某种无机非金属材料烧结后的微观结构图像，请从陶瓷烧结的角度说明该图像体现出的烧结状况，阐述形成该微观结构特征的原因，说明可采用什么方法改善其烧结性以获得良好的微观结构。

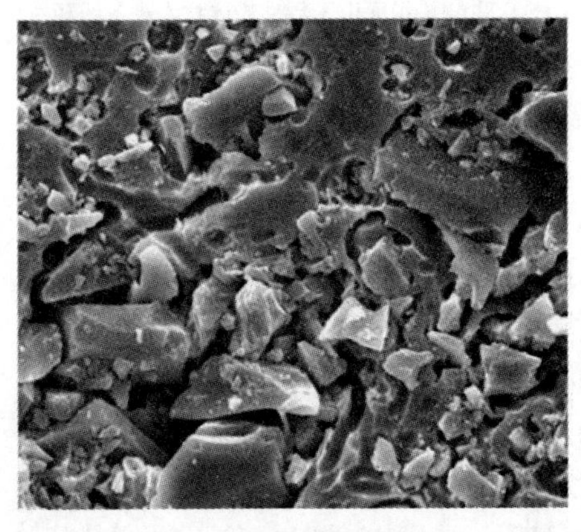

图 13–24　某种无机非金属材料烧结后的微观结构图像

主要参考文献

[1] 周玉. 陶瓷材料学[M]. 2 版. 北京：科学出版社, 2004.
[2] 廖立兵,夏志国. 晶体化学及晶体物理学[M]. 2 版. 北京：科学出版社, 2013.
[3] 崔秀山. 固体化学基础[M]. 北京：北京理工大学出版社, 1991.
[4] 张克立, 张友祥, 马晓玲. 固体无机化学[M]. 2 版. 武汉：武汉大学出版社, 2012.
[5] 曾人杰. 无机材料化学(上册)[M]. 厦门：厦门大学出版社, 2001.
[6] 贺蕴秋, 王德平, 徐振平. 无机材料物理化学[M]. 北京：化学工业出版社, 2015.
[7] 胡赓祥, 蔡珣, 戎咏华. 材料科学基础[M]. 3 版. 上海：上海交通大学出版社, 2010.
[8] 马建丽. 无机材料科学基础[M]. 重庆：重庆大学出版社, 2008.
[9] KINGERY W D, BOWEN H K, UHLMANN D R. 陶瓷导论[M]. 清华大学新型陶艺与精细工艺国家重点实验室, 译. 北京：高等教育出版社, 2010.
[10] 潘金生, 仝健民, 田民波. 材料科学基础[M]. 北京：清华大学出版社, 2011.
[11] 顾宜, 赵长生. 材料科学与工程基础[M]. 北京：化学工业出版, 2011.
[12] 郑子樵. 材料科学基础[M]. 长沙：中南大学出版社, 2005.
[13] 闻立时. 固体材料界面研究的物理基础[M]. 北京：科学出版社, 2011.
[14] 王恩信. 材料化学原理[M]. 南京：东南大学出版社, 1997.
[15] 陆佩文. 无机材料科学基础[M]. 武汉：武汉理工大学出版社, 2005.
[16] 曾燕伟. 无机材料科学基础[M]. 2 版. 武汉：武汉理工大学出版社, 2015.
[17] 樊先平, 洪樟连, 翁文剑. 无机非金属材料科学基础[M]. 杭州：浙江大学出版社, 2004.
[18] 卢安贤. 无机非金属材料导论[M]. 长沙：中南大学出版社, 2004.
[19] 罗绍华. 无机非金属材料科学基础[M]. 北京：北京大学出版社, 2013.
[20] 宋晓岚,黄学辉. 无机材料科学基础[M]. 北京：化学工业出版社, 2010.
[21] 胡志强. 无机材料科学基础教程[M]. 2 版. 北京：化学工业出版社, 2011.
[22] 朱景川, 来忠红. 固态相变原理[M]. 北京：科学出版社, 2010.

图书在版编目(CIP)数据

无机材料基础 / 李志成，张鸿主编. —长沙：中南大学出版社，2022.4

普通高等教育新工科人才培养材料专业“十四五”规划教材

ISBN 978-7-5487-4719-2

Ⅰ. ①无… Ⅱ. ①李… ②张… Ⅲ. ①无机材料—材料科学—高等学校—教材 Ⅳ. ①TB321

中国版本图书馆 CIP 数据核字(2021)第 234696 号

无机材料基础

WUJI CAILIAO JICHU

李志成　张　鸿　主编

□出 版 人　吴湘华
□责任编辑　胡　炜
□责任印制　唐　曦
□出版发行　中南大学出版社
社址：长沙市麓山南路　邮编：410083
发行科电话：0731-88876770　传真：0731-88710482
□印　　装　湖南蓝盾彩色印务有限公司

□开　　本　787 mm×1092 mm　1/16　□印张 23　□字数 604 千字
□互联网+图书　二维码内容　PPT 981 张
□版　　次　2022 年 4 月第 1 版　□印次　2022 年 4 月第 1 次印刷
□书　　号　ISBN 978-7-5487-4719-2
□定　　价　58.00 元